中国古生物研究丛书

Selected Studies of Palaeontology in China

中国北方中－新生代昆虫化石

Mesozoic and Cenozoic Insects from Northern China

张海春　王 博　方 艳　著

上海科学技术出版社

图书在版编目(CIP)数据

中国北方中-新生代昆虫化石/张海春,王博,方艳著.
—上海:上海科学技术出版社,2015.12
(中国古生物研究丛书)
ISBN 978-7-5478-2879-3

Ⅰ.①中… Ⅱ.①张… ②王… ③方… Ⅲ.①中生代-昆虫纲-动物化石-中国 ②新生代-昆虫纲-动物化石-中国 Ⅳ.①Q915.81

中国版本图书馆CIP数据核字(2015)第266494号

丛书策划 季英明
责任编辑 包惠芳 杨志平
装帧设计 戚永昌

中国北方中-新生代昆虫化石
张海春 王博 方艳 著

上海世纪出版股份有限公司
上海科学技术出版社 出版
(上海钦州南路71号 邮政编码200235)
上海世纪出版股份有限公司发行中心发行
200001 上海福建中路193号 www.ewen.co
南京展望文化发展有限公司排版
上海中华商务联合印刷有限公司印刷
开本 940×1270 1/16 印张 15.75 插页 4
字数 470千字
2015年12月第1版 2015年12月第1次印刷
ISBN 978-7-5478-2879-3/Q·38
定价:298.00元

内容提要

昆虫化石是了解昆虫演化过程的最直接证据，研究昆虫化石的独立学科——古昆虫学在中国的历史不到百年，却取得了一系列重要成果。作者研究团队是中国研究古昆虫学的一支重要力量，本专著是他们近20年来在古昆虫学领域所取得成果的系统梳理和总结。

全书分8个部分（引言、第1—6章、展望），介绍中国北方中－新生代的主要昆虫群和昆虫组合、昆虫化石在地质学中的应用、一些重要昆虫群的演化、地质历史中昆虫与其他生物间的关系，以及中国昆虫埋藏学研究进展，同时还介绍了研究团队在研究中国中－新生代昆虫化石过程中建立的新类群，包括新组合。最后，对中国古昆虫学研究进行展望。本书内容丰富，可供古昆虫学、古生物学及地质学等领域的研究人员和学生参考。

Brief Introduction

The authors and their team focus on the Mesozoic-Cenozoic insects and have made some progress in insect taxonomy, evolution, palaeoecology, biostratigraphy and taphonomy, which have been mostly published in scientific journals in English. In this book, some studies on the Mesozoic-Cenozoic insects from Northern China are systemized and introduced to Chinese readers for the first time.

The book is composed of 8 parts. In order for most readers to easily understand this book, the classification, geological history and types of fossil preservation of insects are briefed in the *Introduction.* The important Mesozoic and Cenozoic insect faunas and assemblages in Northern China are shown in Chapter 1. The team and their cooperators have described many new taxa and some new combinations based on the Mesozoic and Cenozoic insects from China as well as a few based on the foreign material. These fossils are compiled and listed in Chapter 2. For interpretation of the geological applications of fossil insects, some research examples concerning the insect biostratigraphy, palaeoecology, biopalaeogeography and the palaeo-atmospheric oxygen level are given in Chapter 3. The evolution of many insect groups has been studied by the team, and some important taxa including Prophalangopsidae (Orthoptera), Cicadomorpha and Coleorrhyncha (Hemiptera), and Coptoclavidae (Coleoptera) are discussed in Chapter 4. Additionally, the evolution of insect diversity in the Jehol Biota is also given in this chapter. The relationship between insects and other creatures in the Mesozoic has been studied and some results are shown in Chapter 5. Some important progress recently made in insect taphonomy in China is introduced in Chapter 6. At the end of the book, the considerable progress made in palaeoentomology in China has been summarized, and the further research and development trends in this field are outlined in the *Achievements and Prospect.*

序

《中国古生物研究丛书》由上海科学技术出版社编辑出版，今明两年内将陆续与读者见面。这套丛书有选择地登载中国古生物学家近20年来，根据中国得天独厚的化石材料做出的研究成果，不仅记录了一些震惊世界的发现，还涵盖了对一些古生物学和演化生物学关键问题的探讨和思考。出版社盛邀在某些领域里取得突出成绩的多位中青年学者，以多年工作积累和研究方向为主线，进行一次阶段性的学术总结。尽管部分内容在国际高端学术刊物上发表过，但在整理和综合的基础上，首次全面、系统地编撰成中文学术丛书，旨在积累专门知识、方便学习研讨。这对中国学者和能阅读中文的外国读者而言，不失为一套难得的、专业性较强的古生物学研究丛书。

化石是镌刻在石头上的史前生命。形态各异、栩栩如生的化石告诉我们许多隐含无数地质和生命演化的奥秘。中国不愧为世界上研究古生物的最佳地域之一，因为这片广袤土地拥有重要而丰富的化石材料。它们揭示史前中国曾由很多板块、地体和岛屿组成；这些大大小小的块体原先分散在不同气候带的各个海域，经历很长时期的分隔，才逐渐拼合成现在的地理位置；这些块体表面，无论是海洋还是陆地，都滋养了各时代不同的生物群。结合其生成的地质年代和环境背景，可以揭示一幕幕悲（生物大灭绝）喜（生物大辐射）交加、波澜壮阔的生命过程。自元古代以来，大批化石群在中国被发现和采集，尤其是距今5.2亿年的澄江动物群和1.2亿年的热河生物群最为醒目。中国的古生物学家之所以能做出令世人赞叹的成果，首先就是得益于这些弥足珍贵的化石材料。

其次，这些成果的取得也得益于中国古生物研究的悠久历史和浓厚学术氛围。著名地质学家李四光、黄汲清先生等，早年都是古生物学家出身，后来成为地质学界领衔人物。正是中国的化石材料，造就了以他们为代表的一大批优秀古生物学家群体。这个群体中许多前辈的野外工作能力强、室内研究水平高，在严密、严格、严谨的学风中沁润成优良的学术氛围，并代代相传，在科学界赢得了良好声誉。现今中青年古生物学家继承老一辈的好学风，视野更宽，有些已成长为国际权威学者；他们为寻找掩埋在地下的化石，奉献了青春。我们知道，在社会大转型的过程中，有来自方方面面的诱惑。但凭借着对古生物学的热爱和兴趣，他们不在乎生活有多奢华、条件有多优越，而在乎能否找到更好、更多的化石，能否更深入、精准地研究化石。他们在工作中充满激情，愿意为此奉献一生。我们深为中国能拥有这一群体感到骄傲和自豪。

同时，中国古生物学还得益于改革开放带来的大好时光。我们很幸运地得到了国家（如科技部、中国科学院、自然科学基金委、教育部等）的大力支持和资助，这不仅使科研条件和仪器设备有了全新的提高，也使中国学者凭借智慧和勤奋，在更便利和频繁的国际合作交流中创造出优秀的成果。

将要与读者见面的这套丛书，全彩印刷、装帧精美、图文并茂，其中不乏化石及其复原的精美图片。这套丛书以从事古生物学及相关研究和学习的本科生、研究生为主要对象。读者可以从作者团队多年工作积累中，阅读到由系列成果作为铺垫的多种学术思路，了解到国内外相关专业的研究近况，寻找到与生命演化相关的概念、理论和假说。凡此种种，不仅对有志于古生物研究的年轻学子，对于已经入门的古生物学者也不无裨益。

戎嘉余　周忠和

《中国古生物研究丛书》主编

2015年11月

前 言

昆虫不但是世界上种类最为丰富的动物，更有长达4亿年的演化历史。这种成功占领地球各种生态领域的生物与人类的生活密切相关，也引起了人们极大的兴趣。昆虫化石无疑是了解昆虫演化过程的最直接证据，其研究历史已经超过了200年，并于100年前建立了一个独立的学科——古昆虫学。中国昆虫化石的研究始于1923年葛利普（W. A. Grabau）对山东白垩纪一些昆虫的研究，但在20世纪80年代以前仅是一些零星的化石报道，90年代末古昆虫学才在中国进入快速发展阶段。

本书作者张海春从20世纪90年代初开始从事昆虫化石的研究，王博和方艳从2004~2005年开始学习并从事古昆虫学研究工作，并逐渐形成了一个研究团队。2011年俄罗斯科学院古生物研究所的E. Yan博士来南京做博士后，并加入本团队。2012年英国的E. A. Jarzembowski教授作为中国科学院的外籍特聘教授加入本团队。另外，俄罗斯科学院古生物研究所的A. P. Rasnitsyn教授和A. G. Ponomarenko教授以及波兰格但斯克大学的J. Swzedo教授，长期以来与本团队密切合作，对本团队的研究工作给予了重要的支持。

本团队的主要研究方向为昆虫化石及地层、中-新生代陆地生态系统和昆虫埋藏学。具体而言，主要研究昆虫化石的分类学，并以此为基础讨论重要昆虫类群的起源、演化；地质历史中昆虫与其他生物之间的关系；昆虫多样性的演变及其与重大地质事件的关系；昆虫的古生态学、古行为学和古地理学；昆虫埋藏学。近十几年来，本团队在古昆虫学研究领域取得了一系列重要成果，但这些成果多数是以英文发表在国际学术刊物上，因而国内读者不能全面了解这些进展，同时这些成果也缺乏系统性。本书是本研究团队近20年来在古昆虫学领域所取得成果的一个系统总结，并以中文的形式首次介绍给国内的读者。

本书分为8个部分：引言由张海春执笔，主要介绍昆虫纲的基本概况和演化历史以及昆虫化石保存方式。第1章由张海春执笔，简要介绍中国北方中-新生代的主要昆虫群和昆虫组合。第2章由张海春和王博执笔，介绍研究团队在研究中国中-新生代昆虫化石过程中建立的新类群，包括新组合；此外，也包括少量根据国外材料建立的新类群。第3章由张海春和王博执笔，重点介绍昆虫化石在地质学中的应用，以一些实例介绍昆虫化石在地层对比、古地理学、生物地理学和古大气含氧量变化等领域的应用。第4章由王博、张海春和方艳执笔，重点介绍一些重要昆虫类群的演化和热河生物群昆虫多样性的演变。第5章由王博和张海春执笔，以一些实例介绍地质历史中昆虫与其他生物之间的关系，包括早白垩世被子植物与甲虫演化、侏罗纪双翅目昆虫与蝾螈可能的体外寄生关系、化石昆虫中的性双型现象、眼斑及其作用。第6章由王博和张海春执笔，详细介绍了中国昆虫埋藏学研究进展，重点介绍了道虎沟生物群和热河生物群的昆虫埋藏学研究成果。最后的展望部分由张海春执笔，简要总结中国古昆虫学近年取得的重要进展，指出未来中国古昆虫学的研究重点。

本书可供地质学、古生物学、古昆虫学和昆虫学等领域研究人员和学生在科研和学习中参考。

在本书撰写和出版过程中，得到国家自然科学基金项目（41272013）和国家重点基础研究发展计划（2012CB821900）的支持。在本书撰写过程中，得到了团队成员郑大燃、张琦、刘青、王贺、E. A. Jarzembowski、E. Yan、陈军、李莎、张羽、张青青和雷晓洁的支持。本书作者在此一并表示衷心的感谢。

目 录

U0312887

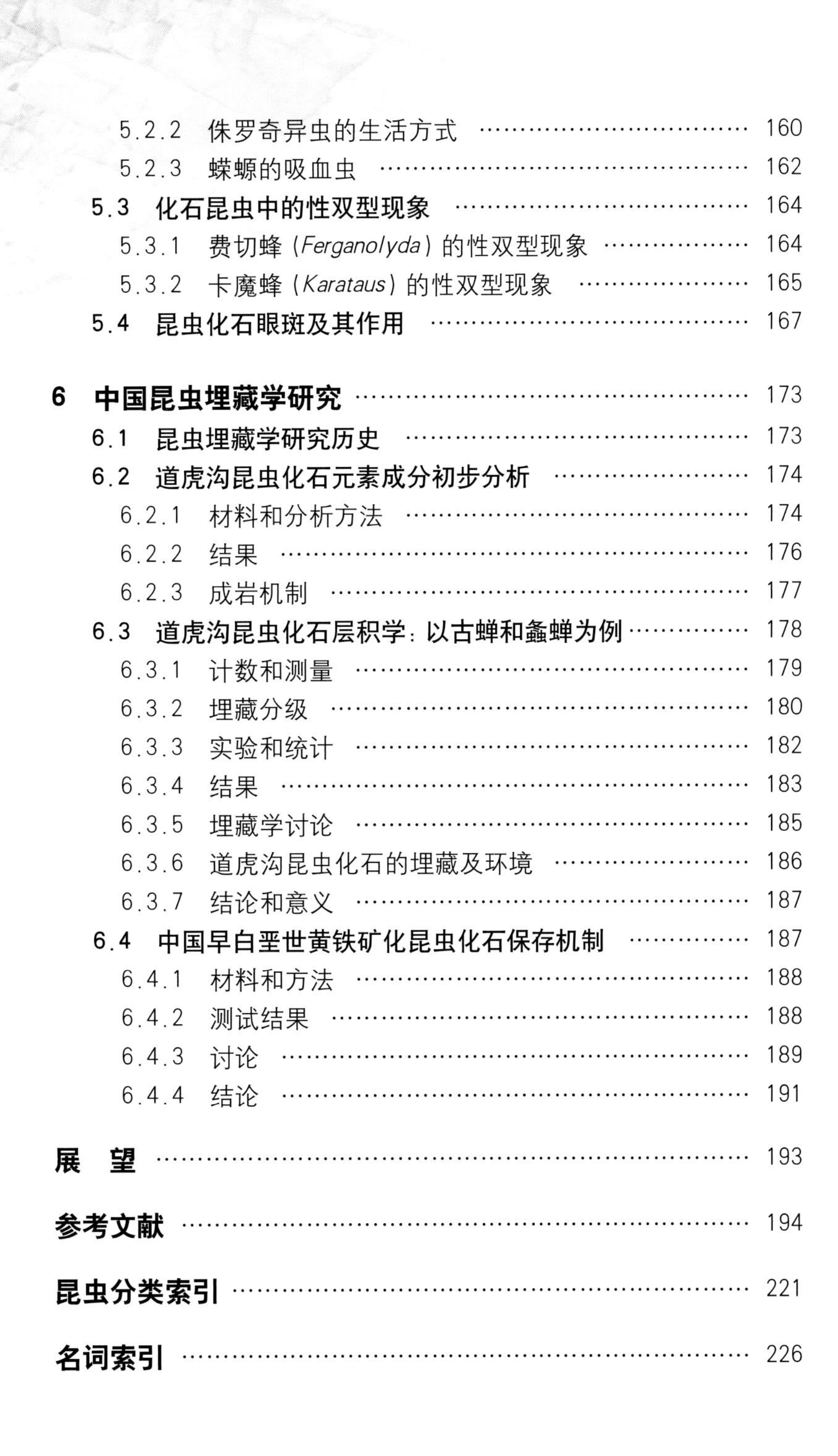

引 言

昆虫纲(Insecta)不仅是节肢动物门，也是整个动物界分异度最高的一个纲，已描述的种类超过100万种，占已知动物种类的3/4、所有已知生物种类的1/2。昆虫学家估计现生昆虫的种类实际在500万~1 000万种，占地球上所有动物种类的90%以上。昆虫的适应性非常强，几乎遍及整个地球，即使在海洋里也能见到它们的踪迹(如海黾)。多数昆虫生活于陆地上，而有些昆虫部分生活史或终生生活在水中，被称为水生昆虫。

昆虫纲隶属于六足总纲(Hexapoda)，该总纲还包括原尾纲(Protura)、弹尾纲(Collembola)和双尾纲(Diplura)。六足总纲与其他节肢动物的演化关系还有争论，传统上认为其与多足亚门(Myriapoda)或甲壳亚门(Crustacea)关系最为密切，最近的分子生物学研究表明六足总纲与甲壳亚门的一支构成姐妹群(sister group)(Misof et al., 2014)。

现生昆虫纲一般分为30目，即石蛃目(Archaeognatha)、衣鱼目(Zygentoma)、蜉蝣目(Ephemeroptera)、蜻蜓目(Odonata)、襀翅目(Plecoptera)、蜚蠊目(Blattaria)、等翅目(Isoptera)、螳螂目(Mantodea)、蛩蠊目(Grylloblattodea)、螳䗛目(Mantophasmatodea)、革翅目(Dermaptera)、直翅目(Orthoptera)、竹节虫目(Phasmatodea)、纺足目(Embioptera)、缺翅目(Zoraptera)、啮虫目(Psocoptera)、虱目(Phthiraptera)、缨翅目(Thysanoptera)、半翅目(Hemiptera)、鞘翅目(Coleoptera)、广翅目(Megaloptera)、蛇蛉目(Raphidioptera)、脉翅目(Neuroptera)、膜翅目(Hymenoptera)、毛翅目(Trichoptera)、鳞翅目(Lepidoptera)、长翅目(Mecoptera)、蚤目(Siphonaptera)、双翅目(Diptera)和捻翅目(Strepsiptera)。其中石蛃目和衣鱼目为无翅类(Apterygota)，其余各目属有翅类(Pterygota)。昆虫纲中物种数量最多的4个目依次为鞘翅目、鳞翅目、膜翅目和双翅目，其中鞘翅目占整个昆虫纲的近40%(Grimaldi, Engel, 2005)。

昆虫与人类的关系极为密切，对人类健康和经济生活有直接影响的重要害虫就有一万多种，如疟蚊能够传染疟疾，锯谷盗侵害贮粮。同时，许多昆虫也为人类提供各种帮助，如有些昆虫(如龙虱、蚱蝉)是人类的食物，部分昆虫的产物(蚕丝、蜂蜜)能够满足人类的生活需要，有些昆虫可以用于生物防治(如寄生蜂)，部分水生昆虫(如摇蚊)可作淡水鱼类的饲料。

昆虫是无脊椎动物中唯一具备飞翔能力的类群，也是最早征服天空的生物，比能够飞翔的脊椎动物出现早得多。有翅昆虫至少在石炭纪早期(约328 Ma; Ma指代百万年)就已出现(Brauckmann et al., 1996; Cohen et al., 2013)，有可能在更早的早泥盆世(Early Devonian；约411 Ma)就已飞翔在天空中(Engel, Grimaldi, 2004; Parry et al., 2011; Misof et al., 2014)，这比最早能够飞翔的脊椎动物——翼龙出现的时间至少要早一亿年。翼龙的最早记录为晚三叠世(Late Triassic)中诺利期(Middle Norian；约220 Ma)(Jenkins et al., 2001)，鸟类直到晚侏罗世(Late Jurassic；约150 Ma)或更晚才占领天空(Feduccia, 1999; Xu et al., 2011)，哺乳动物中的蝙蝠直到始新世早期(Early Eocene; 52.5 Ma)才出现(Simmons et al., 2008)。

最早的昆虫记录出现在泥盆纪(Devonian Period; 419.2~358.9 Ma)，但只在3个产地找到少量昆虫化石，基本上都属于无翅类型。其中，苏格兰早泥盆世(419.2~393.3 Ma)的瑞尼燧石(Rhynie Chert；约411 Ma)(Parry et al., 2011)产有赫斯特莱尼虫(*Rhyniognatha hirsti* Tillyard)。该化石仅保存了头部，但其具有一对双髁式上颚，因此被认为是一种有翅昆虫(Engel, Grimaldi, 2004)。据此推断，最早的昆虫可能出现于志留纪(Silurian Period)最晚期(约420 Ma)(Engel, Grimaldi, 2004)，

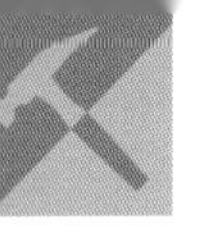

而分子生物学证据表明，昆虫起源于更早的早奥陶世(Early Ordovician；约479 Ma)(Misof et al., 2014)。另外2个产地分别在早－中泥盆世(Middle Devonian; 393.3~382.7 Ma)地层中发现了一些石蛃目或衣鱼目化石碎片(Shear et al., 1984, 1987; Labandeira et al., 1988; Cohen et al., 2013)。Garrouste等(2012)报道了产自晚泥盆世地层的一个昆虫化石，但因标本保存较差，其归属存在很大争议，目前学界更多地认为该化石并不属于昆虫纲(Hörnschemeyer et al., 2013)。因此，晚泥盆世(Late Devonian; 382.7~358.9 Ma)至今未有确切的昆虫化石记录。这些昆虫化石产地在泥盆纪均位于赤道附近(Rasnitsyn, Quicke, 2002; Grimaldi, Engel, 2005)。

到石炭纪(Carboniferous Period; 358.9~298.9 Ma)早期，即密西西比亚纪(Mississippian Subperiod; 358.9~323.2 Ma)，昆虫化石记录依然非常有限，可靠的昆虫化石为产于德国比特费尔德(Bitterfeld)的密西西比亚纪晚期(约328 Ma)地层中的*Delitzschala bitterfeldensis* Brauckmann et Schneider(Brauckmann et al., 1996)，归入已经灭绝的古网翅类(Palaeodictyopterida)，是有翅昆虫的最早可靠记录。推测这种昆虫生活于树冠上，吸食植物的汁液(Rasnitsyn, Quicke, 2002)。进入石炭纪晚期，即宾夕法尼亚亚纪(Pennsylvanian Subperiod; 323.2~298.9 Ma)，昆虫分布范围明显扩大，除南极洲以外都有发现，但主要分布于西欧和北美地区，它们在石炭纪连为一体并处于赤道地区(Rasnitsyn, Quicke, 2002)。宾夕法尼亚亚纪的昆虫分异度明显增加，以有翅昆虫为主，但这些有翅昆虫都属原始的灭绝类群(Rasnitsyn, Quicke, 2002; Grimaldi, Engel, 2005)。石炭纪发现的昆虫化石可以归入15个目(Rasnitsyn, Quicke, 2002)。

二叠纪(Permian Period; 298.9~252.17 Ma)的昆虫遍布所有大陆，分异度也明显提高，至少有11个目在此间首次出现，包括一些现生目(Rasnitsyn, Quicke, 2002)。宾夕法尼亚亚纪和二叠纪的昆虫化石分布范围与面貌类似，有翅昆虫不少于27个目，其中9个目仅生存于古生代，还有不少于3个目在中生代灭绝(Rasnitsyn, Quicke, 2002)。这期间还出现了一些巨型昆虫，如已灭绝的原蜻蜓目(Protodonata)巨脉蜓科(Meganeuridae)中的二叠拟巨脉蜓(*Meganeuropsis permiana* Carpenter)翅展达710 mm，是世界上已知最大的昆虫(Rasnitsyn, Quicke, 2002；张海春等，2013)。

在二叠纪末生物大灭绝事件之后一直到早白垩世(Early Cretaceous；约145.0~100.5 Ma)末期的生物灭绝事件之前，昆虫处于平稳的渐进演化阶段，在属以上水平越来越接近现代昆虫的面貌，被称为昆虫演化的中生代阶段(Mesozoic stage)(Rasnitsyn, Quicke, 2002)。三叠纪(Triassic Period; 252.17~201.3 Ma)与侏罗纪(Jurassic Period; 201.3~约145.0 Ma)之交，昆虫可能没有像陆生脊椎动物一样发生明显的灭绝事件。三叠纪昆虫的分布范围与二叠纪类似，分布于除南极洲以外的所有大陆。三叠纪是昆虫演化史上最重要的阶段之一，许多重要的分类群，如双翅目、半翅目的异翅亚目(Heteroptera)和蚜类、蜚蠊目中蠊科(Mesoblattidae)出现，并迅速遍及全球。早三叠世的昆虫化石极少，面貌不明，可能是受到了二叠纪末期生物灭绝事件的影响，而中－晚三叠世昆虫分异度和丰度都非常高。三叠纪昆虫以现生目为主，灭绝的目明显减少，同时一些现生科也首次出现(Grimaldi, Engel, 2005)。

进入侏罗纪，虽然许多现生科甚至亚科，以及少量现生属在此间出现，但昆虫面貌仍然以中生代的灭绝类群为主，而二叠纪的分子在此时已不复存在。现生昆虫中一些重要目如双翅目出现并进入辐射期；膜翅目虽然在三叠纪末期出现，但直到侏罗纪才进入第一次大辐射，广腰亚目分异度极高，细腰亚目也非常繁盛，寄生性类群大量出现；鳞翅目中原始的蛾类出现，但分异度很低。

早白垩世的昆虫面貌继承了晚侏罗世的特点，但分异度更高。此间，绝大部分目都是现生目，超过50%的科为现生科，全变态类昆虫（holometabolous insects）进入大辐射期（Rasnitsyn, Quicke, 2002; Grimaldi, Engel, 2005）。

在早、晚白垩世（Late Cretaceous; 100.5~66.0 Ma）之交，昆虫面貌发生了一次明显的变化，晚白垩世的昆虫面貌与新生代（Cenozoic Era; 66.0 Ma至今）的更为接近，而白垩纪、古近纪之交生物大灭绝事件对昆虫产生的影响远小于这次变化（Rasnitsyn, Quicke, 2002），因此晚白垩世与新生代可以称为昆虫的新生代阶段（Cenozoic stage）。晚白垩世的昆虫受到了早、晚白垩世之交灭绝事件的影响，分异度非常低，但进入新生代以后，分异度明显升高，一些重要昆虫类群进入辐射期，如螳螂目螳总科（Mantoidea）、等翅目白蚁科（Termitidae）、半翅目新蚧总科（Neococcoidea）、外寄生昆虫[蚤目、虱目和双翅目虱蝇总科（Hippoboscoidea）]、蜜蜂、蚂蚁、鳞翅目双孔类（Ditrysia）和植食性甲虫（Grimaldi, Engel, 2005）。

昆虫具有几丁质的外骨骼，比较容易保存为化石。昆虫化石最为常见的保存方式为压型化石（compressions）和印痕化石（impressions），前者是指昆虫表皮（外骨骼）保存在岩石当中，表皮依然含有有机质成分但已经被压扁，化石上常常可以识别出与围岩不同的颜色；后者仅仅是昆虫的铸型，有时可以保存昆虫的微细结构，但由于昆虫表皮已经分解，使化石与围岩在颜色上不易区分。作为琥珀内含物（amber inclusions）中的常见类型，昆虫化石呈立体保存，大多非常精美，有时还保存了当时的生活状态。除上述常见保存方式外，有些昆虫还能以矿化（mineral replication；如黄铁矿化）或炭化（charcoalified remains）的形式形成立体保存的化石，还有一些昆虫化石保存在结核（concretions）中。另外，昆虫的活动遗迹也可以保存为化石，称为遗迹化石，如昆虫幼虫取食植物叶片而在叶片上形成的咬痕。此外，还有其他一些不太常见的昆虫化石保存方式。保存在岩石中的昆虫化石，随着岩石粒度的变粗（泥岩、粉砂岩、砂岩、砾岩的粒度依次变粗），其保存程度变差，保存为化石的概率也降低。

昆虫化石的研究历史尽管已经超过了200年，但古昆虫学（paleoentomology）的建立只有100年左右，以Anton Handlirsch在1906—1908年间分为几部分发表的专著*Die fossilen Insekten und die Phylogenie der rezenten Formen*为标志。中国昆虫化石的研究不到100年，始于20世纪20年代。由于研究人员的缺乏和化石材料的零散且采集不足，在20世纪90年代以前，古昆虫学在中国的发展一直都非常缓慢，因此这个学科在中国古生物学领域长期以来都是一个不起眼的小分支。20世纪90年代末，随着热河生物群成为古生物学研究热点，大量保存精美的昆虫化石也被发现。同时，国家在基础科学领域的投入明显加大，国际合作与交流也日益频繁和深入，古昆虫学在中国开始进入黄金发展期。最近20年，大量的昆虫化石被研究和描述，同时对已报道的部分昆虫化石进行了重新研究和厘定。在此基础上，除对传统的昆虫分类学和地层学进行研究外，还对一些重要昆虫类群的起源和演化、昆虫与植物的协同演化、昆虫与其他动物的关系、昆虫重要行为的起源和演化、昆虫演化与地质背景的关系，以及昆虫埋藏学进行了一定程度的研究，有些研究成果在国际上产生了一定的影响。

1 中国北方中–新生代主要昆虫群和昆虫组合

中国北方地区中–新生代非海相地层非常发育，产有丰富的昆虫化石。经过中国古昆虫学者的研究，在这些地层中发现了一些重要的昆虫群或昆虫组合。

1.1 中生代

1.1.1 三叠纪

三叠纪 (Triassic Period) 是中生代(Mesozoic Era)的第一个纪，持续时间为5 087万年(252.17～201.3 Ma; Cohen et al., 2013)。在此期间，地球上几乎所有陆块拼合在一起组成泛大陆(Pangaea)，大体呈"C"字形横跨赤道并达两极，包括南方的冈瓦纳古陆(Gondwana)和北方的劳亚古陆(Laurasia)，它们所半包围着并向东开口的海域为巨大的特提斯湾(Tethys Embayment)，围绕泛大陆的是浩瀚的泛大洋(Panthalassa)(Sues, Fraser, 2010)。三叠纪初期，气候干热，到中、晚期之后，气候转变为湿润，但依然很热。三叠纪处于古生代(Paleozoic Era)向中生代转换的时期，被称为"现代生态系统的黎明"(dawn of modern ecosystems)(Sues, Fraser, 2010)。

关于中国三叠纪昆虫化石只有一些零星的报道，在北方仅发现于陕西(中–晚三叠世)，河北(晚三叠世)，吉林(晚三叠世)，黑龙江(晚三叠世)和新疆北部(中–晚三叠世)，共30余种，归于蜻蜓目、蜚蠊目、半翅目、长翅目、脉翅目和鞘翅目(林启彬, 1978, 1992b；洪友崇, 1980, 1984c；洪友崇, 陈润业, 1981；刘子进等, 1985；洪友崇, 常建平, 1993；张海春, 1996a)。这些产地除陕西铜川中三叠统和新疆北部的上三叠统发现有较为丰富的昆虫化石外(林启彬, 1992；洪友崇, 1998；张海春, 1996a)，其他产地的昆虫化石极为稀少。

1. 铜川昆虫群(Tongchuan Insect Fauna)

洪友崇(1998)根据陕西陇县和铜川的中三叠统铜川组中昆虫化石建立陕西昆虫群，并建立了陇县昆虫组合和铜川昆虫组合。考虑到铜川地区的铜川组中的昆虫化石较丰富，昆虫面貌较清楚，而陕西省还有其他昆虫化石产地，本文使用"铜川昆虫群"来代表这个昆虫群，相当于洪友崇(1998)的铜川昆虫组合。最近的测年研究表明，此昆虫群的时代为中三叠世安尼期晚期到拉丁期(Late Anisian-Ladinian)(刘俊等, 2013)。

该昆虫群由蜚蠊目、半翅目、直翅目、鞘翅目、脉翅目、长翅目、双翅目和舌鞘目(Glosselytrodea)组成，其中半翅目、鞘翅目和长翅目分异度最高。最近，我们还在其中发现了毛翅目的幼虫巢化石，即石蚕巢(caddisfly case)化石。由于研究历史较长，该昆虫群中很多类群的分类位置存在问题，需要重新研究。

陇县昆虫组合的化石很少，研究程度不高，面貌不清，因此这里暂不采用。

2. 托克逊昆虫群(Toksun Insect Fauna)

托克逊昆虫群是指产于新疆吐鲁番地区托克逊县的上三叠统黄山街组的昆虫组合(林启彬, 1992b)。该昆虫群包括蜚蠊目、襀翅目、半翅目、长翅目和鞘翅目的14属17种，以半翅目分异度最高，达6属6种，鞘翅目次之，为3属6种(林启彬, 1992b)。最近，本团队在准噶尔盆地的黄山街组也发现了大量昆虫化石，可以归入该昆虫群。

1.1.2 侏罗纪

侏罗纪 (Jurassic Period) 是中生代的第二个纪，持续时间5 630万年(201.3～145.0 Ma; Cohen et al., 2013)，被称为爬行动物时代。侏罗纪开始，泛大陆已经分裂为南方的冈瓦纳古陆和北方的劳亚古陆，陆地气候由干燥转为湿润。

中国北方侏罗纪的昆虫化石非常丰富，但主要分布于中侏罗世地层。在早侏罗世和晚侏罗世地层中，昆虫化石发现较少，分布也比较局限。

1. 克拉玛依昆虫群(Kelamay Insect Fauna)

邓胜徽等(2003)曾将产于新疆准噶尔盆地八道湾组的昆虫化石称为*Ovivagina - Protorthophlebia latipennis*组合。由于这些昆虫化石种类较丰富，主要产于克拉玛依地区，在本地区有一定的代表性，本文将其称为克拉玛依

昆虫群，其时代为早侏罗世早期。该昆虫群包括蜚蠊目、半翅目、直翅目、长翅目、鞘翅目，以半翅目和长翅目占优势。已经详细描述的有直翅目*Mesohagla xinjiangensis*，半翅目*Fletcheriana jurassica*、*Martynovocossus strenus*、*Plachutella exculpta*、*Procercopina delicata*、*Procercopis shawanensis*，长翅目*Mesopanorpa densa*、*M. monstrosa*、*M. brodiei*、*M. kuliki*、*M. obscura*、*Orthophlebia colorata*、*O. latebrosa*和*Protorthophlebia latipennis*，鞘翅目*Vivagina longa*、*Artematopodites propinquus*、*Artematopodites prolixus*（张海春，1996a, 1996b, 1997, 2010; Zhang, 1997b；张海春等，2003; Wang et al., 2008a; Yan, Zhang, 2010）。最近，我们还在克拉玛依市吐孜沟的八道湾组发现了蜻蜓目和脉翅目化石。

2. *Rhipidoblattina robusta* - *Liaossogomphites xinjiangicus*组合

本组合见于新疆吐哈盆地下侏罗统三工河组，主要分子有*Liaossogomphites xinjiangicus*、*Rhipidoblattina robusta*、*Sibithone? pardalis*、*Heterocoleus jurassicus*和*Turfanella punctuata*（张义杰等，2003）。该组合分子基本上可与辽宁北票组、西欧Lias的昆虫化石对比，时代为早侏罗世晚期（张义杰等，2003）。上述化石均未见描述。

在准噶尔盆地的三工河组也发现一些昆虫化石，如*Eofulgoridium tenellum*（张海春等，2003），可以归入该组合。

3. 北票昆虫群（Beipiao Insect Fauna）

北票组为一套含煤地层，主要分布于辽宁北票、喀左和建昌，以及河北抚宁等地，时代为早侏罗世晚期。该昆虫群以蜚蠊目、直翅目、半翅目和鞘翅目为主（洪友崇，1998），化石的研究程度不高，还有待于更为详细的分类学工作。

4. 燕辽昆虫群（Yanliao Insect Fauna）

燕辽昆虫群系洪友崇（1983）建立，指分布于河北北部的中侏罗统九龙山组和辽宁西部的中侏罗统海房沟组（洪友崇，1998）中的昆虫组合，与热河昆虫群早－中期的分布范围基本一致。该昆虫群分异度非常高，达14目140多种（任东，1995）。但现在发现，过去所认为的该昆虫群的代表分子——蜉蝣*Mesobaetis sibirica*和*Mesoneta antiqua*在中国的侏罗纪地层中并不存在，而另外一个代表分子——划蝽*Yanliaocorixa chinensis*仅分布于辽西海房沟组（Zhang, Kluge, 2007; Zhang, 2010）。而在九龙山组发现了蜉蝣*Clavineta eximia*和划蝽*Jiulongshanocorixa genuina*，可以作为九龙山组的特征分子；在海房沟组发现的蜉蝣*Furvoneta relicta*与划蝽*Yanliaocorixa chinensis*可以作为海房沟组的特征分子（Zhang, Kluge, 2007; Zhang, 2010）。燕辽昆虫群的时代曾被认为巴柔期－巴通期（Bajocian-Bathonian）（洪友崇，1998），新的测年研究显示其上限可达卡洛夫期（Callovian; Chang et al., 2009b, 2014）。

5. 道虎沟昆虫群（Daohugou Insect Fauna）

在内蒙古宁城道虎沟及其邻近地区，出露一套含火山灰的中生代湖相地层，产有丰富而保存精美的化石，包括扁虫、双壳类、昆虫、蜘蛛、叶肢介、鳃足类、盲蛛、（有尾和无尾）两栖类、蜥蜴、恐龙、翼龙、原始哺乳类和植物等众多生物类群，被称为道虎沟生物群。该生物群中的昆虫化石最为丰富，已经发现的就有25目以上，达数百种，估计在500种以上，其中鞘翅目、膜翅目、双翅目和半翅目为分异度最高的4个类群。代表性分子为蜉蝣*Fuyous gregarius*、*Shantous lacustris*和划蝽*Daohugocorixa vulcanica*，数量极其丰富，蜉蝣常以稚虫形式、划蝽以成虫和若虫形式密集分布于层面上（Zhang, Kluge, 2007; Zhang, 2010）。

关于道虎沟生物群的时代和道虎沟化石层的归属，长期以来一直都有争议，目前主要有两种观点：第一种认为道虎沟化石层属于中侏罗统九龙山组或海房沟组，第二种观点认为属于中侏罗世晚期－晚侏罗世早期的蓝旗组（髫髫山组）。过去因认为道虎沟化石层相当于九龙山组或海房沟组，而将其直接称为九龙山组或海房沟组，现在发现过去认为在上述三套地层（道虎沟化石层、九龙山组和海房沟组）中广泛分布的代表性分子并不存在，每套地层都有特定的特征分子（见上文）。最近的年代地层研究结果支持第二种观点，认为道虎沟化石层的时代为卡洛夫期－牛津期（Callovian-Oxfordian）（Liu et al., 2006, 2012; Liu, Liu, Zhang, 2006; Chang et al., 2009b, 2014; Wang et al., 2013）。本文认为道虎沟生物群的主体为卡洛夫期，可能还延续到早牛津期。

1.1.3 白垩纪

白垩纪 (Cretaceous Period) 是中生代最后一个纪，持续时间约7 900万年（145.0～66.0 Ma; Cohen et al., 2013），末期经历了一次大灭绝事件。泛大陆在此期间彻底分裂为现今的几大陆块，但它们的位置与现在有差别。白垩纪气候温暖，陆地上恐龙继续称霸，同时鸟类和哺乳动物逐渐繁盛，出现了被子植物。

中国白垩纪昆虫化石非常丰富，但仅限于早白垩世，晚白垩世未见报道。中国北方重要的昆虫群有热河昆虫群、莱阳昆虫群、卢尚坟昆虫群和大拉子昆虫群等。

1. 热河昆虫群（Jehol Insect Fauna）

热河生物群是早白垩世广布于欧亚大陆东部的一个淡水生物群，其中的昆虫化石非常丰富，被称为热河昆虫群（洪友崇，1998），本文称其为广义的热河昆虫群；而同期仅分布于中国冀北、辽西和内蒙古东南部（热河生物群的中心分布区）的昆虫群，本文称为热河昆虫群，也称狭义的热河昆虫群。热河昆虫群见于大北沟组、义县组和九佛堂组下部，时间为早白垩世晚瓦兰今期–早阿普特期（Late Valanginian-Early Aptian），特征分子为*Ephemeropsis trisetalis*和*Coptoclava* sp.（张海春等，2010; Cohen et al., 2013）。该昆虫群分为早、中、晚三个阶段，分别相当于洪友崇（1998）的大北沟昆虫组合、义县昆虫组合和九佛堂昆虫组合。早期热河昆虫群包括11目约40科150种，中期热河昆虫群达16目约100科500种，而晚期热河昆虫群仅9目26科30余种（张海春等，2010）。

2. 莱阳昆虫群（Laiyang Insect Fauna）

莱阳昆虫群产于山东莱阳盆地的莱阳组，其时代为早白垩世早阿普特期（张海春等，2010）。该昆虫群已报道10目约70科160种，根据已经采集到的材料推测，该昆虫群应不少于13目80科300种（张海春等，2010）。该昆虫群与晚期热河昆虫群年代相当，其特征分子为*Coptoclava longipoda*、*Mesolygaeus laiyangensis*和*Chironomaptera gregaria*（张俊峰，1992a；张海春等，2010）。

3. 卢尚坟昆虫群（Lushangfen Insect Fauna）

卢尚坟昆虫群由洪友崇（1981b）建立，指分布于北京西山卢尚坟组的昆虫化石组合。任东（1995）将该昆虫群改称阜新昆虫群，指分布于燕辽地区沙海组和阜新组及其相当层位中的昆虫组合。考虑到卢尚坟组中的昆虫化石非常丰富，而阜新组和沙海组中的昆虫化石仅有零星报道，本文仍采用卢尚坟昆虫群的原始定义（洪友崇，1981b, 1998）。卢尚坟昆虫群包含13目48科68种，以*Xishania fusiformis*、*Mesoblattina pentanerva*和*Hemeroscopus baissicus*为特征分子（张志军，2007），其时代为早阿尔布期（Early Albian）（Zheng et al., 2015）。

4. 大拉子昆虫群（Dalazi Insect Fauna）

大拉子昆虫群是指分布于吉林省延吉市龙井智新盆地的下白垩统大拉子组的昆虫化石，已报道蜚蠊目、革翅目、半翅目、鞘翅目、膜翅目和双翅目等6目16科19属21种（Zhang, 1997a），特征分子为*Umenocoleus nervosus*和*Coptoclava* sp.，其时代为早白垩世中阿尔布期或晚阿尔布期（张光富，2005）。该昆虫群的研究程度不高，部分属种需要重新研究和修订。

1.2 新生代

中国北方新生代的昆虫群主要有始新世的抚顺昆虫群和中新世的山旺昆虫群。

1.2.1 古近纪（Paleogene Period）

古近纪是新生代（Cenozoic Era）第一个纪，持续时间4 297万年（66.0～23.03 Ma; Cohen et al., 2013），包括古新世（Paleocene）、始新世（Eocene）和渐新世（Oligocene）。在此时期，各大陆继续移动，更加靠近它们现在的位置：印度板块与亚洲板块碰撞，形成喜马拉雅山脉；大西洋持续变宽；非洲板块向北漂移与欧洲大陆碰撞，地中海形成；南美板块与北美板块更加靠近；澳大利亚从南极洲分离，向东南亚方向漂移。气候由中生代后期的湿热转变为干冷，但在古新世与始新世之交有一次极热事件［Paleocene-Eocene Thermal Maximum（PETM）］。陆地上哺乳动物极度繁盛，鸟类也进入辐射期，落叶植物更为普遍，并出现了草本植物。

中国古近纪的昆虫化石虽有些发现，但种类比较丰富的仅抚顺琥珀昆虫群。

抚顺琥珀昆虫群（Funshun Amber Insect Fauna）

抚顺琥珀昆虫群产于辽宁省抚顺西露天煤矿古城子组琥珀中，其时代为始新世伊普里斯期（Ypresian）（洪友崇，1998）。该昆虫群包括蜉蝣目、革翅目、直翅目、纺足目、蜚蠊目、啮虫目、缨翅目、半翅目、脉翅目、鳞翅目、鞘翅目、捻翅目、膜翅目和双翅目等14目70余科数百种（Wang et al., 2014b）。

1.2.2 新近纪（Neogene Period）

新近纪是新生代第二个纪，持续时间2 044万年（23.03～2.588 Ma; Cohen et al., 2014），包括中新世（Miocene）和上新世（Pliocene）。在此时期，各大陆已经非常靠近它们现在的位置：印度板块与亚洲板块继续碰撞，喜马拉雅山脉不断抬升；南美板块与北美板块之间形成了巴拿马地峡。海平面下降，在非洲与欧亚大陆之间、欧亚大陆与北美大陆之间都有陆桥相连。全球气候季节性明显，变干、变冷的趋势不减；地球两极冰盖出现并加厚。陆地上哺乳动物和鸟类继续演化，与现代类型近似，早期人科动物出现；其他动物类群变化不大。热带植物衰退，落叶植物繁盛，大片森林让渡于草原；草本植物极度繁盛，促使食草动物大量出现。

有关中国新近纪的昆虫化石多是一些零星的报道，

表1-1　中国北方主要昆虫群和组合及其时代[地质年代引自樊隽轩等(2015)]

地质年代				我国北方主要昆虫群或组合
代	纪	世	期	
新生代	新近纪	上新世	皮亚琴察期	
			赞克勒期	
		中新世	墨西拿期	
			托尔托纳期	
			塞拉瓦莱期	
			兰盖期	
			波尔多期	山旺昆虫群
			阿基坦期	
	古近纪	渐新世	夏特期	
			吕珀尔期	
		始新世	普利亚本期	
			巴顿期	
			卢泰特期	
			伊普里斯期	抚顺琥珀昆虫群
		古新世	坦尼特期	
			塞兰特期	
			丹麦期	
中生代	白垩纪	晚白垩世	马斯特里赫特期	
			坎潘期	
			圣通期	
			康尼亚克期	
			土伦期	
			塞诺曼期	大拉子昆虫群
		早白垩世	阿尔布期	卢尚坟昆虫群
			阿普特期	热河昆虫群；莱阳昆虫群
			巴雷姆期	热河昆虫群；莱阳昆虫群
			欧特里夫期	热河昆虫群；莱阳昆虫群
			瓦兰今期	热河昆虫群
			贝里阿斯期	
	侏罗纪	晚侏罗世	提塘期	
			钦莫利期	
			牛津期	↑?
		中侏罗世	卡洛夫期	燕辽昆虫群；道虎沟昆虫群
			巴通期	燕辽昆虫群
			巴柔期	燕辽昆虫群
			阿林期	
		早侏罗世	托阿尔期	北票昆虫群；*Rhipidoblattina robusta-Liaossogomphites xinjiangicus* 组合
			普林斯巴期	北票昆虫群；*Rhipidoblattina robusta-Liaossogomphites xinjiangicus* 组合
			辛涅缪尔期	克拉玛依昆虫群
			赫塘期	克拉玛依昆虫群
	三叠纪	晚三叠世	瑞替期	
			诺利期	托克逊昆虫群
			卡尼期	托克逊昆虫群
		中三叠世	拉丁期	铜川昆虫群
			安尼期	铜川昆虫群
		早三叠世	奥伦尼克期	
			印度期	

只有山旺昆虫群种类异常丰富。

山旺昆虫群(Shanwang Insect Fauna)

山旺昆虫群产于山东省临朐县山旺村一带的山旺组硅藻土页岩中，其时代为中新世波尔多期(Burdigalian)(邓涛等，2003)。该昆虫群种类非常丰富，包括蜉蝣目、蜻蜓目、蜚蠊目、直翅目、革翅目、等翅目、半翅目、鳞翅目、双翅目、鞘翅目和膜翅目等11目84科221属400种(张俊峰，1989；张俊峰等，1994)，是世界上新近纪分异度最高的昆虫群之一。按照现今的昆虫分类系统，原文(张俊峰，1989；张俊峰等，1994)的同翅目(Homoptera)和异翅目(Heteroptera)并称为半翅目。该昆虫群以鞘翅目分异度最高，种类超过整个昆虫群的1/3；膜翅目次之，近1/3；半翅目位列第三，略超过1/8；双翅目位列第四，占11%。该昆虫群具有现代昆虫区系的基本面貌，同时也保留了一定的原始特征(张俊峰等，1994)。

除上述昆虫群以外，前人还建立了其他一些昆虫群和昆虫组合，但由于所依据的化石太少或研究程度不高，这里暂不采用。

2 中国北方中–新生代昆虫新建类群

昆虫系统学(systematic entomology)也称昆虫分类学，是研究昆虫多样性以及昆虫间相互关系的科学。尽管经过了长期的发展，昆虫系统学依然偏重于现生昆虫的研究，多数昆虫系统学者并未将化石类群纳入他们的研究范围。近几十年来，随着昆虫形态学、分子生物学和古昆虫学的研究深入，昆虫系统学也取得了重要进展，虽然分歧还广泛存在，但在高级类群(包括化石类群)的系统关系上形成了几种主流观点(如Carpenter, 1992; Rasnitsyn, Quicke, 2002; Grimaldi, Engel, 2005)。本文采用Grimaldi和Engel(2005：图4.24，表4.1)的分类系统，在此基础上略有修改和简化，具体表述如下(带“*”的类群为灭绝类群)：

昆虫纲 Insecta
- 单髁亚纲 Monocondylia
  - 石蛃目 Archaeognatha
- 双髁亚纲 Dicondylia
  - 衣鱼目 Zygentoma
  - 有翅类 Pterygota
    - 古翅下纲 Palaeoptera
      - 蜉蝣目 Ephemeroptera
      - *古网翅目 Palaeodictyoptera
      - *巨古翅目 Megasecoptera
      - *复翅目 Dicliptera
      - *透翅目 Diaphanopterodea
      - *古蜻蜓目 Geroptera
      - *原蜻蜓目 Protodonata
      - 蜻蜓目 Odonata
    - 新翅下纲 Neoptera
      - *波拉虫目 Paoliidae
      - *原直翅目 Protorthoptera
      - 革翅目 Dermaptera
      - 蛩蠊目 Grylloblattodea
      - 螳螩目 Mantophasmatodea
      - 襀翅目 Plecoptera
      - 纺足目 Embioptera
      - 缺翅目 Zoraptera
      - 竹节虫目 Phasmatodea
      - *华脉目 Caloneuroptera
      - *巨翅目 Titanoptera
      - 直翅目 Orthoptera
      - 螳螂目 Mantodea
      - 蜚蠊目 Blattaria
      - 等翅目 Isoptera
      - *小翅目 Miomoptera
      - *舌鞘目 Glosselytrodea
      - 啮虫目 Psocoptera
      - 虱目 Phthiraptera
      - 缨翅目 Thysanoptera
      - 半翅目 Hemiptera
      - 鞘翅目 Coleoptera
      - 蛇蛉目 Raphidioptera
      - 广翅目 Megaloptera
      - 脉翅目 Neuroptera
      - 膜翅目 Hymenoptera
      - 长翅目 Mecoptera
      - 蚤目 Siphonaptera
      - 捻翅目 Strepsiptera
      - 双翅目 Diptera
      - 毛翅目 Trichoptera
      - 鳞翅目 Lepidoptera

笔者的研究团队在研究中国中–新生代昆虫化石过程中建立了大量的新类群，包括新科、新亚科、新属和新种以及新组合。另外，在与国外昆虫群进行对比研究过程中，还根据国外的材料建立了少量的新类群。这些类群分别归入如下11个现生目：蜻蜓目、蜚蠊目、革翅目、直翅目、半翅目、广翅目、长翅目、脉翅

目、鞘翅目、双翅目和膜翅目。上述各目内部的分类系统主要参考Rasnitsyn和Quicke（2002）与Grimaldi和Engel（2005）的研究结果。以下介绍作者团队建立的新类群。

本章节涉及的大部分模式标本，保存于中国科学院南京地质古生物研究所（标本登记号前缀为NIGP），少部分保存于俄罗斯科学院古生物研究所（标本登记号前缀为PIN）、首都师范大学（标本登记号前缀为CNU）、中国地质博物馆（标本登记号前缀为BL）、天津地质矿产研究所（标本登记号前缀为kj和Hr）、山东天宇自然博物馆（标本登记号前缀为STMN）、浙江自然博物馆（标本登记号前缀为M）以及英国梅德斯通博物馆和本特利夫美术馆（Maidstone Museum & Bentlif Art Gallery；标本登记号前缀分别为MNEMG、BMB、II）。

1 蜻蜓目

蜻蜓目 Odonata Fabricius, 1793

等脉蜓总科 Isophlebioidea Handlirsch, 1906

弯脉蜓科 Campterophlebiidae Handlirsch, 1920

修复蜓属 *Hsiufua* Zhang et Wang, 2013（张海春等，2013; Zhang et al., 2013）

模式种 赵氏修复蜓 *Hsiufua chaoi* Zhang et Wang, 2013

分布时代 内蒙古，中侏罗世。

赵氏修复蜓 *Hsiufua chaoi* Zhang et Wang, 2013（张海春等，2013; Zhang et al., 2013）

模式标本 正模，标本登记号NIGP156221，蜓前翅，正、负面，正面标本为保存近完整的前翅，负面仅保存翅尖近前缘部分；翅长107.6 mm，宽14.3 mm。

产地层位 内蒙古赤峰市宁城县五化镇道虎沟村，中侏罗统道虎沟化石层（图2－1）。

2 蜚蠊目

蜚蠊目 Blattaria Latreille, 1810

丽蠊总科 Caloblattinoidea Vršanský et Ansorge, 2000

丽蠊科 Caloblattinidae Vršanský et Ansorge, 2000

大竹蠊属 *Dazhublattina* Fang et al., 2013（Fang et al., 2013b）

模式种 *Dazhublattina lini* Fang et al., 2013

分布时代 四川省，晚三叠世。

林氏大竹蜚蠊 *Dazhublattina lini* Fang et al., 2013（Fang et al., 2013b）

模式标本 正模，标本登记号NIGP156269，蜚蠊左盖翅，正、负面，不完整；保存部分长30.6 mm，中部宽12.9 mm。

产地层位 四川省达州市大竹县垭口村红旗（城西）煤矿，上三叠统须家河组（图2－2）。

蜚蠊总科 Blattoidea Handlirsch, 1906

中蠊科 Mesoblattinidae Handlirsch, 1906

扇蠊属 *Rhipidoblattina* Handlirsch, 1906

大型扇蠊 *Rhipidoblattina magna* Zhang, 1997（Zhang, 1997a）

模式标本 正模，标本登记号NIGP124652，两盖翅，不完整；翅长38 mm，宽10 mm。

产地层位 吉林省延边朝鲜族自治州龙井市智新镇智新村，下白垩统大拉子组。

玉门蠊总科 Umenocoleidae Chen et Tan, 1973

玉门蠊科 Umenocoleidae Chen et Tan, 1973

玉门蠊属 *Umenocoleus* Chen et Tan, 1973

多脉玉门蠊 *Umenocoleus nervosus* Zhang, 1997（Zhang, 1997a）

模式标本 正模，标本登记号NIGP124653，蜚蠊右盖翅，基部和端部略破损；保存部分长11 mm，宽3.2 mm。

产地层位 吉林省延边朝鲜族自治州龙井市智新镇智新村，下白垩统大拉子组。

备注 Umenocoleidae科最早归入鞘翅目（陈世骧，谭娟杰，1973），后被Vršanský（1999，2003）归入蜚蠊目。

3 革翅目

革翅目 Dermaptera Leach, 1817

蠼螋亚目 Forficulina Newman, 1834

大尾螋科 Pygidicranidae Verhoeff, 1902

地螋属 *Geosoma* Zhang, 1997（Zhang, 1997a）

模式种 *Geosoma prodromum* Zhang, 1997

分布时代 吉林省，早白垩世。

先锋地螋 *Geosoma prodromum* Zhang, 1997（Zhang, 1997a）

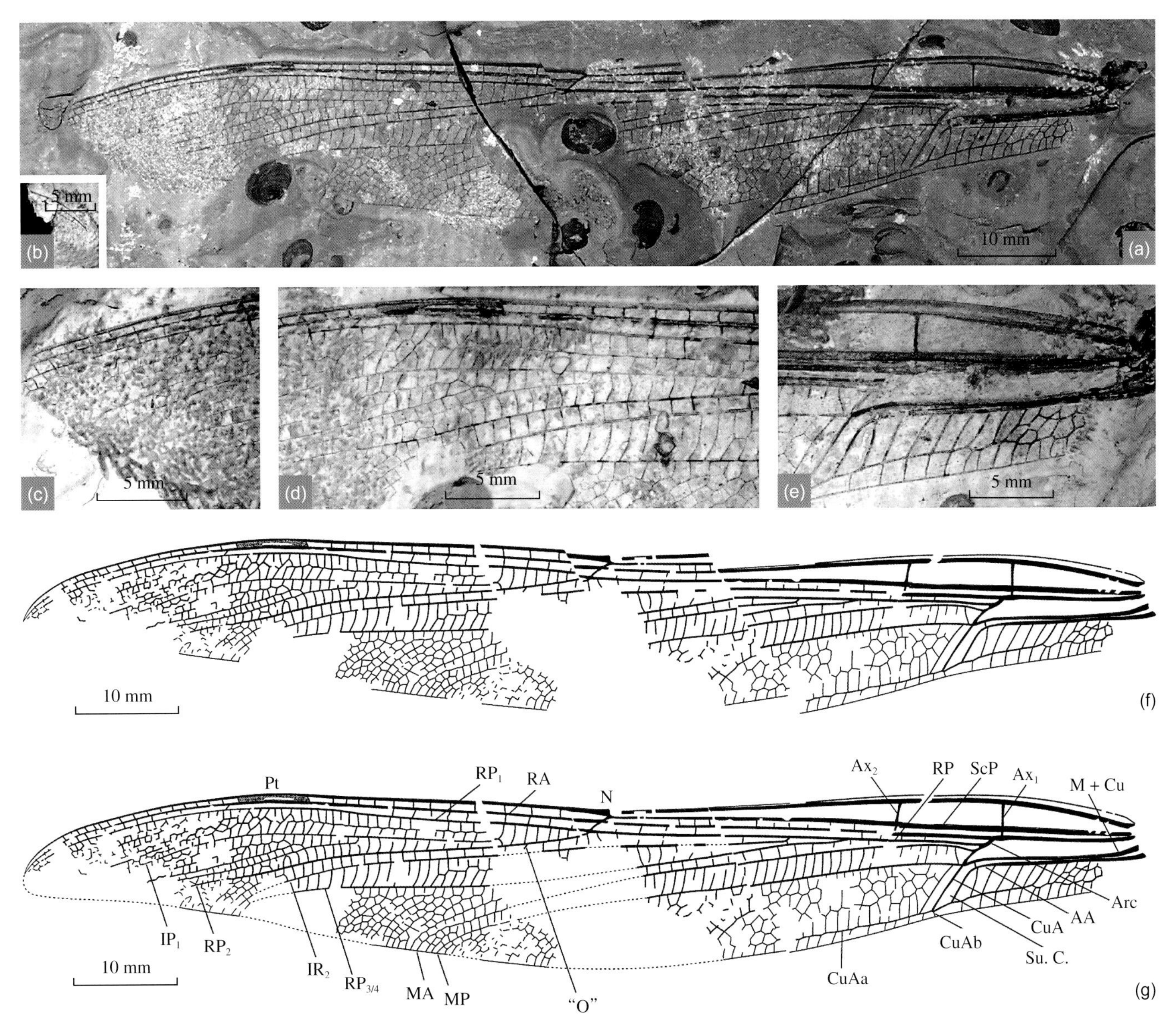

图2-1　赵氏修复蟌蜓（*Hsiufua chaoi* Zhang et Wang, 2013）

正模NIGP156221，前翅，光学图像。a. NIGP156221a；b. NIGP156221b；c. NIGP156221a，近翅端部分；d. NIGP156221a，近翅痣部分；e. NIGP156221a，近翅基部分。图b～图e中标本表面涂乙醇。正模NIGP156221，前翅。f. 线条图；g. 复原图。翅脉符号：AA，前臀脉（anal anterior）；AP，后臀脉（anal posterior）；Arc，弓脉（arculus）；Ax0、Ax1、Ax2，结前横脉（primary antenodal cross-veins）；CuAa，前肘脉前支（distal branch of cubitus anterior）；CuAb，前肘脉后支（proximal branch of cubitus anterior）；IR1、IR2，第1、2径插脉（intercalary radial veins）；MAa，前中脉前支（distal branch of median anterior）；MAb，前中脉后支（posterior branch of median anterior）；MP，后中脉（median posterior）；N，翅结（nodus）；"O"，斜脉（oblique vein）；Pt，翅痣（pterostigma）；RA，前径脉（radius anterior）；RP，后径脉（radius posterior）；ScP，亚前缘脉后支（subcosta posterior）；D.C.，盘室（discoidalcell）；Su.C.，亚盘室（subdiscoidal cell）。

模式标本　正模，标本登记号NIGP124654，背视保存成虫，不完整；身体保存部分长13 mm、宽3 mm，革翅长4 mm，后翅露出部分长2.2 mm。

产地层位　吉林省延边朝鲜族自治州龙井市智新镇智新村，下白垩统大拉子组。

4　直翅目

直翅目 Orthoptera Oliver, 1789

螽斯亚目 Ensifera Handlirsch, 1906

螽斯次目 Tettigoniidea Stol, 1788

原螽总科 Hagloidea Handlirsch, 1906

鸣螽科 Prophalangopsidae Kirby, 1906

阿博鸣螽亚科 Aboilinae Martynov, 1925

阿博鸣螽属 *Aboilus* Martynov, 1925

中国阿博鸣螽 *Aboilus chinensis* Fang, Zhang et Wang,

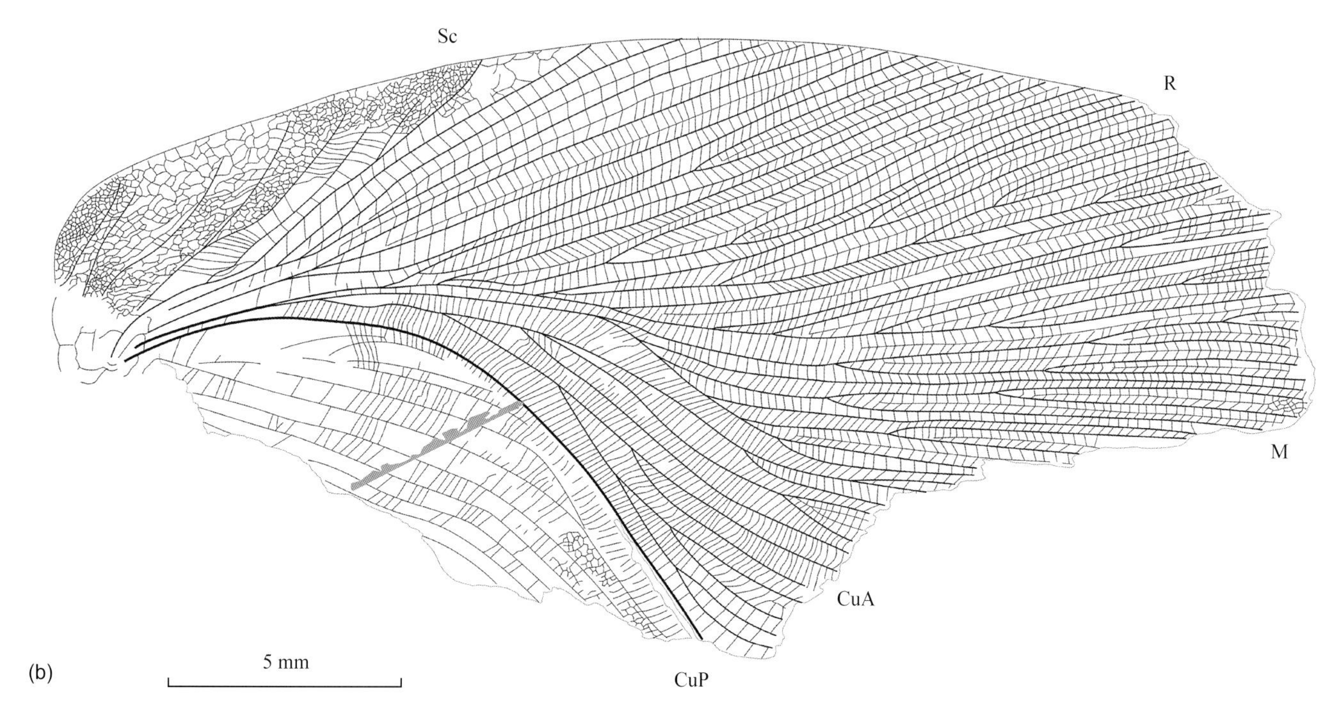

图2-2　林氏大竹蜚蠊（*Dazhublattina lini* Fang et al., 2013）
正模NIGP156269，左盖翅。a. 光学图像；b. 复原图。翅脉符号：Sc，亚前缘脉；R，径脉；M，中脉；CuA，前肘脉；CuP，后肘脉。

2009（Fang, Zhang, Wang, 2009）

模式标本　正模，标本登记号NIGP148388，雄性右覆翅，正、负面，略破损；保存长35.6 mm（可能达41 mm），最宽处为17.9 mm。

产地层位　内蒙古赤峰市宁城县五化镇道虎沟村，中侏罗统道虎沟化石层（图2-3）。

中鸣螽属 *Mesohagla* Zhang, 1996（张海春，1996b）

模式种　*Mesohagla xinjiangensis* Zhang, 1996

分布时代　新疆，早侏罗世。

新疆中生鸣螽 *Mesohagla xinjiangensis* Zhang, 1996（张海春，1996b）

模式标本　正模，标本登记号NIGP126547，雌虫左覆翅，正、负面，端部略破损；翅保存长度39.5 mm（可能达50 mm），宽15.7 mm。

产地层位　新疆克拉玛依市吐孜阿克内沟，下侏罗统八道湾组。

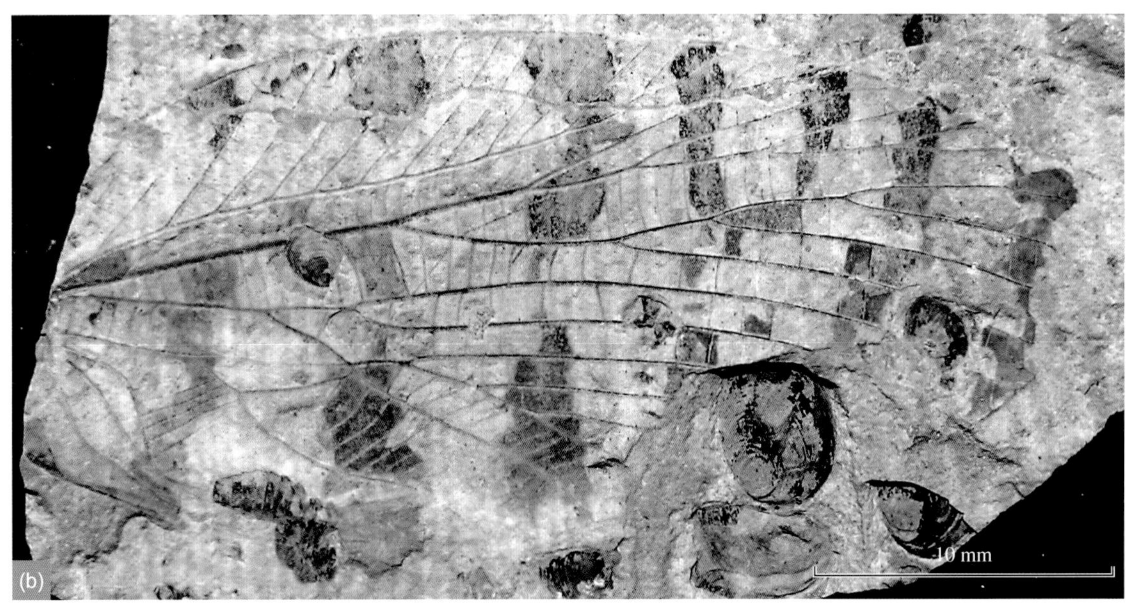

图2–3 中国阿博鸣螽(*Aboilus chinensis* Fang, Zhang et Wang, 2009)
正模NIGP148388,雌性单覆翅,光学图像。a. NIGP148388a; b. NIGP148388b,图像镜像反转。

曲鸣螽属 *Sigmaboilus* Fang et al., 2007(Fang et al., 2007)

模式种 戈氏曲鸣螽*Sigmaboilus gorochovi* Fang et al., 2007

分布时代 内蒙古,中侏罗世。

戈氏曲鸣螽 *Sigmaboilus gorochovi* Fang et al., 2007(Fang et al., 2007)

模式标本 正模,标本登记号NIGP148111,雄性右覆翅;长38.5 mm,宽10.2 mm。

产地层位 内蒙古赤峰市宁城县五化镇道虎沟村,中侏罗统道虎沟化石层(图2–4)。

中国曲鸣螽 *Sigmaboilus sinensis* Fang et al., 2007(Fang et al., 2007)

模式标本 正模,标本登记号NIGPNIGP14811,雄性右覆翅,完整;长39.5 mm,宽10.3 mm。

产地层位 内蒙古赤峰市宁城县五化镇道虎沟村,中侏罗统道虎沟化石层。

长脉曲鸣螽 *Sigmaboilus longus* Fang et al., 2007(Fang et al., 2007)

模式标本 正模,标本登记号NIGP148113,雌性左覆翅,正、负面,端部略微破损;保存长度55.8 mm(总长约59 mm),宽16.3 mm。

产地层位　内蒙古赤峰市宁城县五化镇道虎沟村，中侏罗统道虎沟化石层。

赤峰鸣螽亚科 Chifengiinae Hong, 1982

商鸣螽属 *Ashanga* Zherikhin, 1985

北方商鸣螽 *Ashanga borealis* Fang et al., 2013（Fang et al., 2013a）

模式标本　正模，标本登记号NIGP156268，雄性右覆翅，正、负面，略破损；长 36.8 mm，宽 15.1 mm。

产地层位　辽宁省凌源市三十家子镇姜杖子村，下

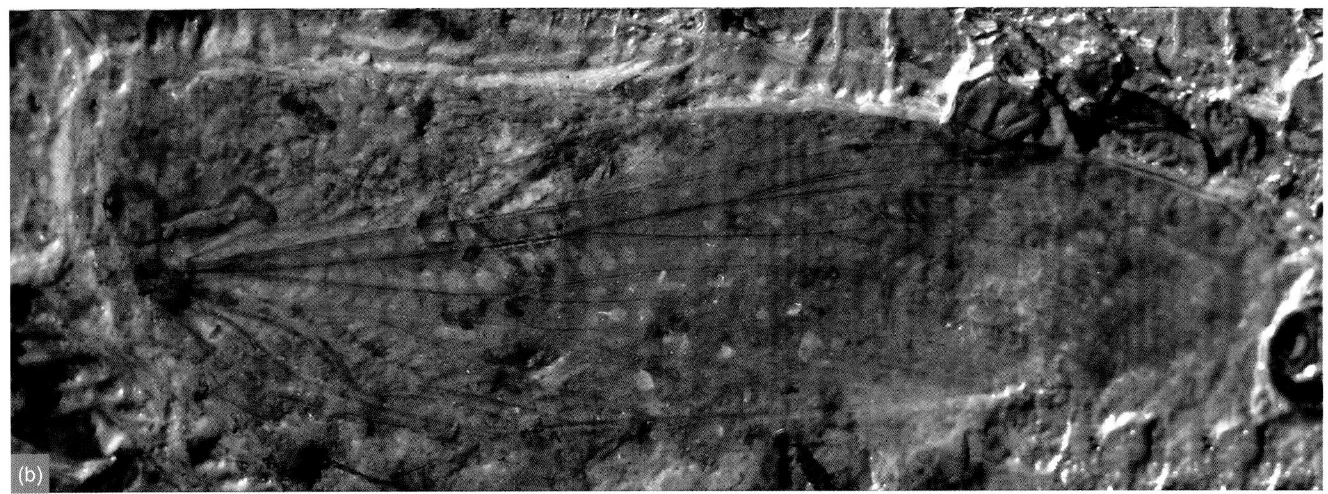

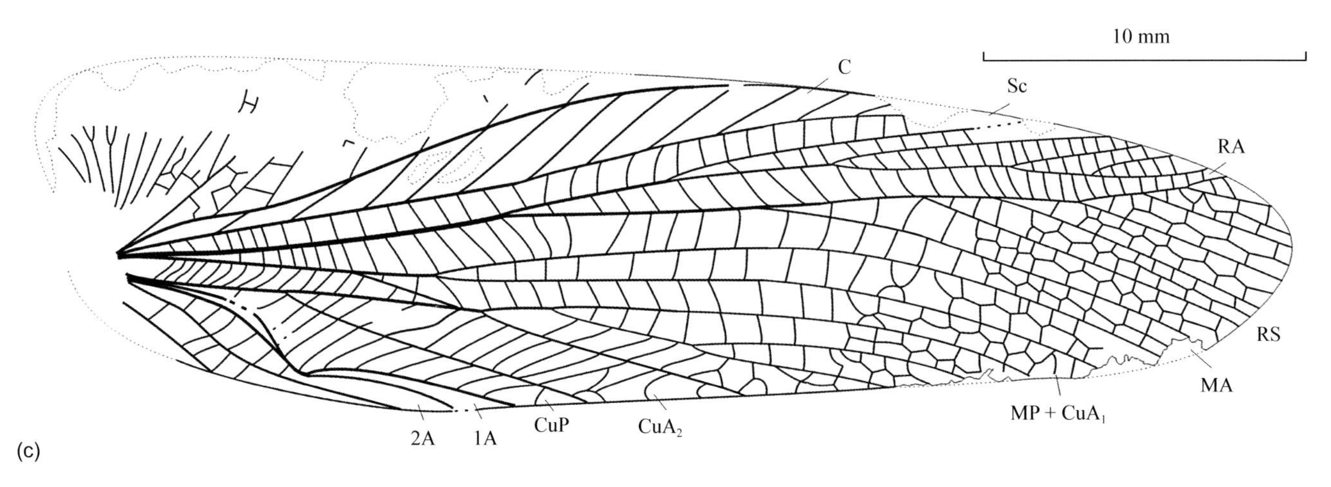

图2-4　戈氏曲鸣螽（*Sigmaboilus gorochovi* Fang et al., 2007）

正模NIGP148111，雄性右覆翅。a. 光学图像；b. 光学图像（表面涂乙醇）；c. 复原图。翅脉符号：C，前缘脉；Sc，亚前缘脉；RA，径脉前分支；RS，径脉后分支；MA，中脉前分支；MP，中脉后分支；CuA，肘脉前分支；CuP，肘脉后分支；1A，第一臀脉；2A，第二臀脉。

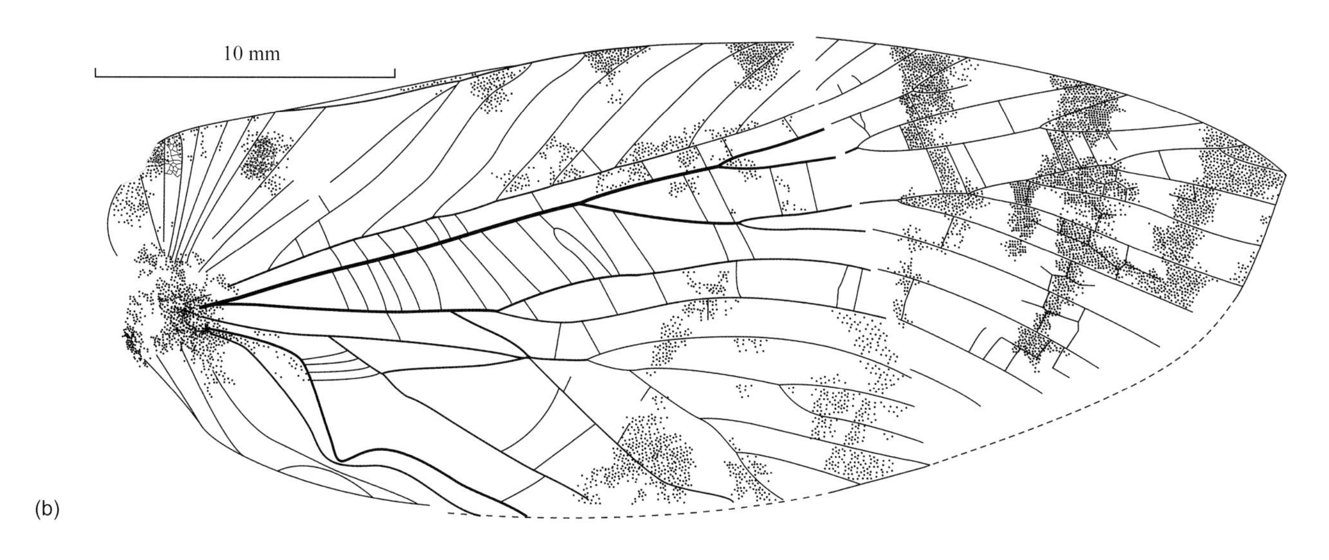

图2–5 北方商鸣螽（*Ashanga borealis* Fang et al., 2013）
正模NIGP156268，雄性右覆翅。a. 光学图像；b. 复原图。

白垩统义县组（图2–5）。

短脉螽总科 Elcanoidea Handlirsch, 1906
短脉螽科 Elcanidae Handlirsch, 1906
短脉螽亚科 Elcaninae Handlirsch, 1906
潘诺短脉螽 *Panorpidium* Westwood, 1854

义县潘诺短脉螽 *Panorpidium yixianensis* Fang et al., 2015（Fang et al., 2015）

模式标本 正模，标本登记号NIGP159068，不完整成虫，仅保存右侧3条腿、翅和部分胸部；前胸背板长3.4 mm，前足保存部分长8.7 mm，中足保存部分长10.3 mm，后足保存部分长29.6 mm，前翅长23.4 mm，中部宽4.9 mm。副模，标本登记号NIGP159069，不完整成虫，仅保存部分腹部和翅；前翅保存部分长12.8 mm，估计可达20 mm。

产地层位 内蒙古赤峰市宁城县必斯营子镇杨树湾子村，下白垩统义县组（图2–6、图2–7）。

5 半翅目

半翅目 Hemiptera Linnaeus, 1758
蝉亚目 Cicadomorpha Evans, 1946
古蝉总科 Palaeontinoidea Handlirsch, 1906
古蝉科 Palaeontinidae Handlirsch, 1906
丽古蝉属 *Abrocossus* Wang et Zhang, 2007（Wang, Zhang, Fang, 2007a）

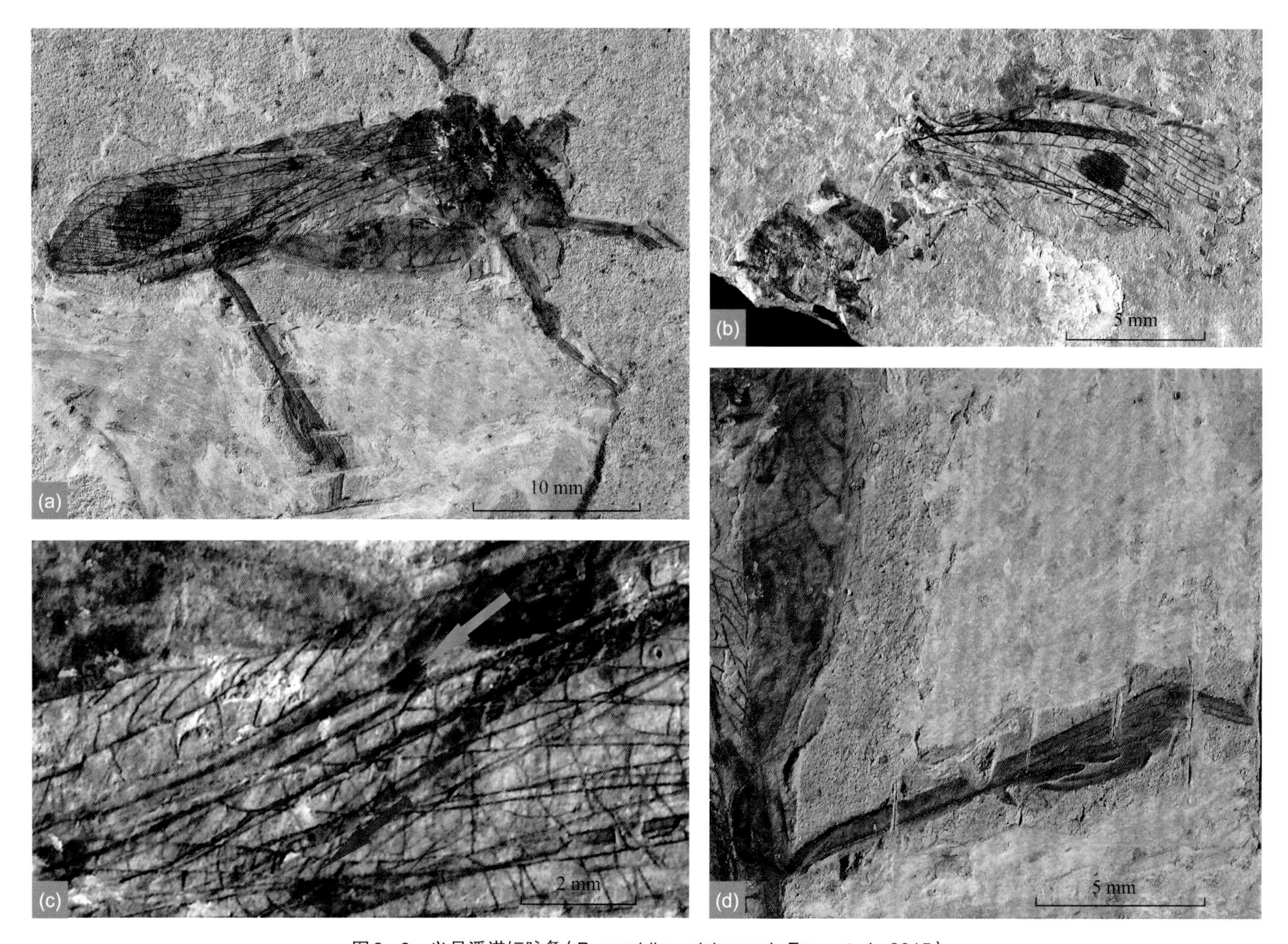

图2-6　义县潘诺短脉蚤（*Panorpidium yixianensis* Fang et al., 2015）

光学图像。a. 正模NIGP159068；b. 副模NIGP159069；c. 正模前翅中部特征：蓝色箭头指RP脉基部，红色箭头指示1A+CuP+MA2汇合处；d. 正模后足。

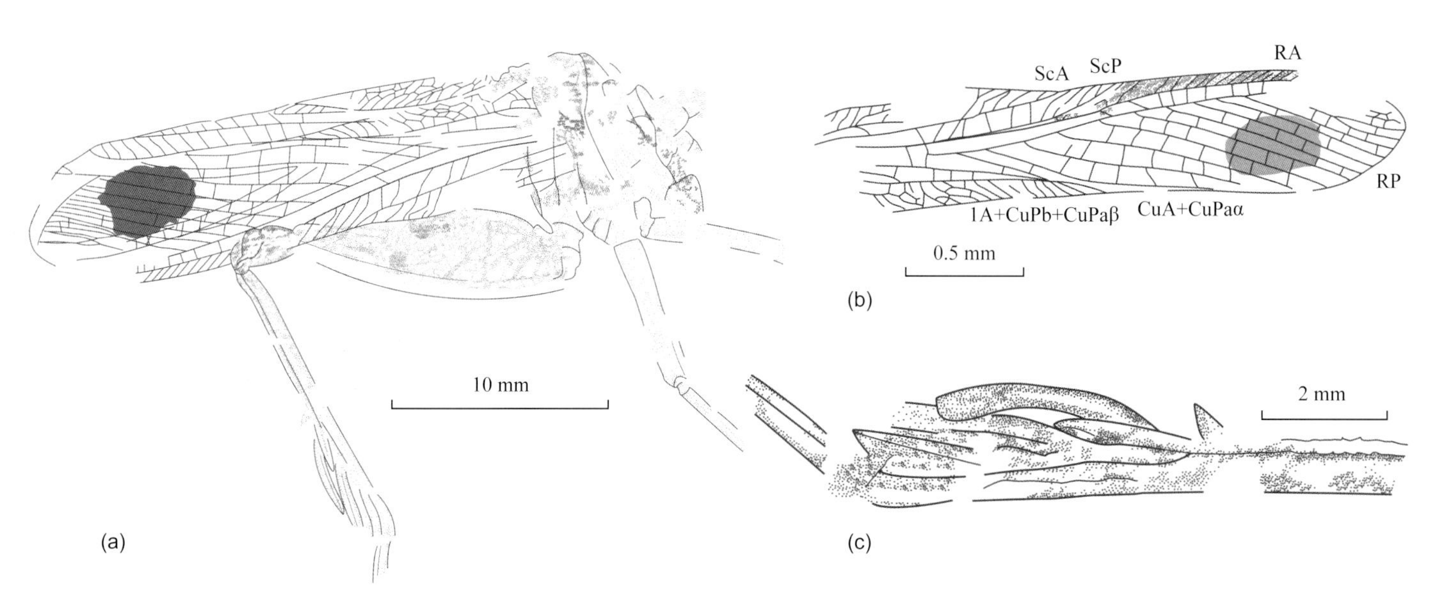

图2-7　义县潘诺短脉蚤（*Panorpidium yixianensis* Fang et al., 2015）

正模NIGP159068，复原图。a. 全貌；b. 前翅；c. 后腿节和胫节。翅脉符号同前。

模式种 *Abrocossus longus* Wang et Zhang, 2007

分布时代 内蒙古，中侏罗世。

长形丽古蝉 *Abrocossus longus* Wang et Zhang, 2007（Wang, Zhang, Fang, 2007a）

模式标本 正模，标本登记号NIGP143705，右前翅，正、负面；翅长60.1 mm，宽23.5 mm。

产地层位 内蒙古赤峰市宁城县五化镇道虎沟村，中侏罗统道虎沟化石层（图2-8）。

道虎沟古蝉属 *Daohugoucossus* Wang, Zhang et Fang, 2006（Wang, Zhang, Fang, 2006b）

模式种 *Daohugoucossus solutu* Wang, Zhang et Fang, 2006

分布时代 内蒙古，中侏罗世。

分脉道虎沟古蝉 *Daohugoucossus solutus* Wang, Zhang et Fang, 2006（Wang, Zhang, Fang, 2006b）

模式标本 正模，标本登记号NIGP141370，后翅，正、负面；长30 mm，宽15 mm。

产地层位 内蒙古赤峰市宁城县五化镇道虎沟村，中侏罗统道虎沟化石层。

东方古蝉属 *Eoiocossus* Wang et Zhang, 2006（Wang et al., 2006d）

模式种 *Eoiocossus validus* Wang et Zhang, 2006

分布时代 内蒙古，中侏罗世。

强壮东方古蝉 *Eoiocossus validus* Wang et Zhang, 2006（Wang et al., 2006d）

模式标本 正模，标本登记号NIGP142084，前翅，

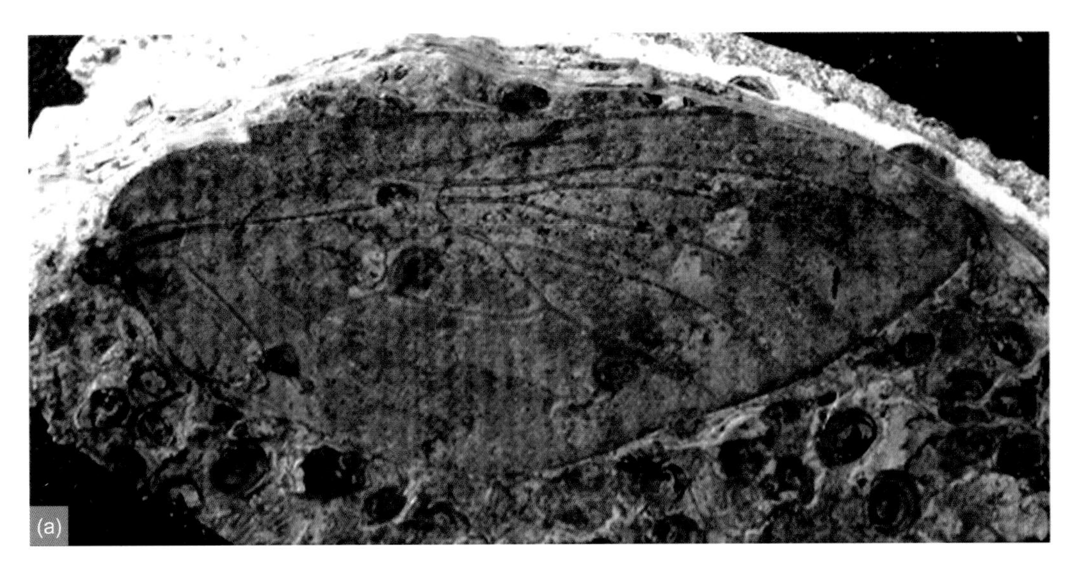

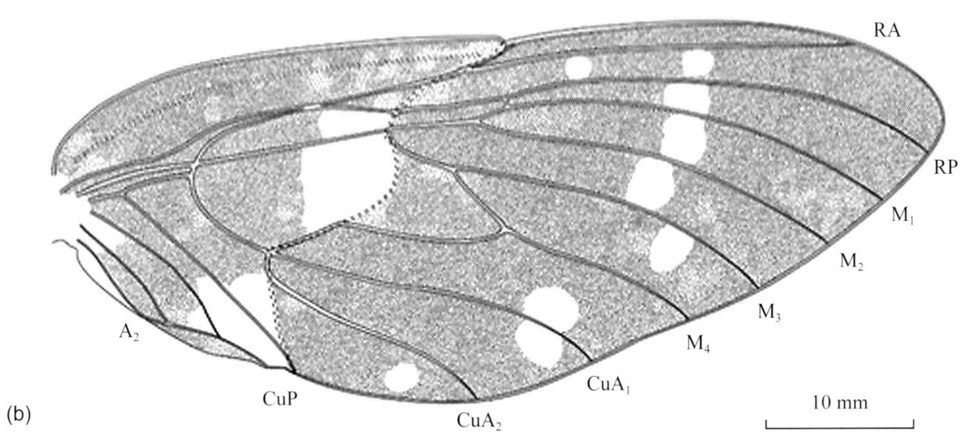

图2-8 长形丽古蝉（*Abrocossus longus* Wang et Zhang, 2007）

正模NIGP143705，右前翅。a. 光学图像（表面涂乙醇）；b. 复原图。翅脉符号：RA，前径脉；RP，后径脉；M_1，中脉第一分支；M_2，中脉第二分支；M_3，中脉第三分支；M_4，中脉第四分支；CuA_1，前肘脉第一分支；CuA_2，前肘脉第二分支；CuP，后肘脉；A_2，第二臂脉。

近完整，长61.2 mm、宽31.9 mm。副模，NIGP142085，正、负面，前翅，略破损，近完整，长63.9 mm、宽27.6 mm；NIGP142086，成虫，身体和后翅模糊不清，前翅长73.2 mm、宽32.0 mm；NIGP142087，前翅，不完整，保存部分长71.0 mm、宽31.2 mm；NIGP142088，前翅，不完整，长约78 mm、宽约43 mm；NIGP142089，前翅，不完整，保存部分长37.6 mm、宽40.0 mm。

产地层位 内蒙古赤峰市宁城县五化镇道虎沟村，中侏罗统道虎沟化石层（图2–9）。

甘肃古蝉属 *Gansucossus* Wang, Zhang et Fang, 2006（洪友崇，1982b; Wang, Zhang, Fang, 2006b）

模式种 *Yumenia pectinata* Hong, 1982；甘肃省玉门市肃北县，中–下侏罗统大山口群。

分布时代 中国北方，侏罗纪。

梳状甘肃古蝉 *Gansucossus pectinatus*（Hong, 1982）Wang, Zhang et Fang, 2006（洪友崇，1982b；任东，1995；Zhang, 1997b; Wang, Zhang, Fang, 2006b）

模式标本 正模，标本登记号kj1206，后翅；翅长22 mm，宽14.5 mm。

产地层位 甘肃省酒泉市肃北县红柳疙瘩，下–中侏罗统大山口群。

滦平甘肃古蝉 *Gansucossus luanpingensis*（Hong, 1983）Wang, Zhang et Fang, 2006（洪友崇，1983；任东，1995；Zhang, 1997b; Wang, Zhang, Fang, 2006b）

模式标本 正模，标本登记号Hr1034，后翅，近完整；翅长32 mm，宽17 mm。

产地层位 河北省承德市滦平县周营子，中侏罗统九龙山组。

典型甘肃古蝉 *Gansucossus typicus* Wang, Zhang et Fang, 2006（Wang, Zhang, Fang, 2006b）

模式标本 正模，标本登记号NIGP141369，后翅，正、负面；翅长29 mm，宽18 mm。

产地层位 内蒙古赤峰市宁城县五化镇道虎沟村，中侏罗统道虎沟化石层。

马氏古蝉属 *Martynovocossus* Wang et Zhang, 2008（Martynov, 1931; Kenrick, 1914; Gaede, 1933; Evans, 1956; Becker-Migdisova, Wootton, 1965; Carpenter, 1992; Hamilton, 1992; Zhang, 1997b；王莹，任东，2006; Wang et al., 2008a）

模式种 *Pseudocossus zemcuznicovi* Martynov, 1931；伊尔库茨克Ust-Baley，下侏罗统Cheremkhovo组[托阿尔阶（Toarcian）]。

分布时代 亚洲东部和南部，侏罗纪。

强壮马氏古蝉 *Martynovocossus strenus*（Zhang, 1997）Wang et Zhang, 2008（Zhang, 1997b; Wang et al., 2008a）

模式标本 正模，标本登记号NIGP126782，前翅，正、负面，不完整；保存部分长42.5 mm，宽23.2 mm。

产地层位 新疆克拉玛依市吐孜阿克内沟，下侏罗统八道湾组。

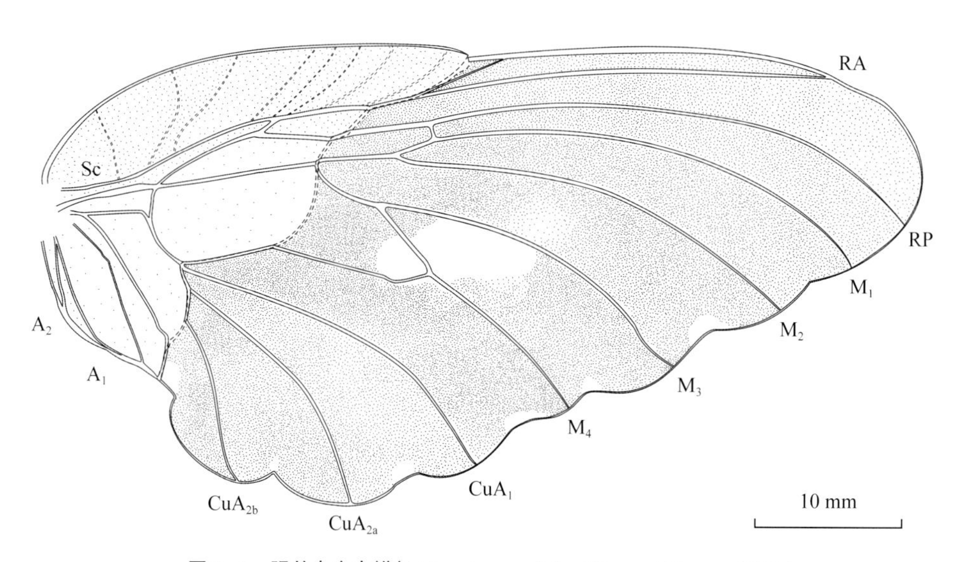

图2–9 强壮东方古蝉（*Eoiocossus validus* Wang et Zhang, 2006）
正模NIGP142084，前翅，复原图。翅脉符号同前。

美丽马氏古蝉 ***Martynovocossus bellus*（Wang et Ren, 2006）Wang et Zhang, 2008**（王莹，任东，2006; Wang et al., 2008a）

模式标本　正模，标本登记号CNU–H–NN2005002，左前翅，不完整，保存部分长52 mm、宽24 mm。

产地层位　内蒙古赤峰市宁城县五化镇道虎沟村，中侏罗统道虎沟化石层。

多点马氏古蝉 ***Martynovocossus punctulosus*（Wang et Ren, 2006）Wang et Zhang, 2008**（王莹，任东，2006; Wang et al., 2008a）

模式标本　正模，标本登记号CNU–H–NN2005001，左前翅，不完整，保存部分长42 mm、宽23 mm。

产地层位　内蒙古赤峰市宁城县五化镇道虎沟村，中侏罗统道虎沟化石层（图2–10）。

精美马氏古蝉 ***Martynovocossus decorus* Wang et Zhang, 2008**（Wang et al., 2008a）

模式标本　正模，标本登记号NIGP147892，前翅，爪片缺失；长37.5 mm，宽17.1 mm。副模，NIGP147893，前翅，爪片缺失，长34.7 mm，宽15.6 mm; NIGP147894，虫体保存不清，具一前翅和后翅，前翅长33.2 mm、宽16.5 mm; NIGP147895，前翅，正、负面，爪片缺失，长32.7 mm、宽16.8 mm。

产地层位　内蒙古赤峰市宁城县五化镇道虎沟村，中侏罗统道虎沟化石层（图2–11）。

陈氏马氏古蝉 ***Martynovocossus cheni* Wang et Zhang, 2008**（Wang et al., 2008a）

模式标本　正模，标本登记号NIGP147896，成虫，腹部缺失；前翅长36.7 mm、宽20.1 mm，后翅长22 mm、宽15 mm。

产地层位　内蒙古赤峰市宁城县五化镇道虎沟村，中侏罗统道虎沟化石层。

内蒙古古蝉属 *Neimenggucossus* Wang et Zhang, 2007（Wang, Zhang, Fang, 2007a）

模式种　*Neimenggucossus normalis* Wang et Zhang, 2007

分布时代　内蒙古，中侏罗世。

正常内蒙古古蝉 ***Neimenggucossus normalis* Wang et Zhang, 2007**（Wang, Zhang, Fang, 2007a）

模式标本　正模，标本登记号NIGP143706，后翅，正、负面；翅长21.2 mm，宽15.0 mm。

产地层位　内蒙古赤峰市宁城县五化镇道虎沟村，

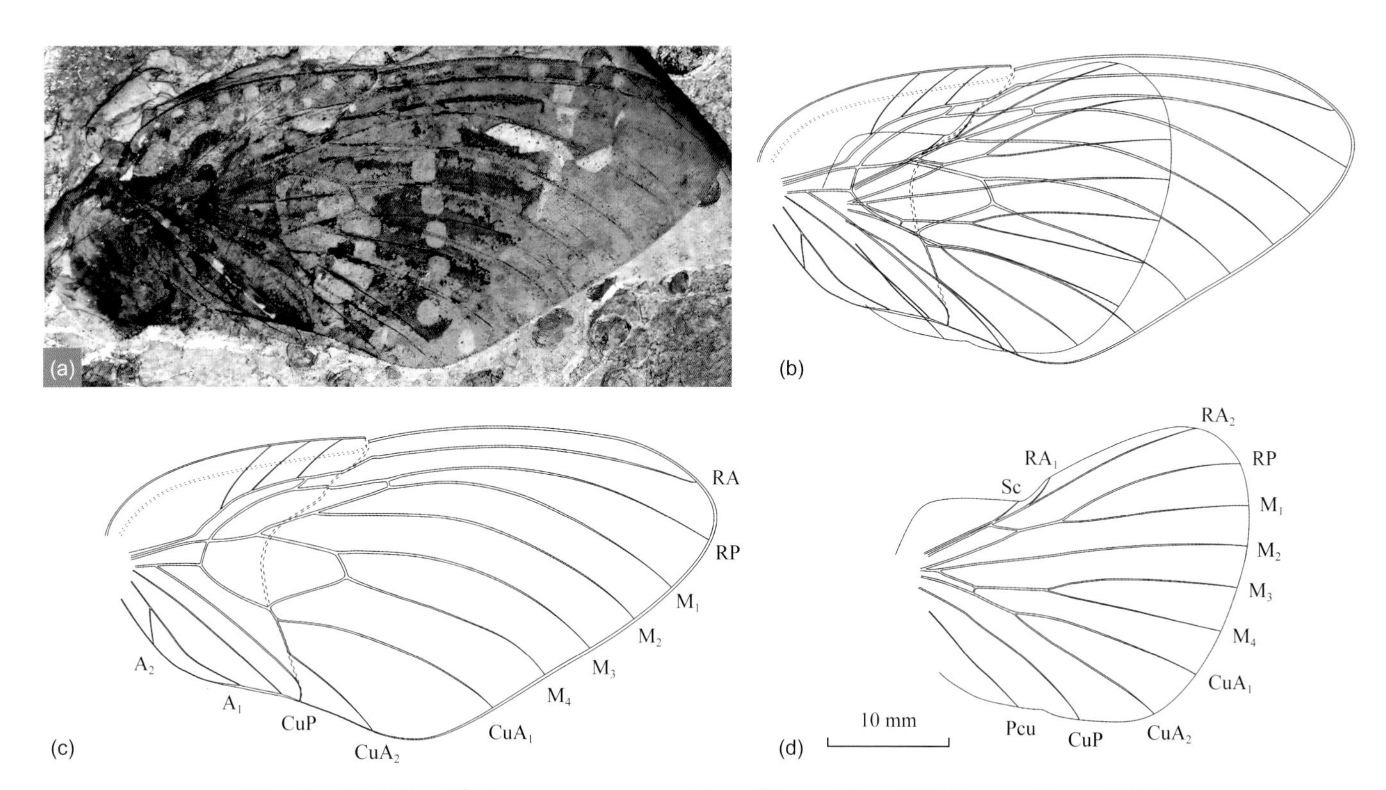

图2–10　多点马氏古蝉［*Martynovocossus punctulosus*（Wang et Ren, 2006）Wang et Zhang, 2008］
NIGP147872，前、后翅。a. 光学图像；b. 前后翅复原图；c. 前翅复原图；d. 后翅复原图。翅脉符号同前。

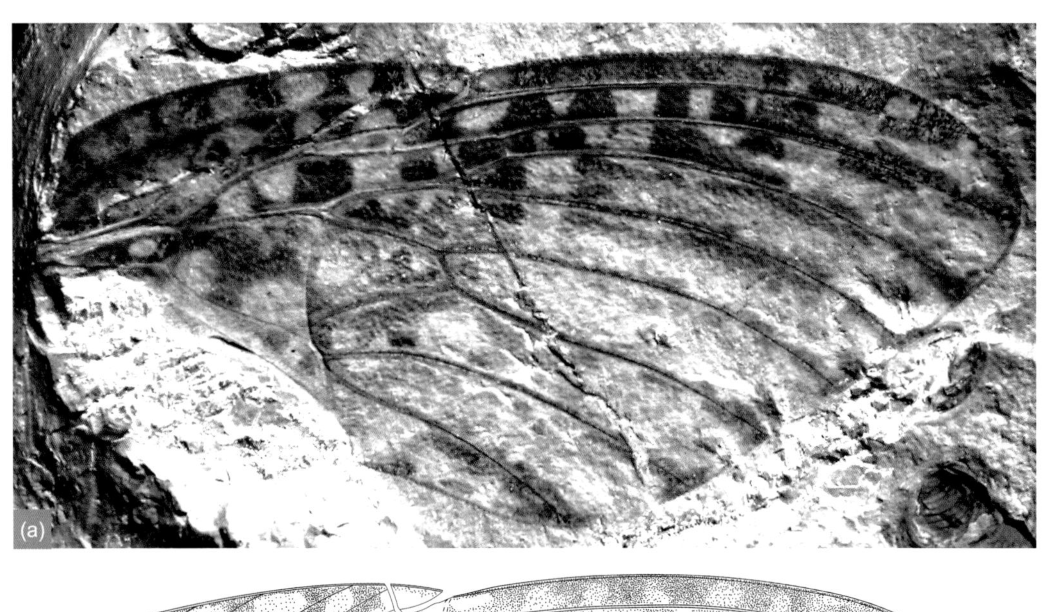

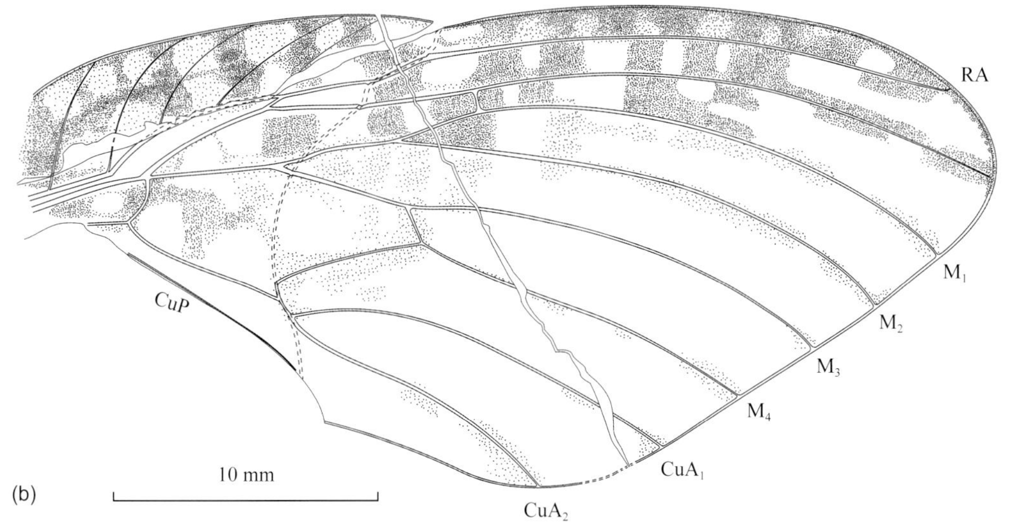

图2-11　精美马氏古蝉(*Martynovocossus decorus* Wang et Zhang, 2008)
正模NIGP147892,前翅。a. 光学图像; b. 复原图。翅脉符号同前。

中侏罗统道虎沟化石层(图2-12)。

宁城古蝉属 *Ningchengia* Wang, Zhang et Szwedo, 2009(Wang, Zhang, Szwedo, 2009c)

模式种　*Ningchengia aspera* Wang, Zhang et Szwedo, 2009

分布时代　内蒙古,中侏罗世。

粗糙宁城古蝉 *Ningchengia aspera* Wang, Zhang et Szwedo, 2009(Wang, Zhang, Szwedo, 2009c)

模式标本　正模,标本登记号NIGP149409,前、后翅叠合在一起,正、负面;前翅长32.8 mm、宽13.4 mm,后翅长20.9 mm、宽12.8 mm。

产地层位　内蒙古赤峰市宁城县五化镇道虎沟村,中侏罗统道虎沟化石层。

娇小宁城古蝉 *Ningchengia minuta* (Wang, Zhang et Fang 2006) Wang, Zhang et Szwedo, 2009(Wang, Zhang, Fang, 2006a; Wang, Zhang, Szwedo, 2009c)

模式标本　正模,标本登记号NIGP140540,后翅;翅长17 mm,宽12.1 mm。

产地层位　内蒙古赤峰市宁城县五化镇道虎沟村,中侏罗统道虎沟化石层。

类古蝉属 *Palaeontinodes* Martynov, 1937

道虎沟类古蝉 *Palaeontinodes daohugouensis* Wang et Zhang, 2007(Wang, Zhang, Fang, 2007a)

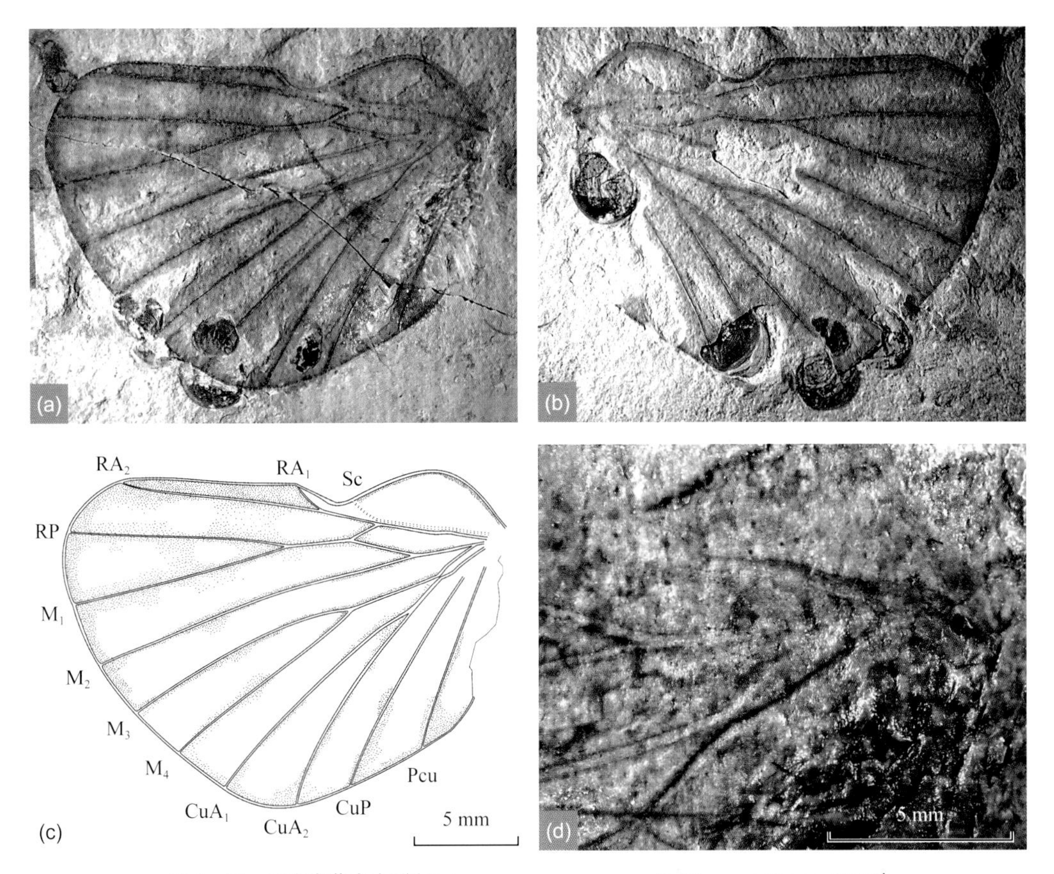

图2–12 正常内蒙古古蝉(*Neimenggucossus normalis* Wang et Zhang, 2007)
正模NIGP14370，后翅。a. NIGP14370a，光学图像；b. NIGP14370b，光学图像；c. 复原图；d. NIGP14370a，后翅基部细节(表面涂乙醇)。翅脉符号同前。

模式标本 正模，标本登记号NIGP143701，前翅，正、负面；长22.1 mm，宽10.4 mm。

产地层位 内蒙古赤峰市宁城县五化镇道虎沟村，中侏罗统道虎沟化石层(图2–13)。

小室类古蝉 *Palaeontinodes locellus* Wang et Zhang, 2007(Wang, Zhang, Fang, 2007a)

模式标本 正模，标本登记号NIGP143702，前翅，前缘区和爪片破损；保存部分长51.2 mm，宽23.8 mm。

产地层位 内蒙古赤峰市宁城县五化镇道虎沟村，中侏罗统道虎沟化石层。

分离类古蝉 *Palaeontinodes separatus* Wang et Zhang, 2007(Wang, Zhang, Fang, 2007a)

模式标本 正模，标本登记号NIGP143703，成虫，背视保存，正、负面，近完整；前翅长33.8 mm、宽14.3 mm，后翅长约21 mm、宽13 mm。

产地层位 内蒙古赤峰市宁城县五化镇道虎沟村，中侏罗统道虎沟化石层。

热水汤类古蝉 *Palaeontinodes reshuitangensis* Wang et Zhang, 2007(Wang, Zhang, Fang, 2006a, 2007b)

模式标本 正模，标本登记号NIGP143707，成虫，不完整，长27 mm，前翅长48.8 mm、宽19.5 mm。副模，NIGP143708，成虫，背视保存，近完整，体长29.1 mm，前翅长50 mm、宽20.5 mm; NIGP143709，成虫，保存较差，长约30 mm，前翅保存部分长40 mm、宽14 mm，后翅保存部分长18 mm、宽15 mm; NIGP143710，成虫，背视保存，前翅和后翅不完整，保存长度31 mm，前翅长55 mm、宽约25 mm。

产地层位 正模产自辽宁省凌源市万元店镇热水汤无白丁营子，副模产自内蒙古赤峰市宁城县五化镇道虎沟村，中侏罗统道虎沟化石层。

薄古蝉属 *Plachutella* Becker-Migdisova, 1949

雕刻薄古蝉 *Plachutella exculpta* Zhang, 1997(Zhang, 1997b)

模式标本 正模，标本登记号NIGP126782，正、负面，后翅，前缘和翅尖略破损，爪片缺失；翅保存部分长

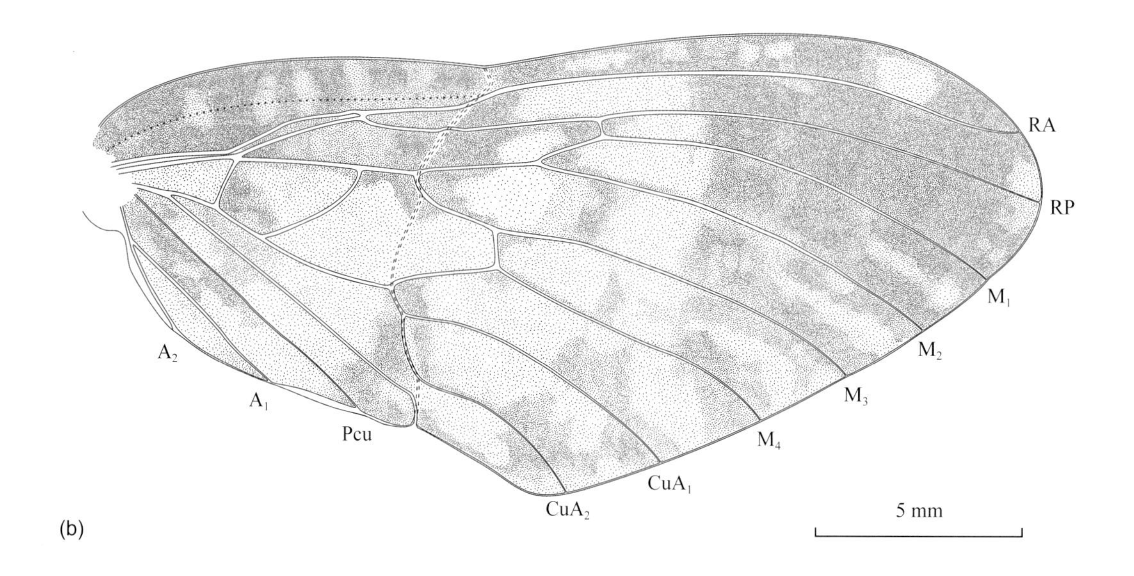

图2－13　道虎沟类古蝉（*Palaeontinodes daohugouensis* Wang et Zhang, 2007）

正模NIGP143701，前翅。a. NIGP143701a，光学图像；b. 复原图；c. NIGP143701b，光学图像。翅脉符号同前。

28 mm，宽22 mm。

产地层位 新疆克拉玛依市吐孜阿克内沟，下侏罗统八道湾组。

魔幻薄古蝉 *Plachutella magica* Wang, Zhang et Fang, 2006（Wang, Zhang, Fang, 2006a）

模式标本 正模，标本登记号NIGP140548，后翅，翅尖和爪片缺失；保存部分长21 mm，宽13 mm。

产地层位 内蒙古赤峰市宁城县五化镇道虎沟村，中侏罗统道虎沟化石层。

中国古蝉属 *Sinopalaeocossus* Hong, 1983

三脉中国古蝉 *Sinopalaeocossus trinervus* Wang et al., 2006（Wang et al., 2006c）

模式标本 正模，标本登记号NIGP142082，正、负面，虫体保存差，翅保存较好；前翅长25.1 mm、宽13.9 mm，后翅长17.0 mm、宽11.6 mm。副模，NIGP142083，后翅，正、负面，臀区略破损；长23.8 mm，宽15.2 mm。

产地层位 内蒙古赤峰市宁城县五化镇道虎沟村，中侏罗统道虎沟化石层（图2–14、图2–15）。

苏留克古蝉 *Suljuktocossus* Becker-Migdisova, 1949

赤峰苏留克古蝉 *Suljuktocossus chifengensis* Wang

图2–14 三脉中国古蝉（*Sinopalaeocossus trinervus* Wang et al., 2006）
正模NIGP142082，光学图像。a. NIGP142082a，表面涂乙醇；b. NIGP142082b。

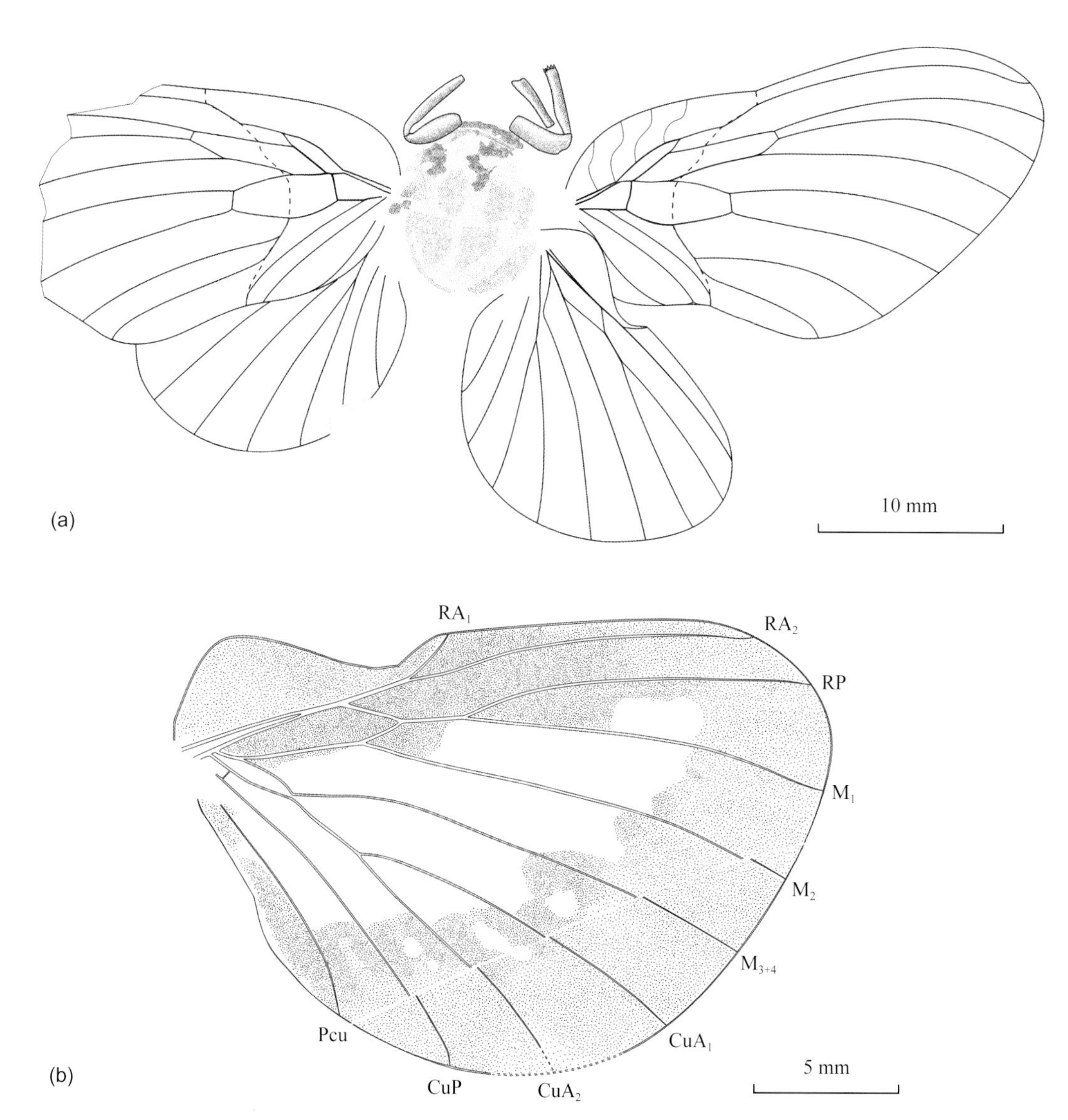

图2-15 三脉中国古蝉(*Sinopalaeocossus trinervus* Wang et al., 2006)
正模NIGP142082,复原图。a. 全貌;b. 后翅。翅脉符号同前。

et Zhang, 2007(Wang, Zhang, Fang, 2007a)

模式标本 正模,标本登记号NIGP143704,右前翅;长34.5 mm,宽16.1 mm。

产地层位 内蒙古赤峰市宁城县五化镇道虎沟村,中侏罗统道虎沟化石层(图2-16)。

多彩苏留克古蝉 *Suljuktocossus coloratus* (Wang, Zhang et Fang, 2006) Wang, Zhang et Szwedo, 2009(Wang, Zhang, Fang, 2006a; Wang, Zhang, Szwedo, 2009d)

模式标本 正模,标本登记号NIGP140536/140537,后翅,正、负面;长24 mm,宽18 mm。副模,NIGP140538/140539,后翅,正、负面;长30 mm,宽22 mm。

产地层位 内蒙古赤峰市宁城县五化镇道虎沟村,中侏罗统道虎沟化石层。

威尔登古蝉属 *Valdicossus* Wang, Zhang et Jarzembowski, 2008(Wang, Zhang, Jarzembowski, 2008)

模式种 *Valdicossus chesteri* Wang, Zhang et Jarzembowski, 2008。

分布时代 英格兰,早白垩世。

查氏威尔登古蝉 *Valdicossus chesteri* Wang, Zhang et Jarzembowski, 2008(Wang, Zhang, Jarzembowski, 2008c)

模式标本 正模,标本登记号MNEMG 2008.2 [Co 60],后翅,正、负面,翅端部和后缘略破损;保存部分长14.4 mm,宽约11.8 mm。

产地层位 英格兰东萨塞克斯郡Cooden,下白垩统Lower Weald Clay组[欧特里夫阶(Hauterivian)下部]。

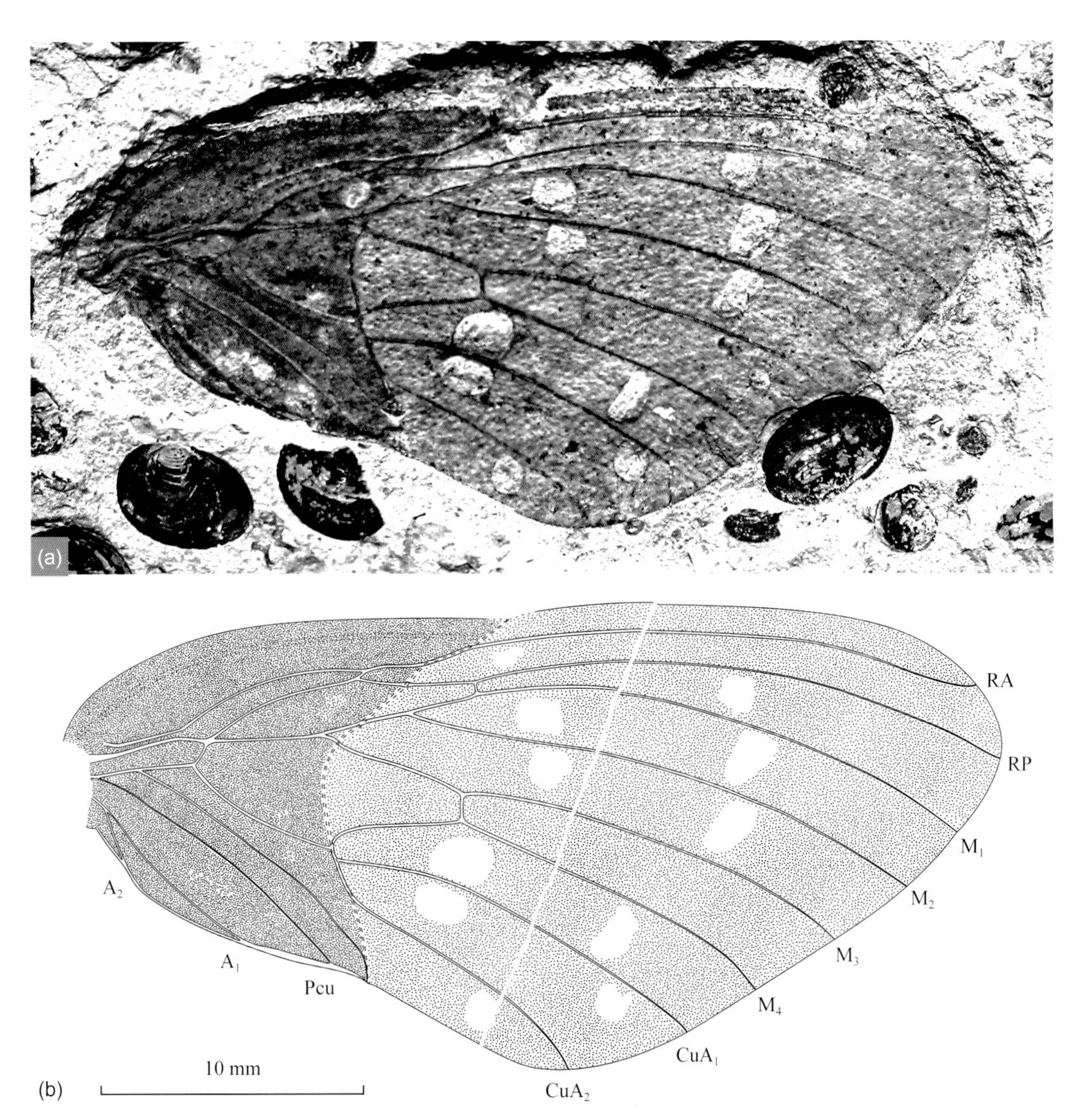

图2-16 赤峰苏留克古蝉（*Suljuktocossus chifengensis* Wang et Zhang, 2007）
正模NIGP143704，右前翅。a. 光学图像；b. 复原图。翅脉符号同前。

伊列达古蝉属 *Ilerdocossus* Gomez-Pallerola, 1984

宁城伊列达古蝉 *Ilerdocossus ningchengensis* Wang et Zhang, 2008（Wang, Zhang, Fang, 2008b）

模式标本 正模，标本登记号NIGP148391，成虫，前、后翅不完整；体长21 mm，前翅长29 mm、宽11 mm，后翅长约13 mm、宽约9 mm。

产地层位 内蒙古赤峰市宁城县石佛镇西三家村南沟，下白垩统义县组（图2-17）。

敦氏古蝉科 Dunstaniidae Tillyard, 1916
弗古蝉属 *Fletcheriana* Evans 1956

侏罗弗古蝉 *Fletcheriana jurassica* Zhang 1997（Zhang, 1997b）

模式标本 正模，标本登记号NIGP126781，后翅，正、负面，略破损；长24 mm，宽11.5 mm。

产地层位 新疆克拉玛依市吐孜阿克内沟，下侏罗统八道湾组。

蜡蝉总科 Fulgoroidea Latrille, 1810
短足蜡蝉科 Lophopidae Stal, 1866
始拟蜡蝉属 *Eofulgoridium* Martynov, 1937

柔弱始拟蜡蝉 *Eofulgoridium tenellum* Zhang, Wang et Zhang, 2003（张海春，王启飞，张俊峰，2003）

模式标本 正模，标本登记号NIGP130410，前翅，翅基略破损，臀域和后缘缺失；保存部分长10.2 mm，宽2.7 mm。

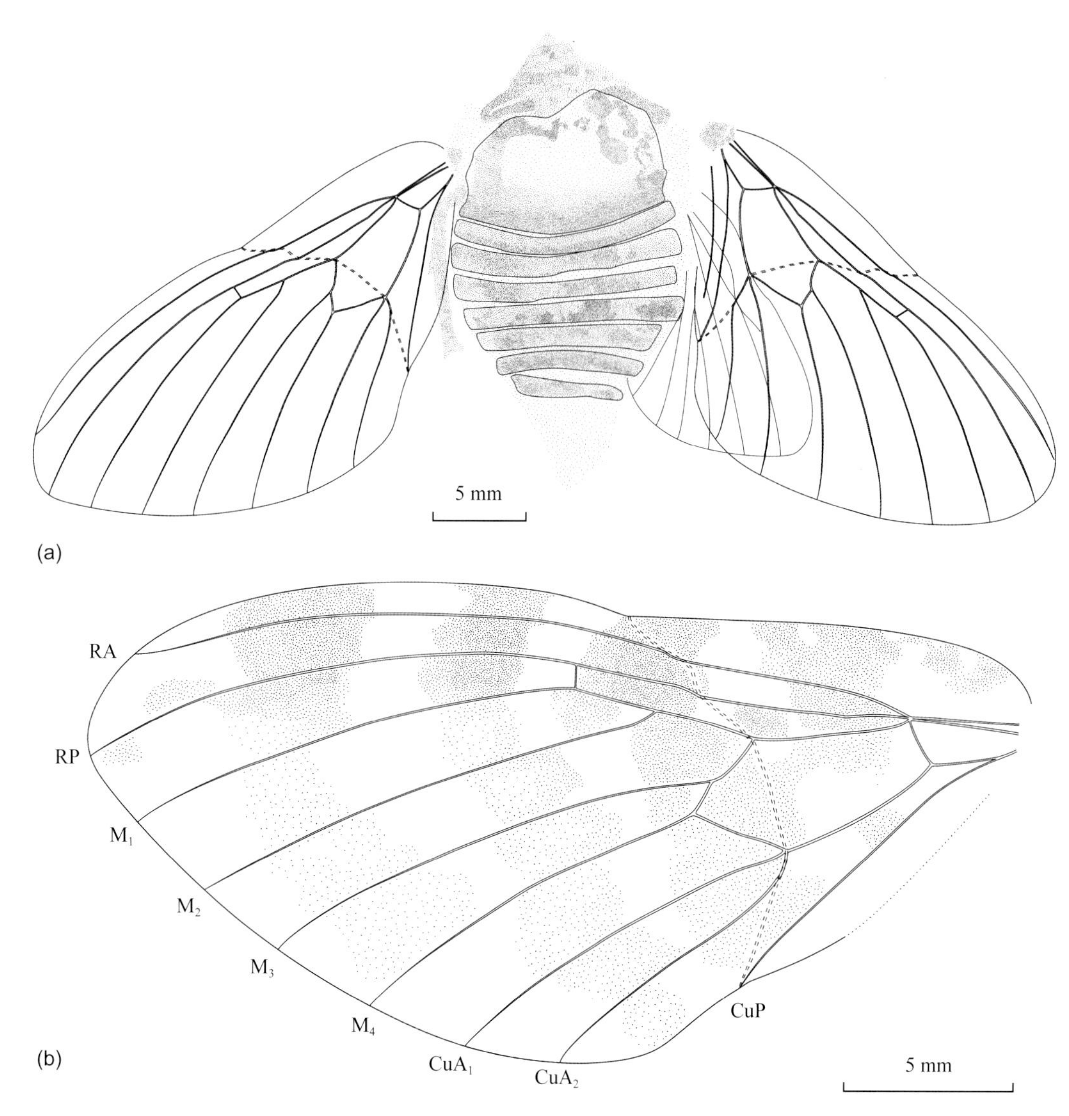

图2－17　宁城伊列达古蝉（*Ilerdocossus ningchengensis* Wang et Zhang, 2008）
正模NIGP148391，复原图。a. 昆虫全貌；b. 前翅。翅脉符号同前。

产地层位　新疆昌吉州吉木萨尔县西大沟，下侏罗统三工河组。

祁阳蜡蝉科 Qiyangiricaniidae Szwedo, Wang et Zhang, 2011（Szwedo, Wang, Zhang, 2011）

模式属　*Qiyangiricania* Lin, 1986；湖南，早侏罗世。

蝉总科 Cicadoidea Latreille, 1802

螽蝉科 Tettigarctidae Distant, 1905

祖蝉亚科 Cicadoprosbolinae Becker-Migdisova, 1947

舒拉布螽蝉属 *Shuraboprosbole* Becker-Migdisova, 1949

道虎沟舒拉布螽蝉 *Shuraboprosbole daohugouensis* Wang et Zhang, 2009（Wang, Zhang, 2009a）

模式标本　正模，标本登记号NIGP149372，雌性成虫，侧视保存，正、负面，体长约26 mm。副模，NIGP149373，正、负面，成虫，腹视保存，体长约 30 mm；NIGP149374，雌性成虫，侧视保存，体长约27 mm；NIGP149375，成虫，侧视保存，不完整，体长约27 mm。

产地层位　内蒙古赤峰市宁城县五化镇道虎沟村，中侏罗统道虎沟化石层（图2－18）。

娇小舒拉布螽蝉 *Shuraboprosbole minuta* Wang et Zhang, 2009（Wang, Zhang, 2009a）

模式标本　正模，标本登记号NIGP149376，正、负面，雄性成虫，侧视保存，近完整。副模，NIGP149377；NIGP149378；NIGP149379，正、负面；NIGP149380，正、负

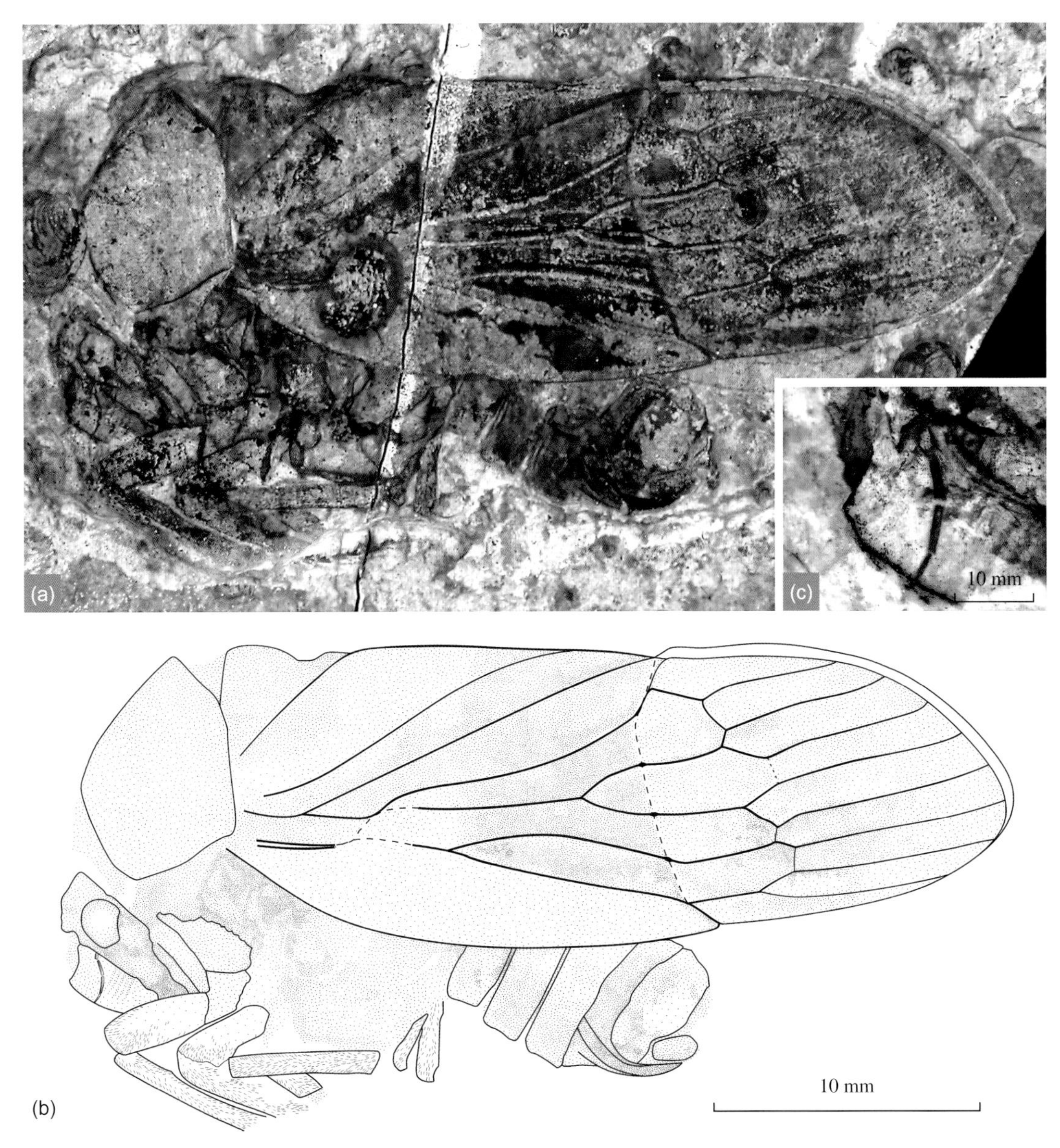

图2-18 道虎沟舒拉布螽蝉（*Shuraboprosbole daohugouensis* Wang et Zhang, 2009）
正模NIGP149372，雌性成虫。a. 光学图像（标本表面涂乙醇）；b. 复原图；c. 触角部位（表面涂乙醇）放大，光学图像。

面；雌性成虫，侧视保存，完整。

产地层位 内蒙古赤峰市宁城县五化镇道虎沟村，中侏罗统道虎沟化石层。

中等舒拉布螽蝉 *Shuraboprosbole media* Wang et Zhang, 2009（Wang, Zhang, 2009a）

模式标本 正模，标本登记号NIGP149407，前翅，爪片略破损；长25.8 mm，宽10.1 mm。

产地层位 内蒙古赤峰市宁城县五化镇道虎沟村，中侏罗统道虎沟化石层。

沫蝉总科 Cercopoidea Leach, 1815

原沫蝉科 Procercopidae Handlirsch, 1906

原沫蝉属 *Procercopis* Handlirsch, 1906

沙湾原沫蝉 *Procercopis shawanensis* Zhang, Wang et Zhang, 2003（张海春，王启飞，张俊峰，2003）

模式标本 正模，标本登记号NIGP130409，前翅，基半部未保存，中部前缘及臀域末端略破损；保存长度6.2 mm，宽3.1 mm。

产地层位 新疆塔城市沙湾县南安集海，下侏罗统八道湾组。

似原沫蝉属 *Procercopina* Martynov, 1937

柔弱似原沫蝉 *Procercopina delicata* Zhang, Wang et Zhang, 2003（张海春，王启飞，张俊峰，2003）

模式标本 正模，标本登记号NIGP126537，前翅，翅基破损，臀域缺失；保存部分长12 mm，宽4 mm。

产地层位 新疆克拉玛依市吐孜阿克内沟，下侏罗统八道湾组。

侏罗沫蝉属 *Jurocercopis* Wang et Zhang, 2009（Wang, Zhang, 2009b）

模式种 *Jurocercopis grandis* Wang et Zhang, 2009

分布时代 内蒙古，中侏罗世。

巨大侏罗沫蝉 *Jurocercopis grandis* Wang et Zhang, 2009（Wang, Zhang, 2009b）

模式标本 正模，标本登记号NIGP149549，正、负面，成虫，近完整，前翅长20.5 mm，宽7.1 mm。副模，NIGP149550，成虫，侧视保存，近完整，体长21 mm；NIGP149551，成虫，背视保存，体长21 mm；NIGP149552，正、负面，成虫，前翅长22 mm、宽7.2 mm。

产地层位 内蒙古赤峰市宁城县五化镇道虎沟村，中侏罗统道虎沟化石层。

华翅蝉科 Sinoalidae Wang et Szwedo, 2012（Wang, Szwedo, Zhang, 2012a）

模式属 *Sinoala* Wang et Szwedo, 2012

华翅蝉属 *Sinoala* Wang et Szwedo, 2012（Wang, Szwedo, Zhang, 2012a）

模式种 *Sinoala parallelivena* Wang et Szwedo, 2012

分布时代 内蒙古，中侏罗世。

并脉华翅蝉 *Sinoala parallelivena* Wang et Szwedo, 2012（Wang, Szwedo, Zhang, 2012a）

模式标本 正模，标本登记号NIGP154583，正、负面，雄性成虫，背腹视保存，近完整。副模，NIGP154584（雌性成虫），NIGP154585（雄性成虫），NIGP154586（雌性成虫），NIGP154587（雄性成虫），背腹视保存，近完整；NIGP154588（雌性成虫），侧背视保存。体长约11.5 mm，前翅长约9 mm。

产地层位 内蒙古赤峰市宁城县五化镇道虎沟村，中侏罗统道虎沟化石层（图2－19）。

图2－19 并脉华翅蝉（*Sinoala parallelivena* Wang et Szwedo, 2012）
正模NIGP154583，雄性成虫，光学图像。a. NIGP154583a；b. NIGP154583b。

剑蝉属 *Jiania* Wang et Szwedo, 2012（Wang, Szwedo, Zhang, 2012a）

模式种 *Jiania crebra* Wang et Szwedo, 2012

分布时代 内蒙古，中侏罗世。

粗脉剑蝉 *Jiania crebra* Wang et Szwedo, 2012（Wang, Szwedo, Zhang, 2012a）

模式标本 正模，标本登记号NIGP154598，正、负面，雌性成虫，背视保存，近完整。副模，NIGP154599, NIGP154600, NIGP154601, NIGP154602（正、负面），NIGP154603（正、负面），NIGP154604，雌性成虫，背视或腹视保存，近完整。体长（包括产卵器）约22.5 mm，前翅长约15 mm。

产地层位 内蒙古赤峰市宁城县五化镇道虎沟村，中侏罗统道虎沟化石层。

柔弱剑蝉 *Jiania gracila* Wang et Szwedo, 2012（Wang, Szwedo, Zhang, 2012a）

模式标本 正模，标本登记号NIGP154605，正、负面，雌性成虫，背视保存，近完整。副模，NIGP154606, NIGP154607, NIGP154608, NIGP154609，雌性成虫，背视或腹视保存，近完整。体长（包括产卵器）约18 mm，前翅长约14 mm。

产地层位 内蒙古赤峰市宁城县五化镇道虎沟村，中侏罗统道虎沟化石层（图2–20）。

鞘喙亚目 Coleorrhyncha Myers et China, 1929

膜翅蝽总科 Peloridioidea Breddin, 1897

卡拉蝽科 Karabasiidae Popov, 1985

卡拉蝽亚科 Karabasiinae Popov, 1985

卡拉蝽属 Karabasia Martynov, 1926

扁平卡拉蝽 *Karabasia plana* (Lin, 1986) Wang et al., 2011（林启彬，1986；王博等，2011）

模式标本 正模，标本登记号NIGP70050，雌性（?）成虫，背视保存，体长3.2 mm。

产地层位 广西贺州市西湾镇，中侏罗统石梯组。

图2–20 柔弱剑蝉（*Jiania gracila* Wang et Szwedo, 2012）
正模NIGP154605，雌性成虫，光学图像，表面涂乙醇。a. NIGP154605a；b. NIGP154605b。

原臭虫总科 Progonocimicoidea Handlirsch, 1906

原臭虫科 Progonocimicidae Handlirsch, 1906

蝉蝽亚科 Cicadocorinae Becker-Migdisova, 1958

中蝉蝽属 *Mesocimex* Hong, 1983

林氏中蝉蝽 *Mesocimex lini* Wang, Szwedo et Zhang, 2009（Wang, Szwedo, Zhang, 2009c）

模式标本 正模，标本登记号NIGP150276，雌虫，正、负面，完整，体长5.8 mm。

产地层位 内蒙古赤峰市宁城县五化镇道虎沟村，中侏罗统道虎沟化石层（图2－21、图2－22）。

6 广翅目

广翅目 Megaloptera Latreille, 1796

齿蛉科 Corydalidae Leach, 1815

鱼蛉亚科 Chauliodinae Davis, 1903

侏罗鱼蛉属 *Jurochauliodes* Wang et Zhang, 2010（Wang, Zhang, 2010）

模式种 *Jurochauliodes ponomarenkoi* Wang et Zhang, 2010

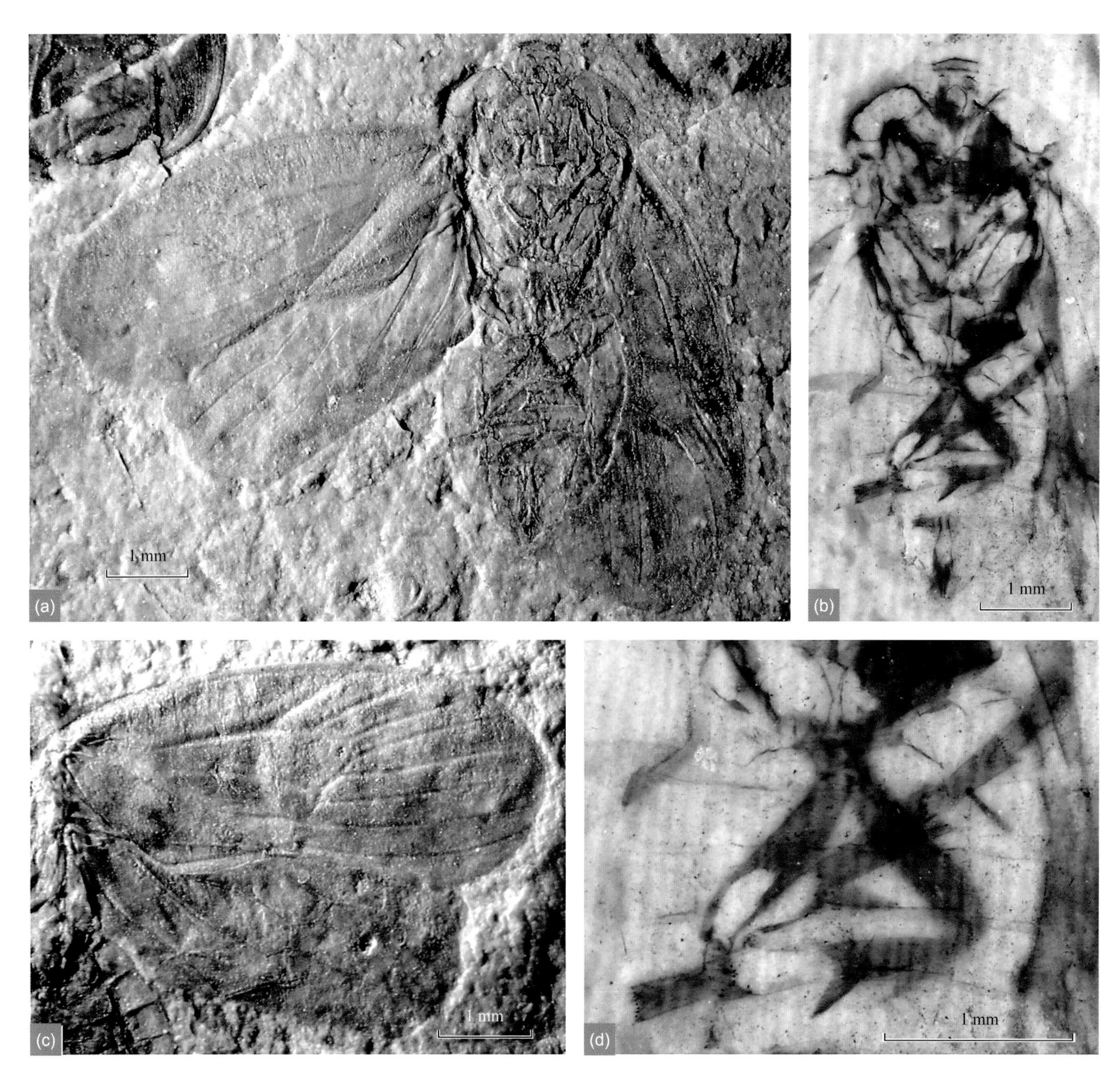

图2－21 林氏中蝉蝽（*Mesocimex lini* Wang, Szwedo et Zhang, 2009）

正模NIGP150276，雌性成虫，光学图像。a. NIGP150276a，昆虫全貌；b. NIGP150276a，虫体（表面涂乙醇）；c. NIGP150276b，右盖翅和后翅；d. NIGP150276a，后足细节（表面涂乙醇）。

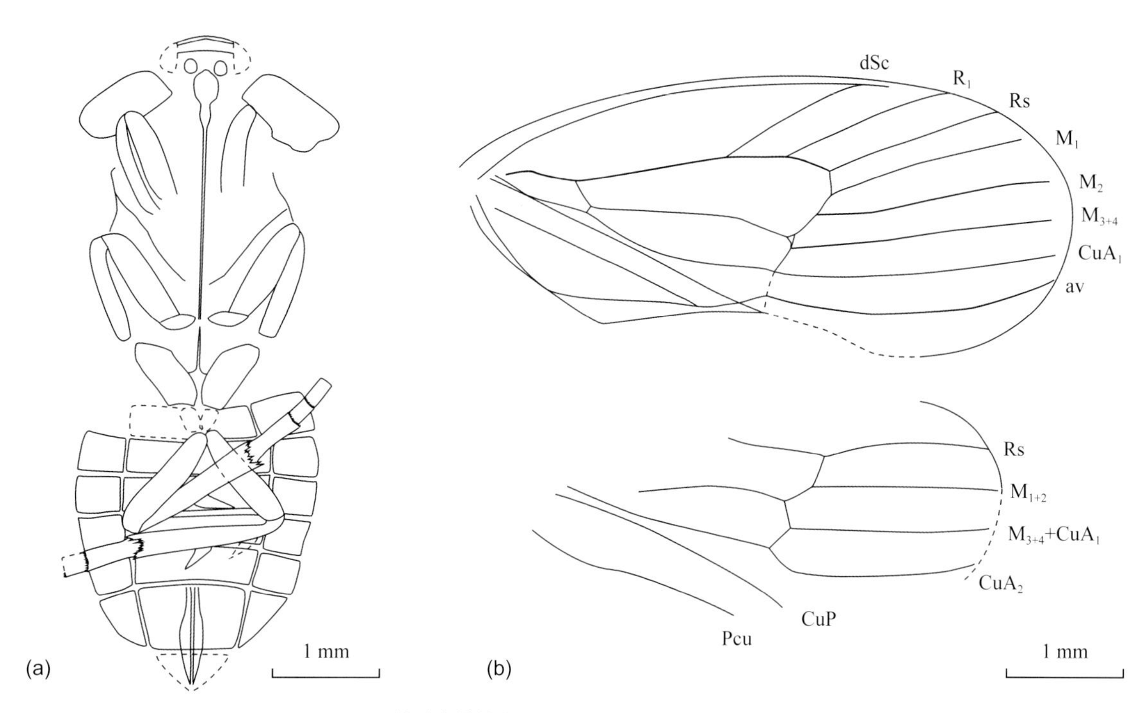

图2－22 林氏中蝉蝽（*Mesocimex lini* Wang, Szwedo et Zhang, 2009）
正模NIGP150276，雌性成虫，线条图。a. NIGP150276a，身体结构；b. NIGP150276b，右盖翅和后翅翅脉。

分布时代 内蒙古，中侏罗世。

帕氏侏罗鱼蛉 *Jurochauliodes ponomarenkoi* Wang et Zhang, 2010（Wang, Zhang, 2010）

模式标本 正模，标本登记号NIGP151837，幼虫，完整，长约44 mm。副模，NIGP151838，正、负面，幼虫，保存较好，长约45 mm; NIGP151839，幼虫，头和腹部破损，长约45 mm。

产地层位 内蒙古赤峰市宁城县五化镇道虎沟村，中侏罗统道虎沟化石层（图2－23）。

7 长翅目

长翅目 Mecoptera Packard, 1886

直脉蝎蛉科 Orthophlebiidae Handlisch, 1906

原直脉蝎蛉属 *Protorthophlebia* Tillyard, 1933

条纹原直脉蝎蛉 *Protorthophlebia strigata* Zhang, 1996（张海春，1996a）

模式标本 正模，标本登记号NIGP126369/126370，正、负面，前翅，近完整；翅长10 mm，宽3.5 mm。

产地层位 新疆乌苏市哈尔沙拉，上三叠统小泉沟群。

中蝎蛉属 *Mesopanorpa* Handlirsch, 1906

密脉中蝎蛉 *Mesopanorpa densa* Zhang, 1996（张海春，1996a）

模式标本 正模，标本登记号NIGP126380，前翅，臀区大部分缺失；翅长14.5 mm，宽4.5 mm。

产地层位 新疆克拉玛依市吐孜阿克内沟，下侏罗统八道湾组。

异形中蝎蛉 *Mesopanorpa monstrosa* Zhang, 1996（张海春，1996a）

模式标本 正模，标本登记号NIGP126373，两前翅叠合在一起，略破损；保存部分长14 mm，宽5 mm。

产地层位 新疆克拉玛依市吐孜阿克内沟，下侏罗统八道湾组。

直脉蝎蛉属 *Orthophlebia* Westwood, 1845

雕琢直脉蝎蛉 *Orthophlebia exculpta* Zhang, 1996（张海春，1996a）

模式标本 正模，标本登记号NIGP126368，前翅，近完整；翅长11 mm，宽3.8 mm。

产地层位 新疆乌苏市哈尔沙拉，上三叠统小泉沟群。

彩色直脉蝎蛉 *Orthophlebia colorata* Zhang, 1996

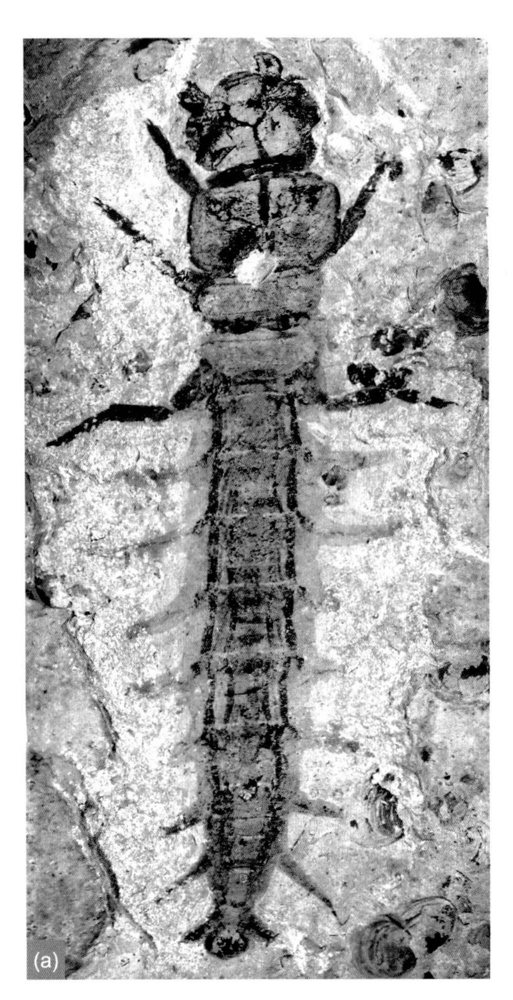

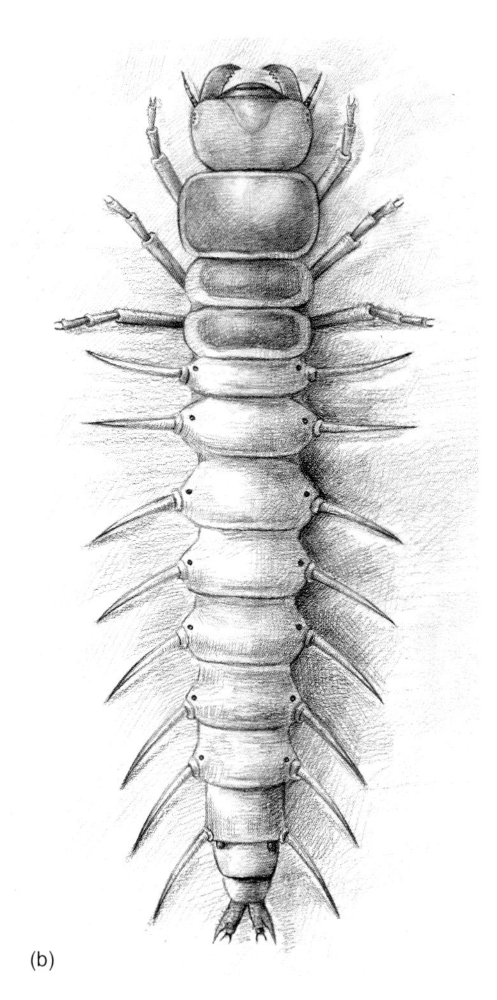

图2–23 帕氏侏罗鱼蛉(*Jurochauliodes ponomarenkoi* Wang et Zhang, 2010)
正模NIGP151837,幼虫。a. 光学图像; b. 复原图。虫体长约44 mm。

(张海春,1996a)

模式标本 正模,标本登记号NIGP126374,前翅,基部未保存;保存部分长12 mm,宽6 mm。

产地层位 新疆克拉玛依市吐孜阿克内沟,下侏罗统八道湾组。

8 脉翅目

脉翅目 Neuroptera Linnaeus, 1758

丽翼蛉科 Saucrosmylidae Ren et Yin, 2003

惠英翼蛉属 *Huiyingosmylus* Liu et al., 2013(Liu et al., 2013)

模式种 *Huiyingosmylus bellus* Liu et al., 2013

分布时代 内蒙古,中侏罗世。

美丽惠英翼蛉 *Huiyingosmylus bellus* Liu et al., 2013 (Liu et al., 2013)

模式标本 正模,标本登记号NIGP156190,右前翅,近完整;长77 mm,宽36 mm。

产地层位 内蒙古赤峰市宁城县五化镇道虎沟村,中侏罗统道虎沟化石层(图2–24)。

道虎沟翼蛉属 *Daohugosmylus* Liu et al., 2014(Liu et al., 2014b)

模式种 *Daohugosmylus castus* Liu et al., 2014

分布时代 内蒙古,中侏罗世。

纯洁道虎沟翼蛉 *Daohugosmylus castus* Liu et al., 2014 (Liu et al., 2014b)

模式标本 正模,标本登记号156191,正、负面,左后翅,翅尖未保存;保存长度62 mm(估计长达70 mm),宽31 mm。

产地层位 内蒙古赤峰市宁城县五化镇道虎沟村,中侏罗统道虎沟化石层(图2–25)。

丽蛉科 Kalligrammatidae Handlirsch, 1906

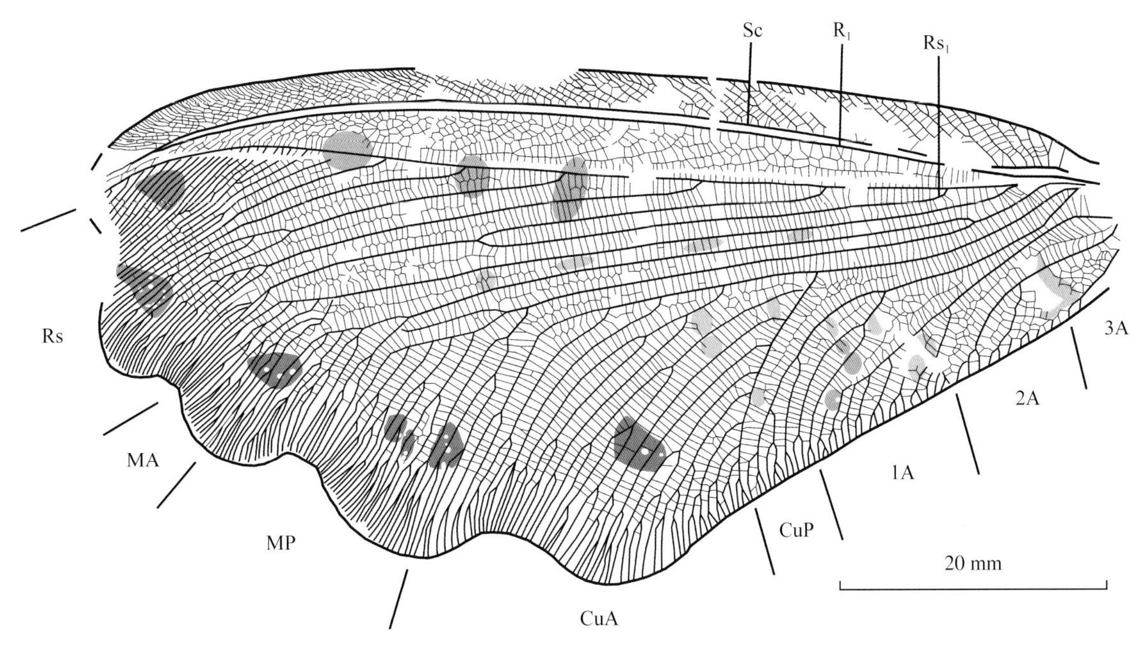

图2－24 美丽惠英翼蛉（*Huiyingosmylus bellus* Liu et al., 2013）

正模NIGP156190，前翅复原图，标尺为20 mm。翅脉符号：Sc，亚前缘脉；R_1，前径脉；Rs，径分脉；Rs_1，第一径分脉；MA，中脉前分支；MP，中脉后分支；CuA，前肘脉；CuP，后肘脉；1A，第一臀脉；2A，第二臀脉；3A，第三臀脉。

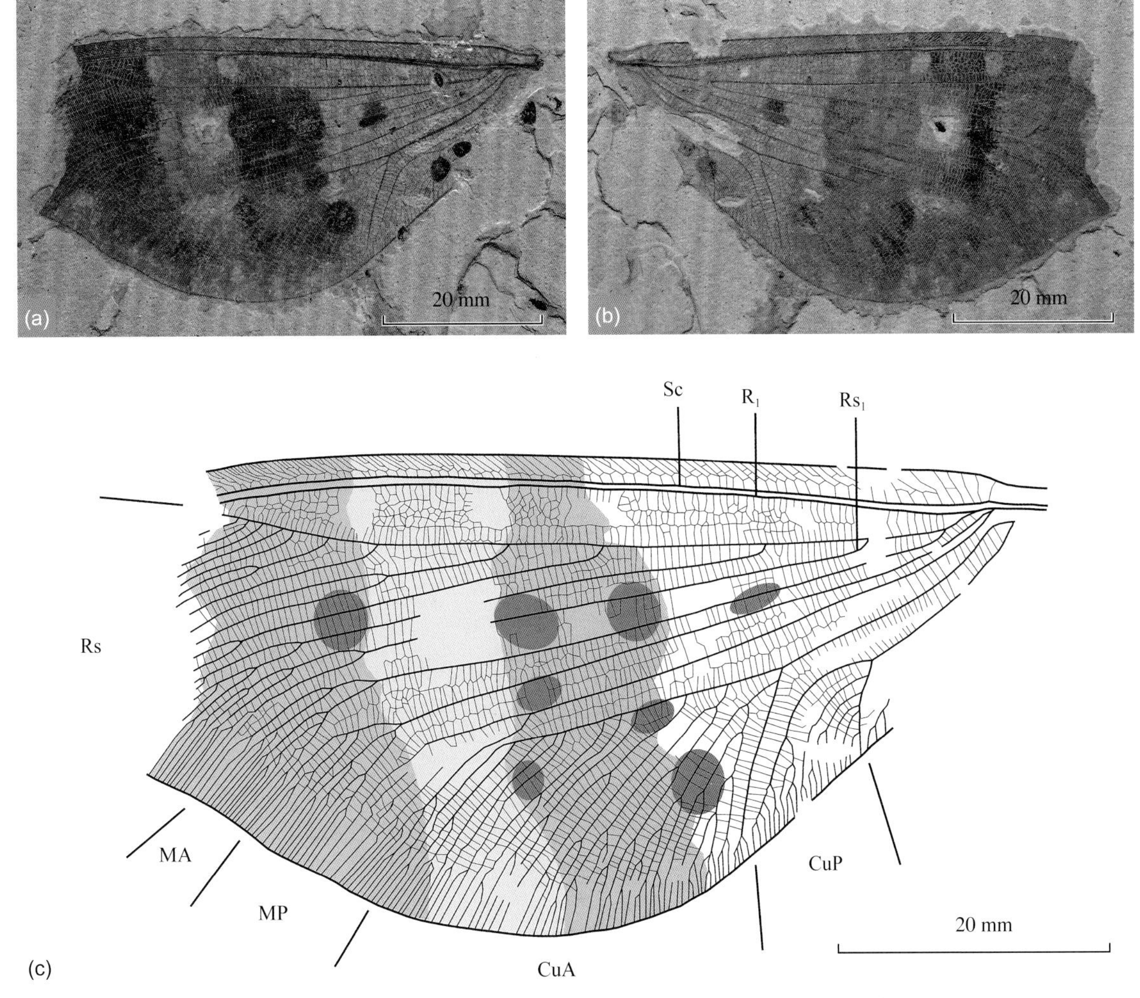

图2－25 纯洁道虎沟翼蛉（*Daohugosmylus castus* Liu et al., 2014）

正模NIGP156191，正、负面，左后翅。a. NIGP156191a，光学图像；b. NIGP156191b，光学图像；c. 复原图。翅脉符号同前。

丽蛉属 *Kalligramma* Walther, 1904

奇特丽蛉 *Kalligramma paradoxum* Liu et al., 2014（Liu et al., 2014a）

模式标本 正模，标本登记号NIGP156188，正、负面，左前翅，近完整；长84 mm，宽39 mm。

产地层位 内蒙古赤峰市宁城县五化镇道虎沟村，中侏罗统道虎沟化石层。

惠英丽蛉属 *Huiyingogramma* Liu et al., 2014（Liu et al., 2014a）

模式种 *Huiyingogramma formosum* Liu et al., 2014

分布时代 内蒙古，中侏罗世。

美丽惠英丽蛉 *Huiyingogramma formosum* Liu et al., 2014（Liu et al., 2014a）

模式标本 正模，标本登记号NIGP156189，正、负面，右前翅，近完整；长75 mm，宽40 mm。

产地层位 内蒙古赤峰市宁城县五化镇道虎沟村，中侏罗统道虎沟化石层。

9 鞘翅目

鞘翅目 Coleoptera Linnaeus, 1758

多食亚目 Polyphaga Emery, 1886

叩甲下目 Elateriformia Crowson, 1960

叩甲科 Elateridae Leach, 1815

卵叩甲属 *Ovivagina* Zhang, 1997（张海春，1997）

模式种 *Ovivagina longa* Zhang, 1997

分布时代 新疆北部，早侏罗世。

长卵叩甲 *Ovivagina longa* Zhang, 1997（张海春，1997）

模式标本 正模，标本登记号NIGP126812，正、负面，背视保存成虫，足未保存；体长23 mm，宽10.5 mm。

产地层位 新疆塔城市沙湾县南安集海，下侏罗统八道湾组。

科未定 Familia Incertae Sedis

伪鞘甲属 *Artematopodites* Ponomarenko, 1990

邻近伪鞘甲 *Artematopodites propinquus*（Zhang, 1997）Yan et Zhang, 2010（张海春，1997; Yan, Zhang, 2010）

模式标本 正模，标本登记号NIGP126813，右鞘翅，基部略缺失；长13.6 mm，宽4.2 mm。

产地层位 新疆塔城市沙湾县石场，下侏罗统八道湾组。

伸展伪鞘甲 *Artematopodites prolixus*（Zhang, 1997）Yan et Zhang, 2010（张海春，1997; Yan, Zhang, 2010）

模式标本 正模，标本登记号NIGP126814，左鞘翅，端部略缺失；保存部分长8.6 mm，宽3.6 mm。

产地层位 新疆塔城市沙湾县石场，下侏罗统八道湾组。

雕刻伪鞘甲 *Artematopodites insculptus*（Zhang, 1997）Yan et Zhang, 2010（张海春，1997; Yan, Zhang, 2010）

模式标本 正模，标本登记号NIGP126815，右鞘翅，仅保存端半部；保存部分长5.5 mm，宽2.6 mm。

产地层位 新疆塔城市沙湾县红沟，下侏罗统三工河组；克拉玛依市吐孜阿克内沟，中侏罗统西山窑组。

丸甲总科 Byrrhoidea Latreille, 1804

毛鞘甲科 Lasiosynidae Kirejtshuk et al., 2010

白垩毛鞘甲属 *Cretasyne* Yan, Wang et Zhang, 2013（Yan, Wang, Zhang, 2013）

模式种 *Cretasyne lata* Yan, Wang et Zhang, 2013

分布时代 内蒙古，早白垩世。

宽突白垩毛鞘甲 *Cretasyne lata* Yan, Wang et Zhang, 2013（Yan, Wang, Zhang, 2013）

模式标本 正模，标本登记号NIGP154572，腹视保存雌虫，略破损；体长26 mm、宽10 mm，鞘翅长18.5 mm、宽5 mm。副模，NIGP154573，背视保存雄虫，略破损；体长28 mm、宽10 mm，鞘翅长20.5 mm、宽5.5 mm。

产地层位 正模产自内蒙古赤峰市宁城县必斯营子镇西三家南沟，副模产自宁城县大双庙镇前七家村；下白垩统义县组。

长突白垩毛鞘甲 *Cretasyne longa* Yan, Wang et Zhang, 2013（Yan, Wang, Zhang, 2013）

模式标本 正模，标本登记号NIGP154574，腹视保存雄虫，略破损；体长25 mm、宽9 mm，鞘翅长17.5 mm、宽5 mm。副模，NIGP154575，背视保存雌虫，略破损；体长22 mm、宽9 mm，鞘翅长16.9 mm、宽4.5 mm。

产地层位 正模产自内蒙古赤峰市宁城县必斯营子镇杨树湾子村，副模产自宁城县大双庙镇前七家村；下白垩统义县组（图2–26）。

金龟总科 Scarabaeoidea Latreille, 1802

锹甲科 Lucanidae Latreille, 1804

斑纹锹甲亚科 Aesalinae MacLeay, 1819

斑纹锹甲族 Aesalini MacLeay, 1819

侏罗斑锹甲属 *Juraesalus* Nikolajev et al., 2011（Nikolajev et al., 2011）

模式种 *Juraesalus atavus* Nikolajev et al., 2011

分布时代 内蒙古，中侏罗世。

原始侏罗斑锹甲 *Juraesalus atavus* Nikolajev et al., 2011（Nikolajev et al., 2011）

模式标本 正模，标本登记号NIGP152456，甲虫，腹视保存，近完整；体长9.5 mm，鞘翅长6.2 mm。

产地层位 内蒙古赤峰市宁城县五化镇道虎沟村，中侏罗统道虎沟化石层。

中华斑锹甲属 *Sinaesalus* Nikolajev et al., 2011（Nikolajev et al., 2011）

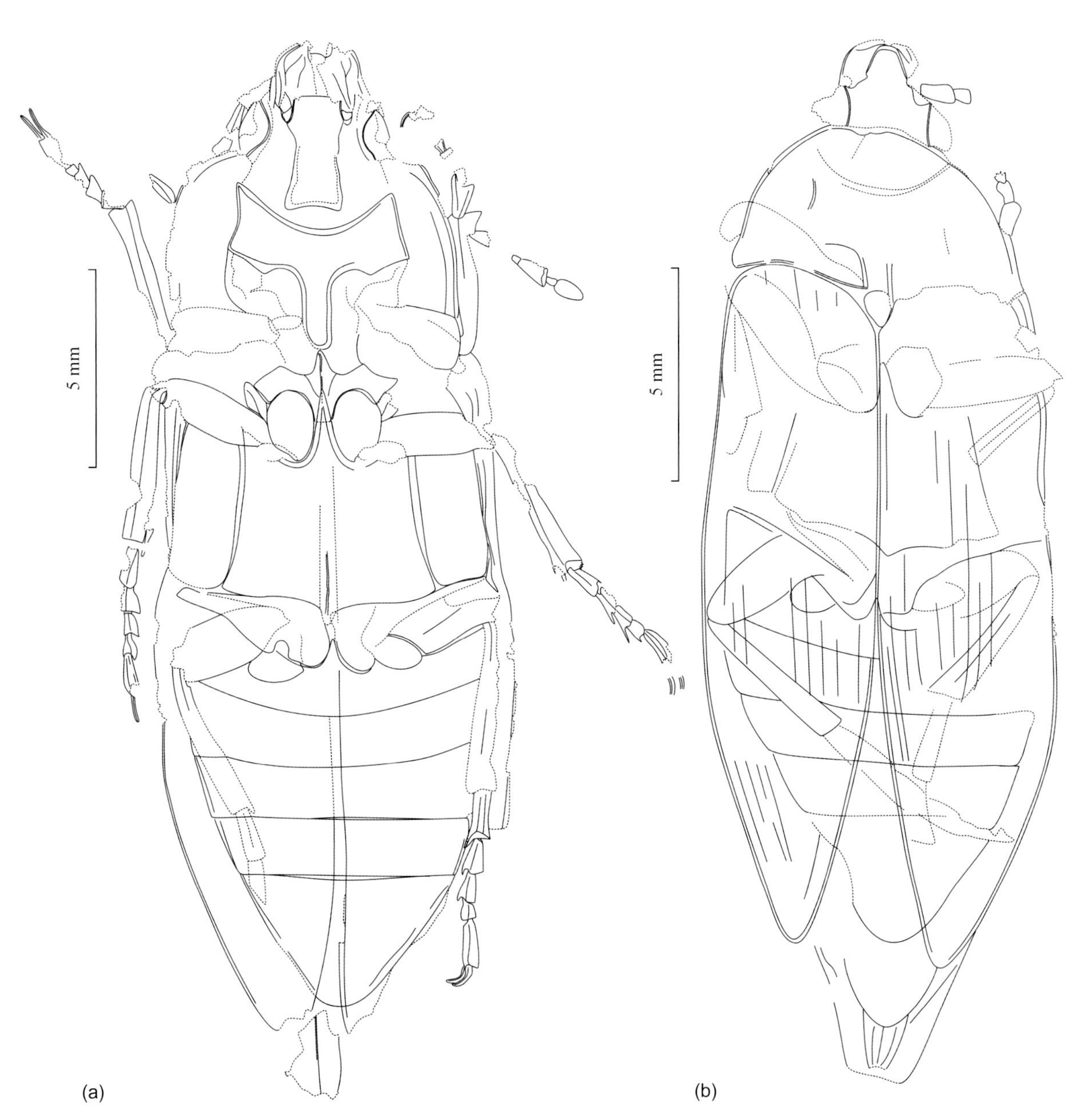

图2–26 长突白垩毛鞘甲（*Cretasyne longa* Yan, Wang et Zhang, 2013）
复原图。a. 正模NIGP154574；b. 副模NIGP154575。

模式种 *Sinaesalus tenuipes* Nikolajev et al., 2011

分布时代 内蒙古，早白垩世。

细胫中华斑锹甲 *Sinaesalus tenuipes* Nikolajev et al., 2011（Nikolajev et al., 2011）

模式标本 正模，标本登记号NIGP152457，腹视保存雄性甲虫，近完整；长11.6 mm，鞘翅长7.4 mm；配模，NIGP152458，腹视保存雌性甲虫，近完整，长10.5 mm，鞘翅长6.9 mm。

产地层位 内蒙古赤峰市宁城县必斯营子镇杨树湾子村，下白垩统义县组。

长胫中华斑锹甲 *Sinaesalus longipes* Nikolajev et al., 2011（Nikolajev et al., 2011）

模式标本 正模，标本登记号NIGP152459，正、负面，背视保存雄性甲虫，近完整；长15 mm，鞘翅长9.3 mm。

产地层位 内蒙古赤峰市宁城县必斯营子镇杨树湾子村，下白垩统义县组。

曲胫中华斑锹甲 *Sinaesalus curvipes* Nikolajev et al., 2011（Nikolajev et al., 2011）

模式标本 正模，标本登记号NIGP152460，正、负面，背视保存雄性甲虫，近完整；长16.1 mm，鞘翅长11.3 mm。

产地层位 内蒙古赤峰市宁城县必斯营子镇杨树湾子村，下白垩统义县组。

驼金龟科 Hybosoridae Erichson, 1847

胖驼金龟属 *Crassisorus* Nikolajev, Wang et Zhang, 2012（Nikolajev, Wang, Zhang, 2012）

模式种 *Crassisorus* Nikolajev, Wang et Zhang, 2012

分布时代 内蒙古，早白垩世。

残胖驼金龟 *Crassisorus fractus* Nikolajev, Wang et Zhang, 2012（Nikolajev, Wang, Zhang, 2012）

模式标本 正模，标本登记号NIGP154227，背视保存，甲虫，不完整；鞘翅长16.2 mm，最大宽度8.8 mm。

产地层位 内蒙古赤峰市宁城县大双庙镇柳条沟村，下白垩统义县组。

角驼金龟亚科 Ceratocanthinae Martínez, 1968

中角驼金龟属 *Mesoceratocanthus* Nikolajev et al., 2010（Nikolajev et al., 2010）

模式种 *Mesoceratocanthus tuberculifrons* Nikolajev et al., 2010

分布时代 内蒙古，早白垩世。

瘤额中角驼金龟 *Mesoceratocanthus tuberculifrons* Nikolajev et al., 2010（Nikolajev et al., 2010）

模式标本 正模，标本登记号NIGP151840，正、负面，背视保存雄性甲虫，近完整；长12.6 mm，鞘翅长7.0 mm。

产地层位 内蒙古赤峰市宁城县必斯营子镇杨树湾子村，下白垩统义县组。

绒毛金龟科 Glaphyridae MacLeay, 1819

石绒金龟属 *Lithohypna* Nikolajev, Wang et Zhang, 2011（Nikolajev, Wang, Zhang, 2011）

模式种 *Lithohypna chifengensis* Nikolajev, Wang et Zhang, 2011

分布时代 内蒙古，早白垩世。

赤峰石绒金龟 *Lithohypna chifengensis* Nikolajev, Wang et Zhang, 2011（Nikolajev, Wang, Zhang, 2011）

模式标本 正模，标本登记号NIGP152467，背视保存雄性甲虫，近完整，长14.2 mm，鞘翅长8.31 mm；副模，标本登记号NIGP152468，腹视保存雄性甲虫，近完整。

产地层位 内蒙古赤峰市宁城县大双庙镇柳条沟村，下白垩统义县组。

石金龟科 Lithoscarabaeidae Nikolajev, 1992

拜萨金龟属 *Baisarabaeus* Nikolajev, 2005

义县拜萨金龟 *Baisarabaeus yixianensis* Nikolajev, Wang et Zhang, 2013（Nikolajev, Wang, Zhang, 2013）

模式标本 正模，标本登记号NIGP154988，左鞘翅，长11.62 mm，宽5.6 mm。

产地层位 内蒙古赤峰市宁城县大双庙镇柳条沟村，下白垩统义县组。

原鞘亚目 Archostemata Kolbe, 1908

裂鞘甲科 Schizophoridae Ponomarenko, 1968

华裂甲属 *Sinoschizala* Jarzembowski et al., 2012（Jarzembowski et al., 2012）

模式种 *Sinoschizala darani* Jarzembowski et al., 2012

分布时代 内蒙古，中侏罗世。

大燃华裂甲 *Sinoschizala darani* Jarzembowski et al., 2012（Jarzembowski et al., 2012）

模式标本 正模，标本登记号NIGP154955，背视保存甲虫，破损严重，仅保存部分头和前足，左鞘翅完整，右鞘翅端半部侧缘未保存；鞘翅长18 mm，宽5.5 mm。

产地层位 内蒙古赤峰市宁城县五化镇道虎沟村，中侏罗统道虎沟化石层（图2－27）。

长扁甲科 Cupedidae Laporte, 1836

小眼甲亚科 Ommatinae Sharp et Muir, 1912

网眼甲族 Brochocoleini Hong, 1982

网眼甲属 *Brochocoleus* Hong, 1982

印痕网眼甲 *Brochocoleus impressus* (Ren, 1995) Jarzembowski et al., 2013（任东，1995; Jarzembowski et al., 2013a）

模式标本 正模，标本登记号BL92071/72，正、负面，甲虫，分别为背视和腹视保存，略破损；体长16 mm、宽6 mm，鞘翅长10.2 mm。

产地层位 北京西山崇青水库，下白垩统卢尚坟组。

杨树湾子网眼甲 *Brochocoleus yangshuwanziensis* Jarzembowski et al., 2013（Jarzembowski et al., 2013a）

模式标本 正模，标本登记号NIGP154978，腹视保存甲虫，略破损；体长12.5 mm，鞘翅长8.5 mm、宽2.6 mm。

产地层位 内蒙古赤峰市宁城县必斯营子镇杨树湾子村，下白垩统义县组。

克氏网眼甲 *Brochocoleus crowsonae* Jarzembowski et al., 2013（Jarzembowski et al., 2013a）

模式标本 正模，标本登记号II 3060.1（S1140a, b），左鞘翅，正、负面，略破损；长8.5 mm，宽3.2 mm。副模，标本登记号II 3061（S686a, b），右鞘翅，正、负面；长8.5 mm，宽3.0 mm。

产地层位 英格兰萨里Smokejacks砖厂，下白垩统Upper Weald Clay组。

基南网眼甲 *Brochocoleus keenani* Jarzembowski et al., 2013（Jarzembowski et al., 2013a）

模式标本 正模，标本登记号II 3060.2（S1140a, b），左鞘翅，正、负面，近完整；长6 mm，宽2.2 mm。

产地层位 英格兰萨里Smokejacks砖厂，下白垩统Upper Weald Clay组。

托宾网眼甲 *Brochocoleus tobini* Jarzembowski et al., 2013（Ponmarenko, 2006; Jarzembowski et al., 2013a）

模式标本 正模，标本登记号BMB020459/020460，左鞘翅，正、负面，近完整；长4.5 mm，宽1.9 mm。

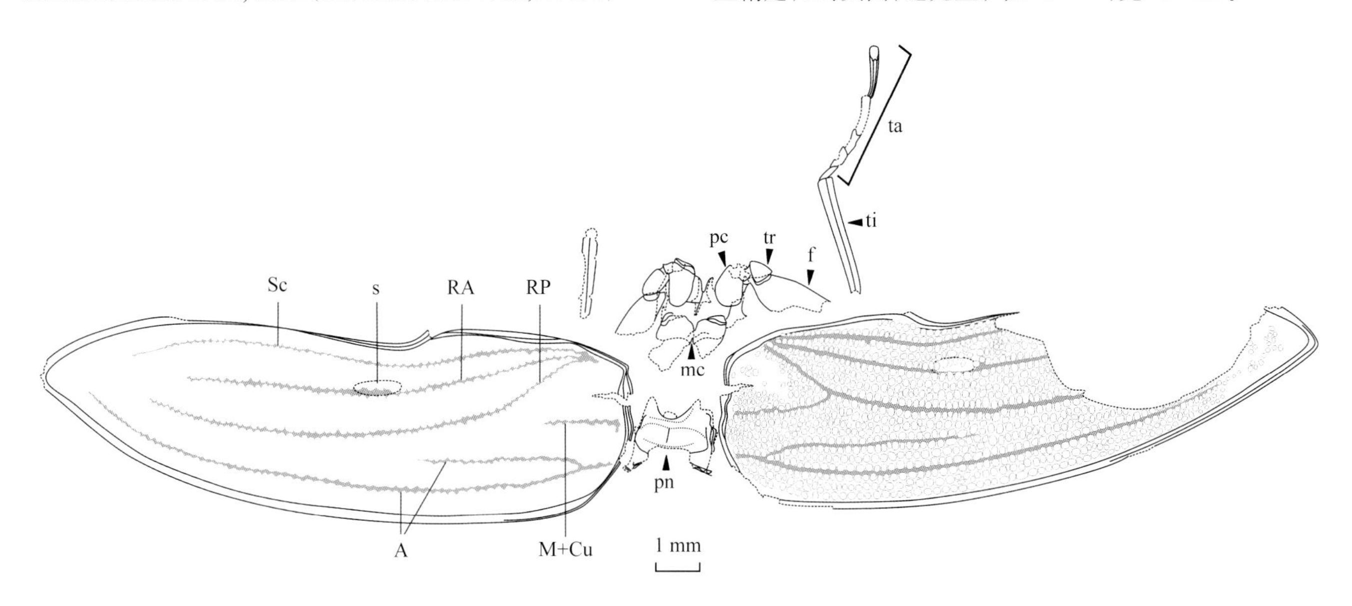

图2－27 大燃华裂甲（*Sinoschizala darani* Jarzembowski et al., 2012）

正模NIGP154955，不完整成虫，复原图。符号：A，臀脉；M+Cu，中肘脉；RA，前径脉；RP，后径脉；Sc，亚前缘脉；f，腿节；mc，中基节；pc，前基节；pn，后背板；ta，跗节；ti，胫节；tr，转节；s，鞘裂。

产地层位 英格兰西萨塞克斯郡Burgess山Keymer瓦厂，下白垩统Lower Weald Clay组。

小眼甲亚科 Ommatinae Sharp et Muir, 1912

小眼甲族 Ommatini Sharp et Muir, 1912

舌眼甲属 *Cionocoleus* Ren, 1995

谭氏舌眼甲 *Cionocoleus tanae* Jarzembowski et al., 2013（Jarzembowski et al., 2013b）

模式标本 正模，标本登记号NIGP154968，正、负面，甲虫，分别为腹视和背视保存，略破损；体长16 mm，鞘翅长11.5 mm、宽2.6 mm。

产地层位 内蒙古赤峰市宁城县必斯营子镇杨树湾子村，下白垩统义县组。

奥林匹克舌眼甲 *Cionocoleus olympicus* Jarzembowski et al., 2013（Jarzembowski et al., 2013b）

模式标本 正模，标本登记号NIGP154970，甲虫，腹视保存，不完整；保存部分长9.5 mm，鞘翅长7.5 mm、宽1.9 mm。

产地层位 内蒙古赤峰市宁城县必斯营子镇杨树湾子村，下白垩统义县组。

伊丽莎白舌眼甲 *Cionocoleus elizabethae* Jarzembowski et al., 2013（Jarzembowski et al., 2013b）

模式标本 正模，标本登记号II 3054（S 8），右鞘翅，近完整；长13.5 mm，宽3.5 mm。

产地层位 英格兰萨里Smokejacks砖厂，下白垩统Upper Weald Clay组。

沃特森舌眼甲 *Cionocoleus watsoni* Jarzembowski et al., 2013（Jarzembowski et al., 2013b）

模式标本 正模，标本登记号BMB018806（S593a），左鞘翅，略破损；长11.2 mm，宽3.5 mm。

产地层位 英格兰萨里Smokejacks砖厂，下白垩统Upper Weald Clay组。

小舌眼甲 *Cionocoleus minimus* Jarzembowski et al., 2013（Jarzembowski et al., 2013b）

模式标本 正模，标本登记号II3051（CH57e），鞘翅，不完整；副模，II3052（CH1041b），II3053（CH1144xxxi），鞘翅，正、负面；鞘翅长6 mm，宽1.8 mm。

产地层位 英格兰南部Clockhouse砖厂，下白垩统Lower Weald Clay组。

吉普森舌眼甲 *Cionocoleus jepsoni* Jarzembowski et al., 2013（Jarzembowski et al., 2013b）

模式标本 正模，标本登记号II3049a, b（DB175/COLB1, 791），左鞘翅，正、负面，近；副模，II3050a, b（Pb175/90），鞘翅，正、负面；鞘翅长17 mm，宽5.5 mm。

产地层位 英格兰南部Durlston Bay，下白垩统Durlston组。

瘤点舌眼甲 *Cionocoleus punctatus*（Martynov, 1926）Jarzembowski et al., 2013（Martynov, 1926; Jarzembowski et al., 2013b）

模式标本 正模，标本登记号PIN965，鞘翅；长21 mm，宽6.8 mm。

产地层位 哈萨克斯坦南部卡拉套，上侏罗统卡拉巴斯套组。

拟步甲总科 Tenebrionoidea Latreille, 1802

科未定 Familia *incertae sedis*

五化甲属 *Wuhua* Wang et Zhang, 2011（Wang, Zhang, 2011a）

模式种 *Wuhua jurassica* Wang et Zhang, 2001

分布时代 内蒙古，中侏罗世。

侏罗五化甲 *Wuhua jurassica* Wang et Zhang, 2011（Wang, Zhang, 2011a）

模式标本 正模，标本登记号NIGP149548，侧视保存甲虫，近完整，长8.1 mm。

产地层位 内蒙古赤峰市宁城县五化镇道虎沟村，中侏罗统道虎沟化石层。

叶甲总科 Chrysomeloidea Latreille, 1802

天牛科 Cerambycidae Latreille, 1802

锯天牛亚科 Prioninae Latreille, 1802

白垩锯天牛属 *Cretoprionus* Wang et al., 2014（Wang et al., 2014a）

模式种 *Cretoprionus liutiaogouensis* Wang et al., 2014

分布时代 内蒙古，早白垩世。

柳条沟白垩锯天牛 *Cretoprionus liutiaogouensis* Wang et al., 2014（Wang et al., 2014a）

模式标本 正模，标本登记号NIGP154953，甲虫，背、腹视保存，近完整，正、负面；体长约23 mm，宽9 mm。

产地层位 内蒙古赤峰市宁城县大双庙镇柳条沟村，下白垩统义县组。

肉食亚目 Adephaga Schellenberg, 1806

龙虱总科 Dytiscoidea Leach, 1815

裂尾甲科 Coptoclavidae Ponomarenko, 1961

始裂尾甲亚科 Timarchopsinae Wang, Ponomarenko et Zhang, 2010（Wang, Ponomarenko, Zhang, 2010a）

模式属 *Timarchopsis* Brauer, Redtenbacher et Ganglbauer, 1889

道虎沟桨甲属 *Daohugounectes* Wang, Ponomarenko et Zhang, 2009（Wang, Ponomarenko, Zhang, 2009b, 2010a）

模式种 *Daohugounectes primitinus* Wang, Ponomarenko et Zhang, 2009

分布时代 内蒙古，中侏罗世。

原始道虎沟桨甲 *Daohugounectes primitinus* Wang, Ponomarenko et Zhang, 2009（Wang, Ponomarenko, Zhang, 2009b, 2010a）

模式标本 正模，标本登记号NIGP149556，3龄幼虫的蜕皮，保存较好；NIGP151841，成虫。副模，NIGP149557，3龄幼虫；NIGP149558，3龄幼虫；NIGP149559，3龄幼虫；NIGP149560，正、负面，2龄幼虫；NIGP149622，2龄幼虫；NIGP151842，成虫；NIGP151843，成虫，正、负面；NIGP151844，成虫；NIGP151843，成虫，正、负面；NIGP151844，成虫，正、负面；NIGP151845，成虫；NIGP151846，单鞘翅。

产地层位 内蒙古赤峰市宁城县五化镇道虎沟村，中侏罗统道虎沟化石层。

步甲总科 Caraboidea Latreille, 1802

步甲科 Carabidae Latreille, 1802

原步甲亚科 Protorabinae Ponomarenko, 1977

白垩步甲属 *Cretorabus* Ponomarenko, 1977

拉氏白垩步甲 *Cretorabus rasnitsyni* Wang et Zhang, 2011（Wang, Zhang, 2011b）

模式标本 正模，标本登记号NIGP152464，雄性甲虫，腹视保存，近完整；体长7.8 mm，宽4.0 mm。

产地层位 内蒙古赤峰市宁城县必斯营子镇杨树湾子村，下白垩统义县组（图2-28）。

粗步甲科 Trachypachidae Thomson, 1857

始奔甲亚科 Eodromeinae Ponomarenko, 1977

始奔甲属 *Eodromeus* Ponomarenko, 1977

强壮始奔甲 *Eodromeus robustus* Wang, Zhang et Ponomarenko, 2012（Wang, Zhang, Ponomarenko, 2012b）

模式标本 正模，标本登记号NIGP152461，甲虫，正、负面，分别为腹视和背视保存，近完整；体长15.8 mm、宽7.0 mm，鞘翅长11.2 mm、宽3.7 mm。

产地层位 内蒙古赤峰市宁城县五化镇道虎沟村，中侏罗统道虎沟化石层。

道虎沟始奔甲 *Eodromeus daohugouensis* Wang, Zhang et Ponomarenko, 2012（Wang, Zhang, Ponomarenko, 2012b）

模式标本 正模，标本登记号NIGP152462，甲虫，腹视保存，近完整；体长11.1 mm、宽4.6 mm。

产地层位 内蒙古赤峰市宁城县五化镇道虎沟村，中侏罗统道虎沟化石层。

安达甲属 *Unda* Ponomarenko, 1977

赤峰安达甲 *Unda chifengensis* Wang, Zhang et Ponomarenko, 2012（Wang, Zhang, Ponomarenko, 2012b）

模式标本 正模，标本登记号NIGP152463，甲虫，腹视保存，近完整；体长10.2 mm、宽5.1 mm。

产地层位 内蒙古赤峰市宁城县五化镇道虎沟村，中侏罗统道虎沟化石层。

中华奔甲属 *Sinodromeus* Wang, Zhang et Ponomarenko, 2012（Wang, Zhang, Ponomarenko, 2012b）

模式种 *Sinodromeus liutiaogouensis* Wang, Zhang et Ponomarenko, 2012

分布时代 内蒙古，早白垩世。

柳条沟中华奔甲 *Sinodromeus liutiaogouensis* Wang, Zhang et Ponomarenko, 2012（Wang, Zhang, Ponomarenko,

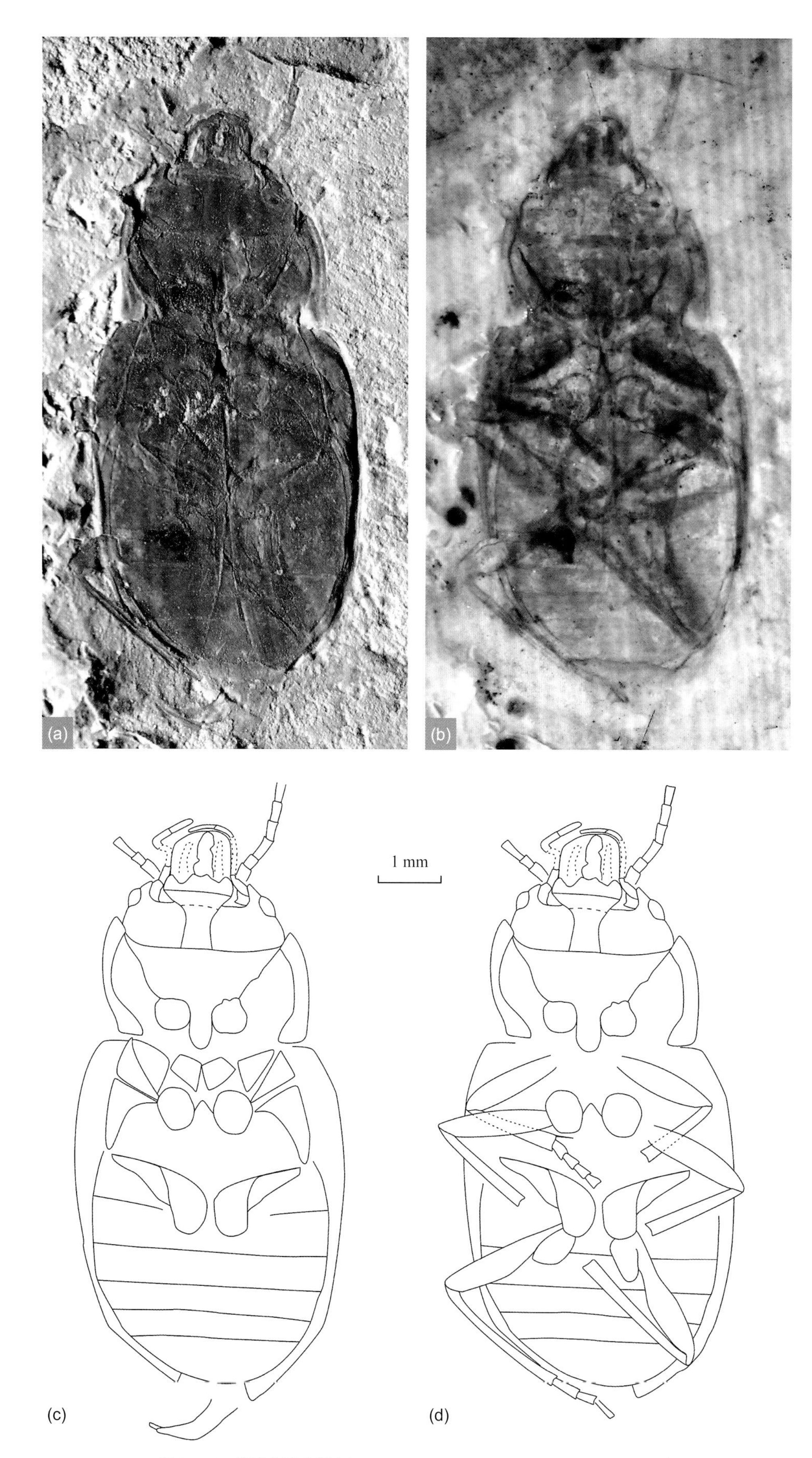

图2-28　拉氏白垩步甲（*Cretorabus rasnitsyni* Wang et Zhang, 2011）

正模NIGP152464。a. 光学图像；b. 光学图像（标本表面涂乙醇）；c. 线条图，足未画出；d. 线条图，腹板未画出。

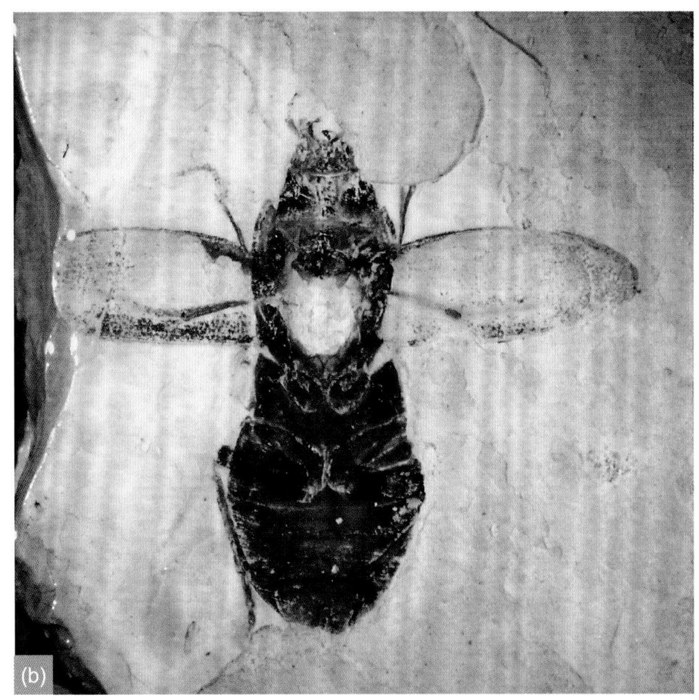

图2－29　柳条沟中华奔甲（*Sinodromeus liutiaogouensis* Wang, Zhang et Ponomarenko, 2012）
正模NIGP152465，光学图像。a. NIGP152465a；b. NIGP152465b，表面涂乙醇。

2012b）

模式标本　正模，标本登记号NIGP152465，甲虫，正、负面，分别为背视和腹视保存，近完整；体长15.4 mm、宽6.5 mm。

产地层位　内蒙古赤峰市宁城县大双庙镇柳条沟村，下白垩统义县组（图2－29）。

10　双翅目

双翅目 Diptera Linnaeus, 1758

长角亚目 Nematocear（Latreille, 1825）Brauer, 1880

蛾蚋科 Psychodidae Newman, 1834

毛蛾蚋亚科 Trichomyiinae Tonnoir, 1922

毛蛾蚋属 *Trichomyia* Haliday in Curtis, 1839

达氏毛蛾蚋 *Trichomyia duckhousei* Wang, Zhang et Azar, 2011（Wang, Zhang, Azar, 2011）

模式标本　正模，标本登记号NIGP153159，完整昆虫，保存在琥珀中；体长1.14 mm，翅长1.45 mm、宽0.5 mm。

产地层位　辽宁省抚顺市西露天煤矿琥珀，始新统古城子组（图2－30）。

短角亚目 Brachycera

伪鹬虻科 Athericidae Stuckenberg, 1973

奇异虫属 *Qiyia* Chen et al., 2014（Chen et al., 2014）

模式种　*Qiyia jurassica* Chen et al., 2014

分布时代　内蒙古，中侏罗世。

侏罗奇异虫 *Qiyia jurassica* Chen et al., 2014（Chen et al., 2014）

模式标本　正模，标本登记号STMN65－1，侧视保存幼虫，近完整，体长23.8 mm。副模，STMN65－2，侧视保存幼虫，近完整，体长22.1 mm；NIGP156982，背视保存幼虫，近完整，体长22.9 mm；NIGP156983，背视保存幼虫，略破损，保存长度22 mm；NIGP156984，侧视保存幼虫，不完整，体长18.1 mm。

产地层位　内蒙古赤峰市宁城县五化镇道虎沟村，中侏罗统道虎沟化石层。

11　膜翅目

膜翅目 Hymenoptera Linnaeus, 1758

广腰亚目 Symphyta Gerstaecker, 1867

长节蜂总科 Xyeloidea Newman, 1934

长节蜂科 Xyelidae Newman, 1934

大长节蜂亚科 Macroxyelinae Ashmead, 1898

安长节蜂族 Angaridyelini Rasnitsyn, 1966

安长节蜂属 *Angaridyela* Rasnitsyn, 1966

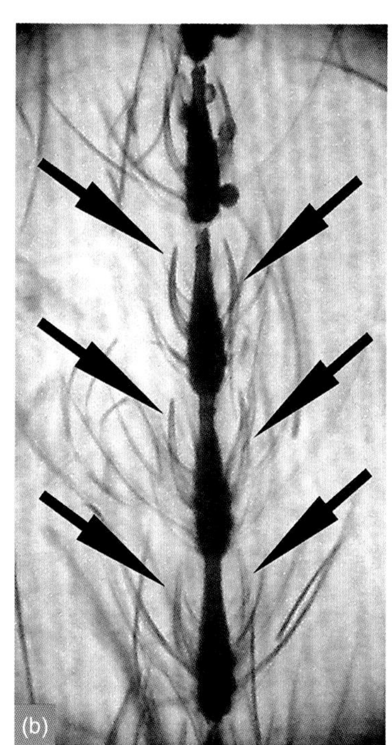

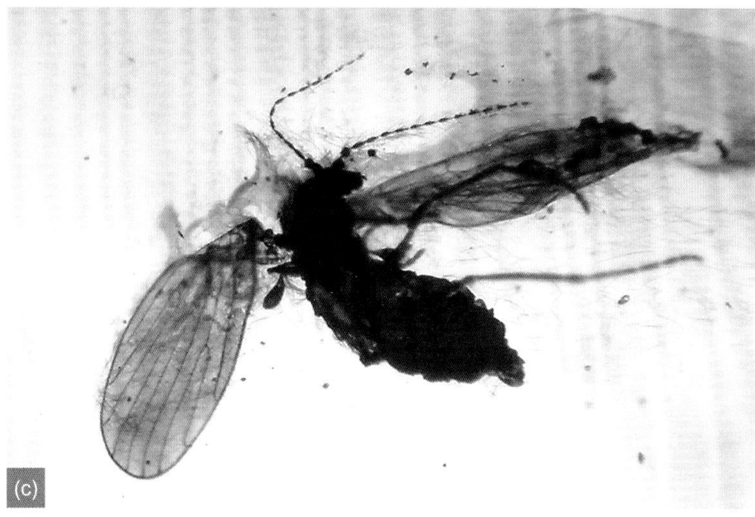

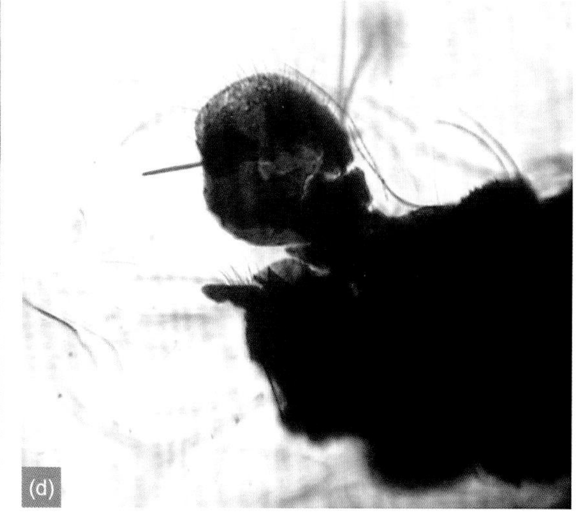

图2-30 达氏毛蛾蚋（*Trichomyia duckhousei* Wang, Zhang et Azar, 2011）
正模NIGP153159，光学图像。a. 虫体背视；b. 触角；c. 虫体腹视；d. 雄性生殖器。

强壮安长节蜂 *Angaridyela robusta* Zhang et Zhang, 2000（张海春，张俊峰，2000b）

模式标本 正模，标本登记号NIGP131979，雌蜂，背视保存，触角、足、翅保存不完整；体长（不包括触角）10.7 mm，触角长3.9 mm，前翅保存部分长7.1 mm。

产地层位 辽宁省北票上园镇黄半吉沟村，下白垩统义县组（图2-31）。

雕刻安长节蜂 *Angaridyela exculpta* Zhang et Zhang, 2000（张海春，张俊峰，2000b）

模式标本 正模，标本登记号NIGP131980，雌蜂，侧腹视保存，头、足、翅保存不完整；体长（不包括触角）8.6 mm，触角保存部分长3.1 mm，前翅保存部分长6.2 mm。

产地层位 辽宁省北票上园镇黄半吉沟村，下白垩统义县组（图2-32）。

可疑安长节蜂 *Angaridyela suspecta* Zhang et Zhang, 2000（张海春，张俊峰，2000b）

模式标本 正模，标本登记号NIGP131981，雌蜂，侧背视保存，触角、足、翅和腹部保存不完整；体长（不包括触角）6.5 mm，触角保存部分长1.2 mm，前翅保存部分长4.7 mm。

图2-31 强壮安长节蜂(*Angaridyela robusta* Zhang et Zhang, 2000)
正模NIGP131979,雌蜂,背视,光学图像。a. 标本表面未涂乙醇; b. 标本表面涂乙醇。

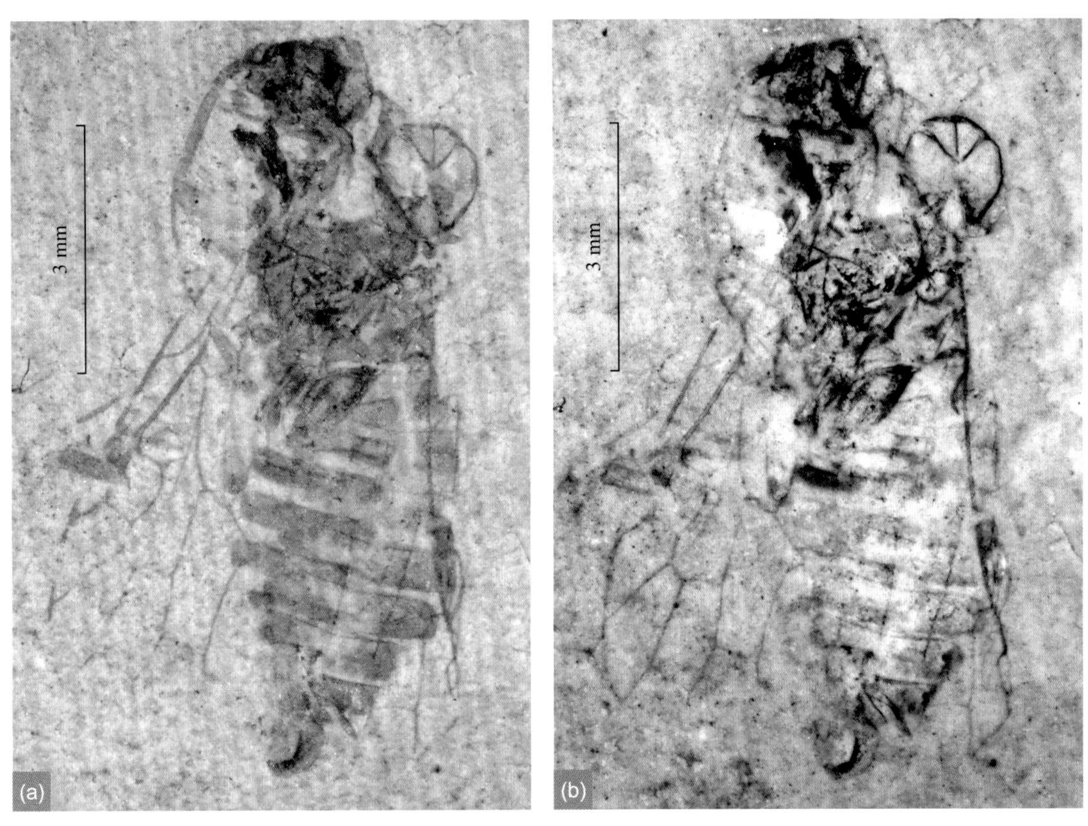

图2-32 雕刻安长节蜂(*Angaridyela exculpta* Zhang et Zhang, 2000)
正模NIGP131980,雌蜂,侧腹视光学图像。a. 标本表面未涂乙醇; b. 标本表面涂乙醇。

产地层位 辽宁省北票上园镇黄半吉沟村，下白垩统义县组。

土著安长节蜂 *Angaridyela endemica* Zhang et Zhang, 2000（张海春，张俊峰，2000b）

模式标本 正模，标本登记号NIGP131982，雌蜂，背视保存，触角、足、翅保存不完整；体长（不包括触角）9.7 mm，触角保存部分长3.4 mm，前翅保存部分长6.2 mm。

产地层位 辽宁省北票上园镇黄半吉沟村，下白垩统义县组。

忘长节蜂属 *Lethoxyela* Zhang et Zhang, 2000（张海春，张俊峰，2000b）

模式种 *Lethoxyela excurva* Zhang et Zhang, 2000

分布时代 辽宁省，早白垩世。

弯曲忘长节蜂 *Lethoxyela excurva* Zhang et Zhang, 2000（张海春，张俊峰，2000b）

模式标本 正模，标本登记号NIGP131983，正、负面，雌蜂，背视保存，触角、足、翅保存不完整；体长（不包括触角）7.1 mm，触角保存部分长5.7 mm，前翅保存部分长6.5 mm。

产地层位 辽宁省北票上园镇黄半吉沟村，下白垩统义县组。

普通忘长节蜂 *Lethoxyela vulgata* Zhang et Zhang, 2000（张海春，张俊峰，2000b）

模式标本 正模，标本登记号NIGP131984，正、负面，雌蜂，背视保存，触角、足、翅保存不完整；体长（不包括触角）9.8 mm，触角保存部分长5.1 mm，前翅保存部分长7.2 mm。

产地层位 辽宁省北票上园镇黄半吉沟村，下白垩统义县组。

角长节蜂属 *Ceratoxyela* Zhang et Zhang, 2000（张海春，张俊峰，2000b）

模式种 *Ceratoxyela decorosa* Zhang et Zhang, 2000

分布时代 辽宁省，早白垩世。

华美角长节蜂 *Ceratoxyela decorosa* Zhang et Zhang, 2000（张海春，张俊峰，2000b）

模式标本 正模，标本登记号NIGP131985，雌蜂，背视保存，触角、足、翅保存不完整；体长（不包括触角）10.3 mm，触角保存部分长5.3 mm，前翅保存部分长7.6 mm。

产地层位 辽宁省北票上园镇黄半吉沟村，下白垩统义县组。

辽长节蜂属 *Liaoxyela* Zhang et Zhang, 2000（张海春，张俊峰，2000b）

模式种 *Liaoxyela antiqua* Zhang et Zhang, 2000

分布时代 辽宁省，早白垩世。

古老辽长节蜂 *Liaoxyela antiqua* Zhang et Zhang, 2000（张海春，张俊峰，2000b）

模式标本 正模，标本登记号NIGP131986，雌蜂，背视保存，正、负面，足、翅保存不完整；体长（不包括触角）9.2 mm，触角长5.8 mm，前翅保存部分长6.4 mm。

产地层位 辽宁省北票上园镇黄半吉沟村，下白垩统义县组。

大锯蜂族 Gigantoxyelini Rasnitsyn, 1969

异长节蜂属 *Heteroxyela* Zhang et Zhang, 2000（张海春，张俊峰，2000b）

模式种 *Heteroxyela ignota* Zhang et Zhang, 2000

分布时代 辽宁省，早白垩世。

未知异长节蜂 *Heteroxyela ignota* Zhang et Zhang, 2000（张海春，张俊峰，2000b）

模式标本 正模，标本登记号NIGP131987，雌蜂，背视保存，触角、足、翅保存不完整；体长（不包括触角）12.4 mm，触角长4.0 mm，前翅保存部分长8.7 mm。

产地层位 辽宁省北票上园镇黄半吉沟村，下白垩统义县组。

蜡长节蜂族 Ceroxyelini Rasnitsyn, 1969

华长节蜂属 *Sinoxyela* Zhang et Zhang, 2000（张海春，张俊峰，2000b）

模式种 *Sinoxyela viriosa* Zhang et Zhang, 2000

分布时代 辽宁省，早白垩世。

强壮华长节蜂 *Sinoxyela viriosa* Zhang et Zhang, 2000（张海春，张俊峰，2000b）

模式标本 正模，标本登记号NIGP131988，雌蜂，背视保存，触角、足、翅保存不完整；体长（不包括触角和产卵器)10.3 mm,触角长4.5 mm,前翅保存部分长7.6 mm,产卵器鞘长1.2 mm。

产地层位 辽宁省北票上园镇黄半吉沟村,下白垩统义县组(图2–33)。

等长节蜂属 *Isoxyela* Zhang et Zhang, 2000(张海春,张俊峰,2000b)

模式种 *Isoxyela rudis* Zhang et Zhang, 2000

分布时代 辽宁省,早白垩世。

野生等长节蜂 *Isoxyela rudis* Zhang et Zhang, 2000(张海春,张俊峰,2000b)

模式标本 正模,标本登记号NIGP131989,雌蜂,背视保存,触角、足、翅保存不完整;体长(不包括触角和产卵器)11.2 mm,触角长4.2 mm,前翅保存部分长8.1 mm,产卵器鞘长1.4 mm。

产地层位 辽宁省北票上园镇黄半吉沟村,下白垩统义县组。

盘长节蜂族 Xyeleciini Benson, 1945

似长节蜂属 *Xyelites* Rasnitsyn, 1966

凌源似长节蜂 *Xyelites lingyuanensis* Zhang et Zhang, 2000(张海春,张俊峰,2000b)

模式标本 正模,标本登记号NIGP131990,正、负面,雄蜂,背视保存,触角、足、翅保存不完整;体长(不包括触角)10.8 mm,前翅保存部分长7.7 mm,触角保存部分长2.3 mm。

产地层位 辽宁省凌源市大王杖子,下白垩统义县组。

扁蜂总科 Pamphilioidea Cameron, 1890(Newman, 1834)

切锯蜂科 Xyelydidae Rasnitsyn, 1968

费切蜂属 *Ferganolyda* Rasnitsyn, 1983

斯库拉费切蜂 *Ferganolyda scylla* Rasnitsyn, Zhang et Wang, 2006(Rasnitsyn, Zhang, 2004b; Rasnitsyn, Zhang, Wang, 2006b)

模式标本 正模,标本登记号NIGP139303,雄蜂,背视保存,不完整;体长19.5 mm,前翅翅痣基侧部分长8 mm,生殖器长2.3 mm。

产地层位 内蒙古赤峰市宁城县五化镇道虎沟村,中侏罗统道虎沟化石层。

卡律布迪斯费切蜂 *Ferganolyda charybdis* Rasnitsyn, Zhang et Wang, 2006(Rasnitsyn, Zhang, Wang, 2006b)

模式标本 正模,标本登记号NIGP139304,雄蜂,背视保存,不完整;体长27.5 mm,前翅长18 mm。

产地层位 内蒙古赤峰市宁城县五化镇道虎沟村,

图2–33 强壮华长节蜂(*Sinoxyela viriosa* Zhang et Zhang, 2000)
正模NIGP131988,雌蜂,背视,光学图像。a. 标本表面未涂乙醇;b. 标本表面涂乙醇。

中侏罗统道虎沟化石层。

钟馗费切蜂 *Ferganolyda chungkuei* Rasnitsyn, Zhang et Wang, 2006（Rasnitsyn, Zhang, Wang, 2006b）

模式标本 正模，标本登记号NIGP139305，雄蜂，背视保存，不完整；体长22～25 mm，前翅位于3r末端基侧部分长18.5 mm。

产地层位 内蒙古赤峰市宁城县五化镇道虎沟村，中侏罗统道虎沟化石层。

茎蜂总科 Cephoidea Newman, 1834

葬茎蜂科 Sepulcidae Rasnitsyn, 1968

陷胸茎蜂亚科 Trematothoracinae Rasnitsyn, 1988

类陷蜂属 *Trematothoracoides* Zhang, Zhang et Wei, 2001

模式种 *Trematothoracoides liaoningensis* Zhang, Zhang et Wei, 2001（张海春，张俊峰，魏东涛，2001）

分布时代 辽宁省，早白垩世。

辽宁类陷蜂 *Trematothoracoides liaoningensis* Zhang, Zhang et Wei, 2001（张海春，张俊峰，魏东涛，2001）

模式标本 正模，标本登记号NIGP132459，雌蜂，背视保存，触角、足、翅略破损；体长（不包括触角和产卵器）10.9 mm，前翅保存部分长4.9 mm，产卵器鞘长5.3 mm。

产地层位 辽宁省北票上园镇黄半吉沟村，下白垩统义县组（图2－34）。

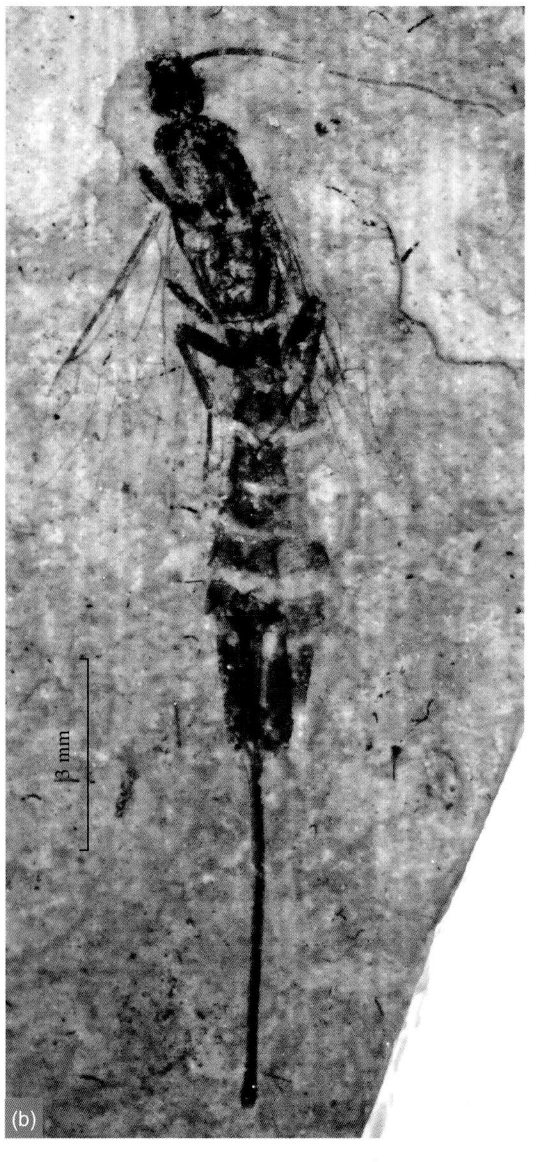

图2－34 辽宁类陷蜂（*Trematothoracoides liaoningensis* Zhang, Zhang et Wei, 2001）
正模NIGP132459，雌蜂，背视，光学图像。a. 标本表面未涂乙醇；b. 标本表面涂乙醇。

树蜂总科 Siricoidea Billbergh, 1982

原树蜂科 Protosiricidae Rasnitsyn et Zhang, 2004（Rasnitsyn, 1969; Rasnitsyn, Zhang, 2004b）

模式属 *Protosirex* Rasnitsyn, 1969

古锯蜂科 Anaxyelidae Martynov, 1925

古锯蜂亚科 Anaxyelinae Martynov, 1925

短树蜂属 *Brachysyntexis* Rasnitsyn, 1969

强壮短树蜂 *Brachysyntexis robusta* Zhang et Rasnitsyn, 2006（Zhang, Rasnitsyn, 2006）

模式标本 正模，标本登记号NIGP135548，正、负面，雌蜂，背视保存，触角、足、翅保存不完整；体长（不包括触角和产卵器）11.5 mm，触角保存部分长2.7 mm，前翅保存部分长6.5 mm、宽2.5 mm，后翅保存部分长2.3 mm、宽1.9 mm，产卵器长2.6 mm。

产地层位 辽宁省北票上园镇黄半吉沟村，下白垩统义县组。

合树蜂属 *Syntexyela* Rasnitsyn, 1968

陆生合树蜂 *Syntexyela continentalis* Zhang et Rasnitsyn, 2006（Zhang, Rasnitsyn, 2006）

模式标本 正模，标本登记号NIGP135549，雌蜂，腹视保存，触角、足、翅保存不完整；体长（不包括触角和产卵器）15.0 mm，触角保存部分长5.2 mm，前翅保存部分长8.4 mm、宽3.5 mm，产卵器长12.1 mm，产卵器鞘长7.8 mm。

产地层位 辽宁省北票上园镇黄半吉沟村，下白垩统义县组（图2-35）。

道虎沟树蜂科 Daohugoidae Rasnitsyn et Zhang, 2004（Rasnitsyn, Zhang, 2004a, 2004b）

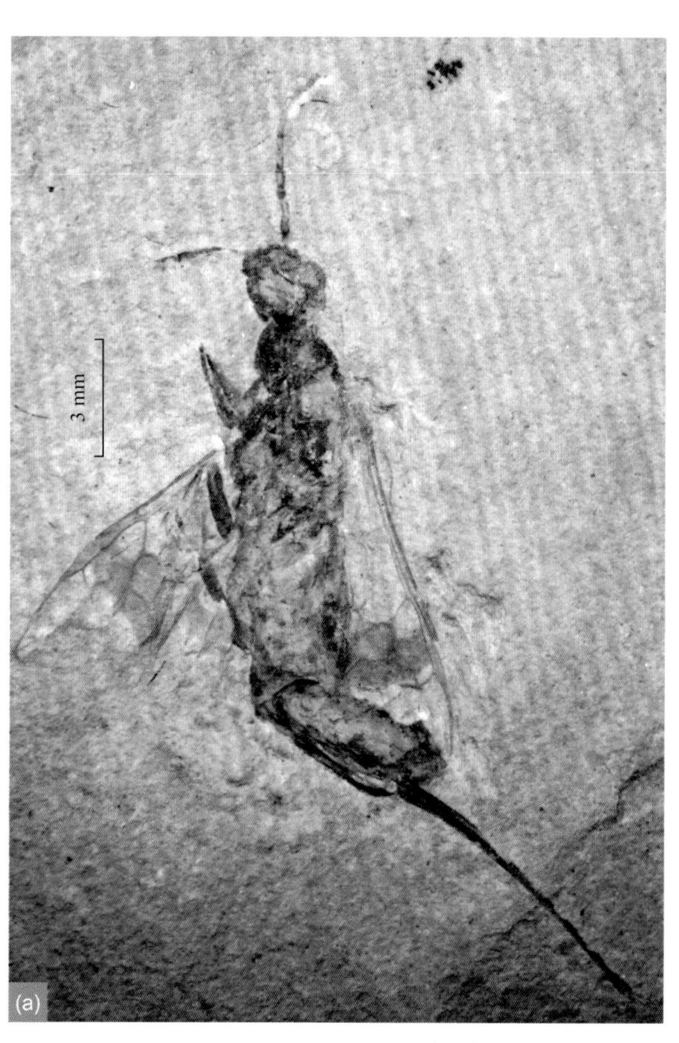

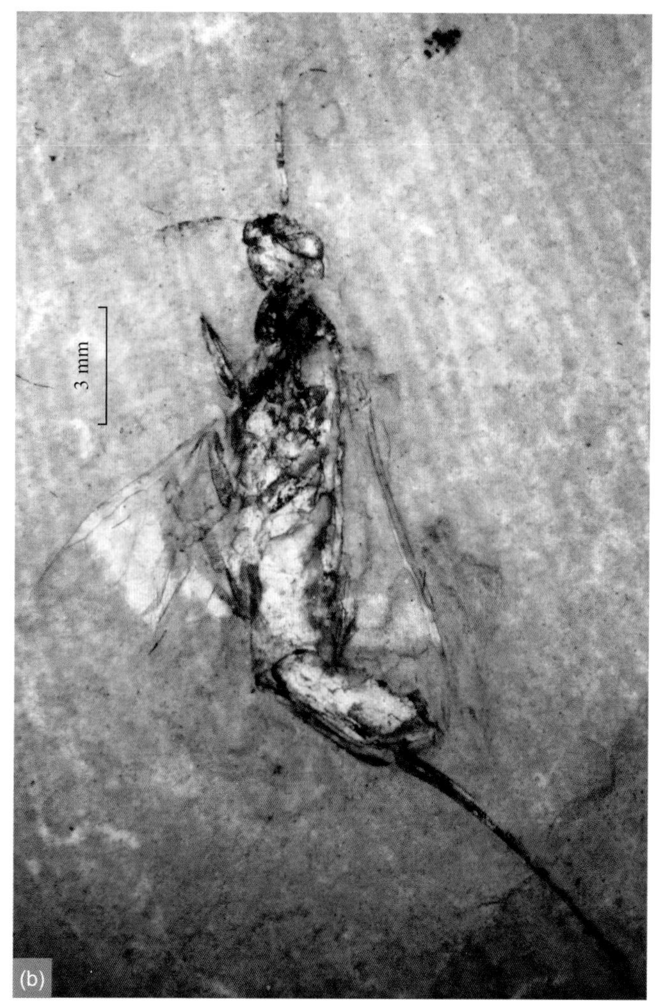

图2-35 陆生合树蜂（*Syntexyela continentalis* Zhang et Rasnitsyn, 2006）
正模NIGP135549，雌蜂，侧腹视，光学图像。a. 标本表面未涂乙醇；b. 标本表面涂乙醇。

模式属 *Daohugoa* Rasnitsyn et Zhang, 2004

道虎沟树蜂属 *Daohugoa* Rasnitsyn et Zhang, 2004（Rasnitsyn, Zhang, 2004a, 2004b）

模式种 *Daohugoa tobiasi* Rasnitsyn et Zhang, 2004

分布时代 内蒙古，中侏罗世。

托氏道虎沟树蜂 *Daohugoa tobiasi* Rasnitsyn et Zhang, 2004（Rasnitsyn, Zhang, 2004a, 2004b）

模式标本 正模，标本登记号NIGP137014，雌蜂，背视保存，正、负面，略破损；体长（不包括触角和产卵器）15.2 mm，触角第三节长1.8 mm，第四节长0.13 mm，前翅保存部分长11.9 mm，产卵器长3.35 mm。

产地层位 内蒙古赤峰市宁城县五化镇道虎沟村，中侏罗统道虎沟化石层。

尾蜂下目 Orussomorpha Newman, 1834

卡蜂总科 Karatavitoidea Rasnitsyn, 1963

卡蜂科 Karatavitidae Rasnitsyn, 1963

卡蜂属 *Karatavites* Rasnitsyn, 1963

俊峰卡蜂 *Karatavites junfengi* Rasnitsyn et Zhang, 2010（Rasnitsyn, Zhang, 2010）

模式标本 正模，标本登记号NIGP151928，雌蜂，腹视保存，触角缺失，足、翅保存不完整，产卵器末端缺失；虫体（不包括触角和产卵器）长9.5 mm，前翅保存部分长8.0 mm、宽2.3 mm，后翅长5.9 mm，保存部分宽1.6 mm，产卵器保存部分长2.5 mm，鞘长1.6 mm。

产地层位 内蒙古赤峰市宁城县五化镇道虎沟村，中侏罗统道虎沟化石层。

原卡蜂属 *Praeratavites* Rasnitsyn, Ansorge et Zhang, 2006（Rasnitsyn, Zhang, 2004b; Rasnitsyn, Ansorge, Zhang, 2006a）

模式种 *Praeratavites daohugou* Rasnitsyn, Ansorge et Zhang, 2006

分布时代 内蒙古，中侏罗世。

道虎沟原卡蜂 *Praeratavites daohugou* Rasnitsyn, Ansorge et Zhang, 2006（Rasnitsyn, Ansorge, Zhang, 2006a）

模式标本 正模，标本登记号NIGP139744，雌蜂，背视保存，略破损；身体（不包括产卵器）长11 mm，前翅长8.8 mm，产卵器长3.1 mm。

产地层位 内蒙古赤峰市宁城县五化镇道虎沟村，中侏罗统道虎沟化石层。

五化原卡蜂 *Praeratavites wuhuaensis* Rasnitsyn et Zhang, 2010（Rasnitsyn, Zhang, 2010）

模式标本 正模，标本登记号NIGP151929，雌蜂，侧腹视保存，触角、足、翅保存不完整；虫体（不包括触角和产卵器）长11.4 mm，触角保存部分长5.3 mm，前翅保存部分长7.4 mm、宽3.5 mm，后翅长5.7 mm，保存部分宽2.4 mm，产卵器长3.4 mm，鞘长2.5 mm。

产地层位 内蒙古赤峰市宁城县五化镇道虎沟村，中侏罗统道虎沟化石层。

明亮原卡蜂 *Praeratavites perspicuus* Rasnitsyn et Zhang, 2010（Rasnitsyn, Zhang, 2010）

模式标本 正模，标本登记号NIGP151930，雌蜂，腹视保存，触角、后翅保存略破损；虫体（不包括触角和产卵器）长8.8 mm，触角长5.3 mm，前翅保存部分长7.3 mm、宽2.3 mm，后翅长5.2 mm、保存部分宽1.6 mm，产卵器长3.0 mm，鞘长1.8 mm。

产地层位 内蒙古赤峰市宁城县五化镇道虎沟村，中侏罗统道虎沟化石层。

后蜂属 *Postxiphydria* Rasnitsyn et Zhang, 2010（Rasnitsyn, Zhang, 2010）

模式种 *Postxiphydria daohugouensis* Rasnitsyn et Zhang, 2010

分布时代 内蒙古，中侏罗世。

道虎沟后蜂 *Postxiphydria daohugouensis* Rasnitsyn et Zhang, 2010（Rasnitsyn, Zhang, 2010）

模式标本 正模，标本登记号NIGP151931，雄蜂，正、负面，分别为腹视和背视保存，触角、足和翅不完整；虫体（不包括触角）长14.9 mm，触角长（根据保存部分推测）6.9 mm，前翅保存部分长10.4 mm、宽3.5 mm，后翅长7.6 mm，保存部分宽2.8 mm。

产地层位 内蒙古赤峰市宁城县五化镇道虎沟村，中侏罗统道虎沟化石层。

宁城后蜂 ***Postxiphydria ningchengensis*** **Rasnitsyn et Zhang, 2010**（Rasnitsyn, Zhang, 2010）

模式标本 正模，标本登记号NIGP151932，雄蜂，正、负面，分别为背视和腹视保存，触角、足和翅略破损；虫体（不包括触角）长14.9 mm，触角保存部分长8.2 mm，前翅保存部分长11.5 mm、宽3.9 mm，后翅保存部分长7.7 mm、保存部分宽3.0 mm。

产地层位 内蒙古赤峰市宁城县五化镇道虎沟村，中侏罗统道虎沟化石层。

类后蜂属 *Postxiphydroides* Rasnitsyn et Zhang, 2010（Rasnitsyn, Zhang, 2010）

模式种 *Postxiphydroides strenuus* Rasnitsyn et Zhang, 2010

分布时代 内蒙古，中侏罗世。

活跃类后蜂 ***Postxiphydroides strenuus*** **Rasnitsyn et Zhang, 2010**（Rasnitsyn, Zhang, 2010）

模式标本 正模，标本登记号NIGP151933，雄蜂，背视保存，略破损；虫体（不包括触角）长8.7 mm，触角保存部分长6.9 mm，前翅长6.7 mm、宽2.6 mm，后翅保存部分长4.6 mm、宽1.6 mm。配模，NIGP151934，雌蜂，腹视保存，略破损；虫体（不包括触角和产卵器）长11.1 mm，触角保存部分长4.8 mm，前翅保存部分长8.3 mm、宽2.6 mm，后翅长4.7 mm、宽1.9 mm，产卵器长2.8 mm，鞘长1.5 mm。

产地层位 内蒙古赤峰市宁城县五化镇道虎沟村，中侏罗统道虎沟化石层。

原尾蜂属 *Praeparyssites* Rasnitsyn, Ansorge et Zhang, 2006（Rasnitsyn, Zhang, 2004b; Rasnitsyn, Ansorge, Zhang, 2006a）

模式种 *Praeparyssites orientalis* Rasnitsyn, Ansorge et Zhang, 2006

分布时代 内蒙古，中侏罗世。

东方原尾蜂 ***Praeparyssites orientalis*** **Rasnitsyn, Ansorge et Zhang, 2006**（Rasnitsyn, Zhang, 2004b; Rasnitsyn, Ansorge, Zhang, 2006a）

模式标本 正模，标本登记号NIGP139745，雌蜂，背视保存，略破损；体长（不包括产卵器）长4.4 mm，前翅长3 mm，产卵器长1.5 mm，鞘长0.7 mm。

产地层位 内蒙古赤峰市宁城县五化镇道虎沟村，中侏罗统道虎沟化石层。

似原卡蜂属 *Praeratavitoides* Rasnitsyn et Zhang, 2010（Rasnitsyn, Zhang, 2010）

模式种 *Praeratavitoides amabilis* Rasnitsyn et Zhang, 2010

分布时代 内蒙古，中侏罗世。

可爱似原卡蜂 ***Praeratavitoides amabilis*** **Rasnitsyn et Zhang, 2010**（Rasnitsyn, Zhang, 2010）

模式标本 正模，标本登记号NIGP151935，雌蜂，正、负面，分别为腹视和背视保存，近完整；虫体（不包括触角和产卵器）长11.8 mm，触角保存部分长3.8 mm，前翅长8.0 mm，保存部分宽3.2 mm，后翅保存部分长5.8 mm、宽2.2 mm，产卵器长6.7 mm。

产地层位 内蒙古赤峰市宁城县五化镇道虎沟村，中侏罗统道虎沟化石层。

细腰亚目 Apocrita Gerstaecker, 1867

冠蜂下目 Stephanomorpha Leach, 1815

冠蜂总科 Stephanoidea Leach, 1815

魔蜂科 Ephialtitidae Handlirsch, 1906

魔蜂亚科 Ephialtitinae Handlirsch, 1906

原细腰蜂属 *Proapocritus* Rasnitsyn, 1975

粗柄原细腰蜂 ***Proapocritus densipediculus*** **Rasnitsyn et Zhang, 2010**（Rasnitsyn, Zhang, 2010）

模式标本 正模，标本登记号NIGP151936，蜂类，侧背视保存，不完整；虫体（不包括触角）保存部分长4.5 mm，触角保存部分长3.5 mm，前翅长6.1 mm、宽1.8 mm。

产地层位 内蒙古赤峰市宁城县五化镇道虎沟村，中侏罗统道虎沟化石层。

雕刻原细腰蜂 ***Proapocritus sculptus*** **Rasnitsyn et Zhang, 2010**（Rasnitsyn, Zhang, 2010）

模式标本 正模，标本登记号NIGP151937，蜂类，背视保存，不完整；虫体（不包括触角）保存部分长6.8 mm，

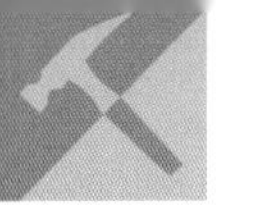

触角长8.4 mm，前翅保存部分长8.4 mm、宽2.2 mm，后翅保存部分长5.4 mm、宽1.5 mm。

产地层位 内蒙古赤峰市宁城县五化镇道虎沟村，中侏罗统道虎沟化石层。

长角原细腰蜂 *Proapocritus longantennatus* Rasnitsyn et Zhang, 2010（Rasnitsyn, Zhang, 2010）

模式标本 正模，标本登记号NIGP151938，雄蜂，背侧视保存，略破损；虫体（不包括触角）长8.3 mm，触角保存部分长6.6 mm，前翅长5.8 mm、宽2.0 mm，后翅长3.6 mm、宽1.0 mm。配模，NIGP151939，雌蜂，背视保存，略破损；虫体（不包括触角和产卵器）保存部分长7.1 mm，触角长6.2 mm，前翅长5.4 mm、宽1.9 mm，后翅长3.1 mm、宽1.0 mm，产卵器长4.1 mm。

产地层位 内蒙古赤峰市宁城县五化镇道虎沟村，中侏罗统道虎沟化石层。

华美原细腰蜂 *Proapocritus formosus* Rasnitsyn et Zhang, 2010（Rasnitsyn, Zhang, 2010）

模式标本 正模，标本登记号NIGP151940，雌蜂，侧视保存，略破损；虫体（不包括触角和产卵器）长10.9 mm，触角保存部分长5.5 mm，前翅保存部分长7.5 mm、宽2.6 mm，后翅长5.0 mm、宽（保存部分）1.5 mm，产卵器长7.5 mm，鞘长5.6 mm。

产地层位 内蒙古赤峰市宁城县五化镇道虎沟村，中侏罗统道虎沟化石层。

直原细腰蜂 *Proapocritus atropus* Rasnitsyn et Zhang, 2010（Rasnitsyn, Zhang, 2010）

模式标本 正模，标本登记号NIGP151941，雌蜂，侧视保存，正、负面，略破损；虫体（不包括触角和产卵器）长14.3 mm，触角保存部分长7.5 mm，前翅保存部分长7.2 mm、宽2.7 mm，后翅长5.4 mm、保存部分宽1.5 mm，产卵器长9.2 mm，鞘长8.0 mm。

产地层位 内蒙古赤峰市宁城县五化镇道虎沟村，中侏罗统道虎沟化石层。

优雅原细腰蜂 *Proapocritus elegans* Rasnitsyn et Zhang, 2010（Rasnitsyn, Zhang, 2010）

模式标本 正模，标本登记号NIGP151942，雌蜂，侧视保存，正、负面，略破损；虫体（不包括触角和产卵器）长13.5 mm，触角长7.1 mm，前翅保存部分长7.8 mm、宽1.9 mm，后翅长5.1 mm、宽1.2 mm，产卵器保存部分长4.0 mm。

产地层位 内蒙古赤峰市宁城县五化镇道虎沟村，中侏罗统道虎沟化石层。

冠腹魔蜂属 *Stephanogaster* Rasnitsyn, 1975

宁城冠腹魔蜂 *Stephanogaster ningchengensis* Ding et al., 2013（丁明等，2013）

模式标本 正模，标本登记号M6417，雌蜂，背视保存，不完整；虫体（不包括触角和产卵器）长12.3 mm，触角（保存部分）长3.2 mm，前翅长11.2 mm、宽3.9 mm，后翅长7.1 mm、保存部分宽2.0 mm，产卵器长14.8 mm，鞘长12.5 mm。

产地层位 内蒙古赤峰市宁城县五化镇道虎沟村，中侏罗统道虎沟化石层。

原始冠腹魔蜂 *Stephanogaster pristinus* Rasnitsyn et Zhang, 2010（Rasnitsyn, Zhang, 2010）

模式标本 正模，标本登记号NIGP151943，雌蜂，侧背视保存，略破损；虫体（不包括触角和产卵器）保存部分长11.3 mm，触角保存部分长6.2 mm，前翅长8.2 mm、宽2.6 mm，后翅保存部分长3.4 mm、宽1.6 mm，产卵器保存部分长12.2 mm，鞘长8.8 mm。

产地层位 内蒙古赤峰市宁城县五化镇道虎沟村，中侏罗统道虎沟化石层。

亚魔蜂属 *Asiephialtites* Rasnitsyn, 1975

林氏亚魔蜂 *Asiephialtites lini* Rasnitsyn et Zhang, 2010（Rasnitsyn, Zhang, 2010）

模式标本 正模，标本登记号NIGP151944，雌蜂，腹视保存，略破损；虫体（不包括触角和产卵器）长8.8 mm，触角长4.8 mm，前翅长5.8 mm、宽2.3 mm，后翅长3.4 mm、宽1.2 mm，产卵器长4.3 mm。

产地层位 内蒙古赤峰市宁城县五化镇道虎沟村，中侏罗统道虎沟化石层。

前原蜂属 *Praeproapocritus* Rasnitsyn et Zhang, 2010（Rasnitsyn, Zhang, 2010）

模式种 *Praeproapocritus vulgatus* Rasnitsyn et Zhang, 2010

分布时代 内蒙古，中侏罗世。

普通前原蜂 *Praeproapocritus vulgatus* Rasnitsyn et Zhang, 2010（Rasnitsyn, Zhang, 2010）

模式标本 正模，标本登记号NIGP151945，雄蜂，正、负面，分别为背视和腹视保存，不完整；虫体（不包括触角）长12.0 mm，触角保存部分长1.5 mm，前翅保存部分长8.7 mm、宽3.1 mm，后翅长（保存部分）6.3 mm、宽1.8 mm。

产地层位 内蒙古赤峰市宁城县五化镇道虎沟村，中侏罗统道虎沟化石层。

白垩冠腹魔蜂属 *Crephanogaster* Rasnitsyn, 1990

稀奇白垩冠腹魔蜂 *Crephanogaster rara* Zhang, Rasnitsyn et Zhang, 2002（Zhang, Rasnitsyn, Zhang, 2002c）

模式标本 正模，标本登记号NIGP134559，雄蜂，侧视保存，正、负面，近完整；体长（不包括触角）10.2 mm，触角长7.0 mm，前翅保存部分长6.6 mm、宽2.7 mm。

产地层位 辽宁省北票上园镇黄半吉沟村，下白垩统义县组。

云蜂属 *Tuphephialtites* Zhang, Rasnitsyn et Zhang, 2002（Zhang, Rasnitsyn, Zhang, 2002c）

模式种 *Typhephialtites zherikhini* Zhang, Rasnitsyn et Zhang, 2002

分布时代 辽宁省，早白垩世。

哲氏云蜂 *Tuphephialtites zherikhini* Zhang, Rasnitsyn et Zhang, 2002（Zhang, Rasnitsyn, Zhang, 2002c）

模式标本 正模，标本登记号NIGP134560，雌、雄未定，侧视保存，不完整；身体保存部分长10.6 mm，触角保存部分长5.7 mm，前翅长6.4 mm、宽2.6 mm，后翅保存部分长3.8 mm、宽1.5 mm。

产地层位 辽宁省北票上园镇黄半吉沟村，下白垩统义县组。

原翅魔蜂亚科 Symphytopterinae Rasnitsyn, 1980

卡魔蜂属 *Karataus* Rasnitsyn, 1977

道虎沟卡魔蜂 *Karataus daohugouensis* Zhang et al., 2014（Zhang et al., 2014）

模式标本 正模，标本登记号NIGP161232，雄蜂，背视保存，不完整；虫体长12.9 mm，触角长7.5 mm，前翅长11.7 mm、宽（保存部分）3.4 mm，后翅保存部分长5.4 mm、宽2.2 mm。

产地层位 内蒙古赤峰市宁城县五化镇道虎沟村，中侏罗统道虎沟化石层。

活跃卡魔蜂 *Karataus strenuus* Zhang et al., 2014（Zhang et al., 2014）

模式标本 正模，标本登记号NIGP161233，雄蜂，腹视保存，不完整；虫体保存部分长7.5 mm，前翅保存部分长6.7 mm、宽1.9 mm，后翅保存部分长3.6 mm、宽4.0 mm。

产地层位 内蒙古赤峰市宁城县五化镇道虎沟村，中侏罗统道虎沟化石层。

强壮卡魔蜂 *Karataus vigoratus* Zhang et al., 2014（Zhang et al., 2014）

模式标本 正模，标本登记号NIGP161235，雄蜂，背视保存，不完整；虫体保存部分长8.7 mm，前翅保存部分长7.0 mm、宽1.8 mm。

产地层位 内蒙古赤峰市宁城县五化镇道虎沟村，中侏罗统道虎沟化石层。

柔弱卡魔蜂 *Karataus exilis* Zhang et al., 2014（Zhang et al., 2014）

模式标本 正模，标本登记号NIGP161236，雄蜂，背视保存，不完整；虫体保存部分长13.1 mm，右前翅长9.6 mm、宽2.9 mm，右后翅保存部分长5.7 mm、宽1.7 mm，左前翅长8.3 mm、宽3.7 mm，左后翅保存部分长4.3 mm、宽2.6 mm。

产地层位 内蒙古赤峰市宁城县五化镇道虎沟村，中侏罗统道虎沟化石层。

东方卡魔蜂 *Karataus orientalis* Zhang et al., 2014（Zhang et al., 2014）

模式标本 正模，标本登记号NIGP161237，雌蜂，侧视保存，近完整；虫体（不包括触角和产卵器）长12.1 mm，触角长4.7 mm，前翅长8.8 mm、宽3.1 mm，后翅

长5.4 mm、宽1.9 mm，产卵器长2.1 mm。

产地层位 内蒙古赤峰市宁城县五化镇道虎沟村，中侏罗统道虎沟化石层。

旗腹蜂下目 Evaniomorpha Latreille, 1802（s. str.）

旗腹蜂总科 Evanioidea Latreille, 1802

原举腹蜂科 Praeaulacidae Rasnitsyn, 1972

原举腹蜂亚科 Praeaulacinae Rasnitsyn, 1972

原举腹蜂属 *Praeaulacus* Rasnitsyn, 1972

东方原举腹蜂 *Praeaulacus orientalis* Zhang et Rasnitsyn, 2008（Zhang, Rasnitsyn, 2008）

模式标本 正模，标本登记号NIGP148216，雌蜂，正、负面，侧视保存，略破损；虫体（不包括触角和产卵器）长7.8 mm，触角长3.6 mm，前翅长4.7 mm、宽1.9 mm，后翅保存部分长2.8 mm、宽0.7 mm，产卵器长6.7 mm，鞘长5.6 mm。

产地层位 内蒙古赤峰市宁城县五化镇道虎沟村，中侏罗统道虎沟化石层。

道虎沟原举腹蜂 *Praeaulacus daohugouensis* Zhang et Rasnitsyn, 2008（Zhang, Rasnitsyn, 2008）

模式标本 正模，标本登记号NIGP148217，正、负面，雌蜂，分别为背视和腹视保存，略破损；虫体（不包括触角和产卵器）长8.8 mm，触角长4.3 mm，前翅长6.4 mm、宽2.4 mm，后翅长3.9 mm、宽1.1 mm，产卵器长7.5 mm，鞘长6.0 mm。副模，NIGP148218，雌蜂，背视保存，不完整；虫体（不包括触角和产卵器）长5.5 mm，触角保存部分长2.9 mm，前翅长4.1 mm、保存部分宽1.5 mm，产卵器保存部分长3.4 mm，鞘长2.4 mm。副模，NIGP148219，雌蜂，背视保存不完整；虫体（不包括触角和产卵器）长8.8 mm，触角保存部分长3.5 mm，前翅长6.3 mm，后翅长3.8 mm，产卵器长7.6 mm，鞘长6.1 mm。

产地层位 内蒙古赤峰市宁城县五化镇道虎沟村，中侏罗统道虎沟化石层。

精致原举腹蜂 *Praeaulacus exquisitus* Zhang et Rasnitsyn, 2008（Zhang, Rasnitsyn, 2008）

模式标本 正模，标本登记号NIGP148220，正、负面，雌蜂，分别为背视和腹视保存，略破损；虫体（不包括触角和产卵器）长9.7 mm，触角长5.6 mm，前翅保存部分长6.0 mm、宽1.7 mm，后翅保存部分长3.0 mm、宽1.2 mm，产卵器长8.7 mm，鞘长6.8 mm。

产地层位 内蒙古赤峰市宁城县五化镇道虎沟村，中侏罗统道虎沟化石层。

粗糙原举腹蜂 *Praeaulacus scabratus* Zhang et Rasnitsyn, 2008（Zhang, Rasnitsyn, 2008）

模式标本 正模，标本登记号NIGP148221，正、负面，雌蜂，侧视保存，近完整；虫体（不包括触角和产卵器）长6.9 mm，触角保存部分长2.3 mm，前翅长5.2 mm、宽2.0 mm，后翅保存部分长2.8 mm、宽0.5 mm，产卵器鞘长4.9 mm。

产地层位 内蒙古赤峰市宁城县五化镇道虎沟村，中侏罗统道虎沟化石层。

雕刻原举腹蜂 *Praeaulacus sculptus* Zhang et Rasnitsyn, 2008（Zhang, Rasnitsyn, 2008）

模式标本 正模，标本登记号NIGP148222，背视保存，性别未知，不完整；虫体（不包括触角）保存部分长6.2 mm，触角保存部分长2.0 mm，前翅保存部分长6.3 mm、宽2.2 mm，后翅长3.4 mm、宽1.0 mm。

产地层位 内蒙古赤峰市宁城县五化镇道虎沟村，中侏罗统道虎沟化石层。

强壮原举腹蜂 *Praeaulacus robustus* Zhang et Rasnitsyn, 2008（Zhang, Rasnitsyn, 2008）

模式标本 正模，标本登记号NIGP148223，雌蜂，侧视保存，近完整；虫体（不包括触角和产卵器）长13.3 mm，触角长5.9 mm，前翅保存部分长8.3 mm、宽2.7 mm，后翅保存部分长5.2 mm、宽1.5 mm，产卵器保存部分长3.6 mm，鞘长1.7 mm。

产地层位 内蒙古赤峰市宁城县五化镇道虎沟村，中侏罗统道虎沟化石层。

肿腿原举腹蜂 *Praeaulacus afflatus* Zhang et Rasnitsyn, 2008（Zhang, Rasnitsyn, 2008）

模式标本 正模，标本登记号NIGP148224，正、负面，雌蜂，侧视保存，近完整但有些变形；虫体（不包括触角和产卵器）长7.9 mm，触角保存部分长3.0 mm，前翅保存部分长3.5 mm、宽1.7 mm，后翅保存部分长2.4 mm、宽0.7 mm，产卵器保存部分长1.2 mm。

产地层位 内蒙古赤峰市宁城县五化镇道虎沟村，中侏罗统道虎沟化石层。

先举腹蜂属 *Praeaulacon* Rasnitsyn, 1972

宁城先举腹蜂 *Praeaulacon ningchengensis* Zhang et Rasnitsyn, 2008（Zhang, Rasnitsyn, 2008）

模式标本 正模，标本登记号NIGP148225，雌蜂，侧视保存，不完整；虫体（不包括产卵器）保存部分长6.6 mm，前翅保存部分长4.4 mm、宽1.3 mm，后翅保存部分长1.8 mm、宽0.6 mm，产卵器保存部分长4.0 mm。

产地层位 内蒙古赤峰市宁城县五化镇道虎沟村，中侏罗统道虎沟化石层。

优美先举腹蜂 *Praeaulacon elegantulus* Zhang et Rasnitsyn, 2008（Zhang, Rasnitsyn, 2008）

模式标本 正模，标本登记号NIGP148226，正、负面，雌蜂，分别为腹侧视和背侧视保存，近完整；虫体（不包括触角和产卵器）长7.1 mm，触角保存部分长3.1 mm，前翅长5.0 mm、宽1.9 mm，后翅保存部分长2.5 mm、宽0.7 mm，产卵器长6.1 mm。

产地层位 内蒙古赤峰市宁城县五化镇道虎沟村，中侏罗统道虎沟化石层（图2－36）。

似举腹蜂属 *Aulacogastrinus* Rasnitsyn, 1983

雕背似举腹蜂 *Aulacogastrinus insculptus* Zhang et Rasnitsyn, 2008（Zhang, Rasnitsyn, 2008）

模式标本 正模，标本登记号NIGP148227，雌蜂，侧视保存，近完整；虫体（不包括触角和产卵器）长10.4 mm，触角长5.7 mm，前翅长6.6 mm、宽2.2 mm，后翅长3.8 mm、保存部分宽0.6 mm，产卵器长8.5 mm。

产地层位 内蒙古赤峰市宁城县五化镇道虎沟村，中侏罗统道虎沟化石层。

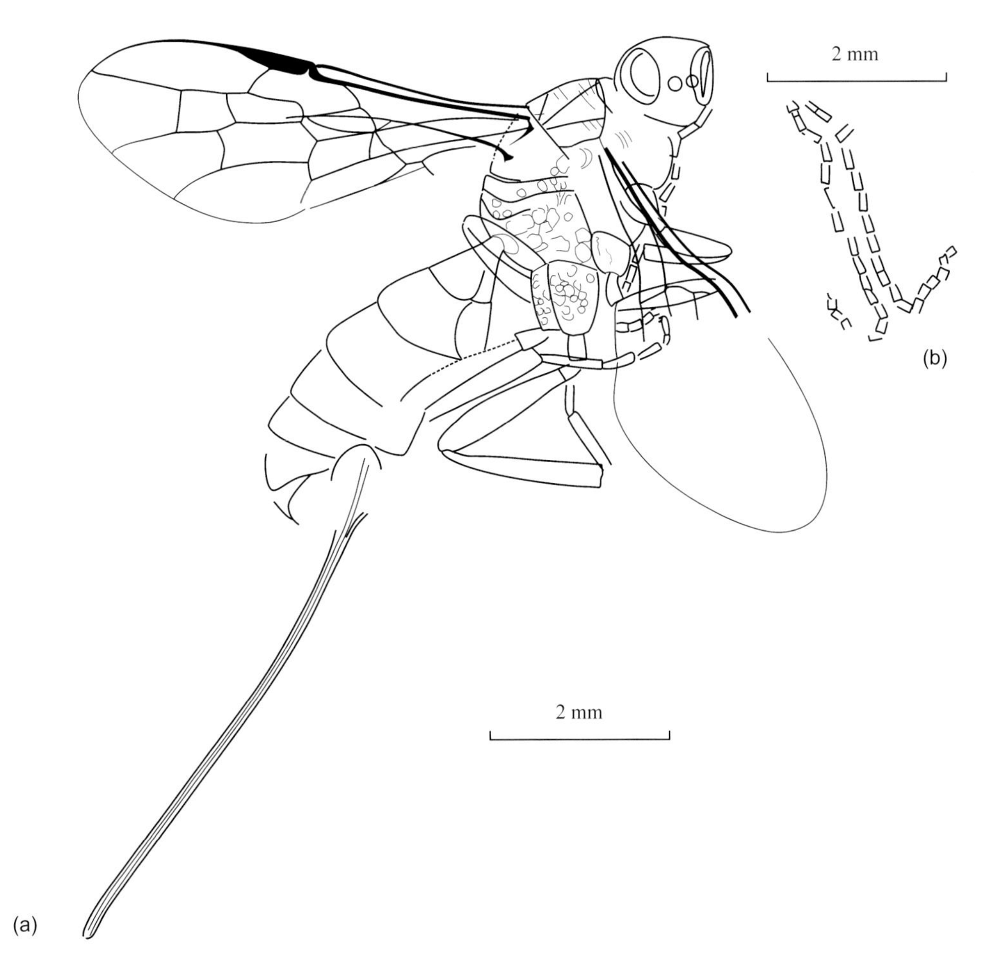

图2－36 优美先举腹蜂（*Praeaulacon elegantulus* Zhang et Rasnitsyn, 2008）
正模NIGP148226，复原图。a. NIGP148226b，虫体全貌；b. NIGP148226a，触角特征。

长刺似举腹蜂 ***Aulacogastrinus longaciculatus*** **Zhang et Rasnitsyn, 2008**(Zhang, Rasnitsyn, 2008)

模式标本 正模,标本登记号NIGP148229,正、负面,雌蜂,分别为侧背视和侧腹视保存,略破损;虫体(不包括触角和产卵器)长13.8 mm,触角保存部分长8.0 mm,前翅保存部分长9.4 mm、宽1.5 mm,后翅保存部分长5.6 mm、宽1.8 mm,产卵器长17.0 mm。

产地层位 内蒙古赤峰市宁城县五化镇道虎沟村,中侏罗统道虎沟化石层。

河北似举腹蜂 ***Aulacogastrinus hebeiensis*** **Zhang et Rasnitsyn, 2008**(Zhang, Rasnitsyn, 2008)

模式标本 正模,标本登记号NIGP148230,正、负面,雌蜂,侧视保存,不完整;虫体(不包括触角和产卵器)长8.7 mm,触角长4.4 mm,前翅保存部分长4.3 mm、宽1.6 mm,产卵器长7.5 mm。

产地层位 内蒙古赤峰市宁城县五化镇道虎沟村,中侏罗统道虎沟化石层。

东方举腹蜂属 *Eosaulacus* Zhang et Rasnitsyn, 2008(Zhang, Rasnitsyn, 2008, 2010)

模式种 *Eosaulacus giganteus* Zhang et Rasnitsyn, 2008

分布时代 内蒙古,中侏罗世。

巨型东方举腹蜂 ***Eosaulacus giganteus*** **Zhang et Rasnitsyn, 2008**(Zhang, Rasnitsyn, 2008; Rasnitsyn, Zhang, 2010)

模式标本 正模,标本登记号NIGP148233,雌蜂,背视保存,略破损;虫体(不包括触角和产卵器)长18.8 mm,触角保存部分长7.6 mm,胸部长3.7 mm,前翅保存部分长11.9 mm、宽3.1 mm,后翅保存部分长6.0 mm、宽1.6 mm,产卵器保存部分长2.4 mm。副模,NIGP148234,雌蜂,不完整;虫体(不包括产卵器)长22.9 mm,前翅保存部分长16.2 mm、宽2.7 mm,后翅保存部分长7.3 mm、宽2.0 mm,产卵器保存部分长6.0 mm。

产地层位 内蒙古赤峰市宁城县五化镇道虎沟村,中侏罗统道虎沟化石层。

糙柄东方举腹蜂 ***Eosaulacus granulatus*** **Zhang et Rasnitsyn, 2008**(Zhang, Rasnitsyn, 2008)

模式标本 正模,标本登记号NIGP148235,雌蜂,侧视保存,不完整;虫体(不包括产卵器)长15.6 mm,前翅保存部分长4.5 mm、宽2.1 mm,后翅长6.3 mm、保存部分宽1.6 mm,产卵器鞘保存部分长6.9 mm。

产地层位 内蒙古赤峰市宁城县五化镇道虎沟村,中侏罗统道虎沟化石层。

中国举腹蜂属 *Sinaulacogastrinus* Zhang et Rasnitsyn, 2008(Zhang, Rasnitsyn, 2008; Rasnitsyn, Zhang, 2010)

模式种 *Sinaulacogastrinus eucallus* Zhang et Rasnitsyn, 2008

分布时代 内蒙古,中侏罗世。

优美中国举腹蜂 ***Sinaulacogastrinus eucallus*** **Zhang et Rasnitsyn, 2008**(Zhang, Rasnitsyn, 2008)

模式标本 正模,标本登记号NIGP148232,雌蜂,背视保存,不完整;虫体(不包括触角和产卵器)长6.3 mm,触角保存部分长2.1 mm,前翅长3.8 mm、宽1.5 mm,后翅保存部分长1.9 mm、宽0.7 mm,产卵器长7.1 mm。

产地层位 内蒙古赤峰市宁城县五化镇道虎沟村,中侏罗统道虎沟化石层(图2-37)。

坚固中国举腹蜂 ***Sinaulacogastrinus solidus*** **Rasnitsyn et Zhang, 2010**(Rasnitsyn, Zhang, 2010)

模式标本 正模,标本登记号NIGP151946,雌蜂,侧背视保存,不完整;虫体(不包括产卵器)长6.0 mm,前翅保存部分长4.8 mm、宽2.0 mm,后翅保存部分长2.7 mm、宽0.6 mm,产卵器鞘长4.0 mm。

产地层位 内蒙古赤峰市宁城县五化镇道虎沟村,中侏罗统道虎沟化石层。

中华旗腹蜂属 *Sinevania* Rasnitsyn et Zhang, 2010(Rasnitsyn, Zhang, 2010)

模式种 *Sinevania speciosa* Rasnitsyn et Zhang, 2010

分布时代 内蒙古,中侏罗世。

华美中华旗腹蜂 ***Sinevania speciosa*** **Rasnitsyn et Zhang, 2010**(Rasnitsyn, Zhang, 2010)

模式标本 正模,标本登记号NIGP151947,蜂类,背视保存,不完整;虫体保存部分长3.8 mm,前翅长6.9 mm、宽2.3 mm,后翅保存部分长3.0 mm、宽0.8 mm。

产地层位 内蒙古赤峰市宁城县五化镇道虎沟村,

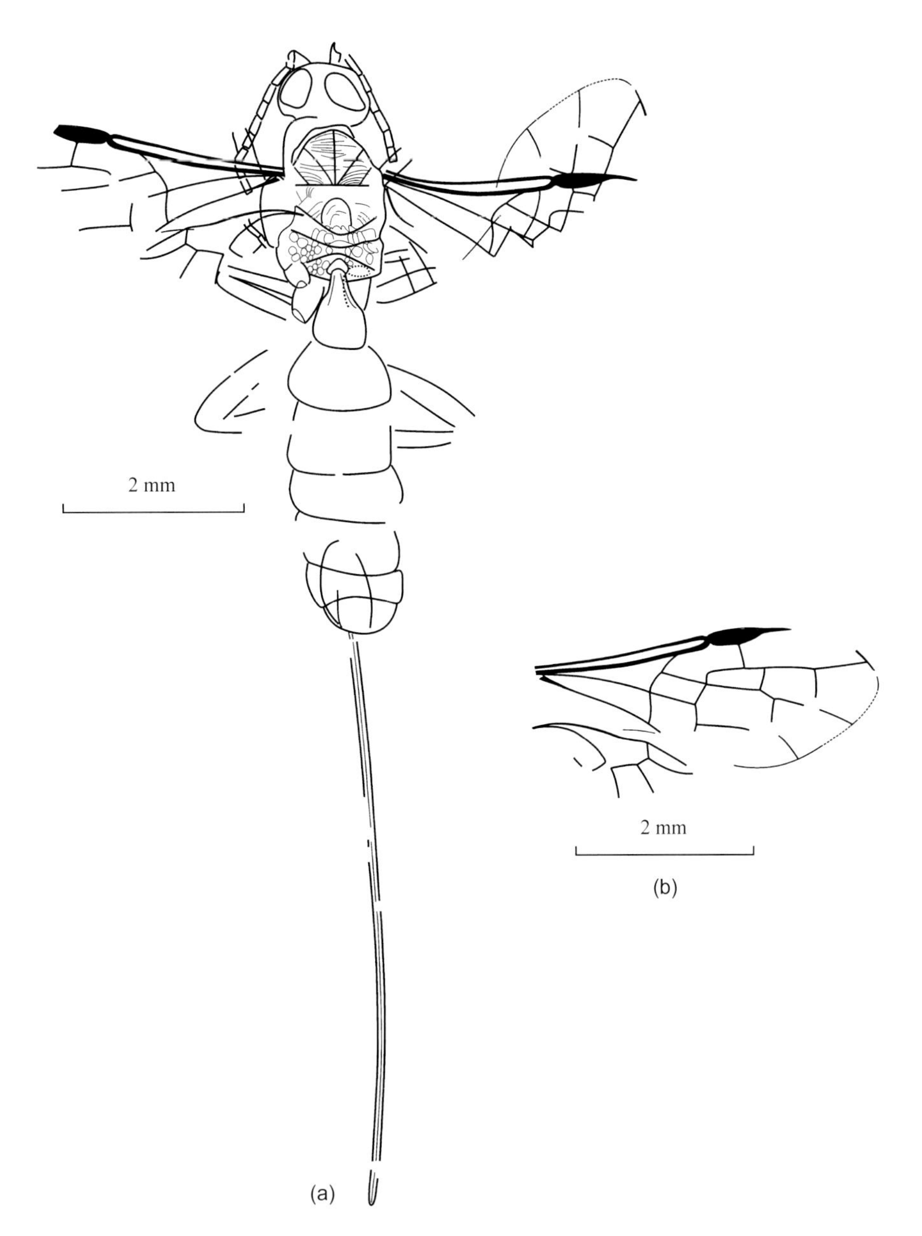

图2-37 优美中国举腹蜂（*Sinaulacogastrinus eucallus* Zhang et Rasnitsyn, 2008）
正模NIGP148232，雌蜂，背视，复原图。a. 虫体全貌；b. 前、后翅。

中侏罗统道虎沟化石层。

简脉举腹蜂科 Anomopterellidae Rasnitsyn, 1975

简脉举腹蜂属 *Anomopterella* Rasnitsyn, 1975

黄氏简脉举腹蜂 *Anomopterella huangi* Zhang et Rasnitsyn, 2008（Zhang, Rasnitsyn, 2008）

模式标本 正模，标本登记号NIGP148228，蜂类，背视保存，不完整；虫体保存部分长4.3 mm，前翅保存部分长5.0 mm、宽1.5 mm，后翅保存部分长2.2 mm。

产地层位 内蒙古赤峰市宁城县五化镇道虎沟村，中侏罗统道虎沟化石层。

非旗腹蜂亚科 Nevaniinae Zhang et Rasnitsyn, 2007（Zhang, Rasnitsyn, 2007, 2008）

模式属 *Nevania* Zhang et Rasnitsyn, 2007

非旗腹蜂属 *Nevania* Zhang et Rasnitsyn, 2007（Zhang, Rasnitsyn, 2007, 2008）

模式种 *Nevania robusta* Zhang et Rasnitsyn, 2007

分布时代 中国内蒙古和哈萨克斯坦，中-晚侏罗世。

强壮非旗腹蜂 *Nevania robusta* Zhang et Rasnitsyn, 2007（Zhang, Rasnitsyn, 2007）

模式标本 正模，标本登记号NIGP143693，雌蜂，侧

视保存，略破损；虫体（不包括触角和产卵器）长17.4 mm，触角保存部分长8.4 mm，前翅长9.6 mm、宽3.6 mm，后翅长5.5 mm、保存部分宽1.6 mm，产卵器长2.9 mm。

产地层位 内蒙古赤峰市宁城县五化镇道虎沟村，中侏罗统道虎沟化石层（图2－38、图2－39）。

精致非旗腹蜂 *Nevania exquisita* Zhang et Rasnitsyn, 2007（Zhang, Rasnitsyn, 2007）

模式标本 正模，标本登记号NIGP143694/5，雌蜂，正、负面，分别为腹侧视和背侧视保存，略破损；虫体（不包括产卵器）长15.7 mm，前翅长9.5 mm、保存部分宽2.9 mm，后翅长4.8 mm、保存部分宽1.4 mm，产卵器保存部分长0.6 mm。

产地层位 内蒙古赤峰市宁城县五化镇道虎沟村，中侏罗统道虎沟化石层。

锤腹非旗腹蜂 *Nevania malleata* Zhang et Rasnitsyn, 2007（Zhang, Rasnitsyn, 2007）

模式标本 正模，标本登记号NIGP143696/7，正、负面，分别为腹侧视和背侧视，略破损；虫体（不包括触角）保存部分长13.9 mm，触角保存部分长6.8 mm，前翅保存部分长8.3 mm、宽2.3 mm，后翅长3.8 mm、保存部分宽0.5 mm。

产地层位 内蒙古赤峰市宁城县五化镇道虎沟村，中侏罗统道虎沟化石层。

凶猛非旗腹蜂 *Nevania ferocula* Zhang et Rasnitsyn, 2007（Zhang, Rasnitsyn, 2007）

模式标本 正模，标本登记号NIGP143698，雌蜂，侧视保存，略破损；虫体（不包括触角和产卵器）长11.4 mm，触角保存部分长6.7 mm，前翅保存部分长5.8 mm、宽1.7 mm，后翅保存部分长2.7 mm、宽0.6 mm，产卵器长0.8 mm。

产地层位 内蒙古赤峰市宁城县五化镇道虎沟村，中侏罗统道虎沟化石层。

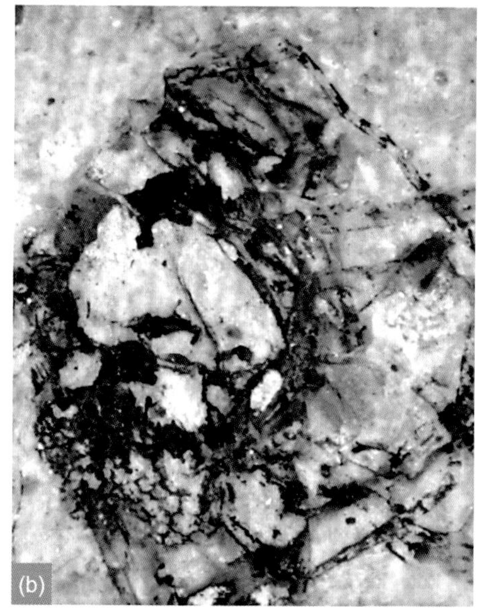

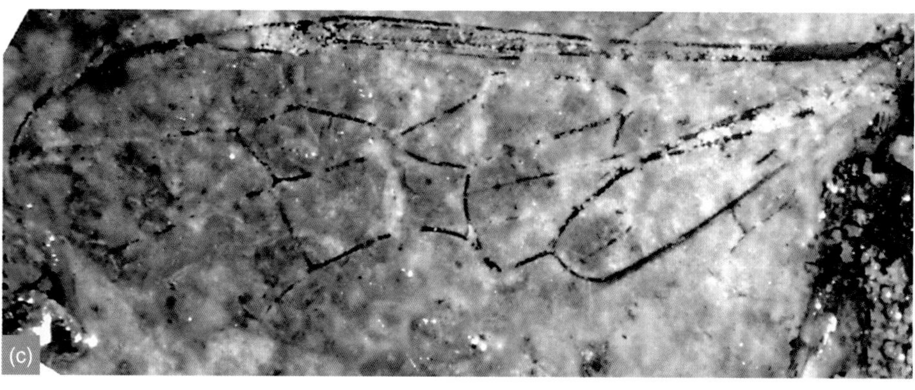

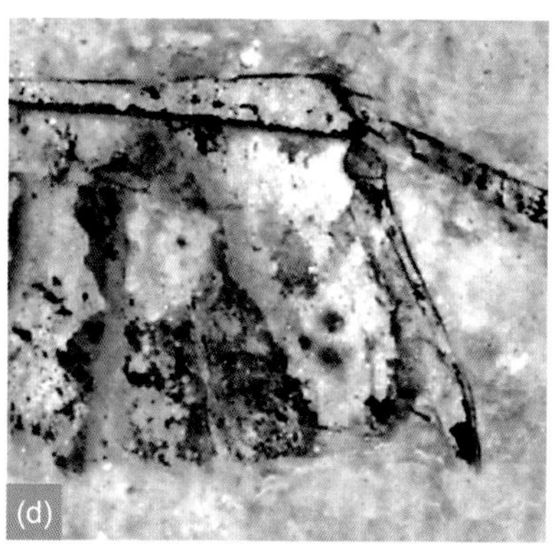

图2－38 强壮非旗腹蜂（*Nevania robusta* Zhang et Rasnitsyn, 2007）
正模NIGP143693，雌蜂，侧视，光学图像。a. 昆虫全貌；b. 胸部；c. 前、后翅；d. 腹部末端和产卵器。图b~d.标本表面涂乙醇。

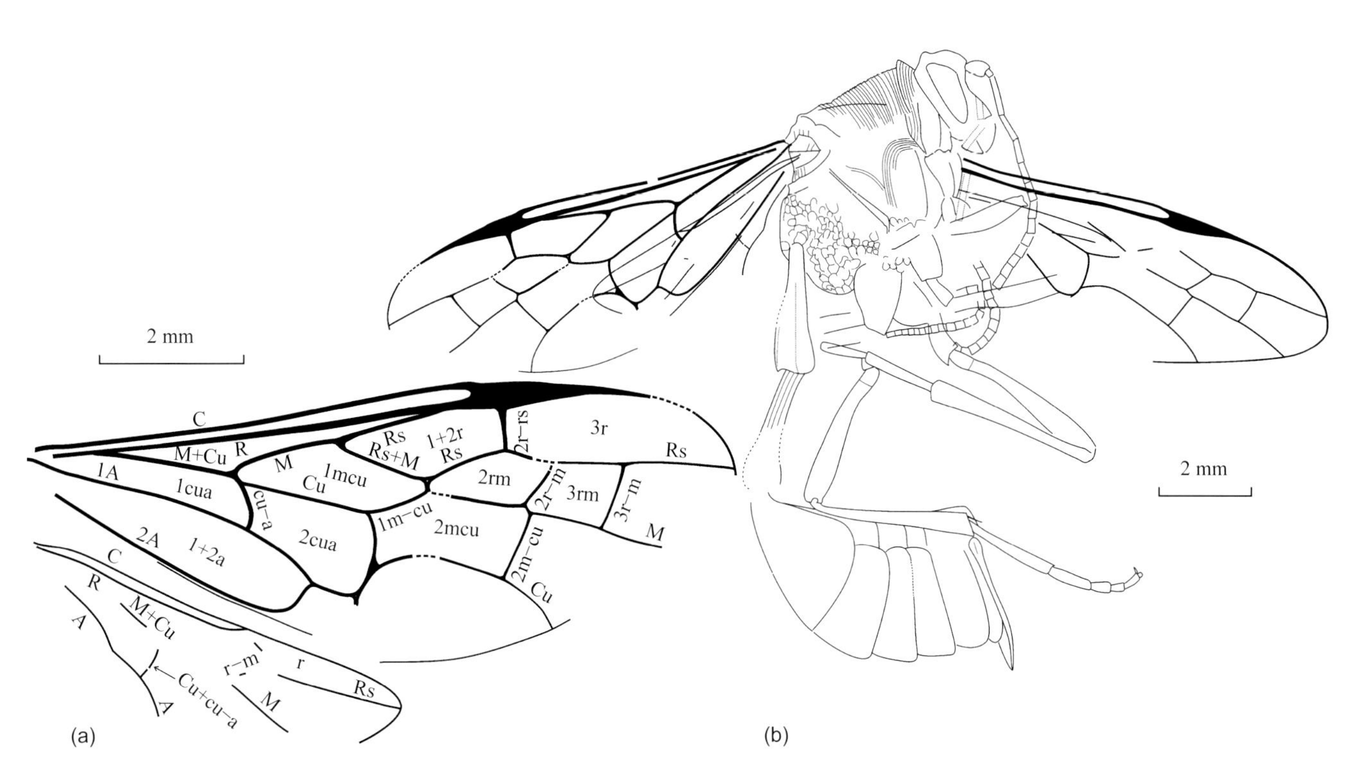

图2-39　强壮非旗腹蜂(*Nevania robusta* Zhang et Rasnitsyn, 2007)
正模NIGP143693,雌蜂,侧视,复原图。a. 前、后翅；b. 昆虫全貌。翅脉符号同前。

持久非旗腹蜂 *Nevania retenta* Zhang et Rasnitsyn, 2007(Zhang, Rasnitsyn, 2007)

模式标本　正模,标本登记号NIGP143699,雌蜂,背腹视保存,不完整；虫体(不包括触角和产卵器)长9.9 mm,触角保存部分长3.5 mm,前翅保存部分长4.5 mm、宽2.2 mm,后翅保存部分长2.5 mm、宽1.0 mm,产卵器长1.6 mm。

产地层位　内蒙古赤峰市宁城县五化镇道虎沟村,中侏罗统道虎沟化石层。

柔弱非旗腹蜂 *Nevania delicata* Zhang et Rasnitsyn, 2007(Zhang, Rasnitsyn, 2007)

模式标本　正模,标本登记号NIGP143700,雌蜂,侧视保存,近完整；虫体(不包括触角和产卵器)长15.1 mm,触角保存部分长9.3 mm,前翅长8.6 mm、宽3.3 mm,后翅长4.1 mm、宽1.2 mm,产卵器长1.6 mm。

产地层位　内蒙古赤峰市宁城县五化镇道虎沟村,中侏罗统道虎沟化石层。

卡拉套非旗腹蜂 *Nevania karatau* Zhang et Rasnitsyn, 2008(Zhang, Rasnitsyn, 2008)

模式标本　正模,标本登记号PIN2997–4157,完整前翅,长4.2 mm、宽1.7 mm。

产地层位　哈萨克斯坦南部卡拉套,上侏罗统卡拉巴斯套组。

东方非旗腹蜂属 *Eonevania* Rasnitsyn et Zhang, 2010(Rasnitsyn, Zhang, 2010)

模式种　*Eonevania robusta* Rasnitsyn et Zhang, 2010

分布时代　内蒙古,中侏罗世。

强壮东方非旗腹蜂 *Eonevania robusta* Rasnitsyn et Zhang, 2010(Rasnitsyn, Zhang, 2010)

模式标本　正模,标本登记号NIGP151948,雌蜂,侧背视保存,略破损；虫体(不包括触角和产卵器)长11.6 mm,触角长5.7 mm,前翅保存部分长8.4 mm、宽2.1 mm,后翅保存部分长4.0 mm、宽1.4 mm,产卵器长1.0 mm。

产地层位　内蒙古赤峰市宁城县五化镇道虎沟村,中侏罗统道虎沟化石层。

下目未定 Infraoder *incertae sedis*

夸父蜂科 Kuafuidae Rasnitsyn et Zhang, 2010(Rasnitsyn, Zhang, 2010)

模式属　*Kuafua* Rasnitsyn et Zhang, 2010

夸父蜂属 *Kuafua* Rasnitsyn et Zhang, 2010（Rasnitsyn, Zhang, 2010）

模式种 *Kuafua polyneura* Rasnitsyn et Zhang, 2010

分布时代 内蒙古，中侏罗世。

多脉夸父蜂 *Kuafua polyneura* Rasnitsyn et Zhang, 2010（Rasnitsyn, Zhang, 2010）

模式标本 正模，标本登记号NIGP151949，正、负两面，雌蜂，侧视保存，略破损；虫体（不包括触角和产卵器）长8.4 mm，触角长4.2 mm，前翅长6.0 mm、保存部分宽2.0 mm，后翅长4.6 mm、保存部分宽1.1 mm，产卵器长7.5 mm，鞘长6.1 mm。

产地层位 内蒙古赤峰市宁城县五化镇道虎沟村，中侏罗统道虎沟化石层。

旗腹蜂科 Evaniidae Latreille, 1802

前白垩蜂属 *Procretevania* Zhang et Zhang, 2000（张海春，张俊峰，2000a; Zhang et al., 2007）

模式种 *Procretevania pristina* Zhang et Zhang, 2000

分布时代 辽宁省，早白垩世。

原始前白垩蜂 *Procretevania pristina* Zhang et Zhang, 2000（张海春，张俊峰，2000a; Zhang et al., 2007）

模式标本 正模，标本登记号NIGP132006，雌蜂，侧视保存，略破损不完整；头长0.7 mm，胸长1.9 mm、高2.0 mm，腹柄长1.2 mm，腹部长2.2 mm，前翅保存部分长3.3 mm，触角保存部分长1.9 mm。

产地层位 辽宁省北票市上园镇尖山沟，下白垩统义县组（图2-40）。

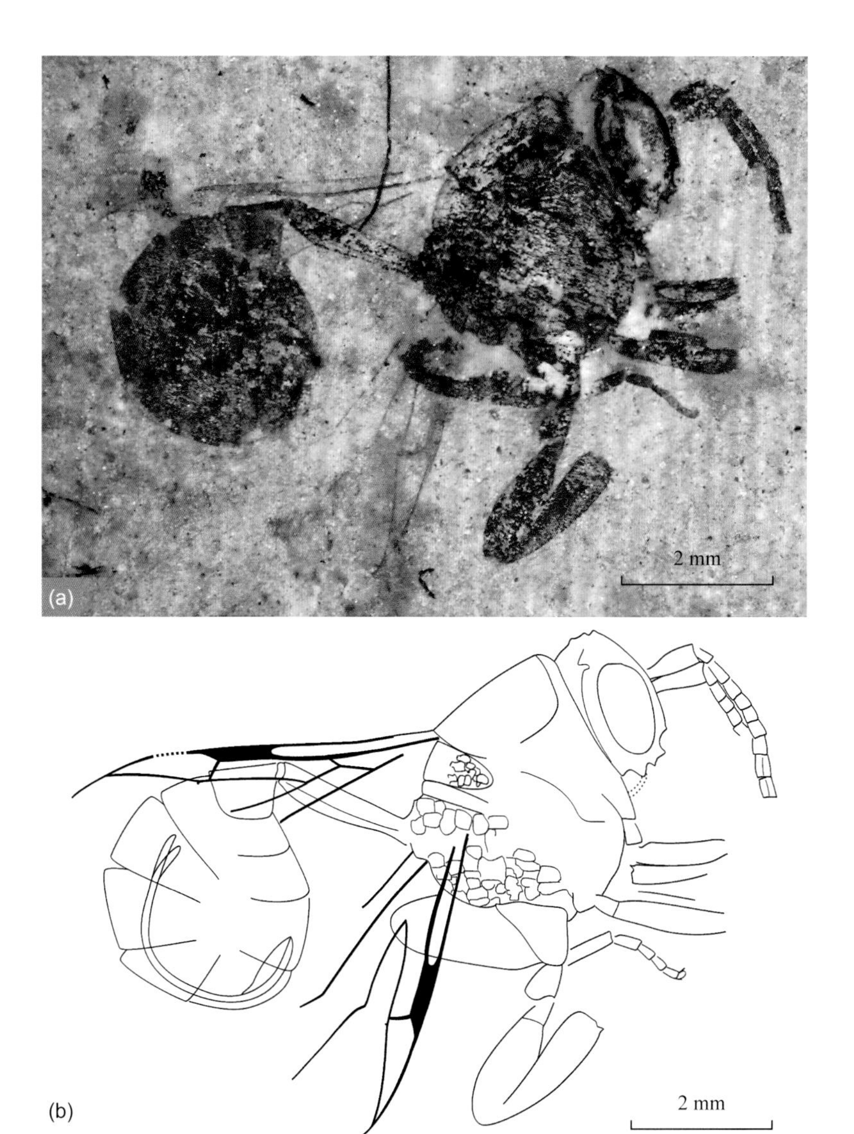

图2-40 原始前白垩蜂（*Procretevania pristina* Zhang et Zhang, 2000）
正模NIGP132006，雌蜂。a. 光学图像（标本表面涂乙醇）; b. 复原图。

精致前白垩蜂 *Procretevania exquisita* Zhang et al., 2007（Zhang et al., 2007）

模式标本 正模，标本登记号NIGP140526，雌蜂，侧视保存，略破损；头长1.0 mm、高1.4 mm，触角长2.5 mm，胸长2.0 mm、高2.1 mm，腹柄长1.2 mm，腹部长2.9 mm，前翅保存部分长3.2 mm，产卵器鞘长2.7 mm。

产地层位 辽宁省北票市上园镇黄半吉沟村，下白垩统义县组。

瘦弱前白垩蜂 *Procretevania vesca* Zhang et al., 2007（Zhang et al., 2007）

模式标本 正模，标本登记号NIGP140527，雌蜂，侧视保存，略破损；头长0.7 mm、高1.4 mm，触角长2.6 mm，胸长2.1 mm、高2.1 mm，腹柄长1.5 mm，腹部长3.4 mm，前翅保存部分长5.7 mm，产卵器鞘长2.0 mm。

产地层位 辽宁省北票市上园镇黄半吉沟村，下白垩统义县组。

细蜂总科 Proctotrupoidea Latreille, 1802

中细蜂科 Mesoserpidae Kozlov, 1970

卡细蜂亚科 Karataoserphinae Rasnitsyn, 1994

北票蜂属 *Beipiaoserphus* Zhang et Zhang, 2000（张海春，张俊峰，2000c）

模式种 *Beipiaoserphus elegans* Zhang et Zhang, 2000

分布时代 辽宁省，早白垩世。

华美北票蜂 *Beipiaoserphus elegans* Zhang et Zhang, 2000（张海春，张俊峰，2000c）

模式标本 正模，标本登记号NIGP132048，正、负面，雌蜂，背视保存，略破损；虫体（不包括触角）长6.1 mm，触角长5.2 mm，前翅长5.6 mm、宽3.3 mm，后翅长3.0 mm、宽1.1 mm。

产地层位 辽宁省北票市上园镇黄半吉沟村，下白垩统义县组。

细蜂科 Proctotrupidae Latreille, 1802

古细蜂属 *Gurvanotrupes* Rasnitsyn, 1986

辽宁古细蜂 *Gurvanotrupes liaoningensis* Zhang et Zhang, 2000（张海春，张俊峰，2000a）

模式标本 正模，标本登记号NIGP132007，雌蜂，侧视保存，略破损；虫体（不包括触角）长3.9 mm，触角长1.8 mm，前翅长2.3 mm。

产地层位 辽宁省北票市上园镇尖山沟，下白垩统义县组（图2－41）。

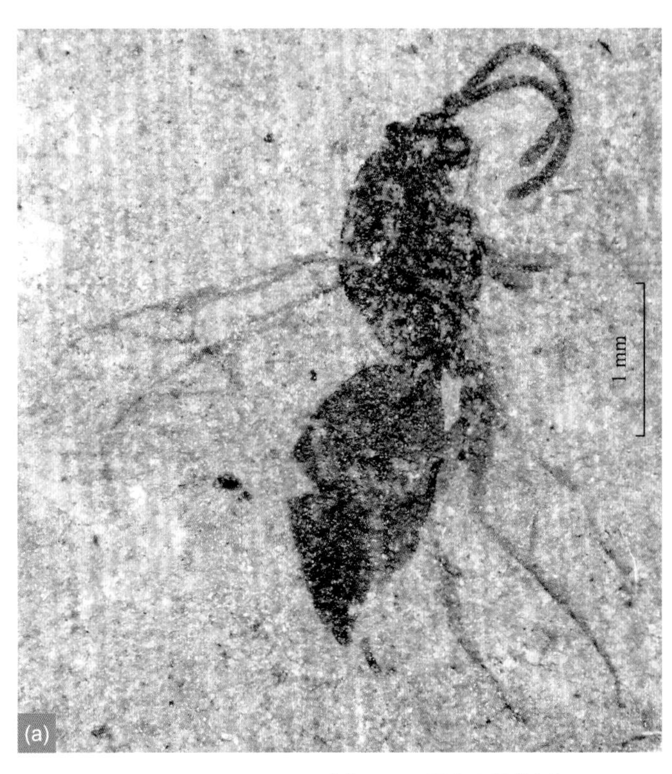

图2－41 辽宁古细蜂（*Gurvanotrupes liaoningensis* Zhang et Zhang, 2001）
正模NIGP132007，雌蜂，侧视，光学图像。a. 标本表面未涂乙醇；b. 标本表面涂乙醇。

呆板古细蜂 *Gurvanotrupes stolidus* Zhang et Zhang, 2001（张海春，张俊峰，2001）

模式标本 正模，标本登记号NIGP132106，雌蜂，侧视保存，不完整；虫体长4.6 mm，产卵器长0.5 mm，前翅长2.6 mm、宽1.3 mm。

产地层位 辽宁省北票市上园镇黄半吉沟村，下白垩统义县组。

弱小古细蜂 *Gurvanotrupes exiguus* Zhang et Zhang, 2001（张海春，张俊峰，2001）

模式标本 正模，标本登记号NIGP132107，雌蜂，侧视保存，不完整；虫体（不包括触角）长5.1 mm，触角长2.7 mm，前翅长2.7 mm。

产地层位 辽宁省北票市上园镇黄半吉沟村，下白垩统义县组。

辽细蜂属 *Liaoserphus* Zhang et Zhang, 2001（张海春，张俊峰，2001）

模式种 *Liaoserphus perrarus* Zhang et Zhang, 2001

分布时代 辽宁省，早白垩世。

残辽细蜂 *Liaoserphus perrarus* Zhang et Zhang, 2001（张海春，张俊峰，2001）

模式标本 正模，标本登记号NIGP132108，正、负面，蜂类，背视保存，不完整；虫体（不包括触角）长4.7 mm，触角长1.8 mm，前翅长2.7 mm。

产地层位 辽宁省北票市上园镇黄半吉沟村，下白垩统义县组。

异细蜂属 *Alloserphus* Zhang et Zhang, 2001（张海春，张俊峰，2001）

模式种 *Alloserphus saxosus* Zhang et Zhang, 2001

分布时代 辽宁省，早白垩世。

石生异细蜂 *Alloserphus saxosus* Zhang et Zhang, 2001（张海春，张俊峰，2001）

模式标本 正模，标本登记号NIGP132109，雄蜂，侧视保存，不完整；虫体（不包括触角）长6.7 mm，触角长3.1 mm，前翅长3.8 mm。

产地层位 辽宁省北票市上园镇黄半吉沟村，下白垩统义县组。

刀细蜂属 *Scalprogaster* Zhang et Zhang, 2001（张海春，张俊峰，2001）

模式种 *Scalprogaster fossilis* Zhang et Zhang, 2001

分布时代 辽宁省，早白垩世。

化石刀细蜂 *Scalprogaster fossilis* Zhang et Zhang, 2001（张海春，张俊峰，2001）

模式标本 正模，标本登记号NIGP132110，正、负面，雌蜂，侧视保存，不完整；虫体（不包括触角和产卵器）长10.6 mm，前翅保存部分长5.7 mm，产卵器鞘长3.6 mm。

产地层位 辽宁省北票市上园镇黄半吉沟村，下白垩统义县组。

柄细蜂属 *Steleoserphus* Zhang et Zhang, 2001（张海春，张俊峰，2001）

模式种 *Steleoserphus beipiaoensis* Zhang et Zhang, 2001

分布时代 辽宁省，早白垩世。

北票柄细蜂 *Steleoserphus beipiaoensis* Zhang et Zhang, 2001（张海春，张俊峰，2001）

模式标本 正模，标本登记号NIGP132111，侧视保存，不完整；虫体保存部分长5.3 mm，前翅长3.0 mm、宽1.4 mm。

产地层位 辽宁省北票市上园镇黄半吉沟村，下白垩统义县组。

丽细蜂属 *Saucrotrupes* Zhang et Zhang, 2001（张海春，张俊峰，2001）

模式种 *Saucrotrupes decorosus* Zhang et Zhang, 2001

分布时代 辽宁省，早白垩世。

华美丽细蜂 *Saucrotrupes decorosus* Zhang et Zhang, 2001（张海春，张俊峰，2001）

模式标本 正模，标本登记号NIGP132112，正、负面，侧视保存，不完整；虫体（不包括触角）长10.2 mm，触角长5.5 mm，前翅长5.5 mm、宽2.2 mm。

产地层位 辽宁省北票市上园镇黄半吉沟村，下白垩统义县组。

钝细蜂属 *Ocnoserphus* Zhang et Zhang, 2001（张海

春，张俊峰，2001）

模式种 *Ocnoserphus sculptus* Zhang et Zhang, 2001

分布时代 辽宁省，早白垩世。

雕刻钝细蜂 *Ocnoserphus sculptus* Zhang et Zhang, 2001（张海春，张俊峰，2001）

模式标本 正模，标本登记号NIGP132113，雄蜂，背视保存，不完整；虫体（不包括触角）长7.0 mm，触角保存部分长5.2 mm，前翅保存部分长3.5 mm。

产地层位 辽宁省北票市上园镇黄半吉沟村，下白垩统义县组。

柄腹细蜂科 Heloridae Förster, 1856

中柄腹细蜂亚科 Mesohelorinae Rasnitsyn, 1990

原笼蜂属 *Protocyrtus* Rohdendorf, 1938

强壮原笼蜂 *Protocyrtus validus* Zhang et Zhang, 2001（张海春，张俊峰，2001）

模式标本 正模，标本登记号NIGP132114，侧视保存，不完整；虫体（不包括触角）保存部分长6.6 mm，触角长4.6 mm，前翅长4.1 mm、宽2.1 mm。

产地层位 辽宁省北票市上园镇黄半吉沟村，下白垩统义县组。

球蜂属 *Spherogaster* Zhang et Zhang, 2001（张海春，张俊峰，2001）

模式种 *Spherogaster coronata* Zhang et Zhang, 2001

分布时代 辽宁省，早白垩世。

王冠球蜂 *Spherogaster coronata* Zhang et Zhang, 2001（张海春，张俊峰，2001）

模式标本 正模，标本登记号NIGP132115，正、负面，背视保存，不完整；虫体（不包括触角）长11.2 mm，触角长15.0 mm，前翅长12.0 mm、宽4.7 mm。

产地层位 辽宁省北票市上园镇黄半吉沟村，下白垩统义县组。

窄腹细蜂科 Roproniidae Viereck, 1916

北票窄腹细蜂亚科 Beipiaosiricinae Hong, 1983

辽窄蜂属 *Liaoropronia* Zhang et Zhang, 2001（张海春，张俊峰，2001）

模式种 *Liaoropronia leonina* Zhang et Zhang, 2001

分布时代 辽宁省，早白垩世。

狮辽窄蜂 *Liaoropronia leonina* Zhang et Zhang, 2001（张海春，张俊峰，2001）

模式标本 正模，标本登记号NIGP132116，侧视保存，正、负面，不完整；虫体（不包括触角）保存部分长5.6 mm，触角保存部分长3.2 mm，前翅长4.1 mm、宽2.1 mm。

产地层位 辽宁省北票市上园镇黄半吉沟村，下白垩统义县组。

高贵辽窄蜂 *Liaoropronia regia* Zhang et Zhang, 2001（张海春，张俊峰，2001）

模式标本 正模，标本登记号NIGP132117，侧视保存，不完整；虫体（不包括触角）保存部分长7.7 mm，触角长5.8 mm，前翅长4.9 mm、宽2.2 mm。

产地层位 辽宁省北票市上园镇黄半吉沟村，下白垩统义县组。

长腹细蜂科 Pelecinidae Haliday, 1840

等长蜂亚科 Iscopininae Rasnitsyn, 1980

等长蜂属 *Iscopinus* Kozlov, 1974

简单等长蜂 *Iscopinus simplex* Zhang et Rasnitsyn, 2004（Zhang, Rasnitsyn, 2004）

模式标本 正模，标本登记号PIN4210/5239，雄蜂，正、负面，分别为背视、腹视保存，略破损；虫体长7.7 mm，前翅保存长度3.7 mm、宽1.5 mm。

产地层位 俄罗斯外贝加尔，下白垩统扎扎组（Zaza Formation）。

分离等长蜂 *Iscopinus separatus* Zhang et Rasnitsyn, 2004（Zhang, Rasnitsyn, 2004）

模式标本 正模，标本登记号PIN3901/82，正、负面，雌蜂，侧视保存，不完整；虫体保存部分长14.9 mm，前翅保存长度6.6 mm、宽2.1 mm。

产地层位 俄罗斯远东Obeshchayushchiy，上白垩统Ola组。

？可疑等长蜂 ?*Iscopinus suspectus* Zhang et Rasnitsyn, 2004（Zhang, Rasnitsyn, 2004）

模式标本 正模，标本登记号PIN4210/5240，正、负面，雄蜂，背视保存，破损严重；胸部保存部分长2.9 mm，腹部保存部分长3.6 mm，前翅保存长度3.0 mm、宽1.3 mm。

产地层位 俄罗斯外贝加尔拜萨（Baissa，又译巴依萨），下白垩统扎扎组。

华长蜂属 *Sinopelecinus* Zhang, Rasnitsyn et Zhang, 2002（Zhang, Rasnitsyn, Zhang, 2002b）

模式种 *Sinopelecinus delicatus* Zhang, Rasnitsyn et Zhang, 2002

分布时代 山东、辽宁，早白垩世。

柔弱华长蜂 *Sinopelecinus delicatus* Zhang, Rasnitsyn et Zhang, 2002（Zhang, Rasnitsyn, Zhang, 2002b）

模式标本 正模，标本登记号NIGP134157，雌蜂，侧视保存，不完整；虫体（部包括触角）长11.4 mm，触角长3.1 mm，前翅长3.4 mm、宽1.3 mm。

产地层位 辽宁省北票市上园镇黄半吉沟村，下白垩统义县组。

陆生华长蜂 *Sinopelecinus epigaeus* Zhang, Rasnitsyn et Zhang, 2002（Zhang, Rasnitsyn, Zhang, 2002b）

模式标本 正模，标本登记号NIGP134158，雌蜂，侧视保存，不完整；虫体（部包括触角）长12.0 mm，触角长3.1 mm。

产地层位 辽宁省北票市上园镇黄半吉沟村，下白垩统义县组。

神奇华长蜂 *Sinopelecinus magicus* Zhang, Rasnitsyn et Zhang, 2002（Zhang, Rasnitsyn, Zhang, 2002b）

模式标本 正模，标本登记号NIGP134159，雌蜂，侧视保存，不完整；虫体（部包括触角）长13.0 mm，触角长3.8 mm。

产地层位 辽宁省北票市上园镇黄半吉沟村，下白垩统义县组。

强壮华长蜂 *Sinopelecinus viriosus* Zhang, Rasnitsyn et Zhang, 2002（Zhang, Rasnitsyn, Zhang, 2002b）

模式标本 正模，标本登记号NIGP134160，雄蜂，背视保存，不完整；虫体（部包括触角）长9.9 mm，触角长4.1 mm，前翅保存部分长3.6 mm。

产地层位 辽宁省北票市上园镇黄半吉沟村，下白垩统义县组。

始长蜂 *Eopelecinus* Zhang, Rasnitsyn et Zhang, 2002（Zhang, Rasnitsyn, Zhang, 2002b; Zhang, Rasnitsyn, 2004）

模式种 *Eopelecinus vicinus* Zhang, Rasnitsyn et Zhang, 2002

分布时代 俄罗斯外贝加尔、蒙古和中国北方，早白垩世。

邻近始长蜂 *Eopelecinus vicinus* Zhang, Rasnitsyn et Zhang, 2002（Zhang, Rasnitsyn, Zhang, 2002b）

模式标本 正模，标本登记号NIGP134161，雌蜂，背视保存，不完整；虫体（不包括触角）长13.8 mm，触角保存部分长3.3 mm，前翅长4.0 mm、保存部分宽1.3 mm。

产地层位 辽宁省北票市上园镇黄半吉沟村，下白垩统义县组。

上园始长蜂 *Eopelecinus shangyuanensis* Zhang, Rasnitsyn et Zhang, 2002（Zhang, Rasnitsyn, Zhang, 2002b）

模式标本 正模，标本登记号NIGP134162，正、负面，雌蜂，背视保存，不完整；虫体（不包括触角）保存部分长5.4 mm，触角长2.5 mm，前翅长2.8 mm。

产地层位 辽宁省北票市上园镇黄半吉沟村，下白垩统义县组。

相似始长蜂 *Eopelecinus similaris* Zhang, Rasnitsyn et Zhang, 2002（Zhang, Rasnitsyn, Zhang, 2002b）

模式标本 正模，标本登记号NIGP134163，雌蜂，背视保存，不完整；虫体（不包括触角）长8.2 mm，触角保存部分长1.5 mm。

产地层位 辽宁省北票市上园镇黄半吉沟村，下白垩统义县组。

小始长蜂 *Eopelecinus minutus* Zhang et Rasnitsyn, 2004（Zhang, Rasnitsyn, 2004）

模式标本 正模，标本登记号PIN3965/424，雌蜂，侧视保存，不完整；虫体长3.8 mm，前翅长1.6 mm、保存部分宽0.5 mm。

产地层位 蒙古Khutel-Khara，下白垩统Tsagan-Tsab组。

弱始长蜂 *Eopelecinus fragilis* Zhang et Rasnitsyn,

2004（Zhang, Rasnitsyn, 2004）

模式标本 正模，标本登记号PIN3965/428，雌蜂，正、负面，侧视保存，不完整；虫体长6.9 mm，前翅保存部分长2.6 mm、宽1.0 mm，后翅长1.8 mm、保存部分宽0.5 mm。

产地层位 蒙古Khutel-Khara，下白垩统Tsagan-Tsab组。

精致始长蜂 *Eopelecinus exquisitus* Zhang et Rasnitsyn, 2004（Zhang, Rasnitsyn, 2004）

模式标本 正模，标本登记号PIN4210/1171，雌蜂，正、负面，分别为背视和腹视保存，近完整；虫体（不包括触角）长18.3 mm，触角保存部分长5.4 mm，前翅保存部分长6.5 mm。

产地层位 俄罗斯外贝加尔，下白垩统扎扎组。

蝎尾始长蜂 *Eopelecinus scorpioideus* Zhang et Rasnitsyn, 2004（Zhang, Rasnitsyn, 2004）

模式标本 正模，标本登记号PIN4210/5242，雌蜂，背腹视保存，不完整；虫体（不包括触角）长15.7 mm，触角长4.6 mm，前翅长5.7 mm、宽2.4 mm。

产地层位 俄罗斯外贝加尔，下白垩统扎扎组。

野生始长蜂 *Eopelecinus rudis* Zhang et Rasnitsyn, 2004（Zhang, Rasnitsyn, 2004）

模式标本 正模，标本登记号PIN4210/1173，雌蜂（？），背腹视保存，不完整；虫体（不包括触角）保存部分长6.4 mm，触角保存部分长4.4 mm，前翅保存部分长3.3 mm。

产地层位 俄罗斯外贝加尔，下白垩统扎扎组。

蝎长蜂属 *Scorpiopelecinus* Zhang, Rasnitsyn et Zhang, 2002（Zhang, Rasnitsyn, Zhang, 2002b; Zhang, Rasnitsy, 2004）

模式种 *Scorpiopelecinus versatilis* Zhang, Rasnitsyn et Zhang, 2002

分布时代 俄罗斯外贝加尔和中国东北，早白垩世。

摆动蝎长蜂 *Scorpiopelecinus versatilis* Zhang, Rasnitsyn et Zhang, 2002（Zhang, Rasnitsyn, Zhang, 2002b）

模式标本 正模，标本登记号NIGP134164，雌蜂，背视保存，略破损；虫体（不包括触角）长15.0 mm，触角长4.0 mm，前翅长4.0 mm、保存部分宽1.7 mm。

产地层位 辽宁省北票市上园镇黄半吉沟村，下白垩统义县组（图2-42、图2-43）。

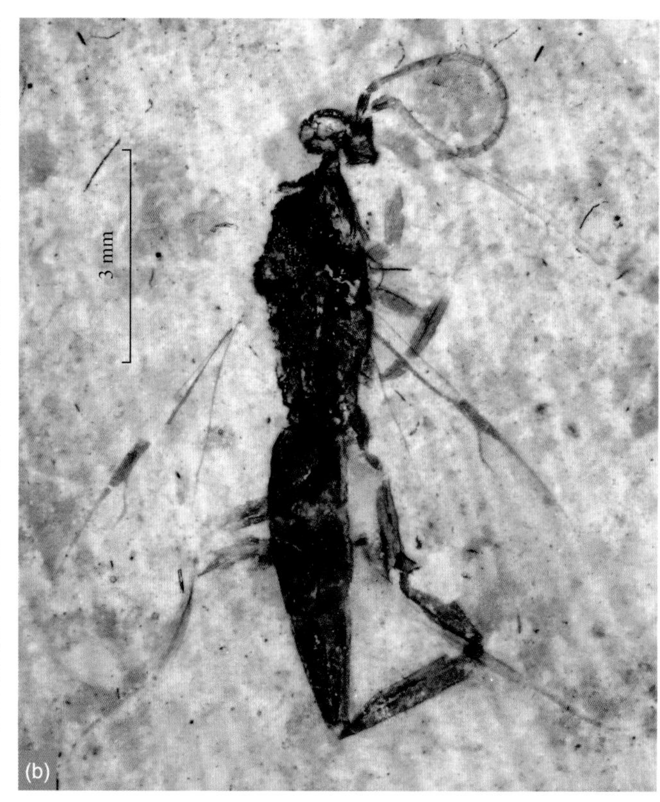

图2-42 摆动蝎长蜂（*Scorpiopelecinus versatilis* Zhang, Rasnitsyn et Zhang, 2002）
正模NIGP134164，雌蜂，背视，光学图像。a. 标本表面未涂乙醇；b. 标本表面涂乙醇。

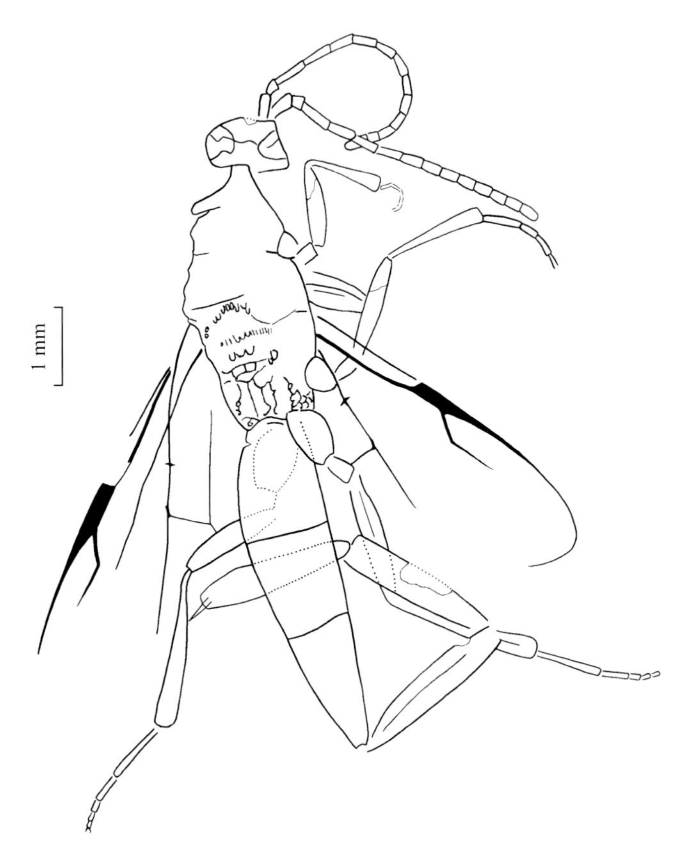

图2–43 摆动蝎长蜂(*Scorpiopelecinus versatilis* Zhang, Rasnitsyn et Zhang, 2002)
正模NIGP134164,雌蜂,背视,复原图。

生动蝎长蜂 *Scorpiopelecinus laetus* Zhang et Rasnitsyn, 2004(Zhang, Rasnitsy, 2004)

模式标本 正模,标本登记号PIN4210/6938,雌蜂,腹视,略破损;虫体长11.7 mm,前翅保存部分长3.6 mm、宽1.6 mm,后翅保存部分长1.7 mm、宽0.8 mm。

产地层位 俄罗斯外贝加尔拜萨,下白垩统扎扎组。

长腹细蜂亚科 Pelecininae Haliday, 1840

原长蜂属 *Protopelecinus* Zhang et Rasnitsyn, 2004 (Zhang, Rasnitsyn, 2004)

模式种 *Protopelecinus regularis* Zhang et Rasnitsyn, 2004

产地层位 俄罗斯西伯利亚、蒙古,早白垩世。

普通原长蜂 *Protopelecinus regularis* Zhang et Rasnitsyn, 2004(Zhang, Rasnitsyn, 2004)

模式标本 正模,标本登记号PIN3064/2003,正、负面,雄蜂,背视保存,不完整;虫体长8.1 mm,前翅保存部分长2.5 mm、宽1.0 mm。

产地层位 俄罗斯外贝加尔拜萨,下白垩统扎扎组。

神秘原长蜂 *Protopelecinus furtivus* Zhang et Rasnitsyn, 2004(Zhang, Rasnitsyn, 2004)

模式标本 正模,标本登记号PIN4210/7069,前翅,基部破损;保存部分长5.8 mm、宽2.5 mm。

产地层位 俄罗斯外贝加尔拜萨,下白垩统扎扎组。

变形原长蜂 *Protopelecinus deformis* Zhang et Rasnitsyn, 2004(Zhang, Rasnitsyn, 2004)

模式标本 正模,标本登记号PIN3559/681,正、负面,前翅,前缘破损,有些变形;保存部分长8.5 mm、宽2.1 mm。

产地层位 蒙古Bon Tsagan,下白垩统(阿普特阶?)

姬蜂总科 Ichneumonoidea Latreille, 1802

始姬蜂科 Ichneumonidae Latreille, 1802

长室姬蜂亚科 Tanychorinae Rasnitsyn, 1980

大室姬蜂属 *Amplicella* Kopylov, 2010

精致大室姬蜂 *Amplicella exquisita* (Zhang et Rasnitsyn, 2003) Kopylov, 2010 (Zhang, Rasnitsyn, 2003; Kopylov, 2010)

图2–44 北票大室姬蜂[*Amplicella beipiaoensis*(Zhang et Rasnitsyn, 2003)Kopylov, 2010]
正模NIGP134821,雌蜂,侧视,光学图像。a. 标本表面未涂乙醇;b. 标本表面涂乙醇。

模式标本 正模,标本登记号NIGP134820,雌蜂,侧视保存,略破损;虫体(不包括触角和产卵器)长4.3 mm,触角保存部分长4.2 mm,产卵器鞘保存部分长1.7 mm,前翅保存部分长4.9 mm、宽1.9 mm,后翅保存部分长2.8 mm、宽1.3 mm。

产地层位 辽宁省北票市上园镇黄半吉沟村,下白垩统义县组。

北票大室姬蜂 *Amplicella beipiaoensis*(Zhang et Rasnitsyn, 2003)Kopylov, 2010(Zhang, Rasnitsyn, 2003; Kopylov, 2010)

模式标本 正模,标本登记号NIGP134821,雌蜂,侧视保存,近完整;虫体(不包括触角和产卵器)长5.1 mm,触角长3.8 mm,产卵器鞘长1.5 mm,前翅长3.3 mm、宽1.5 mm,后翅保存部分长2.2 mm、宽0.8 mm。

产地层位 辽宁省北票市上园镇黄半吉沟村,下白垩统义县组(图2–44)。

尾刺大室姬蜂 *Amplicella spinatus*(Zhang et Rasnitsyn, 2003)Kopylov, 2010(Zhang, Rasnitsyn, 2003; Kopylov, 2010)

模式标本 正模,标本登记号NIGP134822,雌蜂,侧视保存,近完整;虫体(不包括触角和产卵器)长7.1 mm,触角长3.8 mm,产卵器鞘长3.6 mm,前翅长4.0 mm、宽1.7 mm。

产地层位 辽宁省北票市上园镇黄半吉沟村,下白垩统义县组。

小长室姬蜂属 *Tanychorella* Rasnitsyn, 1975

可疑小长室姬蜂 *Tanychorella dubia* Zhang et Rasnitsyn, 2003(Zhang, Rasnitsyn, 2003)

模式标本 正模,标本登记号NIGP134823,雌蜂,背视保存,近完整;虫体(不包括触角和产卵器)长7.5 mm,触角长4.7 mm,前翅长5.2 mm、宽2.2 mm,后翅保存部分长2.4 mm、宽1.1 mm。

产地层位 辽宁省北票市上园镇黄半吉沟村,下白垩统义县组。

拟长室姬蜂属 *Paratanychora* Zhang et Rasnitsyn, 2003(Zhang, Rasnitsyn, 2003)

模式种 *Paratanychora mongoliensis* Zhang et Rasnitsyn, 2003

分布时代 蒙古,早白垩世。

蒙古拟长室姬蜂 *Paratanychora mongoliensis* Zhang

et Rasnitsyn, 2003（Zhang, Rasnitsyn, 2003）

模式标本 正模，标本登记号PIN3145/1075，雌雄未定，侧腹视保存，略破损；虫体保存部分长6.4 mm，前翅长6.6 mm、宽2.8 mm，后翅保存部分长4.0 mm、宽1.4 mm。

产地层位 蒙古Anda-Hkuduk，下白垩统Anda-Hkuduk组。

土蜂超科 Scolioidea Latreille, 1802

土蜂科 Scoliidae Latreille, 1802

古土蜂亚科 Archaeoscoliinae Rasnitsyn, 1993

原土蜂属 *Protoscolia* Zhang, Rasnitsyn et Zhang, 2002（Zhang, Rasnitsyn, Zhang, 2002a）

模式种 *Protoscolia sinensis* Zhang, Rasnitsyn et Zhang, 2002

分布时代 辽宁，早白垩世。

中华原土蜂 *Protoscolia sinensis* Zhang, Rasnitsyn et Zhang, 2002（Zhang, Rasnitsyn, Zhang, 2002a）

模式标本 正模，标本登记号NIGP133154，正、负面，雌蜂，背视保存，略破损；虫体（不包括触角和螯针）长22.4 mm，螯针长2.4 mm，前翅保存部分长10.3 mm、宽3.1 mm，后翅保存部分长6.0 mm、宽2.0 mm。

产地层位 辽宁省北票市上园镇黄半吉沟村，下白垩统义县组（图2－45）。

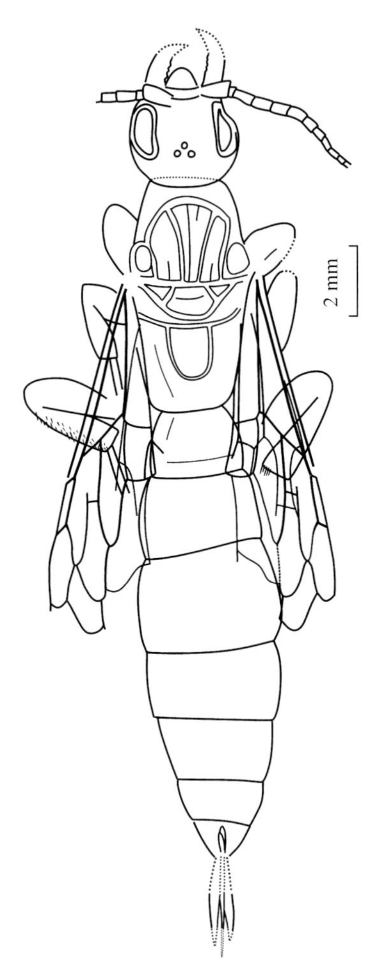

图2－45 中华原土蜂（*Protoscolia sinensis* Zhang, Rasnitsyn et Zhang, 2002）
正模NIGP133154，雌蜂，线条图。

正常原土蜂 *Protoscolia normalis* Zhang, Rasnitsyn et Zhang, 2002（Zhang, Rasnitsyn, Zhang, 2002a）

模式标本 正模，标本登记号NIGP133155，正、负面，雌蜂，背视保存，略破损；虫体（不包括触角和螯针）长18.9 mm，前翅保存部分长10.3 mm、宽2.4 mm，后翅保存部分长4.5 mm、宽1.7 mm。

产地层位 辽宁省北票市上园镇黄半吉沟村，下白垩统义县组。

帝王原土蜂 *Protoscolia imperialis* Zhang, Rasnitsyn et Zhang, 2002（Zhang, Rasnitsyn, Zhang, 2002a）

模式标本 正模，标本登记号NIGP133156，正、负面，雌蜂，侧视保存，略破损；虫体（不包括触角和螯针）长32.2 mm，螯针长2.7 mm，前翅（保存部分）长15.8 mm、宽4.2 mm，后翅保存部分长10.5 mm。

产地层位 辽宁省北票市上园镇黄半吉沟村，下白垩统义县组。

先土蜂亚科 Proscoliinae Rasnitsyn, 1977

中华先土蜂属 *Sinoproscolia* Zhang et al., 2015（Zhang et al., 2015）

模式种 *Sinoproscolia yangshuwanziensis* Zhang et al., 2015

分布时代 内蒙古，早白垩世。

杨树湾子中华先土蜂 *Sinoproscolia yangshuwanziensis* Zhang et al., 2015（Zhang et al., 2015）

模式标本 正模，标本登记号NIGP159636，正、负面，雌蜂，分别为背视和腹视保存，不完整；虫体（不包括触角和螯针）长24.3 mm，前翅长14.4 mm、宽4.8 mm，后翅保存部分长10.4 mm、宽3.0 mm。

产地层位 内蒙古赤峰市宁城县必斯营子镇杨树湾子村，下白垩统义县组（图2－46、图2－47）。

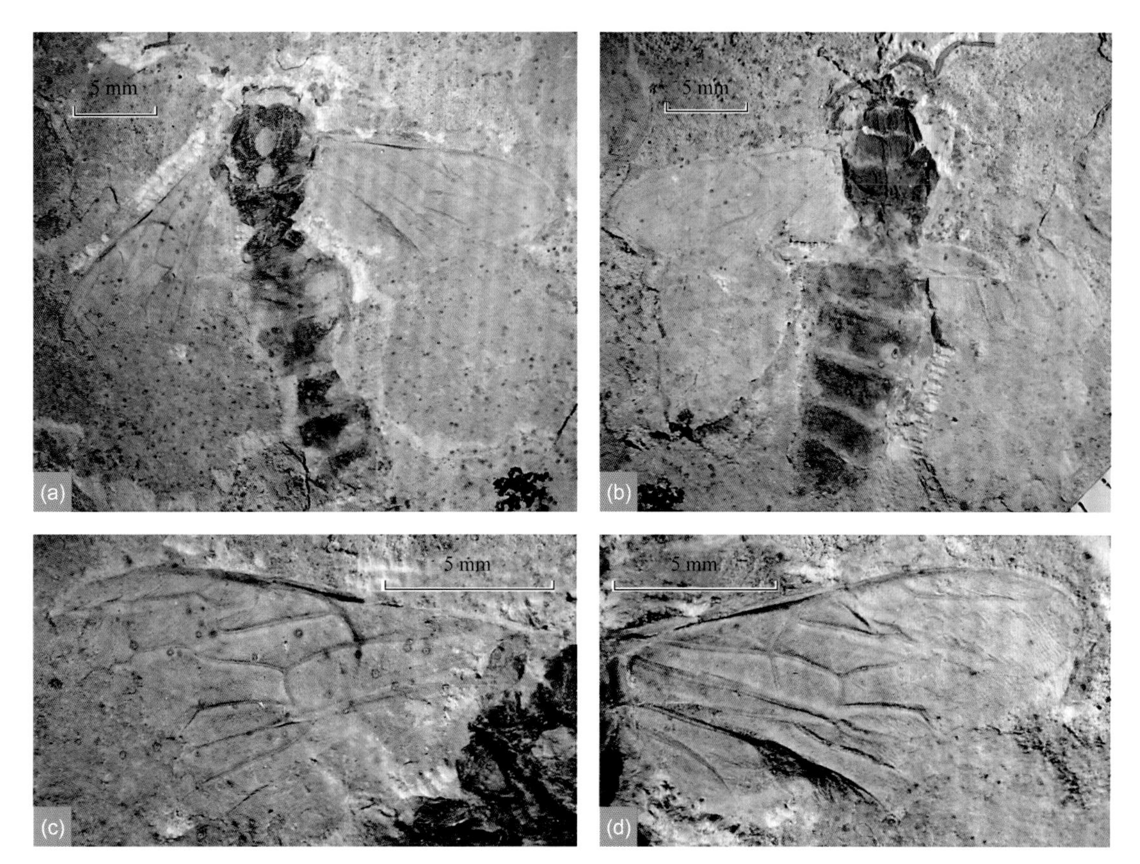

图2-46 杨树湾子中华先土蜂（*Sinoproscolia yangshuwanziensis* Zhang et al., 2015）

正模NIGP159636，雌蜂，光学图像。a. NIGP159636a，虫体全貌，背视；b. NIGP159636b，虫体全貌，腹视；c. NIGP159636a，左前、后翅；d. NIGP159636a，右前、后翅。

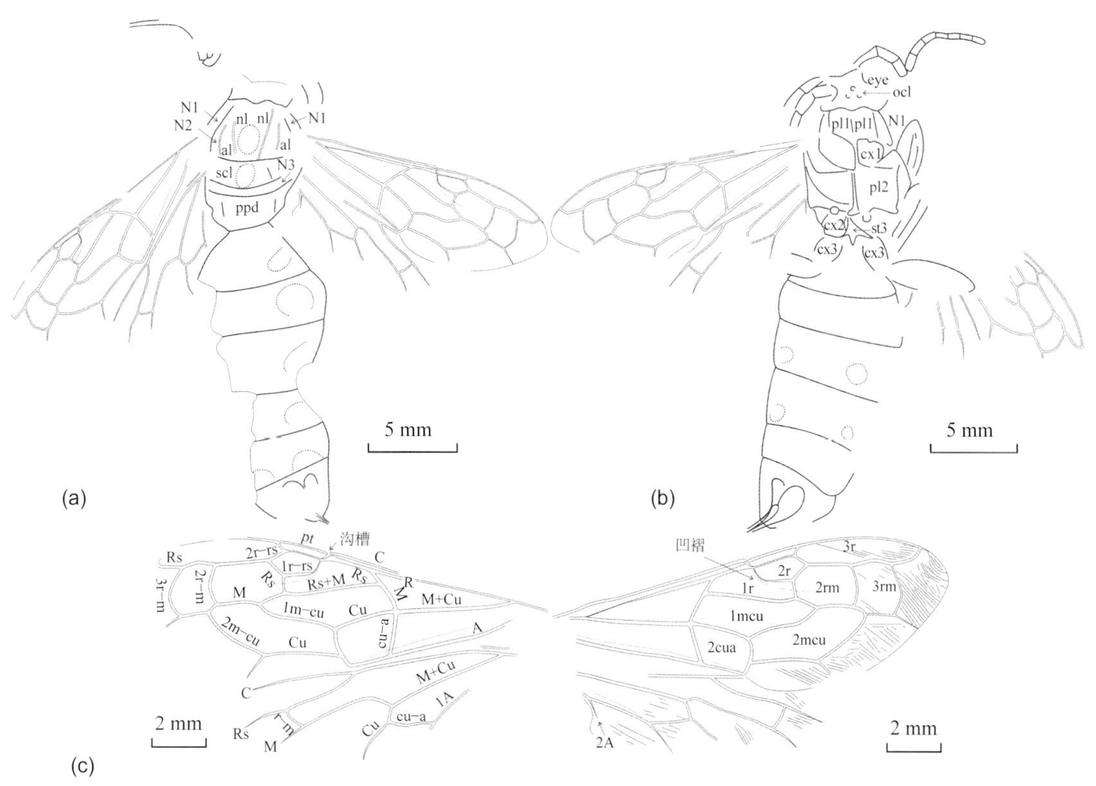

图2-47 杨树湾子中华先土蜂（*Sinoproscolia yangshuwanziensis* Zhang et al., 2015）

正模NIGP159636，雌蜂，复原图。a. NIGP159636a，虫体全貌，背视；b. NIGP159636b，虫体全貌，腹视；c. NIGP159636a，前、后翅。翅脉符号同前；其他符号：al，盾侧沟；nl，盾纵沟；ocl，单眼；pl1，pl2，分别为前胸腹板和中胸腹板；cx1、cx2、cx3分别为前足、中足和后足基节；N1、N2、N3分别为前胸、中胸和后胸背板；scl，中胸小盾片；ppd，并胸腹节；st3，后胸腹板。

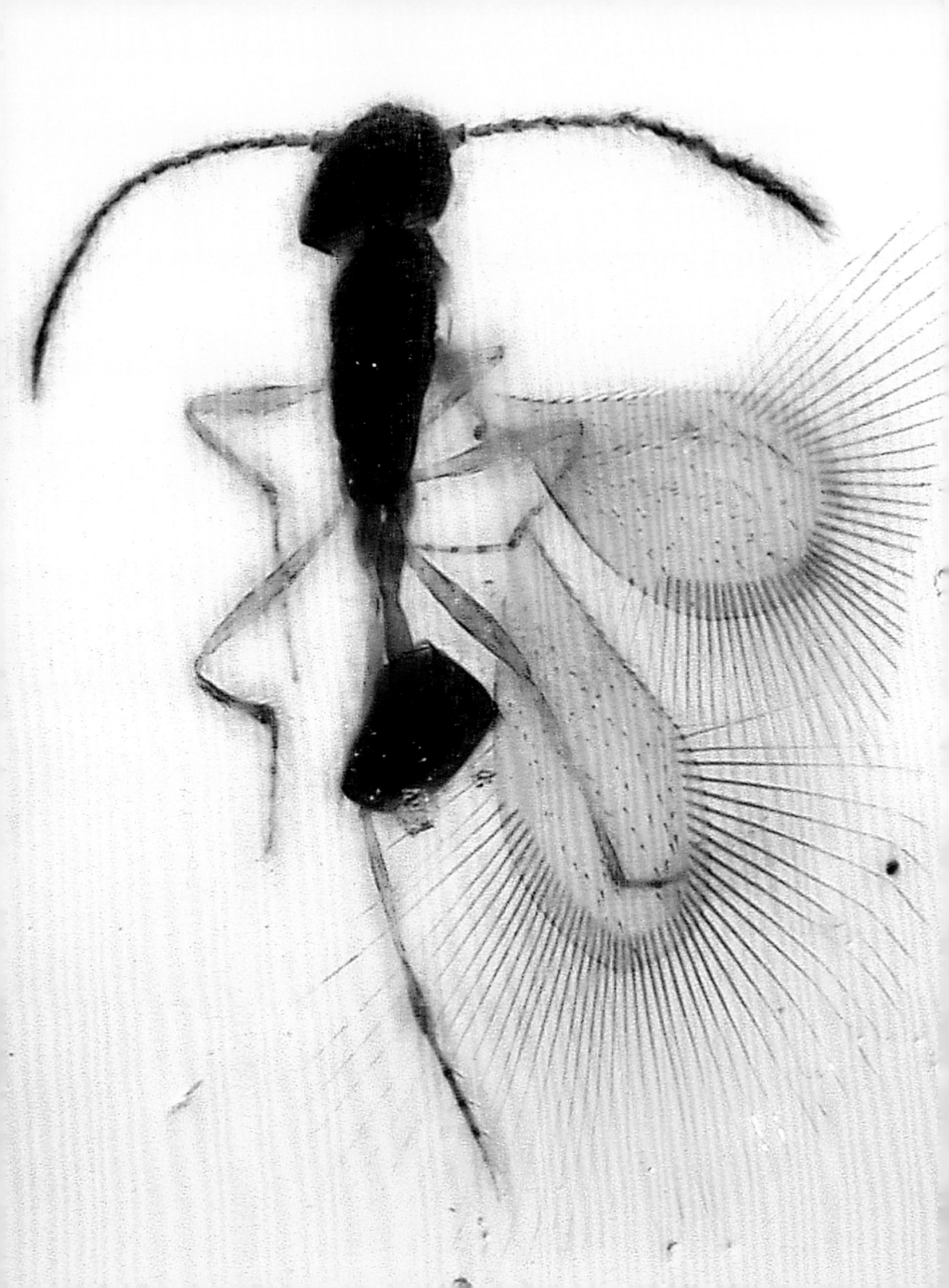

3 昆虫化石在地质学中的应用

昆虫具有分布广、分异度高、个体数量多、演化速度快等特点，而且由于昆虫具有几丁质的外骨骼，在适合的条件下易于保存为化石。有些地区的特定层位中，昆虫化石非常丰富，而且保存也比较好，甚至非常精美，如辽西义县组火山岩中的沉积夹层中常保存有大量精美的昆虫化石。因此昆虫化石在地层对比中，特别是在中生代的湖相地层对比中常常发挥重要的作用，而且对确定含昆虫化石的地层年代也具有重要的参考价值。一些现生的昆虫类群对气候和环境比较敏感，它们的化石代表可以用来恢复古气候和古环境。

3.1 中国北方重要地区早白垩世地层对比

3.1.1 冀北-辽西地区

中国的冀北（河北北部）-辽西（辽宁西部）地区，包括内蒙古东南部的赤峰一带，是著名的热河生物群主要分布区，同时也是更老的土城子生物群和更年轻的阜新生物群的分布区。由于化石丰富，研究程度比较高，同时年代地层学工作基础也比较好，因此本地区成为中国北方早白垩世地层对比的基础。

产出热河生物群的地层被称为热河群，在冀北地区自下而上分为大北沟组、大店子组、西瓜园组和九佛堂组（田树刚，牛绍武，2010），在辽西地区仅见义县组和九佛堂组（陈丕基，1999；张海春等，2010）（表3-1）。测年结果表明大北沟组的年代约为135～130 Ma，义县组约为130～122 Ma，九佛堂组底界约为122 Ma（金帆，2001；柳永清等，2003；陈文，2004；张宏等，2005；He et al., 2006a；Chang et al., 2009a；张海春等，2010）。九佛堂组之上为含有阜新生物群的沙海组和阜新组，阜新组尚无测年数据，但其上覆火山岩（张老公屯组，分布局限）的时代为105.5～102.2 Ma（Zhu et al., 2004），指示阜新组的年龄上限约为106 Ma（晚阿尔布期；Cohen et al., 2013）。阜新组下伏沙海组缺少可靠的同位素年龄，但在辽宁西部的黑山地区，沙海组下伏的江台山组火山岩锆石年龄为115.5 ± 1.5 Ma（徐德斌等，2012），指示沙海组的年龄下限约为115 Ma。因此九佛堂组的时代约为122～115 Ma，沙海组和阜新组约为115～106 Ma，而它们之间的界线尚无年龄数据。阜新组之上为孙家湾组，也是辽西地区上白垩统最高的一个层位，时代为晚阿尔布期。

在冀北地区，大北沟组下伏地层为张家口组，其时代约为143～135 Ma（Zhang et al., 2008）。土城子组位于张家口组之下，与其整合或不整合接触，其时代约为154～137 Ma（Xu et al., 2012；Zheng et al., 2015）。

不论从生物面貌还是从测年数据上看，冀北的大北沟组位于辽西的义县组之下（如：陈丕基，1999；张海春等，2010），但是关于冀北的西瓜园组和大店子组与辽西的地层如何对比却有3种不同的意见：① 西瓜园组与义县组对比（牛绍武，田树刚，2008；田树刚等，2008）；② 西瓜园组和大店子组与义县组对比（王五力等，2004；郑月娟等，2011；Wang et al., 2012）；③ 大店子组上部与义县组下部对比（庞其清等，2002, 2006）。

辽西义县组的火山岩中产有一些含化石的沉积夹层，对这些位于盆地不同位置（主要分布于义县和北票地区）的夹层的上下关系和横向对比关系争议颇多（陈丕基等，1980；王五力等，1989, 2003, 2004；汪筱林等，2000a；汪筱林，2001; Wang, Zhou, 2003）。目前一致认为，尖山沟层及其同时代地层为义县组最低含化石沉积层（陈丕基等，2004; He et al., 2006b）。在冀北地区，大北沟组、大店子组、西瓜园组和九佛堂组之间均为整合接触（田树刚等，2008；牛绍武等，2010），其中西瓜园组中的5个叶肢介化石带都存在于义县组，因此西瓜园组和义县组被认为完全可以对比（牛绍武，田树刚，2008；田树刚等，2008）。西瓜园组最下面一个叶肢介化石带为*Eosestheria ovata*带，产于西瓜园组底部，也见于义县组尖山沟层（田树刚等，2008；牛绍武等，2010）。尖山沟层自下而上为底部砂砾岩层、火山岩层、下部化石层、中部块状砂泥岩层、上部化石层和顶部凝灰质砂岩层（陈丕基等，2004），

表3－1 冀北－辽西地区、内蒙古西部和酒泉盆地下白垩统地层对比表（改自Li et al., 2015）

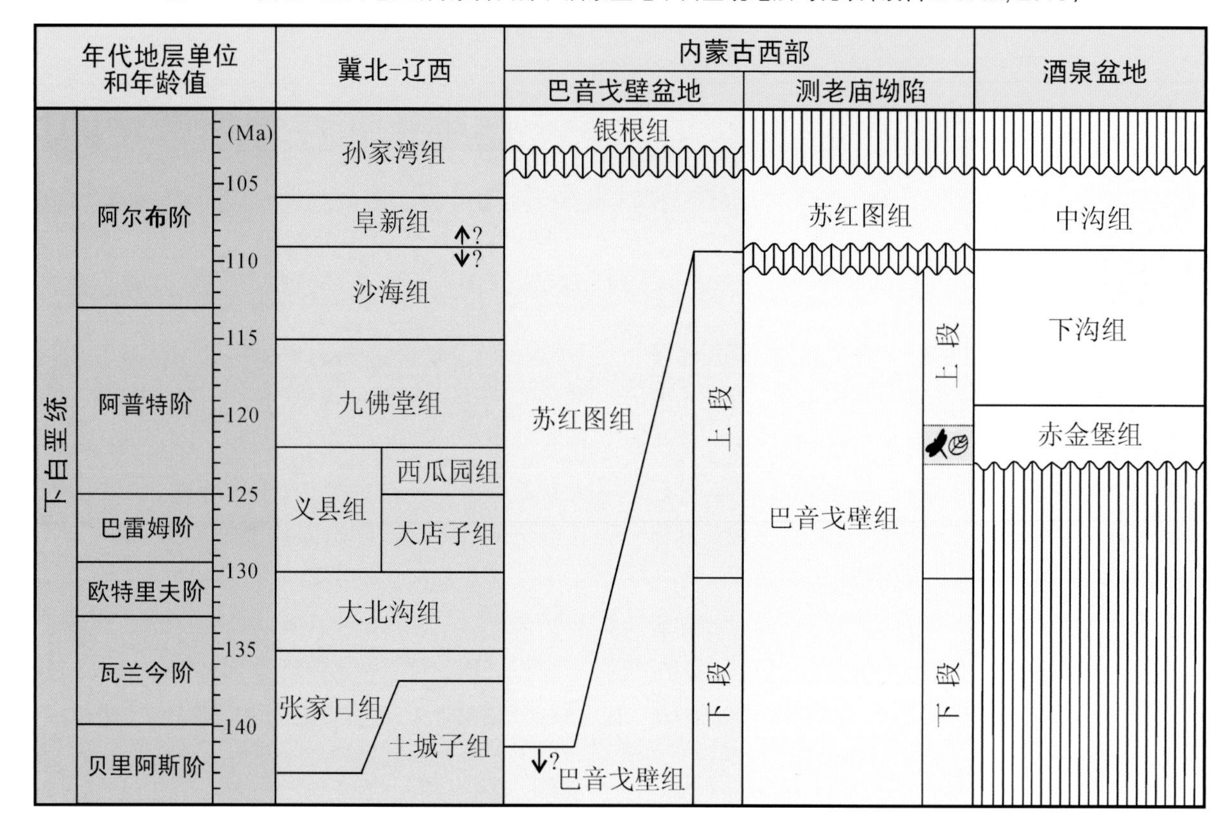

下部化石层产有丰富的化石，包括*Eosestheria ovata*化石带（陈丕基等，2004），年龄约为125 Ma（Swisher et al., 1999, 2002；Yang et al., 2007），而其下的火山岩底部年龄约为130 Ma（Chang et al., 2009a, 2012）。考虑到张家口组之上的大北沟组的年龄约为135～130 Ma（柳永清等，2003；He et al., 2006a；张海春等，2010），大店子组的时代约为130～125 Ma。相应地，西瓜园组只与义县组中－上部（即尖山沟层下部化石层－金刚山层）对比，而时代约为125～122 Ma。

3.1.2 甘肃西部酒泉盆地

酒泉盆地位于甘肃西部，是中国中生代陆相地层研究的经典地区之一。盆地内下白垩统发育较好，自下而上出露赤金堡组、下沟组和中沟组（叶得泉，钟筱春，1990），也被称为新民堡群（马其鸿等，1982）。酒泉盆地早白垩世昆虫化石丰富，相关研究已有60余年历史。最早可查记录是现存于英国自然历史博物馆的三尾类蜉蝣标本（*Ephemeropsis trisetalis* Eichwald），由Strong先生于1947年采自玉门地区。之后，陈世骧和谭娟杰于1973年描述了玉门早白垩世一种新的甲虫化石——多脉玉门甲（*Umenocoleus sinuatus* Chen et T'an），后被归入蜚蠊目（Vršanský, 1999）。洪友崇在1982年描述了大量昆虫化石，共8目18科44属56种，但其中一些化石层位不清，很多化石的分类位置存疑。马其鸿等（1984）和牛绍武（1987）也描述了酒泉盆地一些代表性的昆虫化石，以三尾类蜉蝣和长肢裂尾甲（*Coptoclava longipoda* Ping）为主。

赤金堡组产有热河生物群的典型分子：长肢裂尾甲、三尾类蜉蝣和狼鳍鱼（*Lycoptera*）（马其鸿等，1982, 1984；Lamanna et al., 2006；Murray et al., 2010；Ji et al., 2011）。水生的长肢裂尾甲广布于东亚的下白垩统，现在被认为是一个复合种（species complex）（Zherikhin et al., 1999；张海春等，2010）。在中国，该化石的最低层位为冀北的大北沟组（张海春等，2010），最高层位为吉林东部延吉大拉子组（Zhang, 1997a；张海春等，2010），时代为中－晚阿尔布期（张光富，2005）。但是，这类甲虫在义县组中、下部及其相当的地层中尚未发现，因而在欧特里夫最晚期－早阿普特期这一时段（130～122.5 Ma；Cohen et al., 2013）缺失（张海春等，2010）。在冀北－辽西地区，三尾类蜉蝣见于大北沟组、义县组和九佛堂组下部（张海春等，2010）；狼鳍鱼的分布年限较短，最低层位为大店子组，最高层位为辽西的九佛堂组下部（卢立伍，2002）。上述情况说明赤金堡组可以与义县组顶部和九佛堂组下段对比（表3－1）。

中沟组产有巴依萨昼蜓(*Hemeroscopus baissicus* Pritykina)(Zheng et al., 2015),这种蜻蜓化石曾见于俄罗斯外贝加尔地区的扎扎组(Zaza Formation)、蒙古西部Bon-Tsagaan地区的Dzun-Bain组、中国北京西山的卢尚坟组和韩国南部的东明组(Dongmyeong Formation)(Pritykina, 1977; Carpenter, 1992; 任东等,1995a; 黄迪颖,林启彬,2001; Ueda et al., 2005),因此中沟组可与卢尚坟组和东明组进行对比(Zheng et al., 2015)。而卢尚坟组又可以同辽西的阜新组相对比(任东等,1995),因此中沟组可与阜新组对比,不排除其顶部可与孙家湾组下部对比的可能性,其时代为中阿尔布期(表3-1)。东明组的碎屑锆石定年结果为106 Ma,属于中阿尔布期(Lee et al., 2010; Hong, Lee, 2012; Paik et al., 2012),与阜新组顶部的年龄一致。

另外,生物地层学和地球化学研究表明,位于中沟组和赤金堡组之间的下沟组的时代为早阿普特期(Suarez et al., 2013)或者中晚阿普特期(You et al., 2010),也间接支持了上述结论。综合考虑上述各种因素,下沟组可与九佛堂组上部和沙海组对比(表3-1)。

3.1.3 内蒙古西部测老庙坳陷和巴音戈壁盆地

巴音戈壁盆地位于内蒙古西部,处于巴丹吉林沙漠和狼山之间,也被认为是银根-额济纳旗盆地(银-额盆地)的中东部地区。巴音戈壁盆地由一系列坳陷组成:位于盆地北部的拐子湖坳陷、苏红坳陷和查干德勒苏坳陷,以及盆地南部的因格井坳陷和银根坳陷(吴仁贵等,2009)。查干德勒苏坳陷也被称为狭义的巴音戈壁盆地(吴仁贵等,2009; Li et al., 2015)。

测老庙地区位于巴彦淖尔市乌拉特后旗的潮格温都尔镇一带,是一个半隔离的沉积坳陷,其西部与巴音戈壁盆地相通。测老庙坳陷呈菱形,面积约为850 km^2,充填了一套白垩纪陆相沉积,其基底为元古宙变质岩或晚古生代花岗岩(侯明才,伊海生,2000; 侯明才等,2002)。坳陷内的白垩系自下而上分别为下白垩统巴音戈壁组和苏红图组(表3-1),以及上白垩统乌兰苏海组(侯明才,伊海生,2000; 侯明才等,2002)。巴音戈壁组分为下段(由灰白色砾岩、灰褐色砂质砾岩和砂岩组成)和上段(下部为灰黑色粉砂质灰岩,上部为灰绿色、黑色页岩和砂岩)。苏红图组为黑色玄武岩、夹粉砂岩和泥岩,与巴音戈壁组不整合接触。测老庙1/3地区的白垩纪沉积厚度超过1 000 m,坳陷内部存在2个深度大于2 000 m的次一级坳陷,即东北部的奔红坳陷和西南部的奎素坳陷(侯明才等,2002)。巴音戈壁组分布广泛,几乎见于整个测老庙坳陷,下段厚度超过200 m,上段厚250~950 m;苏红图组在坳陷内零星分布,厚度不超过60 m。

测老庙地区白垩系虽有化石发现,但未见正式报道。最近本研究团队在测老庙坳陷西缘、位于潮格温都尔镇西北约4 km(北纬41°27′24″,东经106°57′01″)的巴音戈壁组上段灰绿色粉砂岩中发现了一些无脊椎动物化石:东方叶肢介(*Eosestheria* sp.)(图3-1)、三尾类蜉蝣、长肢裂尾甲和无法鉴定的蜻蜓翅的碎片(图3-2)(Li et al., 2015)。

东方叶肢介、三尾类蜉蝣和长肢裂尾甲是热河生物群的典型分子,东方叶肢介出现的最低层位是尖山沟层(陈丕基,1988; 陈丕基等,2004),最高层位为沙海组及其相当层位(陈丕基,1988; Chen, 2003);三尾类蜉蝣和长肢裂尾甲的地层分布见上节(3.1.2)。因此,上述化石在测老庙地区保存于同一层位,表明这套地层可与义县组顶部和九佛堂组下段对比(表3-1; Li et al., 2015),同时也支持了陈丕基(1988, 1999)关于热河生物群分布与扩散的假说:热河生物群在其中、晚阶段向西扩散到中国西北和蒙古中、西部地区。测老庙的苏红图组底部的玄武粗安岩的全岩K-Ar同位素年龄值为109.3±2.3 Ma(吴仁贵等,2010),指示巴音戈壁组年龄的上限约为109 Ma(表3-1)。上述分析表明,巴音戈壁组上段可与辽西的义县组、九佛堂组和沙海组对比,而苏红图组可能与阜新组相当(Li et al., 2015),不排除苏红图组顶部可与辽西孙家湾组底部对比的可能性(表3-1)。

与测老庙坳陷类似,巴音戈壁盆地的主体也充填了白垩纪陆相沉积,不整合覆盖于前中生代地层或花岗岩之上(吴仁贵等,2009)。白垩系由下白垩统巴音戈壁组、苏红图组和银根组,以及上白垩统乌兰苏海组构成(卫平生等,2007; 吴仁贵等,2010)。巴音戈壁组下段由灰白色或黄褐色砾岩和砂岩组成,上段由黑色-深灰色砂岩、粉砂质泥岩和页岩组成(卫平生等,2005)。上段产双壳类(*Mesocorbicula liaoningensis, M. tetoriensis, Tetoria* cf. *yokoyamai, Sphaerium* cf. *dayaoense, S.* cf. *wiljuicum*)、腹足类(*Viviparus*? *fusitoma, Campeloma mongolica, Probaicalia*? sp., *Lioplax conica*)、介形类(*Cypridea kansuensis, C. yabulaiensis, Mongolocypris globra, Yumenia suboriformis, Limnocypridea grammi, Sinocypris glaber, Rhinocypris panosa, R. tugurigensis, Candoniella candida, Protocypretta dashuigouensis*)、叶

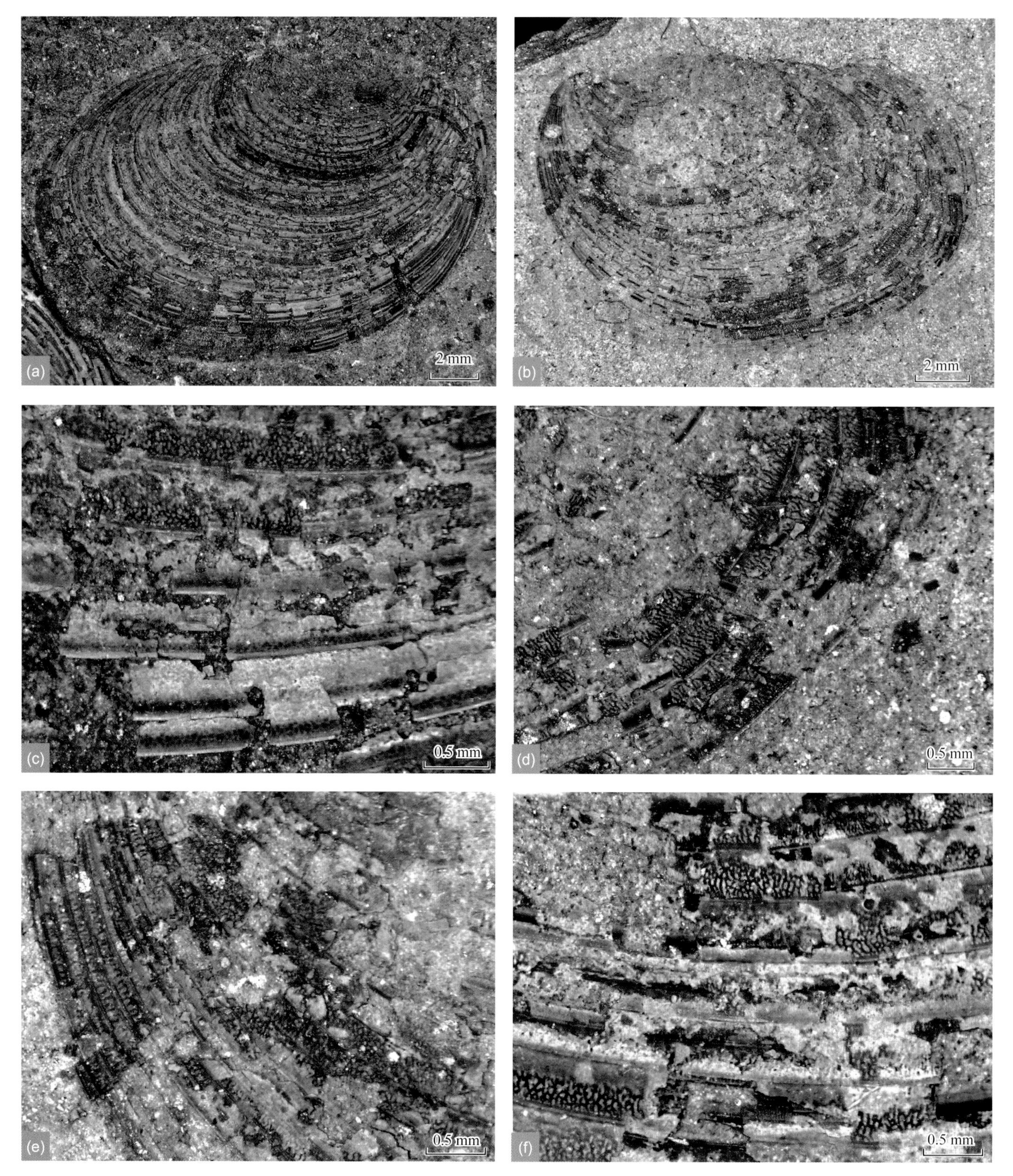

图3-1　产于测老庙地区巴音戈壁组上段中部的东方叶肢介(*Eosestheria* sp.)

a, c ~ f. 标本号NBC14002,近完整壳瓣,表面涂乙醇;a. 壳瓣全貌;c. 生长带上不规则的网状纹饰;d. 壳瓣后缘生长带上的线脊状纹饰;e. 壳瓣前缘生长带上的网状纹饰和线脊状纹饰;f. 壳瓣中部生长带上不规则网状纹饰;b. 标本号NBC14007,近完整壳瓣。(Li et al., 2015)

肢介(*Eosestheria elongata*, *E. subrotunda*, *E. intermedia*, *Diestheria jiayuguanensis*, *D. zhoulangensis*, *D. subolonga*, *Yumenestheria delicatula*)、昆虫(*Ephemeropsis trisetalis*, *Dissurus* sp., *Liupanshania* sp.)、鱼类(*Kuyangichthys* sp., *Anaethalion langshanensis*, *Lycoptera leptolepiformis*, *L. woodwardi*)、恐龙(*Psittacosaurus mongoliensis*)、植物

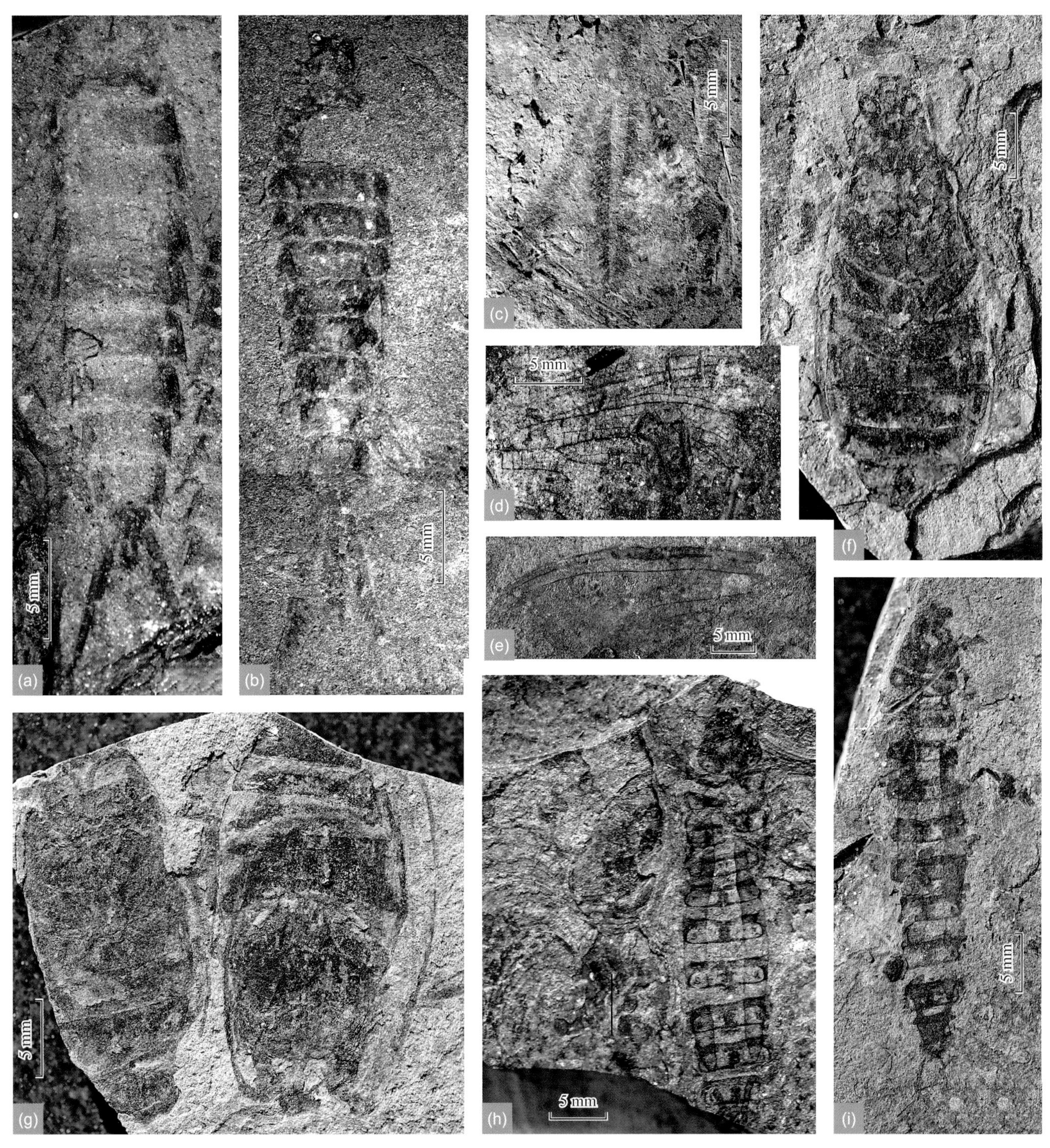

图3-2 产于测老庙地区巴音戈壁组上段中部的昆虫化石

a~d. 三尾类蜉蝣(*Ephemeropsis trisetalis* Eichwald, 1864): a. 标本号NBC14010，不完整稚虫，头、胸和中尾丝端部未保存，标本表面涂乙醇；b. 标本号NBC14011，保存不好的稚虫；c. 标本号NBC14015，稚虫，仅保存尾须和中尾丝；d. 标本号NBC14018，成虫翅碎片，表面涂乙醇；e. 标本号NBC14019，蜻蜓翅碎片；f~i. 长肢裂尾甲(*Coptoclava longipoda* Ping, 1928): f. 标本号NBC14025，成虫，足未保存；g. 标本号NBC14026，2只成虫，头和足未保存；h. 标本号NBC14027，幼虫，与东方叶肢介一些壳瓣保存在一起；i. 标本号NBC14029，幼虫，足未保存。(Li et al., 2015)

(*Elatocladus* sp., *Brachyphyllum* cf. *obesum*, *Sphenobaiera* cf. *longifolia*, *Baiera* sp.)和孢粉化石(*Tricolpites granulatus*, *Psophosphaera* sp., *Osmunacidites* sp., *Cicatricosisporites* sp., *Cedripites* sp., *Podocarpidites* sp., *Proteacidites* sp.)(内蒙古自治区地质矿产局，1991；侯佑堂等，2002；卫平生等，2005；付国斌等，2007)。这些化石繁盛于或仅生存于早白垩世，其中一些仅见于热河生物群或阜新生物群以及同期的东亚生物群中(内蒙古自治区地

质矿产局，1991；陈丕基，1988, 1999; Chen, 2003；陈金华，1999；侯佑堂等，2002；卫平生等，2005；付国斌等，2007; Pan, 2012），如蒙古鹦鹉嘴龙（*Psittacosaurus mongoliensis*）也见于九佛堂组（Wang, Zhou, 2003）；狼鳍鱼（*Lycoptera*）仅见于中－上热河群，即义县组和九佛堂组以及同期地层（陈丕基，1988, 1999；卢立伍，2002）；固阳鱼（*Kuyangichthys*）仅见于沙海组及其同期地层（王五力，1987b；汪筱林等，2000b）；双壳类的*Mesocorbicula liaoningensis*、*M. Tetoriensis*和*Tetoria* cf. *Yokoyamai*仅见于沙海组，而*Sphaerium*见于热河生物群和阜新生物群（陈金华，1999）；介形类的*Cypridea kansuensis*也见于酒泉盆地赤金堡组，*Yumenia suboriformis*见于下沟组，*Cypridea yabulaiensis*见于沙海组，*Mongolocypris globra*见于赤金堡组和阜新组，*Limnocypridea grammi*见于九佛堂组（侯佑堂等，2002）；叶肢介的*Eosestheria elongata*和*Diestheria subolonga*见于义县组（陈丕基，1988），*Diestheria jiayuguanensis*和*Yumenestheria delicatula*见于赤金堡组（沈炎彬等，1982；付国斌等，2007）。

这些化石的分布表明，巴音戈壁组上段沉积时间比较长，可能与辽西的义县组、九佛堂组和沙海组在同一时期形成，有人还认为包括了沙海组之上的阜新组（《中国地层典》编委会等，2000）。苏红图组整合覆盖于巴音戈壁组之上，其底部的年龄变化范围为146～109 Ma（吴仁贵等，2010），因此阜新组被排除于上述可能性之外（表3－1）。巴音戈壁组上段应该为巴雷姆期－早阿尔布期（Li et al., 2015）。

在巴音戈壁盆地，苏红图组是一套火山沉积地层，整合覆盖于巴音戈壁组的不同层位之上：在盆地西部覆盖于巴音戈壁组下段，在盆地中部覆盖于巴音戈壁组上段中部，在盆地东部覆盖于巴音戈壁组上段上部（吴仁贵等，2009, 2010）。苏红图组底部玄武岩的K－Ar年龄从盆地西部到盆地东部变化范围为146～109 Ma：苏红图（苏红图坳陷西部）为146～141 Ma，路登（苏红图坳陷中部）约为111 Ma，测老庙（查干德勒苏坳陷中－南部）约为109 Ma（吴仁贵等，2009, 2010）。苏红图组玄武岩的沉积夹层生物群特点与巴音戈壁组上段近乎一致（吴仁贵等，2009），总体上形成于晚贝里阿斯期－中阿尔布期，与巴音戈壁组沉积时间大部分重合，它们总体上是同期异相的关系。这支持了前人的推断：巴音戈壁组应该定义为一套火山沉积地层，包含了现在定义的巴音戈壁组和苏红图组，同时应该废除苏红图组（吴仁贵等，2009）。

从苏红图组的年龄范围以及巴音戈壁组上段与辽西地层的对比关系来看，巴音戈壁组下段很可能与冀北－辽西地区的土城子组上部、张家口组和大北沟组相当（表3－1）。

银根组不整合覆盖于苏红图组之上，与上覆的上白垩统乌拉苏海组也是不整合接触的（卫平生等，2007），但这套地层在测老庙坳陷未见及。银根组可与二连盆地的赛汉塔拉组对比（卫平生等，2007），而轮藻化石组合表明赛汉塔拉组与松辽盆地的泉头组上部相当（杨静等，2003），最新研究表明后者的时代为阿尔布期－早土伦期（Wang et al., 2013）。因此，银根组的时代很可能与其接近，而不可能是前人（卫平生等，2007）所认为的阿普特期。具体而言，银根组跨过下白垩统/上白垩统界线，其时代为晚阿尔布期－早土伦期，而其下部可与辽西的孙家湾组上部对比（表3－1）。

以上事实说明，巴音戈壁盆地的巴音戈壁组沉积时间很长，超过30 Ma（贝里阿斯期－早阿尔布期），至少产有两个生物群（热河生物群和早期阜新生物群）；进而说明巴音戈壁组应该提升为群——巴音戈壁群，可以分为几个次一级岩石地层单位（组）。这还需要更为详细的地层和古生物学工作。

3.2 道虎沟膜翅目昆虫组合的特征及其地层意义

内蒙古宁城道虎沟化石层（见1.1.2）产有丰富的昆虫化石，其中膜翅目昆虫分异度最高，不少于19科150种，目前已经描述了近百种（表3－2；Rasnitsyn, Zhang, 2004a, 2004b, 2010; Rasnitsyn et al., 2006a, 2006b; Zhang, Rasnitsyn, 2007, 2008; Gao et al., 2009a, 2009b; Shih et al., 2009, 2011; Wang M et al., 2012, 2014a, 2014b, 2015；丁明等，2013; Li et al., 2013a, 2013b, 2014a, 2014b, 2015; Zhang et al., 2014; Shi et al., 2014; Li, Shih, 2015）。

道虎沟化石层的膜翅目昆虫通常保存比较好，多数个体完整，保存了虫体、翅和大部分附肢。Rasnitsyn和Zhang（2004b）曾对该组合的特征及其意义进行了讨论，现以此为基础，并根据新资料进行更为深入的探讨。

3.2.1 道虎沟膜翅目昆虫的组合特征

道虎沟膜翅目昆虫组合包括19科，下面逐一进行介绍。

长节蜂科（Xyelidae）在本组合中包括Macroxyelinae和Xyelinae两个亚科，但分异度不高。在Macroxyelinae

表3-2 道虎沟膜翅目昆虫组合的构成

亚 目	科	种	资料来源
Symphyta	Xyelidae	*Abrotoxyela lepida* Gao, Ren et Shih, 2009	Gao et al., 2009a
		Abrotoxyela multiciliata Gao, Ren et Shih, 2009	Gao et al., 2009a
		Aequixyela immensa Wang, Rasnitsyn et Ren, 2014	Wang M et al., 2014a
		Cathayxyela extensa Wang, Rasnitsyn et Ren, 2014	Wang M et al., 2014a
		Platyxuela unica Wang, Shih et Ren, 2012	Wang M et al., 2012
	Xyelotomidae	*Abrotoma robusta* Gao, Ren et Shih, 2009	Gao et al., 2009b
		Paradoxotoma tsaiae Gao, Ren et Shih, 2009	Gao et al., 2009b
		Xyelocerus diaphanous Gao, Ren et Shih, 2009	Gao et al., 2009b
		Xyelotoma macroclada Gao, Ren et Shih, 2009	Gao et al., 2009b
		Undatoma spp.	Rasnitsyn, Zhang, 2004b
	Xyelydidae	*Ferganolyda charybdis* Rasnitsyn, Zhang et Wang, 2006	Rasnitsyn et al., 2006b
		Ferganolyda chungkuei Rasnitsyn, Zhang et Wang, 2006	Rasnitsyn et al., 2006b
		Ferganolyda eucalla Wang et al., 2015	Wang M et al., 2015
		Ferganolyda insolita Wang et al., 2015	Wang M et al., 2015
		Ferganolyda scylla Rasnitsyn, Zhang et Wang, 2006	Rasnitsyn, Zhang, 2004b; Rasnitsyn et al., 2006b
	Pamphiliidae	*Scabolyda orientalis* Wang et al., 2014	Rasnitysn, Zhang, 2004b Wang M et al., 2014b
	Sepulcidae	*Onokhoius* sp.	Rasnitsyn, Zhang, 2004b
	Protosiricidae	*Protosirex*? sp.	Rasnitsyn, Zhang, 2004b
	Anaxyelidae	Anaxyelinae gen et sp. indet	Rasnitsyn, Zhang, 2004b
	Siricidae	*Gigasirex* spp.	Rasnitsyn, Zhang, 2004b
		Pararchexyela? sp.	Rasnitsyn, Zhang, 2004b
	Daohugoidae	*Daohuga tobiasi* Rasnitsyn et Zhang, 2004	Rasnitsyn, Zhang, 2004a, 2004b
	Karatavitidae	*Karatavites junfengi* Rasnitsyn et Zhang, 2010	Rasnitsyn, Zhang, 2010
		Postxiphydria daohugouensis Rasnitsyn et Zhang, 2010	Rasnitsyn, Zhang, 2010
		Postxiphydria ningcheng Rasnitsyn et Zhang, 2010	Rasnitsyn, Zhang, 2010
		Postxiphydroides strenuus Rasnitsyn et Zhang, 2010	Rasnitsyn, Zhang, 2010
		Praeparyssites orientalis Rasnitsyn, Ansorge et Zhang, 2006	Rasnitsyn et al., 2006a
		Praeratavites daohugou Rasnitsyn, Ansorge et Zhang, 2006	Rasnitsyn et al., 2006a
		Praeratavites perspicuus Rasnitsyn et Zhang, 2010	Rasnitsyn, Zhang, 2010
		Praeratavites wuhuaensis Rasnitsyn et Zhang, 2010	Rasnitsyn, Zhang, 2010
		Praeratavitoides amabilis Rasnitsyn et Zhang, 2010	Rasnitsyn, Zhang, 2010

（续表）

亚 目	科	种	资料来源
Apocrita	Ephialtitidae	*Asiephialtites lini* Rasnitsyn et Zhang, 2010	Rasnitsyn, Zhang, 2010
		Karataus daohugouensis Zhang et al., 2014	Zhang et al., 2014
		Karataus exilis Zhang et al., 2014	Zhang et al., 2014
		Karataus orientalis Zhang et al., 2014	Zhang et al., 2014
		Karataus strenuus Zhang et al., 2014	Zhang et al., 2014
		Karataus vigoratus Zhang et al., 2014	Zhang et al., 2014
		Praeproapocritus flexus Li, Shih et Ren, 2013	Li et al., 2013b
		Praeproapocritus vulgatus Rasnitsyn et Zhang, 2010	Rasnitsyn, Zhang, 2010
		Proapocritus atropus Rasnitsyn et Zhang, 2010	Rasnitsyn, Zhang, 2010
		Proapocritus bialatus Li et Shih, 2015	Li, Shih, 2015
		Proapocritus densipediculus Rasnitsyn et Zhang, 2010	Rasnitsyn, Zhang, 2010
		Proapocritus elegans Rasnitsyn et Zhang, 2010	Rasnitsyn, Zhang, 2010
		Proapocritus formosus Rasnitsyn et Zhang, 2010	Rasnitsyn, Zhang, 2010
		Proapocritus longantennatus Rasnitsyn et Zhang, 2010	Rasnitsyn, Zhang, 2010
		Proapocritus parallelus Li, Shih et Ren, 2013	Li et al., 2013b
		Proapocritus sculptus Rasnitsyn et Zhang, 2010	Rasnitsyn, Zhang, 2010
		Proephialtitia acantha Li et al., 2015	Li et al., 2015
		Proephialtitia tenuata Li et al., 2015	Li et al., 2015
		Stephanogaster ningchengensis Ding et al., 2013	丁明等, 2013
		Stephanogaster pristinus Rasnitsyn et Zhang, 2010	Rasnitsyn, Zhang, 2010
		Leptephialtites spp.	Rasnitsyn, Zhang, 2004b
		Karataviola spp.	Rasnitsyn, Zhang, 2004b
		Symphytopterus spp.	Rasnitsyn, Zhang, 2004b
	Praeaulacidae	*Aulacogastrinus hebeiensis* Zhang et Rasnitsyn, 2008	Zhang, Rasnitsyn, 2008
		Aulacogastrinus insculptus Zhang et Rasnitsyn, 2008	Zhang, Rasnitsyn, 2008
		Aulacogastrinus longaciculatus Zhang et Rasnitsyn, 2008	Zhang, Rasnitsyn, 2008
		Eonevania robusta Rasnitsyn et Zhang, 2010	Rasnitsyn, Zhang, 2010
		Eosaulacus giganteus Zhang et Rasnitsyn, 2008	Zhang, Rasnitsyn, 2008; Rasnitsyn, Zhang, 2010
		Eosaulacus granulatus Zhang et Rasnitsyn, 2008	Zhang, Rasnitsyn, 2008
		Nevania aspectabilis Li, Shih et Ren, 2014	Li et al., 2014a
		Nevania delicata Zhang et Rasnitsyn, 2007	Zhang, Rasnitsyn, 2007
		Nevania exquisita Zhang et Rasnitsyn, 2007	Zhang, Rasnitsyn, 2007
		Nevania ferocula Zhang et Rasnitsyn, 2007	Zhang, Rasnitsyn, 2007
		Nevania malleata Zhang et Rasnitsyn, 2007	Zhang, Rasnitsyn, 2007
		Nevania perbella Li, Shih et Ren, 2014	Li et al., 2014a
		Nevania retenta Zhang et Rasnitsyn, 2007	Zhang, Rasnitsyn, 2007

（续表）

亚　目	科	种	资料来源
Apocrita	Praeaulacidae	*Nevania robusta* Zhang et Rasnitsyn, 2007	Zhang, Rasnitsyn, 2007
		Praeaulacon elegantulus Zhang et Rasnitsyn, 2008	Zhang, Rasnitsyn, 2008
		Praeaulacon ningchengensis Zhang et Rasnitsyn, 2008	Zhang, Rasnitsyn, 2008
		Praeaulacus afflatus Zhang et Rasnitsyn, 2008	Zhang, Rasnitsyn, 2008
		Praeaulacus daohugouensis Zhang et Rasnitsyn, 2008	Zhang, Rasnitsyn, 2008
		Praeaulacus robustus Zhang et Rasnitsyn, 2008	Zhang, Rasnitsyn, 2008
		Praeaulacus exquisitus Zhang et Rasnitsyn, 2008	Zhang, Rasnitsyn, 2008
		Praeaulacus obtutus Li et Shih, 2015	Li, Shih, 2015
		Praeaulacus orientalis Zhang et Rasnitsyn, 2008	Zhang, Rasnitsyn, 2008
		Praeaulacus scabratus Zhang et Rasnitsyn, 2008	Zhang, Rasnitsyn, 2008
		Praeaulacus sculptus Zhang et Rasnitsyn, 2008	Zhang, Rasnitsyn, 2008
		Sinaulacogastrinus eucallus Zhang et Rasnitsyn, 2008	Zhang, Rasnitsyn, 2008
		Sinaulacogastrinus solidus Rasnitsyn et Zhang, 2010	Rasnitsyn, Zhang, 2010
		Sinevania speciosa Rasnitsyn et Zhang, 2010	Rasnitsyn, Zhang, 2010
	Anomopterellidae	*Anomopterella ampla* Li et al., 2013	Li et al., 2013a
		Anomopterella brachystelis Li et al., 2013	Li et al., 2013a
		Anomopterella brevis Li , shih et Ren, 2014	Li et al., 2014b
		Anomopterella coalita Li et al., 2013	Li et al., 2013a
		Anomopterella divergens Li et al., 2013	Li et al., 2013a
		Anomopterella huangi Zhang et Rasnitsyn, 2008	Zhang, Rasnitsyn, 2008
		Anomopterella ovalis Li et al., 2013	Li et al., 2013a
		Anomopterella pygmea Li, shih et Ren, 2014	Li et al., 2014b
		Synaphopterella patula Li et al., 2013	Li et al., 2013a
	Kuafuidae	*Kuafua polyneura* Rasnitsyn et Zhang, 2010	Rasnitsyn, Zhang, 2010
	Megalyridae	*Cleistogaster*? spp.	Rasnitsyn, Zhang, 2004b
	Mesoserphidae	*Sinoserphus lillianae* Shih, Feng et Ren, 2011	Shih et al., 2011
		Sinoserphus shihae Shih, Feng et Ren, 2011	Shih et al., 2011
		Sinoserphus wui Shih, Feng et Ren, 2011	Shih et al., 2011
		Yanliaoserphus jurassicus Shih, Feng et Ren, 2011	Shih et al., 2011
		Mesoserphus spp.	Rasnitsyn, Zhang, 2004b
		Karataoserphus sp.	Rasnitsyn, Zhang, 2004b
	Roproniidae	Beipiaosiricinae gen et sp. indet	Rasnitsyn, Zhang, 2004b
	Heloridae	*Archaeohelorus hoi* Shih, Feng et Ren, 2011	Shih et al., 2011
		Archaeohelorus polyneurus Shi et al., 2014	Shi et al., 2014
		Archaeohelorus tensus Shi et al., 2014	Shi et al., 2014
	Pelecinidae	*Archaeopelecinus jinzhouensis* Shih, Liu et Ren, 2009	Shih et al., 2009
		Archaeopelecinus tebbei Shih, Liu et Ren, 2009	Shih et al., 2009
		Cathaypelecinus daohugouensis Shih, Liu et Ren, 2009	Shih et al., 2009

亚科发现了Angaridyelini族和Gigantoxyelini族分子（Rasnitsyn, Zhang, 2004b），虽然该亚科仅正式描述1属2种（*Abrotoxyela lepida* Gao, Ren et Shih; *Abrotoxyela multiciliata* Gao, Ren et Shih），但族的位置未定（Gao et al., 2009a）。在Xyelinae亚科仅发现Liadoxyelini族分子（Rasnitsyn, Zhang, 2004b），已描述3属3种（Wang et al., 2012, 2014a），而侏罗纪常见的Xyelini族分子（Rasnitsyn, 1969）尚未发现（Rasnitsyn, Zhang, 2004b）。

短鞭叶蜂科（Xyelotomidae）在本组合中发现5属，已描述4属4种（Rasnitsyn, Zhang, 2004b; Gao et al., 2009b）。该科是生存于中生代的一个灭绝科，除道虎沟发现的几种外，仅有1属1种产于早侏罗世最晚期地层（Nel et al., 2004），其余皆产于晚侏罗世至早白垩世地层（Gao et al., 2009b）。

切锯蜂科（Xyelydidae）仅见*Ferganolyda*属，包括5种，具明显的性双型现象（Rasnitsyn et al., 2006b; Wang et al., 2015）。该属还有另外3种，见于中亚吉尔吉斯下－中侏罗统界线附近（Rasnitsyn, 1983）。

扁叶蜂科（Pamphiliidae）仅发现1属1种（*Scabolyda orientalis* Wang et al.），归入Juralydinae亚科（Wang et al., 2014b）。该亚科仅包括3属：*Juralyda* Rasnitsyn、*Scabolyda* Wang et al.和*Atocus* Scudder。*Juralyda*见于哈萨克斯坦卡拉套（Karatau）上侏罗统卡拉巴斯套组（Karabastau Formation）（Rasnitsyn, 1977），而*Atocus*见于始新世最晚期地层（Wang et al., 2014b）。

葬茎蜂科（Sepulcidae）繁盛于侏罗纪和早白垩世大部分时间（Rasnitsyn, 1993）。道虎沟仅发现*Onokhoius*属，以及2个尚未描述的新亚科（Rasnitsyn, Zhang, 2004b）。*Onokhoius*属见于吉尔吉斯下－中侏罗统界线附近（Rasnitsyn, 1993）以及东亚下白垩统（Kopylov, Rasnitsyn, 2014）。

原树蜂科（Protosiricidae）包括先前的Gigasiricidae科，但不包括其模式属*Gigasirex*（Rasnitsyn, Zhang, 2004b）。道虎沟组合中仅发现可能属于*Protosirex*属的几个标本，该属还见于卡拉巴斯套组（Rasnitsyn, 1969）。

在本组合中发现了古锯蜂科（Anaxyelidae）一些尚未详细描述的类群，归入Anaxyelinae亚科（Rasnitsyn, Zhang, 2004b）。该亚科已发现7属20种，分布于卡拉套上侏罗统（7属18种）和辽西的下白垩统（2属2种）（Zhang, Rasnitsyn, 2006）。

在树蜂科（Siricidae）中仅发现Gigasiricinae亚科的一些分子，有些标本可以归入*Gigasirex*属，有些可能归入*Pararchexyela*属（Rasnitsyn, Zhang, 2004b）。这2个属还见于卡拉套上侏罗统（Rasnitsyn, 1969）。

道虎沟树蜂科（Daohugoidae）仅包括1属1种，未见于其他地区（Rasnitsyn, Zhang, 2004a, 2004b）。

卡蜂科（Karatavitidae）在该组合中包括6属9种（表3－2; Rasnitsyn et al., 2006a; Rasnitsyn, Zhang, 2010），其中*Karatavites*还见于卡拉套上侏罗统。该科还有1属1种见于德国下侏罗统顶部（Rasnitsyn et al., 2006a）。

魔蜂科（Ephialtitidae）在本组合中分异度很高，已知9属超过23种（表3－2），其中Ephialtitinae亚科包括6属（*Asiephialtites*, *Leptephialtites*, *Praeproapocritus*, *Proapocritus*, *Proephialtitia*, *Stephanogaster*）超过16种（Rasnitsyn, Zhang, 2004b, 2010; Li et al., 2013b, 2015；丁明等, 2013; Li, Shih, 2015）；Symphytopterinae亚科有3属（*Karataus*, *Karataviola*, *Symphytopterus*）超过7种（Rasnitsyn, Zhang, 2004b; Zhang et al., 2014）。*Proapocritus*属还见于吉尔吉斯下－中侏罗统界线附近（Rasnitsyn, 1975）。

原举腹蜂科（Praeaulacidae）在本组合达8属27种（表3－2），其中Praeaulacinae亚科包括6属（*Aulacogastrinus*, *Eosaulacus*, *Praeaulacon*, *Praeaulacus*, *Sinaulacogastrinus*, *Sinevania*）18种（Zhang, Rasnitsyn, 2008; Rasnitsyn, Zhang, 2010; Li, Shih, 2015），Nevaniinae亚科包括2属（*Eonevania*, *Nevania*）9种（Zhang, Rasnitsyn, 2007; Rasnitsyn, Zhang, 2010; Li et al., 2014a）。

简脉举腹蜂科（Anomopterellidae）在本组合中含2属（*Anomopterella*, *Synaphopterella*）9种（表3－2; Zhang, Rasnitsyn, 2008; Li et al., 2013a, 2014b）。该科还见于卡拉套上侏罗统（*Choristopterella stenocera* Rasnitsyn, *Anomopterella mirabilis* Rasnitsyn）（Li et al., 2013a）和蒙古上侏罗统（*Anomopterella gobi* Rasnitsyn）（Rasnitsyn, 2008）。

夸父蜂科（Kuafuidae）仅包括3属3种，除1属1种见于本组合外（Rasnitsyn, Zhang, 2010），另外2属2种产于卡拉套上侏罗统（Rasnitsyn, 1975; Rasnitsyn, Zhang, 2010）。

巨蜂科（Megalyridae）在本组合中比较单调，仅包括该科最原始的*Cleistogaster*属，或与该属非常接近的一个属（与*Cleistogaster*的不同之处在于前翅横脉3r－m和2m－cu完整，但细弱）（Rasnitsyn, Zhang, 2004b）。

*Cleistogaster*属除产于道虎沟外，还广泛分布于亚洲晚侏罗世地层(Rasnitsyn, 1975)；以前所报道的唯一的白垩纪记录，其时代实为晚侏罗世最晚期(Rasnitsyn, Zherikhin, 2002)。

中细蜂科(Mesoserphidae)在本组合中有3属至少4种，归入Mesoserphinae亚科(Rasnitsyn, Zhang, 2004b; Shih et al., 2011)，另外还发现了Karataoserphinae亚科的*Karataoserphus*属分子(Rasnitsyn, Zhang, 2004b)。

窄腹细蜂科(Roproniidae)在本组合中仅包括一些未描述的类群，归入Beipiaosiricinae亚科(Rasnitsyn, Zhang, 2004b)。

柄腹细蜂科(Heloridae)仅发现Mesohelorinae亚科的1属3种(表3－2; Shih et al., 2011; Shi et al., 2014)。

长腹细蜂科(Pelecinidae)在本组合中发现有2属3种，归入Iscopininae亚科(表3－2; Shih et al., 2009)。该亚科还偶见于蒙古上侏罗统(1属1种；Rasnitsyn, 2008)，但在早白垩世地层是常见分子，而且分异度很高(Zhang, Rasnitsyn, 2004)。

3.2.2 昆虫组合的时代

根据Rasnitsyn等总结的中生代各时代膜翅目组合的特征(Rasnitsyn et al., 1998; Rasnitsyn, Martínez-Delclòs, 2000; Rasnitsyn, 2002)，道虎沟膜翅目昆虫组合具有典型侏罗纪昆虫群的特征(Rasnitsyn, Zhang, 2004b)。该组合与三叠纪的膜翅目昆虫组合区别明显，后者仅见长节锯蜂科的古长节锯蜂亚科(Archexyelinae)分子，而该亚科未见于道虎沟组合(Rasnitsyn, Zhang, 2004b)。另外，早白垩世膜翅目昆虫组合中最具特征性的分子均未见于道虎沟组合，如褶翅蜂科(Gasteruptiidae *s.l.*)、细蜂科(Proctotrupidae)、姬蜂总科(Ichneumonoidea)和真尾类[主要是原始的泥蜂科(Sphecidae)](Rasnitsyn, Zhang, 2004b)。

在侏罗纪的膜翅目昆虫化石组合中，道虎沟组合与卡拉套组合关系密切，后者产于哈萨克斯坦卡拉套上侏罗统卡拉巴斯套组，其时代一般认为是晚侏罗世牛津期或钦莫利期(Kirichkova, Doludenko, 1996)。在道虎沟组合中，按照分异度从高到低的顺序，最重要的几个科为Praeaulacidae、Ephialtitidae、Karatavitidae、Xyelotomidae、Xyelidae、Mesoserphidae、Anaxyelidae、Siricidae、Anomopterellidae、Pelecinidae和Xyelydidae(表3－2)；而卡拉套组合依次为Praeaulacidae、Megalyridae、Ephialtitidae、Mesoserphidae、Heloridae、Anaxyelidae、Xyelidae、Bethylonymidae、Paroryssidae、Xyelotomidae、Xyelydidae和Siricidae(Rasnitsyn, Zhang, 2004b)。上述两个组合里最重要的前5个科中，有2个科是相同的(原举腹蜂科和魔蜂科)，说明这两个组合的关系密切。但也存在着明显的不同之处：道虎沟组合的分异度较低，该组合中广腰亚目与细腰亚目的标本数量比例约为57：43，而卡拉套组合不到1：4(Rasnitsyn, Zhang, 2004b)。在膜翅目早期演化过程中，其分异度逐渐升高，但广腰亚目在昆虫群的占比却逐渐下降，如三叠纪和早侏罗世早期的膜翅目昆虫组合皆为广腰亚目分子，而在德国北部早侏罗世晚期、吉尔吉斯和西伯利亚东部早－中侏罗世界限附近的地层中，共发现31块膜翅目化石，其中8块属于细腰亚目(Rasnitsyn, Zhang, 2004b)。这说明道虎沟组合比卡拉套组合在时间上要早，至少在面貌上更古老一些。

上述推断也从昆虫组合的具体组成上得到一些支持。长节蜂科中Liadoxyelini族常见于早侏罗世地层，在晚侏罗世地层中非常稀少，未见于早白垩世地层(Rasnitsyn, Zhang, 2004b)。而在道虎沟组合中发现了3属3种(*Platyxuela unica* Wang, Shih et Ren; *Cathayxyela extensa* Wang, Rasnitsyn et Ren; *Aequixyela immensa* Wang, Rasnitsyn et Ren)(表3－2; Wang et al., 2012, 2014a)，分异度一般。Xyelinae亚科的Xyelini族在中侏罗世已经非常罕见，但在其后则为常见分子(Rasnitsyn, Zhang, 2004b)；道虎沟组合中未见该族分子。切锯蜂科中，*Ferganolyda*属仅见于道虎沟化石层和吉尔吉斯下－中侏罗统界线附近(Rasnitsyn, 1983; Rasnitsyn et al., 2006b; Gao et al., 2009b)。树蜂科中Gigasiricinae亚科见于吉尔吉斯下－中侏罗统界线附近，但在卡拉巴斯套组中很稀少，而在道虎沟发现了至少2属，显示出比较原始的面貌特征(Rasnitsyn, Zhang, 2004b)。类似的情况还见于魔蜂科的*Proapocritus*属(Rasnitsyn, 1975)。另外，道虎沟的巨蜂科除*Cleistogaster*属或其近似属外，未见其他分子，也可能属于这种情况，但不排除如下可能：*Cleistogaster*属是Cleistogastrinae亚科中体型最大的类群，与巨蜂科中生代其他类群相比保存为化石的可能性更大(Rasnitsyn, Zhang, 2004b)。

但同时也有一些相反的证据，列举如下。短鞭叶蜂科中的*Undatoma*属常见于晚侏罗世－早白垩世地层，在更老的地层中还未见报道(Rasnitsyn, Zhang, 2004b)。

扁叶蜂科在道虎沟组合中仅有1属1种，归入Juralydinae亚科（Wang et al., 2014b），该亚科还见于上侏罗统（Rasnitsyn, 1977）和始新统上部（Wang et al., 2014b）。古锯蜂科Anaxyelinae亚科只见于上侏罗统和下白垩统（Zhang, Rasnitsyn, 2006）。长腹细蜂科的Iscopininae亚科繁盛于早白垩世（Zhang, Rasnitsyn, 2004），蒙古上侏罗统仅发现1属1种（Rasnitsyn, 2008），道虎沟组合中包括2属3种（Shih et al., 2009）。

另外，道虎沟组合与卡拉套组合至少有20个共同属，包括*Xyelotoma*、*Xyelocerus*、*Protosirex*、*Gigasirex*、*Pararchexyela*、*Karatavites*、*Stephanogaster*、*Leptephialtites*、*Asiephialtites*、*Karataus*、*Symphytopterus*、*Karataviola*、*Praeaulacus*、*Praeaulacon*、*Aulacogastrinus*、*Nevania*、*Anomopterella*、*Cleistogaster*、*Mesoserphus*和*Karataoserphus*，而且它们中绝大部分仅发现于这2个昆虫组合。

上述情况说明，道虎沟化石层的时代为中侏罗世晚期的可能性非常大，不排除延续到晚侏罗世最早期。这与同位素测年的结论相吻合（具体见1.1.2）。

3.2.3 昆虫组合的古生态信息

长期研究表明，早侏罗世中期以后长节蜂科的丰度以及白垩纪中期以后叶蜂科的丰度都与气温负相关（如：Rasnitsyn, 1969, 1980, 2002）。长节蜂科为广腰亚目主要分子的昆虫组合，通常生存于温凉的气候条件下，如西伯利亚东部的早–中侏罗世昆虫组合和早白垩世拜萨“冷”昆虫亚组合（Early Cretaceous “cool” subassemblage of Baissa）；而在温暖的气候条件下，长节蜂科的丰度明显低，见于卡拉套组合、英国早白垩世普尔拜克（Purbeck）组合和威尔登（Wealden）组合（Rasnitsyn, Zhang, 2004b）。在道虎沟组合中，长节蜂科的丰度中等，说明道虎沟地区当时的气候介于温凉（早–中侏罗世的东西伯利亚地区）与温暖（晚侏罗世早期的哈萨克斯坦南部）之间（Rasnitsyn, Zhang, 2004b），适于生物的繁衍生息。

3.3 巴依萨昼蜓的分布与迁移路线

昼蜓属（*Hemeroscopus* Pritykina, 1977）是蜻蜓目差翅亚目（Anisoptera）昼蜓科（Hemeroscopidae）的模式属，其模式种为巴依萨昼蜓（*Hemeroscopus baissicus* Pritykina, 1977）。巴依萨昼蜓最早发现于俄罗斯外贝加尔拜萨（Baissa，也翻译为巴依萨）的下白垩统扎扎组（Zaza Formation）和蒙古西部Bon-Tsagaan地区的下白垩统Dzun-Bain组（Pritykina, 1977; Carpenter, 1992），后陆续发现于中国北京西山的卢尚坟组（任东等，1995；黄迪颖，林启彬，2001）和韩国南部泗川市的东明组（Dongmyeong Formation）（Ueda et al., 2005）。最近，本团队在甘肃酒泉盆地旱峡沟剖面的下白垩统中沟组也发现了巴依萨昼蜓化石（Zheng et al., 2015），为含化石地层的对比、时代的确定和探讨巴依萨昼蜓的迁移过程提供了依据。

巴依萨昼蜓化石采自甘肃省酒泉市赤金镇西南部约25 km的旱峡沟剖面（北纬39°49′30″，东经97°15′06″）下白垩统中沟组上段，共计31块，为近完整或破损的前翅或后翅标本（图3－3d～h、图3－4）。同层产出的还有几块石蚕巢化石（图3－3c），长9.9～15.5 mm，最大宽度3.9～4.0 mm，主要由灰绿色、黄色和红色沙粒（直径0.1～2 mm）组成，归属于遗迹属*Terrindusia* Vialov（Vialov, Sukatsheva, 1976; Ponomarenko et al., 2009）。毛翅目昆虫的幼虫俗称石蚕，大部分石蚕就地取材，构筑不同形状、不同质地的巢，以供隐藏和居住。石蚕巢化石是中生代地层中常见的遗迹化石类型。

中沟组与下伏下沟组整合接触，与上覆新生代火烧沟组呈不整合接触。中沟组上部为灰黑色、灰绿色泥岩，水平层理发育，产双壳类、腹足类、昆虫、叶肢介、介形类、鱼、植物、孢粉和轮藻等化石（马其鸿等，1982, 1984；洪友崇，1982b, 1998；马其鸿，1986；牛绍武，1987；叶得泉，钟筱春，1990；刘兆生，2000；邓胜徽等，2005；邓胜徽，卢远征，2008）；下部以红色中砾岩、灰色或灰绿色砂岩为主，夹红色粗砾岩、灰色泥岩和粉砂质泥岩，厚约194 m。

在俄罗斯外贝加尔地区，与巴依萨昼蜓同层位的还有长肢裂尾甲、黑尾类蜉蝣（*Ephemeropsis melanurus*）和狼鳍鱼（Zherikhin et al., 1999）。关于扎扎组的年代尚无统一观点。古动物学家认为，该组的时代为瓦兰今期或欧特里夫期，但孢粉学家和古植物学家认为其时代为阿普特期（Zherikhin et al., 1999）。长肢裂尾甲、类蜉蝣和狼鳍鱼同时出现在扎扎组，表明该组应该与义县组上部和九佛堂组下部的时代相当，为122.5～120 Ma（早阿普特期）（张海春等，2010; Zheng et al., 2015；Cohen et al., 2013）。九佛堂组尚未发现巴依萨昼蜓，却出现了另外一种昼蜓科化石——孟氏丽昼蜓（*Abrohemeroscopus mengi* Ren, Liu et Cheng）（Ren et al., 2003）。

在蒙古西部，Dzun-Bain组产有巴依萨昼蜓和长肢裂

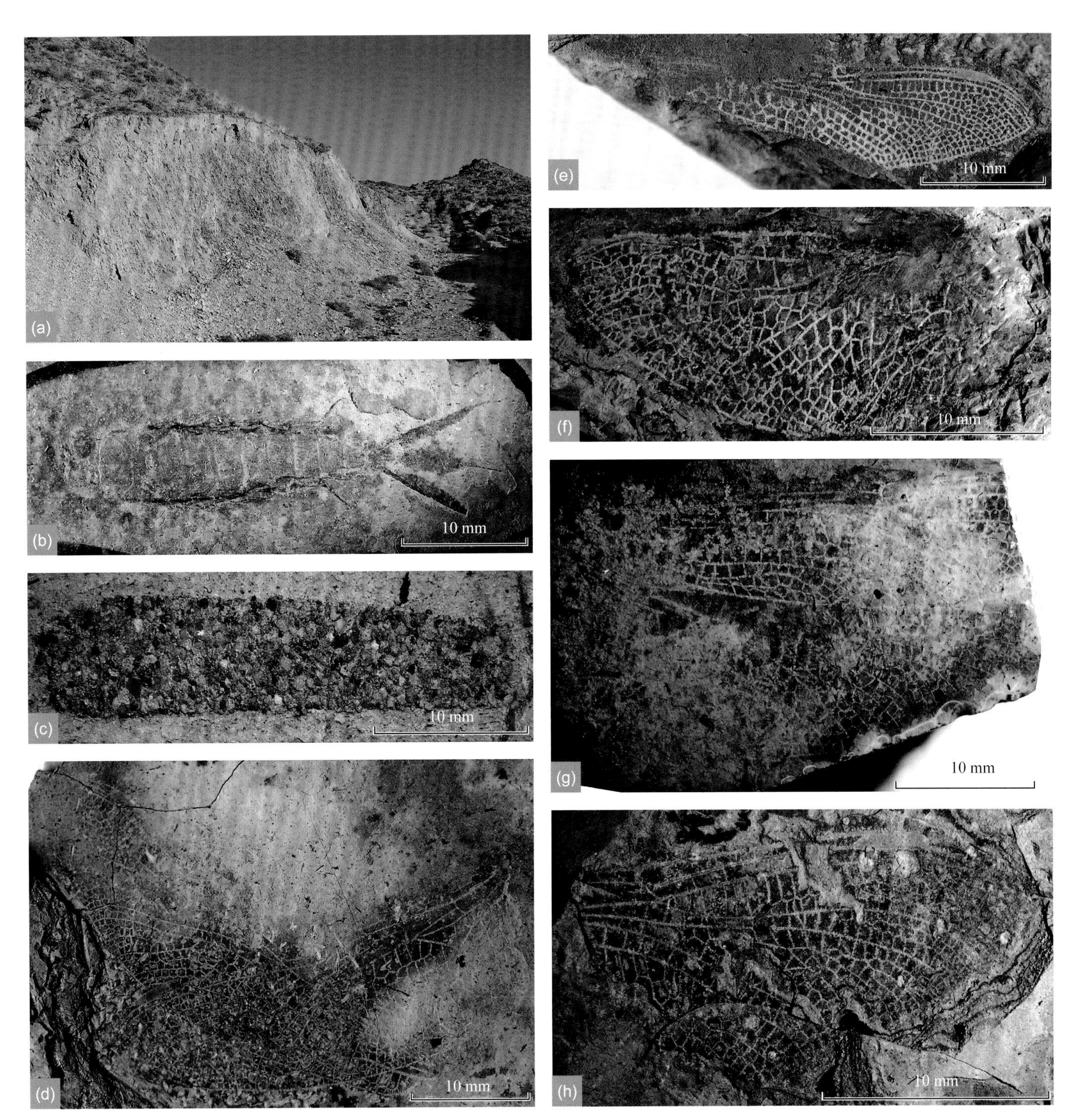

图3-3 酒泉盆地及其所产昆虫化石

a. 酒泉盆地旱峡沟剖面露头照片；b. 三尾类蜉蝣化石，采自酒泉盆地赤金堡组，现保存于英国自然历史博物馆（标本号In40686）；c. 产于旱峡沟剖面中沟组的石蚕巢化石（*Terrindusia* sp.）；d. 巴依萨昼蜓前翅和后翅，标本号NIGP159604；e. 巴依萨昼蜓前翅，标本号NIGP159605；f. 巴依萨昼蜓后翅，标本号NIGP1596056；g. 巴依萨昼蜓前翅和后翅，标本号NIGP159607；h. 巴依萨昼蜓后翅，标本号NIGP1596058。（改自Zheng et al.,2015）

尾甲，但未发现热河生物群的代表性分子——类蜉蝣和狼鳍鱼，其时代为巴雷姆期或阿普特期（Vršansky, 2008）。扎扎组和Dzun-Bain组的昆虫群面貌显示了这2个组的时代一致，或者扎扎组要比Dzun-Bain组沉积的时代略早（Zherikhin et al., 1999）。据此推断，Dzun-Bain组的时代可能为阿普特期或早阿尔布期。

韩国南部东明组的碎屑锆石定年结果为106 Ma，属于中阿尔布期（Lee et al., 2010; Hong, Lee, 2012; Paik et al., 2012）。中沟组的时代为中阿尔布期（见3.1.2）。

通过上述讨论，可以推断出巴依萨昼蜓的分布和迁移路径如下：在早阿普特期，巴依萨昼蜓首先出现在俄罗斯外贝加尔地区；在阿普特期或早阿尔布期，向西南迁移

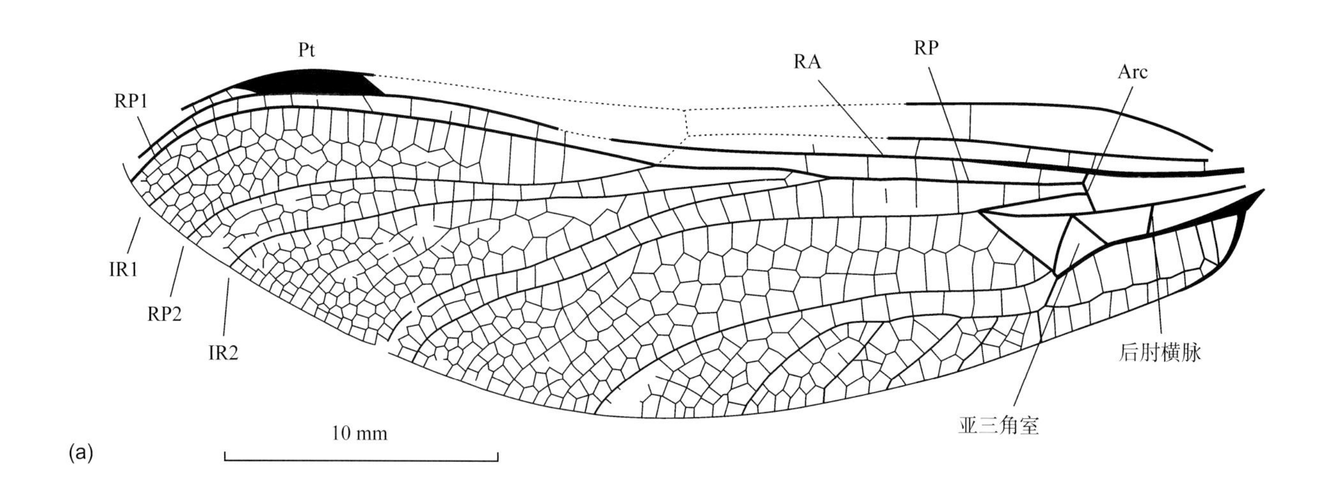

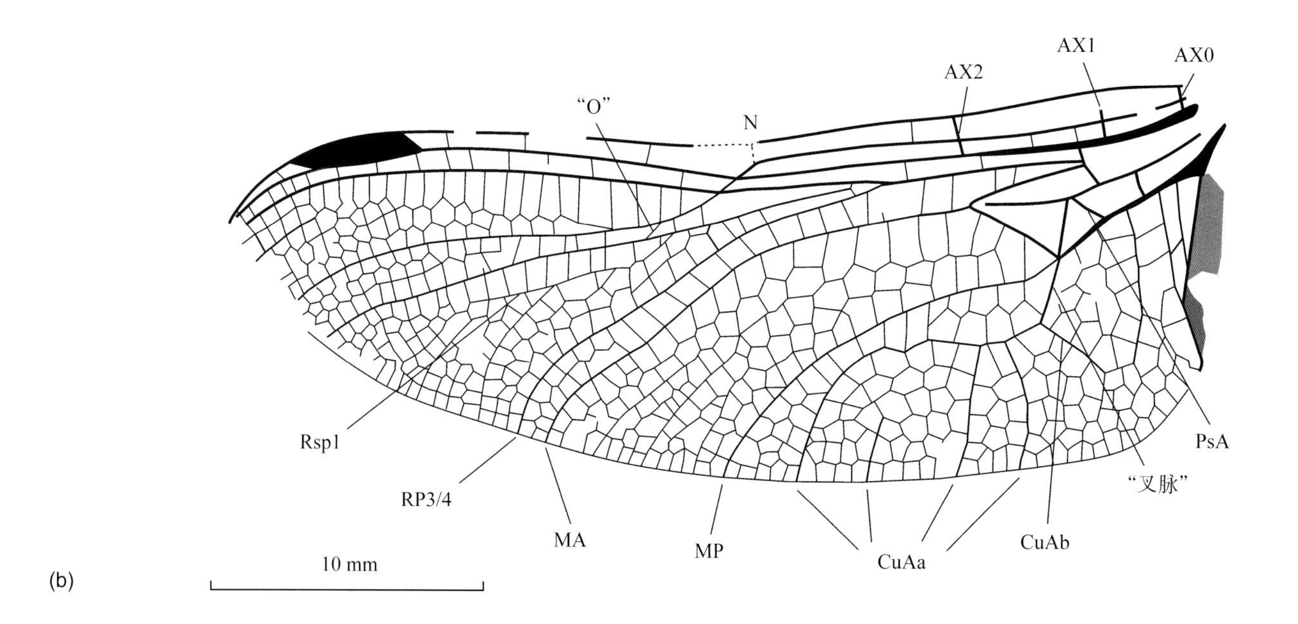

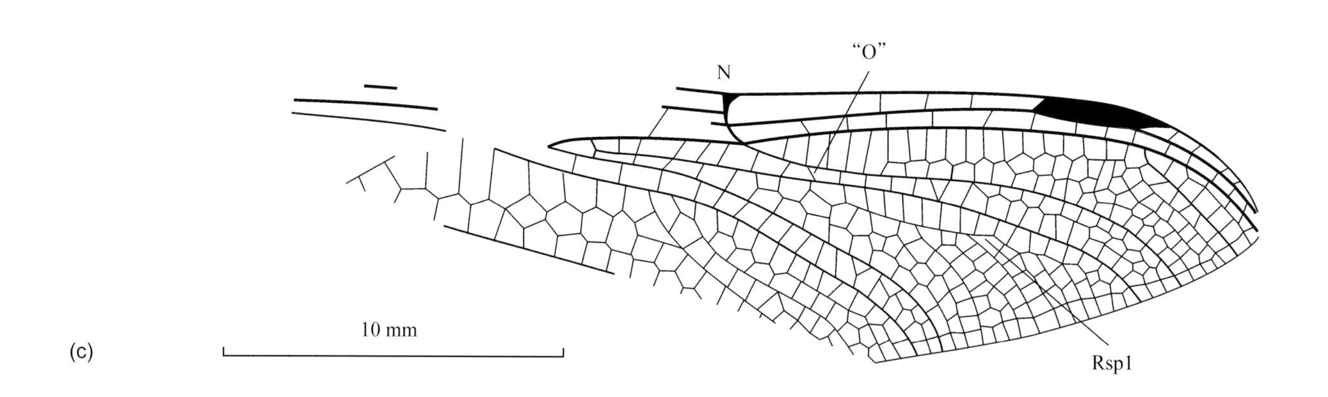

图3-4 巴依萨昼蜓前、后翅复原图

a. 左前翅，标本号NIGP159604；b. 左后翅，标本号NIGP159604；c. 右前翅，标本号NIGP159605。脉序解释采用Riek（1976）与Riek和Kukalová-Peck（1984）所建立并经由Nel et al.（1993）和Bechly（1996）修改后的术语。（改自Zheng et al., 2015）

到蒙古西部；在早阿尔布期，由蒙古国西部向西南迁移到中国西北部，同时向东南迁移到中国东北部和韩国南部（图3－5; Zheng et al., 2015）。

3.4 蜻蜓体型大小的变化及可能的原因

现生昆虫体长多在5～15 mm之间，而翅展多在15～45 mm之间。翅展是指昆虫前翅向左右伸开平展，前翅的后缘成一直线时，左右两翅顶角之间的距离。体型比较大的昆虫只是少数，已知最长的昆虫是东南亚婆罗洲岛的陈氏竹节虫（*Phobaeticus chani* Bragg），体长达357 mm（Hennemann, Conle, 2008），翅展最大的昆虫为中南美洲的强喙夜蛾［*Thysania Agrippina*（Cramer）］，达

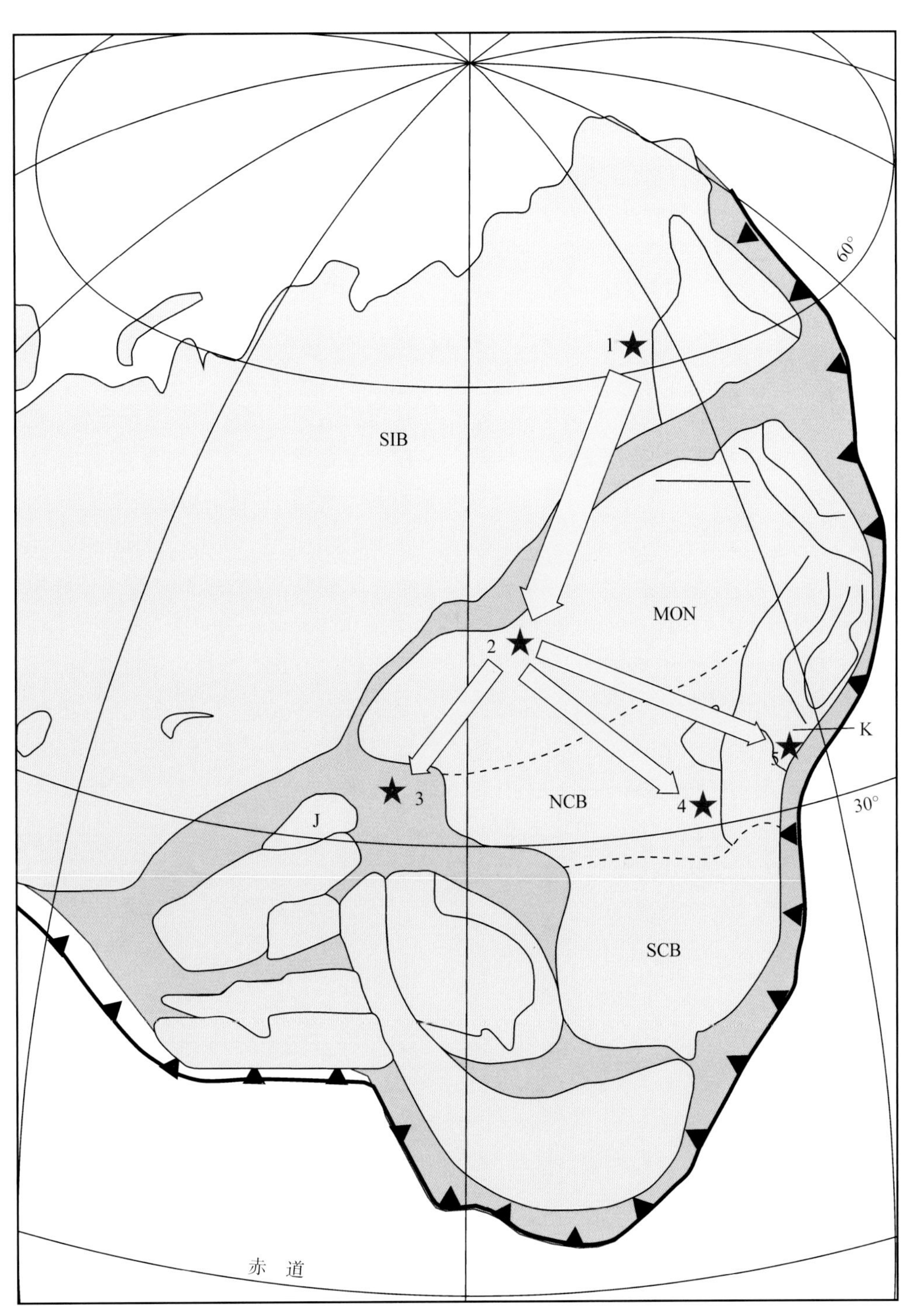

图3－5　巴依萨昼蜓在早白垩世的分布与推测的迁移路线

1. 俄罗斯外贝加尔拜萨（Baissa），扎扎组（Zaza Formation）；2. 蒙古国西部Bon-Tsagaan地区，Dzun-Bain组；3. 甘肃旱峡沟，中沟组；4. 北京西山，卢尚坟组；5. 韩国南部泗川市，东明组。缩略语：J，准噶尔地体；K，朝鲜；MON，蒙古地块；NCB，华北地块；SCB，华南地块；SIB，西伯利亚地块。（改自Zheng et al., 2015）

360 mm（Ohl, Thiele, 2007）。中国最大的现生昆虫为生活于中国南部的乌桕大蚕蛾［*Attacus atlas*（Linnaeus）］，翅展可达240 mm（武春生，1999）。

蜻蜓总目（Odonatopera）包括古蜻蜓目（Geroptera）、原蜻蜓目（Protodonata）和蜻蜓目（Odonata）(Grimaldi, Engel, 2005)。古蜻蜓目仅生存于石炭纪宾夕法尼亚亚纪早期，原蜻蜓目生存于宾夕法尼亚亚纪－二叠纪，而蜻蜓目从二叠纪起一直生存到现在（Grimaldi, Engel, 2005）。蜻蜓目包括差翅亚目［Anisoptera；俗称蜻蜓（dragonfly）］、均翅亚目［Zygoptera；俗称豆娘（damselfly）］和间翅亚目［Anisozygoptera；俗称蟌蜓或昔蜓（damsel-dragonfly）］。所谓的古生代"巨蜻蜓"（"giant dragonfly"）并非真正的蜻蜓，属原蜻蜓目巨脉蜓科（Meganeuridae）。其中产于美国二叠纪早期的二叠拟巨脉蜓（*Meganeuropsis permiana* Carpenter）翅展达710 mm，是世界已知最大的昆虫（Grimaldi, Engel, 2005）；而产于中国宁夏宾夕法尼亚亚纪的祁连山神州蜓（*Shenzhousia qilianshanensis* Zhang, Hong et Lu）是中国已知最大的昆虫，其翅展估计达400～500 mm（张志军等，2005）。

蜻蜓目包括约5 900个现生种（Zhang, 2011），它们的体长一般为30～90 mm。该目体型最大的现生类群为生活于中南美洲的豆娘*Megaloprepus caerulatus*（Drury），其翅展可达190 mm（Groeneveld et al., 2006）。而在蜻蜓目的演化史上，有些种类的体型明显要更大：已知最大的蜻蜓为发现于法国中三叠世的*Triadotypus guillaumei* Grauvogel et Laurentiaux，其前翅长约136 mm（Nel et al., 2001）、翅展估计达280 mm；发现于英国中侏罗世的*Hemerobioides giganteus* Westwood，其前翅长估算为120 mm（Handlirsch, 1907）；德国晚侏罗世的*Isophlebia aspasia* Hagen前翅长达110 mm（Nel et al., 1993）、翅展估计达228 mm，*Aeschnogomphus kuempeli* Bechly前翅长达106 mm、翅展达220 mm（Bechly, 2000）。在中国中侏罗世晚期的道虎沟化石层中发现的赵氏修复蟌蜓（*Hsiufua chaoi* Zhang et Wang），前翅长107.6 mm，翅展估计达225 mm（张海春等，2013）。在世界已知蜻蜓目昆虫（包括化石和现生）中，它是前翅第四长的蜻蜓，也是中国已知最大的蜻蜓（张海春等，2013）。

蜻蜓总目的体型大小在地质历史上发生了明显的变化。在宾夕法尼亚亚纪－二叠纪早期，它们中的一些种类体型巨大。如宾夕法尼亚亚纪的*Meganeura monyi* Brongniart，翅展达650 mm（Carpenter, 1943）；二叠纪早期的*Meganeuropsis permiana* Carpenter，翅展达710 mm（Grimaldi, Engel, 2005）。但之后此类昆虫的体型明显变小，从已知化石记录（Handlirsch, 1907; Bechly, 2000; Nel et al., 1993, 2001）得知，其翅展不超过300 mm。关于这种昆虫在体型上的巨大变化，一种观点认为与地质史上大气含氧量的变化相关，即古生代晚期大气含氧量的剧增促使巨型昆虫出现，之后含氧量的锐减使昆虫体型明显变小（Graham et al., 1995; Berner, 2006）。据推算，宾夕法尼亚亚纪－二叠纪早期大气中的氧分压曾高达27～35 kPa，远高于现在的21 kPa（Berner, Canfield, 1989; Bergman et al., 2004; Berner, 2006, 2009）（图3－6）。另外一种观点则认为，晚古生代尚未出现能够飞翔的脊椎动物，昆虫缺少空中天敌，因此能够自由生长而成为"空中巨无霸"；但随着翼龙、鸟类和蝙蝠的陆续出现，飞行并不灵活的巨型昆虫因受到飞行灵活、更加强壮的天敌的压制而灭绝（Bechly, 2004）。在晚古生代近地面生活的昆虫中没有发现比较大的类型，很可能就是因为地面生活着大型捕食者，如大型两栖类、早期爬行类和大型蝎子，它们对昆虫的体型大小起到了控制作用（Harrison et al., 2010）。最近对现生昆虫的实验证明，多数昆虫在缺氧（hypoxia）情况下体型变小，部分昆虫在高氧（hyperoxia）条件下体型变大（Harrison et al., 2010; Verberk, Bilton, 2011）。因此有理由认为，晚古生代的高氧事件至少是造成"巨型昆虫"出现的主要因素之一；而竞争者和捕食者（翼龙、鸟类和蝙蝠）的出现，对昆虫的体型大小无疑也起到了重要的控制作用。对蜻蜓总目各地质时期最大昆虫翅长变化的研究，表明大气氧含量只是昆虫体型大小的控制因素之一（Okajima, 2008）。最新研究发现，石炭纪中期－晚侏罗世的最大昆虫翅长的变化趋势与GEOCARBSULF模型（Berner, 2009）中的大气氧含量变化一致（Clapham, Karr, 2012）。假定GEOCARBSULF模型（图3－6）如实地反映了显生宙大气氧含量的变化过程，现有的资料表明，蜻蜓目在二叠纪的体型比在中生代小（Okajima, 2008），造成这种状况的最主要原因可能是来自原蜻蜓目的竞争。另外，侏罗纪的大气氧含量明显低于现今的水平（Berner, 2009），但当时最大的蜻蜓大于现生最大的蜻蜓，这很可能是由于当时空中的竞争和捕食压力较小，仅有分异度不高的翼龙，而鸟类直到晚侏罗世或更晚才出现（Feduccia, 1999; Xu et al., 2011），且飞行能力较弱，使得蜻蜓有机会变得更大（张海春等，2013）。

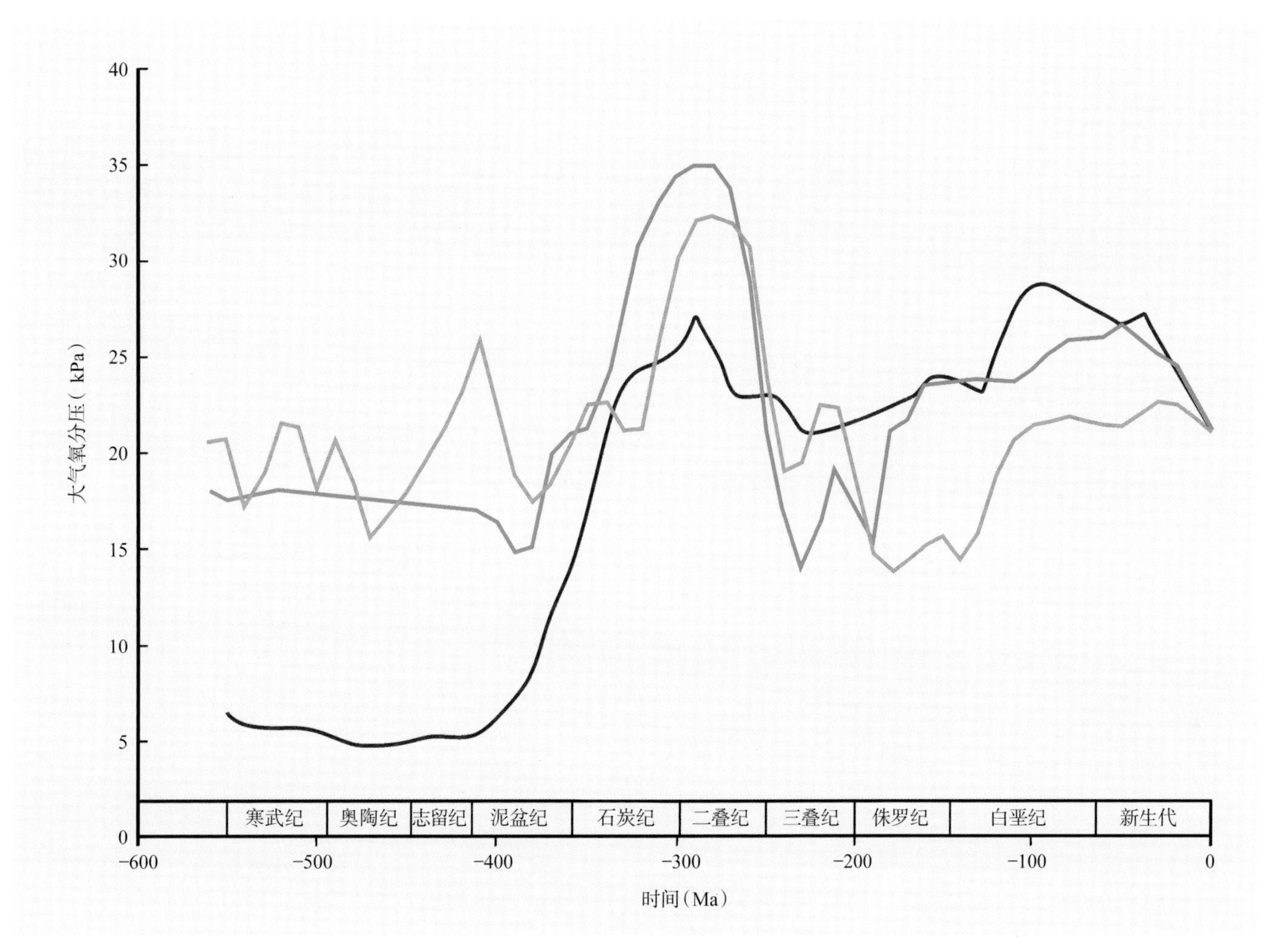

图3-6 显生宙各种大气氧分压的变化模型

红线为Bergman et al.(2004)的COPSE模型，蓝线为Berner(2009)的GEOCARBSULF模型，绿线为Berner和Canfield(1989)的模型。(改自张海春等,2013)

3.5 抚顺琥珀昆虫群的特征和意义

琥珀是植物树脂经过漫长的地质过程而形成的化石。已知最早的琥珀发现于石炭纪中期的沉积物中，而最古老的具昆虫等内含物的琥珀发现于意大利的三叠纪卡尼期地层(Schmidt et al., 2012)。琥珀本身就是一种植物树脂化石，其元素成分以及各种同位素指标具有重要的古环境意义。更重要的是，琥珀中常常包含了一些立体保存的昆虫等节肢动物以及植物甚至羽毛、真菌的化石，这些化石为我们重建地质时期的生物多样性、演化历史、古生态以及生物地理分布提供了重要的证据(Antoine et al., 2006; Schmidt et al., 2010; Peñalver et al., 2012)。因此，琥珀昆虫一直是国际古昆虫学术界的研究热点。

中国已发现的琥珀资源相对较少，主要发现于河南省西峡和黑龙江省嘉荫的上白垩统地层、辽宁省抚顺和吉林省延吉的始新统煤层、福建省漳浦的中新统地层，以及西藏尼玛县岗龙的新生代含煤地层(Wang et al., 2011)。其中抚顺琥珀不仅是中国重要的有机宝石资源，也是中国目前已知的唯一含虫琥珀，具有十分重要的经济、文化和科研价值。

3.5.1 地质背景

抚顺琥珀产自亚洲最大的露天煤矿(图3-7)——辽宁省抚顺市西露天矿古城子组(Johnson, 1990; Wu et al., 2000)。西露天矿位于抚顺盆地，盆地内的地层形成于古近纪早期，主要为沼泽相-河湖三角洲相沉积和凝灰质沉积(Wu et al., 2000)。地层自下而上依次为老虎台组(65～58 Ma;黄灰色砂岩夹煤线)、栗子沟组(58～56 Ma;灰绿色凝灰岩夹煤线)、古城子组(56～50 Ma;厚煤层，顶、底均为黑色页岩)、计军屯组(50～43 Ma;油页岩和灰色页岩)、西露天组(43～38 Ma;灰绿色泥岩和页岩)和耿家街组(38～30 Ma;褐色页岩和杂色粉砂岩)(图3-8; Quan et al., 2011, 2102; Meng et al., 2012)，整套地层跨越丹麦期-巴顿期(Gradstein et al., 2012)。琥珀通

图3-7　抚顺西露天矿全景(Wang et al., 2014b)

常保存于古城子组的中、上煤层(许圣传等, 2012)。古城子组形成于始新世，由于渐新世基性岩浆的侵入而使其煤层发生了强烈的热变质作用，也使其中琥珀的颜色多样化。古植物学、古地磁学和同位素测年的研究结果显示，含琥珀的地层的时代为始新世早－中伊普里斯期(Ypresian)(Quan et al., 2011; Wang et al., 2010)。

琥珀产出地层中的孢粉化石和植物化石显示，抚顺地区的植被为中生混交林，并长有木本灌木和草本植物，它们可能生长于潮湿和沼泽环境(Wang et al., 2010; Quan et al., 2011, 2012)。抚顺当时为潮湿的亚热带气候，降水量随季节变化明显(Wang et al., 2010; Wang et al., 2013)；年均气温15～21℃，最冷月份平均温度9～14℃，最暖月份平均温度19～25℃，年均降水为650～1 500 mm(Quan et al., 2011, 2012)。

3.5.2　研究历史

西露天矿开采于1901年，1914年转为露天开采。抚顺琥珀为世人所知也超过了一个世纪，但最初是作为中药材和有机宝石被人利用的。对抚顺琥珀内含物的研究始于1931年，由著名生物学家秉志先生描述了一种蜚蠊化石(Ping, 1931)。后来洪友崇先生发表了数篇论文，报道了一些昆虫化石(洪友崇等, 1974, 2000；洪友崇, 1979, 1981a)，并在他后来的专著中对这些化石进行了汇总，同时报道了一些新分类群(洪友崇, 2002)。洪友崇及其合作者共发表了抚顺琥珀昆虫化石7目(异翅目和同翅目合并为半翅目)223种，绝大多数为双翅目、膜翅目和无翅蚜虫，多数类群都是根据单一标本建立的。但是洪友崇所发表的这些昆虫化石在分类学上受到了诸多质疑，被认为需要重新研究和修订(如：Brown, 1999; Doitteau, Nel, 2007; Liu et al., 2007)。另外，这些分类群所依据的标本皆未注明馆藏地点，因此被部分昆虫学者认为无效(如：Heraty, Darling, 2009)。虽然前人对抚顺琥珀节肢动物群进行了很多研究工作，但对该动物群的分类学构成、分异度和形态差异还不清楚，这些研究成果在国际古生物学主流论著中也少有提及(Rust et al., 2010; Grimaldi, Engel, 2005)。

西露天矿的开采工作已接近尾声，寻找煤田中的天然琥珀已经几乎不可能，因此抚顺琥珀弥足珍贵，在市场上的价格也很昂贵，同时仿冒品充斥市场。便宜的波罗的海琥珀、多米尼加琥珀和缅甸琥珀常被商人当作抚顺琥珀在市场上出售(Heie, Poinar, 2011)。基于本团队

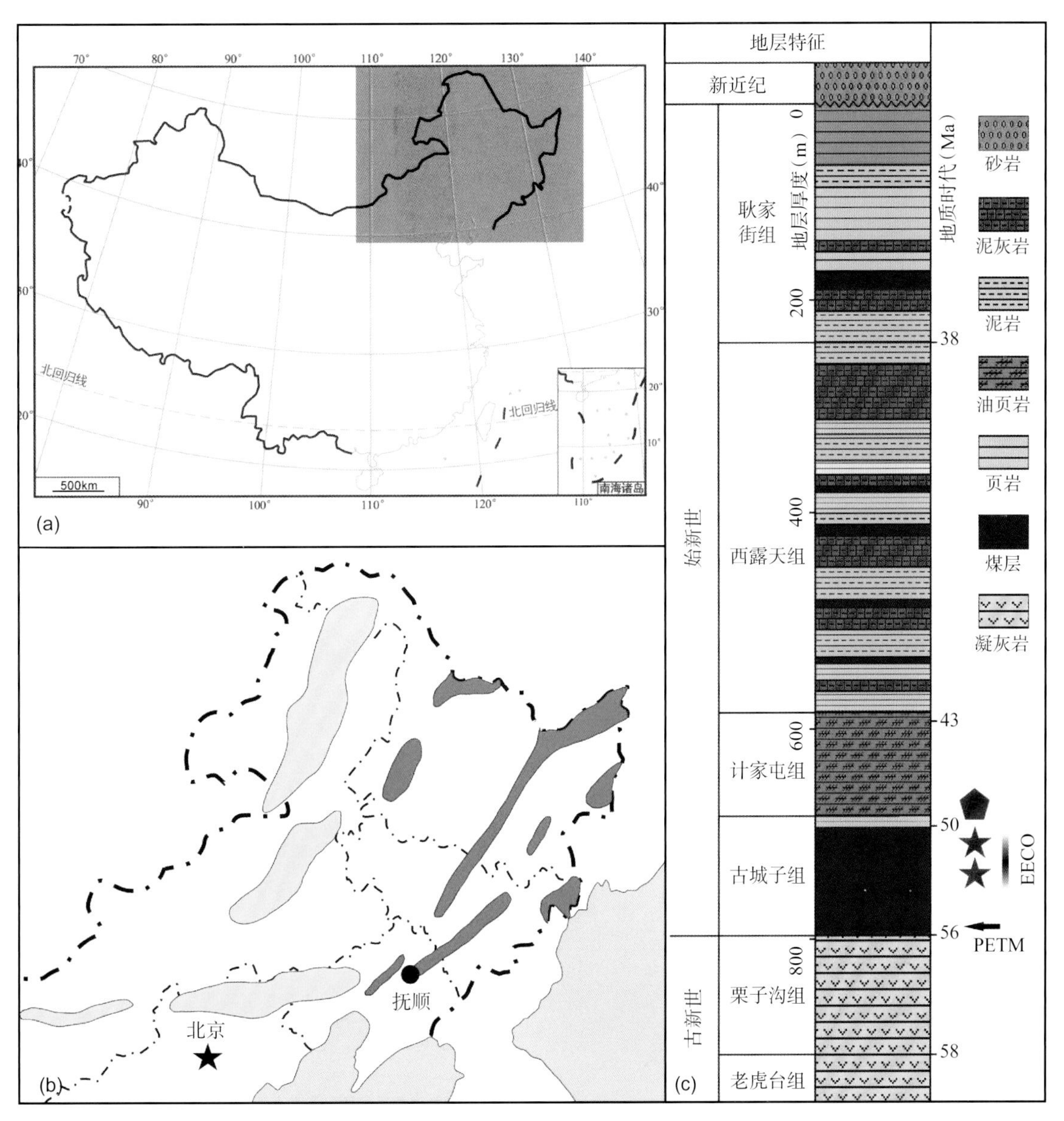

图3-8　中国东北地区始新世古地理图和西露天煤矿的地层层序

a. 中华人民共和国地图，审图号GS(2008)1228，阴影部分为图b范围；b. 中国东北部始新世古地理背景，黄色区域为山脉分布区，绿色区域为含煤盆地，蓝色区域为海洋，古地理资料来自王鸿祯(1995)；c. 西露天煤矿地层层序；红色五角形指示大化石产出层位，红色五角星表示琥珀产出层位，PETM表示古新世-始新世极热事件(约55 Ma)；EECO表示始新世早期气候适宜期(53～51 Ma)。(改自Wang et al., 2014b)

在过去20年对数千块抚顺琥珀的系统考察，我们已经发现了其中的节肢动物共计22目80余科(Wang et al., 2014b)，这些标本主要来源于中科院南京地质古生物研究所和抚顺琥珀研究所的标本库。

3.5.3　研究意义

古近纪节肢动物群在研究由气候变暖和地球动力学事件所驱动的动物群演替以及动物的洲际交流等方面具有重要的作用(Saunders et al., 1974; Poinar et al., 1999; Grimaldi, Engel, 2005; Penney, 2010)。迄今为止，至少有14个古近纪含昆虫琥珀产地：阿肯色州(Arkansas；美国)、波罗的海[Baltic；包括德国的比特费尔德(Bitterfeld)]、不列颠哥伦比亚(British Columbia；加拿大)、坎贝(Cambay；印度)、坎佩罗(Campaolo；意大利)、抚顺(中国)、Gurnigelflysch组(瑞典)、瓦兹(Oise；法国)、罗马尼亚、里夫内(Rovno；乌克兰)、库页岛(Sakhalin；俄罗斯)、西西里(Sicilian；意大利)、Študlov(捷克)和华盛顿(Washington；美国)(Martínez-Delclòs et al., 2004; Perkovsky et al., 2007; Szwedo, Sontag, 2013)。但这些产地的琥珀多未得到详细的考察与研究，目前仅知道波罗的海、坎贝、抚顺、瓦兹和里夫内的琥珀含有丰

富的昆虫化石。虽然在欧洲和北美洲已经报道了大量的古近纪节肢动物化石，但对典型的亚洲大陆（来源于劳亚古陆）节肢动物群却所知甚少。抚顺琥珀保存有古近纪亚洲大陆生物地理区唯一的节肢动物群，对其进行详细的研究，可以填补欧亚大陆生物地理的一个重要空缺。抚顺琥珀的形成时期恰好跨越了始新世早期气候适宜期（Early Eocene Climatic Optimum，简称EECO），该时期被认为是评估未来气候变暖对生物影响的一个重要依据（Smith et al., 2006; Ezcurra, Agnolin, 2012; Blois et al., 2013）。这些都使抚顺琥珀节肢动物群成为了解古近纪生物变化的一个至关重要的信息来源。

3.5.4　抚顺琥珀特征和植物来源

抚顺琥珀通常是透明的，淡红色或淡黄色。琥珀原石一般都比较小，很少长于10 cm（图3－9）。由于含琥珀的煤层受到渐新世基性岩浆侵入的影响，琥珀在形成过程中不可避免地受到了热作用的影响。我们利用傅里叶变换红外光谱仪（FTIR）对抚顺琥珀进行了测试，图谱显示出柏科树脂的特征（Tappert et al., 2013），例如1 385 cm^{-1}处吸收峰振幅比邻近的1 460 cm^{-1}处的要低，791 cm^{-1}处存在吸收峰（Wolfe et al., 2009; Tappert et al., 2013）（图3－10）。

对生物标志物的研究发现，植物树脂中的萜类化合物具有类群特异性，并且能够长时间保持稳定的骨架结构。因此植物树脂化石即琥珀中保存的萜类化合物可以作为识别琥珀来源的生物标志物。通过对生物标志物的

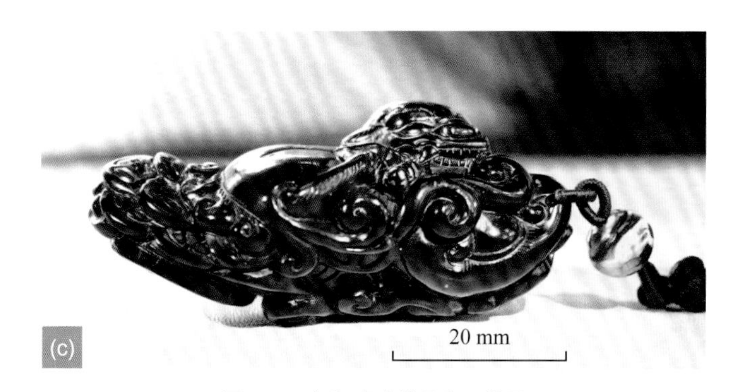

图3－9　抚顺琥珀样品和工艺品

a. 埋藏在煤中的琥珀原石（红色箭头所指）；b. 不同颜色的琥珀；c. 琥珀工艺品（龙）。（Wang et al., 2014b）

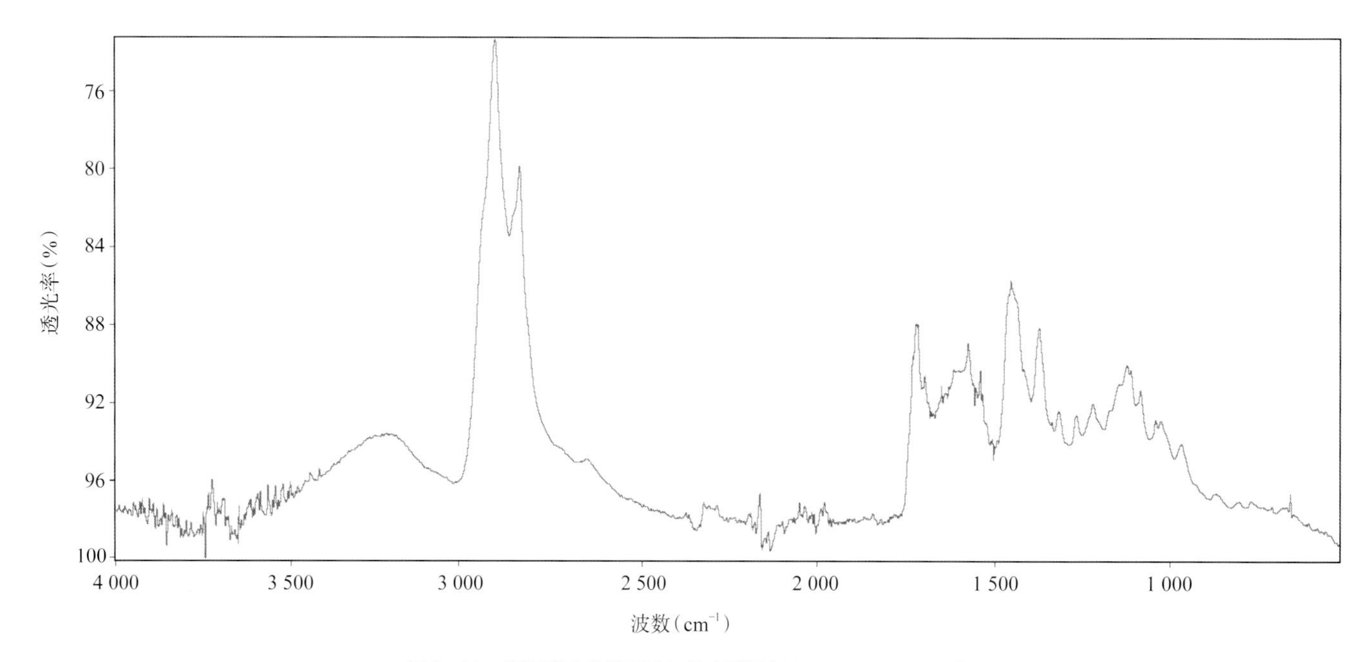

图3－10　抚顺琥珀的傅里叶红外光谱图（Wang et al., 2014b）

分析，目前已提出的琥珀来源植物类群有裸子植物松科（缅甸琥珀）、柏科（抚顺琥珀）、金松科（波罗的海琥珀）、南洋杉科，被子植物豆科（多米尼加琥珀）、橄榄科、龙脑香科（印度坎贝琥珀）、使君子科、金缕梅科以及已灭绝的松柏类植物掌鳞杉科（黎巴嫩琥珀）。我们利用气相色谱质谱联用仪（GCMS）对抚顺琥珀总提取物进行了分析（图3－11），发现有松香烷型二萜化合物，提示抚顺琥珀来源于松柏类植物（Otto, Wilde, 2001; Pereira et al., 2009; Dutta et al., 2011）；而在提取物中未发现三萜系化合物则排除了被子植物来源。二萜酚类化合物，如弥罗松酚和12－羧基西蒙内利烯，具有重要的化学分类学价值，因为这些生物标志物在现生的松柏类植物柏科和罗汉松科中都可以找到（Otto, Wilde, 2001; Menor-Salván et al., 2010）。而四环二萜类化合物（如贝壳杉烯和扁枝杉烯）在抚顺琥珀提取物中缺失，表明罗汉松科来源的可能性很小（Cox et al., 2007; Pereira et al., 2009）。脱氯松香烷是很多松科和柏科植物树脂的天然产物（Menor-Salván et al., 2010），也是抚顺琥珀提取物的最主要成分。然而，抚顺琥珀的二萜酚类化合物并未在松科植物的树脂中发现（Otto, Wilde, 2001; Cox et al., 2007）。化学分析表明抚顺琥珀的提取物中脱氯松香烷为主要成分，而二萜酚类化合物（如弥罗松酚和12－羧基西蒙内利烯）为次要成分，证明抚顺琥珀来源于柏科植物，这与红外光谱分析的结论是一致的。柏科植物尤其是水杉（图3－12a），在抚顺琥珀中是最常见的类群，同时也常以压型化石的形式保存在产琥珀的沉积层以及其上的沉积层中，也支持了上述化学分析的结果。

3.5.5 古生物群

抚顺琥珀中含有丰富的节肢动物化石、植物化石和其他生物如真菌甚至哺乳动物毛发的化石（图3－12、图3－13）。另外，还常能见到一些微体化石，如孢粉和有壳变形虫（图3－13h；昆虫附近）（Wang et al., 2011）。节

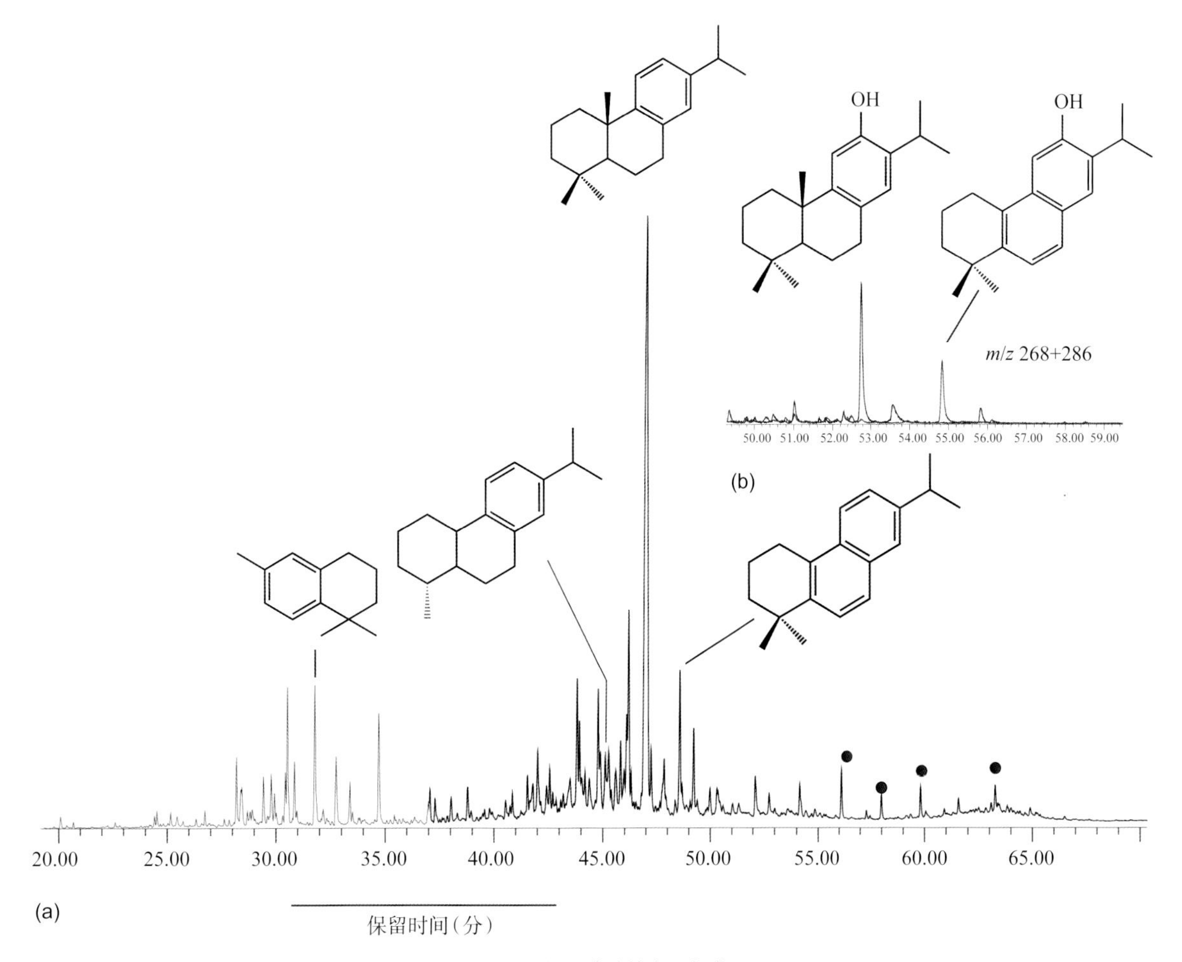

图3－11 抚顺琥珀的离子色谱图

a. 总提取物的总离子色谱图，黑圆点表示长链烷烃；b. 选择的部分离子色谱图（*m/z* 268+286），显示弥罗松酚和12－羧基西蒙内利烯的存在。主要的化合物是二萜类化合物，带有少量的倍半萜类。二萜类化合物主要包括松香烷、19－去甲阿松香－8，11，13－三烯、脱氢松香烷、西蒙内利烯、阿松香－8，11，13－三烯、阿松香－8，11，13－三烯－7－酮、弥罗松酚和12－羧基西蒙内利烯。双环化合物数量较少，主要的倍半萜类是紫罗烯和甲基紫罗烯。（Wang et al., 2014b）

图3－12　抚顺琥珀中的代表性植物和节肢动物化石

a. 水杉枝叶，标本号NIGP156966；b. 蚜虫群，标本号NIGP156967；c. 摇蚊（双翅目摇蚊科），标本号NIGP156968，其中一对正在交配；d. 蓟马（缨翅目管蓟马科），标本号NIGP156969；e. 蚂蚁（膜翅目蚁科），标本号NIGP156970；f. 柄腹柄翅小蜂（膜翅目柄腹柄翅小蜂科），标本号NIGP156971；g. 捻翅虫（捻翅目），标本号NIGP156972；h. 啮虫（啮虫目中啮科），标本号NIGP156973。（Wang et al., 2014b）

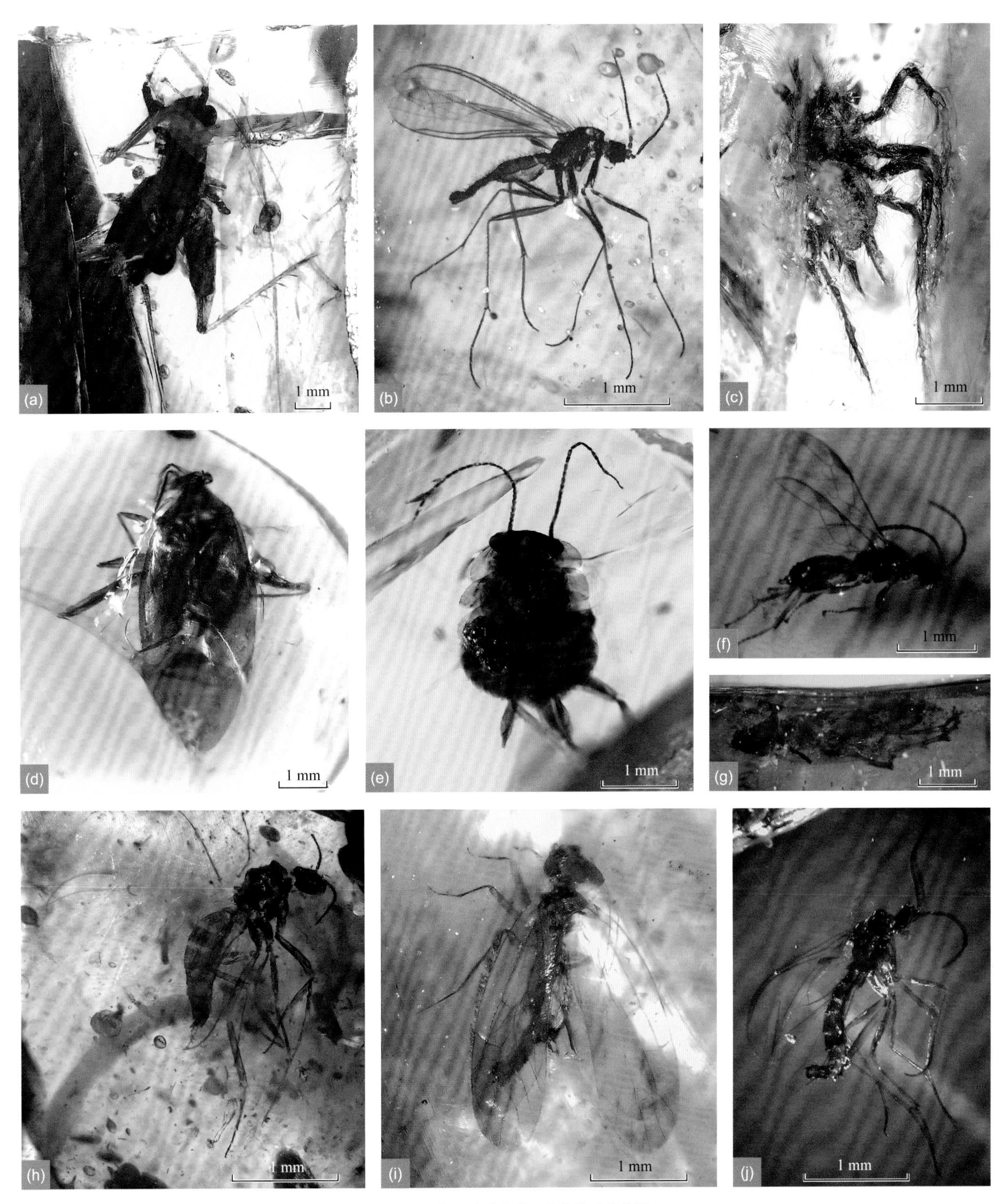

图3-13 抚顺琥珀中的一些节肢动物化石

a. 蟋蟀(直翅目蟋蟀科),标本号NIGP156974;b. 眼蕈蚊(双翅目眼蕈蚊科),标本号NIGP156975;c. 蜘蛛幼虫,标本号NIGP156976;d. 扁蝽(半翅目扁蝽科),标本号NIGP156977;e. 蜚蠊若虫(蜚蠊目),标本号NIGP156978;f. 茧蜂(膜翅目茧蜂科),标本号NIGP156979;g. 叶蝉(半翅目叶蝉科),标本号NIGP156980;h. 蕈蚊(双翅目蕈蚊科),NIGP156985;i. 啮虫(啮虫目跳啮科),标本号NIGP156986;j. 眼蕈蚊(双翅目眼蕈蚊科),NIGP156987。(Wang et al., 2014b)

肢动物的分异度非常高，达到22目80余科，包括倍足纲(Diplopoda)，蛛形纲中的真螨目(Acariformes)、寄螨目(Parasitiformes)、蜘蛛目(Araneae)、盲蛛目(Opiliones)和拟蝎目(Pseudoscorpiones)，以及昆虫纲中的16目至少70科。与其他琥珀生物群相似，抚顺琥珀中的大型节肢动物非常少见，99%以上的个体体长都不到1 cm。蜘蛛和螨虫很常见，多数蜘蛛为幼体或雌性(图3－13c)，并已强烈变形。昆虫群以双翅目(在2 780个昆虫中占70%)、膜翅目(16%)和半翅目(11%)为优势类群。双翅目主要由摇蚊［摇蚊科(Chironomidae)，以直突摇蚊亚科(Orthocladiinae)为主］和眼蕈蚊［眼蕈蚊科(Sciaridae)］组成；膜翅目主要是蚂蚁和各种寄生蜂；半翅目以蚜虫［斑蚜科(Drepanosiphidae)、吮蚜科(Phloeomyzidae)和棉蚜科(Eriosomatidae)］为主。有趣的是，在现生昆虫中占有绝对优势的鞘翅目却只占2%。

3.5.6 古生态和古地理意义

抚顺琥珀中的有些昆虫与现代亚洲的亚热带或热带生态系统有关，如蚜虫*Yueaphis*属与现代东南亚的*Astegopterys*、*Ceratovacuna*和*Neothoracaphis*等属相关(洪友崇，2002)。幼虫阶段为水生或半水生的昆虫(如摇蚊、蜉蝣和蛾蚋；图3－12c、图3－13b)和水生微生物(如有壳变形虫)常见于抚顺琥珀中，这与上述推测的抚顺始新世森林的潮湿环境相一致(Schmidt, Dilcher, 2007)。因此，抚顺琥珀的昆虫群特征证实了抚顺地区在始新世早期为温暖、潮湿的气候。

在抚顺琥珀中，蚂蚁［蚁科(Formicidae)］是分异度最高的真社会性昆虫(图3－12e)，经初步研究我们识别出至少4个亚科［切叶蚁亚科(Myrmecinae)、猛蚁亚科(Ponerinae)、蚁亚科(Formicinae)和臭蚁亚科(Dolichoderinae)］，这与亚热带气候下的蚂蚁类型是一致的。蚂蚁在抚顺琥珀中占所有昆虫的5%，与波罗的海琥珀(5%)的情况接近，而比法国瓦兹琥珀(2.5%)中的蚂蚁占比明显增加，进一步支持了蚂蚁丰度在古近纪特别是在EECO期间稳定增加的推断(LaPolla et al., 2013)。抚顺琥珀含有很多蚜虫，其中一块琥珀中保存了43个无翅的雌性个体(图3－12b)，这与现代蚜虫居群特征类似。现生蚜类的几个科在白垩纪就已经出现了，但非常少见，而在中生代绝大多数蚜虫都属于灭绝科(Heie, Pike, 1992)。与此相反，抚顺琥珀中的几乎所有蚜虫都可归入现生科中(如斑蚜科、吮蚜科和棉蚜科)，这与现代动物群区系非常接近，说明现代蚜类支系的辐射就发生在EECO期间或仅仅在其之前。

虽然寄生性昆虫在白垩纪琥珀中已被发现(Penney, 2010)，但在抚顺琥珀中它们的高分异度却是一个重要发现，在新生代这种情况也发生于波罗的海琥珀中。在抚顺琥珀中，我们还发现了一个雄性捻翅虫［捻翅目(Strepsiptera)］(图3－12g)。这是一种寄生于其他昆虫体内的小型昆虫，其系统关系还不清楚，可能与鞘翅目有关(Niehuis et al., 2012)。这类昆虫化石罕见，在新生代仅见于始新世波罗的海琥珀、德国麦塞尔油页岩和中新世多米尼加琥珀中(Pohl, Beutel, 2005)。抚顺琥珀中还保存了多种寄生蜂，包括姬蜂科(Ichneumonidae)、茧蜂科(Braconidae)(图3－13f)和柄腹柄翅小蜂科(Mymarommatidae)(图3－12f)。它们大多体型微小，其中部分种类在压型化石中罕见。它们的发现有助于解决寄生蜂和寄生行为的演化模式及演化时间等问题。另一个有趣的发现是在一块琥珀中发现了一对正在交配的摇蚊，旁边是几只单独的同种个体(图3－12c)，说明它们正在集群交配，这种现象在波罗的海琥珀中也有发现(Penney, 2010)。此外，具有重要意义的昆虫还包括蜉蝣［蜉蝣目(Ephemeroptera) Philolimniidae科］、啮虫［啮总目(Psocodea)跳啮科(Psyllipsocidae)、中啮科(Mesopsocidae)；图3－12h］和蓟马［缨翅目(Thysanoptera)管蓟马科(Phlaeothripidae)；图3－12d］，揭示了这些昆虫支系至少在EECO期间就已经发生了辐射。

琥珀中或作为压型化石保存的古近纪昆虫群遍布北美洲和欧亚大陆(图3－14; Grimaldi, Engel, 2005; Penney, 2010; Saunders et al., 1974; Poinar et al., 1999; Greenwalt, Labandeira, 2013)，目前已知至少有14个古近纪琥珀昆虫群，但多数未得到详细研究，如库页岛琥珀(Grimaldi, Engel, 2005)、阿肯色州琥珀(Saunders et al., 1974)和不列颠哥伦比亚琥珀(Poinar et al., 1999)。印度坎贝琥珀来源于热带雨林中的龙脑香科植物(Rust et al., 2010)，与抚顺琥珀时代相同，但我们尚未发现两者有共同或相似的昆虫种类。印度板块与亚洲板块碰撞的起始时间大约为50 Ma(van Hinsbergen et al., 2012)，但两个板块之间生物交流的起始时间可能更早(Rust et al., 2010)，因此抚顺琥珀和坎贝琥珀昆虫群之间的差异可能源于两地气候和植被的不同。

在白垩纪和古近纪早期，欧亚大陆被陆表海——图尔盖海所分隔(图3－14)，造成对陆地和淡水动物群扩散

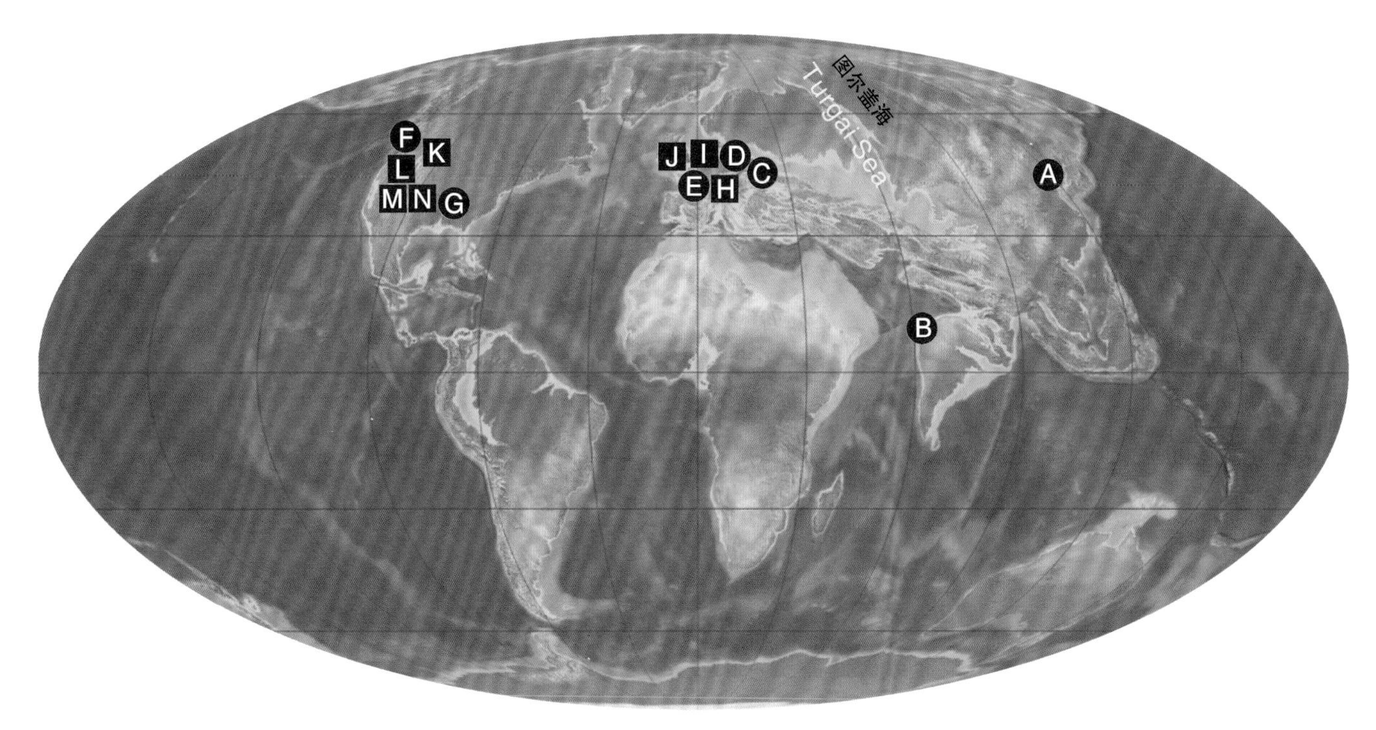

图3-14 始新世主要昆虫群的古地理位置

A. 始新世早期抚顺琥珀(53～50 Ma); B. 始新世早期印度坎贝琥珀(52～50 Ma); C. 始新世乌克兰利夫内琥珀(40～33 Ma); D. 始新世波罗的海琥珀(包括比特费尔德琥珀)(40～33 Ma); E. 始新世早期法国瓦兹琥珀(53 Ma); F. 始新世早期加拿大不列颠哥伦比亚琥珀(55～50 Ma); G. 始新世早期美国阿肯色州琥珀(50 Ma); H. 始新世中期德国艾克/菲德梅塞尔页岩(48～44 Ma); I. 始新世早期丹麦Fur组(56～54 Ma); J. 始新世晚期英国本布里奇泥灰岩(36 Ma); K. 始新世早期加拿大阿卡纳甘高原化石点(51～49 Ma); L.始新世中期美国Kishenehn组(46 Ma); M. 始新世美国绿河组(Green River Formation; 51～48 Ma); N. 始新世晚期美国弗洛里森特组(Florissant Formation; 34 Ma)。红色圆形表示化石保存于琥珀中，红色方形代表化石保存于沉积岩；古地理图(约50 Ma)引自Blakey(2014)。(Wang et al., 2014b)

的障碍(Sanmartín et al., 2001)。虽然有人提出，在古近纪早期欧亚大陆的生物扩散确实存在(Smith et al., 2006; Tiffney, 2008)，但是难以找到确切的化石证据。欧亚大陆内部的生物交流一般被认为发生在图尔盖海闭合(约30 Ma)之后(Briggs, 1995; Ezcurra, Agnolín, 2012)。出人意料的是，抚顺琥珀中有些昆虫与同期欧洲琥珀中的昆虫系统关系密切，例如双翅目蚤蝇科(Phoridae) *Eosciadocera*属仅见于抚顺琥珀和波罗的海琥珀(Brown, 2002)，抚顺琥珀中的另一蚤蝇属*Rhoptrocera*与产自捷克古新世或始新世早期琥珀中的*Pararhoptrocera*属关系密切(Prokop, Nel, 2005)；抚顺琥珀中跳啮科*Psyllipsocus*属的一个新种(图3-13i)与法国瓦兹琥珀(图3-14E)中的*Psyllipsocus eocenicus*非常相似(Nel et al., 2005)。另外，在抚顺琥珀中发现了柄腹柄翅小蜂科的一块保存完整的标本(图3-12f)，可以归入*Palaeomymar*属，而之前这个属仅见于波罗的海琥珀(图3-14D)(Ortega-Blanco et al., 2011)。这些证据说明，抚顺琥珀生物群和同时期的欧洲琥珀生物群之间的联系，可能在图尔盖海形成(约180 Ma; Sanmartín et al., 2001)之前就已普遍存在，更有可能的是有些生物可以跨越海峡(de Queiroz, 2005)或通过暂时形成的陆桥(Smith et al., 2006)进行交流。另外，波罗的海琥珀中还有一些类群，它们的近亲至今还生活于东南亚一带，这说明昆虫在古近纪可能有更广的分布(Ross et al., 2000)。从上述分析可以看出，古近纪的生物交流存在于欧亚大陆的东西两端。

3.5.7 结论

我们的研究在始新世早期抚顺琥珀中发现了极其丰富的节肢动物化石，以及大量植物和微体化石，使之成为世界上种类最丰富的琥珀生物群之一；利用有机地球化学、红外光谱、宏体和微体化石等多种分析手段，首次确认了抚顺琥珀的植物来源为柏科植物(以水杉为主)；揭示了真社会性、植食性和寄生性昆虫支系在始新世早期气候适宜期发生了一次明显的辐射；填补了古近纪欧亚大陆一个巨大的生物地理空缺，证实在古近纪早期欧亚大陆东西两端已经存在广泛的生物交流。

迄今为止，我们在抚顺琥珀中发现的节肢动物已经超过80科。虽然煤矿已经停止开采，但我们已经积累了足够的研究材料。我们还在继续深入地研究这些材料，在以后的研究中可能对古近纪的生物地理和环境变化有更加深入的认识。

重要昆虫类群和昆虫群的演化

4.1 中生代直翅目鸣螽科演化及古生态学

直翅目(Orthoptera)是现生类群中最古老的新翅亚部昆虫之一(谭娟杰, 1980; Kukalová-Peck, 1991; Carpenter, 1992),通常包括蝗虫(locusts)、蚱蜢(grasshoppers)、螽斯(long-horned grasshoppers)、蟋蟀(crickets)、蝼蛄(mole crickets)和蚤蝼(pigmy mole crickets)等,现生物种已知约2.25万种(Grimaldi, Engel, 2005),广布于各大洲。直翅目最早的化石记录为宾夕法尼亚亚纪。现在通常将直翅目分为螽斯亚目(Ensifera)和蝗亚目(Caelifera)(Grimaldi, Engel, 2005)。Sharov(1968)提出蝗亚目和竹节虫目是姐妹群,传统的直翅目是一并系群;Kristensen(1996)认为相对于蝗亚目,螽斯亚目有可能是一并系群;多数学者认为螽斯亚目和蝗亚目构成单系的直翅目(梁爱萍, 1999)。Béthoux和Nel(2002)认为直翅目系由已经灭绝的原直翅目(Protorthopera)演化而来。

鸣螽科(Prophalangopsidae)是螽斯亚目原螽总科(Hagloidea)的一个现生小科,现存不到10种。但在中生代,该科是直翅目最为繁盛的类群之一。最早的鸣螽科昆虫发现于中国和中亚的早侏罗世地层中,至中侏罗世到早白垩世达到繁盛的顶峰。

鸣螽科昆虫在中国北方的侏罗系和白垩系十分常见,中国的辽宁、内蒙古、山东、山西、北京、吉林、甘肃、陕西、宁夏、新疆和河南等地均有该类昆虫的报道(林启彬, 1965, 1982; 洪友崇, 1982a, 1982b, 1983, 1984b, 1986, 1988, 1992b, 1997; 张俊峰, 1985, 1993; 王五力, 1987a; 张俊峰等, 1994; 任东, 1995; 张海春, 1996b; 王文利, 刘明渭, 1996a; 孟祥明等, 2006; 任东, 孟祥明, 2006; Lin, Huang, 2006; 李连梅等, 2007a, 2007b; Fang et al., 2007, 2009, 2010, 2013a; Lin et al., 2008; Gu et al., 2010, 2011; Wang et al., 2015)。有关新生代鸣螽科昆虫的报道较少,在中国仅西藏一例(Lin, Huang, 2006),现生的鸣螽科昆虫主要分布在四川、贵州和西藏(Gorochov, 2001; Liu et al., 2009)。

在内蒙古宁城县,辽宁省北票市、凌源市和河北省丰宁县以及周边地区,直翅目昆虫化石十分丰富,保存精美,涉及的时代包括中侏罗世和早白垩世,时间上正处在直翅目昆虫演化和辐射的重要阶段。该区域直翅目化石主要产自中侏罗统道虎沟化石层,产地包括内蒙古宁城县五化镇道虎沟村、必斯营子镇小竹沟村、五化镇姜仗子村,下白垩统大北沟组(河北省丰宁县四岔口乡磨坊村)和义县组(内蒙古宁城县必斯营子镇杨树湾子村和西三家南沟、五化镇西台子村、大双庙镇柳条沟村,辽宁省凌源市区大王仗子乡山嘴村、北票市上园镇黄半吉沟村)。本章在对这些化石的分类学研究基础上,结合其他资料,探讨鸣螽科的古生态特征和早期演化。

4.1.1 鸣螽科中译名与分类系统

鸣螽科及其亚科的中文译名常不统一,这为分类带了不必要的麻烦。特别是鸣螽科,作为螽斯亚目的基部类群,在演化上具有重要意义,其中文译名不能无理由地随意变更。鸣螽科这一名称,很早就有确定的中文译名,且一直沿用。如肖采瑜等(1959)在翻译Brues等著的《昆虫的分类》一书时,将Prophalangopsidae译为鸣螽科(954页和996页),同时将Prophalangopsinae译为鸣螽亚科(954页和996页;83页误写为鸣蟋亚科)。该文同时出现Haglidae(802页),然而当时并没有指定中文名称。将Prophalangopsidae译为鸣螽科的还有林启彬(1982)、洪友崇(1982b)、中国科学院动物研究所业务处(1982)、王五力(1987)和李鸿兴等(1987)。此外,袁锋等(2006)将Haglidae(=Prophalangopsidae)译为鸣螽科;洪友崇(1982b)将Haglidae译为哈格鸣螽科,Prophalangopsinae译为鸣螽亚科;洪友崇(1983)将Prophalangopsinae译为原鸣螽亚科。其后,洪友崇(1986, 1988)、任东(1995)沿用原鸣螽亚科这一名称。孟祥明和任东(2006)、任东和孟祥明(2006)、孟祥明等(2006)、李连梅等(2007a, 2007b)均称Prophalangopsidae为原哈格鸣螽科。虽然在一段时间内,Haglidae和Prophalangopsidae的分类地位颇有争议,然而这与Prophalangopsidae的中文译名并无多

大关系，Prophalangopsidae一直以来不论是化石分类系统还是现生分类系统都保持“鸣螽科”这一中文名称，没有另取他名的必要，而变更新名的作者也没有阐明另取他名的原因。由于现今通行的Hagloidea总科的分类中，Haglidae和Prophalangopsidae为该总科的2个科级分类单元，本文在中文译名上，Prophalangopsidae仍用过去一直沿用的“鸣螽科”一名，Prophalangopsinae仍用“鸣螽亚科”一名。为避免中文译名的混淆，同时将Hagloidea译为“原螽总科”，Haglidae译为“原螽科”，Haglinae译为“原螽亚科”。

关于螽斯亚目的总科、科和亚科级的分类系统，迄今没有统一的意见。主要的分类系统有如下4种：Zeuner（1939）分类系统、Sharov（1968）分类系统、Carpenter（1992）分类系统和Gorochov（1995, 2003）分类系统。

迄今为止，全球已发表的鸣螽类或可能的鸣螽类昆虫至少有114属。这些属中，有些分类位置存在争议，其中有些模式标本较为破碎，也有些可能是同物异名。另外，自从Gorochov（1995）提出以雄性鸣器作为鸣螽类化石昆虫分类的主要特征后，一些雌性化石标本的种级甚至属级的归属就出现很大问题（Krassilov et al., 1997）。特别是*Aboilus*属，目前归入该属的至少有20种，其中大部分（13种）是依据雌性覆翅（前翅）标本建立的，关于这些标本是否就属于*Aboilus*一直存疑（Gorochov, 1996; 2003; Fang et al., 2009）。

Gorochov（1995）系统地整理了1995年以前发表的鸣螽类昆虫，将原来的原螽科（Haglidae）提升为原螽总科（Hagloidea），其下包括4科：Hagloedischiidae、Tuphellidae、Haglidae和Prophalangopsidae。将鸣螽科分为Protaboilinae、Aboilinae、Termitidiinae、Chifengiinae、Prophalangopsinae和Cyphoderrinae 6个亚科，将传统观点中鸣螽科的原螽亚科（Haglinae）和弓鸣螽亚科（Cyrtophyllitinae）放入原螽科（Haglidae），并认为鸣螽科可能由原螽科演化而来。

Béthoux和Nel（2001, 2002）依据前翅特征构建了直翅目的系统树，该系统树与传统的分类系统存在较大差异。在该系统树中，Haglidae *sensu* Gorochov, 1995为并系群，而Prophalangopsidae *sensu* Gorochov, 1995为单系群，但该科内的Aboilinae亚科为并系群。

4.1.2 冀北-辽西地区中生代鸣螽组合

冀北（河北北部）-辽西（辽宁西部）地区包括内蒙古东南部的赤峰一带，是著名的燕辽生物群和热河生物群的主要分布区，该地区的中生代晚期地层产有丰富的鸣螽科化石。

产于内蒙古宁城县道虎沟化石层中的鸣螽科化石，被称为“道虎沟鸣螽组合”，该组合中全球广布类群的分子占较大比例，同时保留了中生代早期鸣螽科昆虫的一些特征。产于辽西、宁城和河北丰宁等地义县组和大北沟组中的鸣螽组合被称为“辽西鸣螽组合”，这一组合中新兴的土著类群开始占很大比重，一些鸣螽科昆虫的新特征也开始出现。

道虎沟鸣螽组合以Aboilinae亚科为主，其中*Sigmaboilus*、*Aboilus*和*Circulaboilus*为常见分子。*Aboilus*为一广布分子，主要分布于哈萨克斯坦、俄罗斯西伯利亚以及中国的新疆、内蒙古、辽宁和甘肃等地；*Circulaboilus*突出的前前缘域在早期的鸣螽科昆虫中很少见，可能是中国东北地区特有的分子；*Sigmaboilus*目前仅见于道虎沟地区，然而在哈萨克斯坦的卡拉套地区可能有该类群的分子，被错误地归入*Aboilus*，该类型CuA域的横脉特征较为原始。道虎沟鸣螽组合也可以称为*Sigmaboilus*-*Aboilus*-*Circulaboilus*组合。

辽西鸣螽组合中，Aboilinae亚科的分子继续存在，但开始出现Chifengiinae亚科的分子，Aboilinae-Chifengiinae的共同出现是这一阶段鸣螽科昆虫的特征（Fang et al., 2013a）。这一时期以*Aboilus*、*Ashanga*和*Parahagla*等属为常见分子，其中*Ashanga*和*Parahagla*为Chifengiinae亚科的典型代表。*Ashanga*最早发现于西伯利亚的侏罗纪地层中，但在中国，该属仅发现于白垩纪地层。目前所有的*Parahagla*化石都发现于白垩纪地层，该属最早发现于俄罗斯的外贝加尔，中国主要发现于辽宁、河北等地义县组地层中。辽西鸣螽组合也可以称为*Aboilus*-*Ashanga*-*Parahagla*鸣螽组合。

4.1.3 与其他鸣螽组合的关系

中生代中晚期主要的鸣螽科昆虫产地有英国南部的普尔拜克（Purberk），哈萨克斯坦南部的卡拉套（Karatau），俄罗斯外贝加尔地区的拜萨（Baissa）、德国巴伐利亚州的索伦霍芬（Solnhofen），以及巴西的桑塔纳（Santana）和中国山东的莱阳等。

英国普尔拜克地区是欧洲中生代直翅目昆虫的主要产地之一，关于化石产出地层Purbeck Limestone组的时代归属虽有争议，但多数人认为属于早白垩世（贝里阿斯期）（Allen, Wimbledon, 1991; Ensom, 2002; Gorochov et al., 2006）。该产地至少涉及直翅目昆虫6个总科中的

5个。螽斯类昆虫化石的记录主要包括Cyrtophyllitinae亚科、Aboilinae亚科、Chifengiinae亚科和Termitidiinae亚科的8属11种(Gorochov, 2003)。英国早白垩世的螽斯总科昆虫主要以Termitidiinae亚科为代表,另外直翅目的短脉螽总科(Elcanoidea)、蟋蟀总科(Gryllidea)和Locustopsoidea总科的数量与螽斯总科大体相当。该地区报道的Aboilinae亚科的种属较少,而且化石不完整,很难与冀北–辽西地区的鸣螽科昆虫进行对比。另外Chifengiinae亚科的*Aenigmoilus*显示出明显的土著性。从组合特征看,这一地区的鸣螽化石与辽西鸣螽组合大体处在同一水平,但后者从Aboilinae向Chifengiinae过渡的色彩更加浓厚一些。同时,该地区出现了更为进步的Termitidiinae亚科的分子,如*Termitidium* Westwood, 1854和*Pseudaboilus* Gorochov et al., 2006等,而该亚科在中国迄今还未见报道。

哈萨克斯坦南部的卡拉套是中生代直翅目昆虫的另一个主要产地,化石产出层位卡拉巴斯套组的时代为晚侏罗世牛津期–钦莫利期。该产地的鸣螽科昆虫研究始于20世纪20年代(Martynov, 1925),当时依据*Aboilus fasciatus*建立一新科Aboilidae *sensu* Martynov, 1925。目前已经报道的鸣螽科昆虫主要代表有*Aboilus*和*Karatailus*两属(Gorochov, 1996)。该地区*Aboilus*占很大比重,与道虎沟组合有十分密切的关系,其中*Aboilus*的很多种都有可比性。从演化阶段看,卡拉套鸣螽组合与道虎沟鸣螽组合大体处在同一水平。

外贝加尔地区拜萨的化石层位时代为早白垩世早阿普特期。该地发现的鸣螽科昆虫包括*Utanaboilus*、*Prophalangopseides*、*Tettaboilus*、*Ashanga*和*Parahagla*等属(Sharov, 1968; Zherikhin, 1985; Gorochov, 1996)。在赤峰鸣螽亚科(Chifengiinae)中,拜萨鸣螽组合与辽西鸣螽组合存在较多的共同属,甚至2个组合中的很多标本也可以进行种间对比,说明上述2个化石组合关系十分密切。而它们在Aboilinae亚科的组成上差别比较明显,拜萨产地的Aboilinae分子显示出比较明显的土著特征。

另外3个产地,即德国索伦霍芬(晚侏罗世提塘期)、巴西桑塔纳(早白垩世阿普特期)和山东省莱阳市(早白垩世早阿普特期),目前均只有一属归入鸣螽科,而且土著特征明显,因此难以进行详细的比较。

道虎沟鸣螽组合与辽西鸣螽组合在演化上表现出继承性。辽西鸣螽组合在不同的产地也可能在演化上存在一定差异。依据目前的材料我们认为,道虎沟的鸣螽组合特征以*Aboilus*-*Sigmaboils*-*Circulaboilus*为代表分子,而属于热河生物群的辽西昆虫组合以*Aboilus*-*Parahagla*-*Ashanga*为代表分子。道虎沟鸣螽组合与哈萨克斯坦的卡拉套鸣螽组合有着十分密切的关系,两者的环境可能较为类似,但是在时代上却有一定的差距。

4.1.4 埋藏学及古生态特征

鸣螽科昆虫是典型的陆栖性昆虫,中到大型,前、后翅均非常发达并具有较强的飞行能力。道虎沟及周边地区鸣螽科昆虫化石非常丰富,大多是在死亡之后掉入湖泊之中,或者经过水流作用运移到埋藏地得以保存。对这类昆虫的埋藏学研究,能为我们研究其他类似的大型昆虫埋藏学问题提供依据。对鸣螽而言,化石保存具有如下规律:较为完整的躯体难以保存;革质的覆翅(前翅)与膜质的后翅相比更容易保存;覆翅上较软的部分,如前前缘域接近膜质,从而常难保存下来;较大的骨板连接处在保存时最容易发生错位或脱落,比如前胸背板和胸节之间常发生错位,有些标本仅覆翅保存,也是因为在骨板连接处从虫体脱落的缘故。道虎沟的鸣螽科昆虫数量丰富,大量出现保存完整的个体,很多标本保存有精美的细节,有些特征具有埋藏学的指示意义。过去对直翅目化石的研究很少涉及埋藏学方面,我们对道虎沟化石层所产的99块标本的埋藏特征做简单的总结,探讨该类昆虫的个体生态学信息。

1. 道虎沟化石层鸣螽科昆虫的保存形式

道虎沟化石层直翅目昆虫的保存形式多样,其中部分保存有完整的虫体、触角、足和翅(一般情况下,保存完整虫体的这类昆虫标本,覆翅常能同时保存);另外一部分标本只保存其中的某一部分或某几部分,如单独保存一对覆翅,或者仅保存一只后足。

对于虫体和翅同时保存的个体,我们依据埋藏时的姿态不同分为侧压式和背压式保存。在道虎沟产出的99块标本中,侧压式保存的标本有53件,背压式保存的标本有6件,仅保存翅的有36件,仅保存足的有3件。可见侧向埋藏的个体占绝大多数,而背向埋藏的个体极为少见。这种埋藏姿态的不同可能指示虫体来源的不同或者虫体死亡的原因不同,具体原因需要更为深入的研究。

鸣螽科昆虫的虫体分为头部、胸部和腹部3部分。在虫体保存完整的标本中,侧压式的标本占绝大多数,这类标本的覆翅一般保持闭合状态,少量标本翅呈展开状态。头部以及触角一般较容易保存下来。在有虫体保存的标本中,一般都有头部保存。前胸背板和胸节之间常发生错位，这种错位发生于昆虫死亡之后、被埋藏之前，而非发生于埋藏之后的地质变动过程中。

鸣螽科前翅又称覆翅(tegmen)，图4-1以中国阿博鸣螽为例介绍覆翅脉序。对于覆翅而言，以下几个部分最容易破损：前前缘域、顶角部分和臀区。前前缘域的缺失一般会沿着C脉，这部分通常为膜质，且C脉以前的脉都较细；而C脉为凸脉，较粗，容易保存，然而C脉和覆翅前缘接触的位置，即前缘域的最基部通常会保存下来成为孤立的一部分(如*Sigmaboilus longus* Fang, Zhang et Wang, 2007；图4-2)，这表明该标本的前前缘域的破损发生于埋藏过程中。如果在埋藏前就已破损，孤立的部分必然会被水扰动而丢失。

鸣螽科昆虫是典型的陆生昆虫，主要生活在林地和草地上，飞行能力较强，死亡后可能在溪流、河流等水动力作用下被带到湖泊区，也有可能在湖泊边缘活动时掉入湖泊中死亡，甚至在非正常情况下(如：火山爆发产生有毒气体)直接死亡坠入湖中。一般鸣螽科昆虫化石同其他昆虫在一起保存。

由于鸣螽科昆虫的身体结构特点，死亡后搬运的距离以及埋藏的时间和鸣螽身体的分散似乎有着相关关系，头-胸部、翅-虫体以及足(特别是强壮的跳跃型后足)-虫体的结合处都是容易分离的位置。由于搬运的时间和距离不同，分散的程度会有所不同。最为极端的一个例子是单翅的保存，由于覆翅大部分为革质，不容易腐蚀，因此即使经历长时间和(或)长距离的搬运，从虫体上脱离的覆翅在虫体被腐蚀后仍能保存下来。后翅为膜质，正常情况下难以保存，然而在一些特定的环境下也能保存。虫体的保存也有不同的特点，一类是分散的虫体，其特点是前胸背板常错位保存，足和头向也发生错位，这些特点一方面说明了搬运的时间较长，另一方面也说明了水体环境的稳定。只有在静水条件下，足和头向即使产生错位也能保存在一起；相反，如果水动力作用比较强烈，这些错位的头部和附肢将被带到他处保存。另外一种极端的例子是身体十分完整地保存下来，包括完整的头部、附肢和翅。这需要水体条件稳定、搬运时间较短且被快速埋藏。

2. 个体形态与功能

道虎沟及周边地区的鸣螽科昆虫化石，除少数仅保存前翅外，大部分都保存身体部分，如后翅、足、口器、触角、腹部(有的甚至保存有内脏)、前肢上的听器、翅上的鸣器，乃至于足上的刚毛等。这些结构在其他地区鸣螽科昆虫化石中难以保存。

(1) 头部及附器

鸣螽科昆虫头部一般为卵圆形或三角形，下口式或前口式(图4-2、图4-4)、咀嚼式口器，具有较发达的下颚。复眼位于头部侧上方(图4-2～图4-4)，圆形或卵圆形，触角线状，长度均长于体长，一般着生在复眼下缘之间，距后头顶与额唇基沟距离相当。触角分节明显，柄

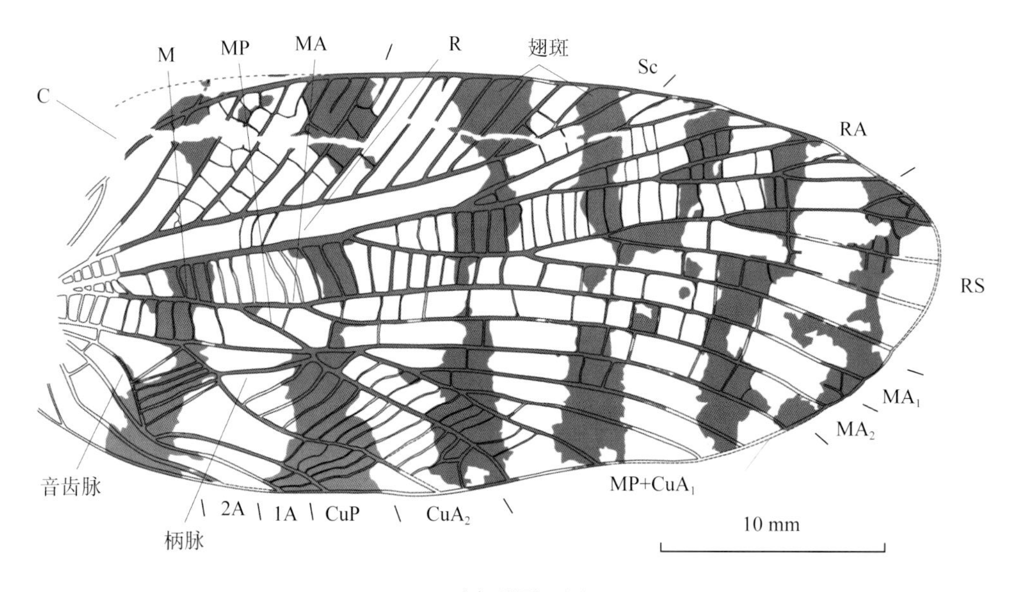

图4-1 鸣螽科覆翅脉序图

中国阿博鸣螽 正模NIGP148388，产于道虎沟化石层，雄性右覆翅，复原图。翅脉符号：C，前缘脉；Sc，亚前缘脉；R，径脉；RA，径脉前分支；RS，径脉后分支；M，中脉；MA，中脉前分支；MP，中脉后分支；Cu，肘脉；CuA，肘脉前分支；CuP，肘脉后分支；A，臀脉；1A，第一臀脉；2A，第二臀脉。(引自Fang et al., 2009)

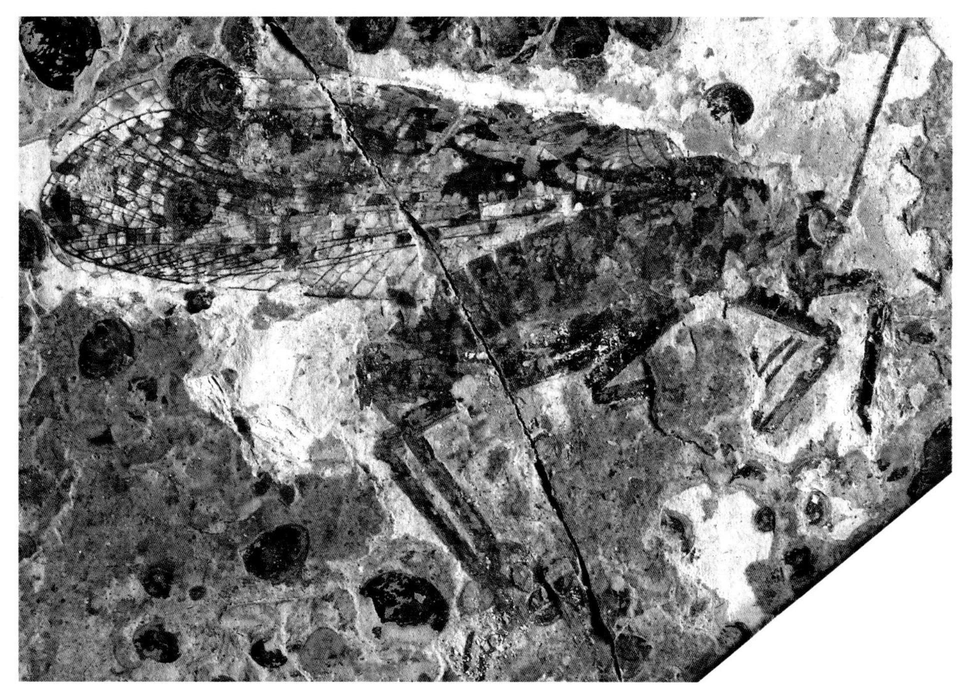

图4-2 中国曲鸣螽(*Sigmaboilus sinensis* Fang, Zhang et Wang, 2007)
NND04329,近完整昆虫,产于道虎沟化石层。

节常膨大(图4-2),有时较长,约为梗节长的2倍;梗节粗壮,鞭节亚节短而多。有些种类的触角很长,远长于虫体和翅,而现生鸣螽科的几个属种触角较短,和体长相当但短于翅。额须常能保存,分节,其总长度有时和头长相当,甚至较后者更长。

(2) 胸部与腹部

前胸背板马鞍形,略向后延伸(图4-2)。整个胸部约为体长(不含翅与产卵器)的1/4。鸣螽前足和中足为爬行足,较短,在前足胫节上常见听器(雄性与雌性均有);后足较长,明显长于前足和中足,为跳跃足。后足股节特别发达,侧扁,基部较粗,逐渐向顶端趋细,而胫节较细长。有些类型所有足的胫节上具2列刺(图4-3),它们在有些属种中较粗壮而在另外一些类群中较纤细。在后足胫节顶端可见距(有时多达4个以上)。附节由4节组成,第1节较长,第2、第3节较短,最后一节的顶端具爪1对,在爪之间或具圆形中垫。有些类群的足外侧具花纹。

腹部粗壮,总体形态与现生的暗褐蝈螽类似,腹部长度约为总体长的一半,雌性具有长弯刀状或剑状产卵器,产卵器长度一般不超过腹部总长。尾须1对,短而粗壮。

(3) 翅

飞行功能对于昆虫而言具有极为重要的作用,昆虫生活史中的大多数重要行为均有赖于飞行功能来实现,或以飞行功能作为媒介,如授粉、觅食、逃避天敌以及互助等(Robert, 2001)。昆虫翅的功能形态学研究表明,不同类型昆虫的飞行机制存在巨大的差异(Wootton, 1992)。

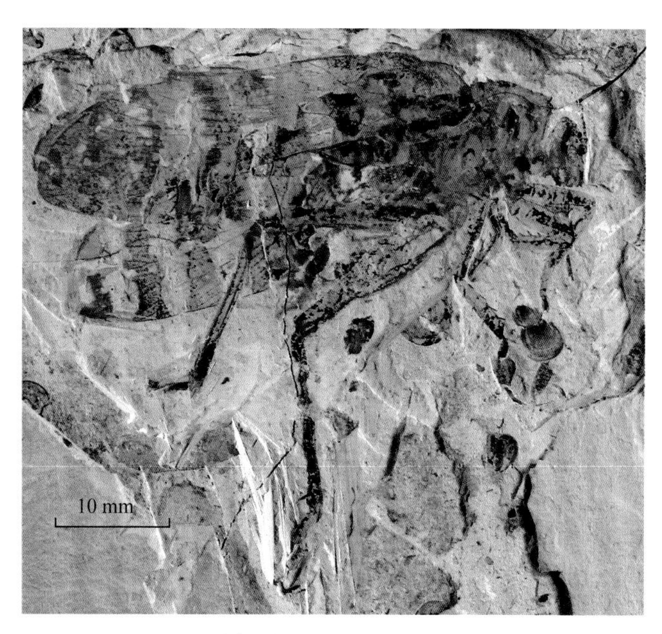

图4-3 孙氏鸣螽(未定种)(*Sunoprophalangopsis* sp.)
NND04500,近完整昆虫,产于道虎沟化石层。

鸣螽科昆虫前、后翅均十分发达,前翅具明显的色斑(见下节)。前翅主要为革质,少部分为膜质,后翅主要是膜质。一般前翅保存为化石的概率远大于后翅。前翅椭

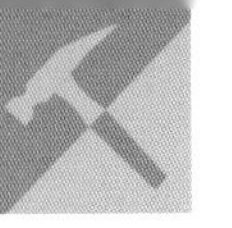

圆形或窄长，长度一般为宽度的1.5～3倍，个别类型长度可以达到宽度的5倍以上。前、后翅翅脉均繁密，前翅纵脉粗壮发达。除赤峰鸣螽亚科以外，C脉强烈弯曲，有较大的亚前缘域。前翅横脉十分密集，少数类型前缘域和肘脉域具有弯曲的横脉，多数类型仅具有平直的横脉。鸣螽科昆虫前翅具有典型的性双型特征，雄虫前翅CuP脉强烈弯曲呈"Z"形，其中部具有音齿，雄虫通过振动双(前)翅，摩擦发声。同时前翅较厚，具有保护后翅的功能。后翅肘脉域分支较多，形成巨大的扇区，是典型的直翅目飞行翅。鸣螽科昆虫具有一定的飞行能力，从翅的形态来看，鸣螽科昆虫前翅的形态差异巨大，一些类型前翅窄长，后翅扇区十分发育，显示有较强的飞行能力，如*Parahagla sibirica* Sharov, 1968；而另一些类型前翅为椭圆形，或后翅扇区发育程度较低，可能飞行能力较弱。

（4）产卵器

鸣螽科的产卵器呈刀状，基部稍宽，向后弯曲，逐渐变窄。弯曲程度有较大差异，有些类型短而极弯曲，基部很宽、近直，而后剧烈弯曲并很快变窄(图4－4a, c)；有些类型的产卵器整体宽度相差不明显，且弯曲并不十分强烈(图4－4b, d)，也有些类群基部稍宽并向腹部弯曲，中部细而近直，端部向背部弯曲，整体上略向背部弯曲。由于以前产卵器发现较少，产卵器在各分类单元之间的差别较少被讨论。从目前掌握的材料来看，阿博鸣螽亚科产卵器长度变化很大，有的类型可长达42 mm，而有的只有7 mm左右。由于雌性翅脉特征变化并不明显，以产卵器作为分类依据应当是很好的选择，然而因产卵器发现较少，产卵器的对比仍然需要更细致的工作。

3. 特殊种间通讯结构(鸣器与听器)的起源与演化

现生直翅目昆虫的很多种类能够发声，其目的是与分布在一定空间范围内的同类互通信息，这种功能在呼偶、求爱、繁殖、争斗、群集和迁徙等方面都起着重要的作用。有关该类群发声机制的研究一直是昆虫学研究的热点(Gorochov, 1986, 1989; Gorochov, Rasnitsyn, 2002; Laure, 2002)。直翅目昆虫主要依靠摩擦发声，然而摩擦的方式有多种：螽斯总科和蟋蟀总科的鸣虫主要靠覆翅间的相互摩擦发声，其中一只覆翅的翅基臀区有刮片与摩擦脉末端附近的刷毛及鼓膜等，在另一只覆翅上的摩擦脉上则有齿列状音锉，当发音时，两覆翅升起张开，通过发音器的相互摩擦而发出声音。蝗总科也具有音锉和刮器，然而两者却不都是位于翅上。音锉或由覆翅翅脉变化而来，或由后足上一条脊状突起上长有的一行细钉状的齿形成刮器。蝗虫在鸣叫时，一般以前面的四足

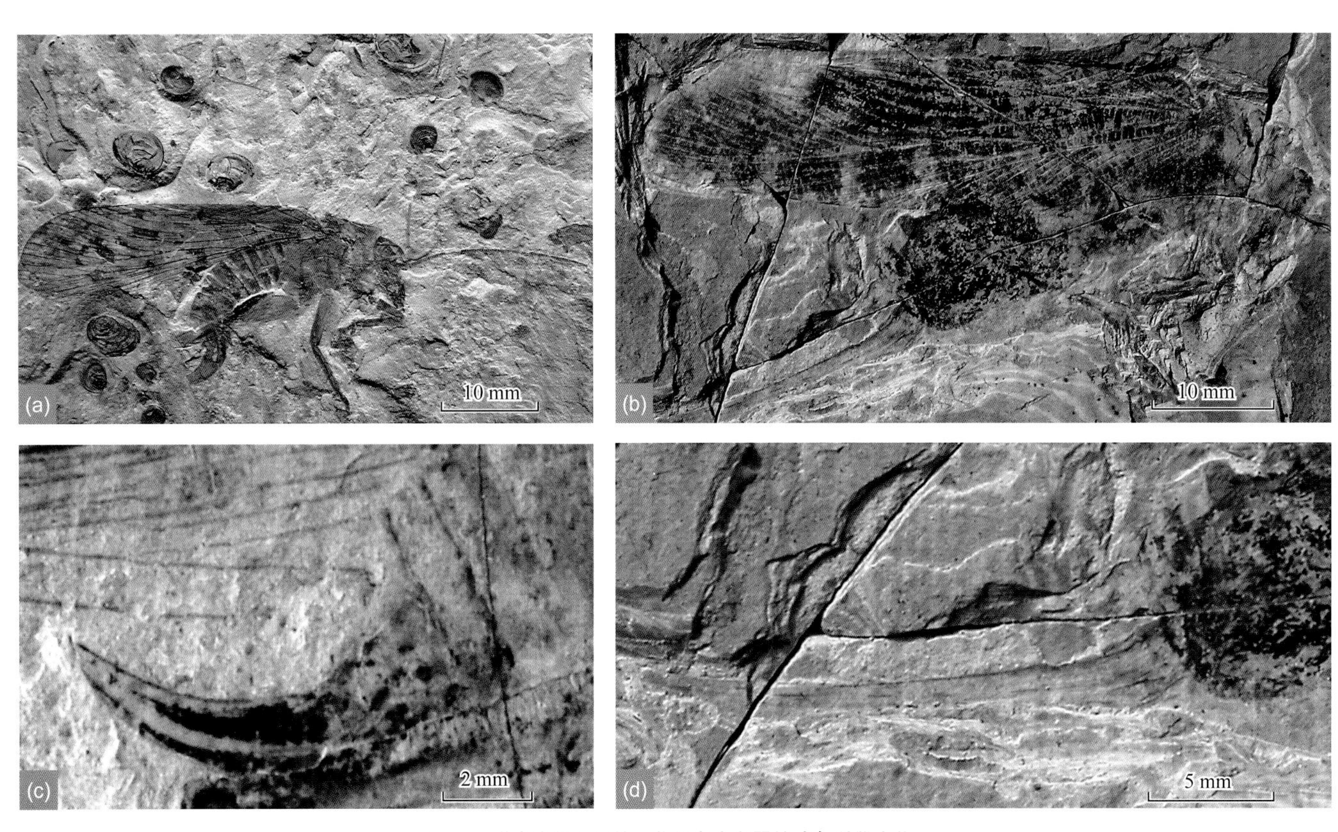

图4－4 道虎沟化石层的一些保存产卵器的鸣螽科雌虫化石

a. *Sigmaboilus* sp.; b. *Parahagla* sp.; c. *Sigmaboilus* sp.; d. 图b产卵器的局部放大。

支持身体，通过后足上的刮器与覆翅振动摩擦发声。有些类群在飞行时，前、后翅某些部分相互刮击也能发声（Grimaldi, Engel, 2005）。

螽斯亚目通过摩擦发声完成种间通讯的发声系统，一般包括3个部分：前翅翅基臀区的音齿（音锉）、前翅翅基或者翅中的鼓膜（发音镜），以及前足胫节的听器。前翅的音齿主要起到发声的作用，通过鼓膜的加强再被听器接收，从而起到完成整个种间通讯的作用。鼓膜在早期的一些类群中很晚才开始出现。从化石记录来看，螽斯亚目中最早发现音齿结构的类群为原螽总科和蟋蟀总科，两者几乎同时出现。而鼓膜在早期的原螽总科的多数类群中还没有形成。

下面来讨论音齿和听器的起源与演化。

螽斯亚目用于发声的音齿位于强烈弯曲的CuP脉的前段上，一般雄性具有这种强烈弯曲的CuP脉。弯曲的CuP脉与前翅的纵轴形成一定的角度，一般在30°～90°之间。正是因为与前翅纵轴形成一定的角度，双翅摩擦发声才得以形成，所以早期学者将这种强烈弯曲的CuP脉作为发音的判断标准。最近，从中国道虎沟螽斯亚目昆虫化石中直接观察到CuP脉上音齿的存在（Fang et al., 2010; Gu et al., 2011）。从我们掌握的材料来看，多数保存较好的雄性前翅化石CuP脉上均有音齿，而且在不同的科级分类单元以及属级分类单元中均存在音齿，同时音齿的排列方式也已经出现分化。螽斯亚目鸣器的起源问题还不是非常清楚，Sharov（1962）曾报道过二叠纪晚期的化石具有鸣器，Henning（1981）认为鸣器的产生是在覆翅或多或少地折叠平展在虫体上之后，并认为翅要折叠或围住身体的唯一途径是沿着中脉轴折叠，并且翅的外形由狭长逐渐向宽短发展。至晚三叠世，强烈弯曲的CuP脉几乎同时出现在蟋蟀总科和原螽总科的早期类群中。在晚三叠世，蟋蟀总科中的*Gryllavus madygenicus* Sharov, 1968（吉尔吉斯）和*Protogryllus stormbergensis* Zeuner, 1939［南非沃德豪斯（Wodehouse）］，原螽总科中的*Archihagla zeuneri*, Sharov, 1968（吉尔吉斯）和*Proisfaroptera martynovi* Sharov, 1968（吉尔吉斯）等均具有强烈弯曲的CuP脉。晚三叠世的蟋蟀总科和原螽总科的翅脉特征具有高度的相似性，其音齿脉特征也非常类似，但两者在较短的时间内向两个不同的方向演化。

在侏罗纪早、中期，蟋蟀总科前翅纵脉在中部仍然保持早期类型强烈弯曲的特征，从而形成较大的鼓膜区。而原螽总科前翅纵脉在这一时期开始趋向平直，前翅翅形有由椭圆形向窄长过渡的趋势，臀区也逐渐变小。至早白垩世，窄长形前翅的鸣螽类型已经占据明显的优势，这一趋势从中国东北地区道虎沟鸣螽组合与辽西鸣螽组合的对比中也有显示。对于中生代中晚期原螽总科的主要代表鸣螽科而言，较晚出现的赤峰鸣螽亚科和Termitidiinae亚科几乎全部是前翅窄长而臀区较小的类型，而较早的阿博鸣螽亚科则同时具有椭圆形前翅和窄长形前翅2个类型，其中一些种类（如*Tettaboilus* Gorochov, 1988和*Circulaboilus* Li, Ren et Wang, 2007）仍然具有较大的臀区。

白垩纪末期，中生代最为繁盛的螽斯亚目鸣虫——原螽总科开始急剧衰落，取而代之的是螽斯总科和沙螽总科的分子。与此相反，中生代另一个繁盛类群蟋蟀总科则没有出现衰落，在新生代依旧是螽斯亚目的重要组成部分。现生的螽斯总科和沙螽总科由原螽总科演化而来（Gorochov, 1995, 2003）。螽斯总科和沙螽总科目前最早的化石记录为古近纪（Carpenter, 1992），这2个类群虽然在发声的方式上存在一些差别，但音齿的结构和位置没有发生太大改变，依旧保留中生代原螽总科晚期类型（如*Termitidium ignotum* Westwood, 1854）的结构特点。

鸣螽的听器位于前足胫节上，有开放型听器、半开放型听器和闭合型听器3种类型。在道虎沟鸣螽化石中，有保存良好的开放型听器（图4-2）。该听器大而近椭圆形，宽度与胫节的宽度近等。而在有些类型中，胫节在听器的位置明显变宽，听器甚至比胫节较细处还要宽；在另外一种类型中，听器较小、近椭圆形，其宽度不及胫节宽度的一半。北泊子莱阳鸣螽（*Laiyangohagla beipoziensis* Wang et Liu, 1996）位于前足胫节外侧的听器较内侧听器大，两侧的听器都呈窄椭圆形。由于三叠纪原螽总科和蟋蟀总科多为单翅保存或者化石保存较差等原因，这一时期仍无典型听器保存的报道。如果螽斯亚目鸣虫起源于二叠纪（Sharov, 1962）或者三叠纪的结论成立，那么听器的起源应该是同期的。

早期的具强烈弯曲CuP脉的螽斯亚目昆虫并没有明显的鼓膜结构（图4-5c, f）。在具强烈弯曲的CuP脉出现的同时，螽斯亚目昆虫前翅中部纵脉和部分横脉也出现强烈弯曲的现象。在原螽总科中，强烈弯曲主要表现在R脉与M脉（或MA脉）位置的变化，如*Hagla gracilis* Zeuner, 1939以及*Proisfaroptera martynovi* Sharov, 1968等。然而这种原螽总科前翅中部强烈弯曲的现象，在白垩纪几乎完全消失；在取而代之的类群中，翅中部多近平直。在蟋蟀总科中，强烈弯曲分2种类型，一种与原螽

总科类似，在R脉与M脉（或MA）位置，如*Protogryllus stormbergensis* Zeuner, 1939；另一种则在MP+CuA与CuP脉之间的位置。现生蟋蟀总科依旧保存着这种翅中部翅脉强烈弯曲的现象，并形成加强发声振动的鼓膜。最早的原螽总科鼓膜结构报道于早白垩世的英国普尔拜克（*Termitidium ignotum* Westwood, 1854；图4－5h; Gorochov et al., 2006），而蟋蟀总科可能在晚三叠世便形成类似于鼓膜结构的类型（*Protogryllus stormbergensis* Zeuner, 1939; Zeuner, 1939）。虽然现生蟋蟀总科与螽斯总科翅脉弯曲特征差异很大，鼓膜的位置差别也十分明显，但从脉序特征来看，其鼓膜的位置均位于CuA脉（及MP+CuA）与CuP脉之间。这一重要特征似乎表明鼓膜是同源的。

对于直翅目螽斯亚目而言，从三叠纪到早白垩世是该亚目演化过程中最为重要的一个地质历史时期。现代螽斯亚目的大部分高级分类单元在这一时期均已出现。同时，显著的种间通讯系统在这一时期已经出现并分化。在三叠纪，具有鸣器结构特征的化石类型在原螽总科和蟋蟀总科开始出现，并在侏罗纪到早白垩世达到鸣器演化的第一个鼎盛时期。其中，蟋蟀总科的种间通讯结构在形成以后，至今未发生较大的改变；而螽斯亚目的另一个分支伴随着原螽总科的衰落以及螽斯总科和沙螽总科的出现，其种间通讯结构发生了较为显著的变化。

4. 覆翅斑纹与适应

鸣螽前、后翅均十分发达，其中前翅稍硬化，为覆翅；后翅膜质，宽阔，一般呈扇形，臀区发达。覆翅常为卵形、长卵圆形，后翅的臀区扩大，臀脉发育，有利于飞行。覆翅基部纵脉粗壮，纵脉的基部和小骨片结合。前、后翅的翅脉均较密，横脉广布，横脉有直型和弯曲型两类，这些横脉一般和附近的纵脉或者横脉愈合，也有少数横脉消失于翅室中间。横脉与其附近的纵脉组成小的翅室，分为四角形和五角形两种。四角形翅室广布于覆翅和后翅的前缘域、亚前缘域、径脉域、径前脉各分支之间、中脉域的近基部和中部、肘脉各分支之间和臀脉各分支之间；而五角形翅室则主要分布于覆翅的径后脉各分支之间、中脉分支的近端部、MP+CuA_1各分支的近端部和后翅的臀脉近端部，有时也存在于前缘域，如*Haglotettigonia egregia* Gorochov, 1988（早白垩世，西伯利亚）。这种五角形翅室在现生类群中也广泛存在，如螽斯亚目的鸣螽科和螽斯科（如乌苏里螽*Gampsocleis ussuriensis* Adelung）和蝗亚目中广翅善飞类型（如墨脱异距蝗*Heteropternis motuoensis* Yin, 1984）。这种规律分布的五角形翅室，可能在飞行中起到调节姿势和飞行速度的作用。

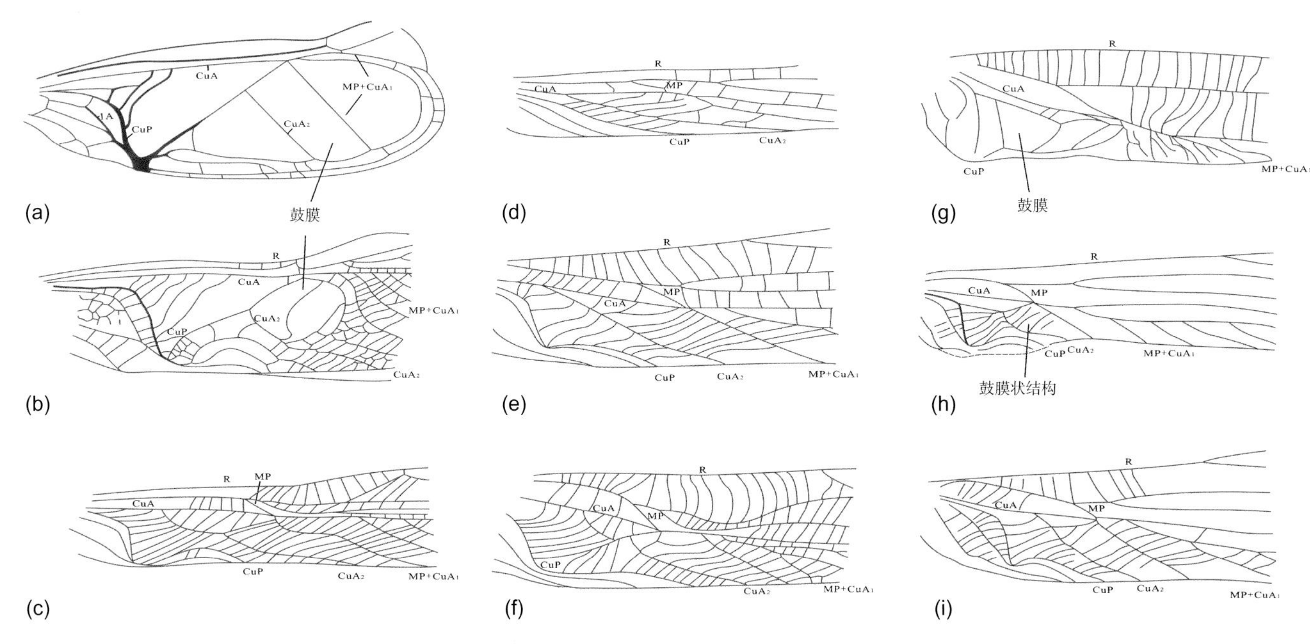

图4－5　螽斯亚目雄性前翅鼓膜结构的不同演化方向

c→b→a. 蟋蟀总科鼓膜位置逐渐向翅的中后方发展，并最终占据前翅的主要部分；f→e→d. 原螽总科向沙螽总科过渡，鼓膜和音齿均退化；i→h→g. 原螽总科向现代螽斯总科过渡，鼓膜从无到有，基本保持在原有位置，略近翅基部。a. *Oecanthus pellucens*（Scopoli, 1763），现代；b. *Protogryllus karatavicus* Sharov, 1968，晚侏罗世；c. *Gryllavus madygenicus* Sharov, 1968，早三叠世；d. *Hylophalangopsis chinensis* Lin et Huang, 2006，古近纪；e. *Sigmaboilus chinensis* Fang, Zhang et Wang, 2007，中侏罗世；f. *Archihagla zeuneri* Sharov, 1968，早三叠世；g. *Pseudotettigonia amoena* Rust, Stumpner et Gottwald, 1999，古近纪；h. *Termitidium ignotum* Westwood, 1854，早白垩世；i. *Aboilus* sp.，中侏罗世，NND12Z097。a~c. 和f. 据Sharov（1968）修改；d. 据Lin和Huang（2006）修改；g. 据Rust et al.（1999）修改；h. 据Gorochov et al.（2006）修改。

鸣螽科昆虫的覆翅斑纹与它生活的环境是协调一致的，这从该科现生类型的生活环境可以得到印证。如生活于四川森林中的一种鸣螽新种类，其整体色斑和丛林的环境高度一致，昆虫整体颜色较深，以绿、黄、黑三色为主，覆翅斑纹为散布式；而生活于北美高海拔地区灌木中的*Cyphoderris*成虫颜色以淡黄色为主，头部和前胸背板小部分区域深黑色，覆翅淡黄色，无鲜明的翅斑（Hebard, 1934）。鸣螽科昆虫前翅表面可见十种形式的斑纹：条带式、散布式、综合式和无斑式（图4-6、图4-7）。

（1）条带式翅斑

前翅表面一般具5～8条条带，其中6～7条的情况最为常见，如*Aboilus columnatus* Martynov, 1935、*Mesohagla xinjiangensis* Zhang, 1996、*Circulaboilus amoenus* Li, Ren et Wang, 2007、*Sigmaboilus sinensis* Fang, Zhang et Wang,

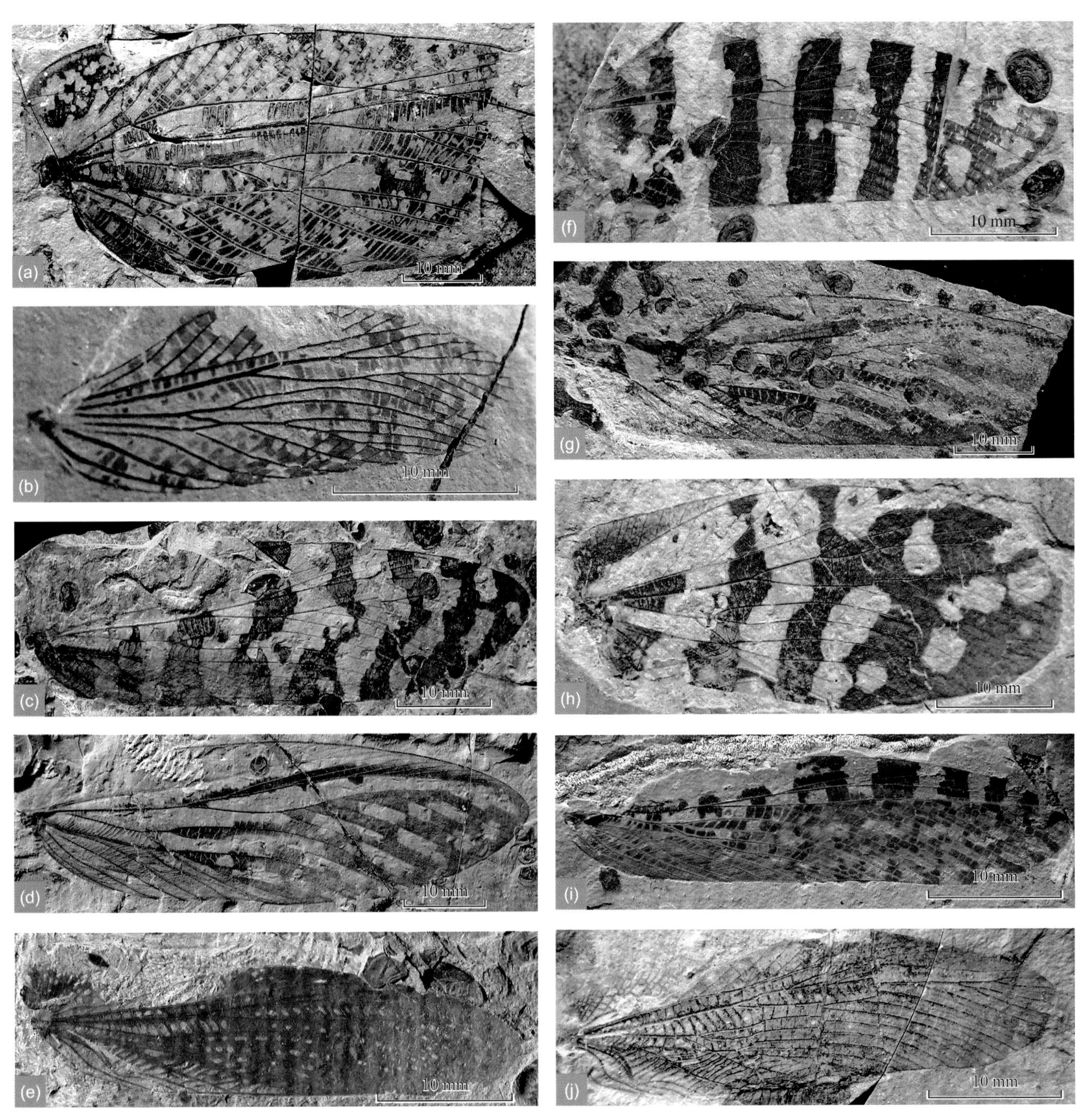

图4-6　道虎沟及邻近地区鸣螽科昆虫覆翅化石

显示不同的色斑类型。a. *Aboilus* sp., NND02103; b. *Ashanga* sp., NNY0502; c. *Sunoprophalangopsis* sp., NND04383; d. *Allaboilus* sp., NND04372; e. *Sigmaboilus gorochovi* Fang, Zhang et Wang, 2007, NIGP148111; f. *Aboilus* sp., NND08Z074; g. *Allaboilus* sp., NND04382; h. *Aboilus bellus* Wang, Li et Zhang, 2015, NIGP160524a; i. 鸣螽科未定属种，NND04336; j. *Sigmaboilus sinensis* Fang, Zhang et Wang, 2007, NND12Z035。除图b中化石产于宁城杨树湾子下白垩统以外，其余皆产于道虎沟中侏罗统。

2007等。覆翅的条带常贯穿整个翅面，达前、后缘，条带宽度和无颜色的空白区宽度常大致相等，条带和翅的纵轴常不垂直，而是略向翅基倾斜。有时候端域部相邻的条带会前后愈合，从而在中间形成圆形、椭圆形或肾形的空斑，在翅中部有些条带也会呈"Y"型分叉（如*Aboilus chinensis* Fang, Zhang et Wang, 2009；图4-1），有些条带在翅后缘近臀域常变宽，甚至相互连接成一体（图4-6c），也有些覆翅在RA各支脉之间（上扇区）有色斑沿RA主脉呈纵向分布，而在RS各支脉之间（下扇区）、中脉域和臀脉域，斑纹也大致呈纵向分布，但分布并不连续。条带状翅斑常见于侏罗纪和白垩纪鸣螽科中，应当是一种隐蔽色，这和当时丛林中的植物类型有相当大的关系。与鸣螽化石共同保存的化石中，常可见大量银杏类植物化石碎片，它们的叶子多呈细长条状分裂。具有条带式翅斑的鸣螽在以银杏类植物为主的环境中更容易躲避天敌的捕食，从而获得更多的生存机会。

依据条带的排列方式不同，条带式翅斑可以分为如下4种亚型：条带Ⅰ型、条带Ⅱ型、条带Ⅲ型和条带Ⅳ型。条带Ⅰ型的条带在翅中部位置与翅前后缘近垂直（图4-6f），以*Aboilus abbreviatus* Gorochov, 1995为代表。条带Ⅱ型指条带中部曲折或条带在翅中部向翅端倾斜形成锐角，该类型在道虎沟化石层产出的鸣螽科昆虫中最为常见，以*Sunoprophalangopsis* sp.为代表（图4-6c）。条带Ⅲ型的条带中部极窄或者缺失，条带两端色深而宽，这一类型以*Mesohagla xinjiangensis* Zhang, 1996为代表。条带Ⅳ型条带沿纵脉方向分布，典型代表见图4-6d, g。

（2）散布式翅斑

深色的斑纹无规律地散布于整个覆翅（有时也见于后翅），这种斑纹也应当是隐蔽色，然而具这种翅斑的鸣螽所生活的环境和条带式的有所不同。道虎沟化石层的*Aboilus* sp.（图4-6a）、杨树湾子义县组的*Ashanga* sp.（图4-6b）以及生活在四川丛林中的现生类型，它们翅斑形式十分类似，属于典型的散布式，它们的生活环境也应该类似。

（3）综合式翅斑

指覆翅斑纹形式多样，既有条带状的，又有圆形或碎块状的，具有这种类型斑纹的鸣螽很少。很多具有条带状斑纹的覆翅在其端部常有较小的圆形斑，也有些种类具有较多的圆形和不规则的斑纹。综合式翅斑可以分为3个亚类：综合Ⅰ型、综合Ⅱ型和综合Ⅲ型。综合Ⅰ型指靠近前缘直到R脉域的斑纹为分列的条形斑，而从R脉域以下的部位到翅后缘的斑纹为散布式，这一类型的最典型代表为编号NND04336的未分类鸣螽类化石（图4-6i）。综合Ⅱ型指斑纹沿翅脉边缘分布，形成连续的深色斑，而近翅中部则分布条形斑纹。综合Ⅲ型指在翅中部和基部分布有条形斑纹，而在端部则分布有圆形斑纹（图4-6h）。

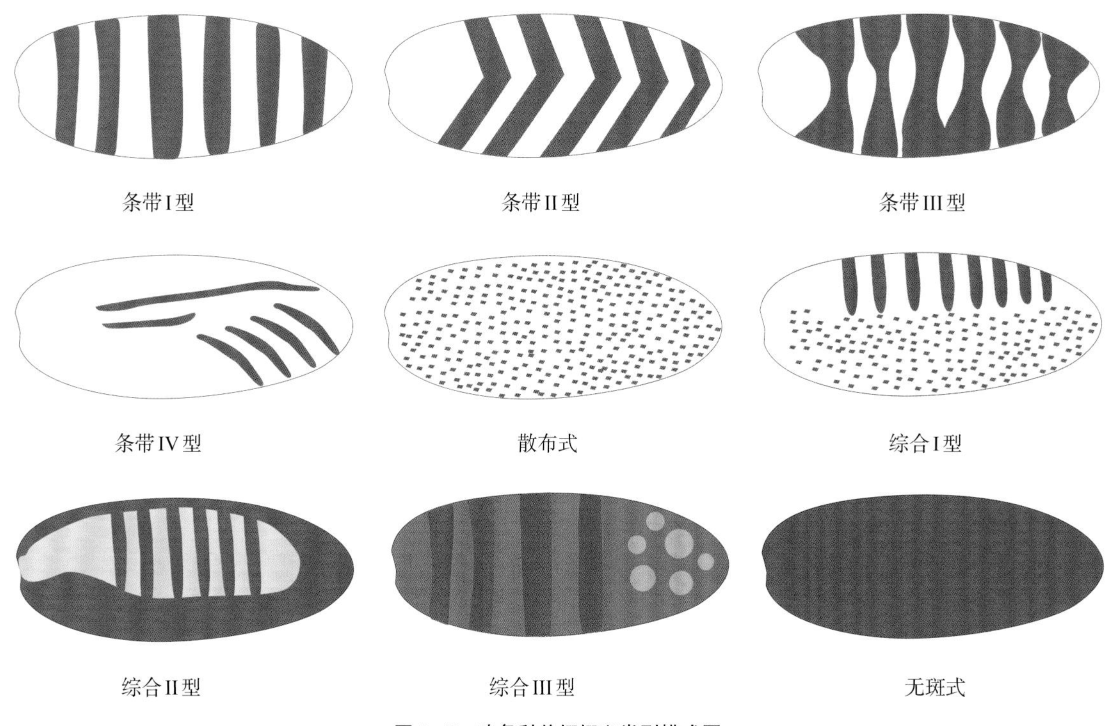

图4-7　鸣螽科前翅翅斑类型模式图

（4）无斑式翅斑

如*Sigmaboilus gorochovi* Fang et al., 2007（图4－6e）和四川的现生类型（雌性），整个覆翅都带有一定深度的颜色。具有这种类型翅斑的鸣螽化石，其覆翅纵脉和横脉都能清晰地保存下来。

覆翅斑纹形式的多样化，表明在中生代中晚期，鸣螽科快速辐射并很快适应了不同的生态环境。具有条带状斑纹的鸣螽不论是分异度和丰度都占有绝对优势，这与当时的森林植被面貌是一致的。这种被动保护色的出现与多样化，也表明这一时期森林中生存竞争的加剧，但总体而言，该类昆虫是非常适宜于当时环境的。

4.1.5 鸣螽科昆虫的古生态特征

直翅目昆虫是典型的陆生类型，现生蝗虫类大多生活于草地或灌木，螽斯类生活在植物上，蟋蟀生活在灌木或杂乱石块间。该目昆虫具典型的咀嚼式口器，现生类型大多为植食性，取食植物叶片等部分，螽斯和蟋蟀中有肉食和杂食类型。

Sharov（1968）认为早期的螽斯亚目昆虫保持陆栖特性，且为捕食性昆虫，只有少数为次生植食性。至于中生代中晚期繁盛的鸣螽科昆虫的食性，一般认为是肉食性或杂食性（Gwynne, Morris, 1983; Gorochov, 1995），但也有从阿博鸣螽（*Aboilus*）化石保存的肠道内容物中发现有*Classopollis*花粉的情况，因此认为该类群是最早的取食花粉的昆虫（Krassilov et al., 1997）。Grinfeld（1962）认为食花粉的特性在早期螽斯亚目中就已经出现。在现生的鸣螽类昆虫中，生活在北美的*Cyphoderris*主要是生活在松类林地或高海拔地区的灌木区以及寒冷的雪地和低温环境下，在-8℃条件下仍具有鸣叫功能（Morris, Gwynne, 1978;Gwynne, Morris, 1983）；而生活在中国四川的鸣螽类主要生活在高纬度山区林地环境，主要树栖（刘献伟，个人通讯）。另外，Hebard（1934）认为雄性*Cyphoderris monstrosa*主要在黄昏时活动，韩冰（2007）认为鸣螽类多为枝叶间活动的夜行性昆虫，而条带状斑纹不仅是隐蔽色，也可能是一种种间识别的标志。

从现生的类群来看，鸣螽科昆虫有较强的适应性，可以生活在一些比较极端的环境中，但是这类昆虫一般喜欢生活在乔木或者浓密的灌木中，在较为温凉的气候下更有利于生存。在中生代的鸣螽科昆虫中，鸣器仍然较为原始。与原螽总科的早期类型相比，在覆翅的翅中位置，脉序较为平整，该处的脉已经不再参与摩擦发声的功能，而CuP脉前半段则音齿较为突出。这种摩擦发声的专门化可能使得这一时期鸣螽科昆虫的飞行能力得到加强。同较为进步的螽斯总科和蟋蟀总科昆虫相比，覆翅并没有特别明显的鼓膜构造。后者通过鼓膜构造使得摩

图4－8 中国曲鸣螽（*Sigmaboilus sinensis* Fang, Zhang et Wang, 2007）雌虫生态复原图

擦发声功能大大加强，也提高了摩擦效率，表明鸣螽科昆虫摩擦发声在呼偶和繁殖等方面的作用可能远不如后来的进步类型。Gorochov（2003）认为鸣螽科昆虫的鸣器朝两个方向演化，其一产生鼓膜构造，并在鸣叫的同时改变了覆翅翅脉的进化方式；其二则朝着鸣器消失的方向发展，并最终丧失了覆翅上的鸣器，从而导致后足股节与身体摩擦的发声类型产生。从道虎沟化石层产出的鸣螽科昆虫来看，已经发生了某种程度的分化，*Aboilus chinensis* Fang, Zhang et Wang, 2009和*Sigmaboilus sinensis* Fang, Zhang et Wang, 2007等的覆翅RA-RS域以及R-M域的横脉均较为平直，CuP脉十分靠近覆翅基部，明显倾斜，与中侏罗世的*Bacharaboilus mongolicus* Gorochov, 1988以及早白垩世的*Prophalangopseides vitimicus* Sharov, 1968和*Tettaboilus pulcher* Gorochov, 1988等明显不同。后面这些类群的RA-RS域以及R-M域的横脉均发生弯曲，CuP脉急剧弯曲。由此可见，鸣螽科昆虫鸣器演化上的分化，在中侏罗世或中侏罗世之前就已经发生，而*Aboilus chinensis* Fang, Zhang et Wang, 2009和*Sigmaboilus sinensis* Fang, Zhang et Wang, 2007则代表了鸣螽科昆虫向鸣器消失方向发展过程中的早期类型。道虎沟鸣螽类昆虫的丰度和分异度都很高，似乎表明当时的气候条件比较适中，与该类昆虫共同保存的其他生物所显示的气候特征一致（Rasnitsy, Zhang, 2004b）。道虎沟化石层中的直翅目昆虫以习于山间林地或灌木的鸣螽科昆虫占绝对优势（图4-8），平地类型和习于濒水类型的短角亚目昆虫少见（Fang et al., 2015）。这一特点说明当时湖泊周围植被繁茂，并且组成了茂密的森林。同时该类昆虫喜栖息在裸子植物之上，而其演化的过程与银杏类植物有着十分密切的关系（见下节），这和当时的植被面貌是一致的。从以上分析可以推断：当时湖盆地区气候温和适宜，湖泊周围地形变化较大，不远处地势即有明显升高，森林覆盖较为广阔。较容易破碎的后翅也有完整保存的情况，说明水体的动能较低；部分昆虫没有由于水体浸泡而分散，说明埋藏较为迅速，陆源物质供应充足。

4.1.6 鸣螽科的演化与辐射

直翅目被认为由原直翅目演化而来，最早的直翅目化石记录为密西西比亚纪，主要是Oedischioidea总科的分子，包括Oedischiidae和Pruvostitidae两科。密西西比亚纪的直翅目化石较少，但到二叠纪直翅目迎来第一个辐射期，主要有Oedischioidea总科的Oedischiidae和Tettavidae，Xenopteroidea总科的Tcholmanvissiidae，Elcanoidea总科的Permeicanidae、Anelcanidae和Kamiidae，以及Permoraphidoidea总科的Permoraphidiidae，共计4总科7科约24属（Gorochov, 1995）。Xenopteroidea、Elcanoidea和Permoraphidloidea 3个总科均被认为由Oedischioidea总科演化而来（Sharov, 1968）。除Tettavidae科之外，上述科级单元仅发现于二叠纪末大灭绝之前。古生代直翅目昆虫的前翅一般较为狭长，前翅长宽比多数在2.5 : 1以上，且横脉极多。与中生代和现生的同类相比，整个古生代的直翅目昆虫翅斑类型比较单调，多数类群整个翅面为较均匀的同一颜色，仅有少数类群在翅面中部具有圆形斑点，如二叠纪的*Jubilaeus beybienkoi* Sharov, 1968，或者在翅前缘的端部具有颜色较深的条带，如二叠纪的*Promartynovia venicosta* Tillyard, 1937。一般认为昆虫翅面具不同的颜色，其主要功能是拟态，用以自卫（Sharov, 1968）。色斑或不同色带在翅面上的出现，表明直翅目昆虫在二叠纪可能已经发展出了拟态功能。从已经发现的直翅目昆虫化石来看，古生代的直翅目昆虫尚未发育典型的发音器官。

在古生代常见的直翅目4个总科中，Permoraphidoidea总科在二叠纪晚期灭绝，Elcanoidea总科一直延续到白垩纪，Oedischioidea总科于侏罗纪灭绝，而Xenopteroidea总科于三叠纪末灭绝（Sharov, 1968; Carpenter, 1992）。

三叠纪是直翅目演化的一个重要时期，既有古生代的常见类群Oedischioidea总科和Xenopteroidea总科，又有新出现的Gryllavoidea总科、Hagloidea总科和Locustopsoidea总科。直翅目的重要鸣虫类群——蟋蟀类和鸣螽类均在此期间开始出现。从翅斑特征来看，这一时期仍以全翅单一色调为主。而发音器官已出现于原螽总科和蟋蟀总科的雄性前翅，原螽总科主要表现为前翅CuP脉弯曲并形成排列有序的音齿，其中CuP脉弯曲见于*Zeunerophlebia gigas* Sharov, 1968、*Protshorkuphlebia triassica* Sharov, 1968和*Paratshorkuphlebia multivenosa* Sharov, 1968等，而*P. multivenosa*的音齿发育程度与中生代中晚期的类群已非常接近：CuP脉强烈弯曲并加粗，CuA与CuP脉之间的区域扩大，并发育联脉。虽然此时CuP脉发育出音齿特征，尚无化石证据显示原螽总科鼓膜特征的发育。关于蟋蟀总科，普遍认为是由原螽总科演化而来，早期的蟋蟀总科前翅CuP脉强烈弯曲加粗，三角区加大，R-MA区域近翅中部横脉强烈弯曲形成鼓膜区，如*Protogryllus dobbertinensis* Geinitz, 1880。化石材料显示，此时鼓膜器官在蟋蟀总科中已经出现。另外，蝗亚目昆虫在此时已经出现，但它们是否在此时已经发育出了蝗亚目昆虫特征的发音器官（以后足和前翅摩擦发声），尚无研究。总体而言，在三叠纪直翅目的演化进入了一个全新的阶段，以原螽总科和蟋蟀总科为代表的鸣虫出现，是该阶段最为显著的特征。鸣虫的出现不仅说明此时直翅目昆虫间的通讯方式得到了丰富和发展，也表明它们已具有了较强的适应性，在面对天敌和同类竞争所造成的巨大压力下，发展出了全新的生态特征。

中生代中晚期以Hagloidea总科、Tettigonioidea总科、Grylloidea总科和Acridoidea总科的繁盛为特征，直翅目另一些重要类群如蝗类和沙螽类在这一时期首现；原螽总科和蟋蟀总科进入全盛时期。以鸣螽科为代表的翅斑类型极其多样化，说明原螽总科的生态位竞争也变得空前剧烈。到白垩纪晚期，原螽总科的分异度和丰度都剧烈下降，仅少数分子孑遗至今。螽斯总科开始出现，并快速演化出多个分支。从分异度和丰度来看，此时螽斯亚目仍然是直翅目的主要类群，但蝗亚目此时也得到了巨大发展，分异度和丰度都显著上升。

至新生代，螽斯总科和沙螽总科开始成为螽斯亚目的主要代表，而蝗亚目在此时进入全盛时期。此时的直翅目总体特征与现代十分相似。

鸣螽科是螽斯亚目的基干类群，同时也是从中生代一直延续至今的少数重要直翅目类群之一。最早的原螽总科昆虫出现于二叠纪中期（Sharov, 1968; Gorochov, 1995），该总科被认为是由Oedischiidae科演化而来（Gorochov, 1995, 2003）。原螽总科以臀域的CuP脉强烈弯曲和MP脉向下与CuA脉愈合成MP+CuA为特征。Gorochov（1995）将该总科分为Hagloedischiidae、Tuphellidae、Haglidae和Prophalangopsidae 4科。其中中国发现的原螽总科化石主要是Haglidae（原螽科）和Prophalangopsidae（鸣螽科）两科的分子，其中鸣螽科化石极其丰富。鸣螽科是原螽总科唯一延续至今的一个科。最早确切的鸣螽科化石为中亚早侏罗世的*Protaboilus praedictus* Gorochov, 1988。另外，中国同一时期发现且归入鸣螽科的昆虫化石有：*Aboilus lamina*（Lin, 1982）Lin et Huang, 2006（甘肃康县花轿子）、*Zhemengia sinica* Hong, 1982 [内蒙古通辽（哲盟）扎鲁特]、*Mesohagla xinjiangensis* Zhang, 1996（新疆克拉玛依）和*Aboilus tuzigouensis* Lin et Huang, 2006（新疆克拉玛依）。中国发现的这些化石仅*Zhemengia sinica* Hong, 1982为雄性，然而由于化石过于残缺，是否确切属于鸣螽科仍有待更深入研究。迄今全世界已报道的鸣螽科化石中，依雄性覆翅建立的属有32个，依雌性覆翅建立的属有24个。鸣螽科昆虫有着典型的性双型现象，雄性覆翅上有些翅脉由于参与摩擦发声而产生特异的构造，这些对覆翅鉴定有很重要的作用。对于雌性覆翅而言，并没有雄性覆翅那样明显参与发声的特异构造。有学者认为，雌性覆翅的性状较为保守，甚至在属的级别都难以判断，所以最好避免用雌性覆翅建立新属（Gorochov, 1995; Krassilov et al., 1997）。但在实际工作中，这种情况难以避免，因为已经有很多属（形态属）是依据单一的雌性覆翅标本建立的，同时这些标本又很难同已知的雄性标本进行对比，另外，有些雌性覆翅标本的确也反映了比较大的分异，如*Aenigmoilus* Gorochov et al., 2006。因此，依据雌性覆翅建立新属也是可行的。

考虑到以上因素，我们在讨论鸣螽科的辐射与分异时，将依据雌、雄性标本建立的属分别对待。雄性属参见文献Martynov, 1925; Zeuner, 1939; Sharov, 1968；洪友崇，1982a, 1982b, 1986; Zherikhin, 1985; Gorochov, 1988, 1990, 1995, 1996, 2001, 2003; Johns, 1996；王文利，刘明渭，1996a; Gorochov et al., 2006; Lin, Huang, 2006；任东，孟祥明，2006；李连梅等，2007a, 2007b; Fang et al., 2007, 2013a; Lin et al., 2008; Liu et al., 2009。雌性属参见文献Cockerell, 1908; Zeuner, 1939; Sharov, 1962, 1968；林启彬，1965; Fujiyama, 1978; Kevan, Wighton, 1981；洪友崇，1982a, 1982b, 1983, 1984b, 1988；张俊峰，1993; Gorochov, 1996；张海春，1996b; Gorochov et al., 2006；孟祥明，任东，2006；李连梅等，2007a, 2007b; Fang et al., 2013a。在讨论发生率时，将依据雄性标本建立的属与所有属区别对待。在讨论中，时代以“世”为单位，地层时代的确定则主要尊重作者的原意，特别是国外的记录。对国内地层的年代，则在尊重作者原意的前提下，尽量采用新的、已经得到公认的意见，如热河生物群的时代等。对于一些记录时代不详、跨世甚至跨纪的记录，如J1–2、J3–K1等，若是对该地层目前关于时代的意见已经比较统一，就按新标准更改，否则只能在相邻的两个时间段里同时记录该种。

在二叠纪末全球巨变之后，原螽科昆虫濒临灭绝，仅个别属残存，并在地球陆地生态系统恢复和优化时，于中、晚三叠世急剧发展和辐射。鸣螽科昆虫的最早祖先可能是这一时期从原螽科（Haglidae）分离出来的（Gorochov, 2003）。然而，迄今为止最早的鸣螽科昆虫记录为早侏罗世（林启彬，1965; Gorochov, 1988；张海春，1996b; Lin, Huang, 2006）。

根据表4-1、表4-2雄性属和雌性属的记录作出的图4－9a，显示出中国和全球鸣螽科昆虫在地史时期分异度的变化趋势。从该图可以看出，依据雄性标本而得到的分异度变化趋势与综合数据显示的分异度变化格局是相同的。从总的变化趋势来看，中侏罗世到早白垩世是鸣螽科昆虫最主要的辐射期，鸣螽科昆虫约75%的属出现在这一时期。具体而言，中侏罗世鸣螽科属级单元数占各个时期总单元数的30.4%～31.3%，晚侏罗世这一比率下降到18.8%～23.2%，而早白垩世上升达到最高值42.9%～43.8%（表4－1、表4－2）。除这一时期之外，在早侏罗世这一比率为9.4%～12.5%，晚白垩世为0，新生代为3.2%～7.1%，现代为8.9%～15.6%。虽然早侏罗世属级单元发生率同样也相当高，但雌性比例出现量也非常高，达70%（表4－1、表4－2），而且这些已发现的化石存在分类问题，因此早侏罗世的实际发生率应当较目前的统计量低。从晚白垩世开始，鸣螽科昆虫急剧衰落，只有3.2%～7.1%的属出现于晚白垩世－古近纪，仅少数类群残存并延续至今。这一总的趋势在中国和全球数据中的反映基本一致。

在早侏罗世已有可靠的鸣螽科昆虫记录，中国早侏罗世的化石记录分布范围十分广泛，迄今发现的该时期化石多为雌性种类。到中侏罗世，该科急剧发展和辐射，达到其演化的第一次高峰。在这一时期，中国的化石属占有很大的比例，达15属（其中9属系依据雄性标本建立），占该时期属总数的80%。如此高的比例可能与道虎沟生物群的发现有关。至晚侏罗世，鸣螽科昆虫的分异度在中国和全球都有明显下降，特别是在中国，目前明确记载的仅为5属；另一个特点是该时期的化石属的新生率也相当低。到早白垩世，分异度又有所回升，这一特点在全球范围内更为明显，并达到该科演化过程中的第二次高峰。与第一次高峰不同的是，这次高峰中国的化石属所占的比例没有第一次那么高。早白垩世之后，鸣螽科分异度剧烈下降，进

表4－1　中国和全球各地质时期鸣螽科雄性属化石及其新属的发生率

地质年代	总单元数		新单元数		新属发生比率（%）	
	中国	全球	中国	全球	中国	全球
新近纪 (Ng) 及现代 (R)	3	5	3	5	100	100
古近纪 (Pg)	1	2	1	2	100	100
晚白垩世 (K2)	0	0	0	0	0	0
早白垩世 (K1)	6	14	4	11	66.7	78.6
晚侏罗世 (J3)	2	6	0	3	0	50
中侏罗世 (J2)	9	10	8	9	88.9	90
早侏罗世 (J1)	2	3	2	3	100	100

注：此表系根据雄性属化石记录所作。新单元是指在前一时段未在该地区范围内出现的属级单元。

表4－2　中国和世界其他地区鸣螽科化石及其新属（包括雌性）的发生率

地质年代	总单元数		新单元数		新属发生比率（%）	
	中国	全球	中国	全球	中国	全球
新近纪 (Ng) 及现代 (R)	3	7	3	7	100	100
古近纪 (Pg)	1	3	1	3	100	100
晚白垩世 (K2)	0	0	0	0	0	0
早白垩世 (K1)	12	24	8	19	66.7	79.2
晚侏罗世 (J3)	5	13	2	6	40	46.2
中侏罗世 (J2)	15	17	12	14	80	82.4
早侏罗世 (J1)	6	7	6	7	100	100

注：此表系根据雄性属和雌性属化石记录所作。新单元是指在前一时段未在该地区范围内出现的属级单元。

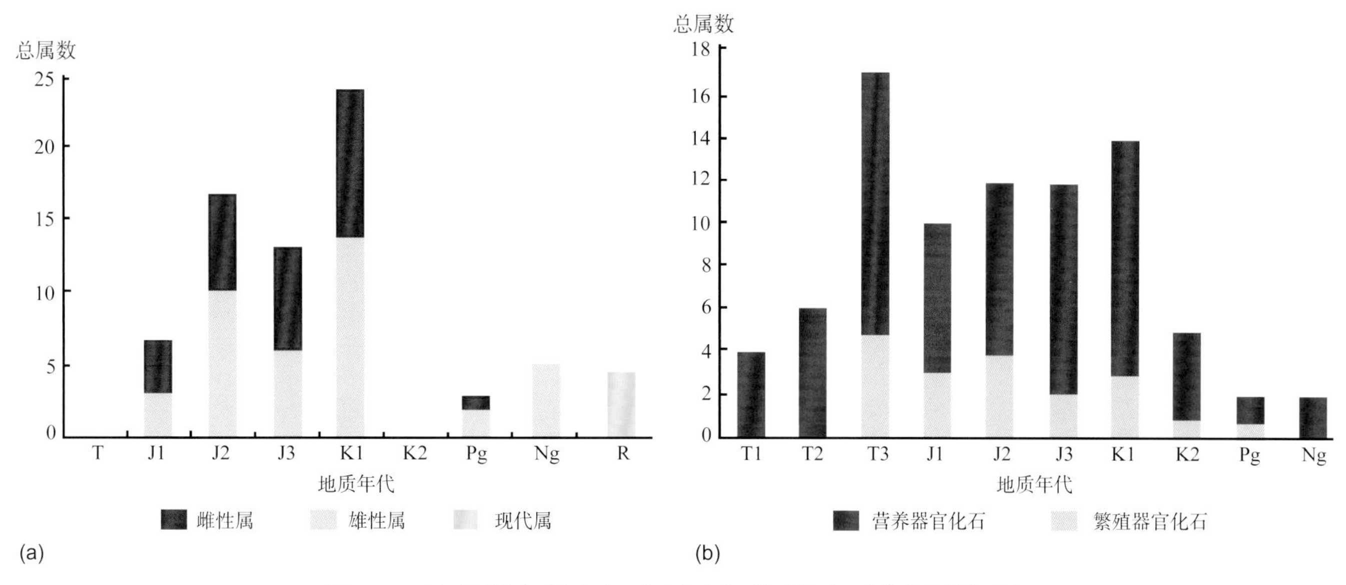

图4-9 鸣螽科昆虫(a)和银杏目(b)在地史时期总体分异度的变化趋势对比

鸣螽科总体分异度据表4-2；银杏目植物总体分异度演变据周志炎和吴向午(2006)，略有改动。地质年代符号：T，三叠纪；T1，早三叠世，其余同表4-1。

入衰落期，仅少数残存并延续到现代。中国晚白垩世迄今还没有该科化石的确切记录。

无论是中国还是全球其他地区，发现于晚白垩世的鸣螽科昆虫均十分有限，与此相反，在早白垩世该类群却十分常见，因此鸣螽科昆虫的衰落可能从晚白垩世早期就已经开始了。由此可见，鸣螽科昆虫的衰落不太可能是因白垩纪末的生物大灭绝事件而引起的。将鸣螽科昆虫与银杏类植物在地史时期分异度的变化趋势(图4-9b)进行比较，可以发现它们之间呈一定的正相关性，表明这两类生物之间有着十分密切的关系。银杏类植物可能是当时鸣螽昆虫最主要的栖息场所，一方面为鸣螽提供主要的食物来源，另一方面鸣螽为适应这类生境，演化出条带状的翅斑，这种保护色与条带状的银杏叶形状近似，利于鸣螽躲避天敌。在早、中侏罗世，银杏类植物非常繁盛，而鸣螽科昆虫由于具有较强的飞行能力和与环境一致的保护色，在中侏罗世进入大辐射期。在晚白垩世，随着银杏类植物的迅速衰落，鸣螽科昆虫鸣螽进入衰落期，而且体型也变小。另外，伴随着鸟类和哺乳动物的兴起，森林中的生物竞争空前加剧，鸣螽科昆虫由于身体较为肥硕、前翅兼顾鸣叫功能而飞行能力远不如其他类型飞行动物(如蜻蜓、鸟类)，因此无论在陆地还是林间的竞争中都处于劣势，难逃衰落的命运，最终只有少数类群残存至今。这些残存类群的翅斑类型都是散布式而不是条带式的，这种斑纹与新的植被面貌更为一致，因而比条带式斑纹更具有保护作用。

4.2 半翅目一些重要类群的演化

早期学者往往将同翅目(Homoptera)作为昆虫纲中独立的一个目，但近年来形态学及分子学特征数据的支序分析研究表明，同翅目实为一并系类群(梁爱萍，2005)。现多数学者赞成将其与异翅目(Heteroptera)合并，统称为半翅目(Hemiptera)。半翅目子类群之间的系统发生关系为：胸喙亚目+{蝉亚目+[蜡蝉亚目+(鞘喙亚目+异翅亚目)]}(图4-10)。系统发生分析表明：在半翅目中，鞘喙亚目(Coleorrhyncha)与异翅亚目具有最近的亲缘关系，蜡蝉亚目(Fulgoromorpha)与鞘喙亚目+异翅亚目是姐妹群，蝉亚目是蜡蝉亚目+(鞘喙亚目+异翅亚目)的姐妹群，胸喙亚目(Sternorrhyncha)是半翅目中最早和最原始的一个分支。遵照此种系统发生关系，本文所研究的Cicadomorpha应称为蝉子亚目，但由于化石Cicadomorpha的定义更为宽泛，包括了半翅目的许多基部类群(如灭绝的原蝉科)，因此本文仍使用国内普遍接受的“蝉亚目”称谓。

4.2.1 蝉亚目

半翅目在二叠纪已经出现并开始分化，经历了二叠纪-三叠纪之交的大灭绝事件。存活的半翅目在三叠纪开始了第二次辐射，进入总科水平的分化，蝉亚目现生总科的代表原蝉科(Prosbolidae)在三叠纪最晚期或侏罗纪早期已经出现(图4-11；Shcherbakov, Popov, 2002)。近几年随着昆虫分子分类学的发展，原有的蝉亚目内部的系统发生关系都有巨大改变。蜡蝉总科提升为蜡蝉亚

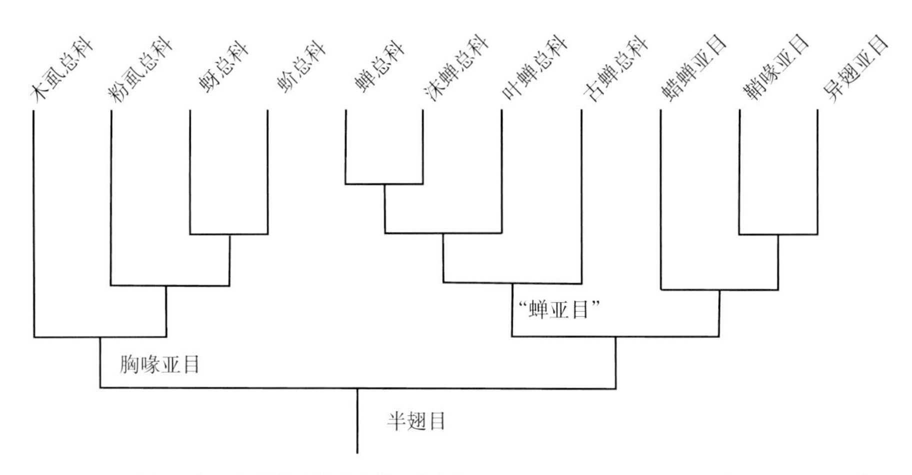

图4-10　半翅目主要类群的系统发生关系[改自Shcherbakov,popov(2002)和Cryan(2005)]

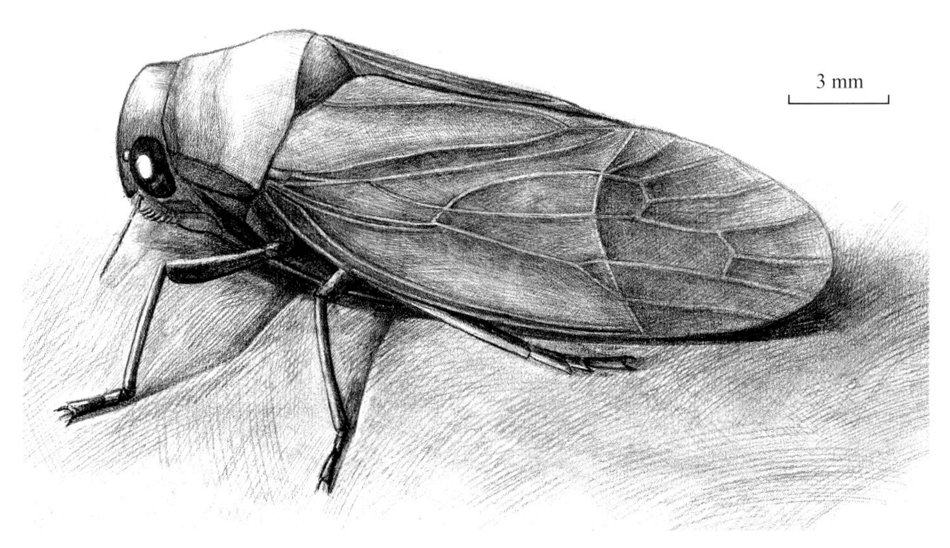

图4-11　原蝉科复原图

目；沫蝉总科与蝉总科为姐妹群；角蝉科和叶蝉科共同组成叶蝉总科(Cryan, 2005)。但是，蝉亚目3个总科的起源和演化过程目前都不清楚。因为选取的特征不同以及趋同演化的影响，现生形态学系统发生研究提供了3种截然不同的意见，而分子系统学也没有一个统一的意见(Cryan, 2005)。目前影响力最大的系统发生关系是(蝉总科+沫蝉总科)+(角蝉总科+叶蝉总科)。白垩纪中期，整个昆虫群面貌发生了巨大的变化。蝉亚目是最大的刺吸植食性类群，随着被子植物的辐射演化，大量蝉亚目现生类群出现，并与被子植物协同演化，在白垩纪后期它们已与现生代表较为相似。而侏罗纪和早白垩世的蝉亚目各总科分子保留了很多原始特征，为解决各总科之间的系统关系提供了最直接证据。

1. 古蝉总科

古蝉总科(Palaeontinoidea)包括3个科：分别是古蝉科(Palaeontinidae Handlirsch, 1908)、敦氏古蝉科(Dunstaniidae Tillyard, 1916)和中古蝉科(Mesogereonidae Tillyard, 1921)。中古蝉科仅包括2属2种，局限于澳大利亚和南非的上三叠统。敦氏古蝉科分布于南非和澳大利亚的二叠系上部，澳大利亚和中亚中、上三叠统，南非上三叠统。该科最初被划为鳞翅目(Tillyard, 1916)，后又被归为异翅目(Tillyard, 1918)。Meyrick(1916)认为它应属于同翅目，而Becker-Migdisova (1949, 1950)认为它和古蝉接近。随后中亚出产的2个新属新种进一步证实了Becker-Migdisova的观点(Becker-Migdisova, Wootton, 1965)。后来，Shcherbakov (1984)修订了敦氏古蝉科的定义，并将其化石记录追溯到二叠纪。古蝉科化石主要来自欧亚大陆中生代地层中，其种类最为丰富。目前，已描述的古蝉达30余属，但其中很多种类需要重新修订，而且古蝉科的系统发生关系还待详细研究。

古蝉科化石最早发现于英国中侏罗统地层中，当初却被认为是最早的鳞翅目昆虫(Butler, 1873)。随后，

Weyenbergh(1874)在德国索伦霍芬上侏罗统地层中发现了相似的化石，但将其归为现生的蝉科。古蝉科是由Handlirsch于1908年根据侏罗纪化石建立的，最初隶属于鳞翅目。经Tillyard(1921)研究，认为该科非常接近于中生代同翅目的中古蝉科(Mesogereonidae)，而与现代的蝉科(Cicadidae)有一定的亲缘关系，因此把它归于头喙亚目(半翅目)。Becker-Migdisova(1949)和Evans(1956)支持此分类方案，并分别作了补充，发现了许多古蝉科新属。Evans(1956)也对古蝉科的地质历史作了简单的总结。此后，在世界各地陆续有新的种属被发现。但古蝉总科作为一个灭绝类群，由于缺少分子证据以及许多重要的形态学证据，对其分类位置仍缺少详细的分析和确定的结论。直到2002年，Shcherbakov和Popov(2002)进一步确定了古蝉总科的分类位置，将其归为蝉亚目(包括蝉总科、叶蝉总科和沫蝉总科)的基干类群。

20世纪80年代中国学者谭娟杰在二叠系地层中发现的古蝉化石，实际上是蜚蠊革翅碎片(Wang et al., 2006a)。国内第一块确定的古蝉化石是洪友崇(1982b)报道的，发现于甘肃中−下侏罗统。后来洪友崇、任东先后在河北、辽西地区发现了大量属种(洪友崇，1983；任东，1995; Ren et al., 1998)。林启彬(1992b)首次描述了产自新疆下侏罗统的一块古蝉后翅化石。张海春在新疆发现了古蝉科3个新种，并对中国发现的古蝉科分类作了首次订正和总结(Zhang, 1997b)。张俊峰报道了辽西中侏罗统一块后翅标本(许坤等，2003)。此后，王博、王莹等相继报道了道虎沟及周边地区的古蝉化石(Wang et al., 2006a～d, 2007a, 2007b, 2008a～c, 2009d；王莹，任东，2006; Wang, Ren, 2007a, 2007b, 2009; Wang et al., 2007a, 2007b, 2008)。

不同的研究者先后采用了多套不同的古蝉翅脉序命名系统(表4−3)。本文采用2009年修订的标准。

(1) 中国古蝉化石分布和组成

中国的古蝉化石异常丰富，在数量上已远远超过世界其余产地的该类化石的总和，而且多保存精美。它们主要分布于新疆下侏罗统，内蒙古和辽西中侏罗统，甘肃、内蒙古、冀北和辽西的下白垩统。目前，暂没有明确的晚侏罗世古蝉化石的发现。

在中侏罗世，8个产地共发现了超过11属的古蝉。其中，3属为中国特有：*Gansucossus*、*Neimenggucossus*和*Sinopalaeocossus*。特别是*Gansucossus*先后发现于甘肃、辽西和内蒙古，表明这些地区的古蝉在中侏罗世存在频繁的迁移并发生了辐射。特别是，道虎沟的古蝉多样

表4−3　古蝉脉序命名对比

<table>
<tr><th>Becker-Migdisova (1949)</th><th>Emeljanov (1977); Shcherbakov (1981a)</th><th colspan="2">Dworakowska (1988)</th><th>Kukalová-Peck (1991)</th><th>Wang et al. (2006a, 2006b)</th><th>Wang et al. (2009d)</th></tr>
<tr><td rowspan="3">C</td><td rowspan="4">C</td><td>Pc</td><td rowspan="2">CA</td><td>Pc</td><td rowspan="3">C</td><td rowspan="3">C (CA)</td></tr>
<tr><td>CA</td><td>CA</td></tr>
<tr><td rowspan="2">CP</td><td rowspan="2">Pc+CP</td><td>CP_{1+2}</td></tr>
<tr><td rowspan="2">ScA</td><td>CP_{3+4}</td><td rowspan="2">ScA</td><td>CP</td></tr>
<tr><td rowspan="2">Sc</td><td colspan="2" rowspan="2">ScP</td><td rowspan="2">ScP</td><td>ScA lost</td></tr>
<tr><td>ScP</td><td>ScP</td><td>ScP</td></tr>
<tr><td>R</td><td>R</td><td colspan="2">RA</td><td>RA</td><td>RA</td><td>RA</td></tr>
<tr><td>Rs</td><td>Rs</td><td colspan="2">RP+MA</td><td>RP+MA</td><td>RP</td><td>RP</td></tr>
<tr><td>M</td><td>M</td><td colspan="2">MP</td><td>MP</td><td>M</td><td>M</td></tr>
<tr><td>CuA</td><td>CuA</td><td colspan="2">CuA</td><td>CuA</td><td>CuA</td><td>CuA</td></tr>
<tr><td>CuP</td><td>CuP</td><td colspan="2">CuP</td><td>CuP</td><td>CuP</td><td>CuP</td></tr>
<tr><td>A_1+A_2</td><td>Pcu</td><td colspan="2">AA</td><td>AA_{3+4}</td><td>Pcu</td><td>Pcu</td></tr>
<tr><td></td><td>A_1</td><td colspan="2">AP'</td><td>AP_{1+2}</td><td>A_1</td><td>A_1</td></tr>
<tr><td></td><td>A_2</td><td colspan="2">AP"</td><td>AP_{3+4}</td><td>A_2</td><td>A_2</td></tr>
<tr><td>基中室</td><td></td><td colspan="2"></td><td></td><td>中室</td><td>中室</td></tr>
</table>

性远远高于其他地区，表明该科可能在中侏罗世达到鼎盛。早白垩世的古蝉来自7个产地，其中3个产自道虎沟周边。所有的产地都是义县组地层，局限于热河生物群的范围内（陈丕基, 1988; Zhou, 2006; Zhang et al., 2007）。在此时期，侏罗纪古蝉的代表类型如*Martynovocossus*和*Sinopalaeocossus*，都被3个白垩纪类型代替了。3属分别为*Ilerdocossus*、*Yanocossus*和*Miracossus*。*Ilerdocossus*广泛分布于西班牙、中国和英国，表明该属在白垩纪为世界性分布。但在该时期，古蝉多样性明显降低。在白垩纪晚期，古蝉非常稀少。尽管国内比义县组更年轻的地层（例如九佛堂组和大拉子组）也出产了大量昆虫化石，但是古蝉已经完全缺失了。迄今为止，最晚出现的古蝉是巴西古蝉。因此在早白垩世晚期，古蝉可能先在欧亚大陆灭绝，最后在南美地区消失。

（2）道虎沟古蝉与世界其他类群比较

道虎沟化石层确切的古蝉化石为11属23种。随着野外工作的进一步开展和化石材料的逐步积累，道虎沟化石层中古蝉的数量无疑会进一步提高，但其属的数量已基本稳定，很难超过11属，因为中国中侏罗世古蝉中有几个属是单独以前翅或后翅为特征建立的，可能会存在同物异名现象。

道虎沟古蝉群中有4属（*Gansucossus, Palaeontinodes, Plachutella, Sinopalaeocossus*）也分布于中国北方（甘肃、冀北和辽西）地区（洪友崇, 1983; Zhang, 1997b; Wang et al., 2006b）。这些产地的古蝉面貌与道虎沟化石层中的非常相似。另外，道虎沟类群中也有4属（*Palaeontinodes, Plachutella, Martynovocossus, Suljuktocossus*）发现于中亚中、下侏罗统（Becker-Migdisova, 1949; Becker-Migdisova, Wootton, 1965）。另外，道虎沟也含有特有类群，包括*Eoiocossus*、*Abrocossus*、*Neimenggucossus*和*Ningchengia*。但除了*Eoiocossus*，其余3属仅以单块标本为代表，即使*Eoiocossus*也只有约10块标本为代表。总体上看，道虎沟古蝉群是以*Palaeontinodes*、*Sinopalaeocossus*、*Martynovocossus* 3属为主，与中国北方中侏罗统和中亚中、下侏罗统的古蝉群面貌相似。

目前，对道虎沟生物群的时代还略有争议，主要在于其与哈萨克斯坦卡拉套地区上侏罗统卡拉巴斯套组生物群的对比问题。尽管卡拉套出产了为数不少的蝉亚目化石，但很少被系统描述。例如，仅一块卡拉套古蝉后翅（*Plachutella*）和一块破碎的前翅（Cicadomorpha）被详细描述，而一些保存很好的古蝉、螽蝉和类杆蝉仍未被描述（Shcherbakov, Popov, 2002）。因此，在蝉亚目化石方面，两个化石群的详细比较还很不成熟。

德国索伦霍芬古蝉是最早发现的古蝉群之一，也是最丰富的晚侏罗世古蝉群。索伦霍芬地区位于德国南部巴伐利亚州慕尼黑和纽伦堡之间，因出产始祖鸟而闻名。实际上，索伦霍芬仅是一个小村落，大部分所谓的索伦霍芬古蝉化石来自艾希施泰特（Eichstätt）镇所属地区（Burnham, 2007）。索伦霍芬古蝉化石保存在泻湖相灰岩中，尽管产自不同的层位，但其时代都属于晚侏罗世早提塘期（Kemp, 2001）。Handlirsch（1906）最初总结了索伦霍芬古蝉共6属8种。经过重新修订，该类群只包括3属3种，分别为*Eocicada*、*Prolystra*和*Archipsyche*。索伦霍芬古蝉大部分标本保存较差，只有身体和前翅轮廓可见，仅从两个属（*Eocicada*和*Lithocossus*）的部分标本上能识别出较完整的翅脉。总体上看，索伦霍芬古蝉普遍具有三角形的前翅，其前缘区和臀区明显减小，而且前翅RA、RP、M起源于同一位置。特别是*Eocicada*与早白垩世代表分子*Ilerdocossus*在身体结构以及前翅翅形和翅脉方面非常相似。因此，该类群与早白垩世古蝉关系更加密切，与道虎沟古蝉相差甚大。

总之，道虎沟古蝉与其他中侏罗世古蝉类群较为接近，与侏罗纪最晚期的索伦霍芬古蝉类群差别明显。

（3）形态结构和古生态学

在侏罗纪和白垩纪早期，古蝉科的数量比较多。它们个体较大，身体多毛，与澳大利亚螽蝉（*Tettigarcta*）类似。它们的头较小，但喙很长，适于从大型植物中吸取汁液。大部分种类翅上具有破坏性色斑，这是一种隐蔽性的策略，即在密林中昏暗的光线下，其轮廓被模糊，使捕食者虽能见到，却只能看清一些散碎的图形而不能分辨（Cott, 1957）。目前，尚无古蝉若虫的报道。现生蝉若虫在土壤里生活，其前足为开掘式，腿节粗壮，因而其成虫前足腿节也较为粗壮。古蝉成虫的前足与中、后足无异，表明其若虫应类似于叶蝉，主要生活在枝条上。古蝉的腿较短，后足短，其基节和腿节不发达，表明古蝉无跳跃能力。其移动类似于现生蝉类，飞行为主要移动方式，而步行缓慢，为辅助移动方式。古蝉前胸背板较窄，而中胸背板宽大。古蝉具有前动力飞行方式，中胸背板加大必然给前翅飞行肌提供了更多的附着空间。古蝉腹部没有鸣器和听器。但其中胸背板两侧有明显突起，而前翅基本有发达的骨片，因此古蝉科很可能类似于部分原始的蝉科，利用前翅骨片和中胸背板突起的摩擦发声（Moulds, 2005）。古蝉具有发达的产卵器，其结构与现生蝉类类似：第8腹节的腹板退化，而由第7腹节的腹板形成亚生殖板，主要由第1产卵瓣与第2产卵瓣互相嵌接组成产卵器；第1、2载瓣片均较发达；第3产卵瓣宽，内面凹陷，着生于第2载瓣片端部，形成产卵器鞘，以容纳第1和第2产卵瓣。产卵时，产卵器从鞘中伸出并滑动，渐次插入幼嫩的枝条，将卵产于植物组织内。Becker-Migdisova（1960）基于古蝉和银杏相似的地理分布，认为银杏是古蝉的取食对象。但是，Menon等（2005）认为古蝉应该是广食性的，因为在巴西古蝉同层位中并未发现银杏化石。她们同时认为古蝉在白垩纪中期的灭绝是由植物群的演替造成的。王博等（Wang et al., 2008b）认为，除了食物危机，早白垩世新出现许多食虫性的哺乳动物和鸟类，可能进一步加速了古蝉的灭绝。

（4）种内变异

得益于大量保存精美的化石，马氏古蝉（*Martynovocossus*）已成为目前研究得最为清楚的古蝉类群。大量的标本允许我们进一步检验古蝉的种内变异。这些变异非常明显地体现在翅的大小、ScP支脉的数量以及翅斑纹的差异上。这些变异很可能也存在于其他古蝉甚至蝉亚目其他类群中。因此，在分类鉴定时需要认真考虑这些变异情况。

① ScP支脉　前缘区ScP具有支脉是古蝉属或种级的鉴别标准。但是，这些支脉的位置和数量在同一种内常常是变化的（例如*M. bellus*；图4-12）。另外，这些支脉有时由于埋藏的原因而变得微弱，不易鉴别（图4-12；Wang et al., 2006c，图2）。因此，ScP支脉特征要通过多个

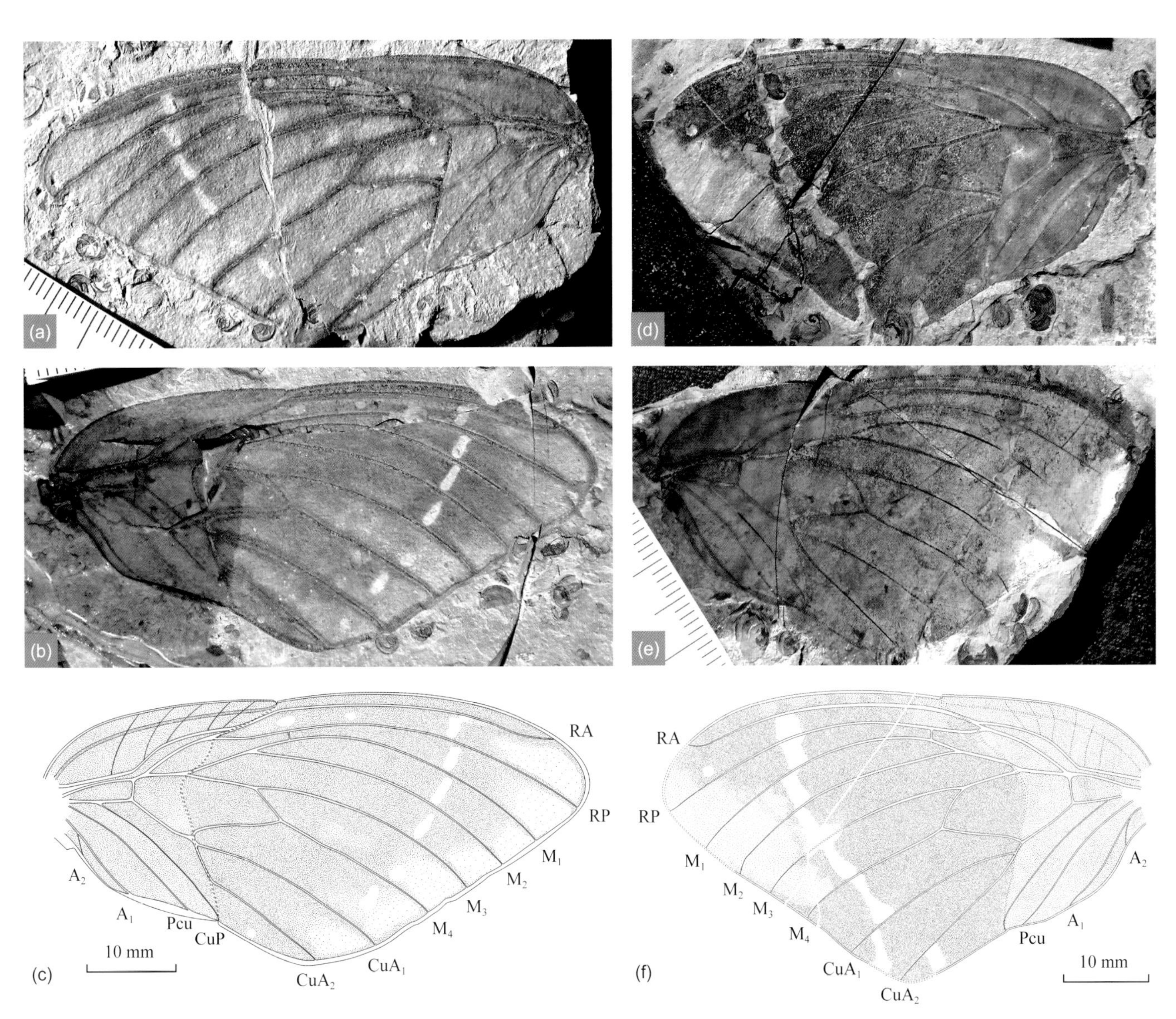

图4-12　美丽马氏古蝉［*Martynovocossus bellus*（Wang et Ren, 2006）Wang et Zhang, 2008］
前翅，示种内变异。a~c. NIGP147862：a. 正面标本，光学图像；b. 负面标本，光学图像；c. 复原图。d~f. NIGP147863：d. 正面标本，光学图像；e. 负面标本，光学图像；f. 复原图。

标本的检验才能确定。

② 翅长宽比　对于古蝉，早期研究者一般将翅的大小和长宽比作为种间区分的一个重要标准。但是由于在后期成岩过程中的变形作用，长宽比在种内常常变化较大（图4-12；辽宁省凌源市热水汤的例子见Wang et al., 2007b）。甚至，相似的长宽比也出现于不同的种内（如图4-13的2个种*M. punctulosus*和*M. decorus*）。因此，一个新种的建立不能只以翅长宽比为标准，而应基于更多的特征。

③ 翅斑纹　古蝉的体型较大，当它们长时间停留在枝干上取食树汁时，其前翅张开以遮住身体。所以翅的斑纹具有保护自己、恐吓天敌的作用。另外，类似于蝶类，翅斑纹或许也有吸引异性的作用（Wang et al., 2006d）。

绝大多数古蝉翅都有明显的翅斑纹（如Ren et al., 1998; Menon et al., 2005）。一些标本中的斑纹也可能由于后期成岩作用或者风化作用而丢失。马氏古蝉具有一些特别复杂的斑纹，所有*M. bellus*的前翅或后翅的翅斑纹总体上类似，但在细节结构上常常有一些变化。例如图4-14展示了3块后翅标本上白色环带（由白色椭圆形区域组成的条带）的宽度和位置都有变化。另外，翅斑纹色彩的强度常常在成岩过程中被减弱甚至抹去。例如图4-12表明*M. bellus* 2块前翅翅斑纹的颜色深浅有明显不同。因此，翅斑纹的描述需要认真考虑种内变异的情况。

（5）系统发生关系

Riek（1976）认为古蝉类群（“palaeontinoid complex”，即为古蝉总科）可能是Cicadoprosbolidae的后代。但Cicadoprosbolidae实际上是现生蝉科的祖先（Shcherbakov, 1984）。古蝉总科应该起源于二叠纪晚期的原蝉科（Prosbolidae），与现生蝉亚目3个总科的祖先类群为姐妹群的关系（Wootton, 1971; Shcherbakov, 1984; Shcherbakov, Popov, 2002）。敦氏古蝉科是古蝉总科的最原始类群，其与原蝉科共享2个特征：M在结脉处分支；R在结脉内侧分支。敦氏古蝉科*Fletcheriana*与古蝉科*Martynovocossus*类似：具有相似的翅斑纹以及前翅ScP分支。因此，*Fletcheriana*是敦氏古蝉科与古蝉科之间的一个关键的过渡类群。这进一步支持了古蝉科起源于敦氏古蝉科的观点（Wootton, 1971; Riek, 1976; Shcherbakov, 1984; Shcherbakov, Popov, 2002）。

古蝉总科第3个科——中古蝉科，是一类原始的极其特化的类群。该科与其他2个科明显不同：前翅长；前缘区狭窄，臀区很小；M和CuA之间的两横脉横向；结脉缺失。该科可能起源于原蝉科，于三叠纪晚期灭绝。但是，由于材料的不完整，中古蝉科与其他科的关系仍不清楚（Wang et al., 2009d）。因此，古蝉总科可能不是一个单系群。

Becker-Migdisova（1949）最早通过翅类型识别出3种古蝉类群。Wootton（1971）分析了古蝉科的演化过程，指出早期古蝉维持椭圆形的前翅，而在后期进化到三角形的前翅。Whalley和Jarzembowski（1985）认为三角形前翅只是个别的特化现象。但后来新的化石记录证实了Wootton（1971）的观点（Wang et al., 2006a）。不过，我们重新检验后发现早期古蝉的代表*Flecheriana*（现归入敦

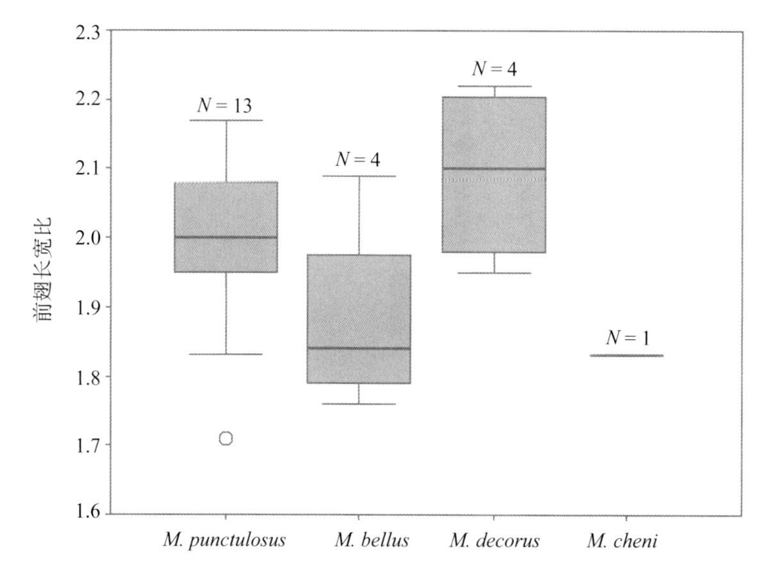

图4-13　箱式图显示马氏古蝉属（*Martynovocosssus*）4种前翅长宽比的变化
*N*为统计的标本数。

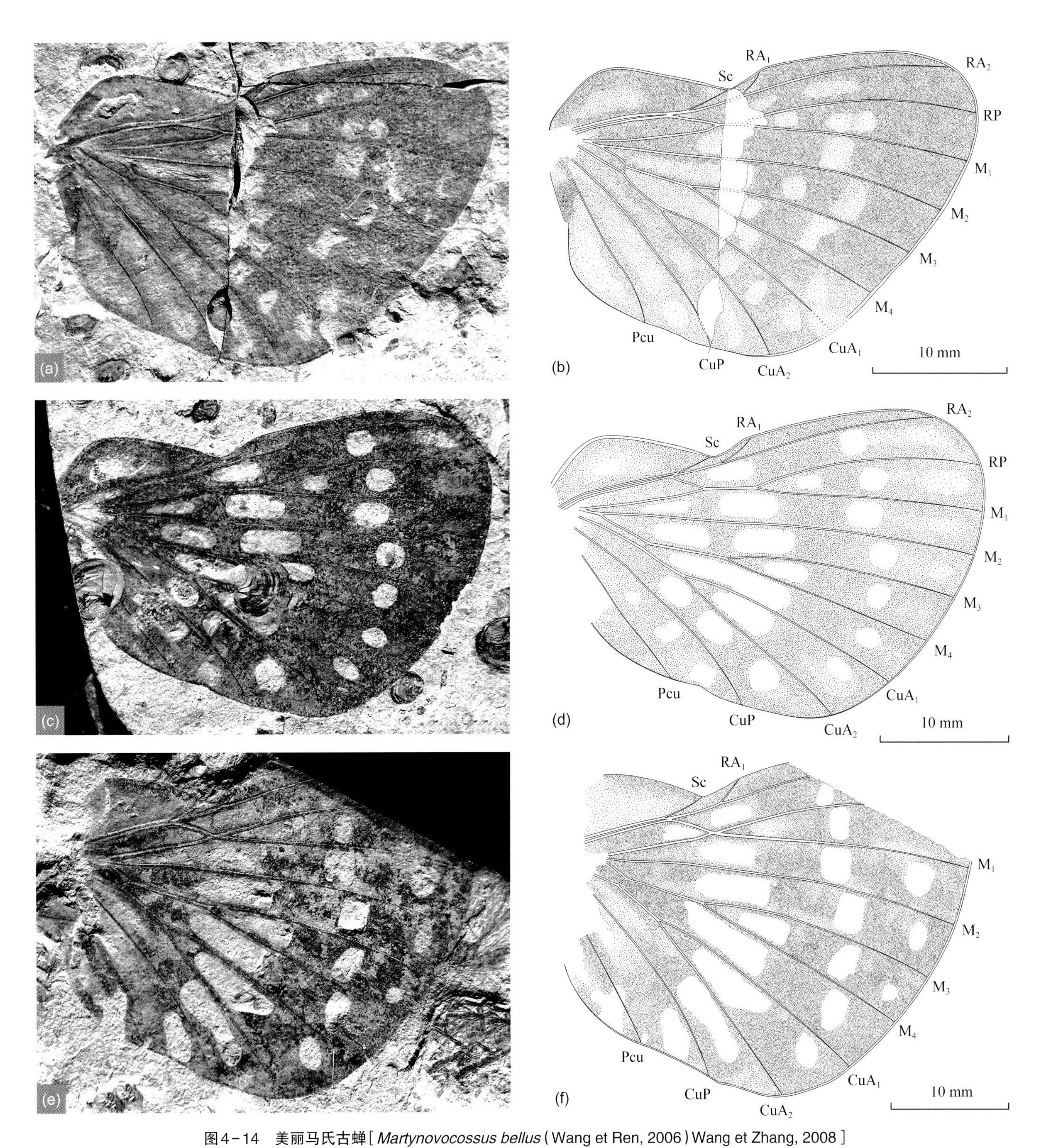

图4-14　美丽马氏古蝉[*Martynovocossus bellus*(Wang et Ren, 2006) Wang et Zhang, 2008]

后翅，示种内变异。a, b. NIGP147889：a. 光学图像；b. 复原图；c, d. NIGP147885：c. 光学图像；d. 复原图；e, f. NIGP147887：e. 光学图像；f. 复原图。

氏古蝉科)前翅是亚三角形，而不是Wootton(1971)认为的椭圆形。基于新化石记录和特征，我们将古蝉科划分为2个类群(图4-15、图4-16)：早期古蝉(主要是侏罗纪古蝉)具有亚三角形的前翅，前翅前缘区和臀区宽大，后翅较大(长度约为前翅2/3)，RP和M_1常以横脉连接；晚期古蝉(主要是白垩纪古蝉)具有三角形的前翅，前缘区变窄，臀区变小，RA、RP、M起源于同一位置，后翅较小(长度约为前翅一半)，RP和M_1常部分愈合(Wang et al., 2009d)。这2个类群可能代表了2个亚科，但还需要进一步的分支分析来验证它们的单系性。

基于早期和晚期古蝉的特征，德国索伦霍芬古蝉明显属于晚期古蝉，但它们的中胸背板与侏罗纪古蝉类似，

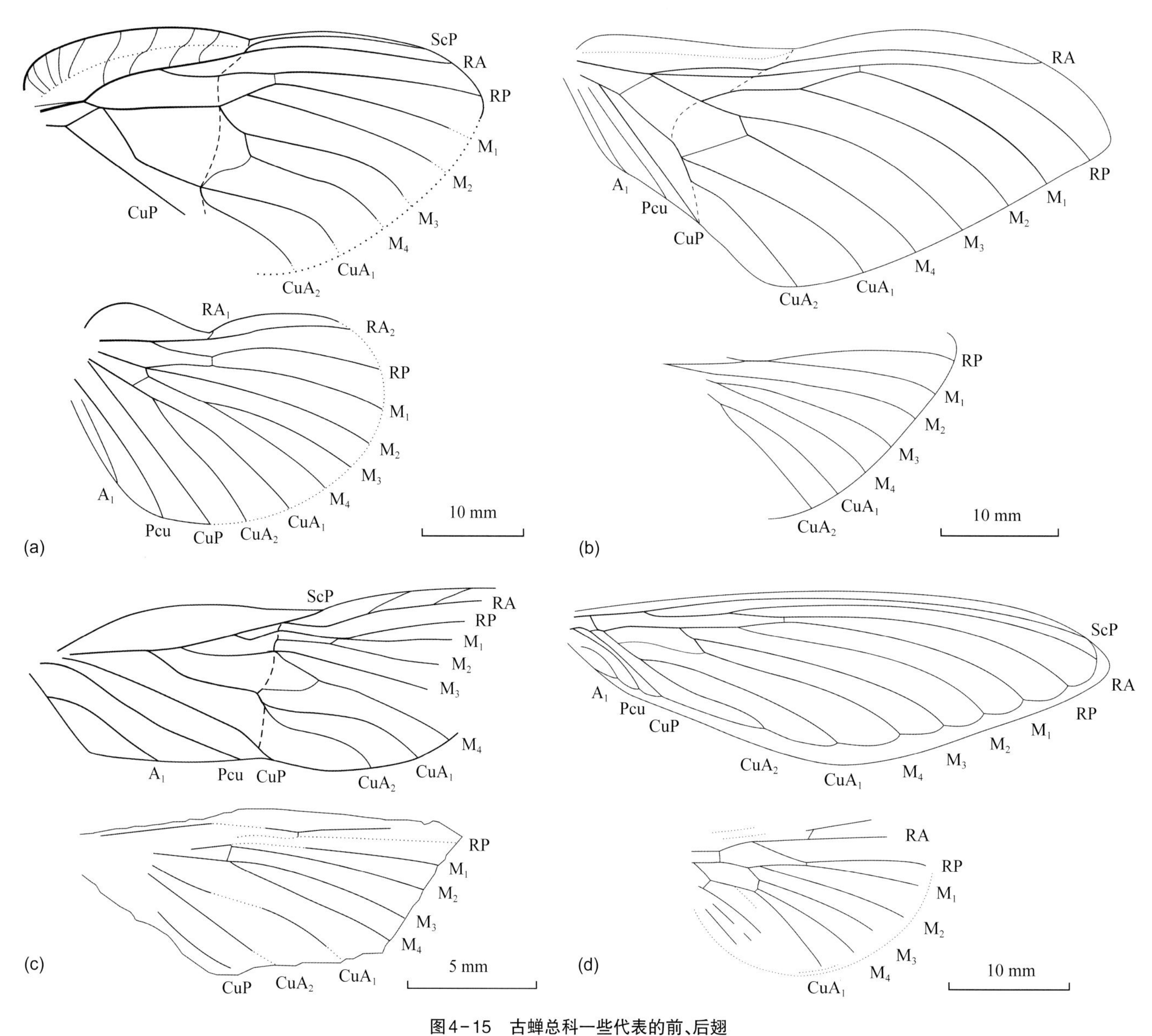

图4-15 古蝉总科一些代表的前、后翅

a. *Fletcheriana triassica* Evans, 1956 (Dunstaniidae); b. *Ilerdocossus fengningensis* Ren, Yin et Dou, 1998 (Palaeontinidae); c. *Dunstanoides elongatus* Becker-Migdisova et Wootton, 1965 (Dunstaniidae); d. 前翅: *Mesogereon superbum* Tillyard, 1916 (Mesogereonidae), 后翅: *Mesogereon shepheridi* Tillyard, 1916 (Mesogereonidae)。

未带有明显的纵脊，因而表明索伦霍芬古蝉处于晚期古蝉的基部位置。

Menon和Heads(2005)、Menon等(2005, 2007)详细描述了巴西古蝉类群，同时总结了白垩纪古蝉记录并首次提出白垩纪古蝉的系统发生关系。但对很多欧亚标本，Menon等并没有涉及和分析。因此，白垩纪的古蝉需要进一步全面的分析。*Cicadomorpha* 产自西伯利亚下白垩统，也报道于哈萨克斯坦上侏罗统。该属与大多数白垩纪古蝉明显不同，但与侏罗纪古蝉*Palaeontinodes*类似。它们都拥有亚三角形的前翅，并且前翅中室被横脉m-cua分割。另外，*Palaeontinodes*也发现于辽西下白垩统的地层中，表明该类群应属于侏罗纪孑遗类群。

西班牙早白垩世古蝉都产自Lérida地区，共包括3属(Gomez-Pallerola, 1984; Martínez-Delclòs, 1990)。其中*Pachypsyche*的地位一直有争议，该属与*Ilerdocossus*产自相同地点和层位，主要特征也几乎一致。因此，*Ilerdocossus*很可能成为*Pachypsyche*的晚出异名。另外一属*Montsecocossus*的建立是依据一块强烈变形的标本，许多重要特征仍不清楚，因而其系统发生关系也暂时无法确定。王博等(Wang et al., 2008c)报道了英国威尔登超群(Wealden Supergroup)一块白垩纪古蝉后翅标本，建立一新属新种*Valdicossus chesteri*，其M脉三分支的

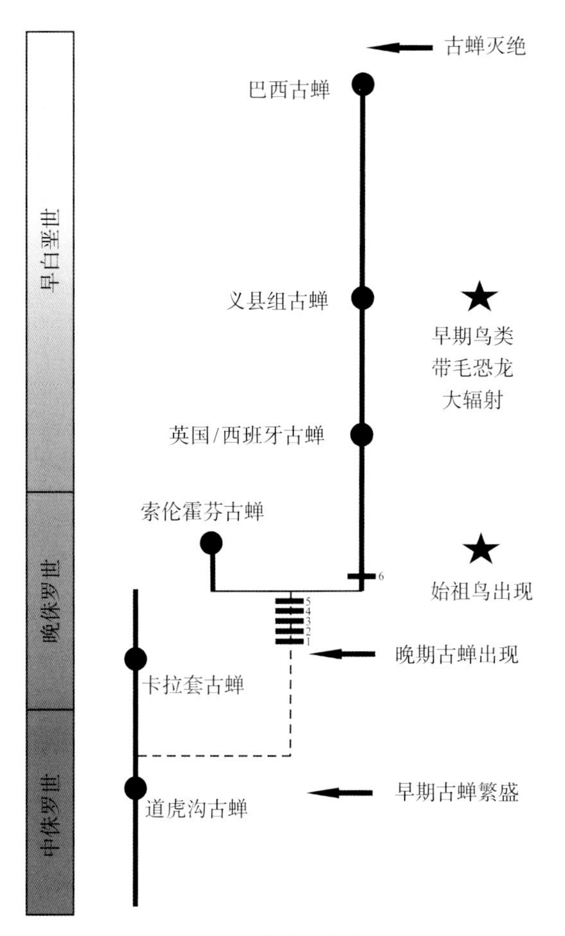

图4-16 中生代晚期古蝉科的演化

特征类似于*Ilerdocossus*的后翅，应该属于“*Ilerdocossus*-complex”类群。另一块产自威尔登超群的*Ilerdocossus*古蝉前翅也有报道，但未正式描述（Wang et al., 2008c）。因此，西班牙和英国古蝉群面貌非常接近。Menon和Heads（2005）认为中国的*Liaocossus*和西班牙的*Wonnacottella*都是*Ilerdocossus*的晚出异名。这个观点也得到了王博等的支持（Wang et al., 2008b）。但近期，通过检验西班牙古蝉的细节照片，笔者发现西班牙的*Ilerdocossus*与中国的*Ilerdocossus*（原*Liaocossus*）前翅非常类似，但其后翅特征与早期的描述有很大差异。其后翅M脉应是三分支，与英国古蝉相同，而与中国古蝉的四分支截然不同。这意味着Menon等（2005）和王博等（Wang et al., 2008b）最初的观点也是不正确的。问题的最终解决还需要进一步检验西班牙的标本。

经过修订，中国白垩纪古蝉包括3个属，分别为*Yanocossus*、*Miracossus*和*Ilerdocossus*。其中*Yanocossus*和*Miracossus*构成了较好的单系类群，它们都有宽的中室，很短的CuA_1和CuA_2，M_4基部纵向，横脉m_4–cua横向。另外，其前翅具有狭窄的前缘区和臀区，表明这2个属与*Ilerdocossus*类群为姐妹群。另外，中国的*Ilerdocossus*类群也发现有前翅后中室减小的分子，类似于巴西古蝉。

新近描述的巴西古蝉也有很多的分类问题。经笔者重新检验标本，发现有的鉴定特征是由变形引起的，多数翅基部构造的描述存在疑点。另外，目前发现的巴西古蝉标本不到20块（包括无法鉴定的），却鉴定出5属10种。因此，对这些标本有必要进行更深入的研究。总体上，巴西古蝉与其他白垩纪古蝉的区别在于前中室（antenodal region）很大，呈梯形，而后中室（postnodal region）非常小，往往呈半圆形。全球广泛分布的*Ilerdocossus*类群应是巴西古蝉的祖先类群。

综上所述，随着标本的积累和认识的提高，白垩纪古蝉的分类出现了许多新的问题。这一方面说明了白垩纪古蝉翅的形态多样性降低，翅的可鉴别特征不多，另一方面表明古蝉鉴定的标准还需要完善。但总体上，白垩纪古蝉的演化过程已基本明晰。除了2个孑遗属（*Cicadomorpha*和*Palaeontinode*）和1个不确定的属（*Montsecocossus*），索伦霍芬古蝉和白垩纪古蝉构成了一个较好的单系类群。其特征为三角形前翅，前缘区狭窄，臀区减小，RA、RP和M起源于同一位置。按演化过程各古蝉类群次序为：德国索伦霍芬古蝉、英国/西班牙古蝉、中国义县组古蝉、巴西古蝉（图4–16）。相信随着分类工作的完善，更多有用的特征将被提取，不久将可重建古蝉科严格的系统发生树。

（6）功能形态演化

作为古蝉科的祖先，敦氏古蝉科的一些特征可以作为古蝉科的原始性状。后翅横脉r–m存在于敦氏古蝉和中古蝉科，也存在于一些古蝉科分子，例如*Suljuktocossus*、*Ningchengia*及部分*Palaeontinodes*。但是该横脉在大部分白垩纪古蝉中缺失（除了*Miracossus*）。Wootton（1971）曾经研究了古蝉后翅的演化趋势：原始类群中RP和M_1以横脉连接，进步类群中两脉愈合。基于新发现的材料，我们进一步了解了该演化过程（图4–17）。此愈合也出现于其他的蝉亚目类群，例如蝉科后翅中RP+MA与MP大段的愈合。相似的演化过程也出现于古生代的蜉蝣目（Wootton, Kukalová-Peck, 2000）和石炭纪的透翅目（Peng et al., 2005）中。RP与MA的愈合也发现于一些现生鞘翅目和广翅目中（Dworakowska, 1988）。此演化过程明显是在不同时代、不同类群中的趋同演化现象。通过改变横脉发育3个独立阶段的参数，可以独立控制横脉的有无和位置（Marcus, 2001）。这些横脉的变化合乎昆虫飞行能力提高的需要。当昆虫在飞行时，它的翅必须精确地弯曲来产生合适的升力（Ennos, 1988）。横脉是决定翅弯曲性的重要因素（Wootton, 1992; Combes, 2002）。而后翅RP和M_1的愈合恰是对翅部分弯曲的一种适应（Wootton, Kukalová-Peck, 2000）。此演化趋势可能暗示了古蝉飞行机制的改变以及飞行能力的提高。

古蝉科和蝉科的前翅都是主要由几根翅脉支撑的膜质翅。敦氏古蝉（如*Flecheriana*）和早期古蝉的前翅具有宽的前缘区，它们是由R、CP和ScP的支脉支撑（图4－15）。而晚期古蝉前翅具有较窄的前缘区，ScP基部与R愈合（图4－15）。现生蝉科中，ScP是最粗壮的翅脉，靠近前缘并形成一个非常狭窄的前缘区。同时，ScP与RA愈合以加固前翅前缘（Song et al., 2004）。古蝉科和蝉科前翅中主要的纵脉越靠近翅尖就越细（Wang et al., 2006a，图5, 7; Song et al., 2004）。在前翅前缘，纵脉构成一个刚性区域以支持翅在气流中的扑动（Wootton, 1992）。在昆虫飞行时，大部分升力是通过非稳定态的前缘涡形成，这些前缘涡沿着前缘向翅尖减弱（Ellington et al., 1996; Dickinson et al., 1999）。对于具有同等大小前翅的蝉，刚性的前缘比韧性的前缘产生了更大的升力系数（Ho et al., 2002）。综上所述，晚期古蝉前翅减小了前缘区和刚性的前缘，表明其前翅获得了更好的支撑，因而此类古蝉具有更好的飞行能力（Wang et al., 2009d）。

半翅目昆虫在飞行中后翅不发达，一般通过特殊的连翅器挂在前翅，用前翅来带动后翅飞行，两者协同动作（D'Urso, Ippolito, 1994; Gorb, Perez-Goodwyn, 2003）。在现生蝉科中，两翅是通过前翅后缘向腹面卷折（连翅褶）和后翅前缘向背面卷折（连翅突）勾连在一起的，此种连翅方式称为翅嵌型或翅褶型（Dworakowska, 1988）。蝉亚目大部分类群（包括古蝉）都具有类似的连翅器。古蝉前翅臀区后缘有一个翅褶，是由后缘加厚并上卷，形成一个狭长的夹状构造，恰处于Pcu脉和后缘的连接处。其后翅前缘缺刻外侧有一个显著骨化的翅突，是前缘中域向上弯曲形成的叶状突起（图4－18）。飞行时翅突嵌入前翅的夹状构造中，并可在翅褶合起形成的筒形管槽内作有限范围的滑动。前翅翅脉Pcu加粗并且翅脉A_1和A_2连

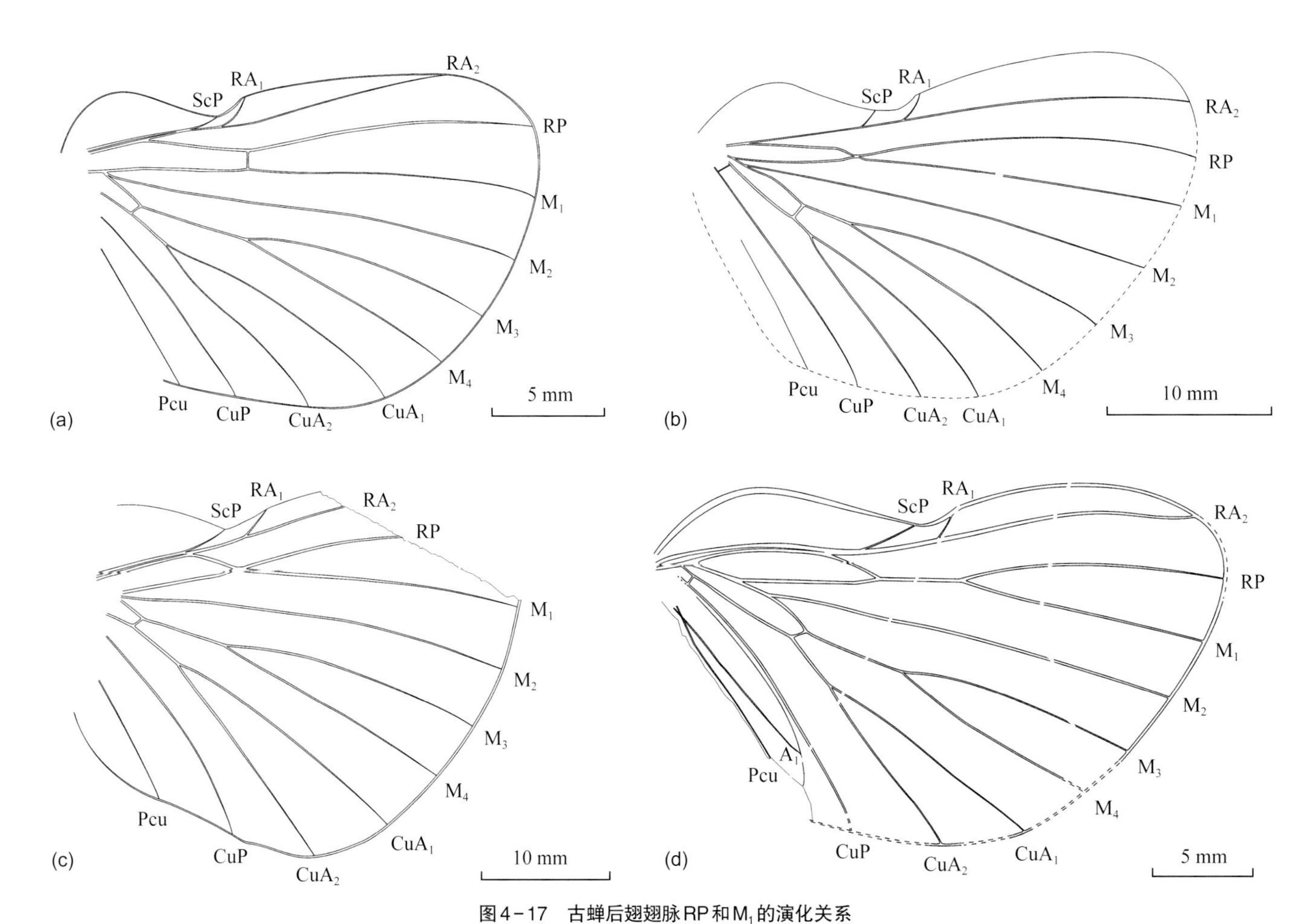

图4－17　古蝉后翅翅脉RP和M_1的演化关系

a. 首先，纵脉RP和M_1以横脉相连（*Suljuktocossus coloratus*）；b. 然后，两者点连接（*Palaeontinodes* sp.）；c. 第三步，两者愈合一小段距离（*Martynovocossus punctulosus*）；d. 最后，两者愈合较长一段距离（*Gansucossus typicus*）。

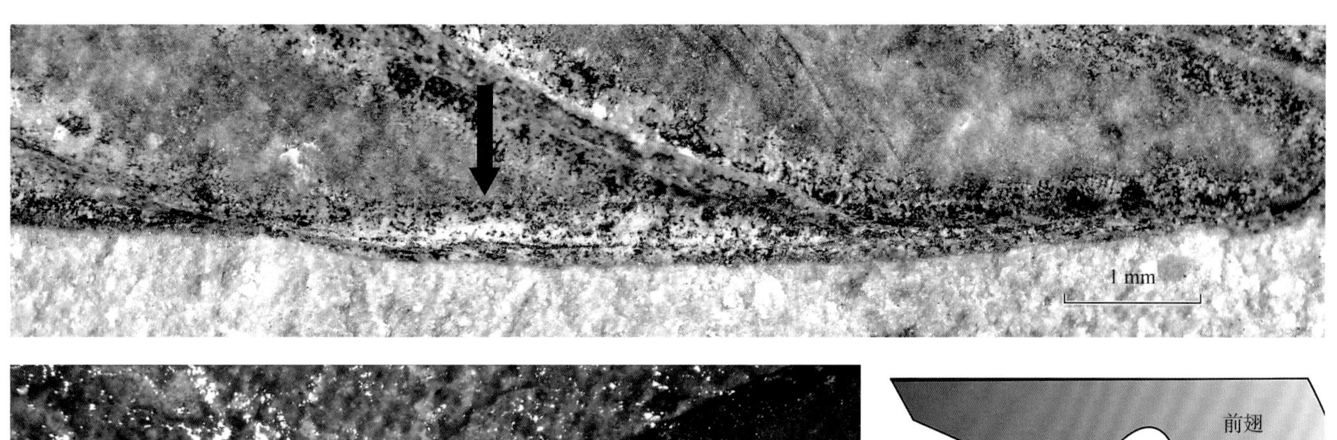

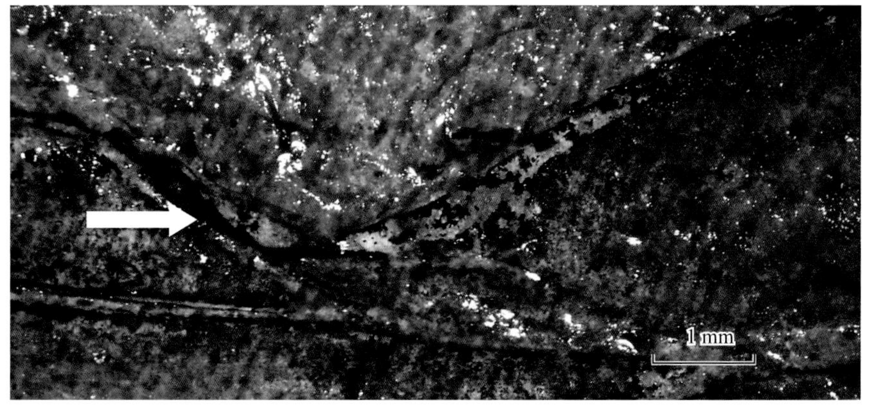

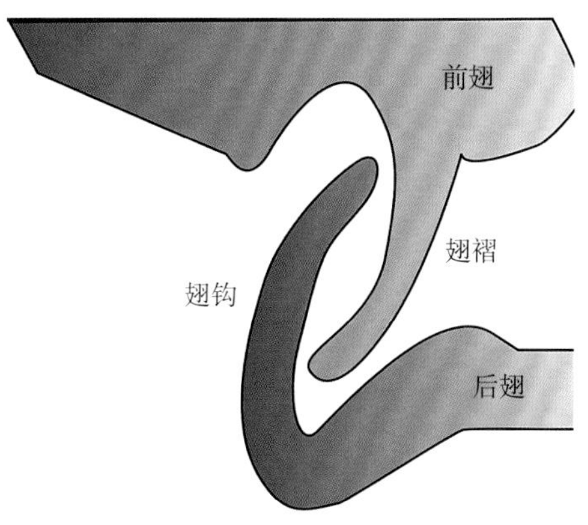

图4-18　古蝉前后翅上的连翅器结构

上图黑箭头所指区域为前翅翅褶(fold);左下图白色箭头所指区域为后翅翅钩(lobe);右下图示意前后翅的连翅结构。

接后缘,这些构造进一步加固翅褶。在后翅,翅脉Sc和RA_1分别连接翅突的外侧和内侧,也进一步加固翅突。虽然大部分古蝉并没有保存很好的连翅器结构,但许多古蝉的前、后翅在埋藏时仍然连接在一起,形成“蝴蝶”姿势。通过这种保存姿势,可以发现早期和晚期古蝉应该都有翅嵌型的连翅方式。但是三叠纪的敦氏古蝉和早期古蝉还拥有另外一种连翅方式。它们维持了一个椭圆或三角形的前翅和近圆形的大的后翅。其前翅臀区很大,在飞行时可与后翅宽大的前缘区叠加在一起,形成类似蝶类的连翅机制(翅抱型)。但到晚侏罗世晚期,古蝉前翅臀区变窄,后翅减小,失去了这种连接方式。三角形前翅的出现和翅抱型连翅方式的消失表明,从索伦霍芬古蝉开始,古蝉的飞行灵活性得到了显著的提高(Wootton, 2003; Wang et al., 2009d)。而晚侏罗世早期的卡拉套古蝉则仍维持早期古蝉的翅型。因而古蝉可能在晚侏罗世晚期快速演化出更强的飞行能力。此时期也是鸟类出现的阶段,而最早的始祖鸟是具有弱或中等飞行能力的食虫性鸟类(Chiappe, Dyke, 2006; Burnham, 2007; Mayr et al., 2007),因此在晚侏罗世晚期,索伦霍芬古蝉和始祖鸟可能上演了一幕残酷的“飞行竞赛”。

2. 蝉总科

螽蝉科属于蝉总科,也是现生蝉科的直系祖先(Wootton, 1971)。已知较为确认的最早螽蝉化石来自中亚下侏罗统,现生仅有的两个孑遗种局限于澳大利亚南部高海拔地区(Shcherbakov, Popov, 2002)。目前,世界上发现的中生代螽蝉化石几乎都没有保存完整的身体,但是道虎沟化石层中的螽蝉不但数量远远超过世界其他地区的所有同类化石,并且大部分保存有身体构造,为了解蝉科早期演化提供了重要线索。

先前公认最早的蝉总科化石来自英国的上三叠统最上部,这些化石都只保存了身体(Whalley, 1983)。基于原始描述和照片的重新检验,这些蝉类的喙很长,中胸和后胸背板明显,后胫节带有几个长距,产卵器粗壮、略弯曲。发达的后唇基和产卵器表明这些化石明显属于蝉亚目。长喙普遍存在于中生代蝉亚目昆虫,例如古蝉和类杆蝉。另外,Whalley(1983)描述的“可能的鼓膜器官(tympanal organ)印痕”并不是真正的鼓膜构造。发达的鼓膜器官仅在蝉科发育,蝉总科的基部类群(中生代和现生的螽蝉科)也只有原始的发声器官(tymbal)。而最早的鸣蝉和鼓膜器官最早分别报道于白垩纪中期和始新世早期。较宽大的前胸背板排除了将其归入古蝉科的可能性,因为后者的前胸背板狭窄。后胫节具有长距是中生代螽蝉科和类杆蝉总科的特征,但英国标本都有一个较大的中胸背板(约是前胸背板的1.5倍长;见Whalley,

1983，图6)，而中生代蝉总科(都属于螽蝉科)的中胸背板都小于前胸背板。因此，它们也不属于螽蝉总科。综上所述，这些英国蝉最可能是类杆蝉总科的一类，而最早的蝉总科化石应该是来自中亚下侏罗统(Becker-Migdisova, 1947)。

Becker-Migdisova(1947)依据一块保存较好的前翅标本建立了祖蝉科(Cicadoprosbolidae)，并认为它代表了原蝉总科向蝉总科过渡的原始类群。但是近期，一些学者认为祖蝉科化石的前翅与现生的螽蝉科差别不大，应是螽蝉科的晚出异名(Nel, 1996; Nel et al., 1998; Menon, 2005; Moulds, 2005)。而分子生物学和形态学的研究表明，现生螽蝉科实为蝉科的姐妹群(Moulds, 2005)。这个广义的螽蝉科实际为一并系类群。道虎沟螽蝉的发现，表明中生代螽蝉与现生螽蝉在身体构造上有显著差别。中生代螽蝉维持了许多原始特征：其触角多分节，前翅前缘区和臀区宽大，前胸背板扩大，但未完全覆盖中胸背板。而道虎沟螽蝉跗节前两节仍残留有少量端齿，表明其比早白垩世螽蝉更为原始。这些原始特征表明白垩纪中期之前的螽蝉应是现生螽蝉和蝉科的祖先类群。因而，祖蝉科的地位应该予以保留，不过它的定义应当只包括早期的蝉总科化石。在对祖蝉科化石记录和定义进行修订之前，为了化石对比方便，本文暂维持螽蝉科的广义用法。

目前，中国确切的螽蝉科化石仅为3属4种(Wang, Zhang, 2009a)。其中2属3种来自道虎沟化石层，分别为*Shuraboprosbole daohugouensis* Wang et Zhang, 2009、*S. minuta* Wang et Zhang, 2009和*S. media* Wang et Zhang, 2009。另有一个螽蝉后翅产自河南下白垩统(张俊峰，1993)。另有少量义县组螽蝉暂未正式描述。

晚白垩世蝉总科化石极其缺乏。到目前，最早的蝉科化石是来自美国蒙大拿州(Montana)Bear Creek古新统上部的一块前翅标本(Cooper, 1941)，可能属于Tettigadinae亚科。而现生螽蝉科的最早化石是来自苏格兰始新统的一块后翅标本(Zeuner, 1944)。另外，一个可能的蝉科若虫的前足发现于白垩纪中期[90 Ma；塞诺曼期(Cenomanian)]琥珀(Grimaldi, Engel, 2005: 307，图8.40)。蝉科若虫形成的遗迹化石，最早记录是产自美国怀俄明州上白垩统马斯特里赫特阶 (Maastrichtian) Lance组(Krause et al., 2008)，因此现生蝉科和其姐妹群现生螽蝉科可能最早出现于白垩纪中期。此时期正是被子植物开始辐射的阶段，也是中生代螽蝉和古蝉灭绝的时期，生态位空缺以及新的取食植物出现是蝉总科辐射演化的前提。在白垩纪早、中期，食虫性鸟类、哺乳类大量出现，对蝉类产生了很大的捕食压力(Zhou, 2006; Wang et al., 2008b)。古蝉科和蝉总科体型类似，都是大型蝉类，它们的足不发达，无快速步行和跳跃的能力。它们的翅是主要的运动器官，甚至短距离的移动都要靠飞行完成(Dietrich, 2002)。与其他蝉类不同，古蝉科和现生蝉科都具有发达的中胸背板，可能是为前翅飞行肌提供更多的附着空间。而两者的翅结构也类似，都具有结点和结脉，表明两者具有相似的飞行方式和机制。蝉科的前翅也由最初的椭圆形过渡到白垩纪的亚三角形再到现在的三角形结构，表明其飞行能力有了明显的提高，反映了当时捕食压力的增大。而其若虫则在白垩纪中期发展出钻地生活，可以有效躲避天敌的威胁。现生许多蝉科若虫钻出地面羽化往往发生在同一时间。如果天敌发现，但其食量有限，那么即使撑死也只能捕食少部分个体。这种“捕食饱和”的机制牺牲了少部分个体而换取了蝉类整体类群的存活率(Williams, Simon, 1995)。

现生蝉科最重要的特征是雄蝉极其特化的发音构造。雄蝉的声音是由第1、第2腹节内发声肌的收缩运动，分别牵动两侧引起膜的受迫振动而发出的(Moulds, 2005)。盖在发声膜上方的背瓣(即“鼓盖”)和所形成的鼓室以及腹部两块左右对称的腹瓣(即“音盖”)及下面的左右腹室，都有调音和扩音的功能；而腹室内壁的上半部为近似白色的“褶膜”，下半部为内倾而近似半透明的听膜，透亮如镜，故称“镜膜”。雄蝉的褶膜、镜膜和腹壁膜是接收声波的听膜，又是鸣声的辐射膜。本研究发现了已知最早的蝉科发音器官。丹麦始新统最下部Fur组(55 Ma)保存有一块雄蝉标本和一块前翅标本。雄蝉标本仅为侧视保存的身体。在其第1、第2腹节处有较明显的骨片痕迹，可能是原始的腹室和音盖(图4-19)。另外，在德国始新统中部(47 Ma)的Messel油页岩矿坑也产出了一块保存有鼓室的雄蝉化石。该化石为背面保存，在其身体两侧第1、第2腹节处保存有明显的肌肉印痕(个人观察)。在现生蝉科中，背面的鼓室包含有粗壮的平行排列的发音肌。蝉亚科(Cicadinae)鼓室外面还有鼓盖，但在较原始的2个亚科(Cicadettinae和Tettigadinae)则未发育鼓盖。基于下列特征，Messel蝉应属于蝉科原始的Tettigadinae亚科：头大，眼小，前翅CuP和1A(Pcu)未愈合，后翅RP和M基部未愈合，鼓盖缺失。丹麦和德国蝉科化石的发现表明，最早的蝉鸣应该在始新世之前

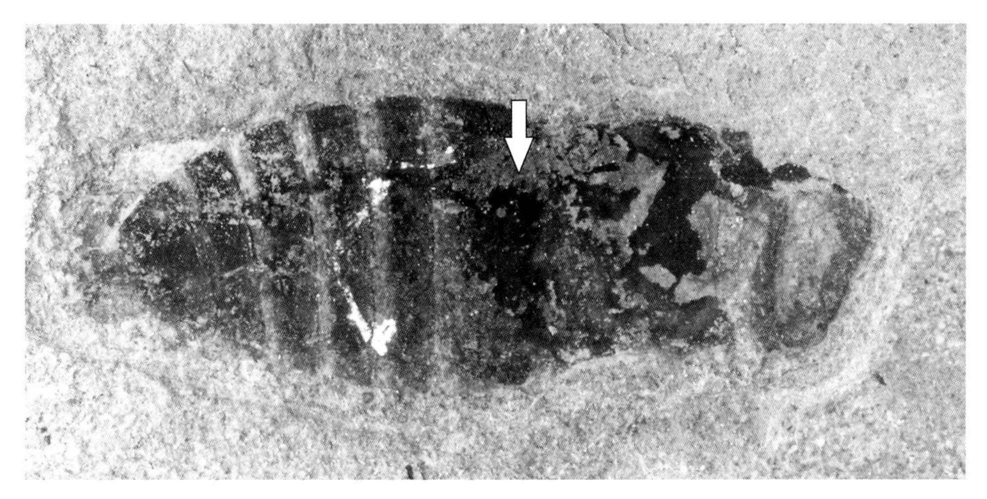

图4-19 丹麦始新统最下部Fur组蝉科化石
标本号MM 23X-C3607,白色箭头标明的骨化部分为腹室和音盖。

就已出现。

3. 沫蝉总科和叶蝉总科

目前研究较弱的侏罗纪类杆蝉总科可能为现生蝉亚目所有3个总科的祖先分子,因而具有极其重要的系统学意义(Shcherbakov, 1988)。但类杆蝉总科明显是并系类群,它不仅包括了3个总科的三叠纪祖先,还包括一些孑遗的侏罗纪和白垩纪分子,可以说是一个“垃圾筐”分类单元。该总科暂没有一个清晰的定义,各科、各亚科之间缺少准确的区别。因此,该类群需要进一步的修订工作。

沫蝉总科是所有蝉亚目研究最为薄弱的一个类群(Dietrich, 2002)。其各个科的分类、系统发生都缺少令人信服的证据和合理的假说。对于该类群的起源,目前仅仅知道是中生代原沫蝉科是其直系祖先(Shcherbakov, Popov, 2002)。但对于原沫蝉科到底如何进化成为现生沫蝉,以及与现生哪一类沫蝉关系最为接近,则没有确切的认识。由于沫蝉总科的翅脉简单,尽管中生代出现了大量沫蝉化石,但其早先的分类存在大量问题。仅中国就已报道了10属15种原沫蝉化石,占世界已知原沫蝉总数的3/4(Wang, Zhang, 2009b)。而德国侏罗纪许多沫蝉(实际为原沫蝉)种的建立,仅依据一块破碎的前翅或者后翅。沫蝉总科化石的鉴定是蝉亚目各总科中最混乱的一个,需要详细地修订。道虎沟出产了大量的原沫蝉,其数量为道虎沟蝉类之首,但多样性相对不高,多数属于网格蝉(*Anthoscytina*),少量大型分子属于侏罗沫蝉(*Jurocercopis*)(图4-20)。另外,对道虎沟新发现的华蝉科暂未系统描述。初步研究发现,该类群特征非常明显,特别是翅脉和带距胫节表明其极可能属于沫蝉总科。中亚下白垩统也发现了华蝉科分子,但被归为类杆蝉总科(Shcherbakov, Popov, 2002)。该科分子的发现表明,沫蝉总科在侏罗纪初期出现了一次辐射,分化出2个类群——华蝉科和原沫蝉科。早期沫蝉都具有3个单眼,但身体未覆盖有软毛(Wang, Zhang, 2009b)。华蝉科可能在白垩纪中期灭绝,原因可能是当时植物类群的演替;而原沫蝉科的大部分类群也在此时灭绝(Shcherbakov, Popov, 2002),少部分在晚白垩世演化为尖胸沫蝉和沫蝉科(Shcherbakov, 1996)。

叶蝉总科是现生蝉亚目分异度最高的一个类群,已描述的有25 000种。目前最早的叶蝉总科化石是产自中亚中、上侏罗统的卡拉叶蝉科(Karajassidae)。其发达的后足基节和后胫节成列的刺毛表明,这些化石明确地属于叶蝉总科(Shcherbakov, 1992)。依据蝉亚目较为公认的系统发生关系,叶蝉总科应该独立起源于晚三叠世,与蝉总科和沫蝉总科的共有祖先为姐妹群关系(图4-10)。最早的蝉总科和沫蝉总科已在早侏罗世出现,但是确认的叶蝉总科的分子最早发现于中侏罗世。尽管Shcherbakov(1992)提到有少量的早-中侏罗世叶蝉分子,却没有相关的图片或者简要描述,让人无法信服。而我们在道虎沟也暂未发现非常确认的叶蝉总科化石。因为现生叶蝉总科类群形态差异较大,趋同或重复演化情况较多,其化石的主要鉴定特征是基于身体构造,即后基节扩大和后胫节有刺毛。这两种情况的原始状态相对难以判定,例如道虎沟中为数不少的蝉类都带有较大的基节或略粗的刺毛,但都缺少显著特征。叶蝉总科前翅的脉较少,可供识别的特征很少,而Shcherbakov(1992)提出的前翅鉴定特征仍存在疑问。因此,侏罗纪早期叶蝉

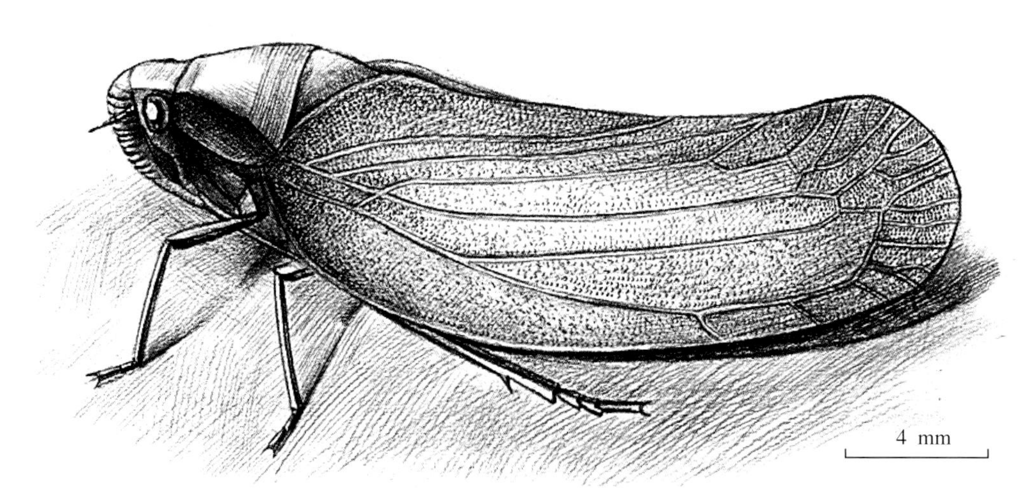

图4－20　巨大侏罗沫蝉（*Jurocercopis grandis* Wang et Zhang, 2009）复原图

化石的缺失可能只是人为假象。因为化石保存不完整以及认识不足，一些早期叶蝉化石可能被归为类杆蝉总科（该科早期就被归入叶蝉总科）。因此，要解决叶蝉总科起源的问题，必须对类杆蝉总科进行修订。最早的叶蝉科出现于早白垩世，而其余3个科［Melizoderidae、犁胸蝉科（Aetalionidae）和角蝉科（Membracidae）］出现较晚，只有新生代的化石记录。对Myerslopiidae的分类地位目前仍存在争议（Szwedo, 2004; Cryan, 2005）。若该科确为叶蝉总科的姐妹群，则它将代表一个新的总科单元，且该类群极可能出现于侏罗纪。但是该科的现生类群生活在土壤中，因此极其特化，特别是前翅退化，后翅完全消失，从而在化石中很难找到确切的记录。道虎沟生物群中可能有类似Myerslopiidae的蝉类，但需要进一步验证。

4.2.2　鞘喙亚目

鞘喙亚目（Coleorrhyncha）是半翅目中现生残存的最小亚目，却是半翅目最大的异翅亚目的姐妹群，它是了解异翅亚目早期起源的唯一线索（Grimaldi, Engel, 2005）。中生代是鞘喙亚目多样性最高的时期，其形态学结构和进化过程与中生代大陆的漂移和植物群的演化有密切关系。但是，中国先前仅报道了该类群的几块标本。与同时代俄罗斯和中亚的大量化石相比，该类群在中国明显缺少系统的研究。最近，我们在中国华北和华南板块都发现了此类化石，大大扩展了一些重要属种的分布区域和时限。现生鞘喙亚目（膜翅蝽总科）分布于南半球，属于典型的冈瓦纳孑遗类群；而鞘喙总科很可能起源于亚洲侏罗纪的原臭虫总科，在中生代晚期迁移至南方的冈瓦纳古陆，在新生代随着冈瓦纳古陆的解体而分布于南非、澳大利亚和南美南部地区。中国化石为研究现生鞘喙亚目在中生代晚期向冈瓦纳古陆的迁移过程和机制提供了重要线索。

目前，对鞘喙亚目的翅脉命名仍未有一致意见（表4－4），本文暂应用Popov和Shcherbakov在1996年提出的标准。

表4－4　鞘喙亚目的翅脉命名对比

<table>
<tr><th colspan="2">Popov（1982）</th><th>Wootton, Betts（1986）</th><th>Kukalová-Peck（1991）</th><th colspan="2">Popov, Shcherbakov（1996）</th></tr>
<tr><td colspan="2">R_1</td><td>R_1</td><td>RA_{1+2}</td><td colspan="2">dSc</td></tr>
<tr><td colspan="2">R_2</td><td>R_2</td><td>RA_{3+4}</td><td colspan="2">R_1</td></tr>
<tr><td colspan="2">Rs</td><td>Rs</td><td>RP+MA</td><td colspan="2">Rs</td></tr>
<tr><td colspan="2">M</td><td>M</td><td>MP</td><td colspan="2">M</td></tr>
<tr><td rowspan="2">CuA</td><td>CuA_1</td><td rowspan="2">CuA</td><td rowspan="2">CuA</td><td rowspan="2">CuA</td><td>CuA_1</td></tr>
<tr><td>CuA_2（$Pcu+A_1$）</td><td>CuA_2（av）</td></tr>
<tr><td colspan="2">CuP</td><td>CuP</td><td>CuP</td><td colspan="2">CuP</td></tr>
<tr><td colspan="2">Pcu</td><td>1A</td><td>AA_{3+4}</td><td colspan="2">Pcu</td></tr>
<tr><td colspan="2">A_1</td><td>2A</td><td>AP_{1+2}</td><td colspan="2">1A</td></tr>
</table>

1. 化石记录

鞘喙亚目是一类具有重要演化意义的半翅目类群，该亚目包括3个科：膜翅蝽科（Peloridiidae）和卡拉蝽科（Karabasiidae）同属于膜翅蝽总科；原臭虫科（Progonocimicidae）属于原臭虫总科。膜翅蝽科是唯一的现生类群，仅分布于南半球（Grimaldi, Engel, 2005）。由于保持了大量原始特征，该类群为研究半翅目早期演化提供了许多证据。膜翅蝽科先前被归为异翅目(Breddin, 1897),后转至同翅目(Myers, China, 1929)。China (1962)认为该科类似于三叠纪的Ipsviciidae,因而将其归于头喙亚目。Evans(1963)认为膜翅蝽科与Ipsviciidae无任何演化关系。Schlee(1969)列举了一些证据,认为膜翅蝽科应是异翅亚目的姐妹群。他的结论虽遭到Cobben (1978)以及Popov和Shcherbakov(1991)的反对,却被后来的分子系统学和形态学研究成果所证实(Wheeler et al., 1993; Campbell et al., 1995; Sorensen et al., 1995; Ouvrard et al., 2000; Bourgoin, Campbell, 2002; Schaefer, 2003; Grimaldi, Engel, 2005; Brożek, 2007; Wappler et al., 2007; Xie et al., 2008)。最近发现膜翅蝽科振动传声和跳跃的能力,为了解蝉亚目、鞘喙亚目和异翅亚目之间的系统发生关系提供了更多证据(Hoch et al., 2006; Burrow et al., 2007)。

迄今为止,中国仅发现鞘喙亚目化石5种。洪友崇(1983)报道了来自辽宁北票中侏罗统海房沟组的2块标本,后经修订分别为*Mesocimex sinensis*和*M. brunneus*,已归入原臭虫科(Wang et al., 2009c)。*Ovicimex laiyangensis* Hong et Wang, 1990产自山东莱阳下白垩统,最初被归入原臭虫科,但原始图版和特征图(洪友崇,王文利,1990:图6-5-66,图6-5-67;图版14:图1)显示其前胸背板缺少侧背扩张(paranotal expansions),并且前翅R和M多分支。这些特点表明,*O. laiyangensis* 不属于鞘喙亚目,其分类学地位需要进一步的验证。林启彬(1986)曾报道了一块产自广西西湾下侏罗统的角蝉化石,后来被Popov和Shcherbakov (1991)认为应属于原臭虫科的*Minuta*或*Karabasia*。经笔者检验模式标本,该化石正式归入*Karabasia*(图4-21;王博等,2011)。该标本不仅是中国的首块膜翅蝽总科化石,也是唯一发现于侏罗纪低纬度地区的该总科代表。

道虎沟地区出产了许多鞘喙亚目化石,大都类似于*Mesocimex*一属,目前仅有一个新种被描述(Wang et al., 2009c)。侏罗纪原臭虫科的翅脉较简单,且大都相似。另外该类群的左、右翅也有明显差异,因此该属不但与其他几个相似属不易区分,即使其内部各种之间也无明确的分类标准。先前Popov(1982, 1985, 1988, 1989)曾经系统研究了原苏联和欧洲地区的标本(主要是前翅),并提出了鉴定特征和检索表,但后来随着更完整标本的发现,原来认为的种级甚至属级的特征结果只是左、右翅之间的差异(Popov, Shcherbakov, 1991)。迄今,对侏罗纪

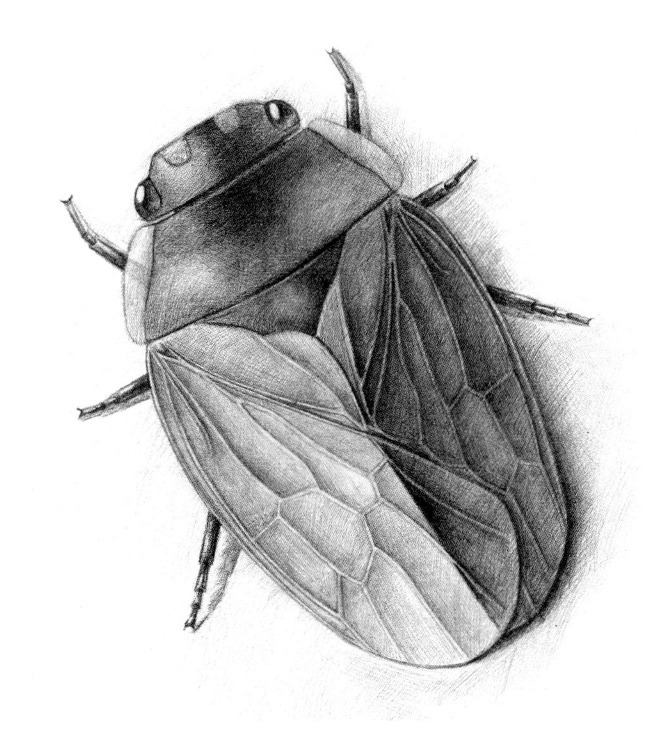

图4-21 扁平卡拉蝽[*Karabasia plana* (Lin, 1986) Wang et al. 2011]复原图

许多属的特征仍存在争议,而种级阶元则更加混乱。尽管道虎沟的标本大部分带有较完整的身体构造,可能展示一些新的鉴定特征,但许多标本的前翅特征仍不明显。由于世界大多数该类标本都只保存前翅,而大部分分类单元也是根据前翅建立的,因此单独依靠身体特征建立新类群似不可行。要解决分类问题,下一步必须将道虎沟的标本与中亚地区的标本进行全面对比研究。中国鞘喙亚目化石的分布见图4-22。

2. 系统发生

鞘喙亚目最古老的类群为原臭虫科,最早出现于二叠纪最晚期(255 Ma)。原臭虫科起源于蝉亚目原蝉总科的Ingruidae(Shcherbakov, Popov, 2002;图4-23)。该类群与异翅亚目平行演化,获得了许多相似的形状,但有一些基本不同(Popov, Shcherbakov, 1996)。作为鞘喙亚目的基类群,原臭虫科广泛分布于欧亚、澳大利亚和南美洲的二叠系上部至下白垩统地层(Wootton, 1963; Popov, Wootton, 1977; Jarzembowsk, 1991; Klimaszewski, Popov, 1993; Heads, 2008)。原臭虫科的若虫和成虫可能都取食植物韧皮部(Popov, Shcherbakov, 1996)。该科前翅具有8个端室,头无网眼结构(areolae),其后胫节[至少在蝉蝽亚科(Cicadocorinae)]一般具有2个可活动的距,后跗节3节,其中基跗节最长,基跗节和中跗节带有端栉(具齿的刚毛)。原臭虫科包括2个亚科:原臭虫亚科

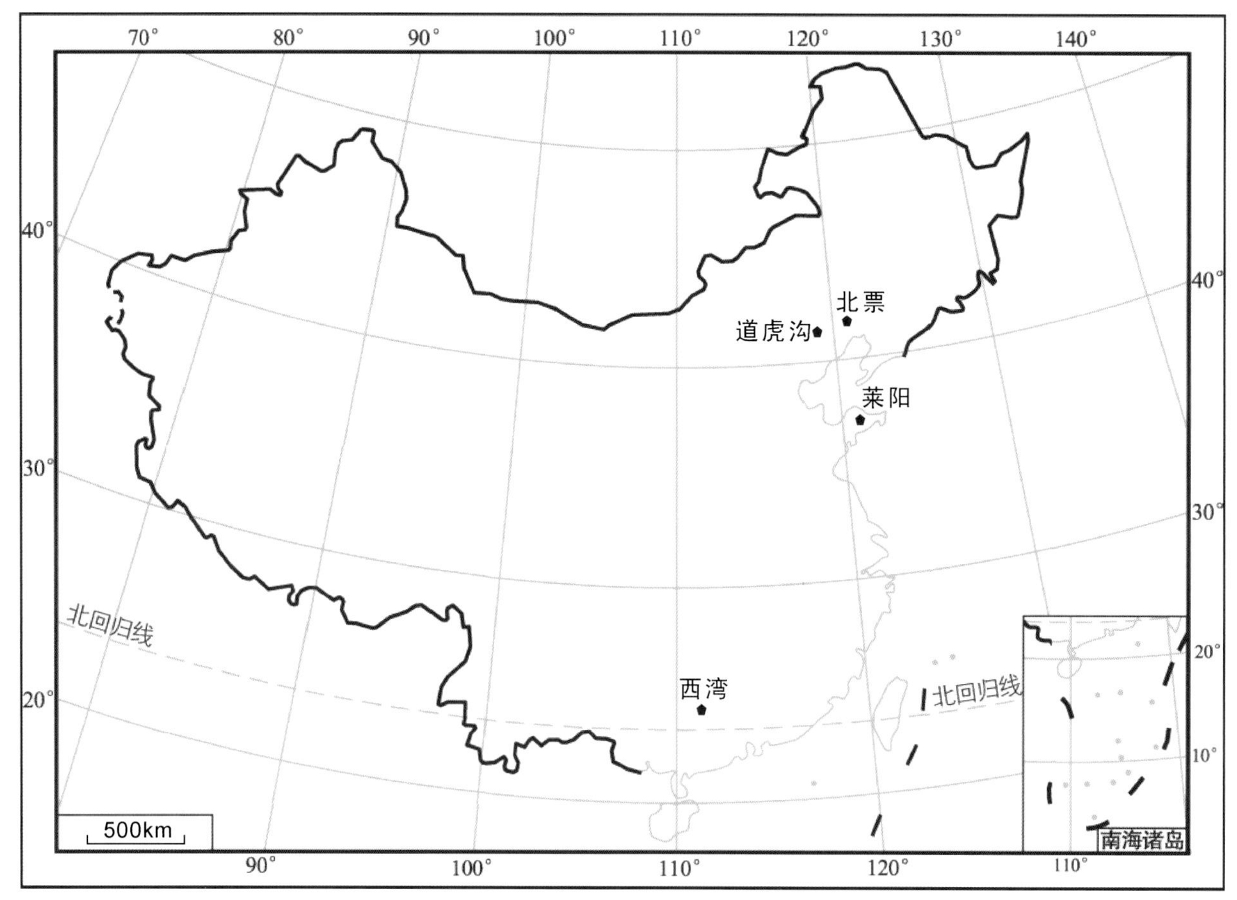

审图号GS(2008)1228号

图4-22　中国鞘喙亚目化石的4个产地

(Progonocimicinae)和蝉蝽亚科(Cicadocorinae)。早期原臭虫亚科与Ingruidae相似，具有类似的头部(图4-24)和翅脉(图4-23)。

进入三叠纪，原臭虫亚科出现了辐射，表现出显著的多样性，包括了蝉蝽亚科和卡拉蝽亚科的祖先分子。因此，该亚科明显是一个并系类群，需要详细地修订。蝉蝽亚科在晚三叠世起源于早期的原臭虫亚科，繁盛于侏罗纪，在早白垩世分布广泛(图4-25)。蝉蝽亚科是一个较好的单系类群，具有下列前翅特征：A_1短于爪裂(claval fracture)；Pcu在与A_1愈合前与爪裂分离；dSc下凹。

第二个总科——膜翅蝽总科，是一个严格的单系类群，它具有下列特征：前翅弓脉(arculus)较长，横向；Sc短，独立；后翅无封闭翅室或退化；头前缘具有一对透明的网眼；触角较粗，3节；前唇基和舌侧片侧缘被前胸前侧片遮住。膜翅蝽总科包括2个科——卡拉蝽科和现生的膜翅蝽科。Popov和Shcherbakov(1996)认为，卡拉蝽科应包含2个亚科——卡拉蝽亚科(Karabasiinae)和似膜翅蝽亚科(Hoploridiinae)。

最早的膜翅蝽总科代表是卡拉蝽亚科，包括2个属：产于哈萨克斯坦下侏罗统Dzhil组的*Minuta*和产自中亚和东亚侏罗系的*Karabasia*。卡拉蝽亚科可能在晚三叠世起源于类似*Pelorisca*的原臭虫科昆虫(图4-23)。似膜翅蝽亚科仅发现于外贝加尔的下白垩统，它们的喙很长，可能也是栖息于树皮上，具拟态现象(Popov, Shcherbakov, 1996)。该亚科代表*Hoploridium*的前唇基与后唇基分离，而现生膜翅蝽前唇基与后唇基完全愈合(图4-26)。*Hoploridium*的特征可能是幼态持续(Popov, Shcherbakov, 1996)。Popov和Shcherbakov(1996)认为似膜翅蝽亚科是进化的盲端，但Heads(2008)认为它应该是膜翅蝽科的姐妹群。两者具有以下相似点：前胸侧背板叶宽但无网眼；前翅翅脉网状；后胸前侧片完全骨化；后足简单；跗节2节，基跗节小。尽管Popov和Shcherbakov(1996)认为前2个特征属于趋同演化，但是其他特征支持似膜翅蝽亚科与膜翅蝽科关系更加接近，而与卡拉蝽亚科关系相对疏远。因此，似膜翅蝽亚科应是膜翅蝽科的姐妹群。

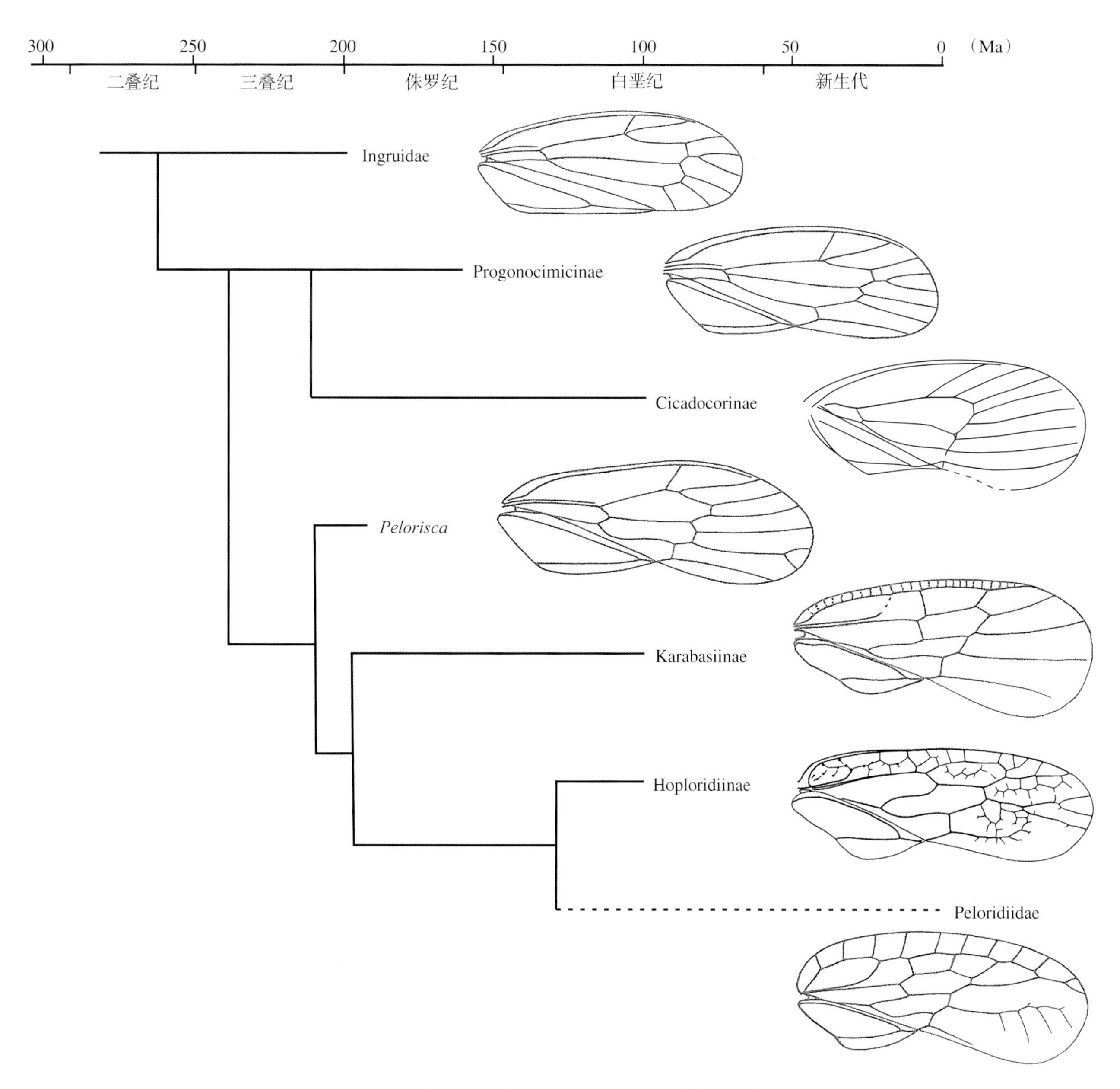

图4-23　鞘喙亚目的系统发生关系（依据前翅特征的定性分析）

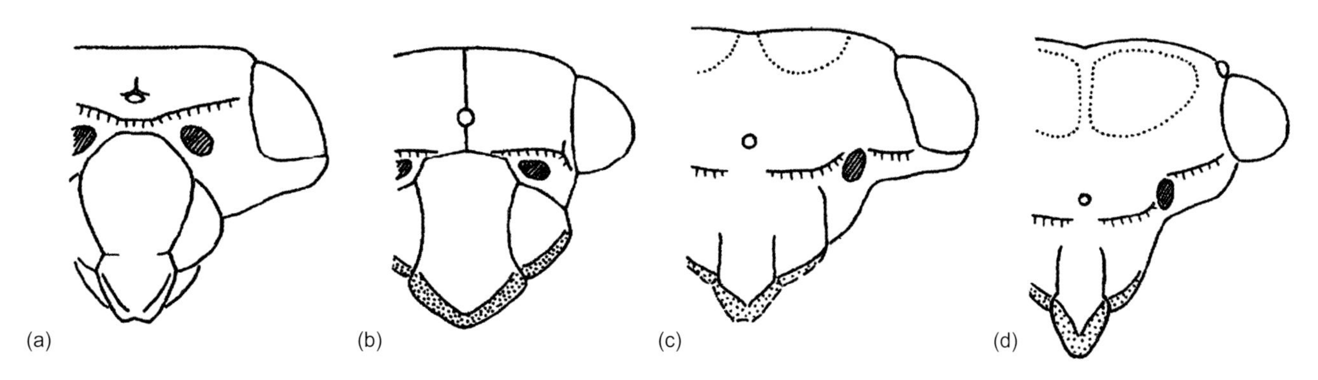

图4-24　鞘喙亚目头部的演化

a. *Mesocimex*（蝉蝽亚科）；b. *Woottonia*（原臭虫亚科）；c. 卡拉蝽亚科；d. 现生 *Peloridium*（膜翅蝽科）。[改自 Popov 和 Shcherbakov（1996）]

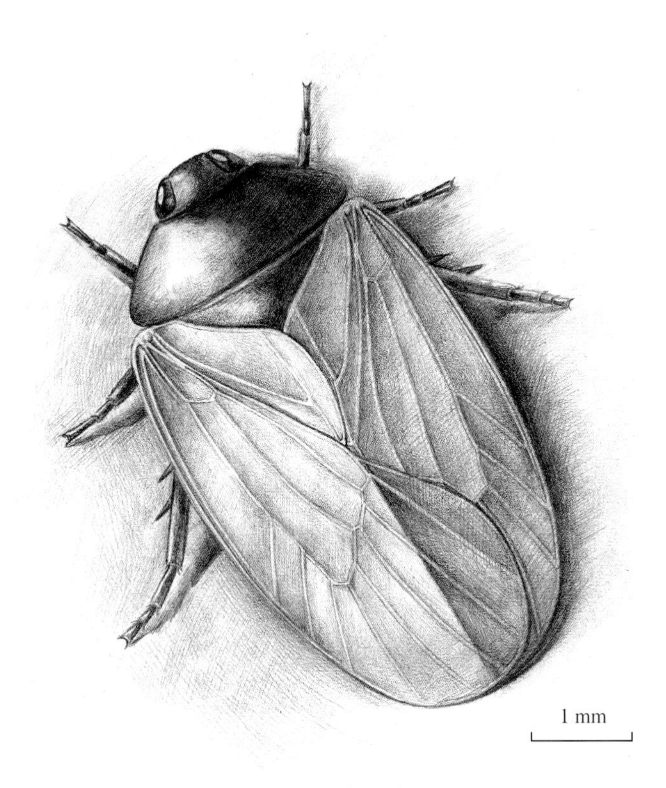

图4－25 蝉蝽亚科复原图（林氏中蝉蝽*Mesocimex lini* Wang, Szwedo et Zhang, 2009）

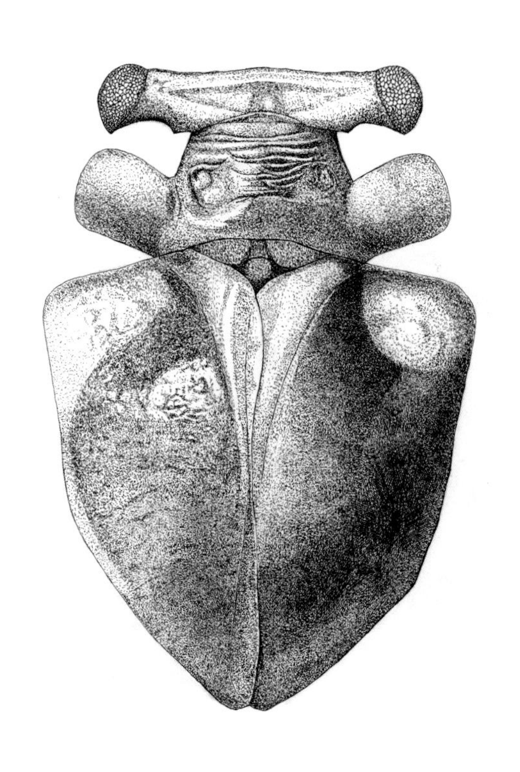

图4－26 现生膜翅蝽科*Oiophysella degenerata* Evans, 1981（仿自Evans, 1981）

4.3 鞘翅目裂尾甲科的演化

鞘翅目通称甲虫，属有翅昆虫、全变态类。其前翅角质化为鞘翅，体躯坚硬，铠甲似的体壁保护着虫体。该目是昆虫纲乃至动物界种类最多、分布最广的第一大目。全世界已知超过35万多种，中国已知1万余种（郑乐怡，归鸿，1999）。目前主流观点认为，鞘翅目分为4个亚目：最原始的原鞘亚目（Archostemata）、肉食亚目（Adephaga）、藻食亚目（Myxophaga）和多食亚目（Polyphaga）。其中，多食亚目和肉食亚目是现生鞘翅目最繁盛的类群，占总数99%以上。最早的鞘翅目化石来自二叠纪早期，其翅脉特征介于鞘翅目的长扁甲型与广翅目的泥蛉型之间，是鞘翅目与广翅目亲缘关系的直接证据（Ponomarenko, 2002）。二叠纪和早三叠世的鞘翅目都属于原鞘亚目。至中三叠世，其他3个亚目开始出现。进入中侏罗世，多食亚目已经占据主体，而原鞘亚目则逐渐衰落。

鞘翅目化石为研究甲虫分化和灭绝的发生时间提供了直接的证据，因而对于理解甲虫早期演化过程具有重要意义（Ponomarenko, 1995; Beutel et al., 2007），但因其种类庞杂、结构复杂以及保存普遍较差，鞘翅目是古昆虫学家公认的最难研究的类群。以往的鞘翅目系统演化理论过多侧重于表型，通过新技术的应用则发现许多重要特征是多次重复演化的结果。例如，传统观点认为肉食亚目在水栖和陆栖之间的演化仅有一次（Ponomarenko, 1977），而现在普遍接受的观点认为，这些甲虫“登陆”和“下水”的过程远比想象的复杂，其过程有多次，而且发生在不同的时代；许多水生类群中适应水生的身体结构应该是趋同或平行演化的结果（Ribera et al., 2002）。因此，现生鞘翅目系统学的修订为中国鞘翅目化石的研究和理论突破提供了契机。

4.3.1 裂尾甲科的功能形态及演化

裂尾甲科隶属于鞘翅目肉食亚目龙虱总科。其最早代表是产自俄罗斯下侏罗统的幼虫化石，而最原始的分子则来自道虎沟中侏罗统，在白垩纪中期该科完全灭绝。裂尾甲科在中生代分布广泛，种类繁盛，是水生甲虫的主要类群，也是中生代水生昆虫的重要组成部分。它们的成虫都具有两对复眼，类似于豉甲，分别用于观察水面上方和下方的物体。有的成虫类似于龙虱，前足为捕捉足，中、后足为带有游泳毛的游泳足；有的类似于豉甲，游泳足已经特化为扁平的桨状。因其形态多样，故对其分类位置一直都有争论。

1. 化石记录

第一块裂尾甲科标本是秉志于1928年在山东莱阳下白垩统发现的一块幼虫化石，定名为*Coptoclava*

longipoda Ping, 1928，却被认为是广翅目幼虫（Ping, 1928）。后来，俄罗斯Ponomarenko（1961）详细研究了西伯利亚和蒙古的早白垩世同类标本，建立了裂尾甲科，并将其归为肉食亚目。其后，Ponomarenko（1977）又报道了许多新的中亚标本，将该科分为3个亚科。Soriano等（2007a, 2007b）详细研究了西班牙早白垩世的裂尾甲化石，建立了两个新亚科。至此，裂尾甲科的5亚科的分类系统已经确立，大部分属种的建立都是基于成虫特征。但最近原始道虎沟桨甲（*Daohugounectes jurassicus* Wang, Ponomarenko et Zhang, 2009）的发现，表明目前的裂尾甲分类系统有很大问题，整个亚科的分类需要重新调整。但在系统修订之前，我们暂遵照5亚科的分类系统。原始道虎沟桨甲亚科位置暂未定。

Charonoscaphinae只发现于哈萨克斯坦上侏罗统卡拉巴斯套组，包含2属3种：*Charanoscapha grossa* Ponomarenko, 1977; *C. ovata* Ponomarenko, 1977; *Charanoscaphidia elongata* Ponomarenko, 1977。

Hispanoclavinae只发现于西班牙Las Hoyas下白垩统，包含1属2种：*Hispanoclavina diazromerali* Soriano, Ponomarenko et Delclòs, 2007; *H. gratshevi* Soriano, Ponomarenko et Delclòs, 2007。

Coptoclavinae发现于中国、西班牙和安哥拉的下白垩统以及俄罗斯上侏罗统和下白垩统，包含4属6种：*Coptoclava longipoda* Ping, 1928（成虫和幼虫），中国北方、俄罗斯西伯利亚和蒙古下白垩统；*C. africana* Teixeira, 1975，安哥拉下白垩统；*Bolbonectes intermedius* Ponomarenko, 1987（成虫和幼虫）和*B. occidentalis* Ponomarenko, 1993（成虫和幼虫），俄罗斯外贝加尔上侏罗统；*Megacoptoclava longiurogomphia* Ponomarenko et Martínez-Delclòs, 2000（幼虫）和*Hoyaclava buscalionae* Soriano, Ponomarenko et Delclòs, 2007，西班牙Las Hoyas地区下白垩统。

Necronectinae发现于哈萨克斯坦上侏罗统、俄罗斯下–中侏罗统、蒙古侏罗系、吉尔吉斯斯坦中侏罗统、德国上侏罗统、阿尔及利亚和西班牙下白垩统，包括6属13种：*Actea sphinx* Germar, 1842, *Ditomoptera dubia* Germar, 1839, *D. minor* Deichmüller, 1886, *Pseudohydrophilus avitus* Heyden, 1847，都产自德国索伦霍芬上侏罗统；*Exedia plana* Ponomarenko, 1977，哈萨克斯坦上侏罗统；*Stygeonectes jurassicus* Ponomarenko, 1977（幼虫），俄罗斯外贝加尔和蒙古侏罗系；*Timarchopsis czekanowskii* Brauer, Redtenbacher et Ganglbauer, 1889（=*Necronectes aquaticus* Ponomarenko, 1977），俄罗斯下–中侏罗统；*T. cyrenaicus* Ponomarenko, 1977，阿尔及利亚下白垩统；*T. gigas* Ponomarenko, 1977，哈萨克斯坦上侏罗统；*T. latus* Ponomarenko, 1977，吉尔吉斯斯坦中侏罗统；*T. mongolicus* Ponomarenko, 1985和*T. sainshandensis* Ponomarenko, 1987，蒙古中侏罗统；*T. gobiensis* Ponomarenko, 1987，蒙古上侏罗统；*Ovonectes pilosum* Soriano, Ponomarenko et Delclòs, 2007，西班牙Las Hoyas下白垩统。

Coptoclaviscinae发现于蒙古、中国、英国和西班牙下白垩统，包含2属8种：*Coptoclavisca nigricollinus* Ponomarenko, 1987，蒙古下白垩统和*C. grandioculus* Zhang, 1992，山东莱阳下白垩统；*Coptoclavella elegans* Ponomarenko, 1980, *C. minor* Ponomarenko, 1980, *C. striata* Ponomarenko, 1986, *C. vittata* Ponomarenko, 1986，都产自蒙古下白垩统；*C. purbeckensis* Ponomarenko, Coram et Jarzembowski, 2005，英国Purbeck下白垩统；*C. inexpecta* Soriano, Ponomarenko et Delclòs, 2007，西班牙El Montsec下白垩统。

洪友崇曾报道了产自新疆吐哈盆地中侏罗统的一块幼虫化石，建立一新属新种*Tuhanectus xinjiangensis* Hong, 1995（洪友崇等, 1995）。洪友崇提出了如下3个鉴定特征：① 前胸背板极短，后胸很长；② 跗节仅2节；③ 每个腹节中央有白色椭圆形装饰，腹部中央有一条黑色纵纹。从图版可看出，该化石的头、胸和腿都强烈变形和破损；"腹节中央有白色椭圆形装饰"不是化石本身结构，而"黑色纵纹"应是幼虫的气管。因此，上述3个特征都有问题。其分类地位需要进一步的验证。目前，中国已确认裂尾甲科的3个种：长肢裂尾甲（*Coptoclava longipoda* Ping, 1928）、大眼小刺甲（*Coptoclavisca grandioculus* Zhang, 1992）、原始道虎沟桨甲（*Daohugounectes jurassicus* Wang, Ponomarenko et Zhang, 2009）。

长肢裂尾甲分布于中国北方、蒙古和俄罗斯外贝加尔的下白垩统地层中（Ping, 1928; Ponomarenko, 1961; Ponomarenko, 1977；洪友崇, 1982b; Zhang, 1997a）。因其分布之广、地质时间之长，堪称甲虫化石中的"长寿种"。但该种明显为一混合类群（Ponomarenko, 2002）。例如，最早的标本（河北丰宁大北沟组）与最晚的标本（吉林延吉大拉子组）在个体大小以及成虫各跗节长度比等特征上有较明显的区别。但这些特征能否应用于演化中间阶段的标本以及俄罗斯和蒙古的标本，则须进一步研究。

2. 分类位置

最近，鞘翅目肉食亚目的形态和分子系统学研究取得了巨大进展(Miller, 2001; Shull et al., 2001; Ribera et al., 2002; Alarie, Bilton, 2005; Spangler, Steiner, 2005; Beutel et al., 2006; Balke et al., 2008; Xi et al., 2008; Maddison et al., 2009)，使我们进一步了解了肉食亚目的进化过程。但是，肉食亚目化石类群(包括裂尾甲科)并未包括在分支分析中，可能是因为缺少足够的形态学数据。Ponomarenko (1977, 2002)认为裂尾甲科明显是龙虱总科(Dytiscoidea)的一个分支。Beutel等(2006)也认为大部分裂尾甲科分子与现生龙虱总科相似。相反，Balke等(2003)建议该科为一基部类群，可能与豉甲科(Gyrinidae)关系更为接近。甚至Grimaldi和Engel (2005)也认为该科属于基部的豉甲类群。尽管报道了大量产于西班牙保存较好的裂尾甲化石，但Soriano等(2007a, 2007b)并没有分析该科的分类地位。先前之所以争论，主要是因为大部分昆虫学家仅关注研究最早的长肢裂尾甲。水生甲虫趋同进化较频繁，而化石中保存的清楚特征也不多，所以最进化的长肢裂尾甲不仅丢失了一些原始特征，还很可能获得了一些趋同进化特征。要正确找到裂尾甲科的分类地位，最好是从最原始的代表分子入手。而最近道虎沟化石层产出的保存较好的裂尾甲化石，为解决这个问题带来了新的曙光。

基于现生成虫特征的严格分支分析，Beutel等(2006)认为，广泛愈合的后基节(带有减小的盖板)和完全缺失横缝的后腹板表明大部分裂尾甲属于龙虱总科。另外，Alarie等(2004)发现了龙虱总科幼虫的3个鉴定特征：第9腹节明显缩小；第10腹节缺失或强烈缩小；第8腹节气孔扩大，位于末端。基于这5个成虫和幼虫共有的衍征，道虎沟桨甲明显属于龙虱总科。Alarie等(2004)也建议了4个幼虫的共有衍征可以进一步判定该类群是否属于除去小粒龙虱科(Noteridae)的龙虱总科。但是其中3个特征是内部构造，不可能保存在压型化石中；而第4个是毛序特征，这些细小的毛序很难完整地保存在化石中。或许在以后SEM分析中，可以观察更好的标本来判定其毛序特征。而Beutel等(2006)所发现的成虫和幼虫鉴定特征几乎都不可能在压型化石中观察到。因此，由于缺少足够的形态学数据，化石的分支分析目前无法完成，但基于裂尾甲较早的化石记录以及成虫原始的特征，将该科作为龙虱总科的最基部类群是比较合理的(图4－27)。

原始肉食亚目类群(包括陆生肉食亚目、豉甲科和沼梭甲科)的第9腹节发育正常，而龙虱总科的第9腹节完全消失。因此，明显减小的第9腹节是原始类群向龙虱总科过渡的重要特征(Alarie, Bilton, 2005)。Ribera等(2002)首次在南非和中国发现了一个新科Aspidytidae，归为龙虱总科。后来，Alarie和Bilton(2005)描述了此科的幼虫特征，首次发现了其残留的第9腹节。而在原始道虎沟桨甲的幼虫化石中，也存在退化的第9腹节，这与Aspidytidae幼虫的结构非常类似。Beutel等

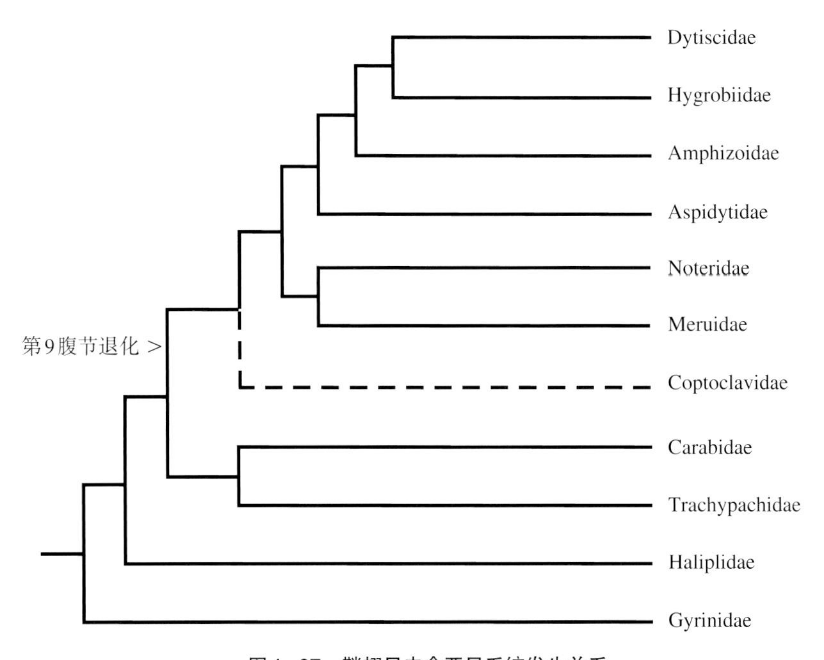

图4－27　鞘翅目肉食亚目系统发生关系

基于Beutel等(2006)对现生类群的分支分析结果，虚线表示化石类群。

(2006)最初认为Aspidytidae的第9腹节可能是返祖现象。Aspidytidae幼虫和道虎沟桨甲幼虫具有完全不同的生态习性，例如Aspidytidae幼虫体型较粗，同时具有很短的步行足，适于在岸边水下岩石间爬行；但是道虎沟桨甲幼虫具有流线型体型和较发达的游泳足，适于在近岸浅水中游泳捕食。很难想象2种不同生态习性的幼虫能通过平行演化来获得相似的返祖性状。因此，缩小的第9腹节更可能是祖先特征的残留。依据系统发生分析(图4－27)，幼虫第9腹节的完全退化应是在龙虱总科3个不同的分支中(Coptoclavidae, Noteridae+Meruidae, Amphizoidae+Hygrobiidae+Dytiscidae)完成的。

总之，在系统发生方面，裂尾甲幼虫特征相对稳定，可靠性高，而成虫特征，特别是2对复眼和扁平的足，明显是后期演化出的衍征。

4.3.2 裂尾甲科的起源与辐射

作为龙虱总科的最基部类群，裂尾甲科的起源与龙虱总科的出现密切相关，因此该科的起源具有重要的系统学意义。Ghosh等(2007)报道了产自印度二叠系或三叠系的“甲虫幼虫”，虽被原作者归入龙虱总科，但因保存很差，许多重要特征并不清楚，其总体形态更类似于直翅目昆虫。而早侏罗世的*Angaragabus* Ponomarenko, 1963最初被归为龙虱科，其实应该是里阿龙虱科(Liadytidae)的幼虫。目前，最古老的龙虱总科是发现于哈萨克斯坦Kenderlyk上三叠统的幼虫化石*Colymbotethis*(Ponomarenko, 1993)。*Colymbotethis*(Colymbotethidae)的腹部8节表明其属于龙虱总科，体型纺锤形以及大颚臼齿区具齿显示它与裂尾甲类似，但它具有爬行足，没有游泳能力，可能在岸边水下岩石间爬行。Ponomarenko(1977)描述了产自俄罗斯外贝加尔地区上侏罗统的*Parahygrobia*(Parahygrobiidae)幼虫化石。因其大颚臼齿区具齿，将其作为最原始的龙虱类群之一。该类群已经具有了游泳足，但游泳足较原始，游泳毛稀疏，跗节加宽。另一个长寿类群*Stygeonectes*与长肢裂尾甲有相似的问题，都是保存的特征太少，以致大部分侏罗纪化石都归入一个类群中。该属在身体特征上与道虎沟桨甲类似，大颚臼齿区无齿，但腹节仅8节，无鼻突。这2个属的中、后足都是游泳足，足上带有较密的游泳毛，跗节略变宽，但部分*Stygeonectes*跗节较道虎沟桨甲的更为扁平，显示出更好的游泳能力。在侏罗纪最晚期，最为进化的裂尾甲亚科的幼虫出现了，*Bolbonectes*的游泳足的跗节扁平、加宽。至早白垩世，长肢裂尾甲幼虫的游泳足更加宽大，更适用于游泳；其前足更长，更适于捕捉猎物；大颚臼齿区具有2个小齿，更适于撕咬食物。同时，道虎沟桨甲、*Bolbonectes*和长肢裂尾甲的成虫的游泳能力也有了类似的进化趋势：带有游泳毛、较细的足──→无游泳毛但较扁平的足──→非常宽大的足。而另一个早白垩世幼虫*Magnocoptoclava*属于极端特化，重新具有了爬行足，身体轮廓趋同于襀翅目幼虫。

总体上，从幼虫特征来看，进化顺序为：*Colymbotethis*、*Parahygrobia*、道虎沟桨甲、*Stygeonectes*、*Bolbonectes*、长肢裂尾甲。而道虎沟桨甲代表了真正裂尾甲科的出现。其前2个类群因为只有幼虫化石，所以暂不能判断是否属于裂尾甲科，只能将它们归为龙虱总科。另外，水生甲虫幼虫的特征常常出现趋同演化，例如早白垩世的*Magnocoptoclava*以及现生龙虱总科的许多类群。由于*Parahygrobia*仅以一块化石为代表，而其出现时间明显晚于更为进化的*Stygeonectes*，所以该科的分类地位还需要更多的化石来确认。因此，裂尾甲科幼虫从早侏罗世到早白垩世的辐射演化阶段伴随着游泳能力的加强。

道虎沟桨甲的幼虫非常原始，但其成虫较为进化，类似于卡拉套中－上侏罗统的Charonoscaphinae，后基节盖板已完全退化。不过道虎沟桨甲的游泳足不如Charonoscaphinae扁平，较其更为原始。侏罗纪裂尾甲的游泳足都带有游泳毛(图4－28a)，随着不断演化，在侏罗纪晚期*Bolbonectes*才出现了不带游泳毛的似桨状的游泳足。在早白垩世长肢裂尾甲发展出更宽大的游泳足。

基于形态学和分子生物学的系统发生分析，Ribera等(2002)、Balke等(2005)和Beutel等(2006)发现，现生非常繁盛的水生肉食亚目甲虫——豉甲科、沼梭甲科、小粒龙虱科和龙虱科中大部分类群都具有特化的游泳足，因而拥有高超的游泳能力，而剩余4个科的种类极少，游泳能力较低或已丧失游泳功能。他们进而推断，游泳足的创新性演化，增强了游泳能力，进而极大提高了水生甲虫的多样性。裂尾甲科与豉甲科类似，都有2对复眼，因而都是在水面游泳。而现生豉甲科具有自然界最高效的游泳能力(Nachtigall, 1961)，其桨状游泳足可能最适合水面游泳。早白垩世的裂尾甲亚科与豉甲科最为相似，具有流线型体型和更大的桨状游泳足，很可能采取相同的游泳方式。而长肢裂尾甲游泳足更强壮、更长，因而其游泳能力不次于豉甲科(图4－28b)。因此，裂尾甲科成虫的游泳能力也是随着演化而不断提高。游泳足的创新性演化也是裂尾甲科繁盛的一个主要推动力。

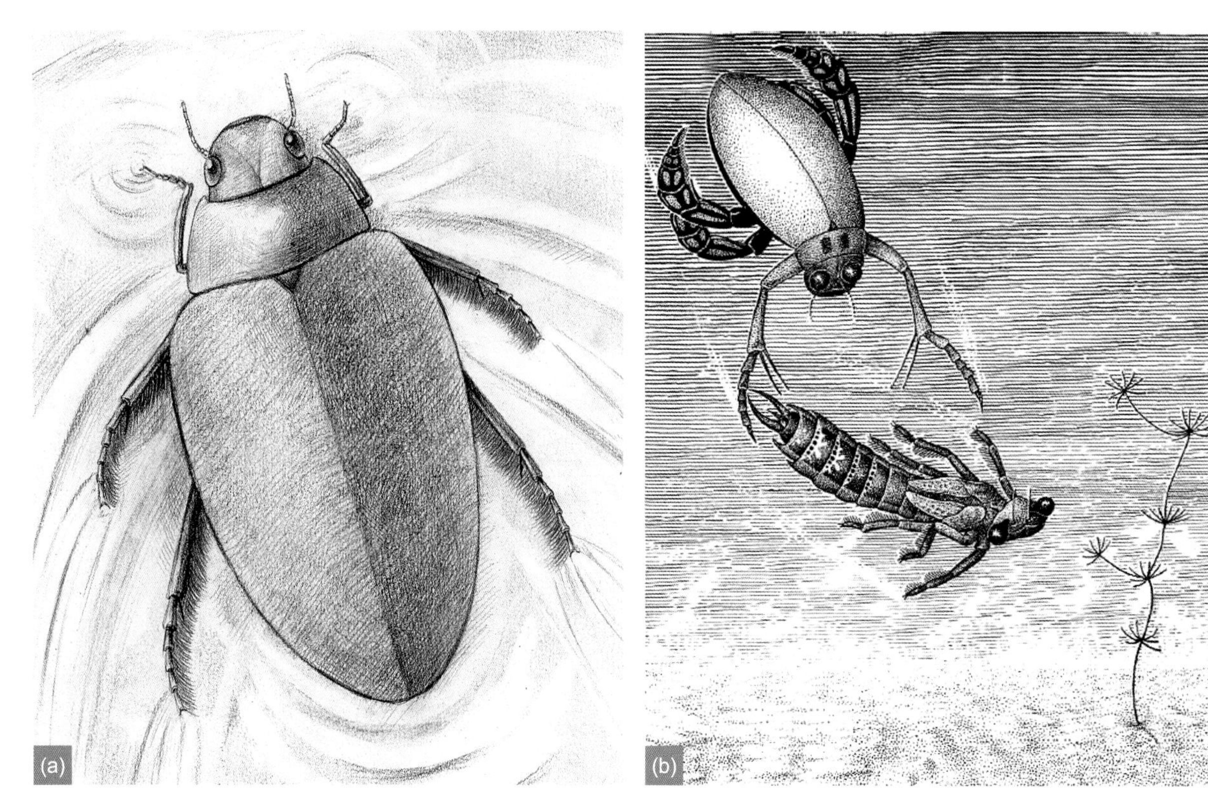

图4-28 裂尾甲科2种典型化石类群的生态复原图

a. 原始道虎沟桨甲(*Daohugounectes primitinus* Wang, Ponomarenko et Zhang, 2009)生态复原图，原创；b. 长肢裂尾甲(*Coptoclava longipoda* Ping, 1928)生态复原图(引自Ponomarenko, 2002)。

除了种类繁盛，裂尾甲的生态习性在早白垩世也达到更大的多样化，不仅出现更大更凶猛的长肢裂尾甲(图4-28b)，也出现了甲虫唯一一例滤食性取食类群(Soriano et al., 2007a, 2007b)。但这么繁盛的类群在早白垩世后期迅速衰败至完全灭绝，其原因还需进一步探究。在晚白垩世，同样也具有4只眼的豉甲科开始繁盛，逐渐占据了裂尾甲科的生态空间，成为新一代水中"四眼霸主"。

4.4 膜翅目细腰亚目的早期演化

4.4.1 研究背景

膜翅目传统上分为2个亚目，即低等的广腰亚目(Symphyta)和高等的细腰亚目(Apocrita)。细腰亚目是富有争议的一个分类阶元(详见下文)，包括一系列分类级别不等、系统关系各异的分类群，其中有3个下目：胡蜂下目(Vespomorpha；即针尾部Aculeata)，姬蜂下目[Ichneumonomorpha；包括姬蜂科(Ichneumonidae)和茧蜂科(Braconidae)，它们构成姬蜂总科(Ichneumonoidea)]，细蜂下目{Proctotrupomorpha；包括细蜂总科(Proctotrupoidea)、锤角细蜂总科(Diaprioidea)、瘿蜂总科(Cynipoidea)、广腹细蜂总科(Platygastroidea)、古细蜂总科[Serphitoidea；包括柄腹柄翅小蜂总科(Mymarommatoidea)和小蜂总科(Chalcidoidea)]}；2个总科：旗腹蜂总科(Evanioidea)和分盾细蜂总科[Ceraphronoidea(s. str.)]；3个科：冠蜂科(Stephanidae)、巨蜂科(Megalyridae)和钩腹蜂科(Trigonalyidae)，它们通常也被提升为总科，即冠蜂总科(Stephanioidea)、巨蜂总科(Megalyroidea)和钩腹蜂总科(Trigonalyoidea)。

尾蜂科(Orussidae)现在被认为是非广腰亚目的(non-symphytan)一个类群，并与细腰亚目构成单系群——Vespina亚目(=Euhymenoptera; Grimaldi, Engel, 2005)，因为它们具有一些推定的共同衍征，包括寄生习性。广腰亚目除Orussidae科以外的类群也被称为Siricina亚目(Rasnitsyn, 1988a, 2002)。Orussidae科并未归入细腰亚目在于它缺少细腰亚目最重要的共同衍征：第一腹节与第二腹节之间形成明显的缢缩，同时后胸侧板与并胸腹节(即第一腹节背板)愈合(Rasnitsyn, 1980, 1988a, 2002; Shcherbakov, 1981b; Ronquist et al., 1999; Quicke, Basibuyuk, 1999; Vilhelmsen, 2000, 2001; Sharkey, Roy, 2002; Castro, Dowton, 2006; Sharkey, 2007)。Schulmeister(2003a, 2003b)对Vespina亚目和细腰亚目各自构成单系群的一些限定性形态特征有更为详细的说明。

为方便表述，这里把几个分类群放在圆括号之中代表一个谱系（单系群），加号“+”表示姐妹群关系，符号“&”代表祖裔关系，分类群仅限于Vespina亚目（也包括其位于Siricina亚目中的姐妹群），那么符合我们当前认识的这些分类群的级别和学名可以表示如下：Ceraphronomorpha=Ceraphronoidea（=Ceraphronidae+Megaspilidae+Stigmaphronidae+Maimetshidae）+Megalyridae+Trigonalidae; Proctotrupomorpha=Proctotrupoidea+Diaprioidea+Cynipoidea+Platygastroidea+Serphitoidea（包括Mymarommatoidea）+Chalcidoidea; Vespomorpha=Aculeata & Bethylonymidae。拟肿腿蜂科(Bethylonymidae)仅生存于晚侏罗世–早白垩世；Diaprioidea总科地位按照Sharkey（2007）的意见。

为解决膜翅目的系统发育问题，很多学者进行了大量的研究（Dowton, Austin, 1994, 2001; Dowton et al., 1997; Ronquist et al., 1999; Quicke, Basibuyuk, 1999; Rasnitsyn, 2002, 2006; Rasnitsyn et al., 2004; Castro, Dowton, 2006; Sharkey, 2007），但遗憾的是目前对这一问题的解释非常混乱，远未形成以几种假说为主的状态。这些分析得到的形态分支图、分子分支图和复合分支图显然没有形成一个通用的模型，仅在局部上意见相同：Orussidae科通常位于分支图的基部位置，Proctotrupomorpha下目为单系群［或者单独构成单系群，或者包含Ceraphronoidea总科在内（作为内部一个分支）构成单系群］。运用分支分析方法得到的Vespina亚目系统发育结果矛盾重重，让我们无从选择，因此采用基于古生物学的方法来探讨我们从化石新材料中得到的结论，可能更加有意义（Rasnitsyn, Zhang, 2010）。

多数Vespina亚目化石可以很容易地归入现生高级分类阶元中，但其中一些化石明显扩展了相关类群的范围，甚至使一些类群的界定特征变得模糊不清。

Karatavitidae科（图4–29、图4–30；也见Rasnitsyn, Zhang, 2010：图1–3、图5–9，图版Ⅱ～图版Ⅳ、图版Ⅴ–1, 2）是问题的核心。Rasnitsyn（1980, 1988a, 2002）推测，Ephialtitidae科是从Karatavitidae科直接

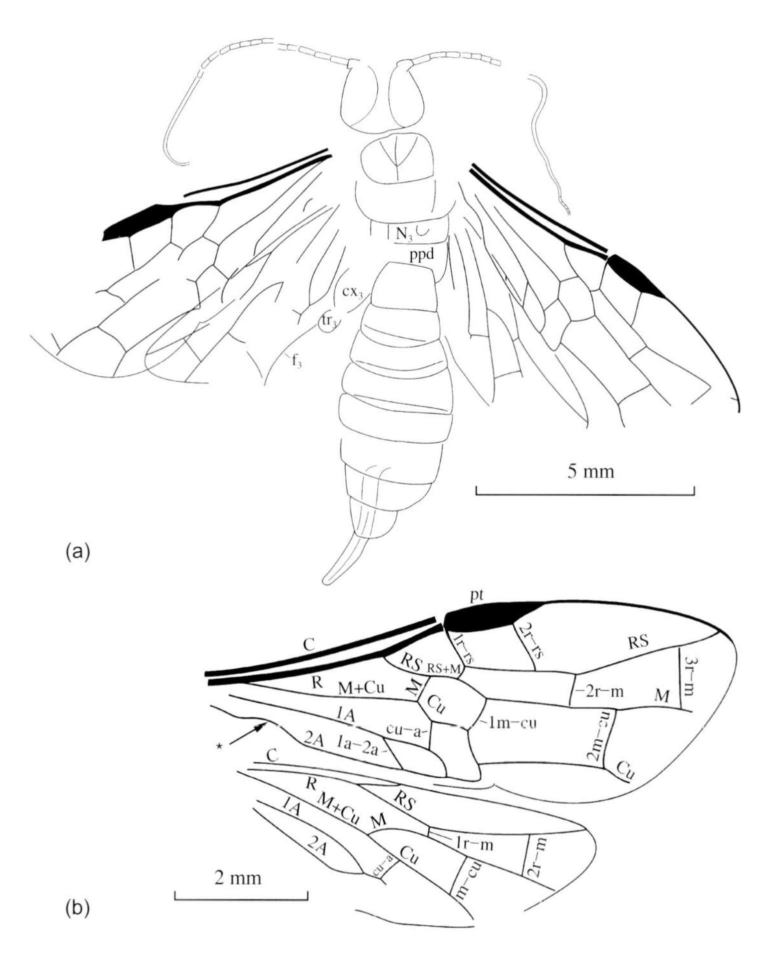

图4–29 *Praeratavites daohugou* Rasnitsyn, Ansorge et Zhang, 2006
正模NIGP139744，线条图，a. 昆虫全貌，背视；b. 前、后翅。翅脉符号采用标准术语；其他符号：cx_3，后足基节；f_3，后足腿节；N_3，后胸背板；ppd，并胸腹节；⋆，臀环。（引自Rasnitsyn et al., 2006）

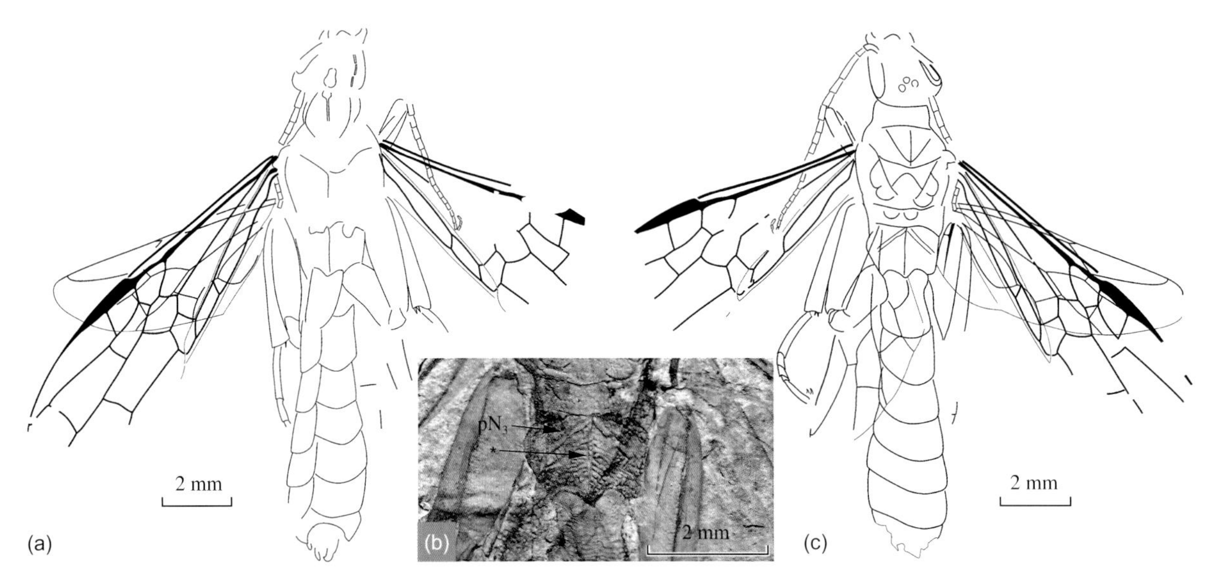

图4－30 *Postxiphydria daohugouensis* Rasnitsyn et Zhang, 2010
正模NIGP151931a，b，正、负面。a. NIGP151931a，腹视，线条图；b. NIGP151931b，背视，后胸和第一腹节，光学图像；c. NIGP151931b，背视，线条图。符号：pN_3，后胸后背片；*，第一腹节背板（并胸腹节）左右两部分愈合处的竖线。

演化而来，进而演化出旗腹蜂下目（Evaniomorpha）、Proctotrupomorpha下目、Ichneumonomorpha下目和Vespomorpha下目。Rasnitsyn等（2006a）进一步证明，从Karatavitidae科到Paroryssidae科再到Orussidae科，在脉序、胸部和腹部特征上都表现出连续过渡，而Orussidae科的2个白垩纪化石属*Mesorussus* Rasnitsyn, 1977（Mesorussinae）和*Minyorussus* Basibuyuk, Quicke et Rasnitsyn, 2000（亚科位置未定）在头部和触角结构上也表现出Karatavitidae科向Orussidae科过渡的特征（Rasnitsyn, 1977; Basibuyuk et al., 2000）。

Karatavitidae科曾被提升为卡蜂总科（Karatavitoidea），置于Orussomorpha下目；Orussomorpha下目还包括尾蜂总科（Orussoidea），后者进一步分为现生的Orussidae科（晚白垩世—现在）和灭绝的Paroryssidae科（主要见于晚侏罗世）（Rasnitsyn et al., 2006a）。Karatavitidae科包括7属12种。

Karatavitidae科被认为与长颈树蜂科（Xiphydriidae）构成姐妹群，但前者明显更为进步，这可以从如下特征（也是Vespina亚目的共同衍征）看出：① 第一腹节背板完整（除*Postxiphydria*属以外，该属至少未完全愈合；图4－30）；相反，Xiphydriidae科以及其余的广腰亚目类群第一腹节背板分为左、右两个部分［叶蜂总科（Tenthredinoidea）的一些高级类群除外，它们的第一腹节背板次生愈合］。② 前翅SC脉完全消失，但此脉至少以横脉c－sc的形式存在于Siricina亚目的多数类群（包括Xiphydriidae科）。③ Orussoidea总科和细腰亚目幼虫为肉食性，说明这一衍征在Karatavitidae科首次获得，后者是Orussoidea总科和细腰亚目假想的共同祖先。

相对于细腰亚目，Karatavitidae科具有如下重要祖征：① 前翅1RS脉长，伸向翅后端部（posteroapically）；而细腰亚目的共同衍征是前翅1RS脉或者短而垂直于R脉，或者短到长、伸向翅后基部（posterobasally）。② 后翅2+3rm室闭合；细腰亚目的该翅室开放。③ 后翅mcu室闭合。④ 后翅轭叶（jugal lobe）与其他部分之间具翅折——轭褶（jugal fold），轭叶通常具有发达的3A脉，在昆虫休息时沿轭褶翻折于翅下。⑤ 翅的固着装置（fixation apparatus）包括后胸背板上的一对突起，即淡膜叶（cenchri）以及前翅第二臀脉（2A）向前弯曲形成的一个翅面粗糙的区域，即臀环（anal loop）。昆虫休息时翅折叠覆盖于身体上时，臀环固定在淡膜叶上。这一结构是Siricina亚目（除茎蜂科Cephidae以外）和Orussomorpha下目（除*Karatavites*属以外）的特征。翅的固着装置在细腰亚目主要谱系中的消失，与上述细腰亚目的共同衍征［特征（①～④］的获得大体发生在同一时间，而且可能是分几步完成的。这一推论的证据是，Ephialtitidae科的一些类群存在臀环残迹和很小的淡膜叶（Rasnitsyn, Zhang, 2010：图14，图版Ⅶ－5，6）。⑥ 并胸腹节明显未与后胸腹板愈合，这一性状既是Siricina亚目的特征，也见于Orussidae科，因此相对于包括Ephialtitidae科（图4－31～图4－33；也见Rasnitsyn, Zhang, 2010：图10，图13）和Stephanidae科（Rasnitsyn, Zhang, 2010：图4，图

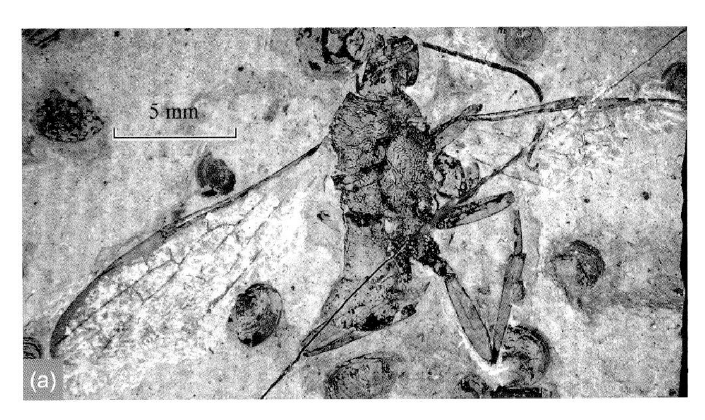

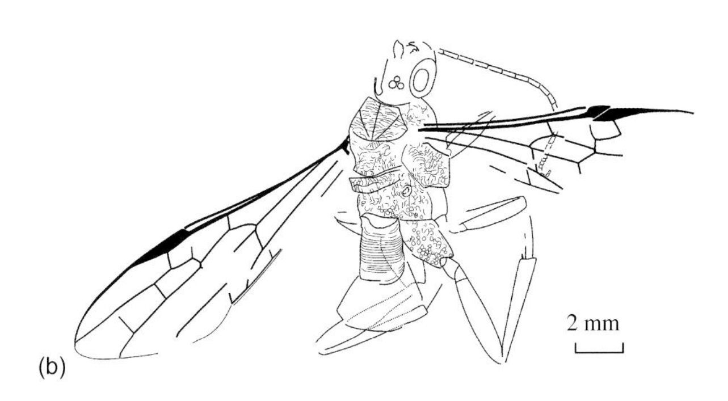

图4-31 *Proapocritus densipediculus* Rasnitsyn et Zhang, 2010
正模NIGP151936，侧背视。a. 光学图像；b. 线条图。

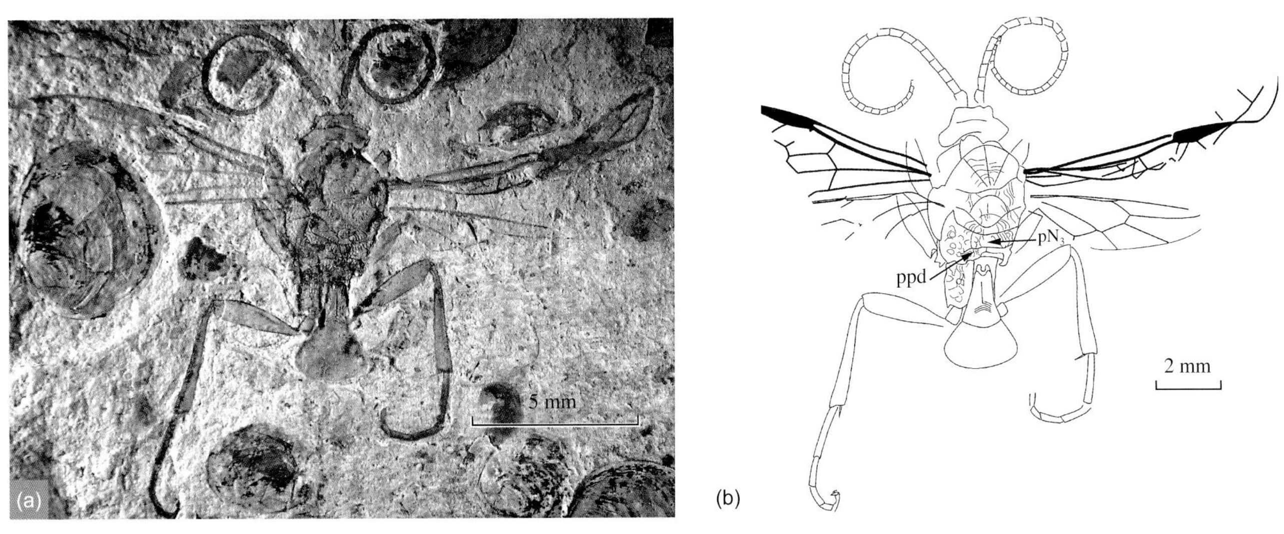

图4-32 *Proapocritus sculptus* Rasnitsyn et Zhang, 2010
正模NIGP151937，侧背视。a. 光学图像；b. 线条图。符号：pN_3，后胸后背片；ppd，并胸腹节。

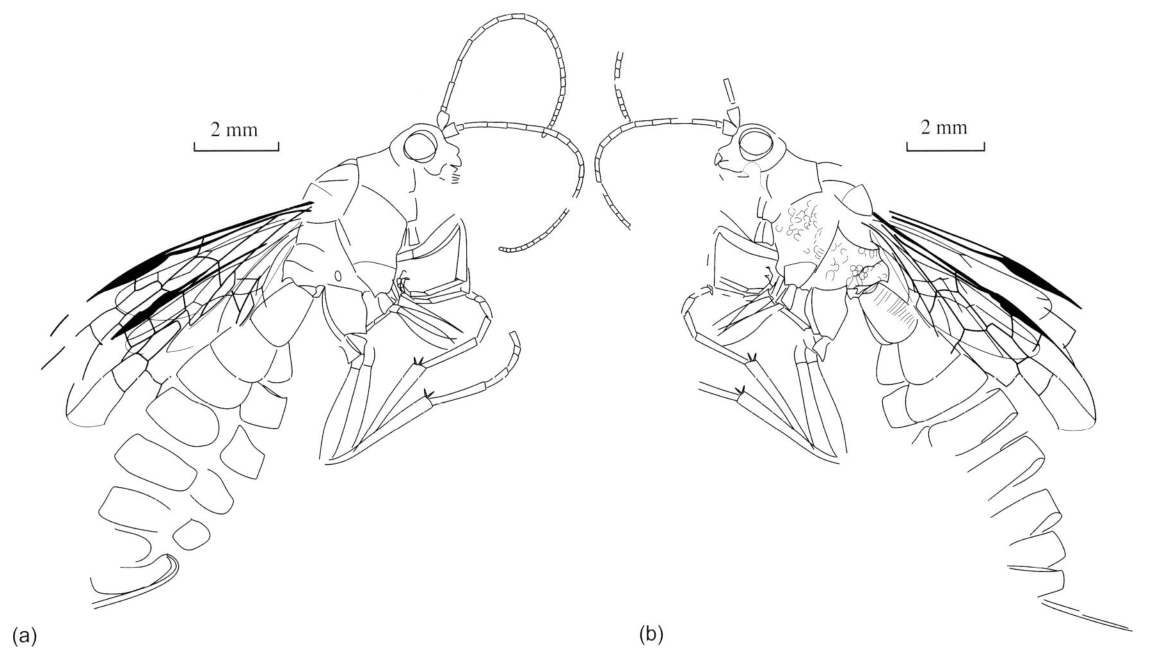

图4-33 *Proapocritus elegans* Rasnitsyn et Zhang, 2010
线条图，正模NIGP151942a, b，正、负面，侧视。a. NIGP151942a；b. NIGP151942b。

版Ⅰ－5）在内的细腰亚目是祖征（Shcherbakov, 1981b; Vilhelmsen, 2000）。⑦ 产卵器扁平、锯状，如广腰亚目的多数类群。相对于Karatavitidae科，细针状的产卵器是细腰亚目的共同衍征。针状而锋利的产卵器，在钻孔的过程中能够调整钻入的方向（Quicke et al., 1994），被认为是为了能够把卵产在猎物（在树木的木质部营钻蛀生活的某种鞘翅目或树蜂科昆虫幼虫；Rasnitsyn, 1968）附近而精确定位产卵位置的一种适应。而具扁平和用以切割的产卵器的昆虫，只能把卵产在比较浅的位置，因此不能把卵产在生活在木材深处的寄主附近，但这并不能证明其幼虫就是植食性的（phytophagous）。早期类寄生性的膜翅目昆虫，可能寄生于只在树木表面钻蚀的昆虫（如生活在树皮下或嫩枝内），便于短的产卵器能够伸达寄主。或者，它们的幼虫最初可能只是在寄主在树干上钻出的通道中寻找共生的真菌，进而发展到寻找寄主本身，前人对此有详细阐述（Eggleton, Belshaw, 1992; Kasparyan, 1996）或简单推测（Rasnitsyn, 1968, 1980: 85）。如果最初是利用寄主的通道，那么短的产卵器也足以进行类寄生。因此细针状的产卵器未必就是细腰亚目独一无二的共同衍征，在广腰亚目的一些类群（如Siricoidea总科Sepulcidae科中的一些种类和*Xyela* Dalman属几个不相关的种）都各自独立地演化出了细针状的产卵器（Rasnitsyn, Zhang, 2010）。细针状产卵器为Orussidae科、Paroryssidae科、*Praeratavitoides*属（Karatavitidae科）和细腰亚目共同衍征的假说，目前还不能被推翻，但如下原因明显减弱了这一可能性：侏罗纪的*Praeparyssites*属与Paroryssidae科和Orussidae科具有一些独特或罕见的共同衍征，而后2个科都具有针状的产卵器。由于化石保存原因，*Praeparyssites*属的产卵器结构并不清楚，推测为扁平产卵器的可能性很大（Rasnitsyn, Zhang, 2010），这使得*Praeparyssites*属具有扁平的产卵器，而Paroryssidae科和Orussidae科与*Praeparyssites*属的共同衍征表现为一些罕见或独特的脉序特征（详见Rasnitsyn et al., 2006a），或者Paroryssidae科和Orussidae科与*Praeratavitoides*属的共同衍征为针状产卵器。第一种情况只需要一次趋同演化事件（获得针状产卵器），而第二种情况则意味着需要独立获得几个罕见的衍征，因此第二种可能性比较小。

如上所述，完整（非纵裂）的第一腹节背板（并胸腹节的前身；侧视直而非纵向拱曲），是Karatavitidae科（*Postxiphydria*属除外，其第一腹节背板至少还可见纵裂的残迹；图4－30）、Orussoidea总科、Ephialtitidae科（图4－31～图4－35；也见Rasnitsyn, Zhang, 2010：图10－14，图版Ⅴ－3－5，图版Ⅵ－1－4，图版Ⅶ）和现生Stephanidae科的特征。Vespina亚目其余类群的并胸腹节侧视呈拱形，腹部（metasoma）与并胸腹节连接处位于并胸腹节上表面与后表面形成的弯曲（或弯角）处（远高于后足基节）（见于Evanioidea总科，图4－37；也见Rasnitsyn, Zhang, 2010：图版Ⅰ－3），或位于并胸腹节后缘靠近后足基节窝的位置（见于细腰亚目其余类群；Rasnitsyn, Zhang, 2010：图16，图版Ⅷ－5, 6）。现在广泛接受的观点是，腹

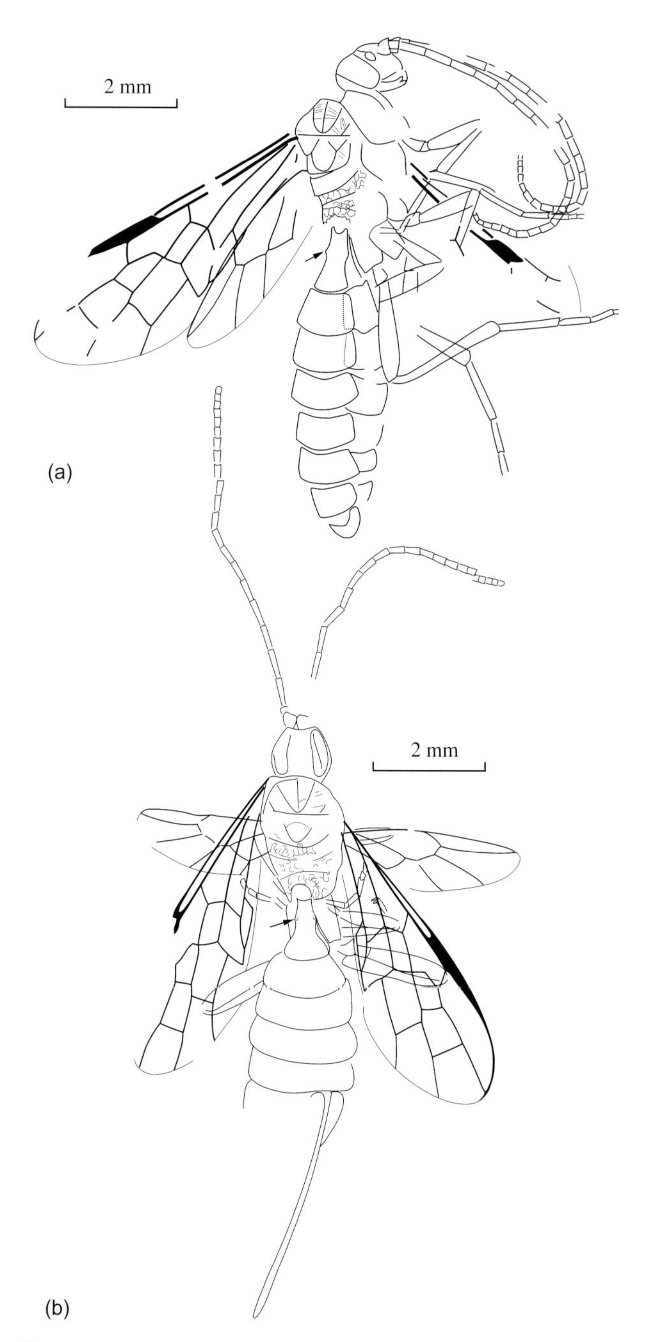

图4－34 *Proapocritus longantennatus* Rasnitsyn et Zhang, 2010 线条图。a. 正模NIGP151938，侧背视；b. 配模NIGP151939，背视。箭头指示第一腹节气孔位置。

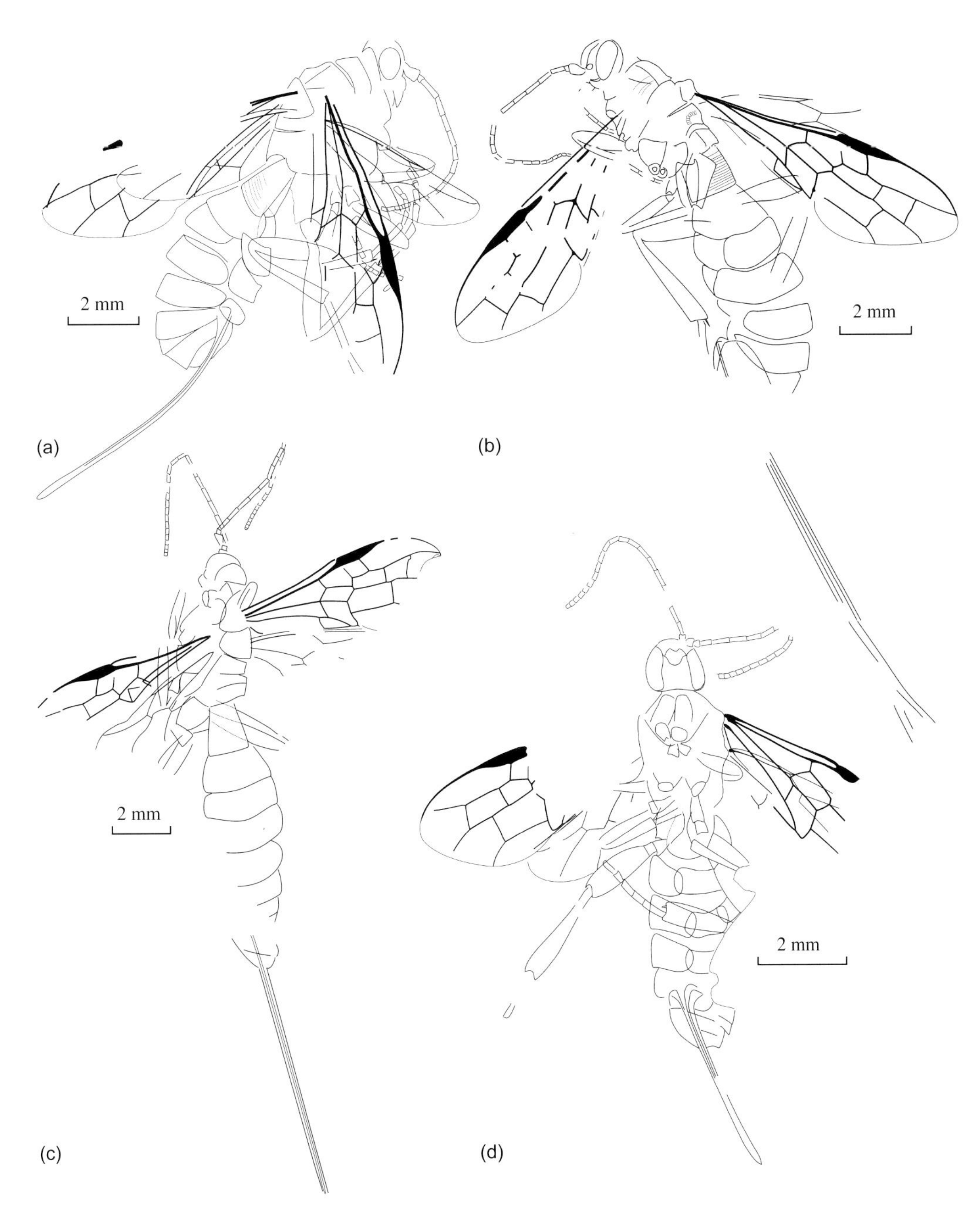

图4-35　道虎沟昆虫群中的几种魔蜂科化石

线条图。a. *Proapocritus formosus* Rasnitsyn et Zhang, 2010，正模NIGP151940，侧视；b. *Stephanogaster pristinus* Rasnitsyn et Zhang, 2010，正模NIGP151943，侧背视；c. *Proapocritus atropus* Rasnitsyn et Zhang, 2010，正模NIGP151941a，b，正、负面，侧视（身体根据NIGP151941a复原，触角和翅根据NIGP151941a，b复原）；d. *Asiephialtites lini* Rasnitsyn et Zhang, 2010，正模NIGP151944，腹视。

部与胸部的高位置连接方式是由较低位置的连接方式演化而来的。但是，新材料的发现对这一观点提出了质疑，具体论述如下（Rasnitsyn, Zhang, 2010）。

4.4.2　基于道虎沟化石材料的讨论和分析

最近在中侏罗世道虎沟昆虫群中发现的一些膜翅目昆虫化石，对现今关于Vespina亚目早期演化的认识产生了深刻的影响，尤其是关于蜂腰（wasp-waist）的起源问题。细腰亚目昆虫腹部与胸部之间窄而高度灵活的关节被认为是一次性获得的，因此细腰亚目是一个单系群，这种观点得到了广泛接受。新材料中Ephialtitidae科*Proapocritus*属的并胸腹节和腹部之间的连接方式有很多种，对探讨这个问题尤为重要。该属是根据产自吉尔吉斯早侏罗世晚期到中侏罗世早期地层中的一个昆虫前翅建立的，因其前翅1RS脉向翅端后方伸展而被归入Karatavitidae科，但该脉比典型Karatavitidae科的1RS脉明显短。在道虎沟化石层中发现有大量保存完整的膜

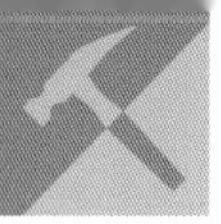

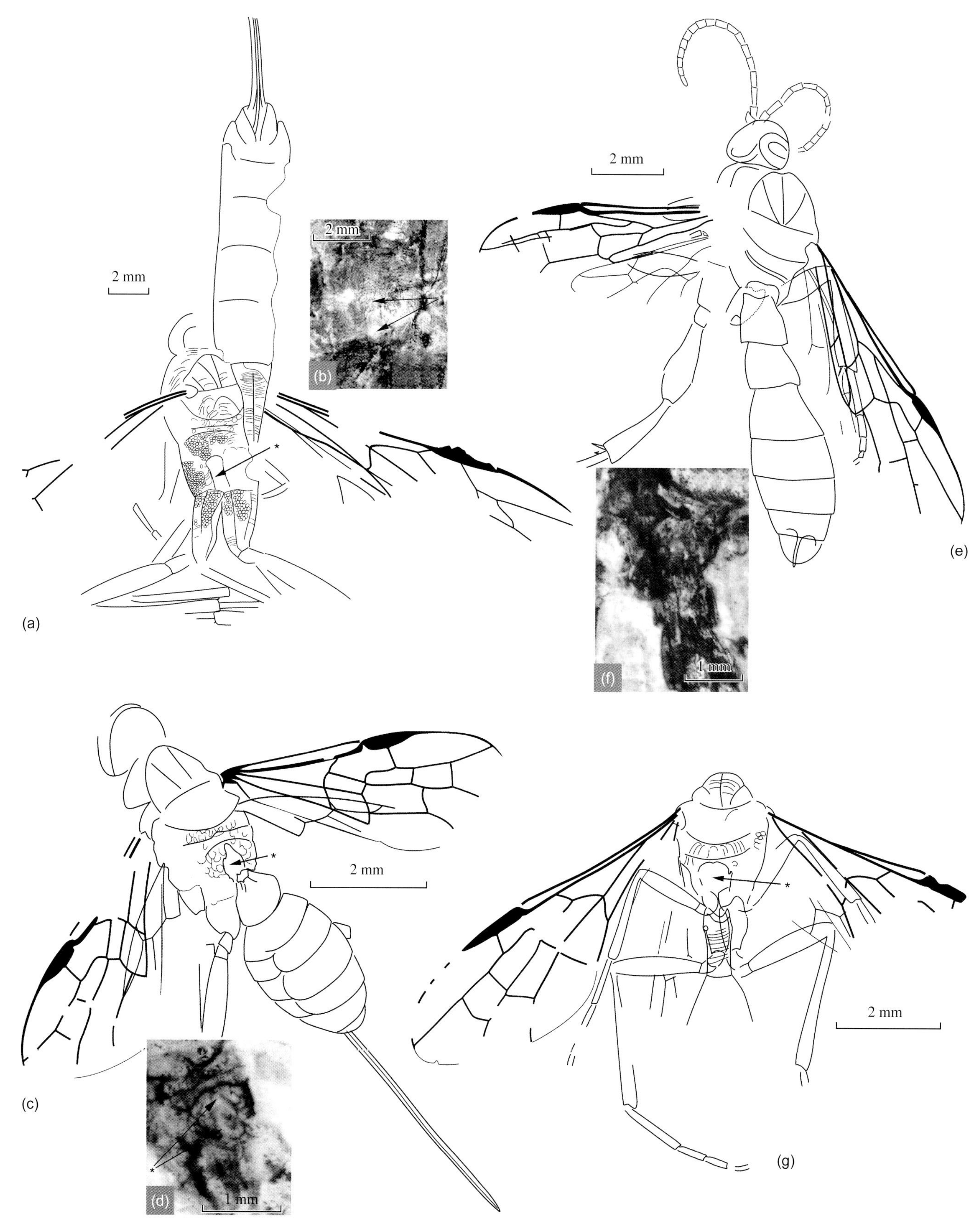

图4-36　道虎沟昆虫群中的几种原举腹蜂科化石

a, b. *Eosaulacus giganteus* Zhang et Rasnitsyn, 2008　副模NIGP148234；a. 头部和胸部为背视，腹部为腹视，线条图；b. 并胸腹节，背视，光学图像，可见并胸腹节孔为一纵向裂缝。c, d. *Sinaulacogastrinus solidus* Rasnitsyn et Zhang, 2010，正模NIGP151946，侧背视；c. 昆虫全貌，线条图；d. 胸部末端和腹基部（表面涂乙醇），光学图像，可见并胸腹节孔大、近三角形。e, f. *Eonevania robusta* Rasnitsyn et Zhang, 2010，正模NIGP151948，侧背视；e. 昆虫全貌，线条图；f. 胸部末端和第一、二腹节（表面涂乙醇），光学图像；g. *Sinevania speciosa* Rasnitsyn et Zhang, 2010，正模NIGP151947，背视，线条图。符号：*，并胸腹节孔（propodeal foramen）。

图4-37 *Praeaulacus ramosus* Rasnitsyn, 1972
正模，哈萨克斯坦卡拉套上侏罗统，侧视。

翅目昆虫化石，它们同时具有*Proapocritus*属的脉序特征和Ephialtitidae科的身体特征，包括细针状而不是扁平、锯状的产卵器（图4－31～图4－34、图4－35a, c）。其中一些化石的脉序表现出向Ephialtitidae科*Stephanogaster* Rasnitsyn, 1975和*Asiephialtites* Rasnitsyn, 1975 等属过渡的特征，后2属的前翅1RS脉垂直于R脉（图4－35b, d），这说明*Proapocritus*属应该归入Ephialtitidae科而非Karatavitidae科。

*Proapocritus*属的并胸腹节特征很一致，为一块横宽的骨板，在横向上拱曲但纵向上比较平。与此相反，腹部第一节的形状却多种多样：从横宽到很长，前端宽（与并胸腹节几乎等宽，见图4－31）到窄，侧缘直、近平行（图4－34）或向前渐收缩（图4－32、图4－33）。当第一腹节窄而长时，其末端可能变宽，中部明显凸起并有气孔（图4－34）。尤为重要的是第一腹节的基部，特别是当其窄或中等宽时，从那些胸部侧视保存而腹部能够从上面观察的标本（图4－32、图4－33）上可以看到它与并胸腹节的连接很弱。当腹基部窄时，经常可以看到并胸腹节的关节孔比其明显宽，腹基部与拱曲的并胸腹节后缘中部相连，连接处远高于后基节（图4－31～图4－34）。并胸腹节与腹部连接处之下和侧面具有宽阔而开放的区域，表明昆虫活的时候该区域仅仅被膜质物覆盖而没有骨化。

上述结构令人联想到Evanioidea总科，只是该总科的并胸腹节后表面在与腹部连接处的腹面和侧面已经骨化。这表明细腰亚目狭窄的胸－腹关节孔的起源有2种可能的途径。第一种可能：并胸腹节后面与腹基部连接处之下宽阔的开孔（膜质区）逐渐变窄（特征变化过程：图4－34a→图4－36a～d, g→图4－38），进而形成典型Evanioidea总科所具有的胸－腹关节特征（图4－37），下一步可能的变化是胸－腹关节向后足基节方向移动，最终形成细腰亚目中非Evanioidea总科类型的胸－腹连接方式。在这一演化路径中，Evanioidea总科并胸腹节的特征

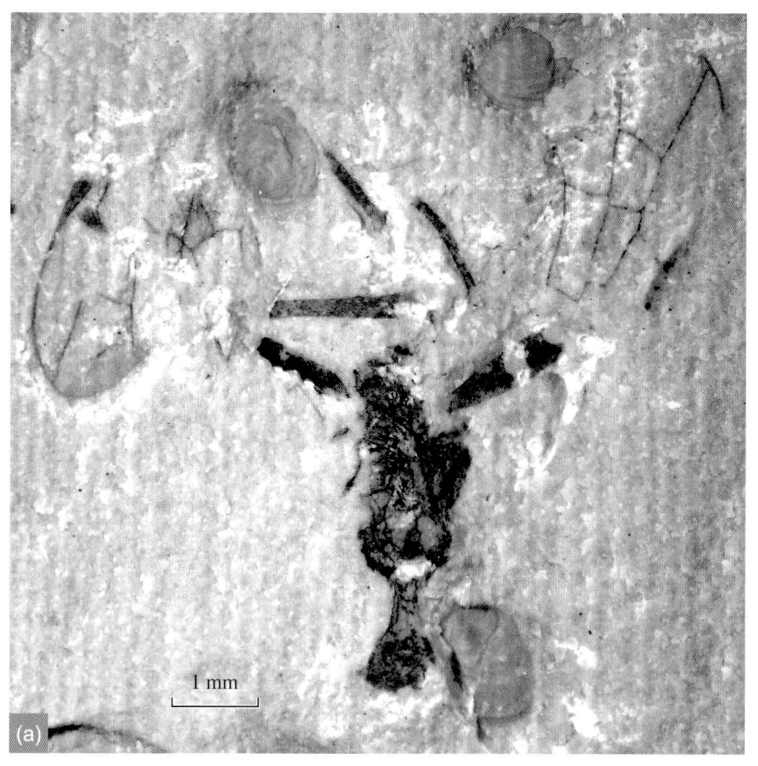

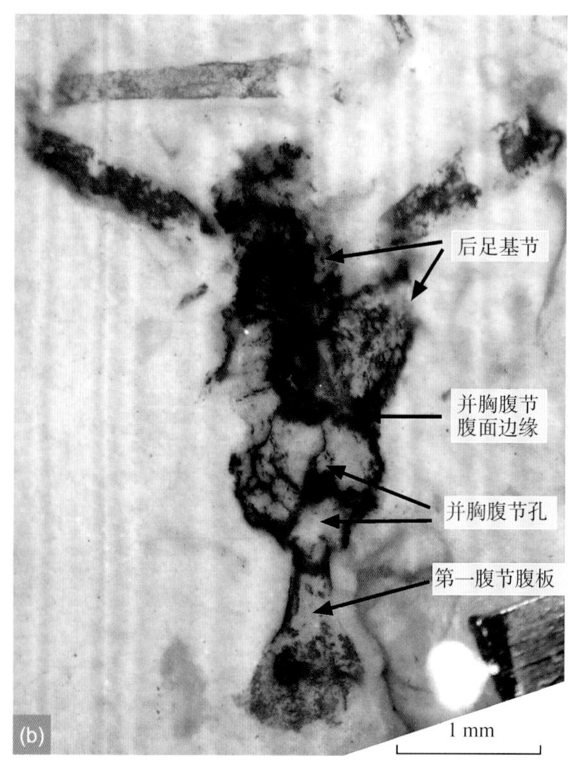

图4－38 *Aulacogastrinus* sp., NIGP148231
腹视。a. 化石全貌；b. 虫体部分，表面涂乙醇，显示并胸腹节孔在腹基部之下闭合很短一段。（Zhang, Rasnitsyn, 2008: 480）

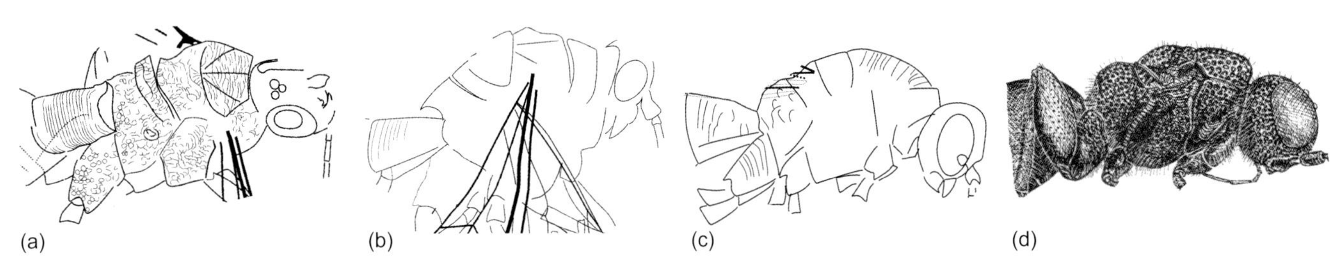

图4－39　并胸腹节－腹关节从魔蜂型到细腰亚目高级类群型的转变序列（a→b→c→d）图示

a. *Proapocritus densipediculus* Rasnitsyn et Zhang, 2010（全图见图4－31b）; b. *Proapocritus formosus* Rasnitsyn et Zhang, 2010（全图见图4－35a）; c. *Kuafua polyneura* Rasnitsyn et Zhang, 2010; d. *Megalyra taiwanensis* Petersen（引自Petersen, 1966，经过裁剪）。

是祖征，而较低的并胸腹节－腹部连接方式是裔征。第二种可能：细腰亚目的蜂腰经过2条独立的路径演化而来，即Evanioidea式蜂腰和非Evanioidea式蜂腰。对前者的获得过程推测如下：图4－34a→图4－36a～d, g→图4－38→图4－37；后者则经历了不同的演化路径，推测如图4－39所示，即并胸腹节的背面向下延展。这种推测与细腰亚目高级类群（Evaniomorpha+Proctotrupomorpha+Ichneumonomorpha+Vespomorpha）和Evaniomorpha都是单系群的假说（Rasnitsyn, 1980, 1988a）相矛盾。

上述2种假说均既有证据支持，也有证据反对，因此难以取舍。第一种假说认为细腰亚目高级类群为单系群，并且胸－腹关节位置高（远离后足基节）是祖征，至少存在如下两方面的问题。第一，胸－腹关节位置高在细腰亚目虽然不是很普遍，却见于很多类群，如Ichneumonidae科的*Hybrizon* Fallen属和Labeninae亚科的许多种类（Rasnitsyn, 1980：图113; Townes, 1969：图115～图122）；Braconidae科的Cenocoeliinae亚科和Doryctinae亚科中的*Oroceguera* Seltmann et Sharkey, Austroniidae科的*Austronia nitida* Riek、Serphitidae科的*Serphites* Brues以及Mymarommatidae科的*Palaeomymar* Meunier（Kozlov, Rasnitsyn, 1979：图1，图8），Chalcididae科的*Conura cressoni*（Howard）（Fernández, Sharkey, 2006：图65.44），显示这一性状在不同类群中是独立演化而来的。在Evanioidea总科中，胸－腹关节位置较低一般是较原始类群的特征，而位置较高是较进步类群的特征，这可以从Praeaulacidae科和Gasteruptiidae科的低等类群（Baissinae亚科和Aulacinae亚科）与更为特化的*Gasteruption* Latreille的比较，以及Evaniidae科的普通类群与特化的白垩纪类群*Cretevania* Rasnitsyn的比较中得到印证。同时，相反的例子，尤其是Evanioidea总科中胸－腹关节次生下移的例子，也不一而足。因此，胸－腹关节从位置高到低的变化伴随着细腰亚目（除Evanioidea总科以外）主要谱系的起源，这一推断基本可以排除在外（Rasnitsyn, Zhang, 2010）。

上述转变序列中有关性状极性的另外一个线索来自后足基节孔（metacoxal orifice）和腹孔（metasomal orifice）之间的关系。闭合的胸－腹关节孔（不与后足基节孔接触）沿着并胸腹节向下移动的过程伴随着细腰亚目（除Evanioidea总科之外）其他类群起源于具有Evanioidea总科特征的祖先，这种假说暗示闭合的腹孔是祖征，而腹孔与后足基节孔接触是裔征。但是众所周知，在具有宽阔后足基节基部的那些并非进步的一些类群中，这2个孔是相连的，这些类群包括Stephanidae科（更为特化的几个属除外，如*Foenatopus*属）、Megalyridae科、Trigonalidae科以及Braconidae科和Aculeata中的很多种类（Rasnitsyn, 1968：图11，图12; Rasnitsyn, 1980，图84c, e）。而在更为特化的一些类群（如现生的Ceraphronoidea s. str.总科）中，特别是后足基节变窄的类群（Stephanidae科更为退化的类群，如*Foenatopus*属，以及Proctotrupomorpha下目的所有类群；Rasnitsyn, 1968：图13，图14; Rasnitsyn, 1980：图84d）中，后足基节孔和腹孔是不接触的。这些事实明显支持了另外一种猜测，即Evanioidea总科的蜂腰和细腰亚目其他类群的蜂腰是通过不同路径独立演化而来的。

支持蜂腰是通过不同路径独立演化而来的另外的证据，来自细腰亚目基部类群（即Ephialtitidae科和Stephanidae科）的形态多样化，这2个科中既有并胸腹节和腹部连接非常宽的情况（图4－31; Stephanidae科*Schlettererius*属），也有蜂腰非常窄的例子（图4－32; Stephanidae科*Foenatopus*属）。

过去数十年中，虽然发现了大量的侏罗纪和白垩纪膜翅目昆虫化石，但Evanioidea总科与Evaniomorpha下目其他类群（Megalyridae科、Trigonalidae科和Ceraphronoidea s. str.总科）之间，以及Evanioidea总科与更为进步的细腰亚目类群（Proctotrupomorpha下目、Ichneumonomorpha下目和Vespomorpha下目）之间形态上的差距并未消除或缩小。相反，Evanioidea总科与Ephialtitidae科之间的形态间断却有了连续过渡的化石证据。道虎沟化石群中的一些膜翅目昆虫具有Praeaulacidae科（Evanioidea总科的原始类群，主要见于中－晚侏罗世，其中一个特殊的亚科见于早白垩世；Zhang, Rasnitsyn, 2008）的外形和脉序，但它们的胸－腹关节显示出Evanioidea总科和Ephialtitidae科之间的过渡状态，特别是有些标本的并胸腹节孔（propodeal foramen）为纵向的裂缝（图4－36a～d）或在腹基部之下闭合很短一段（图4－38）。在另外一些化石中（图4－36e～g），并胸腹节的后面完全开放（膜质而非骨化），与Ephialtitidae科的*Proapocritus longantennatus* Rasnitsyn et Zhang（图4－34）类似，同时它们具有典型Praeaulacidae科的脉序特征（翅脉完整，前翅RS基段向翅基倾斜，2A脉消失）。这可能代表了Evanioidea式腹关节形成的第一步。

上述观察到的现象表明，Evanioidea式腹关节起源于Ephialtitidae科中具有如下特征的类群：并胸腹节孔后缘宽；腹基部窄，其中部与并胸腹节板（远高于后足基节）的后上缘连接。下一步导致Evanioidea总科形态特征完成的过程可以推测为，并胸腹节孔后缘位于腹基部之下的部分逐渐变窄并彻底闭合。这一形态转变过程与以往认为的细腰亚目主要谱系（见下文）的形成过程完全不同，与以前Evaniomorpha下目的概念（包括Evanioidea总科和Ceraphronoidea s.l.总科）(Rasnitsyn, 2007)也产生了矛盾。在系统发生上，Evanioidea总科看起来独立于细腰亚目除Ephialtitidae科以外的所有其他谱系，因此Evanioidea总科应该提升为旗腹蜂下目(Evaniomorpha s. str.)，这不可避免地也要把Ceraphronoidea s.l.总科提升为分盾细蜂下目(Ceraphronomorpha)（Rasnitsyn, Zhang, 2010）。

上文已经指出，Orussomorpha下目、Ephialtitidae科和Stephanidae科的并胸腹节背面在纵向上是平的（侧视是直的），但Evaniomorpha下目的并胸腹节背面是弯曲的，而胸－腹关节孔就在弯角处。相反，细腰亚目的其余类群（少数完全不同和明显特化的类群除外）的并胸腹节背面是弯曲的（侧视是凸起的），胸－腹关节孔窄并靠近后足基节。这一特征如果从类似Ephialtitidae科的相关特征演变而来，则这一过程可以很容易地设想为并胸腹节变长并向下弯曲（图4－39），导致腹关节孔变窄。这个过程很难找到古生物学证据，因为细腰亚目的主要谱系（非Evaniomorpha下目）的早期代表之间难以区分，与它们的假想共同祖先（与Ephialtitidae科接近）也难以区分。这个问题尤其要涉及一些化石，如道虎沟化石群的*Kuafua polyneura* Rasnitsyn et Zhang, 2010和卡拉套化石群的*Leptogastrella* Rasnitsyn, 1975与*Arthrogaster* Rasnitsyn, 1975，后2个属最初归入Vespomorpha下目的原始类群Bethylonymidae科（Rasnitsyn, 1975: 103～104）。这种分类仅是根据祖征（后翅r室闭合，*Leptogastrella*属的前翅2A脉部分残留），这些特征在Orussomorpha下目、Ephialtitidae科和Evanioidea总科（基部类群）之上的Vespina亚目类群中已经消失，因此这种分类需要重新考虑。上述3属的腹关节孔窄、位置低，但它们缺少任何细腰亚目现生主要谱系的共同衍征。从它们的基本构型（与*Kuafua*属接近）来看，它们既没有短而多少有些内收的产卵器（Vespomorpha下目的特征），也没有退化的前翅前缘域（Ichneumonomorpha下目的特征）。另外，它们的脉序既不符合Proctotrupomorpha下目的基本构型[前翅3r 室三角形，横脉3r－m和2m－cu 缺失，(M+)Cu脉直或近直]，也不符合Ceraphronomorpha下目的基本构型（后翅Cu脉取代消失的A脉末端）。我们认为，这些化石形成一个独立的科——被命名为夸父蜂科（Kuafuidae Rasnitsyn et Zhang, 2010），其下目位置还不能确定，但相对于Vespomorpha下目、Ichneumonomorpha下目、Proctotrupomorpha下目和Ceraphronomorpha下目，此科处于细腰亚目的基部（见下文）。

关于Stephanidae科，它既缺少Evaniomorpha s. str.下目的共同衍征（并胸腹节后孔在腹关节下方闭合），也缺少细腰亚目主要谱系（即Vespomorpha+Ichneumonomorpha+Proctotrupomorpha+Ceraphronomorpha+Kuafuidae）的共同衍征（并胸腹节在横向和纵向上都呈弓曲状，关节孔窄并靠近后足基节）。很明显，它是从Ephialtitidae科演化而来的一个独立支系，因此它与后者可以归入冠蜂总科（Stephanoidea Leach, 1815）。

与Orussomorpha下目类似，Stephanoidea总科的分类位置明显存在问题：该总科显然是并系群（paraphyletic group），目前还不能分成一些全系（holophyletic）群。也许把它置于Orussomorpha下目中更好，这样只保留1个并系的下目而不是2个。但这样处理却使细腰亚目成为复系群（polyphyletic group），因为Evanioidea总科和细腰亚目的其余类群从它们的祖先类群（Ephialtitidae科）分别独立演化而来，即通过不同的途径演化出蜂腰。因此我们建议，把Stephanoidea总科保留在细腰亚目内部，但从Orussomorpha下目移出，提升为冠蜂下目

(Stephanomorpha Leach, 1815),这样可以保持细腰亚目的单系性。细腰亚目的衍征为:前翅RS 基段短,垂直于R脉或向翅基倾斜;前翅2A脉凹曲(臀环)消失或极退化;前翅横脉1r-rs长于2r-rs;后翅2+3rm和mcu室开放;产卵器细(针状而非锯状)。这些特征既适用于现生类群也适用于化石材料,但只有这些特征共同出现于某一类群,才能确定无疑地将其归入细腰亚目。虽然细腰亚目还有其他很多推定的共同衍征(Schulmeister, 2003a, b),但难以用到化石上。

根据以上分析,膜翅目高级类群的早期演化路径可以假设如下(图4-40)。Vespina亚目的共同祖先是Xiphydriidae科的姐妹群,具有侏罗纪Karatavitidae科的特征,其中部分特征为其共同衍征,包括:① 第一腹节背板(并胸腹节的雏形)完整(左右两部分愈合),与第二腹节形成关节,是身体除头-胸(前胸腹板)关节以外最为灵活的关节。第一腹节背板的纵裂缝在Karatavitidae科早期演化阶段就已逐渐愈合,*Postxiphydria*属的裂缝还未完全愈合(图4-30b, c; Rasnitsyn, Zhang, 2010:图6, 图7),而*Postxiphydrioides*属已经愈合但尚存残迹(Rasnitsyn, Zhang, 2010:图8a)。② 前翅SC脉完全消失,未见任何痕迹。③ 幼虫肉食性,这一特征从Karatavitidae的2个裔群(Orussidae科和细腰亚目)幼虫的食性推断而来。同时,还保留如下重要祖征:前翅2A脉完整,在基本构型中2A脉存在凹曲(臀环),其内翅面粗糙,与后胸背板上的淡膜叶相配合,在昆虫休息时可以使前翅固定在身体背面;后翅轭叶存在;并胸腹节与后胸腹板相连,但未愈合;产卵器比较短,扁平呈锯状,即用于切割而非钻孔。

进一步的演化依然发生于Karatavitidae内部,*Praeratavites* - *Grimmaratavites* - *Praeparyssites*序列中脉序发生了明显的变化,逐渐显现出Orussoidea总科的特征,详细描述见Rasnitsyn等(2006a)。同时,在*Praeratavites* - *Karatavites*序列中淡膜叶和臀环的消失也是Vespina亚目的共同衍征;*Praeproapocritus*属(Ephialtitidae科)前翅2A脉完整,臀环退化但仍能观察到,要么是一种返祖现象,要么是Ephialtitidae科获得的一种新性状。*Karatavites*属的衍征是前翅横脉3r-m和2m-cu部分消失(如Rasnitsyn等在2006年描述的*Grimmaratavites*属一样),因此该属更可能代表了细腰亚目的姐妹群而非其直接祖先。

细腰亚目演化的下一步是Ephialtitidae科的起源,伴随着细针状产卵器的获得(Karatavitidae科中*Praeratavitoides*属的针状产卵器被认为是趋同现象),以及一些脉序上的共同衍征的获得,包括前翅1RS脉缩短、横脉1r-rs长于2r-rs和2A脉不完整,后翅2+3rm和mcu室开放以及轭叶与后翅其他部分的融合。这一演化阶

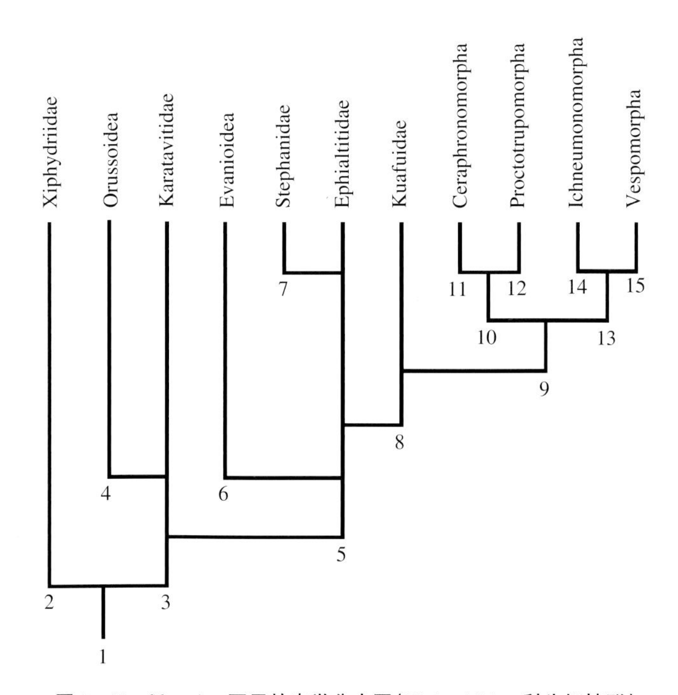

图4-40　Vespina亚目的直觉分支图(Xiphydriidae科为姐妹群)

推定的共同衍征位于节点:1. 很可能是趋同(前翅SC脉消失,以横脉形式存在的情况除外)的一些特征,或者在化石上难以识别的一些特征(见Vilhelmsen, 2001: 435,节点78,但#79除外,该性状——中胸背板横裂,可能也是Siricidae科的基本构型;也见Rasnitsyn, 1988a:节点24和节点25)。2. 前胸背板背面中间很短;前胸侧板长,形成颈;幼虫在被子植物木材内取食。3. Vespina亚目,前翅SC脉完全消失;第一腹节背板(并胸腹节)左、右两部分愈合(起初还可见缝合线,可能为膜质);幼虫肉食性,眼和足消失,头部附肢一节或消失。4. 前翅横脉2r-rs、3r-m和2cu-a消失;后翅横脉m-cu和cu-a消失;产卵器针状、窄。5. Apocrita亚目,前翅1RS脉短、近垂直于R脉,臀环消失或仅有残迹,横脉1r-rs长于2r-rs;后翅 2+3rm和mcu室不封闭;产卵器细(针状而非锯状)。6. Evaniomorpha下目,并胸腹节后面(位于腹基部和后足基节基部之间)至少部分骨化,并胸腹节背面在腹基部之前的部分未向下拱曲。7. 头部围绕前单眼周围有一圈齿状突起,脉序退化(前翅横脉2-3r-m和2m-cu消失,等等)。8. 并胸腹节孔(propodeal orifice)窄(但仍然靠近后足基节),源于并胸腹节背面向下拱曲。9. 前翅2A脉消失,后翅r室开放。10. 后翅A脉游离的末端消失,其位置被Cu脉游离的末端取代。11. 无明显的共同衍征,因此Ceraphronomorpha下目可能为Proctotrupomorpha下目的祖先类群。12. 前翅缘室(3r室)三角形,横脉2cu-a可能还包括2r-m和3r-m消失(Cynipoidea总科中上述横脉之一存在被认为是返祖现象),(M+)Cu脉直(至少与横脉1m-cu连接处没有向后形成角度);后翅横脉r-m并入R脉(非RS脉,RS脉已消失)(与Ceraphronomorpha下目的共同衍征或趋同现象)。13. 并胸腹节孔被一对长齿状的突起分为上下两部分。14. 前翅前缘域很窄;后翅M脉在M+Cu脉和横脉rs-m之间近直;中胸背板中沟以及对应的背板内突消失。15. 产卵器短,几乎不伸出腹末;雌蜂寻找底质中的猎物,攻击猎物时与其直接接触。

段最重要的特征是第一腹节的形态多样化，但常在一定程度上表现为柄状。现生Stephanidae科的*Schlettererius* Ashmead, 1900（Townes, 1949; Rasnitsyn, Zhang, 2010：图版Ⅰ，图5），它的并胸腹节和腹基部的特征可能代表了Ephialtitidae科相应特征的典型状态。

Ephialtitidae科的形态可能是细腰亚目两个谱系的基本构型，它们都始于腹基部的变窄。我们推测，Evanioidea谱系始于狭窄的腹基部与短而仅横向拱曲的并胸腹节的后缘形成关节，而并胸腹节后缘在关节连接点的下方和侧方为宽阔的膜质缺口，如*Proapocritus longantennatus* Rasnitsyn et Zhang, 2010（图4－34a）。随后膜质区开始骨化，如果骨化作用始于并胸腹节后腹角的中部（图4－34b），那么很容易就形成在Praeaulacidae科（Evanioidea总科基部类群）一些种类中见到的特征，进而演化为Evanioidea总科的典型特征（图4－37）。这一转化序列是非常连续的，以至于要严格区分Ephialtitidae科和Praeaulacidae科会存在一定的难度。通常情况下，这2个科的区别在于前翅2a室是否封闭：Ephialtitidae科是封闭的而Praeaulacidae科是开放的。但是，Praeaulacidae科中的*Eonevania robusta* Rasnitsyn et Zhang, 2010前翅2a室却是封闭的（图4－36e）。

我们认为从Ephialtitidae科演化而来的细腰亚目另外一个谱系，即该亚目的主要谱系，是通过另外一条路径获得狭窄的腹基部：并胸腹节演化为穹顶状，侧面和后面倾斜并形成足够大的内部空间以容纳强大的肌肉系统来控制腹部的运动，这是对快速而准确地产卵的一种适应。在这一转变过程中，腹基部向后足基节移动并靠近后者，即使它们之间还有距离，也是很小的膜质空隙（图4－39）。这一谱系脉序上的共同衍征为前翅2A脉消失，后翅r室开放。

上述观察结果与我们的假说非常符合，但无助于在更多细节上进行检验，因此我们不得不检验另外的明显是用特定性状转换推断特定节点的假说。这一假说中与上述密切相关的是推断细腰亚目基部二叉式分支的假说，即{[Evanioidea+（Ceraphronomorpha & Stephanidae）]+ Proctotrupomorpha}+（Ichneumonomorpha+Vespomorpha）（Rasnitsyn, 1988a, 2002），这完全不同于当前的推测：Stephanidae+{Evanioidea+[Ceraphronomorpha+Proctotrupomorpha+（Ichneumonomorpha+Vespomorpha）]}。关于上述2种分支图的最后面的成分即Ichneumonomorpha+ Vespomorpha的争议很小，因此我们集中讨论二叉式分支[Evanioidea+（Ceraphronomorpha & Stephanidae）]+Proctotrupomorpha与Stephanidae+[Evanioidea+（Ceraphronomorpha+Proctotrupomorpha）]。

腹部第1～6节的气孔封闭被认为是谱系[Evanioidea+（Ceraphronomorpha & Stephanidae）]+Proctotrupomorpha（推定的）共同衍征，因此该谱系被认为是单系群；而推定谱系Evanioidea+（Ceraphronomorpha & Stephanidae）为单系群是基于中足基节关节中区远离基节基部（Rasnitsyn, 1988a, 2002）。上述2种推断都受到严重质疑，对相关标本的仔细观察发现，这些气孔在Orussidae科、Stephanidae科、Gasteruptiidae s.l.科、Megalyridae科、枝跗瘿蜂科（Ibaliidae）（Rasnitsyn, Zhang, 2010：图版Ⅸ－3－11）和缘腹细蜂科Scelionidae（Oeser, 1961）等类群中变小但并未封闭。因此，推定的单系群Ichneumonomorpha+Vespomorpha成为细腰亚目中唯一的一支，与非细腰亚目类群（Rasnitsyn, Zhang, 2010：图版Ⅸ－1, 2）1～6腹节具有同样的大型气孔。符合上述事实的可能情况如下：谱系Ichneumonomorpha+Vespomorpha直接从Xiphydriidae科继承了大型气孔，这与谱系Orussidae+[Evanioidea+（Ceraphronomorpha & Stephanidae）]不同，后者的共同衍征是具有退化的气孔（推定细腰亚目为复系群）；或者Vespina亚目，即Orussomorpha+Apocrita的共同衍征是具有小型气孔，谱系Ichneumonomorpha+Vespomorpha具有大气孔是一种返祖现象；或者Orussidae科、Stephanidae科、Evanioidea总科和Ceraphronomorpha下目各自独立获得小型气孔。

包括Stephanidae科、Evanioidea总科和Ceraphronomorpha下目在内的谱系的单系性，是根据中足基节关节中区在中足基节表面的位置远离基节基部这一特征推定的（Rasnitsyn, 1988a）。这种解释已经受到质疑，因为关节点总是位于足基节表面，而非恰好在足基节的基缘，还因为Evanioidea总科和Ceraphronomorpha下目（非Stephanidae科）的衍征是关节点的位置极其靠近端部（Johnson, 1988; Gibson, 1999）。更为详细的研究也表明，中足基节窝（收纳位于中胸最后缘中部的后前侧片髁的空腔）总是位于靠近中基节表面边缘的位置（Rasnitsyn, Zhang, 2010：图版Ⅸ－12－19）。但是骨化的基节边缘有各种各样的缺刻，导致关节窝与中足基节基部的主体明显分离（Rasnitsyn, Zhang, 2010：图版Ⅸ－15－19）。包括Xiphydriidae科（Rasnitsyn, Zhang, 2010：图版Ⅸ－12－14）在内的Siricina亚目，它们中足基节边缘光滑而未见缺刻，因此有缺刻的边缘显然是Vespina亚目（= Orussomorpha+Apocrita）的

表4－5　文中讨论与图4－40中用到的性状矩阵

分 类 群	性 状																								
	01	02	03	04	05	06	07	08	09	10	11	12	13	14	15	16	17	18	19	20	21	22	23	24	25
Siricina (Xiphydriidae除外)	p	p	p	0	p	p	0	p	p	p	0	0	p	p	0	0	0	p	0	0	0	0	p	p	0
Xiphydriidae	0	1	0	0	1	0	0	0	0	0	0	0	0	0	0	1	0	0	0	0	0	0	0	1	0
Karatavitidae	0	1	p	0	2	0	0	0	0	0	0	0	p	0	0	?	?	1	0	0	0	?	p	p	1
Orussoidea	p	1	0	0	2	p	—	1	1	1	p	0	1	1	0	1	1	1	0	0	0	1	1	p	1
Ephialtitidae	0	1	1	0	2	1	1	1	p	0	0	0	1	1	1	?	?	1	0	0	1	?	1	p	1
Stephanidae	0	1	1	0	2	1	1	p	1	1	1	1	1	1	1	1	2	1	0	p	1	1	1	0	1
Praeaulacidae	0	1	1	0	2	1	1	1	p	p	p	p	1	1	1	?	?	1	0	1	1	?	1	0	1
Kuafuidae	?	?	1	0	2	1	1	1	0	0	0	0	1	1	1	?	?	1	1	—	1	?	1	p	1
Megalyridae	0	1	1	0	2	1	1	1	p	p	1	1	1	1	1	1	2	1	1	—	1	1	1	0	1
Trigonalidae	p	1	1	0	2	1	1	1	0	0	1	1	1	1	1	1	2	1	1	—	1	1	1	2	1
Ceraphronoidea	0	1	1	0	2	1	1	1	1	1	1	1	1	1	1	1	2	1	1	—	1	1	1	p	1
Proctotrupomorpha	1	p	1	p	2	1	1	1	1	1	1	1	1	1	1	—	—	1	1	—	1	1	1	p	1
Ichneumonomorpha	1	p	1	1	2	1	1	1	p	p	1	1	1	1	1	—	—	1	1	—	1	0	1	p	p
Vespomorpha	p	p	1	0	2	1	1	1	p	p	1	1	1	1	p	1	p	1	1	—	1	0	1	p	p

注：p,多形的 (polymorphic)；—,该性状不适用。上述表格中的性状及性状编码见Rasnitsyn, Zhang (2010: Addendum 1)。

共同衍征。在Xiphydriidae+Vespina谱系中，向着连接点方向的膜质弯角很发育，这可能是上述2个类群的共同衍征，即使在Xiphydriidae科中，膜质弯角在基节的骨化边缘上并没有相对应的弯角(Rasnitsyn, Zhang, 2010：图版IX－14)。

然而事情并非如此简单，因为细腰亚目的几个主要谱系的中足基节已经发生了变化(基节基部更窄)，因此难以复原它们的基本构型。这种变化是Proctotrupomorpha和Ichneumonomorpha下目的整体特征，也是真尾类许多类群的特征(Johnson, 1988)。Vespomorpha下目其余类群的中基节基部的结构多变，至少有些类群与细腰亚目基部类群在该结构上是难以区分的(Rasnitsyn, Zhang, 2010：图版IX－16－19; Johnson, 1988：图24)。我们的观察表明，Stephanidae科、Evanioidea总科和Ceraphronomorpha下目的中足基节基部的结构非常相似，但目前还不能作为这些分类群的一个可靠共同衍征来看待。

因此，我们认为我们的系统发育假说(图4－40)比现今流行的假说更为合理。下一步的检验也许是用我们的化石结合现生类群进行分支分析，把新发现的特征加到以前研究用到的矩阵之中。然而，与现生类群用于分支分析的大量性状［如：Quicke和Basibuyuk(1999)的分析中用了 273个性状］不同，本文研究的化石能够记录的性状非常有限(表4－5)。这就是我们不再测试我们的新假说，转而更精确地对其进行解释的原因。

4.4.3　结论

关于细腰亚目的早期演化，本书给出如下的新观点：推测Karatavitidae科为Orussoidea总科与Ephaltitidae科的祖先，Ephaltitidae科继而成为Stephanidae科、Evanioidea总科和谱系Ceraphronomorpha+Proctotrupomorpha+(Ichneumonomorpha+Vespomorpha)的祖先。该假说与以往的推测(包括Rasnitsyn等2006年的推测)明显不同，认为Stephanidae科和Evanioidea总科是直接起源于Ephaltitidae科的2个独立的谱系，因此Ephaltitidae科演化出上述3个不同的谱系。造成上述不同观点的部分原因在于，发现了以前未知的推定的共同衍征，这些衍征说明Evanioide总科和谱系(Ceraphronomorpha+Proctotrupomorpha)+(Ichneumonomorpha+Vespomorpha)的高度灵活的腹关节是沿着不同的路径分别演化而来的。Evanioidea总科的证据是，我们发现宽阔的并胸腹节孔在腹基部之下是逐渐闭合的。而细腰亚目的主要谱系，我们发现了完全不同的中间阶段（以Kuafuidae科为代表），表明并胸腹节背面向下、向后足基节方向弯曲，而使并胸腹节孔变窄。另外，我们建议的膜翅目高级类群的系统发育模式还来源于对用于支持先前假说的推定的共同衍征的重新解释，即对构成谱系Stephanidae+Evanioidea+Ceraphronomorpha+Proctotrupomorpha单系性基础的腹部气孔形态的重新解释，以及对作为谱系Stephanidae+Evanioidea+Ceraphronomorpha单系性证据的中足基节关节的中部结构的重新解释。

有关谱系（Ceraphronomorpha+Proctotrupomorpha）+（Ichneumonoidea+Vespomorpha）的二分叉式分支，尚无足够的证据支持。谱系Ichneumonoidea+Vespomorpha的共同衍征是特化的腹关节（图4－40：#13），这已得到广泛接受；而谱系Ceraphronomorpha+Proctotrupomorpha从化石中发现的唯一共同衍征是，后翅A脉游离的末端消失，而在其位置上被Cu脉游离的末端所取代（Rasnitsyn, 1988a：节点35, 49）。

细腰亚目最重要的特征——“蜂腰”，是通过不同的途径独立获得的，而不是以前认为的是一次性演化而来，或者说Evanioidea总科和细腰亚目其他类群通过不同的演化路径分别演化出“蜂腰”。

与以往的认识不同，Vespina亚目包括7个下目：即Orussomorpha下目，包括Orussoidea（=Paroryssidae+Orussidae）和Karatavitoidea（Karatavitidae）；Stephanomorpha下目，仅包括Stephanoidea（=Ephialtitidae+Stephanidae）；Evaniomorpha下目，仅包括Evanioidea（与传统组成相同，包括Praeaulacidae、Aulacidae、Gasteruptiidae和Evaniidae科）；Ceraphronomorpha下目，包括Ceraphronoidea s. str.、Megalyroidea和Trigonaloidea；另外3个下目Proctotrupomorpha、Ichneumonomorpha和Vespomorpha的组成与传统认识一致。

4.5 热河生物群昆虫多样性演变

早白垩世，伴随劳亚古陆的解体，在欧亚大陆的东部形成了一个以热河生物群为代表的淡水生物地理区系。热河生物群是从中生代晚期到新生代，以被子植物、鸟类和哺乳动物大量繁盛为代表的现代生物界的最早类群（陈丕基，1999）。该生物群总体上可以划分为3个发展阶段，不同阶段的生物面貌区别比较明显，早期阶段分布局限，中、晚期时分布范围迅速扩大（陈丕基，1988, 1999）。

中国冀北、辽西地区，包括内蒙古东南部赤峰一带，是热河生物群的中心分布区，也是热河生物群及其赋存地层（热河群）中研究得比较详细的区域。早期热河生物群分布于大北沟组及其相当地层，中期和晚期热河生物群分别见于义县组和九佛堂组以及它们的相当层位中（陈丕基，1988, 1999）。热河生物群内容丰富，生物门类众多，但无论在分异度还是在丰度上，昆虫纲无疑是最为重要的类群，被称为热河昆虫群（洪友崇，1998）。

生物多样性（biodiversity）包括物种多样性（species diversity）、遗传多样性（genetic diversity）和生态系统多样性（ecosystem diversity）。热河昆虫群在发展过程中，其多样性发生了显著变化，笔者曾就这些问题进行了探讨（张海春等，2010）。下面将在此文基础上，具体介绍该生物群的物种多样性和生态系统多样性演变。

4.5.1 热河昆虫群的3个发展阶段

长期以来，三尾类（拟）蜉蝣（*Ephemeropsis trisetalis* Eichwald）和长肢裂尾甲（长足刺棒甲）（*Coptoclava longipoda* Ping）一直被认为是热河生物群的重要分子。前者被认为仅存在于热河群（大北沟组、义县组和九佛堂组）（陈丕基，1999；任东等，1995a），后者被认为除分布于整个热河群（任东等，1995a）外，还出现于更晚的延吉大拉子组（林启彬，1992a; Zhang, 1997b）。最近，对冀北、辽西义县组蜉蝣成虫的研究发现，以前归入三尾类蜉蝣的成虫是美丽蜉蝣属（*Epicharmeropsis*）的分子（Huang et al., 2007），而该地层中大量的蜉蝣稚虫与三尾类蜉蝣的稚虫在形态上无法区别，它们与美丽蜉蝣属成虫的系统关系也不明确。因此，义县组中蜉蝣目昆虫除三尾类蜉蝣外，还有至少2属3种（*Epicharmeropsis hexavenulosus* Huang, Ren et Shih; *Epicharmeropsis quadrivenulosus* Huang, Ren et Shih;*Caenophemera shangyuanensis* Lin et Huang）（Lin, Huang, 2001; Huang et al., 2007）。笔者对全国各地层中的长肢裂尾甲进行了复查和研究，发现大北沟组中所谓的“长肢裂尾甲”与该种模式标本的产地和层位——山东莱阳莱阳组的标本（Ping, 1928）有明显的差异，其成虫和幼虫中、后足相对较窄，较为原始，应该为一新种（修订中），这里暂以*Coptoclava* sp.代替。根据前人工作（王五力等，1989）和本文作者长期的野外采集，真正的长肢裂尾甲在冀北、辽西地区仅存在于义县组上部（金刚山层）和九佛堂组下部，而在金刚山层之下的沉积夹层（如尖山沟层、大王杖子层、大康堡层

表4－6　热河昆虫群的3个发展阶段及其特征（张海春等，2010）

发展阶段	延续时间（Ma）	代 表 地 层	优　势　种
晚期	122.5～120	九佛堂组下部；义县组顶部（金刚山层和黄花山层）；莱阳组	冀北、辽西地区为*Coptoclava longipoda, Ephemeroptera trisetalis* 山东莱阳盆地为*Coptoclava longipoda, Mesolygaeus laiyangensis, Chironomaptera gregaria*
中期	130～122.5	义县组中－下部（金刚山层之下）	*Ephemeropsis trisetalis, Epicharmeropsis quadrivenulosus, Aeschnidium heishankowense, Mesolygaeus laiyangensis, Chironomaptera gregaria*
早期	135～130	大北沟组	*Ephemeropsis trisetalis, Coptoclava* sp.

等）中未见其踪迹，却发现了虽与长肢裂尾甲同属裂尾甲科（Coptoclavidae）但分属不同亚科的分子。大拉子组中所谓的“长肢裂尾甲”也与标准的长肢裂尾甲在身体结构特别是足的特征上区别明显，它们应该属于不同的种类（修订中）。热河昆虫群中另外的重要分子还有莱阳中蝽（*Mesolygaeus laiyangensis*）和群集隐翅幽蚊（*Chironomaptera gregaria*），前者曾经报道产于大北沟组（张俊峰，1986a），因标本保存不好，后被否定（张俊峰，1991c）。实际上在冀北、辽西地区，它们仅分布于义县组和九佛堂组。

根据这些重要分子的地质分布规律，结合其他特征如昆虫面貌，可以将热河昆虫群划分为早期、中期和晚期3个发展阶段（表4－6）。早期阶段与“早期热河生物群”一致，对应的地层为河北北部的大北沟组及相当地层，大体为135～130 Ma（柳永清等，2003；He et al.，2006a），以*Coptoclava* sp.和三尾类蜉蝣共同出现为特征。中期阶段与“中期热河生物群”的起始时间一致，对应的地层为义县组中、下部（金刚山层之下）（陈丕基等，2004）及其相当地层。最近的测年数据表明，义县组的底界接近130 Ma（Chang et al.，2009a），金刚山层底界为122.5 Ma（陈文，2004）、顶界约为122 Ma（金帆，2001；张宏等，2005），九佛堂组的底界略早于122 Ma（Chang et al.，2009a）。这些数据表明，义县组顶部的黄花山层可能相当于九佛堂组的下部，而金刚山层的上部或全部可能相当于九佛堂组的底部。热河昆虫群中期阶段为130～122.5 Ma，以出现*Ephemeropsis trisetalis*、*Epicharmeropsis*、*Mesolygaeus laiyangensis*和*Chironomaptera gregaria*而无*Coptoclava longipoda*为特征。晚期阶段始于122.5 Ma，至120 Ma生物非常繁盛（He et al.，2004），对应的地层为九佛堂组下部（刘金远等，2004）、义县组顶部金刚山层和黄花山层，以及它们的相当地层，以*Coptoclava longipoda*的出现为特征，同时可见*Ephemeropsis trisetalis*、*Mesolygaeus laiyangensis*和*Chironomaptera gregaria*。山东莱阳盆地莱阳组产出的昆虫可归入晚期阶段，详见4.5.2。

4.5.2　昆虫物种多样性的演变

1. 早期阶段

在早期阶段，热河昆虫群分布局限，与早期热河生物群的分布范围（陈丕基，1999）基本一致（图4－41）。除冀北的大北沟组以外，其他地区相当地层中的昆虫化石非常稀少。有关大北沟组中的昆虫虽屡有报道，但真正描述的仅为*Jibeigomphus xinboensis* Hong, *Hebeicoris xinboensis* Hong, *Weichangicoris daobaliangensis* Hong, *Mesoplecia xinboensis* Hong, *Brachyopteryx weichangensis* Hong, *Mesasimulium lahaigouense* Zhang, *Priscotendipes mirus* Zhang, *Manlayamyia dabeigouensis* Zhang, *Zygadenia lentus*（Ren）, *Amplicella exquisita*（Zhang et Rasnitsyn）, *Amplicella beipiaoensis*（Zhang et Rasnitsyn）, *Amplicella shcherbakovi* Kopylov等10余种（任东等，1995a；张俊峰，1986，1991b；洪友崇，1984b；Ponomarenko，2000；Kopylov，Zhang，2015）。其他如*Ephemeropsis trisetalis*, *Coptoclava longipoda*, *Glypta qingshilaensis*，并未详细描述（任东等，1995a；邓胜徽等，2003）。实际上，大北沟组的昆虫化石非常丰富，笔者与中国科学院古脊椎与古人类研究所同行仅在河北丰宁四岔口大北沟组（He et al.，2006a；Zhang et al.，2008）就采集到昆虫化石1 000余块。这些化石可以反映早期热河昆虫群的基本面貌。经初步鉴定，这些昆虫包括11目：蜉蝣目、蜻蜓目、蜚蠊目、直翅目、半翅目、蛇蛉目、脉翅目、鞘翅目、长翅目、双翅目和膜翅目（表4－7），约40科150种（图4－42）。其中鞘翅目和膜翅目分异度最高，半翅目和双翅目次之，其余各目少见（图4－43a）。这里的半翅目包括了传统意义上的异翅目和同翅目。

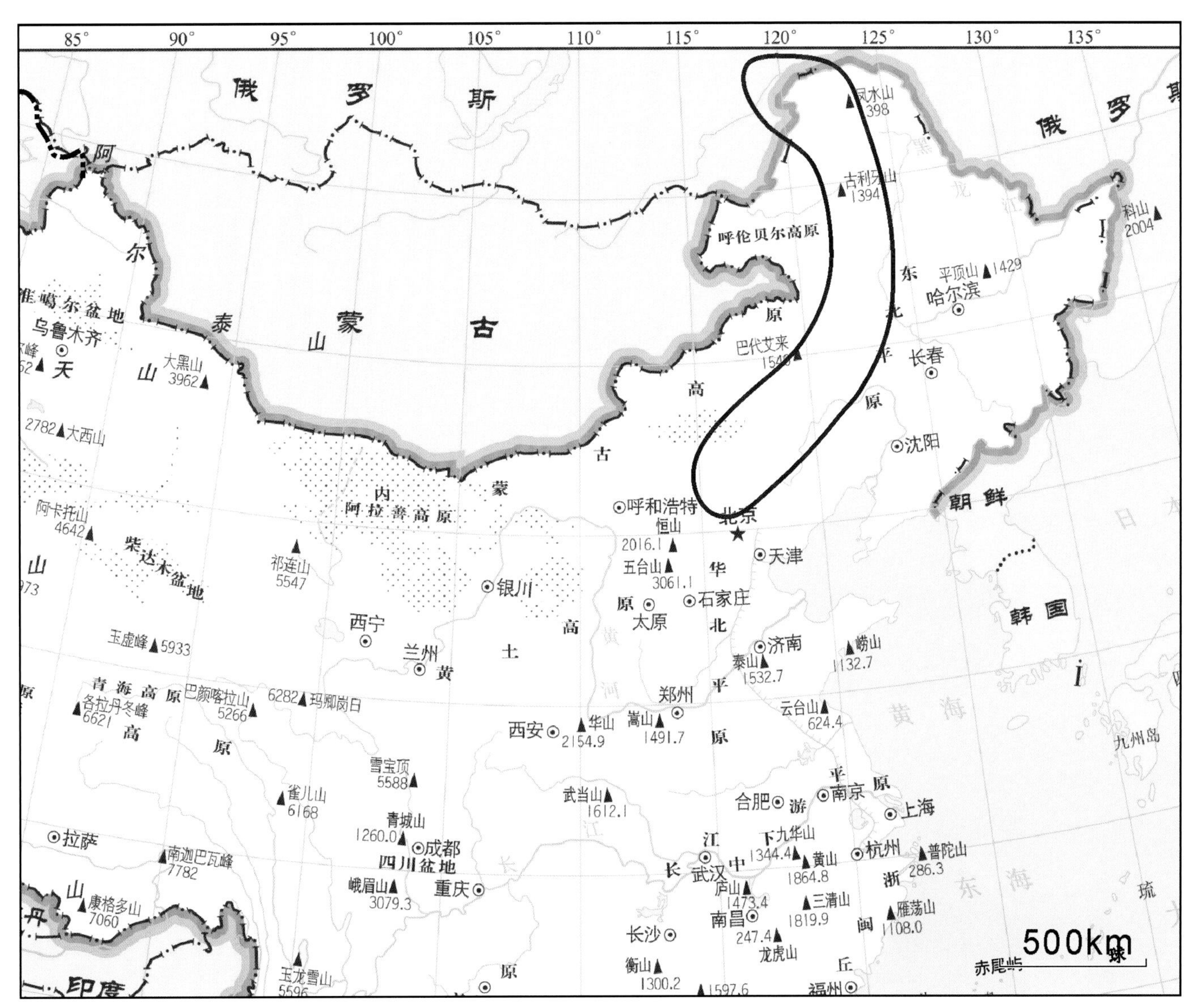

审图号：GS（2008）1390号

图4-41 热河昆虫群早期阶段的分布范围［红色线条包围部分；改自张海春等（2010）］

表4-7 热河昆虫群不同发展阶段出现的目级阶元［根据张海春等（2010）修改］

分类单元	蜉蝣目	蜻蜓目	襀翅目	蜚蠊目	革翅目	直翅目	竹节虫目	缨翅目	半翅目	广翅目	蚤目	蛇蛉目	脉翅目	鞘翅目	长翅目	双翅目	毛翅目	膜翅目
晚期阶段	●	●	○	●	●	●	○	●	●	○	○	●	●	●	●	●	●	●
中期阶段	●	●	●	●	●	●	●	○	●	●	●	●	●	●	●	●	●	●
早期阶段	●	●	○	●	○	●	○	○	●	○	○	●	●	●	●	●	○	●

注：●表示出现；○表示未出现。

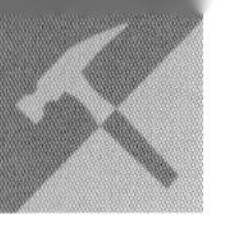

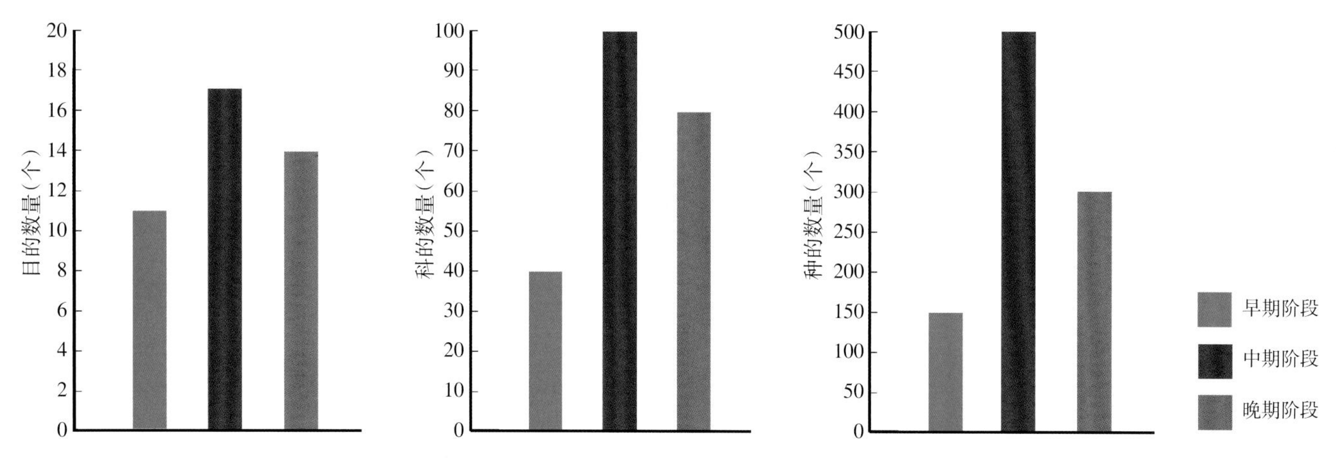

图4-42 热河昆虫群不同阶段重要分类阶元的数量变化［根据张海春等（2010）修改］

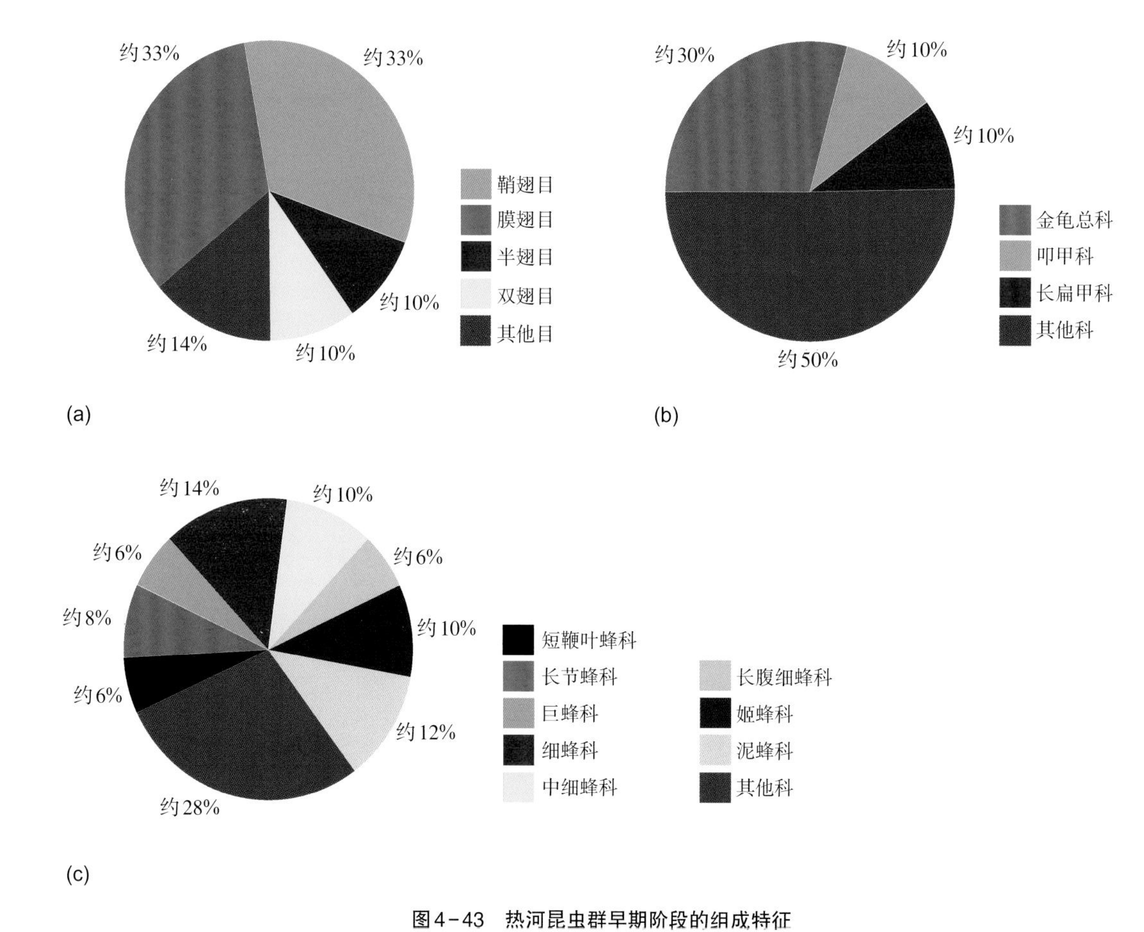

图4-43 热河昆虫群早期阶段的组成特征

a. 昆虫群目级分类单元的构成；b. 鞘翅目中科/总科的构成；c. 膜翅目中科的构成。（张海春等，2010）

大北沟组的鞘翅目昆虫达13科，包括长扁甲科（Cupedidae）、眼甲科（Ommatidae）、粗步甲科（Trachypachidae）、步甲科（Carabidae）、裂尾甲科（Coptoclavidae）、叩甲科（Elateridae）、花蚤科（Mordellidae）、毛象科（Nemonychidae）以及未经详细鉴定的金龟总科（Scarabaeoidea; 3科）、扁甲总科（Cucujoidea; 1科）和水龟虫总科（Hydrophiloidea; 1科），约50种。多食亚目（Polyphaga）分异度最高，达6总科8科，其中金龟总科的种类最为丰富，虽未详细鉴定，有3科约15种之多；叩甲总科（Elateroidea）仅发现叩甲科，比较常见；拟步甲总科（Tenebrionoidea）仅见花蚤科的少量分子；象甲总科（Curculionoidea）仅发现毛象科1属1种；扁甲总科和水龟虫总科仅见个别分子。肉食亚目（Adephaga）包括2总科2科，其中步甲总科（Caraboidea）仅见粗步甲科和步甲科的个别分子；龙虱总科（Dytiscoidea）仅见裂尾甲科的裂尾甲亚科

(Coptoclavinae)的*Coptoclava* sp.，但数量非常丰富。原鞘亚目(Archostemata)长扁甲总科(Cupedoidea)的长扁甲科分子常见，而眼甲科的成分很少(图4-43b)。

大北沟组的膜翅目达16科：长节蜂科(Xyelidae)、切锯蜂科(Xyelydidae)、短鞭叶蜂科(Xyelotomidae)、葬茎蜂科(Sepulcidae)、古锯蜂科(Anaxyelidae)、魔蜂科(Ephialtitidae)、原举腹蜂科(Praeaulacidae)、褶翅蜂科(Gasteruptiidae)、钩腹蜂科(Trigonalidae)、巨蜂科(Megalyridae)、中细蜂科(Mesoserphidae)、细蜂科(Proctotrupidae)、柄腹细蜂科(Heloridae)、长腹细蜂科(Pelecinidae)、姬蜂科(Ichneumonidae)和泥蜂科(Shpecidae)，约50种。其中广腰亚目(Symphyta)包括5科：长节蜂科、切锯蜂科、短鞭叶蜂科、葬茎蜂科和古锯蜂科，余者都是细腰亚目(Apocrita)的分子。细蜂总科(Proctotrupoidea)分异度最高，达4科(中细蜂科、细蜂科、柄腹细蜂科和长腹细蜂科)约20种，其中的细蜂科(7种)和中细蜂科(5种)分异度最高。泥蜂科和姬蜂科的成员也比较多，前者6种，都是安加拉泥蜂亚科(Angarosphecinae)的分子；后者约5种。而繁盛于侏罗纪的魔蜂科仅见个别分子(图4-43c)。

该阶段的优势种为*Ephemeropsis trisetalis*和*Coptoclava* sp.。

2. 中期阶段

这一阶段昆虫群的分布范围急剧扩大，与中期热河生物群的分布范围(陈丕基，1999)基本一致(图4-44)。同时该昆虫群多样性也显著提高，仅在热河生物群的中心分布区——冀北、辽西一带就达17目(Zhang, Zhang, 2003a; Huang et al., 2012)，约100科500种(Zhang, Zhang, 2003a)。除上述早期阶段的11目外，还出现了襀翅目、革翅目、竹节虫目和毛翅目(Zhang, Zhang, 2003a；刘平

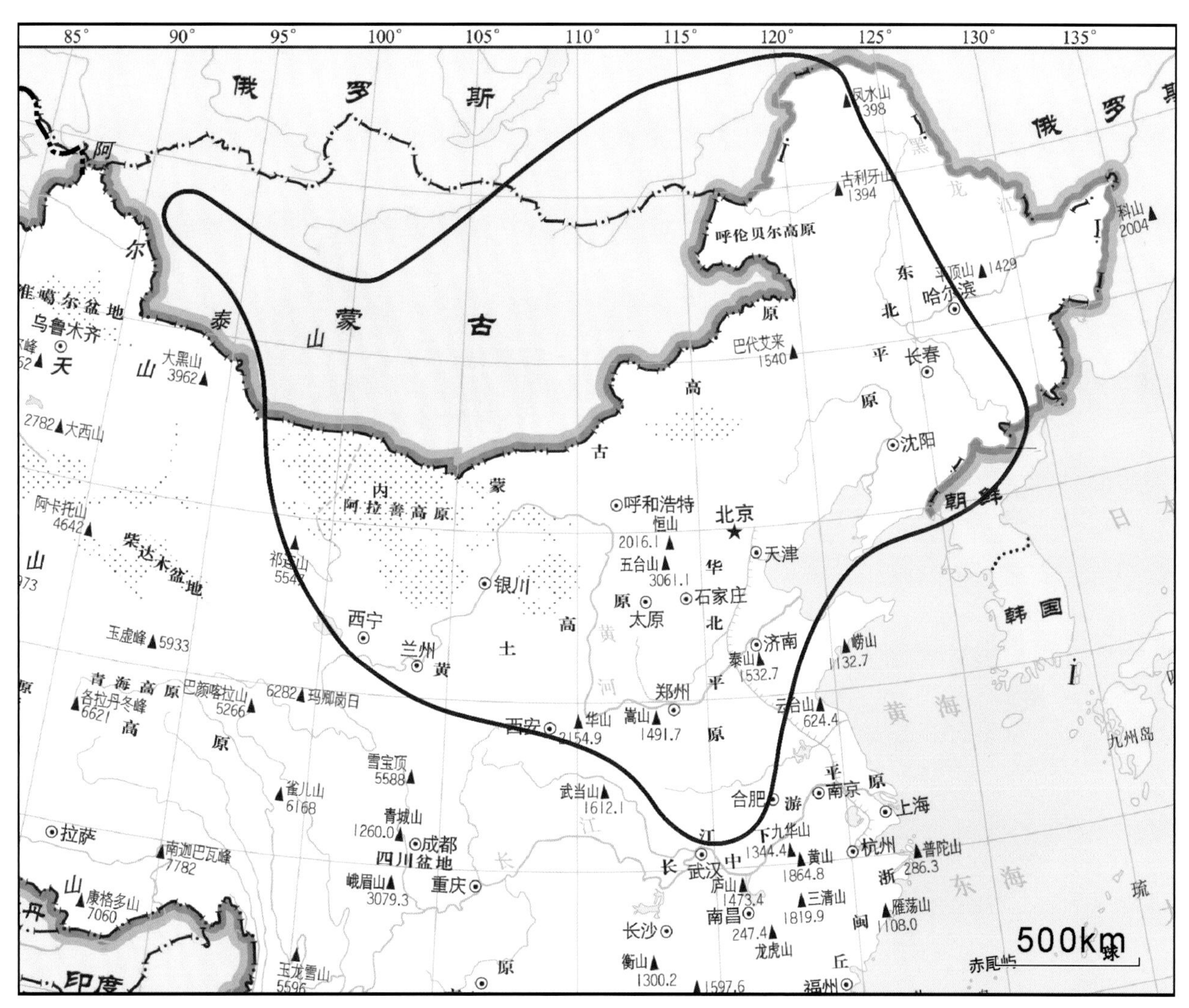

审图号：GS(2008)1390号

图4-44 热河昆虫群中期阶段的分布范围［红色线条包围部分；改自张海春等(2010)］

娟等，2009）以及蚤目（Huang et al., 2012）和广翅目（表4－7）。其中，鞘翅目和膜翅目仍然是分异度最高的类群，半翅目次之，双翅目、脉翅目、直翅目和蜻蜓目种类也比较多，其余各目分异度明显偏低（图4－45a）。蜉蝣目虽然是最常见的昆虫，但分异度极低，除*Ephemeropsis trisetalis*外，只有2属3种（Lin, Huang, 2001; Huang et al., 2007）。在冀北、辽西以外的地区，昆虫化石仅有一些零星的报道，多未经详细研究。

根据已经发表（见刘平娟等2009年整理的资料，其中部分属种的分类位置有待修订）和正在研究的材料，义县组的鞘翅目约34科80属200种，包括长扁甲科、眼甲科、碗甲科（Catiniidae）、裂尾甲科、龙虱科（Dytiscidae）、粗步甲科、步甲科、水龟虫科（Hydrophilidae）、隐翅虫科（Staphylinidae）、锹甲科（Lucanidae）、Glaresidae、皮金龟科（Trogidae）、驼金龟科（Hybosoridae）、球金龟科（Ceratocanthidae）、粪金龟科（Geotrupidae）、金龟科（Scarabaeidae）、绒毛金龟科（Glaphyridae）、鳃金龟科（Melolonthidae）、叩甲科、树叩甲科（Cerophytidae）、花蚤科、毛象科、矛象科（Belidae）和Eccoptarthridae，以及尚未详细研究的郭公虫总科（Cleroidea）、扁甲总科（3～4科）、拟步甲总科（Tenebrionoidea；除花蚤科以外的4科）和叶甲总科（Chrysomeloidea）。这些昆虫中，多食亚目占绝对优势，达7总科20科，其中金龟总科的分异度最高，达9科（Lucanidae, Glaresidae, Trogidae, Hybosoridae, Ceratocanthidae, Geotrupidae, Scarabaeidae, Glaphyridae, Melolonthidae）约60种；象甲总科有3科（Nemonychidae, Belidae, Eccoptarthridae）4属约10种；叩甲总科包括叩甲科和树叩甲科，前者有4属约10种，后者显少；扁甲总科有3～4科10余种；拟步甲总科除花蚤科以外，还有未经详细鉴定的4科约20种；水龟虫科、隐翅虫科和郭公虫总科的种类较少，肉食亚目有龙虱总科和步甲总科，前者包括裂尾甲科和龙虱科，裂尾甲科至少有5种，但都不是裂尾甲亚科的成员；龙虱科有2属3种。步甲总科也包括2科——步甲科和粗步甲科。前者都是原步甲亚科（Protorabinae）的分子，仅有6种；后者也有6种，都是Eodromeinae亚科的分子。原鞘亚目长扁甲总科也具有较高的分异度，长扁甲科有4属约10余种，眼甲科有4属近20种。植食亚目（Phytophaga）仅见叶甲总科的个别分子（图4－45b）。

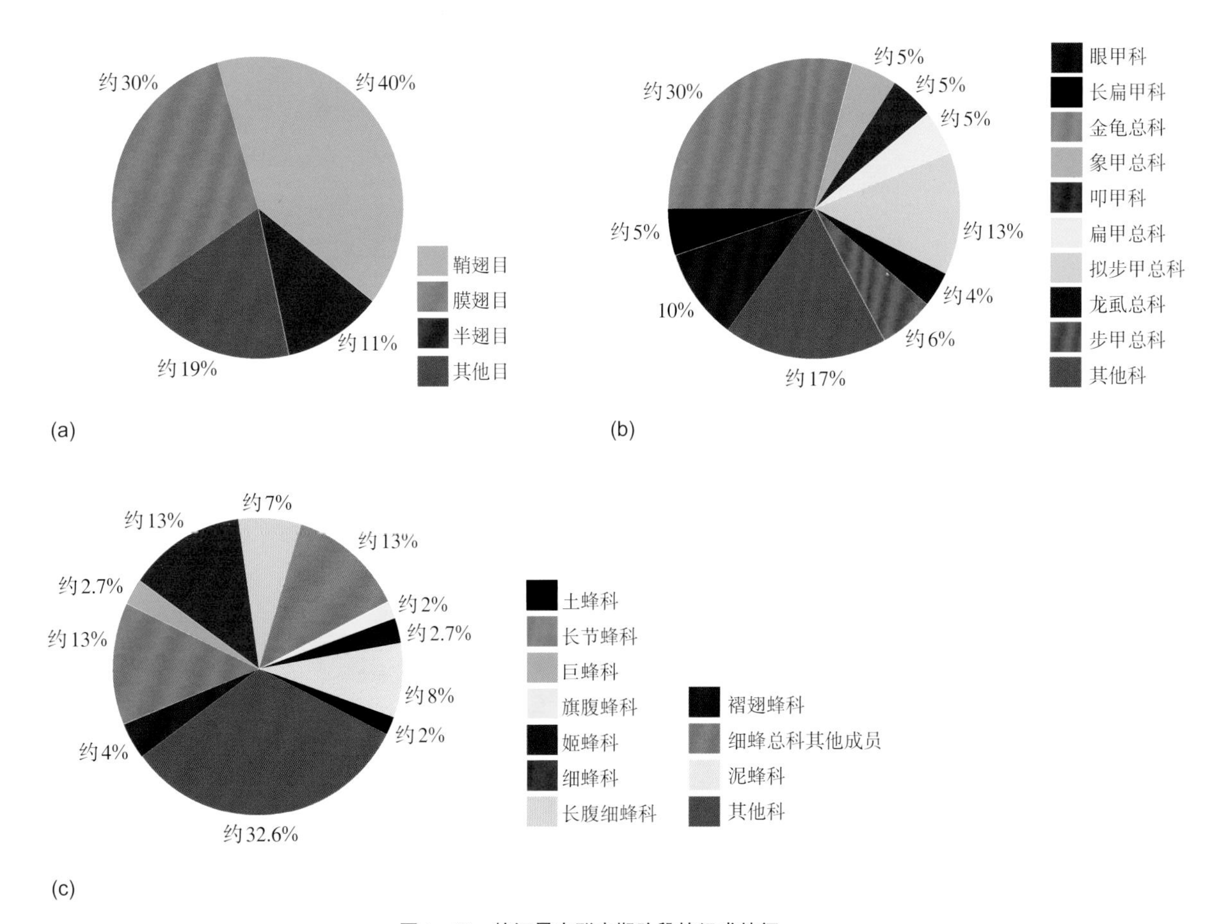

图4－45　热河昆虫群中期阶段的组成特征

a. 昆虫群目级分类单元的构成；b. 鞘翅目中科/总科的构成；c. 膜翅目中科/总科的构成。（张海春等，2010）

根据已经发表(任东等,1995a;张海春,张俊峰,2000a～d,2001;张海春等,2001;Zhang et al.,2002a～c,2007;Zhang,Rasnitsyn,2003,2004,2007)和正在研究的材料,膜翅目达24科,除了早期阶段的16科外,还出现了广腰亚目(Symphyta)的叶蜂科(Tenthredinidae)和古尾蜂科(Paroryssidae),以及细腰亚目(Apocrita)的原姬蜂科(Praeichneumonidae)、始姬蜂科(Eoichneumonidae)、窄腹细蜂科(Roproniidae)、旗腹蜂科(Evaniidae)、拟肿腿蜂科(Bethylonymidae)和土蜂科(Scoliidae),约50属150种。其中细蜂总科仍然保持最高的分异度,达5科约20属50种;细蜂科仍保持高分异度,达10属约20种;长腹细蜂科次之,达4属10种;其余各科少见,中细蜂科仅见个别分子。长节蜂科的分异度明显升高,达到10属约20种。针尾类(Aculeata)除泥蜂科安加拉泥蜂亚科的成员有6属12种外,还出现了土蜂科,有1属3种。现生的巨蜂科达到3属4种,但都是灭绝亚科——细腹巨蜂亚科(Cleistogastrinae)的分子。褶翅蜂科(Baissinae亚科)有3属6种,其余各科的分异度很低。旗腹蜂科出现了最早的代表,有1属3种。侏罗纪的孑遗类群——魔蜂科仍然保持非常低的分异度,仅见个别分子(图4-45c)。

该阶段的优势种为*Ephemeropsis trisetalis*、*Epicharmeropsis quadrivenulosus*、*Aeschnidium heishankowense*、*Mesolygaeus laiyangensis*和*Chironomaptera gregaria*。

3. 晚期阶段

昆虫群在晚期阶段的分布范围较中期有所扩大,但其分布范围较同期的热河生物群分布范围(陈丕基,1999)略小。具体而言,其北界与晚期热河生物群相同,但其向东仅覆盖朝鲜半岛,向南达安徽南部和浙江,向西仅达新疆东部(图4-46)。虽然分布范围有所扩大,但晚期热河昆虫群的生物多样性明显降低。金刚山层

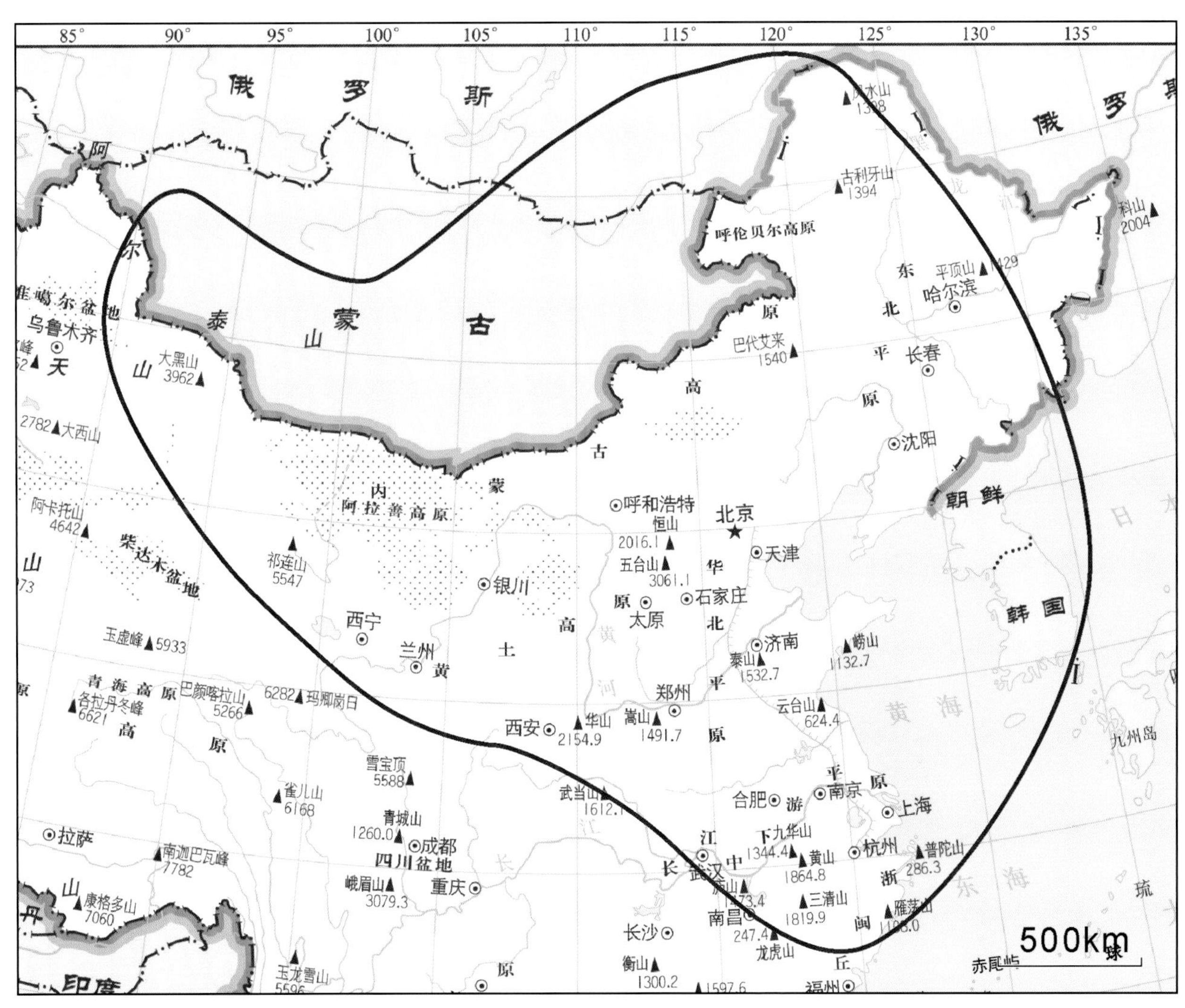

图4-46 热河昆虫群晚期阶段的分布范围[红色线条包围部分;改自张海春等(2010)]

虽然含有比较丰富的昆虫化石(陈丕基等，1980)，但分异度不高，仅正式报道2种：*Coptoclava longipoda*和*Ephemeropsis trisetalis*(王五力等，1989；郑月娟，2005)。在九佛堂组下部发现的昆虫虽然很多，但研究程度不高，仅报道9目26科30余种(任东等，1995a, 1995b；林启彬，1976；王五力，1980；洪友崇，1975, 1987, 1988, 1992a; Ren et al., 2003；段治，程绍利，2006)，其中蜉蝣目1科1属1种，蜻蜓目2科2属2种，半翅目3科4属5种，脉翅目1科1属1种，直翅目1科3属3种，鞘翅目10科10属10种2未定属种，蛇蛉目1科1属2种，双翅目4科4属5种，膜翅目3科3属3种。这些昆虫远远不能代表热河昆虫群晚期阶段的面貌。而在九佛堂组上部，昆虫化石罕见。

山东莱阳盆地的莱阳组，一般认为相当于九佛堂组(张俊峰，1992a)或义县组(谭京晶，任东，2009)。从昆虫面貌来看，*Coptoclava longipoda*、*Mesolygaeus laiyangensis*和*Chironomaptera gregaria*在莱阳组中同时出现(Ping, 1928)，该昆虫组合无疑应属于热河昆虫群晚期阶段。已经报道的产于莱阳组的昆虫化石有10目约70科160种(Grabau, 1923; Ping, 1928；洪友崇，1984a；张俊峰，1985, 1987, 1990, 1991a, 1991b, 1992a～d, 1994；张俊峰等，1986, 1989, 1992, 1993；洪友崇，王文利，1990；杨集昆，洪友崇，1990; Zhang, 1990, 1992b, 2004, 2005, 2006a, 2006b；林启彬，1995；王文利，刘明渭，1996b; Zhang, Rasnitsyn, 2004)，其中蜻蜓目2科2属2种，蜚蠊目1科3属4种，革翅目2科2属3种，直翅目3科4属4种，半翅目15科27属36种，脉翅目2科2属2种，鞘翅目11科22属24种，双翅目21科45属49种，毛翅目1科1属1种，膜翅目9科21属34种。根据已经采集到的材料，莱阳组的昆虫化石有13目约80科300种，除上述已经报道的10目外，还有缨翅目、蛇蛉目和长翅目(表4-7)；其中鞘翅目和膜翅目分异度最高，各约100种(图4-47a)；双翅目和半翅目的种类也比较丰富(张俊峰，1992a; Zhang, 1992a)。鞘翅目的研究程度显然不高，仅报道有11科[长扁甲科、裂尾甲科、原腿甲科(Protoscelidae)、吉丁虫科(Buprestidae)、步甲科、丸甲科(Byrrhidae)、隐翅虫科、金龟科(Scarabaeidae)、葬甲科(Silphidae)、露尾甲科(Nitidulidae)和伪瓢虫科(Endomychidae)]20余种(洪友崇，王文利，1990；张俊峰等，1992；张俊峰，1992c；王文利，刘明渭，1996b)。

莱阳组的膜翅目化石已经报道的有9科21属34种

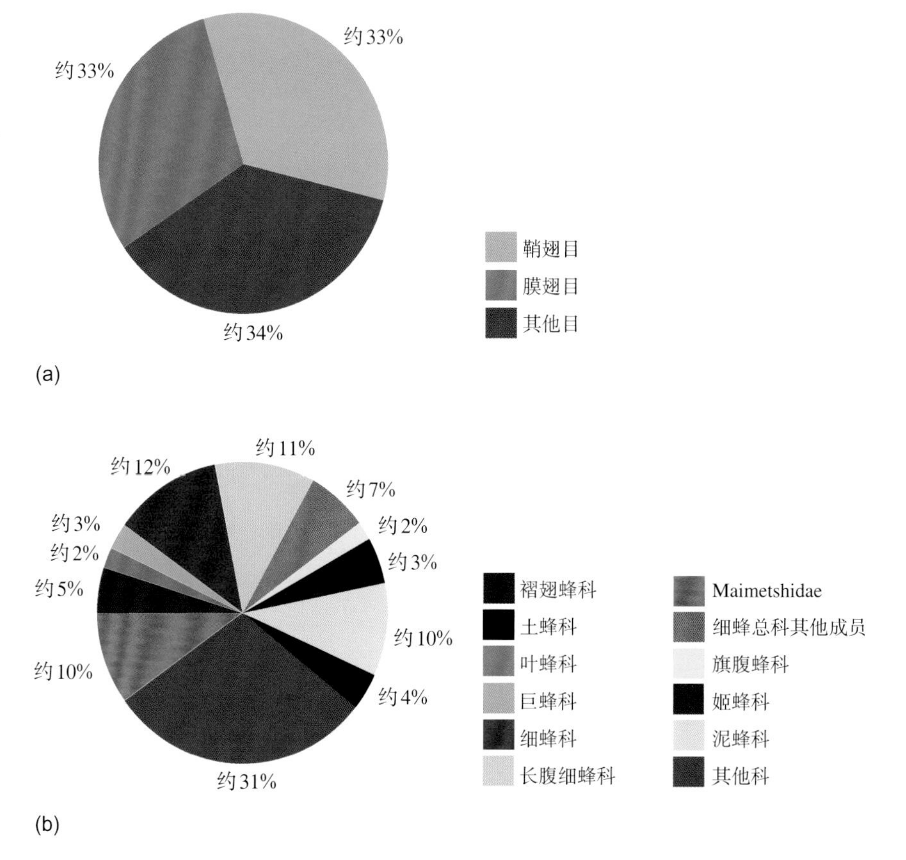

图4-47 热河昆虫群晚期阶段的组成特征

a. 昆虫群目级分类单元的构成；b. 膜翅目中科/总科的构成。(张海春等，2010)

（张俊峰，1985, 1991a, 1992b, 1992d；洪友崇，王文利，1990; Zhang, 2004, 2005, 2006a, 2006b; Zhang, Rasnitsyn, 2004）。经过多年的采集和系统研究，该组的膜翅目昆虫达22科35属，约100种（张俊峰，个人通讯）。这22科包括叶蜂科、荠茎蜂科、钩腹蜂科、巨蜂科、原举腹蜂科、褶翅蜂科、旗腹蜂科、Maimetshidae、中细蜂科、细蜂科、长腹细蜂科、柄腹细蜂科、缘腹细蜂科（Scelionidae）、窄腹细蜂科、始姬蜂科、姬蜂科、短节蜂科（Sclerogibbidae）、梨头蜂科（Embolemidae）、肿腿蜂科（Bethylidae）、胡蜂科（Vespidae）、土蜂科和泥蜂科。与中期阶段相比，广腰亚目仅见叶蜂科和荠茎蜂科，远远少于中期阶段的7科；与此相反，细腰亚目增加6科：Maimetshidae、缘腹细蜂科、短节蜂科、梨头蜂科、肿腿蜂科和胡蜂科。细蜂总科的分异度继续保持最高水平，由中期阶段的5科增加到6科（新出现缘腹细蜂科），但科下的分类单元有所减少，仅10余属约30种；其中的细蜂科仍保持高分异度，达5属12种；长腹细蜂科次之，达3属11种；其余各科少见，中细蜂科和缘腹细蜂科仅见个别分子。针尾类的成员也大为增加，由中期阶段的2总科2科（土蜂科和泥蜂科），增加到3总科6科（新出现短节蜂科、梨头蜂科、肿腿蜂科和胡蜂科）。除泥蜂科（安加拉泥蜂亚科）继续保持较高的分异度（7属约10种）外，其他各科的分异度都很低：土蜂科2属4种，胡蜂科、梨头蜂科、短节蜂科和肿腿蜂科仅见个别分子。新出现的Maimetshidae科具有较高的分异度，达4属约10种。其余各科的情况与中期阶段类似。值得一提的是魔蜂科在该阶段没有了踪迹（图4-47b）。

在上述地区以外，虽然热河昆虫群有着广泛的分布，但多是一些零星的报道。该阶段，莱阳盆地的优势种为*Coptoclava longipoda*、*Mesolygaeus laiyangensis*和*Chironomaptera gregaria*，冀北、辽西地区的优势种为*Coptoclava longipoda*和*Ephemeropsis trisetalis*。

4.5.3 昆虫生态多样性的演变

现生昆虫不但种类繁多、数量庞大，而且生活习性各异、生境多样。早白垩世的昆虫面貌与现生昆虫面貌已经比较相似，多数昆虫可以归入现生科。虽然还存在一些灭绝科，但与其为同一总科的相近类群已有现生代表。根据这些关系相近的现生昆虫的生活习性，以及对化石的功能形态学分析，可以推断热河昆虫群各阶段昆虫的一些生态特点（任东等，1999；张海春，1999；郑月娟，2005；刘平娟等，2009）。

由于热河昆虫群各阶段的面貌仅经过了概略的研究，而且一些分类群的分类位置还须重新厘定，因此这里仅简略地讨论昆虫生态类型多样性的演变（表4-8）。关于中生代的昆虫生态学，已有一些探讨（任东等，1999；张海春，1999；郑月娟，2005；刘平娟等，2009）。热河昆虫群可以根据生境粗略地分为森林昆虫群落、土壤昆虫群落、水生昆虫群落和高山昆虫群落（刘平娟等，2009）。森林昆虫是指生活在陆地土壤层之上、高山之下、湖盆水体以外的昆虫（刘平娟等，2009）；土壤昆虫是指整个生活史或几种虫态在土壤中完成的昆虫（任东等，1999；刘平

表4-8 热河昆虫群生态系统多样性的变化［改自张海春等（2010）］

昆虫群发展阶段				早期阶段	中期阶段	晚期阶段
生态系统多样性	按照生境划分	森林昆虫群落	目（个）	9	13	11
			科（个）	33	约90	约70
			种（个）	约120	约400	约250
		土壤昆虫群落	目（个）	4	5	5
			科（个）	5	18	约10
			种（个）	约20	约50	约30
		水生昆虫群落	目（个）	5	9	7
			科（个）	8	31	17
			种（个）	约20	约50	约40
		高山昆虫群落	目（个）	0	1	0
			科（个）	0	4	0
			种（个）	0	约10	0
	按照食性划分	植食性昆虫类群	目（个）	6	8	6
			科（个）	25	59	约45
			种（个）	约70	约250	约150
		肉食性昆虫类群	目（个）	7	9	7
			科（个）	13	约40	22
			种（个）	约40	约150	约100
		杂食性昆虫类群	目（个）	3	5	5
			科（个）	3	11	9
			种（个）	约10	约40	约20
		寄生性昆虫类群	目（个）	1	2	1
			科（个）	10	17	17
			种（个）	约30	约80	约50
		腐食性昆虫类群	目（个）	3	3	2
			科（个）	5	23	约9
			种（个）	约20	约60	约30

娟等,2009);水生昆虫是指整个或部分生活史在水中完成或与水体密切相关的昆虫,即广义的水生昆虫,包括水生、半水生和涉水生活的昆虫(任东等,1999;刘平娟等,2009);高山昆虫指生活于海拔800 m以上的昆虫(任东等,1999;刘平娟等,2009)。有些完全变态的昆虫的不同虫态生活于不同的环境,在统计时这种昆虫在相关的两种群落中都计算在内。具体划分和统计方法参见刘平娟等(2009)的介绍。热河生物群中的蛇蛉化石常被划入高山昆虫群落(任东等,1999;郑月娟,2005;刘平娟等,2009)。由于现生蛇蛉(Raphidiidae, Inocelliidae)主要生活于北半球比较寒冷的地区,而向南进入中美洲、非洲最北部和亚洲最南部的种类,仅生活于1 100 m以上的高山环境(Grimaldi, Engel, 2005)。但在中生代,蛇蛉却是全球性分布的(Grimaldi, Engel, 2005),而热河昆虫群中的蛇蛉化石可归入仅生存于晚侏罗世–白垩纪且全球性分布的3个灭绝科(Baissopteridae, Mesoraphidiidae, Alloraphidiidae)(刘平娟等,2009)。基于这些情况,这里没有把它们归入高山昆虫群落。

热河昆虫群也可以根据食性划分为植食性昆虫类群、肉食性昆虫类群、杂食性昆虫类群、寄生性昆虫类群和腐食性昆虫类群(任东等,1999;张海春,1999)。由于昆虫有不同的虫态,有些昆虫终生都生活在同样的环境,取食方式不变或有所变化;而有些昆虫的不同虫态生活在不同的环境,取食方式也发生变化,因此这类昆虫可以归入2种或多种不同的群落或类群。具体的划分和统计方法参见刘平娟等(2009)的介绍。

1. 早期阶段

早期阶段,在冀北地区,森林昆虫群落包括蜚蠊目(1科)、直翅目(1科)、半翅目(4科)、脉翅目(1科)、蛇蛉目(1科)、鞘翅目(10科)、长翅目(1科)、双翅目(3科)和膜翅目(11科)9目33科约120种;土壤昆虫群落包括半翅目(1科)、鞘翅目(2科)、长翅目(1科)和双翅目(1科)4目5科约20种;水生昆虫群落包括蜉蝣目(1科)、蜻蜓目(2科)、半翅目(1科)、鞘翅目(2科)和双翅目(2科)5目8科约20种(图4–48a)。

植食性昆虫类群包括蜉蝣目(1科)、直翅目(1科)、半翅目(4科)、鞘翅目(6科)、双翅目(2科)和膜翅目(11科)6目25科约70种;肉食性昆虫类群包括蜻蜓目(2科)、半翅目(2科)、蛇蛉目(1科)、脉翅目(1科)、双翅目(2科)、鞘翅目(4科)和膜翅目(1科)7目13科约40种;

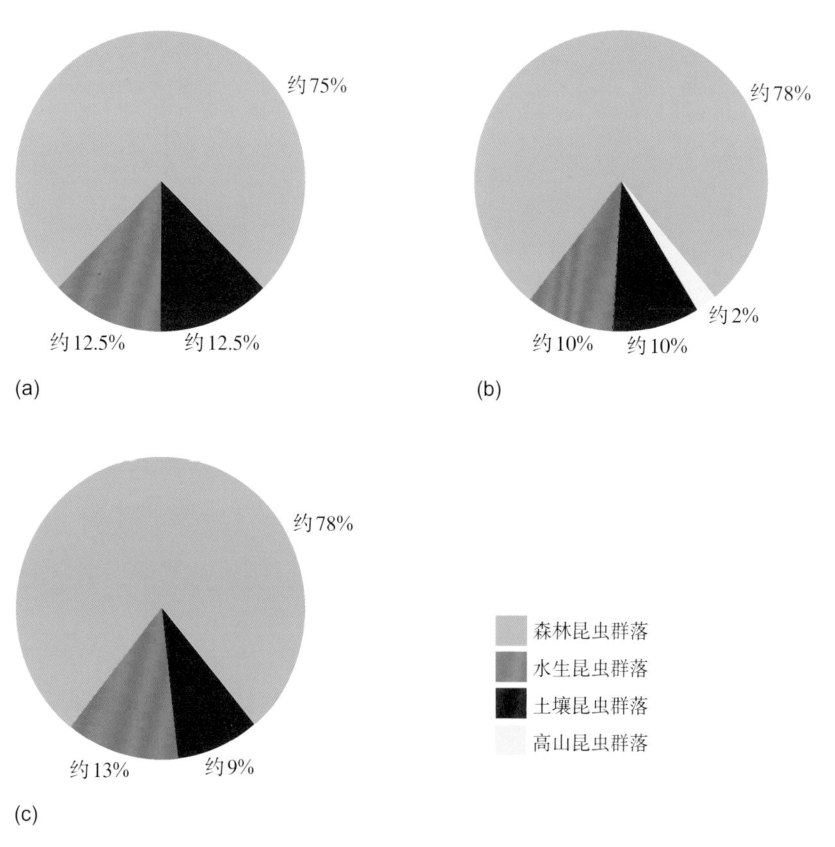

图4–48 热河昆虫群不同发展阶段按照生境划分的各群落所占比例

a. 早期阶段;b. 中期阶段;c. 晚期阶段。(张海春等,2010)

杂食性昆虫类群包括蜚蠊目(1科)、长翅目(1科)和双翅目(1科)3目3科约10种;寄生性昆虫类群仅1目(膜翅目),但多达10科约30种;腐食性昆虫类群包括长翅目(1科)、双翅目(2科)和鞘翅目(2科)3目5科约20种(图4-49a)。

2. 中期阶段

中期阶段,冀北、辽西地区(主要是辽西地区)的昆虫经过了比较详细的研究(Zhang, Zhang, 2003a),虽然部分属种的分类位置还有待修订,但结合已经收集到的化石材料,基本上可以了解该阶段的生态状况。森林昆虫群落包括蜚蠊目(2科)、革翅目(1科)、直翅目(3科)、竹节虫目(1科)、半翅目(7科)、广翅目(1科)、脉翅目(9科)、蚤目(1科)、蛇蛉目(3科)、鞘翅目(超过25科)、长翅目(5科)、双翅目(5科)和膜翅目(超过24科)13目近90科约400种;土壤昆虫群落包括半翅目(2科)、鞘翅目(7科)、长翅目(4科)、双翅目(4科)和膜翅目(1科)5目18科约50种;水生昆虫群落包括蜉蝣目(1科)、蜻蜓目(10科)、襀翅目(4科)、半翅目(4科)、广翅目(1科)、鞘翅目(4科)、脉翅目(1科)、双翅目(4科)和毛翅目(2科)9目31科约50种;高山昆虫群落仅襀翅目4科10种左右(图4-48b)。

植食性昆虫类群包括蜉蝣目(1科)、襀翅目(3科)、直翅目(3科)、竹节虫目(1科)、半翅目(7科)、鞘翅目(18科)、双翅目(2科)和膜翅目(24科)8目59科约250种;肉食性昆虫类群包括蜻蜓目(10科)、襀翅目(1科)、半翅目(5科)、广翅目(1科)、蛇蛉目(3科)、脉翅目(9科)、双翅目(2科)、鞘翅目(8科)和膜翅目(2科)9目40余科约150种;杂食性昆虫类群包括蜚蠊目(2科)、革翅目(1科)、长翅目(4科)、毛翅目(2科)和双翅目(2科)5目11科约40种;寄生性昆虫类群仅发现膜翅目和蚤目,达17科约80种;腐食性昆虫类群包括长翅目(4科)、双翅目(6科)和鞘翅目(13科)3目23科约60种(图4-49b)。

3. 晚期阶段

晚期阶段,在莱阳盆地和冀北、辽西地区,森林昆虫群落包括蜚蠊目(1科)、革翅目(2科)、直翅目(3科)、半翅目(超过11科)、缨翅目(1科)、脉翅目(2科)、蛇蛉目(2科)、鞘翅目(超过11科)、长翅目(1科)、双翅目(超过15科)和膜翅目(超过22科)11目70余科约250种;土壤昆虫群落包括半翅目(1科)、鞘翅目(超过3科)、长翅

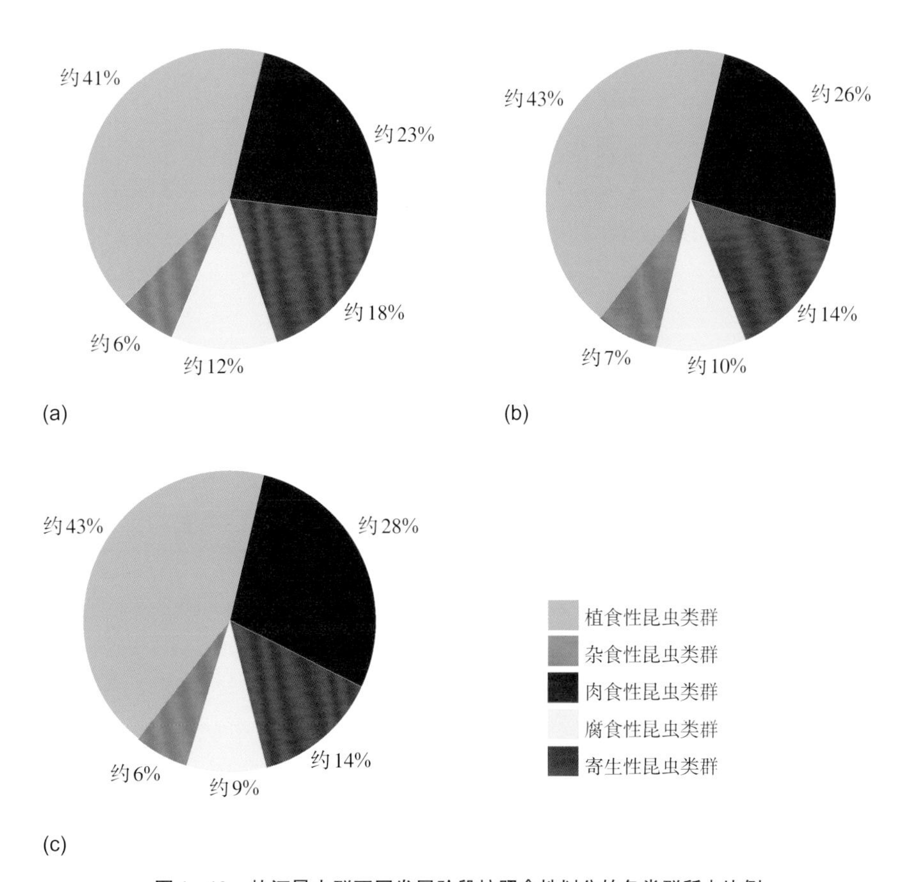

图4-49　热河昆虫群不同发展阶段按照食性划分的各类群所占比例
a. 早期阶段; b. 中期阶段; c. 晚期阶段。(张海春等,2010)

目（2科）、双翅目（3科）和膜翅目（1科）5目10余科约30种；水生昆虫群落包括蜉蝣目（1科）、蜻蜓目（3科）、半翅目（4科）、鞘翅目（2科）、脉翅目（1科）、双翅目（5科）和毛翅目（1科）7目17科约40种（图4－48c）。

植食性昆虫类群包括蜉蝣目（1科）、直翅目（3科）、半翅目（10科）、鞘翅目（超过7科）、双翅目（3科）和膜翅目（21科）6目约45科150种；肉食性昆虫类群包括蜻蜓目（3科）、半翅目（超过5科）、蛇蛉目（2科）、脉翅目（2科）、双翅目（3科）、鞘翅目（超过4科）和膜翅目（3科）7目22科约100种；杂食性昆虫类群包括蜚蠊目（1科）、革翅目（2科）、长翅目（1科）、毛翅目（1科）和双翅目（4科）5目9科20余种；寄生性昆虫类群仅发现膜翅目，达17科约50种；腐食性昆虫类群包括双翅目（6科）和鞘翅目（超过3科）2目，超过9科约30种（图4－49c）。

由于莱阳组的鞘翅目数据不完整，以上结果有些偏差。

4.5.4 讨论

在中生代晚期，中国华北地区的构造格局从近E－W向转变为NE向，该转变的结束伴随着张家口组火山岩的强烈喷发（翟明国等，2004），随后该地区进入一个相对宁静的时期。随着生态环境的逐渐恢复，在河北北部及向北延伸的狭长地带，一个新的昆虫群——热河昆虫群开始出现（图4－41），并逐渐扩大其分布范围（图4－44、图4－46）。

在热河昆虫群的早期阶段，不但昆虫的物种多样性比较低（图4－42），其生态系统多样性也不高，仅识别出3个昆虫群落（图4－48）。比较低的生物多样性可能与生态环境尚处于恢复期，适宜昆虫生存的环境比较局限有关。导致高山昆虫类型的缺失，存在多种可能性：该区没有超过800 m的高山；有高山存在但高山生态环境恶劣，不适宜昆虫生活；有高山存在，且有昆虫生活期间，但由于长距离搬运的破坏而使高山昆虫没能在湖盆中保存为化石。

在中期阶段，昆虫群的分布范围迅速扩大，虽然经历了多次火山活动的干扰，但每次昆虫群都能够在火山活动的间隙迅速重新占领空间或在火山活动影响小的地区蓬勃发展。物种多样性较早期阶段有了明显的增长（图4－42）。这一方面是由于昆虫群的分布范围明显扩大，生态环境类型更加多样化；另一方面，该阶段延续的时间明显长于早期阶段，生态系统多样性也较早期阶段有所提高。出现了高山昆虫群落，说明该时期昆虫的生存空间得到了进一步拓展。

至晚期阶段，昆虫群的分布范围虽然进一步扩大，但生物多样性明显下降（图4－42），昆虫群落也仅识别出3个，缺少高山昆虫群落（图4－48）。

在昆虫群发展过程中，鞘翅目和膜翅目始终是物种多样性最高的2个目，它们各占整个昆虫群的1/3左右，接近于它们在现代昆虫群中所占的比例。在按照食性划分的5个昆虫类群中，各类群的物种数量在不同阶段有明显的变化，其变化趋势与整个昆虫群的物种数量的变化规律（图4－42）一致，但各类群在物种数量上所占的比例没有发生明显的变化（图4－49）：植食性昆虫类群占41%～43%，占有统治地位；肉食性昆虫类群次之，占23%～28%；寄生性昆虫类群占14%～18%，位列第三；腐食性昆虫类群占9%～12%，紧随其后；杂食性昆虫类群多样性最低，远低于10%。按照生境划分的4个昆虫群落也与此情况类似，各群落的物种数量随时间发生与整个昆虫群类似的变化（图4－42），但各群落在生态系统中的地位保持不变（图4－48）：森林昆虫群落种类最为丰富，约占这个昆虫群的3/4；水生昆虫群落次之，约占1/8；土壤昆虫群落与水生昆虫群落相当或略次之；高山昆虫群落只出现于昆虫群的中期阶段，且处于非常次要的地位，只占2%。

4.5.5 结论

（1）热河昆虫群分为早期、中期和晚期3个发展阶段，与热河生物群发展阶段的划分略有不同。早期阶段与“早期热河生物群”一致，对应的地层为大北沟组及相当地层，时间大体为135～130 Ma；其分布范围也与早期热河生物群一致。中期阶段对应的地层为义县组中、下部（金刚山层之下）及其相当地层，大体为130～122.5 Ma，其分布范围与中期热河生物群一致。晚期阶段对应的地层为九佛堂组下部、义县组顶部（金刚山层和黄花山层），以及它们的相当地层，大体为122.5～120 Ma，其分布范围较晚期热河生物群略小。

（2）在热河昆虫群的中心分布区，昆虫的物种多样性发生了明显的变化。早期阶段昆虫群包括11目约40科150种，其中鞘翅目和膜翅目分异度最高，半翅目和双翅目次之，其余各目少见。优势种为*Ephemeropsis trisetalis*和*Coptoclava* sp.。中期阶段，昆虫多样性明显增加，达17目约100科500种，鞘翅目和膜翅目仍然是分异度最高的类群，半翅目次之，双翅目、脉翅目、直翅目和蜻蜓目种类也比较多，其余各目分异度明显偏低。优势种为

Ephemeropsis trisetalis、*Epicharmeropsis quadrivenulosus*、*Aeschnidium heishankowense*、*Mesolygaeus laiyangensis*和*Chironomaptera gregaria*。晚期阶段，多样性明显回落，但还是有14目约80科300种，其中鞘翅目和膜翅目分异度最高。双翅目和半翅目的种类也比较丰富。优势种在莱阳盆地为*Coptoclava longipoda*、*Mesolygaeus laiyangensis*和*Chironomaptera gregaria*，在冀北、辽西地区为*Coptoclava longipoda*和*Ephemeropsis trisetalis*。

（3）对生态系统多样性仅从生境和食性两方面进行了探讨。热河昆虫群按照生境可以划分为4个昆虫群落：森林昆虫群落、水生昆虫群落、土壤昆虫群落和高山昆虫群落（仅在中期阶段识别出此群落）；按照食性可以划分为5个昆虫类群：植食性昆虫类群、肉食性昆虫类群、寄生性昆虫类群、腐食性昆虫类群和杂食性昆虫类群。随着昆虫群物种多样性在时间上的变化，各群落或各类群的物种多样性也发生了相似的变化，但各群落或各类群在生态系统中的地位没有发生明显的变化。在4个昆虫群落中，森林昆虫群落的物种多样性最高，水生昆虫群落次之，高山昆虫群落的多样性（如果能够识别出）最低；在5个昆虫类群中，植食性昆虫类群的物种多样性最高，肉食性昆虫类群次之，寄生性昆虫类群再次，杂食性昆虫类群的多样性最低。

5 地质历史中昆虫与其他生物的关系

昆虫无处不在，在地球的整个生态系统中占有重要的地位，与其他生物也建立了复杂的生态关系，如取食、寄生、传粉等。同时，昆虫种内也形成了一定的关系，如性双型现象的出现。这些关系是在漫长的地质历史中逐渐建立并不断发展的，本章就此问题进行探讨。

5.1 早白垩世被子植物与甲虫演化

鞘翅目昆虫俗称甲虫，种类极其丰富，占地球已知生物物种数量的近1/4。甲虫分异度如此之高，可能是该目各谱系的高生存率以及在各种生境的持续分化所促成的（Hunt et al., 2007; Ikeda et al., 2012）。甲虫是开花植物特别是被子植物基干类群最重要的授粉者之一（Thien et al., 2009），同时也被认为是最早的访花昆虫和传粉昆虫之一（Bernhardt, 2000）。一些种类丰富的甲虫类群的分化可能是由它们与被子植物的协同演化所驱动（Farrell, 1998）。此外，被子植物和传粉昆虫之间的早期合作关系也是被子植物辐射演化的重要驱动因素（Hu et al., 2008）。

早白垩世是被子植物进化的重要时期（Friis et al., 2010）。尽管其他化石证据和分子分析推断被子植物起源更早（Bell et al., 2010; Wang, 2010; Smith et al., 2011），但一般认为早欧特里夫期的花粉粒化石代表了已知最早的被子植物（Friis et al., 2010）。化石记录表明被子植物在阿尔布期–塞诺曼期（113～93.9 Ma）已上升到植物界的主导地位，并在坎潘期–马斯特里赫特期（83.6～66 Ma）成为森林的优势类群（Peralta-Medina, Falcon-Lang, 2012）。被子植物的辐射为动物提供了新的食物来源和生活环境，并对甲虫和其他昆虫产生了深远的影响。

早白垩世也是甲虫进化的重要时期。期间，原鞘亚目衰落而肉食亚目进入生态辐射期，多食亚目一些主要谱系首次出现并分化（Ponomarenko, 2002）。金龟总科、拟步甲总科、象甲总科和叶甲总科是现存被子植物基部类群的最常见传粉者（Bernhardt, 2000; Thien et al., 2009）。尽管早白垩世植物群的变化可能对甲虫产生影响的观点得到广泛认可，但化石证据仍少之又少（Labandeira, 1998; Grimaldi, 1999; Labandeira, Currano, 2013）。最近大量早白垩世化石的发现极大提高了我们对甲虫进化的认识，同时对研究甲虫和被子植物之间的协同演化关系也提供了重要线索。本书作者最近对上述4类甲虫的化石记录和早期演化进行了回顾，并简要讨论了它们与早期被子植物可能的生态关联（Wang et al., 2013a）。

5.1.1 化石记录

1. 金龟总科（Scarabaeoidea）

金龟总科昆虫俗称金龟子，包括大约35 000已知种，是全球性分布的单系类群（Scholtz, Grebennikov, 2005）。金龟子通常体壳坚硬，有时具金属光泽，体长在1.5～160 mm（Bai et al., 2012）。成虫化石可通过以下特征辨别：触角棒状；前足挖掘足；中、后足胫节外侧常具横脊（Krell, 2006）。最早的金龟总科化石记录包含若干科，产自内蒙古道虎沟中侏罗世地层（图5–1a）和哈萨克斯坦卡拉套晚侏罗世地层（Nikolajev等, 2011; Bai et al., 2012）。Krell（2006）和Nikolajev（2007）总结了金龟总科的化石记录，Bai等（2012）根据中、新生代的物种数量对金龟总科生物多样性模式进行了总结。

中国、俄罗斯和巴西的早白垩世地层中发现有大量的金龟子化石（如图5–1b～e），但多数化石尚无详细的描述和研究（Krell, 2006；张海春等, 2010）。最近的一项分子分析表明金龟总科的多数科级阶元的起源时间可能都在白垩纪（McKenna, Farrell, 2009），但中–晚侏罗世金龟子化石的发现表明金龟子发生辐射演化的时间要早得多（Nikolajev等, 2011; Bai et al., 2012；图5–1），并且这些侏罗纪的科级阶元大部分已在早白垩世地层中被发现（Krell, 2006; Nikolajev, 2007）。因此，金龟总科多数类群的起源明显早于白垩纪中期被子植物的辐射演化，可能发生在中–晚侏罗世（Wang et al., 2013a）。

图5-1 金龟总科锹甲科的早期代表

a. *Juraesalus atavus* Nikolajev et al., 2011，正模NIGP152456，内蒙古宁城道虎沟中侏罗统道虎沟化石层；b. *Sinaesalus tenuipes* Nikolajev et al., 2011，正模NIGP152457，内蒙古宁城杨树湾子下白垩统义县组；c. *Sinaesalus tenuipes* Nikolajev et al., 2011，配模NIGP15245，内蒙古宁城杨树湾子下白垩统义县组；d. *Sinaesalus longipes* Nikolajev et al., 2011，正模NIGP152459a, b，正面标本（右上）和负面标本（右下），内蒙古宁城杨树湾子下白垩统义县组；e. *Sinaesalus curvipes* Nikolajev et al., 2011，正模NIGP152460，内蒙古宁城杨树湾子下白垩统义县组。图a~c, d（左）和e中标本表面涂乙醇。（Nikolajev等，2011）

2. 拟步甲总科（Tenebrionoidea）

拟步甲总科昆虫俗称拟步甲，是鞘翅目最丰富的类群之一，全世界约30科35 000种。拟步甲成虫可通过以下几点辨别：异型阳茎中叶，多数类群跗节5-5-4、4-4-4、3-4-4式，少数类群3-3-3式（Lawrence et al., 2010）。拟步甲最早的记录是产自道虎沟中侏罗世地层中的类花蚤（图5-2），以及哈萨克斯坦卡拉套晚侏罗世地层中的其他几个类群（Wang, Zhang, 2011a）。

拟步甲总科各科的系统关系目前还不清楚（Beutel, Friedrich, 2005; Lawrence et al., 2010）。分子分析的结果认为花蚤科（Mordellidae）是拟步甲总科的最基部类群之一（McKenna, Farrell, 2009）。一些早白垩世的化石被归入花蚤科中已灭绝的“先花蚤亚科（Praemordellinae）”，该亚科归入花蚤科是基于如下特征：跗节5-5-4式；体型楔形，体表覆软毛；头下折，眼睛后部缢缩形成颈；腹部（非臀板）延伸超过翅基（Liu et al., 2007）。这些特征并非花蚤科独有的，它们还存在于大花蚤科（Ripiphoridae）和拟花蚤科（Scraptiidae）中，这表明“先花蚤亚科”是拟步甲总科一个基干类群，可能包含了花蚤科和其他类群（比如大花蚤科）的祖先。确认无疑的最早的花蚤科化石产自晚白垩世塞诺曼最早期的缅甸琥珀（Grimaldi et al., 2002; Shi et al., 2012）。现生花蚤科成虫皆为植食性，主

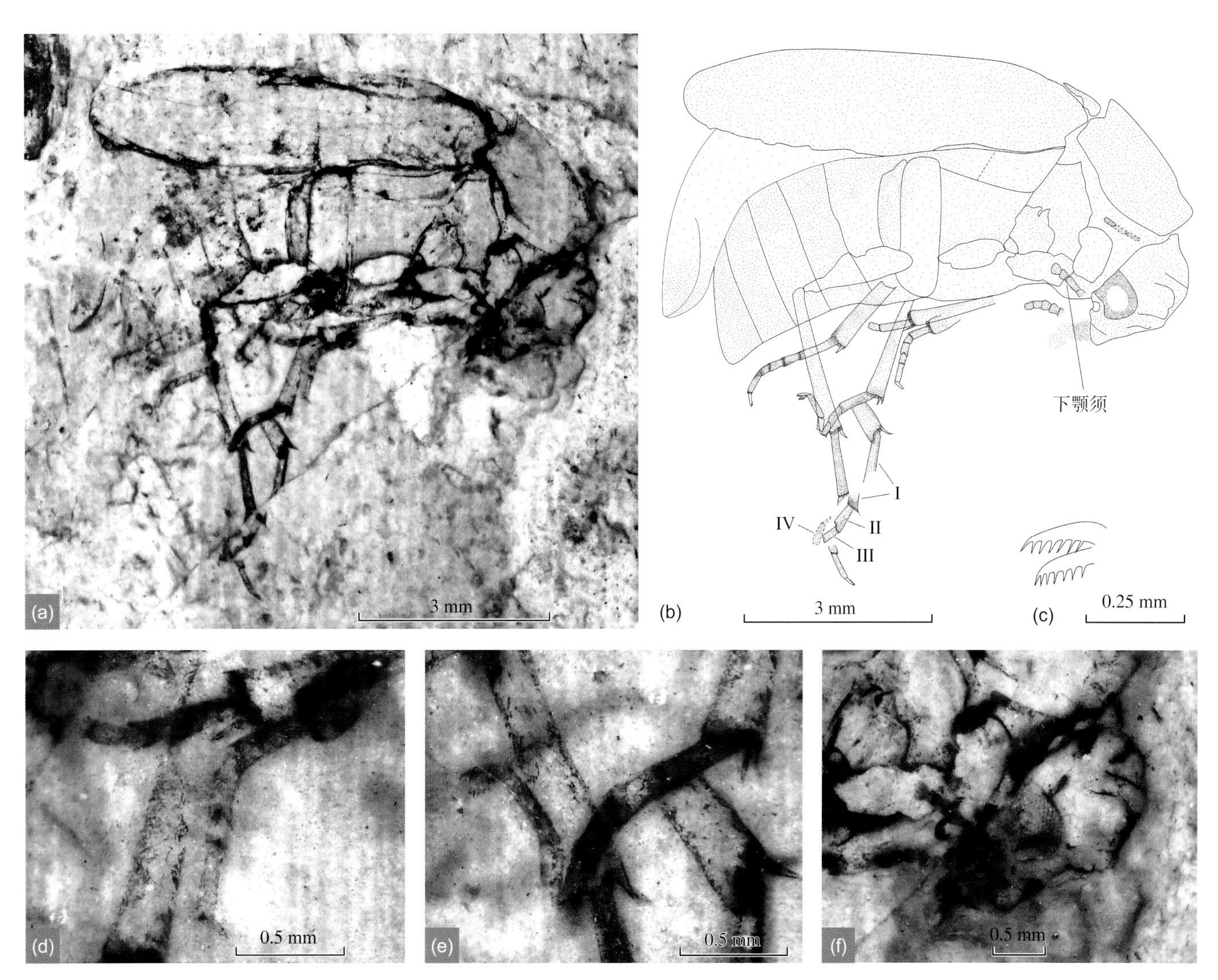

图5-2　拟步甲总科的最早代表——侏罗五化甲(*Wuhua jurassica* Wang et Zhang, 2011)

正模NIGP149548,内蒙古宁城道虎沟中侏罗统道虎沟化石层。a. 化石全貌;b. 复原图;c. 中足跗爪复原图;d. 前足跗节放大图;e. 中足跗节放大图;f. 头部放大图。图a, d~f中标本表面涂乙醇。(Wang, Zhang, 2011)

要以多种植物,尤其是伞形植物(Apiaceae)和菊科植物(Asteraceae)的花粉为食(Jackman, Lu, 2002)。化石研究表明,拟步甲总科在白垩纪已具有一定的多样性,并且其中几个比较进步的类群(如大花蚤科和拟步甲亚科)也已在此期间出现(如:Perrichot et al., 2004; Liu et al., 2007; Kirejtshuk et al., 2012)。总之,化石和分子分析都表明拟步甲总科的多数科级阶元起源于早白垩世或更早。

3. 象甲总科(Curculionoidea)

植食类(Phytophaga)是鞘翅目最大的类群,在植食性动物类群中其物种丰富度仅次于鳞翅目而居于第二位(Grimaldi, Engel, 2005)。形态学和分子学证据都支持植食类的单系性,该类群包括单系的象甲总科(Curculionoidea,俗称象甲或象虫)和叶甲总科(Chrysomeloidea,俗称天牛和叶甲)(Marvaldi et al., 2009)。

象甲总科包括大约5 800属62 000种,是鞘翅目最大的类群(Oberprieler et al., 2007)。它们具有如下明显的特征:头部向前或向下突出呈喙状或鼻状,喙状物端部有上颚或口(Thompson, 1992)。象甲基本都是植食性甲虫,有些是农作物和贮藏食品的重要害虫。象甲的化石记录十分丰富,是中生代鞘翅日多食亚日的重要类群(Arnoldi et al., 1977)。最古老的象甲化石是毛象甲科(Nemonychidae)的分子,发现于中国道虎沟生物群(标本未描述)和哈萨克斯坦卡拉套上侏罗统(Oberprieler et al., 2007)。Soriano等(2006)和Legalov(2012)总结了中生代象甲化石记录。俄罗斯、西班牙、中国和巴西的下白垩统已经发现了大量象甲化石(Soriano et al., 2006; Davis et al., 2013),但在三叠纪到早侏罗世地层中，尽管发现了很多其他种类的甲虫化石（Gratshev, Zherikhin, 2003），却没有发现可靠的象甲化石。过去曾认为Obrieniidae科与象甲总科有关，但现在认为它们是形态趋同或平行进化的结果（Gratshev, Zherikhin, 2003; Oberprieler et al., 2007）。

毛象甲科包括21个现生属76个已知种，是象甲总科中的一个小的残余类群（Kuschel, 1983; Oberprieler et al., 2007）。该科是最原始的象甲类群，具有所有现生类群的大多数祖征。这些甲虫在澳大利亚和新热带区最为丰富，较少种类生存于新北区和古北区。毛象甲主要以松柏类植物为食，尤其是南洋杉科（Araucariaceae），而在北半球则以松科为食。毛象甲科可能保留了象甲祖先的生活方式，幼虫在开裂的雄性松柏植物孢子叶球（球果）的孢子叶上生活，以开放花粉囊内的花粉为食，并可在球果之间迁移（Oberprieler et al., 2007）。

长角象甲科（Anthribidae）、卷象甲科（Attelabidae）、Caridae科和象甲科（Curculionidae）从早白垩世就已出现（Oberprieler et al., 2007; Kirejtshuk et al., 2009; Cognato, Grimaldi, 2010; Santos et al., 2011）。分子钟分析表明象甲总科多数科级阶元的初始辐射发生于裸子植物时代的侏罗纪，而广泛的辐射可能在白垩纪中期就开始了（McKenna et al., 2009; Jordal et al., 2011）。

4. 叶甲总科（Chrysomelidea）

大多数叶甲类昆虫都可以归入2个多样性很高的类群：35 000余种的叶甲科（Chrysomelidae）和20 000余种的天牛科（Cerambycidae）(Marvaldi et al., 2009）。叶甲是典型的小到中型甲虫，体型长卵形，成虫一般以植物的叶片或其他器官为食（Riley et al., 2002）。天牛一般为大型昆虫，具有凸起的触角基和长触角（Turnbow, Thomas, 2002）。天牛成虫以叶、分生组织或花粉为食，幼虫通常采掘树木韧皮部或在心材蛀孔（Hanks, 1999）。几乎所有现生的叶甲都是植食性的，而且大多数植食性叶甲都是以被子植物为食（Farrell, 1998）。叶甲的极高分异度通常归因于它们与早期被子植物的协同演化（Farrell, 1998; Wilf et al., 2000; Farrell, Sequeira, 2004; Reid, 2000）。

中生代叶甲类化石的记录非常少（Grimaldi, Engel,

图5-3　已知最早的天牛——柳条沟白垩锯天牛（*Cretoprionus liutiaogouensis* Wang et al., 2014）
正模NIGP154953，内蒙古赤峰市宁城县大双庙镇柳条沟村下白垩统义县组。a. 正面标本；b. 负面标本。（Wang et al., 2014a）

2005), Wang等(2014a)进行了总结。在哈萨克斯坦卡拉套晚侏罗世地层中发现的几块化石可能属于叶甲类,但还须进一步研究以确定其确切的分类位置。此外,早白垩世确定无疑的叶甲总科化石只有2块。已知最早的天牛科(锯天牛亚科)和叶甲科(豆象亚科)化石分别来自中国的早白垩世地层(图5-3)和晚白垩世的加拿大琥珀(Poinar, 2005; Wang et al., 2014a)。分化时间估算表明大多数现生叶甲总科的科级阶元都起源于侏罗纪(Farrell, 1998; McKenna, Farrell, 2006, 2009; Hunt et al., 2007; Wang et al., 2014a)。叶甲科最早可能出现于中侏罗世(Wang et al., 2014a),该科所有主要亚科的起源时间早于早白垩世阿尔布期(Kergoat et al., 2011; Wang et al., 2014a)。

5.1.2 甲虫-被子植物的可能关联

昆虫和植物的协同作用是最重要的生物关联之一。昆虫和植物繁殖器官之间的早期相互作用,最令人信服的证据是保存在化石昆虫粪粒或内脏中的花粉(Bronstein et al., 2006; Labandeira et al., 2007)。花粉取食的最早记录是保存在宾夕法尼亚亚纪(323.2±0.4～298.9±0.15 Ma)晚期卡尔霍恩煤层(Calhoun Coal)中的矿化粪球粒化石,其中含有髓木种子蕨类花粉和桫椤孢子(Labandeira, 2006),以及保存在二叠纪多新翅类(Polyneoptera)昆虫内脏中的裸子植物花粉(Rasnitsyn, Krassilov, 1996)。虽然在中生代数个昆虫类群(如蜂类和蟋蟀)的内脏中已经发现了一些花粉粒化石,但中生代甲虫尚无此类报道。内脏内含物的保存似乎与昆虫化石保存的质量无关,例如,迄今尚未在保存良好的道虎沟生物群的昆虫标本中发现内脏的内含物。对中生代不同化石产地的昆虫化石进行进一步的研究,可能会发现直接的证据。

虫媒传粉进化的其他直接证据是被子植物花化石中保存的特殊构造,这些构造可以吸引昆虫形成固定的合作关系,并利于花粉的传播(如Hartkopf-Froder et al., 2012)。但是这方面的证据在早白垩世非常罕见,因为保存完好的立体花朵化石十分稀少。目前,只有Gandolfo等(2004)发现了甲虫为睡莲科的一些类群传粉的证据,表明甲虫和被子植物的共生合作关系可以追溯到白垩纪中期。

间接证据是甲虫口器的花粉收集构造:现生访花甲虫(如拟天牛科和花蚤科)常具有明显的眼睛,在上颚、触角或其他的口器部位具有梳状刚毛(Barth, 1985; Krenn et al., 2005)。Bernhardt(1996)曾对甲虫可能用以消化花粉内容物的3种不同的机制进行了总结。在琥珀中保存的甲虫化石中,其口器的一些结构清晰可见(如:Kirejtshuk et al., 2009),在保存完好的压型化石中也偶然可见(如Wang et al., 2012b)。今后需要对一些可能的中生代访花甲虫口器做进一步研究。

其他间接证据来自对被子植物最基部类群(ANITA类群和木兰亚纲)授粉系统的观察。金龟子科、花蚤科、拟天牛科、拟步行虫总科的拟花蚤科、天牛科、叶甲总科的叶甲科、象甲科、露尾甲科和隐翅甲科9个类群是木兰类植物特定的传粉者。金龟子科和叶甲科是睡莲科植物的传粉者(Bernhardt, 2000; Bernhardt et al., 2003)。Ervik和Knudsen(2003)也提供证据表明睡莲科的某些类群是由金龟子科甲虫来授粉。根据上文所言,被子植物基部类群的授粉者中至少有4个甲虫类群出现在早白垩世,表明甲虫与被子植物的生态关联至少在早白垩世就已形成,而与裸子植物甚至蕨类植物的生态关联还要早。这些甲虫适应植食性(取食植物组织或传粉)的构造可能首先用于不同的裸子植物类群甚至蕨类植物类群(Labandeira et al., 2007)。类似情况也见于其他昆虫,如长翅目(Ren et al., 2009)和缨翅目(Peñalver et al., 2012)。

基于化石、形态学和分子生物学的系统发育分析是研究甲虫-被子植物相互作用演化的强大工具(McKenna, 2011)。拟步甲总科和金龟总科的相关研究很少,但多食亚目的研究已取得一些进展。分子生物学分析表明,象甲总科的多数科级单元出现于侏罗纪,紧随在被子植物崛起之后爆发了进一步的辐射(McKenna et al., 2009; Franz, Engel, 2010),象甲的姐妹群——叶甲总科的情况也类似(Wang et al., 2014a)。叶甲总科最初的辐射演化极有可能发生于中生代中期的裸子植物时期,此时松柏类和其他裸子植物在森林和其他生态系统中(比如开放林地或者一些湿地)已占据主导地位(Wang et al., 2014a)。与被子植物关系密切的叶甲总科相关亚科的辐射演化,在时间上与被子植物生产力的快速增长期和以被子植物主导的森林的崛起时间基本一致(Wang et al., 2014a)。这些森林可能提供了新型且多样化的生态位和丰富的食物,并促进了叶甲总科的辐射演化(Wang et al., 2014a)。因此,叶甲总科和象甲总科可能具有类似的进化轨迹:都表现出高的世系存活率,被子植物的兴起促成了现在的高分异度。然而,由于这些甲虫高阶单元的系统发育关系和辐射演化的时间仍不清楚,甲虫-被子植物相互作用的详细进化史还需进一步研究。

5.1.3 结论

现生金龟总科、拟步甲总科、象甲总科和叶甲总科是被子植物最基部类群的常见传粉者。化石记录和分子分析表明这4个类群在早白垩世或之前就已分化，这明显早于现在认为的被子植物辐射并占据植物区系主导地位的时间，表明上述4个甲虫类群与被子植物的生态协同关系在早白垩世就已形成。除了小型甲虫，其他的常见传粉昆虫（如蓟马、双翅目长角亚目昆虫、蛾类、蝎蛉和小型寄生蜂）大约在此时也为基部被子植物（ANITA）传粉。

5.2 最早的水生外寄生昆虫

寄生行为是指某种动物在生活史的一个时期或终生附着在寄主的体内或体表，并以摄取寄主的营养物来维持生存。寄生行为在昆虫中很常见，并且得到了广泛研究，但对其起源和早期演化以及与寄主的生态关系却所知甚少（Labandeira, 2002; Wappler et al., 2004; Grimaldi, Engel, 2005）。寄生昆虫一般分为体外寄生（外寄生）和体内寄生（内寄生）2类。由于其独特的习性，寄生昆虫很少能保存为化石。此外，一些有争议的寄生昆虫化石也缺少明确的寄生形态特征。因此，化石证据的缺失严重阻碍了我们对地质历史中昆虫寄生行为的了解。

虽然有几种中生代的昆虫被认为是可能的外寄生昆虫，但只有发现于中国侏罗纪-白垩纪的大跳蚤被确认为是陆生外寄生昆虫，它们寄生于恐龙、翼龙或哺乳动物的体外。此项研究在中国著名的侏罗纪道虎沟生物群中发现了最古老的水生外寄生性昆虫（Chen et al., 2014）。这种昆虫的标本非常稀少，尽管目前只有5件标本，但幸运的是它们保存得非常好，可以进行详细的形态学研究。

5.2.1 侏罗奇异虫的分类位置

新发现的昆虫化石标本既有侧向保存的个体（图5－4），又有背腹向保存的个体（图5－5），使我们能够详细了解这种昆虫的侧面、背面和腹面特征。经过系统研究，我们认为这些化石是一种昆虫的幼虫，具有如下特征：胸部3节愈合，腹面具吸盘；第1～7腹节每节具2对丛状背刺；第1～6腹节每节腹面具1对伪足，长有向上弯曲的刚毛，末端具倒刺；第7对伪足明显延长；具2对肛突；腹部末端具1对骨化的向后伸出的附肢，其上长有硬毛。这种昆虫幼虫可以归入双翅目短角亚目（Brachycera）虻下目（Tabanomorpha）伪鹬虻科（Athericidae）（Wichard et al., 1999; Yeates, 2002; Zloty et al., 2005; Kerr, 2010; Dobson, 2013），命名为“侏罗奇异虫”（*Qiyia jurassica* Chen et al., 2014）。侏罗奇异虫既有原始特征，也有进化特征，证明它是伪鹬虻科的基干类群。伪鹬虻科是一个小类群，其姐妹群为常见的虻科（Tabanidae；如牛虻），两者共同组成一个单系类群。现生伪鹬虻和牛虻的幼虫皆为捕食性，可捕食小型昆虫甚至青蛙；部分成虫可吸食哺乳动物和两栖类的血液。保存在英格兰南部早白垩世地层中的伪鹬虻科和虻科成虫化石曾经被认为是这2个科的最早记录（Mostovski et al., 2003），而在道虎沟发现的侏罗奇异虫改写了伪鹬虻科的最早记录。分子系统学研究表明伪鹬虻科和虻科的起源和初步分化时间约为侏罗纪早或中期（Wiegmann et al., 2011），侏罗奇异虫的发现支持了这一推断。

5.2.2 侏罗奇异虫的生活方式

侏罗奇异虫明显具有适应于水中生活的形态特征，与伪鹬虻科现生类群的幼虫类似，后者生活于水流湍急的水中，捕食其他动物（Mostovski et al., 2003; Nagatomi, Stuckenberg, 2004）。侏罗奇异虫体长约2 cm，腹部末端具一对骨化的向后伸出的附肢，与水生甲虫（如龙虱科）幼虫的尾须类似（Wichard et al., 1999），每一支上有大约10个气孔，说明它们是呼吸器官，在功能上与现生伪鹬虻幼虫没有骨化的尾须相似（Nagatomi, Stuckenberg, 2004）。侏罗奇异虫还具有2对肛突，其功能可能是从水中吸收溶解氧，同时也用于吸收盐分来维持体液的离子浓度（Wichard et al., 1999）。这些器官常见于双翅目长角亚目幼虫和一些低等的短角亚目幼虫，但在现生的虻下目幼虫中明显退化（Wichard et al., 1999; Dobson, 2013）。这些器官在侏罗奇异虫身上非常发达，应该视为祖征。

侏罗奇异虫最特别的形态特征是胸部具有1个膨大的圆形吸盘，吸盘上附有6个辐射状排列的脊，这种结构在全变态类昆虫中是独一无二的演化适应。这些突起的脊主要用于提升吸力，并加强摩擦力以防止吸盘侧向滑动，类似于现生章鱼吸盘上的放射状的沟槽（Kier, Smith, 2002），类似的结构也常见于工业上的特种防滑吸盘（Monkman et al., 2007）。这种带脊的吸盘首次发现于昆虫，很可能是由原来的3对胸足特化形成的。侏罗奇异虫腹部具有6对粗短的伪足，足上具2列锋利的小钩，同时伪足上还有较长的倒刺，这些结构使侏罗奇异虫在水中高阻力的情况下可以牢固附着在其他水生动物柔软的皮肤上，类似于乌贼吸盘上齿状物和突起所起的作用（Miserez et al., 2009）。在昆虫幼虫中只有双翅目网蚊科（Blephariceridae）的幼虫具有6个非常发达的吸盘，但它

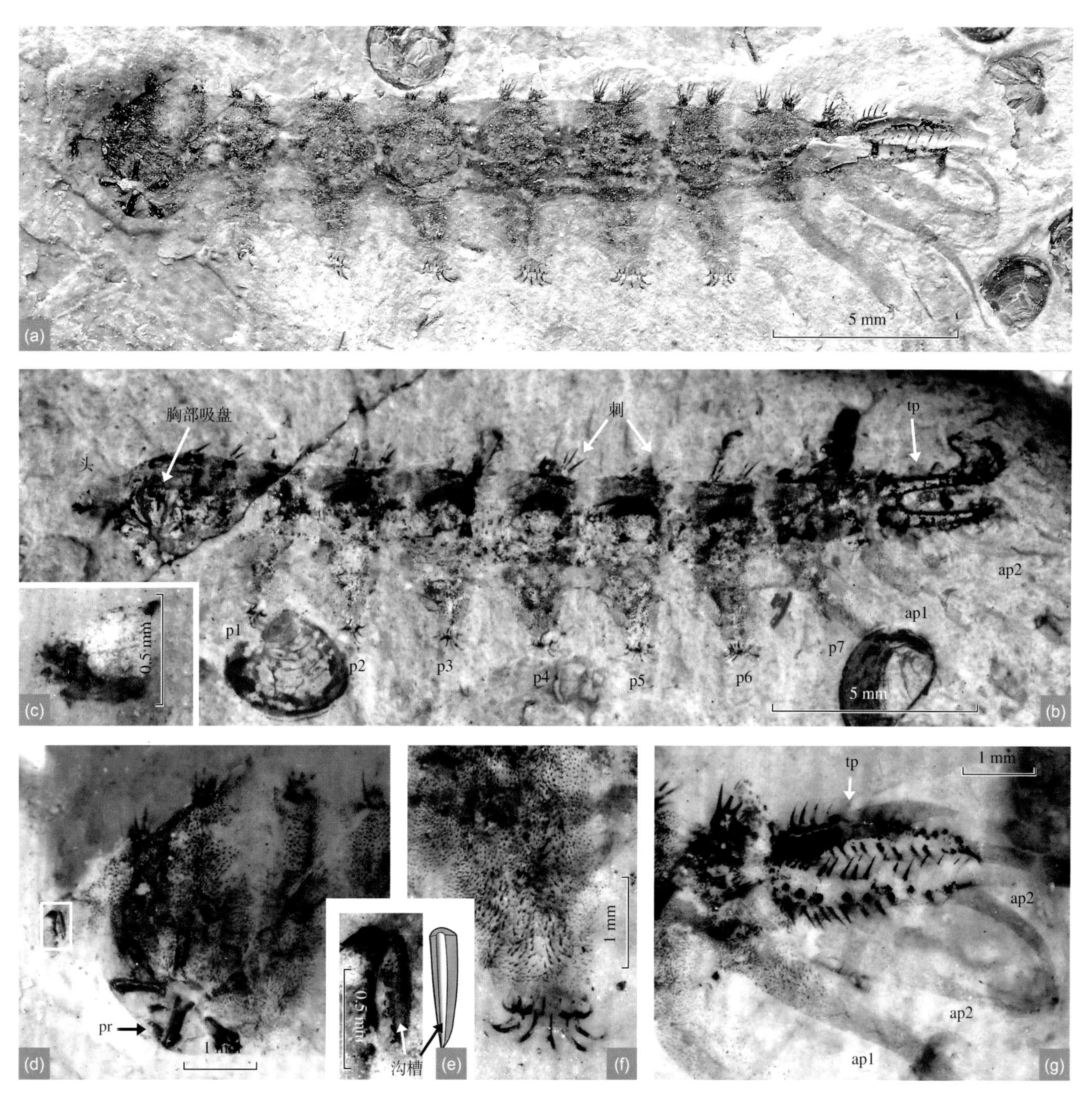

图5-4 侏罗奇异虫，内蒙古宁城道虎沟中侏罗统道虎沟化石层

a. 正模STMN65-1，化石图像；b. 副模STMN65-2，化石水平翻转图像；c. 副模STMN65-2，头壳；d. 正模STMN65-1，头部和胸部；e. 正模STMN65-1，上颚的放大图和复原图，箭头指示沟槽（groove）位置；f. 正模STMN65-1，第5伪足，可见坚硬、向上弯曲的硬毛，明显长于身体上的刚毛；g. 正模STMN65-1，腹部末节。ap，肛突；p，伪足；pr，吸盘的放射脊；tp，腹末突出器官。图b~g中标本表面涂乙醇。（Chen et al., 2014）

们位于腹板上，很小且无脊。网蚊幼虫取食水中固着在岩石上的生物，它们用吸盘把自己固定在激流中的岩石上（Frutiger, 2002）。侏罗奇异虫化石的细致保存说明其搬运距离很短，表明它们非常可能生活于道虎沟古湖泊或其附近的静水中（Wang et al., 2013b）。因此，与网蚊幼虫不同，侏罗奇异虫生活在一个低能环境中，不需要固定在岩石上。侏罗奇异虫的吸盘位于身体的前部，因此当它固定在底质上时，会限制头部的运动。其短而小的头明显适合于刺吸。以上证据表明，侏罗奇异虫的吸盘是用于吸附在寄主身上。吸盘常见于水中生活的外寄生动物，如水蛭、鱼虱和七鳃鳗，这需要很强的吸力才不至于被寄主摆脱。其他没有固着器官的水生外寄生动物则需要钻入寄主的皮肤或肌肉内，如剑水蚤（锚虫）（Kearn, 2004）。除吸盘以外，硬而向上伸出的硬毛和伪足末端

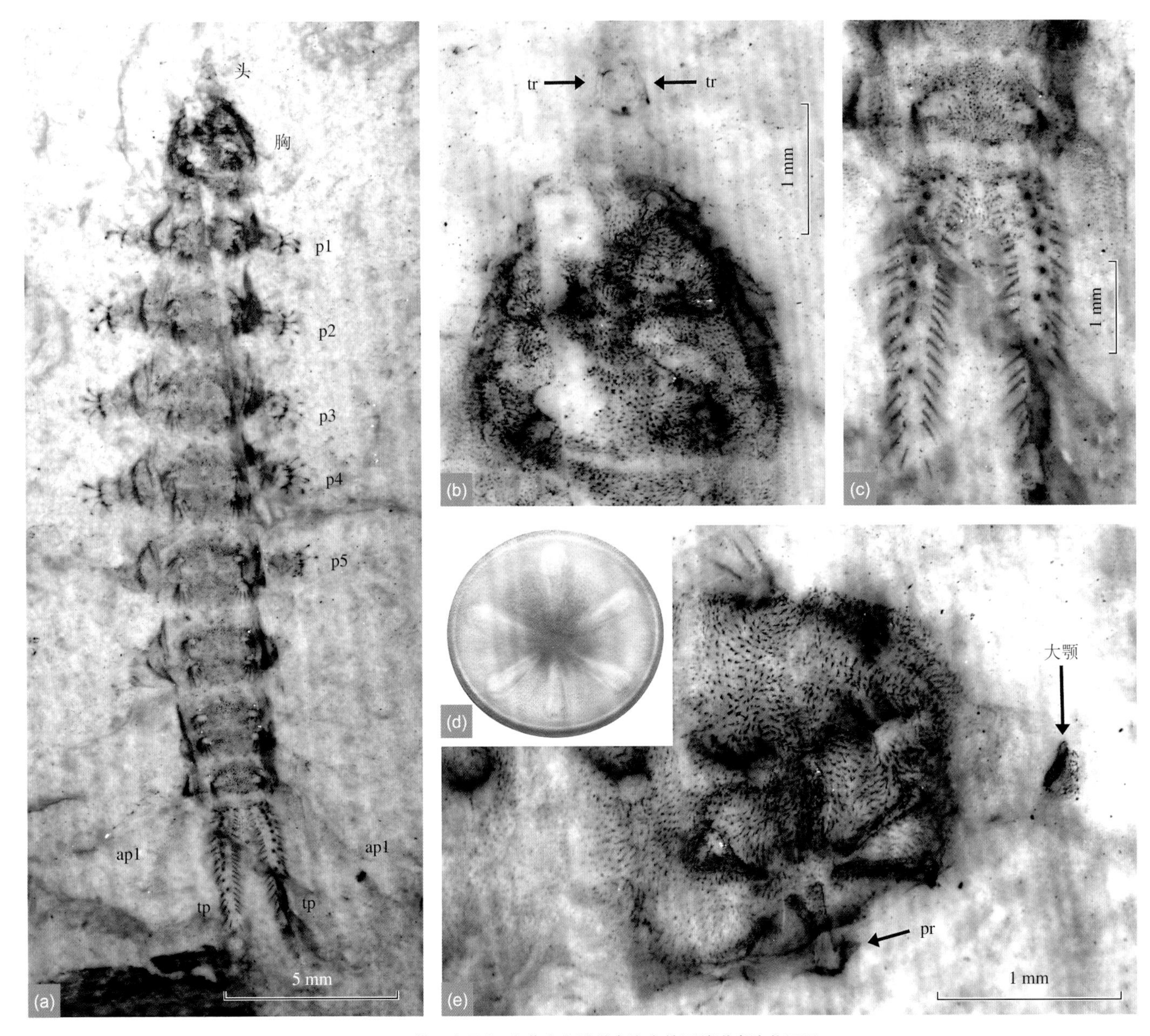

图5-5　侏罗奇异虫，内蒙古宁城道虎沟中侏罗统道虎沟化石层

a. 副模NIGP156982，化石全貌；b. 副模NIGP156982，头和胸部，可见胸部吸盘；c. 副模NIGP156982，腹末突出器官；d. 吸盘复原图；e. 副模NIGP156984，头和胸部。ap，肛突；p，伪足；pr，吸盘的放射脊；tp，腹末突出器官；tr，幕骨棒。图a~c, e中标本表面涂乙醇。(Chen et al., 2014)

的沟状物也是特化的固着结构。侏罗奇异虫的这些形态上的适应结构，证明它是外寄生的，而且极其适应于水中生活。

5.2.3　蝶蝾的吸血虫

吸血行为在双翅目中至少独立进化出12次(Lukashevich, Mostovski, 2003; Wiegmann et al., 2011)。这种行为首先出现于自由生活的食腐或捕食性幼虫，它们随后会成为脊椎动物的机会主义取食者，如吸食熟睡的人血液的刚果地板蛆(*Auchmeromyia*)(Lehane, 2005)。在现生的虻下目中有3个科的成虫存在吸血行为(Nagatomi, Stuckenberg, 2004)。虽然目前仅知道虻下目的幼虫多是食肉动物，但有些幼虫却吸食脊椎动物(如无尾两栖类)的体液(Jackman et al., 1983)。肉食性双翅目幼虫一般在形态上和生理上都适应这种生活方式，如高效的蛋白质消化酶和唾液腺，这样便于过渡到吸血生活(Balashov, 1984; Lehane, 2005)。侏罗奇异虫有一对带有纵向凹槽的镰刀状的上颚，这是虻下目昆虫的基本构型特征之一(Wichard et al., 1999; Yeates, 2002)；当左右上颚咬合的时候，纵向凹槽就会形成一通道(Zloty et al., 2005)，用以吸食动物的血液或其他体液(Marshall, 1981)。

在侏罗纪中期，内蒙古宁城县五化镇道虎沟一带为淡水湖泊。湖泊中无脊椎动物种类繁多，但脊椎动物种类很少，未发现鱼类的踪迹，而蝾螈却极其繁盛（Liu et al., 2006）。最常见的蝾螈是天义初螈（*Chunerpeton tianyiensis*）和奇异热河螈（*Jeholotriton paradoxus*），它们的体长分别可达到500 mm和150 mm（Wang, Rose, 2005）。这2种蝾螈都表现出幼态持续的特征，在其生活史的所有阶段都是营水生生活的（Gao K et al., 2013）。蝾螈的皮肤薄且无毛，很容易被侏罗奇异虫之类的昆虫幼虫的上颚刺穿。道虎沟地区的蝾螈与侏罗奇异虫在大小上很匹配，而且它们保存在同一层位，说明它们非常可能是寄生虫与寄主的关系。现生的一些蝇类［包括丽蝇科（Calliphoridae）、麻蝇科（Sarcophagidae）和黄潜蝇科（Chloropidae）］的幼虫会钻入无尾两栖类的皮肤而营寄生生活（Hoskin, McCallum, 2007），有时会引起寄主的死亡（Bolek, Coggins, 2002）。而侏罗奇异虫可以用它的吸盘和伪足固定在蝾螈的皮肤上，就像水蛭和鱼虱一样（Kearn, 2004）。侏罗奇异虫很可能寄生于蝾螈鳃后部的皮肤或其他隐蔽部位，吸食蝾螈的血液或体液，是名副其实的侏罗纪水中"吸血鬼"。

虽然现生的外寄生昆虫种类丰富（Marshall, 1981），但中生代已经确证的外寄生昆虫却凤毛麟角，仅限于中侏罗世-早白垩世的几种陆生大跳蚤（Gao et al., 2012,

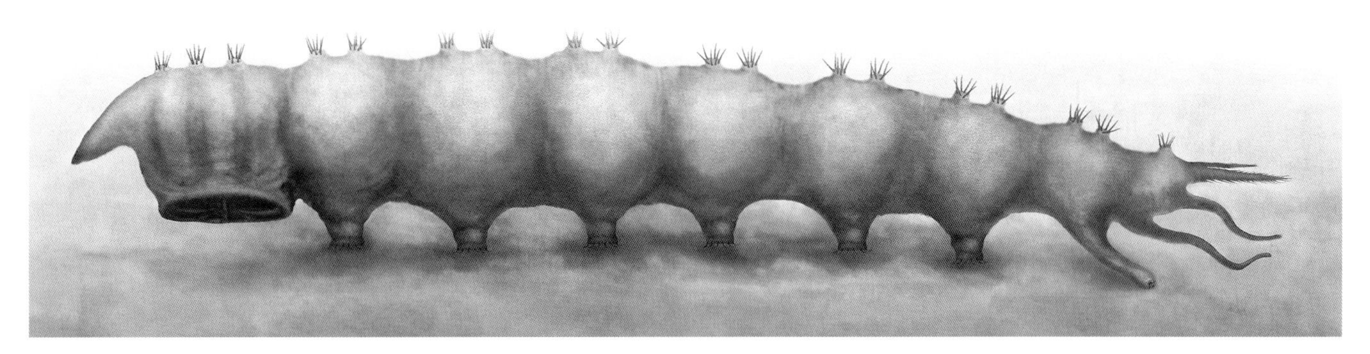

图5-6　侏罗奇异虫复原图(侧视)(Chen et al., 2014)

图5-7　侏罗奇异虫的生态复原图(Chen et al., 2014)

2013; Huang et al., 2012)。侏罗奇异虫是目前已知最早的水生外寄生昆虫，为我们了解中生代昆虫与脊椎动物的生态关系提供了重要证据，同时也为研究昆虫的形态特化提供了新见解，另外也揭示了中生代外寄生性昆虫已经高度多样化。

5.3 化石昆虫中的性双型现象

同种昆虫的雌、雄个体除生殖器官的结构差异外，在大小、颜色、结构等方面也常有明显差异，这种现象叫昆虫的雌雄二型现象，也称性双型现象(sexual dimorphism)。具有性双型现象的昆虫分布广泛，至少见于23目中(王孟卿，杨定，2005)。性双型现象的发生部位主要位于头部(包括复眼、触角、口器及其附属结构)，胸部(包括翅和足)和腹部。另外，昆虫性双型现象还包括生物学习性的不同，如雄蝉能发出响亮的声音，而雌蝉则不会发声(王孟卿，杨定，2005)。昆虫性双型现象一般认为与性选择和自然选择密切相关，是长期进化过程中性选择的结果。

在道虎沟生物群中，我们也发现了一些昆虫性双型现象。

5.3.1 费切蜂(*Ferganolyda*)的性双型现象

切锯蜂科(Xyelydidae)是膜翅目广腰亚目的一个灭绝科，可能是扁蜂总科(Pamphilioidea)的祖先类群(Rasnitsyn, 1968, 1980, 1983, 1988)。该科是一个小科，目前发现7属近20种，生活于侏罗纪–早白垩世的亚洲大陆。费切蜂属(*Ferganolyda* Rasnitsyn, 1983)是根据产自中亚地区侏罗纪早期或中期地层中的3个昆虫前翅标本建立的一个属，并被认为是形态特征正常的切锯蜂科的类群(Rasnitsyn, 1983)。然而，当我们在道虎沟生物群中发现这个属的完整个体时，才发现它们的形态特征非常特殊，可能是最不同寻常的昆虫类群之一(Rasnitsyn et al., 2006b)。

在道虎沟地区一共发现了4块费切蜂化石，被归入如下3种：斯库拉费切蜂(*Ferganolyda scylla* Rasnitsyn, Zhang et Wang, 2006)、卡律布迪斯费切蜂(*Ferganolyda charybdis* Rasnitsyn, Zhang et Wang, 2006)和钟馗费切蜂(*Ferganolyda chungkuei* Rasnitsyn, Zhang et Wang, 2006)。斯库拉费切蜂(图5–8)和卡律布迪斯费切蜂(图5–9)仅发现了雄性标本，雌性特征未知。而钟馗费切蜂的雄蜂(图5–10a, b)和雌蜂(图5–10c, d)标本各一块，虽然保存不好，但它们的特征明显不同，具有明显的性双型现象。

费切蜂雄蜂的头巨大，像一只螃蟹，其体积约为身体的一半，触角鞭节融为一体，细长而有弹性(图5–8、图5–9、图5–10a, b)。这样的触角结构在现生的雄性昆虫中仅发现于双翅目拟网蚊科(Deuterophlebiidae)，拟网蚊雄蚊在湍急的溪流表面往复飞行、寻找孵化的雌蚊时，用这样的触角来控制身体，使飞行平稳(Rasnitsyn et al., 2006b)。

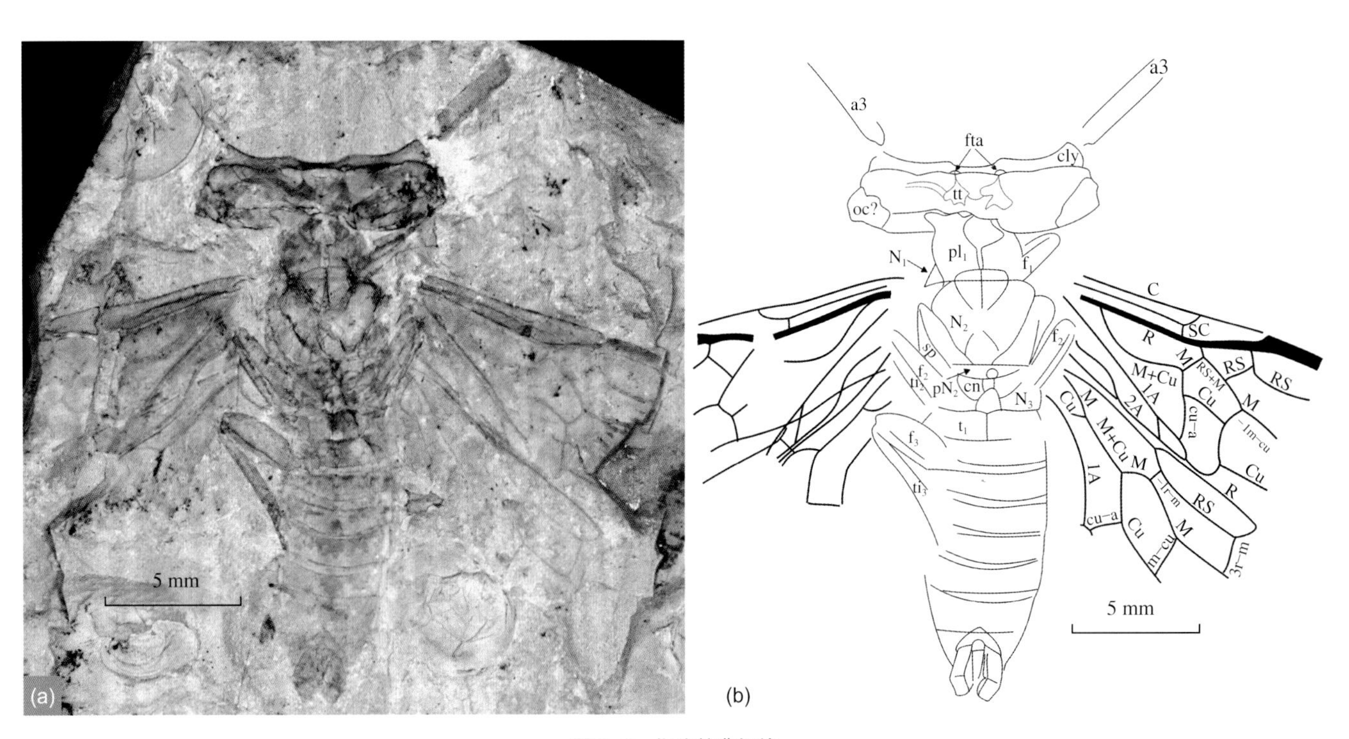

图5–8 斯库拉费切蜂

正模NIGP139303，雄蜂。a. 光学图像；b. 线条图。(Rasnitsyn et al., 2006)

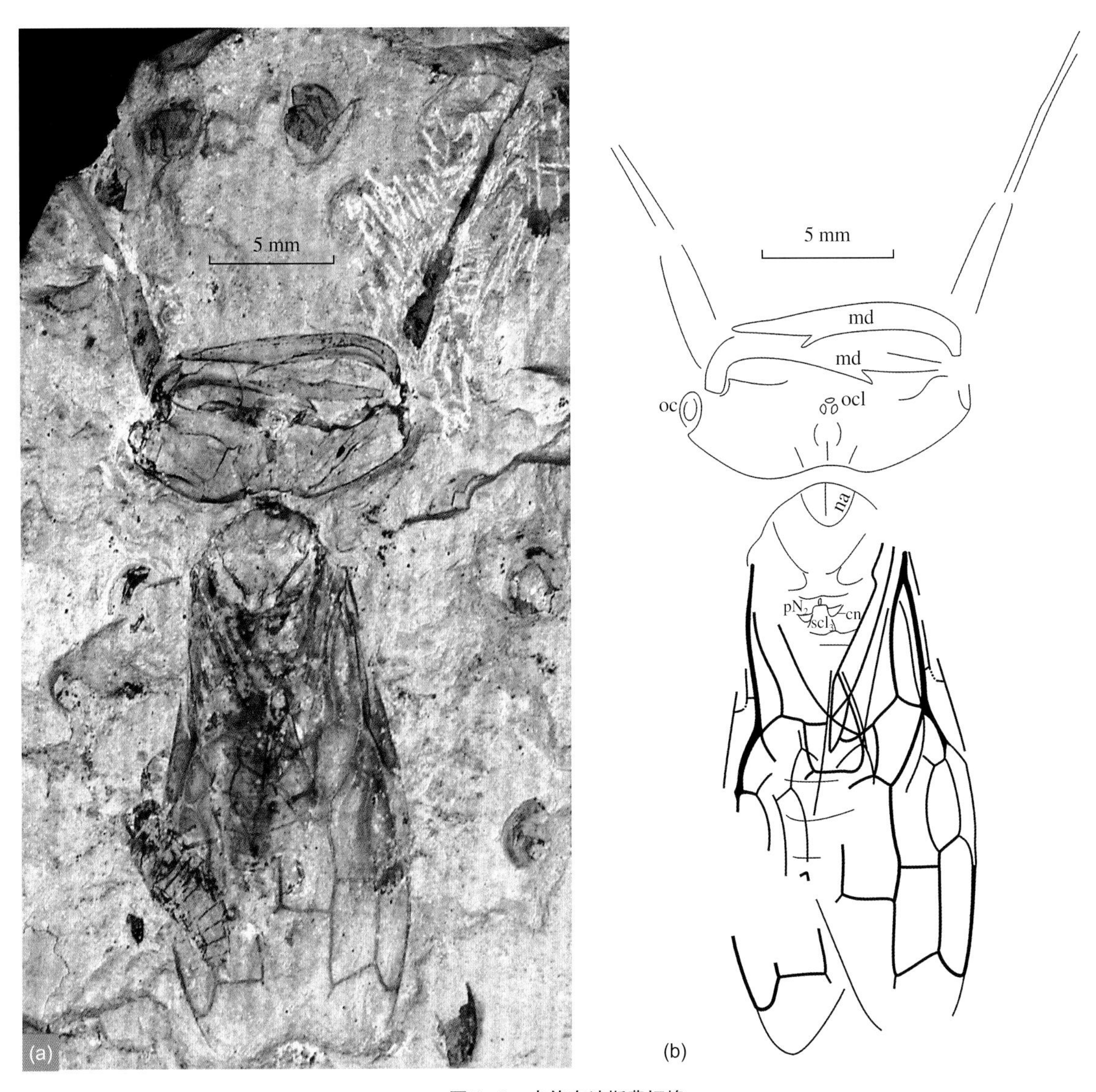

图5-9 卡律布迪斯费切蜂
正模NIGP139304,雄蜂。a. 光学照片; b. 线条图。(Rasnitsyn et al., 2006)

但这样的生活习性与扁蜂总科毫无关系,因为扁蜂总科的任何一个已知类群都没有在开阔水面生活的记录;同时靠近水面平稳地飞行需要极其特化的翅,这样结构的翅存在于拟网蚊科,但费切蜂却不具备。另外,费切蜂的头巨大,也十分沉重,它要进行这样灵巧的飞行显然也不可能。与化石类群相似,现生扁蜂总科的上颚长而强壮有力,用作防御的武器。但费切蜂雄蜂的上颚大得有些夸张,其长略小于头宽,从身体结构上看,缺乏足够的支撑,因此它们的功能难以推测。膜翅目昆虫是依靠前胸侧板(propleurae)来支撑头部的,而费切蜂雄蜂前胸侧板(图5-8b, pl_1)确实也很大,在尺寸上与庞大的头部是协调的,但又一个问题出现了:上述结构需要前足来支撑,但费切蜂雄蜂的前足在尺寸上却与多数膜翅目昆虫的前足无异——短而细弱(图5-8: f_1; 图5-10a, b)。但费切蜂雌蜂(图5-10c, d)的头部虽然也很大,但与身体还是比较协调,体型也比雄蜂明显要小,只有后者的一半长,头部宽只有后者的2/5。另外,雌蜂上颚也比较小,明显短于头宽;触角明显长于身体,第3、4节长而粗,其余鞭节比较正常,向末端逐渐变细。

5.3.2 卡魔蜂(*Karataus*)的性双型现象

魔蜂科(Ephialtitidae)是膜翅目细腰亚目的基部类群,生活于侏罗纪至早白垩世,已经报道了27属(Meunier, 1903; Rasnitsyn, 1975, 1977, 1990, 1999; Zessin, 1981, 1985; 张俊峰, 1986b; Darling, Sharkey, 1990; Rasnitsyn, Ansorge, 2000; Rasnitsyn, Martínez-Delclòs, 2000; Zhang et al., 2002c; Rasnitsyn et al., 2003; Rasnitsyn, Zhang, 2004b, 2010; 丁明等, 2013; Li et al., 2013b; Zhang et al., 2014)。魔蜂科在侏罗纪遍布整个欧亚大陆,繁盛于中-晚侏罗世。进入白垩纪,魔蜂科开始衰败,仅分布于欧亚大陆的部分地区和南美洲

的巴西，在早白垩世末期则完全消失（Zhang et al., 2002c；张海春等，2010；丁明等，2013）。该科被认为是细腰亚目最为原始的一个类群，细腰亚目其他类群皆由此科演化而来（Rasnitsyn, Zhang, 2010）。魔蜂科是寄生性昆虫，它们最初可能寄生于鞘翅目粉蠹科（Lyctidae）或树蜂科（Siricidae）的幼虫（Rasnitsyn, 1975）。

魔蜂科分为2个亚科：魔蜂亚科（Ephialtitinae）和原翅魔蜂亚科（Symphytopterinae）。前者分布广泛，而后者仅分布于中国、哈萨克斯坦、德国和西班牙，主要见于哈萨克斯坦南部卡拉套地区的侏罗纪晚期地层和中国的中侏罗世道虎沟生物群（Rasnitsyn, 1975, 1977, 1980; Rasnitsyn, Martínez-Delclòs, 2000; Rasnitsyn et al., 2003; Rasnitsyn, Zhang, 2010; Zhang et al., 2014）。细腰亚目昆虫中后足腿节变粗是比较常见的现象，如现生的冠蜂科（Stephanidae）雄蜂和雌蜂后腿节或多或少都比较粗，并且其腹面具齿（Hong et al., 2011）。冠蜂科被认为是现生细腰亚目中最原始的类群，和魔蜂科组成冠蜂总科（Stephanoidea）（Rasnitsyn, Zhang, 2010）。魔蜂科多数属的雌、雄体型都比较正常，除雌蜂具有或长或短的产卵器外，其他特征基本一致（Rasnitsyn, 1975, 1977）。但最近我们发现原翅魔蜂亚科的卡魔蜂属（*Karataus* Rasnitsyn, 1977）的雄蜂后足非常宽大，有的种类腹面具齿（Zhang et

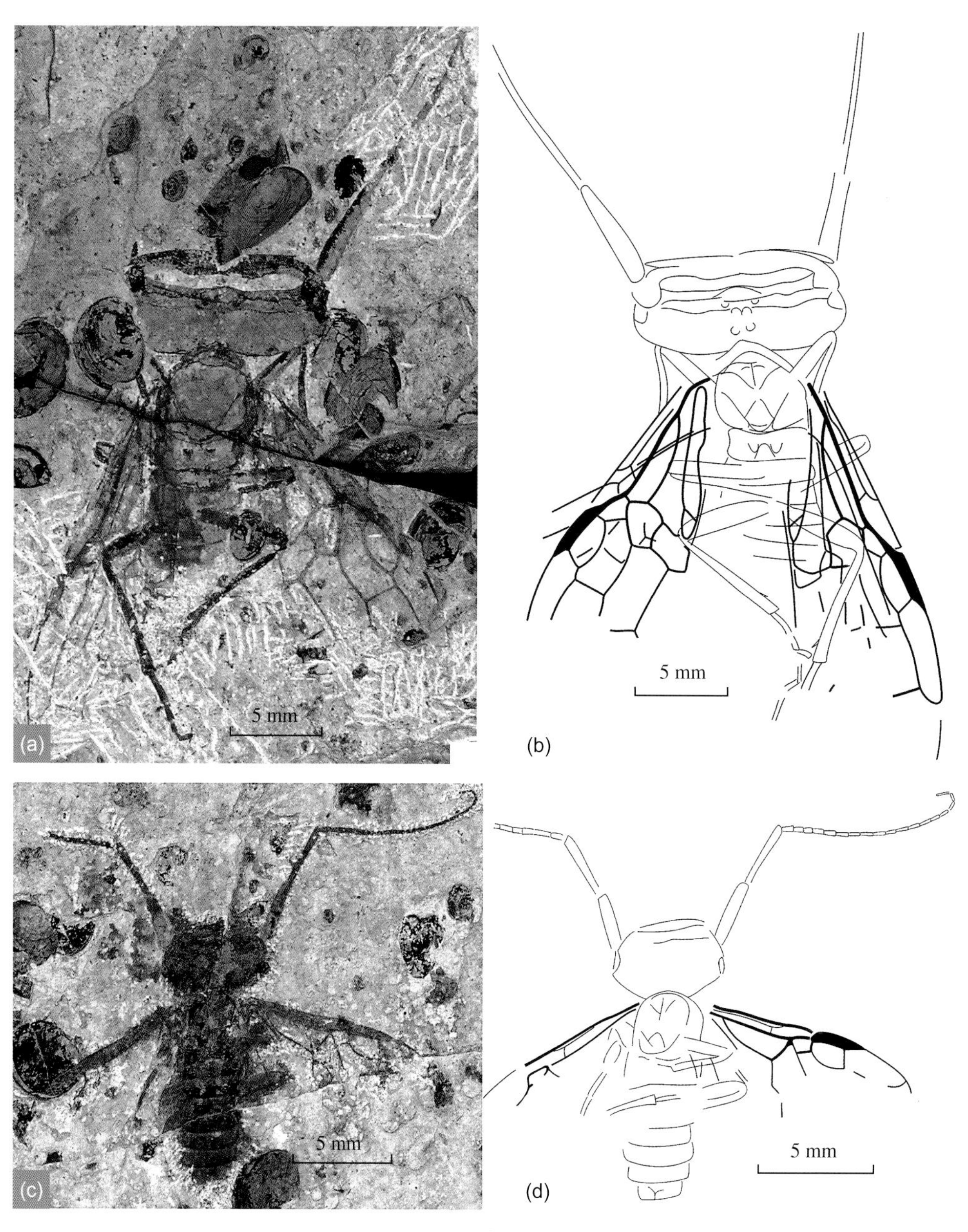

图5-10　钟馗费切蜂

a. 正模NIGP139305b，雄蜂，光学图像；b. 雄蜂，线条图，基于NIGP139305a, b绘制；c. 标本NIGP139306a，雌蜂，光学图像；d. 雌蜂，线条图，基于NIGP139306a, b绘制。

al., 2014)，这在膜翅目中非常罕见。

卡魔蜂属已经报道有7种：粗足卡魔蜂(*K. pedalis* Rasnitsyn, 1977)，产于哈萨克斯坦南部卡拉套晚侏罗世地层；西班牙卡魔蜂(*K. hispanicus* Rasnitsyn et Martínez-Delclòs, 2000)，产于西班牙早白垩世地层；道虎沟卡魔蜂(*K. daohugouensis* Zhang et al., 2014)、活跃卡魔蜂(*K. strenuus* Zhang et al., 2014)、强壮卡魔蜂(*K. vigoratus* Zhang et al., 2014)、柔弱卡魔蜂(*K. exilis* Zhang et al., 2014)和东方卡魔蜂(*K. orientalis* Zhang et al., 2014)，产于中国的道虎沟生物群。粗足卡魔蜂仅发现了雄蜂，但在研究之初就已经注意到了它的后足比较粗壮(Rasnitsyn, 1977)。西班牙卡魔蜂仅仅发现了雌性标本，由于保存不好，其分类位置还有疑问(Rasnitsyn, Ansorge, 2000)，后足仅略变粗，与多数魔蜂科化石没有区别。道虎沟化石层中的5种卡魔蜂中，除东方卡魔蜂仅发现了雌蜂外，其他4种仅发现了雄蜂。这些雄蜂的后腿节明显膨大：道虎沟卡魔蜂的后腿节长为宽的1.8倍(图5-11a、图5-11e、图5-12a)，活跃卡魔蜂约为2.2倍(图5-11b、图5-11d、图5-11g、图5-12d、图5-12f)，强壮卡魔蜂约为2.6倍(图5-11c、图5-11e)，柔弱卡魔蜂约为2.6倍(图5-13a、图5-13c、图5-14a)。另外，道虎沟卡魔蜂和柔弱卡魔蜂雄蜂后腿节的内缘具一排短齿，东方卡魔蜂雌蜂的后腿节仅略变粗(图5-13f、图5-14b)。这种后腿节在雌蜂和雄蜂中形状完全不同，说明卡魔蜂属具有明显的性双型现象。这种现象可能与交配行为有关：雄蜂向雌蜂展示魅力和力量，或者是在交配时可以帮助雄蜂与雌蜂固定在一起(Zhang et al., 2014)。

除卡魔蜂属外，原翅魔蜂亚科的另外一个属种 *Trigonalopterus brachycerus*(Rasnitsyn, 1975)也有类似的现象，但雄蜂后腿节的内缘无齿。魔蜂科中见到的这种性双型现象在膜翅目中非常罕见。

5.4 昆虫化石眼斑及其作用

翅斑是昆虫的重要特征之一，是昆虫长期演化过程中对环境的适应。翅斑常见于现生的各种昆虫，也见于多种昆虫化石，如膜翅目陆生合树蜂(*Syntexyela continentalis* Zhang et Rasnitsyn, 2006，产于辽宁省北票下白垩统义县组；见Zhang, Rasnitsyn, 2006：281～282，图2)、半翅目古蝉科(见第2、第4章)、直翅目鸣螽科(见第2、第4章)等。

脉翅目最早出现于二叠纪，在中生代十分繁盛。现有6 000多种，广布于世界各地。丽蛉科(Kalligrammatidae)是脉翅目的一个灭绝科，生活于侏罗纪至白垩纪早期的欧亚大陆(Walther, 1904; Handlirsch, 1906, 1919; Martynova，1947; Panfilov, 1968, 1980; Ponomarenko, 1984, 1992; Whalley, 1988; Carpenter, 1992; Lambkin, 1994; Ren, Guo, 1996; Jarzembowski, 2001; Ren, Oswald, 2002; Ren, 2003; Zhang, 2003; Zhang, Zhang, 2003b; Engel, 2005; Yang et al., 2009, 2011; Liu et al., 2014b)。该科包括15属：*Kalligramma* Walther, 1904；*Meioneurites* Handlirsch, 1906；*Palparites* Handlirsch, 1906；*Kalligrammula* Handlirsch, 1919；*Lithogramma* Panfilov, 1968；*Kalligrammina* Panfilov, 1980；*Angarogramma* Ponomarenko, 1984；*Sophogramma* Ren et Guo, 1996；*Kallihemerobius* Ren et Oswald, 2002；*Limnogramma* Ren, 2003；*Oregramma* Ren, 2003；*Sinokalligramma* Zhang, 2003；*Protokalligramma* Yang et al., 2011；*Apochrysogramma* Yang et al., 2011；*Huiyingogramma* Liu et al., 2014。这些类群绝大多数发现于亚洲，其中8属在中国有记录，因此有古昆虫学者推断丽蛉科可能起源于亚洲(如Zhang, 2003; Yang et al., 2009)。

丽蛉科一直被认为是一个非常神秘的昆虫类群，具有很大的翅膀，一般长达数十毫米，发现于德国索伦霍芬侏罗纪晚期地层中的*Kalligramma haeckeli* Walther, 1904，前翅长达122 mm，是丽蛉科也是脉翅目中最大的类群(Zhang, Zhang, 2003b)。丽蛉的翅膀色彩鲜艳，横脉密集，而且很多种类的翅面上还具有一个醒目的“眼斑”(eye-spot)，被誉为“侏罗纪的蝴蝶”(Engel, 2005)。但是丽蛉可能与现生绝大部分脉翅目昆虫一样是捕食性昆虫，与植食性的蝴蝶食性不同(方诗玮等，2010)。在丽蛉科化石中，完整的标本(如Yang et al., 2009：图1)非常稀少，绝大多数属种都是根据单一的前翅或后翅建立的。“眼斑”通常近圆形，状如动物眼睛，常见于昆虫翅面(如鳞翅目翅面)和很多其他动物体表。脉翅目中，翅斑是非常普遍的现象，但丽蛉科是唯一具有大型显著眼斑的一个科，*Kalligramma*(图5-15)、*Meioneurites*、*Lithogramma*、*Kallihemerobius*、*Limnogramma*、*Oregramma*、*Sinokalligramma*、*Apochrysogramma*和*Huiyingogramma*(图5-16)等属都具有眼斑构造。

丽蛉科的眼斑曾被认为是对丽蛉天敌眼睛的模仿，用以欺骗可能的捕食者；或者是对捕食对象的寄主眼睛的模仿，迷惑猎物而使捕猎机会增加(方诗玮等，2010)。然而，丽蛉的前翅和后翅均有眼斑，也就是说一只丽蛉具有4个眼斑，这说明其模仿脊椎动物的眼睛可能性不大。丽蛉眼斑的作用可能有多种：如吓阻捕食者，种内个体之间联络，也可能与性选择相关(Liu et al., 2014b)。

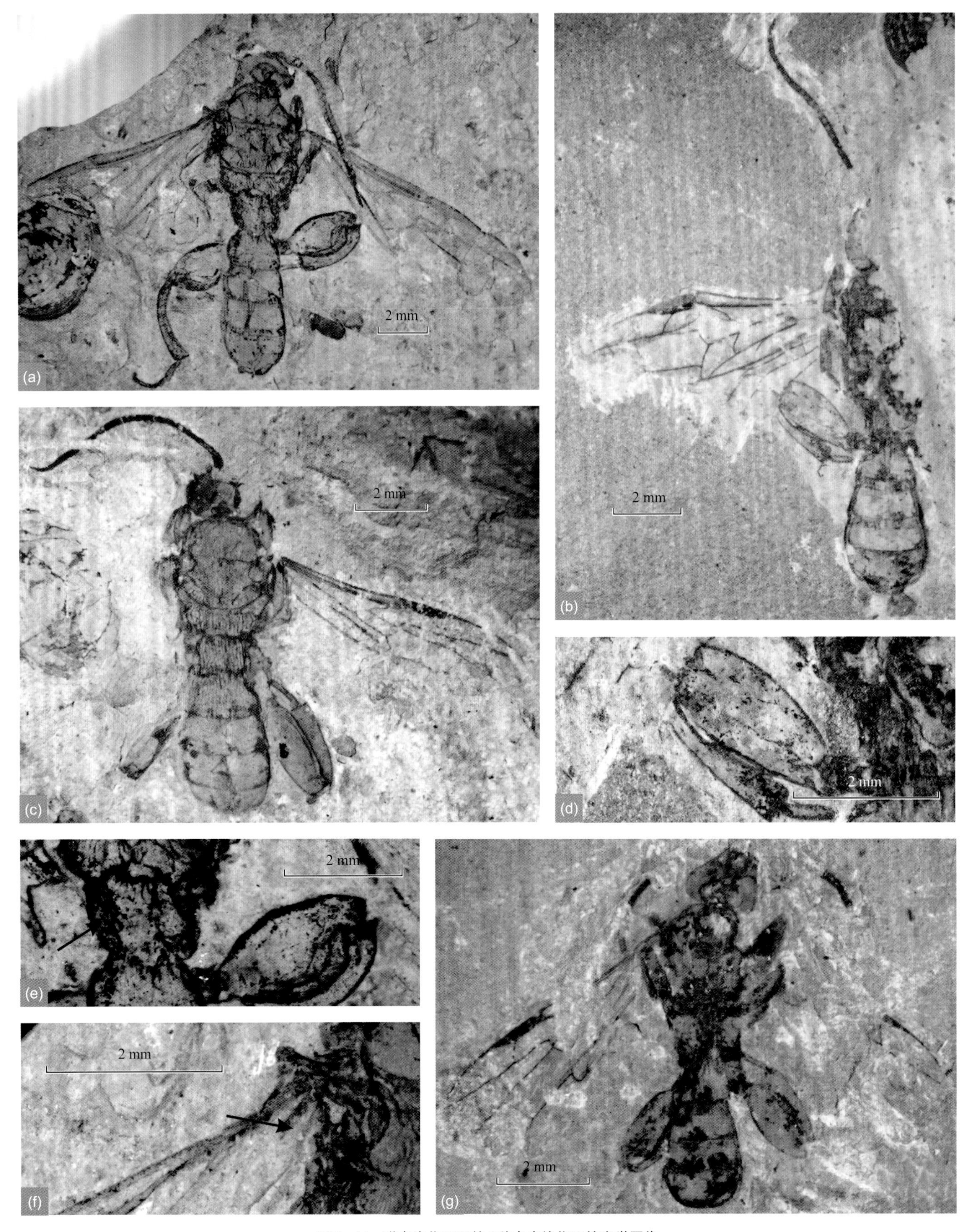

图5－11　道虎沟化石层的4种卡魔蜂化石的光学图像

a, e, f. 道虎沟卡魔蜂，正模NIGP161232，雄蜂，背视：a. 化石全貌；e. 第一腹节和后腿节，表面涂乙醇，箭头指示第一腹节气孔位置；f. 左前翅基部，箭头指示2A脉凹曲位置。b, d. 活跃卡魔蜂，正模 NIGP161233，雄蜂，腹视：b. 化石全貌；d. 右后足。c. 强壮卡魔蜂，正模NIGP161235，雄蜂，背视。g. 活跃卡魔蜂，NIGP161234，雄蜂，腹视。(Zhang et al., 2014)

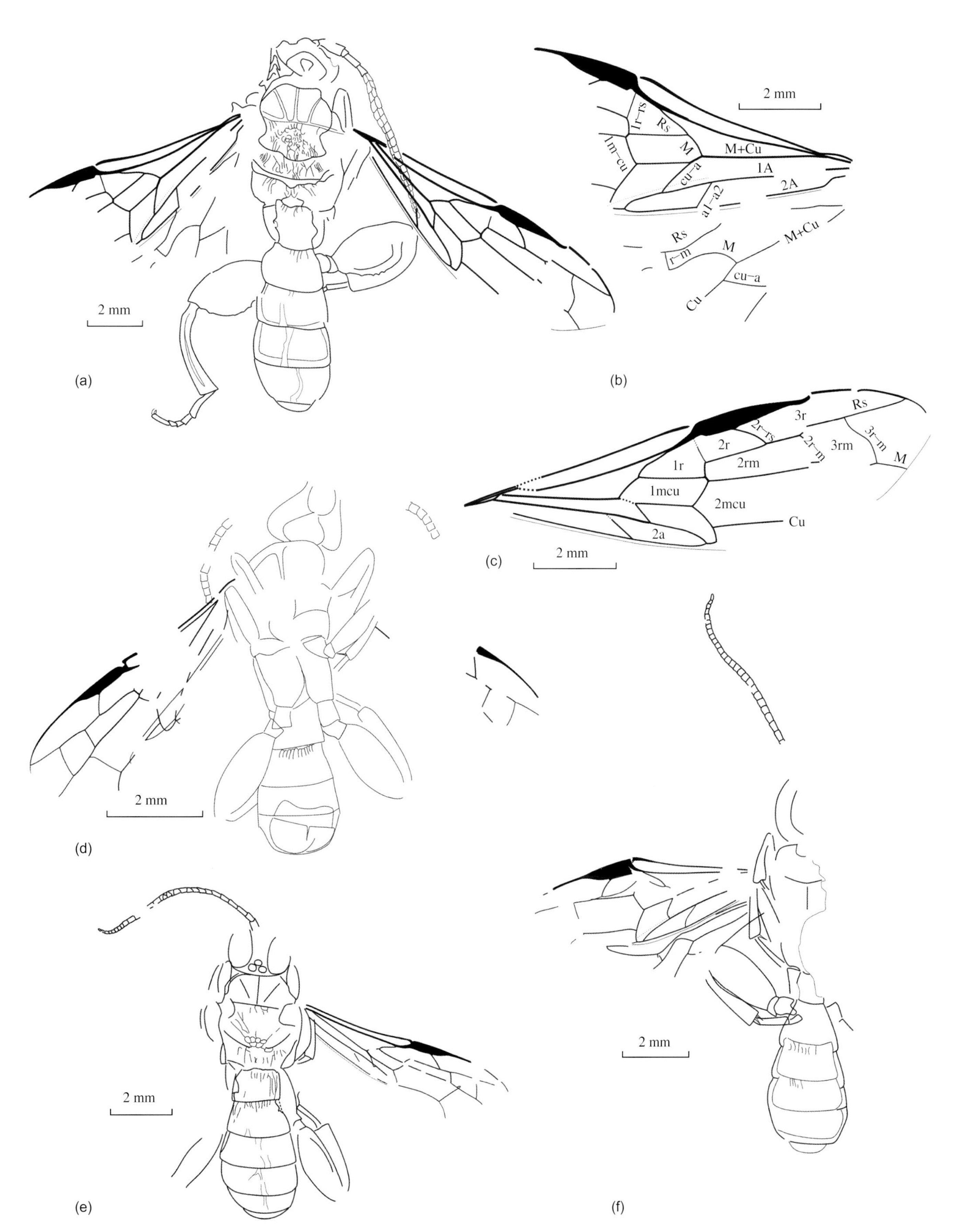

图5-12　道虎沟化石层的4种卡魔蜂的线条图

a~c. 道虎沟卡魔蜂，正模NIGP161232，雄蜂，背视：a. 化石全貌；b. 左前翅和左后翅；c. 右前翅。d. 活跃卡魔蜂，NIGP161234，雄蜂，腹视。e. 强壮卡魔蜂，正模NIGP161235，雄蜂，背视。f. 活跃卡魔蜂，正模NIGP161233，雄蜂，腹视。(Zhang et al., 2014)

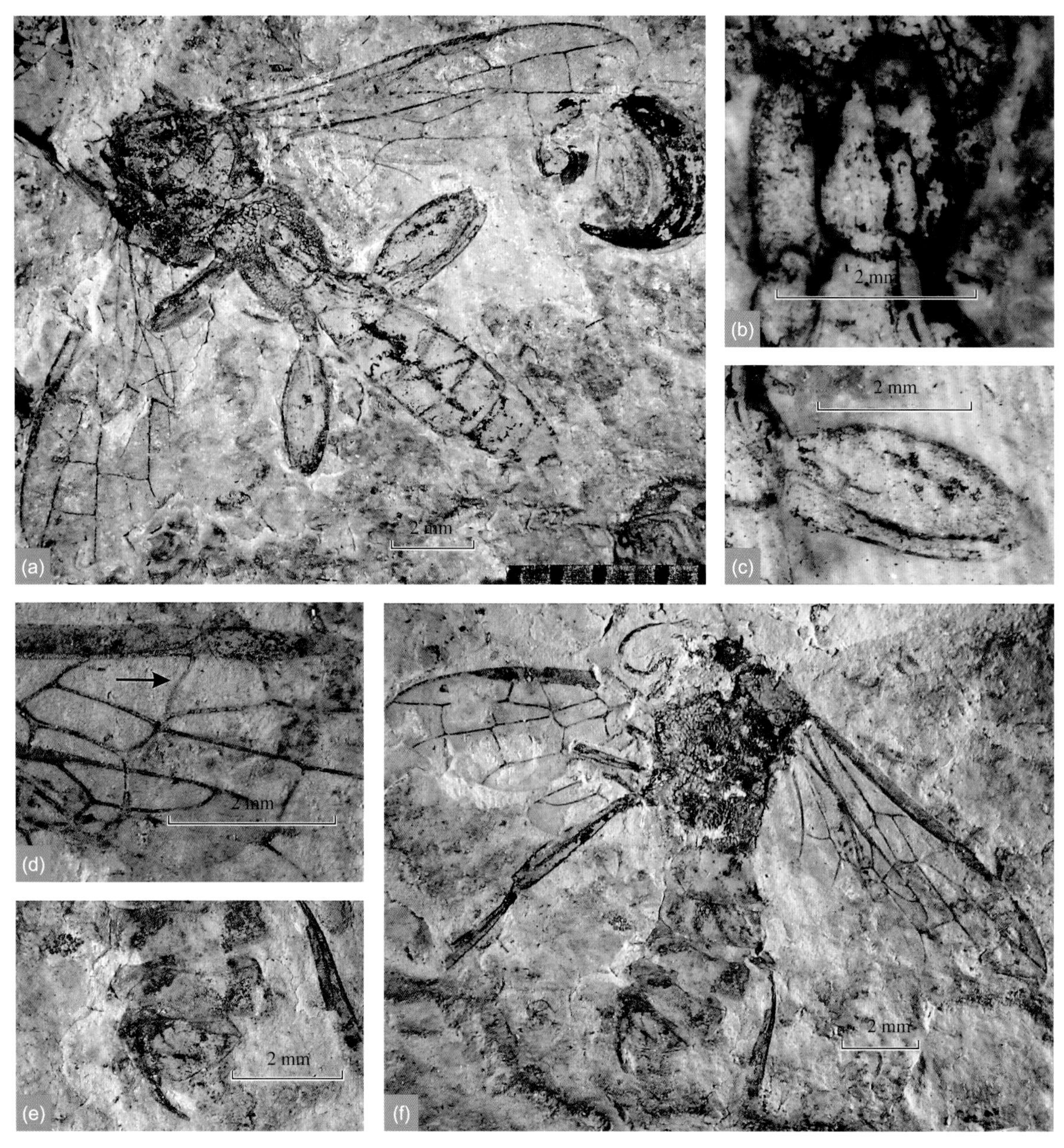

图5-13　道虎沟化石层的2种卡魔蜂化石的光学图像

a~c. 柔弱卡魔蜂，正模NIGP161236，雄蜂，背视：a. 化石全貌；b. 第一腹节和后腿节，表面涂乙醇；c. 右后足，表面涂乙醇。d~f. 东方卡魔蜂，正模NIGP161237，雌蜂，侧视：d. 右翅，箭头指示横脉1r-rs的位置；e. 腹部末节和产卵器；f. 化石全貌。(Zhang et al., 2014)

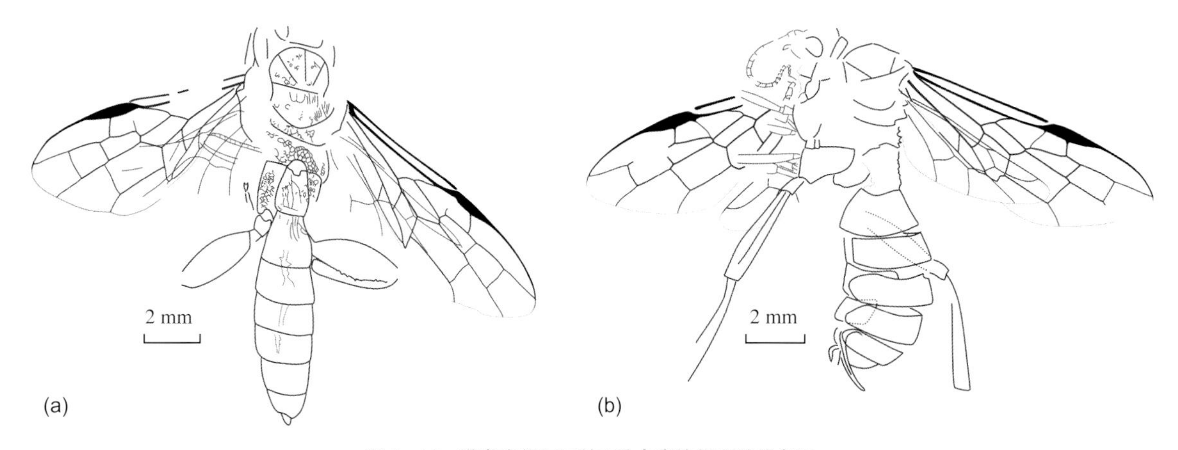

图5-14　道虎沟化石层的2种卡魔蜂化石的线条图

a. 柔弱卡魔蜂，正模NIGP161236，雄蜂，背视；b. 东方卡魔蜂，正模 NIGP161237，雌蜂，侧视。(Zhang et al., 2014)

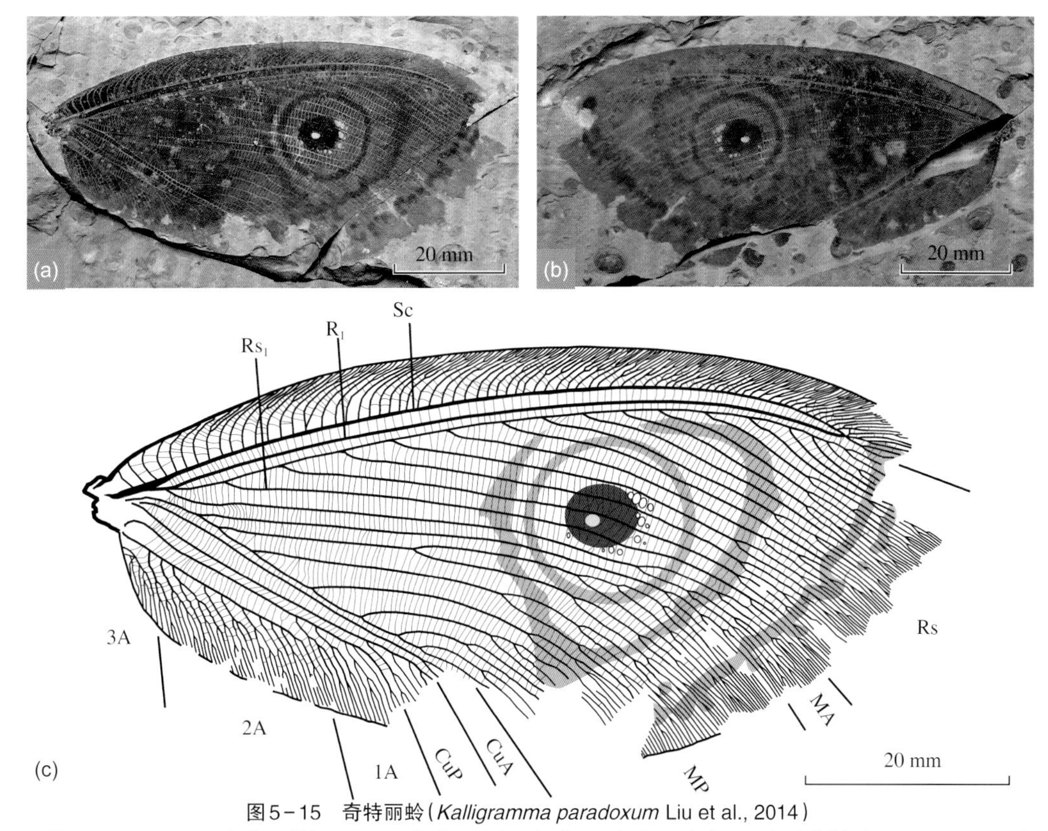

图5-15 奇特丽蛉（*Kalligramma paradoxum* Liu et al., 2014）
正模NIGP 156188，近完整左前翅。a. 正面标本；b. 负面标本；c. 复原图，根据正面标本绘制。（Liu et al., 2014b）

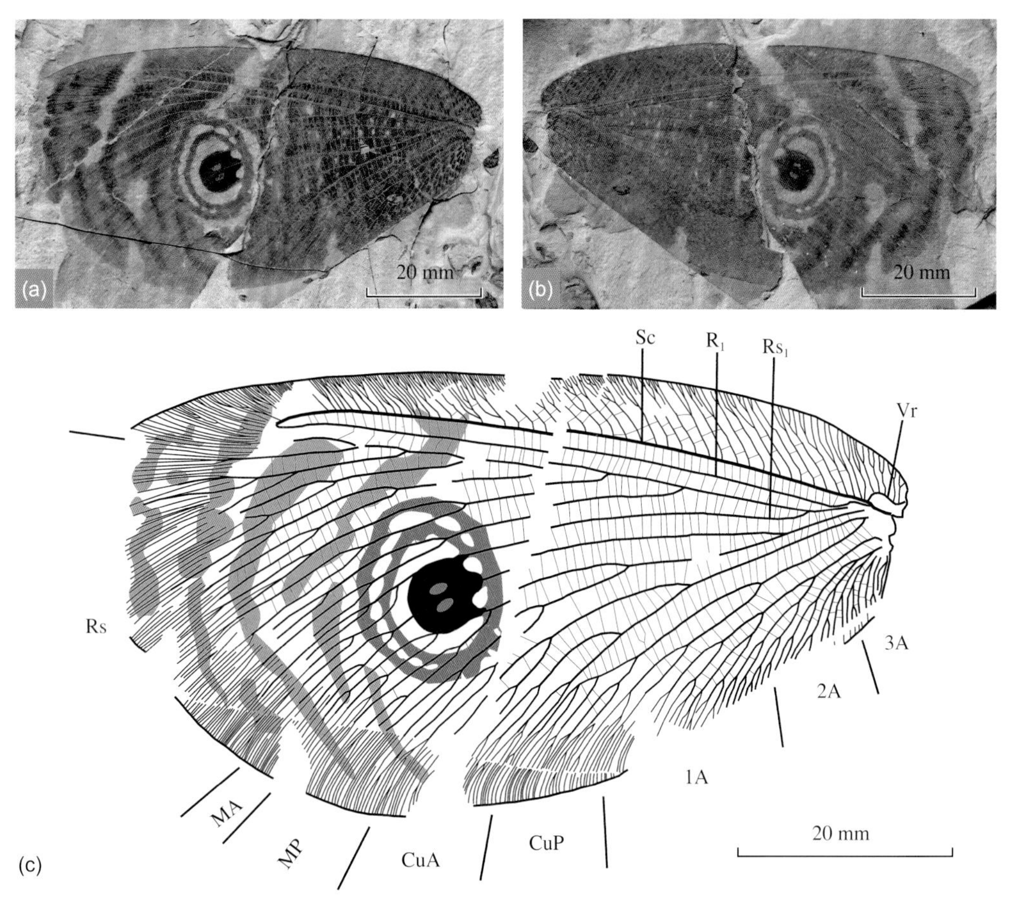

图5-16 美丽惠英丽蛉（*Huiyingogramma formosum* Liu et al., 2014）
正模NIGP 156189，近完整右前翅。a. 正面标本，光学图像；b. 负面标本，光学图像；c. 复原图，根据正面标本绘制。（Liu et al., 2014b）

6 中国昆虫埋藏学研究

生活在地球上的昆虫已有4亿年的历史，昆虫化石是我们了解昆虫演化历史的最直接的物证。中国化石资源得“地”独厚，昆虫化石极其丰富，部分化石的保存质量堪称极品。

生物体从死亡到变成化石的过程称为“化石化过程”。化石化过程的3个阶段依次为生物死亡(mortality)、生物层积学(biostratinomy)和成岩作用(diagenesis)，研究整个过程的学科也称为埋藏学(taphonomy)。因此，埋藏学是专门研究化石的埋藏条件及其产地的形成原因的一门科学。它主要研究生物体从死亡到形成化石的全部历史过程，利用化石的保存情况、个体大小、分选程度及其在岩层内的位置、围岩的沉积特征等方面来判断埋藏条件，分析古生物群落的原始生活环境，恢复古环境。埋藏学建立在沉积学、地层学和生态学的基础上，也是古生态学研究的基础。只有仔细分析化石的埋藏条件，才有可能了解生物的生活方式、死亡原因以及这些生物在生活期间彼此的关系。早期的埋藏学被认为是古生态学的一个组成部分，但是当今的埋藏学成为古生物学中的一个分支学科，并渗透到考古学领域。

多数生物死亡之后不能保存为化石。许多生物群落中的那些只有软体的生物，死亡以后常常迅速腐烂，只有一些特殊环境(如迅速埋藏、密闭缺氧等)才能使其保存下来。具有硬体的生物也未必完全都能成为化石，其中可能遭遇食腐动物的破坏、细菌的分解以及外界物理化学作用的破坏。硬体骨骼在埋藏以前，水流和波浪可以侵蚀和分解它们，化学的溶解作用可能使许多遗体消失。如果尸积群不经过搬运或搬运的距离不远，形成原地埋藏或准原地埋藏。如果搬运较远，沉积在并非它们的生活区则形成异地埋藏。陆生脊椎动物或陆生植物大部分是同期异地埋藏，只有在湖泊或沼泽中生活的淡水植物、藻类或一些无脊椎动物容易形成原地埋藏。对于陆相生物来说，其搬运动力主要是河流、空气和食肉动物。仔细研究个体化石和化石组合的埋藏特征，可以推断古环境的水流等搬运状况。

目前的化石埋藏学研究方法，可分为两大部分。第一部分主要是研究现代生活群→死亡群→埋藏群的正向系列变化。因为这些过程既可实地观察，又可室内实验，故称其为实验埋藏学。实验埋藏学一般注重过程的研究，包括室内模拟实验和野外实地实验两个方面。第二部分是对化石群的埋藏学研究，这类研究以地层中的化石群为对象，反向推断其埋藏群→死亡群→生物群的情况，进而解决古生态、古环境等方面的一些问题，故称其为应用埋藏学。应用埋藏学以实验埋藏学的理论为依据，注重化石保存状况的研究。主要是指对地层中动物化石的形状变化、破损状况、矿物成分变化及在地层中的产状等特征的描述记录，然后通过现代实验埋藏学的知识来推测其形成过程。

6.1 昆虫埋藏学研究历史

化石的特异保存机制是古生物学研究的一个基本问题。昆虫化石是特异埋藏条件下的动物非矿化组织经过不同的化石化作用所形成，其埋藏过程受到外因(环境因素)和内因(生物因素)的制约。不同的死亡事件、水动力环境、沉积介质等都影响到昆虫埋藏过程，进而产生一定的埋藏学偏差。而不同的昆虫类群由于生态习性、身体形态等生物特征差异，在相同的环境条件下，也可能会呈现强烈的埋藏学偏差。因此，昆虫化石埋藏学研究是准确进行昆虫古多样性评估和群落古生态恢复的前提。昆虫身体各部分会在埋藏的不同阶段发生腐烂、分解和变形，导致一些重要特征的丢失或者扭曲。因此，昆虫化石埋藏学研究也为古昆虫特征的正确识别提供了基础。另外，昆虫化石的埋藏学特征也为我们恢复古环境提供了宝贵的证据。

昆虫化石的研究尽管已经超过了200年，但其埋藏学研究却只有50年的历史，主要侧重于环境因素对昆虫埋藏过程的影响，并利用昆虫埋藏学特征推断沉积环境。

例如，Duncan和Briggs（1996）首次发现三维磷酸盐化保存的昆虫化石；Rust（1998）分析了始新世早期北海沉积层中昆虫化石的生物层积学特征，检验了一些环境因素对不同昆虫化石埋藏过程的影响，成为一个经典研究案例。另外，Martínez-Delclòs等（2004）系统总结了琥珀和碳酸盐岩中昆虫化石的埋藏学研究概况。先前的昆虫埋藏学研究偏重于海相沉积（包括泻湖相）和琥珀化石。而地质历史中，湖相沉积中的昆虫化石在数量上占据主体，许多化石的保存质量也相对较高（王博等，2009）。因此，湖相昆虫化石的特异保存逐渐成为昆虫埋藏学的研究热点。1948年，中国著名地质学家尹赞勋先生发表了《火山喷发、白垩纪鱼及昆虫之大量死亡与玉门石油之生成》一文，讨论了中国酒泉盆地早白垩世古生物的死亡、埋藏、化石化作用和成矿作用。该论文不仅是中国埋藏学研究一篇先驱性著作，也是中国昆虫埋藏学的开山之作。

目前，昆虫埋藏学的研究成果主要集中于欧美地区。而中亚和东亚地区的中生代昆虫化石不但保存精美，而且数量极其丰富，但其昆虫埋藏学的研究却一直没有系统开展。中国中生代昆虫化石资源得天独厚，特别是侏罗纪和早白垩世昆虫化石广布于北方地区，其保存质量和数量远超世界其他地区。其中比较著名的有"狭义"热河昆虫群、山东莱阳昆虫群、甘肃酒泉昆虫群、吉林大拉子昆虫群和道虎沟昆虫群。这些昆虫化石为我们开展埋藏学研究提供了丰富的材料。中生代发生了许多重要的全球性和区域性的地质事件，例如：剧烈的构造运动、频繁的火山喷发、古地理的变迁、温室气候等，这些事件是否以及如何影响了化石的保存？中国昆虫化石埋藏学研究为解决这一问题打开了一个窗口，也将为中生代陆相地层对比和古生态系统重建研究提供重要证据。

6.2 道虎沟昆虫化石元素成分初步分析

昆虫化石的研究尽管已经超过了200年，但其保存机理却一直困扰着古昆虫学家（Zhehikhin, 2002; Grimaldi, Engel, 2005）。近10年来，对昆虫的埋藏学研究取得了一些重要进展（Henwood, 1992; Duncan, Briggs, 1996; Stamkiewicz et al., 1997a, 1998; McCobb et al., 1998; Briggs, 1999; Duncan et al., 2003; Martinez-Delclòs et al., 2004; Smith et al., 2006; Smith, Moe-Hoffman, 2007; Gupta et al., 2007），但研究主要集中于化石化之前的物理保存过程（Duncan et al., 2003; Martinez-Delclòs et al., 2004; Smith et al., 2006; Smith, Moe-Hoffman, 2007），关于昆虫化石化学成分的分析研究也主要集中于琥珀（Henwood, 1992; Stamkiewicz et al., 1998）和一些新生代的标本（Duncan, Briggs, 1996; Stamkiewicz et al., 1997a; McCobb et al., 1998; Briggs, 1999; Gupta et al., 2007），而对于中生代昆虫压型化石的化学性质及化石化过程的细致研究则较少（Martinez-Delclòs et al., 2004）。目前，国内外学者对早期节肢动物埋藏学研究已取得一系列进展（张兴亮，舒德干，2001; Zhu et al., 2005；蔡耀平，华洪，2006；韩健等，2006），其相对成熟的研究方法和技术为中生代陆生节肢动物（主要是昆虫）的埋藏学研究提供了参考。尽管中国中生代昆虫化石异常丰富，其保存的质量和数量远远超过其他地区，但对其埋藏学研究刚刚起步（王博等，2009; Wang et al., 2009a, 2012c, 2013b）。道虎沟地区出产了大量保存精美的动植物化石（Huang et al., 2006; Ji et al., 2006; Meng et al., 2006; Zhou et al., 2007），其中丰富的昆虫化石为研究中生代昆虫演化提供了大量珍贵材料。这些昆虫化石成因与辽西的热河生物群类似，都与火山作用密切相关。因此，道虎沟昆虫化石具有很强的代表性，是研究东北地区中生代昆虫化石埋藏学的一个重要窗口。

6.2.1 材料和分析方法

双翅目、半翅目、直翅目和鞘翅目是昆虫化石库中常见的4个类群。我们从内蒙古道虎沟地区选取了各类群的代表分子，同时这些标本也反映了道虎沟生物群昆虫化石的3种保存方式。标本NIGP149368 为一半翅目原沫蝉的压型化石，身体为褐色，腹部分节明显（图6–1a）。标本NIGP149369为一直翅目鸣螽的压型化石，身体强烈变形，化石为灰褐色（图6–1b）；依据我们的收集，道虎沟昆虫群绝大部分压型化石（超过99%）是以此种方式保存的。标本NIGP149370为一双翅目身体的压型化石，其翅已丢失，身体为褐色，腹部分节明显（图6–1f）；少部分双翅目、膜翅目和脉翅目压型化石（不足1%）是以此种方式保存。该类型化石与第一种方式保存的化石在光学显微镜下不易分辨，仅是颜色略偏黄，只有元素分析表明两者有较大差别（见下文）。标本NIGP149371 为一矿化的甲虫，略呈立体保存，附肢缺失，鞘翅略破碎，表面呈黄褐色，部分翅面瘤点清晰（图6–2a）。标本NIGP149371的保存方式在道虎沟昆虫群中较为罕见，主要见于极少量的鞘翅目标本。被检验的化石均保存在胶结紧密的灰白、灰黄色薄层凝灰质粉砂岩中，化石表面多分布有深色叶肢介化石。所有标本保存于中国科学院南京地质古生

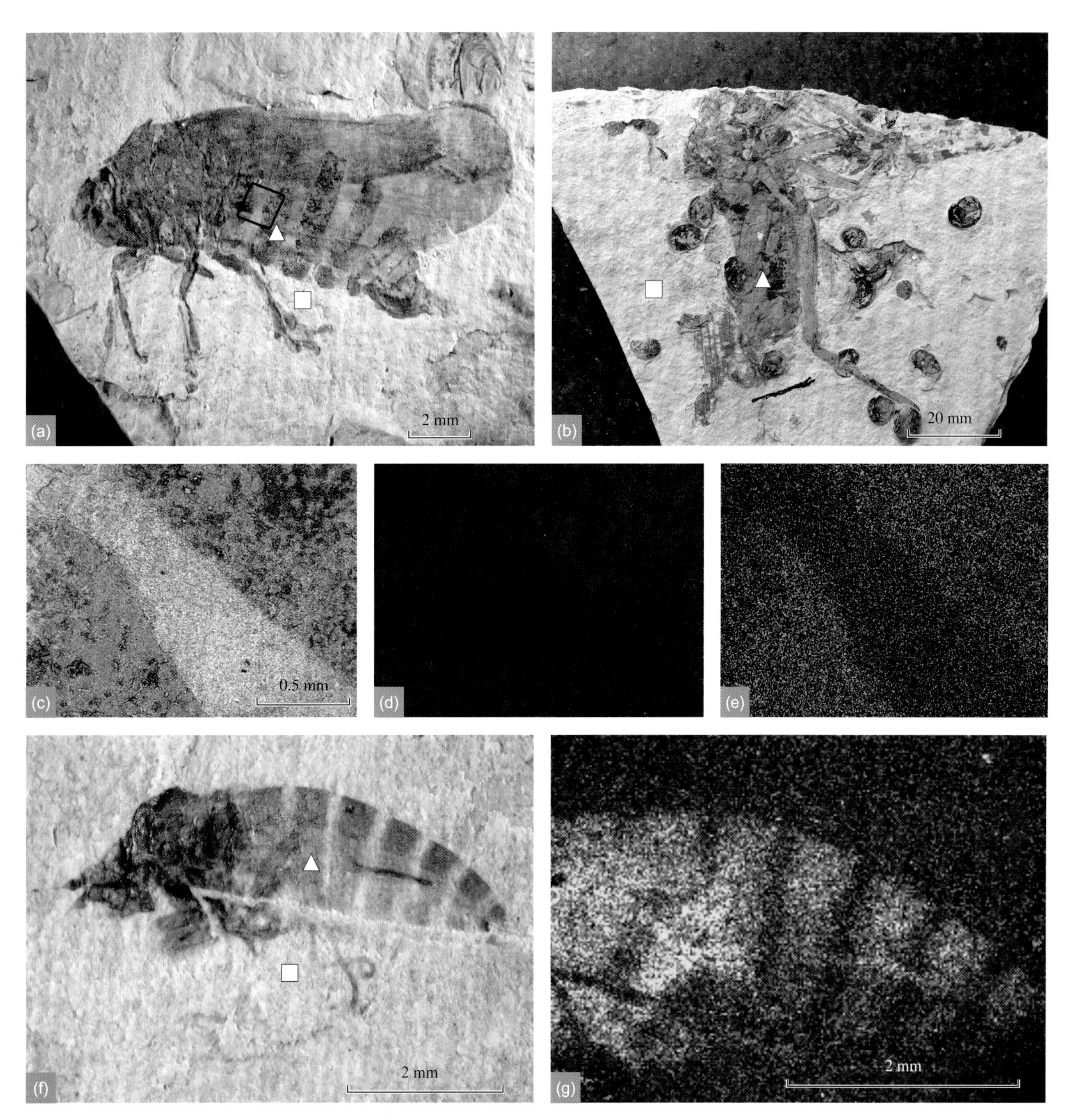

图6-1 内蒙古道虎沟化石层的一些昆虫化石及其能谱成分分析结果

a. 半翅目沫蝉化石的光学图像，NIGP149368；b. 直翅目鸣螽化石的光学图像，NIGP149369；c～e. 依次为标本NIGP149368部分身体（图a黑框区域）的BSE图像，C和Ca元素面分布图；f. 双翅目化石的光学图像，NIGP149370；g. 标本NIGP149370部分身体的Fe元素面分布图。图中三角为化石能谱成分分析微区位置，方框为围岩能谱成分分析微区位置。（王博等，2009）

物研究所。标本的扫描电子显微镜观察及X射线能谱分析均于中国科学院广州地球化学研究所边缘海地质重点实验室完成。所测样品被切割成合适大小，并将其下表面打磨平整（样品用于观察的上表面不进行打磨，避免破坏标本形貌），然后用蒸馏水清洗样品以消除粉尘对其表面造成的污染，置于干燥器中晾干。待样品完全干燥后，将样品放入Quanta 400扫描电子显微镜（工作电压为20 kV；为保证样品不受污染以及后期测试分析的需要，未对样品进行镀膜），在电镜允许的低真空模式（样品室压力为100 Pa）下进行观察和测试，并选择合适的区域进行能谱的面扫描和点成分分析。能谱为EDAX公司生产的Genesis 2000，其探测器型号为SUTW-Sapphire，能谱探头每次分析的接受时间为90～120 s，以保证其具有较高的定量精度。

6.2.2 结果

标本NIGP149368和NIGP149369中C和Ca的元素含量明显高于围岩，其他元素含量比围岩低或无明显差异(表6-1)。标本NIGP149368部分身体的BSE(背散射电子)图像表明化石中C的元素含量也不均匀，BSE图像中颜色越暗的区域表明C元素含量越高(图6-1c)。C和Ca的元素分布图与标本的腹部轮廓吻合较好，而且C元素分布图中的斑状明亮区域也恰好与BSE图像中暗色区域相吻合(图6-1c～e)。标本NIGP149370中C和Fe的元素含量都较高，约为围岩的2倍，而其他元素含量都低于围岩(表6-1)。另外，标本NIGP149370中Fe的元素分布图与标本的轮廓很好地吻合(图6-1g)。标本NIGP149371主要由黄铁矿构成，化石中的Fe和S元素含量大大超过围岩。该标本中部分黄铁矿被氧化，使化石略带红褐色。通过扫描电子显微镜观察发现黄铁矿主要富集在鞘翅化石表面，远离鞘翅化石的围岩上黄铁矿很少，鞘翅化石表面存在的黄铁矿主要由不同形状的集合体构成，构成集合体的微晶粒的粒径为0.5～1.0 μm(图6-2)。

昆虫表皮多由几丁质构成，其化学性质相对稳定，在缺氧环境下可以长时间保存(Zhehikhin, 2002)。因此，昆虫中表皮较厚且骨化程度高的部分更容易保存为化石。所以，蜚蠊目覆翅和鞘翅目鞘翅化石可以广泛

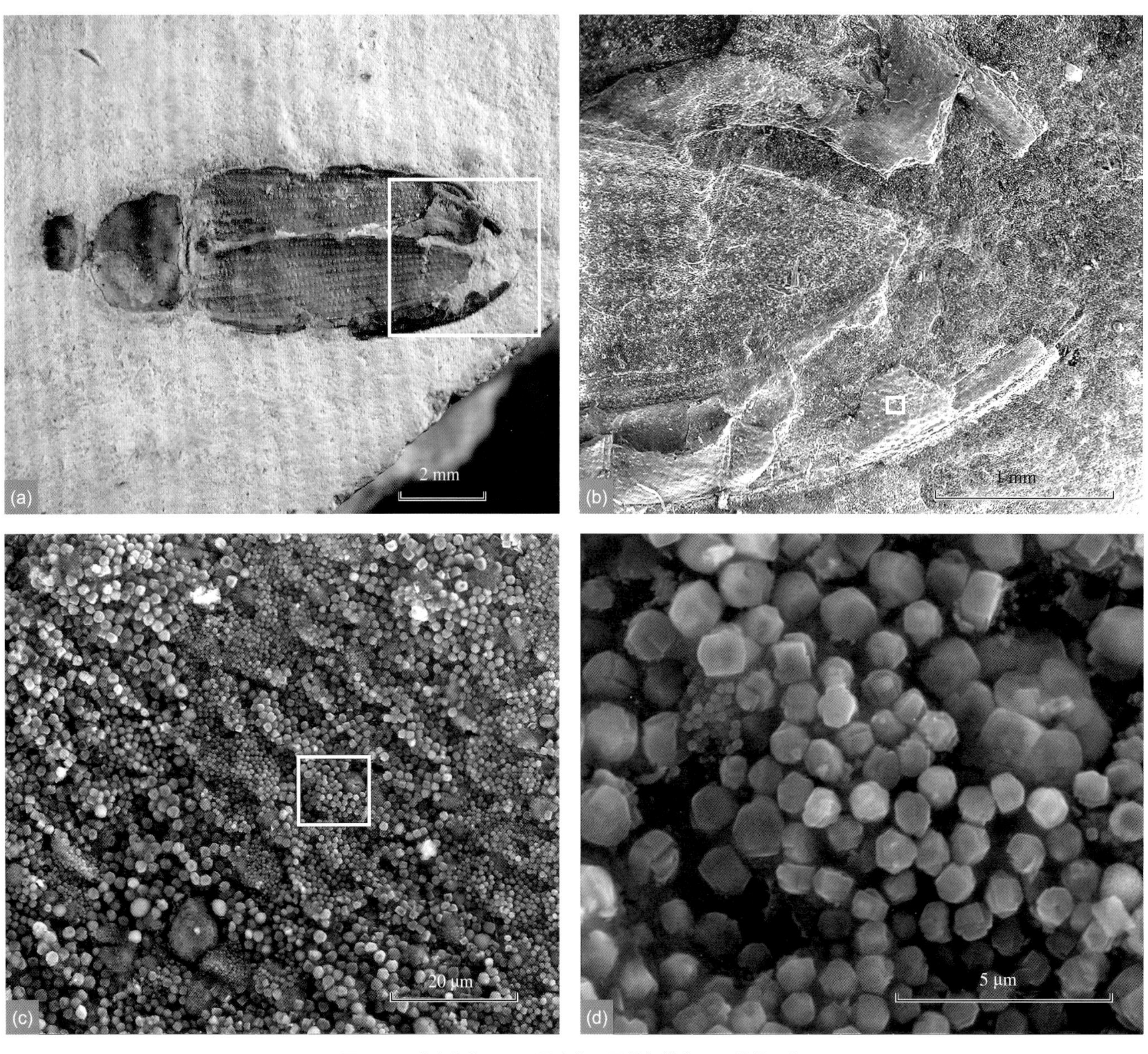

图6-2 道虎沟化石层一甲虫化石及其扫描电子显微镜图像

a. 甲虫化石，NIGP149371，内蒙古道虎沟中侏罗统，光学图像；b~d. 分别为a~c中白框指示部分的扫描电子显微镜图像。(王博等，2009)

表 6-1 图 6-1 所示 6 个点的元素含量（王博等，2009）

标　本	百分比	C	O	Mg	Al	Si	K	Ca	Fe
NIGP149368 (化石)	*Wt*	28.75	35.08	0.27	4.26	23.30	4.60	3.48	~
	At	41.28	37.82	0.19	2.72	14.31	2.03	1.50	~
NIGP149368 (围岩)	*Wt*	~	43.38	0.42	8.59	37.77	9.83	~	~
	At	~	58.38	0.40	6.86	28.95	5.41	~	~
NIGP149369 (化石)	*Wt*	46.58	25.54	0.15	3.46	13.75	5.94	3.02	0.75
	At	60.94	25.08	0.10	2.01	7.69	2.39	1.18	0.21
NIGP149369 (围岩)	*Wt*	6.51	46.24	0.29	6.33	34.07	4.59	~	1.50
	At	10.72	57.15	0.24	4.64	23.99	2.32	~	0.53
NIGP149370 (化石)	*Wt*	14.64	44.29	0.73	6.36	25.33	3.42	0.89	4.34
	At	22.82	51.82	0.56	4.41	16.88	1.64	0.41	1.46
NIGP149370 (围岩)	*Wt*	7.66	42.40	1.00	8.36	31.70	4.94	1.11	2.84
	At	12.83	53.30	0.83	6.23	22.70	2.54	0.56	1.02

注：“~”为未检出；*Wt*为原子质量百分比；*At*为原子数百分比。

分布于全球。但是化石几丁质都发现于新生代的昆虫化石中，目前最古老的昆虫几丁质来自德国渐新世的象甲（Stamkiewicz et al., 1997a）。比其更古老的昆虫化石的几丁质成分已明显发生了改变（Stamkiewicz et al., 1997b）。在成岩过程中，生物聚合物（例如几丁质和纤维素）的降解产物可以通过随机的聚合和缩聚作用形成更稳定的有机化合物（Briggs, 1999）。另外，实验证明原位聚合作用（*in situ* polymerisation）也可以将昆虫遗体中不稳定的脂类聚合成较稳定的脂肪族化合物而保存下来（Stamkiewicz et al., 1997b; Gupta et al., 2006; Gupta, 2007）。许多古生代、中生代节肢动物（包括昆虫）压型化石都是由有机降解产物构成的（Stamkiewicz et al., 1997b）。标本NIGP149370、NIGP149368和NIGP149369中化石表面C含量远远超过围岩的C元素含量，表明化石的主要成分应是虫体原始成分的有机降解产物，或称之为生物聚合物（biopolymer）。目前，已有多种降解产物在昆虫化石中被发现，而不同产地的昆虫化石的降解产物也有差异（Briggs, 1999; Gupta et al., 2007）。所以，经过特殊的成岩作用，道虎沟的昆虫化石已经缺失了原有的有机成分，但其具体成分则需进一步的有机化学分析。

昆虫在不同的微环境下可能会有不同的化石化过程。因此，对于同一岩层中不同昆虫化石以及不同岩层的昆虫化石，其经历的化石化过程可能不同（Zhehikhin, 2002）。黏土矿物在世界许多重要化石库的形成中起了至关重要的作用（Briggs, 2003a; Martínez-Delclòs et al., 2004）。但标本NIGP149368 和NIGP149369中只有C和Ca的元素含量明显高于围岩，而其他元素含量比围岩低或无明显差异，表明黏土矿物在此类化石形成中可能没有起到重要作用。标本中含量较高的Ca元素可能来自化石化过程中富集的碳酸钙。碳酸钙也广泛分布于其他陆相昆虫化石中，其不能保存软体组织的结构，但是可以填充腐败过程产生的空腔，加快成岩速度，进而促进化石的形成（Martínez-Delclòs et al., 2004）。标本NIGP149370化石成分与其他2块化石的明显差异在于其富集的Fe元素较多，而且Fe的含量明显高于围岩。Petrovich（2001）在研究布尔吉斯页岩生物群的成因时认为生物聚合物能够吸收Fe^{3+}还原菌释放的Fe^{2+}，而被吸收的Fe^{2+}可以阻止生物聚合物被细菌进一步降解。因此标本NIGP149370昆虫躯体上富集的Fe元素很可能是在降解初期由生物聚合物吸收的。

6.2.3　成岩机制

黄铁矿化是化石化的主要途径之一，常见于动物软体组织和植物化石（张兴亮，舒德干，2001; Briggs, 2003a）。一些新生代黄铁矿化的甲虫化石也有报道（Grimaldi, Engel, 2005）。但昆虫化石中黄铁矿的赋存形式以及古环境意义则较少涉及。冷琴和杨洪（2003）发现热河生物群中的植物和脊椎动物羽毛化石上存在原位黄铁矿莓状体，分析表明这些化石在初期快速降解所形

成的“化石封套”可能为黄铁矿莓状体的形成提供了必要条件。标本NIGP149371中黄铁矿化甲虫化石的发现，表明上述埋藏过程及微环境也可能存在于道虎沟生物群中部分昆虫化石化过程中。一般而言，黄铁矿化过程是在生物遗体已经发生腐烂的情况下形成的，能对生物构造起到破坏作用，而矿化之前的快速降解过程也会导致一些微观形态的丢失(Zhu et al., 2005；蔡耀平，华洪，2006)，所以此类昆虫化石的轮廓能被较好地保存下来，但许多微细结构却未能保存，黄铁矿的保存形式及集合体形态特征可以很好地反映相关的沉积环境(冷琴，杨洪，2003; Martínez-Delclòs et al., 2004；蔡耀平，华洪，2006)。但是，道虎沟生物群中黄铁矿化的昆虫化石非常少，所以黄铁矿的古环境意义研究还需要进一步的化石采集和分析。

道虎沟昆虫化石主要保存在灰色板状凝灰质泥岩和浅灰色凝灰岩中，以碳化有机质薄膜形式为最常见保存类型，其形成可能与黏土矿物吸附有机质、阻止酶的降解作用有关。因此，围岩中黏土矿物的组成可能影响了昆虫化石的保存。

综上所述，内蒙古中侏罗世道虎沟生物群中存在多种昆虫化石保存形式，反映了不同的化石化过程，进而表明当时的湖泊体系中存在着不同的微环境。但是，不同的保存形式与微环境如何对应则需要进一步的分析。另外，各种微环境如何影响了化石的形成也需要更细致的研究(王博等,2009)。

6.3 道虎沟昆虫化石层积学：以古蝉和螽蝉为例

在过去的40年里，昆虫埋藏学研究取得了重大的进展，尤其是在开始石化之前的埋藏过程(通常被称为生物层积学)研究方面。对一些主要的湖相化石库(压型化石)中昆虫埋藏过程已经有比较详细的研究(如：Martínez-Delclòs et al., 2004; Archibald, Makarkin, 2006; Mancuso et al., 2007; Smith, Moe-Hoffman, 2007; Ilger, 2011)。各种外在因素会影响昆虫化石的保存质量和表现，例如水深、密度、盐度、风暴、气候和沉积类型(Larsson, 1975; Wilson, 1980, 1988; Lutz, 1997; McCobb et al., 1998; Smith, 1999, 2012; Tischlinger, 2001; Peñalver, 2002; Martínez-Delclòs et al., 2004; Mancuso et al., 2007; Karr, Clapham, 2011; McNamara et al., 2012a; Henning et al., 2012; Wang et al., 2012c)。此外，内在(生物)因素对昆虫的保存也有巨大影响，例如昆虫的大小、身体形状、坚固程度、翅的结构和翅面积/体重比(Martínez-Delclòs, Martinell, 1993; Rust, 1998; Smith, 2000; Archibald, Makarkin, 2006; Smith et al., 2006; Ilger, 2011)。迄今为止，以往埋藏学研究主要集中于亚目或更高分类阶元中的单个类群，如蜚蠊(Lutz, 1984; Duncan et al., 2003)，蜻类(张俊峰，1991c; Rust, 1998)，脉翅目(Archibald, Makarkin, 2006)，毛蚊科(Wedmann, 1998)，双翅类(Peñalver, 2002; Smith, Moe-Hoffman, 2007)，蜂类，石蚕和蝴蝶(Rust, 1998)及甲虫(Smith, 2000; Smith et al., 2006; Meller et al., 2011)。部分研究，包括实验埋藏学和化石埋藏学，发现内在因素可能造成了不同昆虫类群具有不同的埋藏模式(Martínez-Delclòs, Martinell, 1993; Rust, 1998; Ilger, 2011)。但几乎没有研究涉及对2个科级或更低级别分类单元的埋藏模式进行定量对比。埋藏的变异造成不同分类阶元昆虫的保存产生偏差，进而影响古生态和古多样性的重建。因此，探索埋藏变异和了解产生变异的控制(内在)因素需要更细致的研究。本节基于项目组在过去10年中对昆虫化石的无偏差采集，定量分析半翅目古蝉科和螽蝉科的大小与埋藏特征，包括虫体定向、关联度和保存质量。另外，为了解鸣蝉(蝉亚目蝉总科)的漂浮和腐烂过程，还进行了初步的埋藏学实验。本节目的在于记录古蝉科和螽蝉科的埋藏(生物层积学)变异，探讨2个科的埋藏过程，并解释内在因素如何影响和控制埋藏模式。

古蝉科(Palaeontinidae；半翅目蝉亚目古蝉总科)是蝉亚目的基部类群(图6-3)，这类灭绝的大型昆虫有时在翅面上具有奇特的暗色条带，适应森林环境(Shcherbakov, Popov, 2002)。古蝉科由于头部小、翅的形状和翅脉不同而明显区别于侏罗纪的螽蝉科。螽蝉科(Tettigarctidae；半翅目蝉亚目蝉总科)在侏罗纪是优势类群，但是在晚白垩世急剧衰落，现今依然存在但已是孑遗类群(Shcherbakov, Popov, 2002)。螽蝉具有体型大、额唇基膨大和口器长等特点，表明它们主要栖息在树上并取食木质部汁液(Wang, Zhang, 2009a)。上述2类蝉的若虫都生活在地上，不具有飞行能力。

道虎沟化石层中含有大量的古蝉科和螽蝉科化石，它们都是大型树栖蝉类，身体和翅形相似。它们的分类学、形态学、生态学和演化都得到了比较详细的研究(Shcherbakov, Popov, 2002; Wang et al., 2009d)。另外，由于比较大的体型和多彩的翅而易于识别，而且风化作用对它们的破坏也很小。因此，道虎沟的这2个类群都很适合进行埋藏学对比研究。

蝉亚目是道虎沟化石层最常见类群之一，特别是古蝉

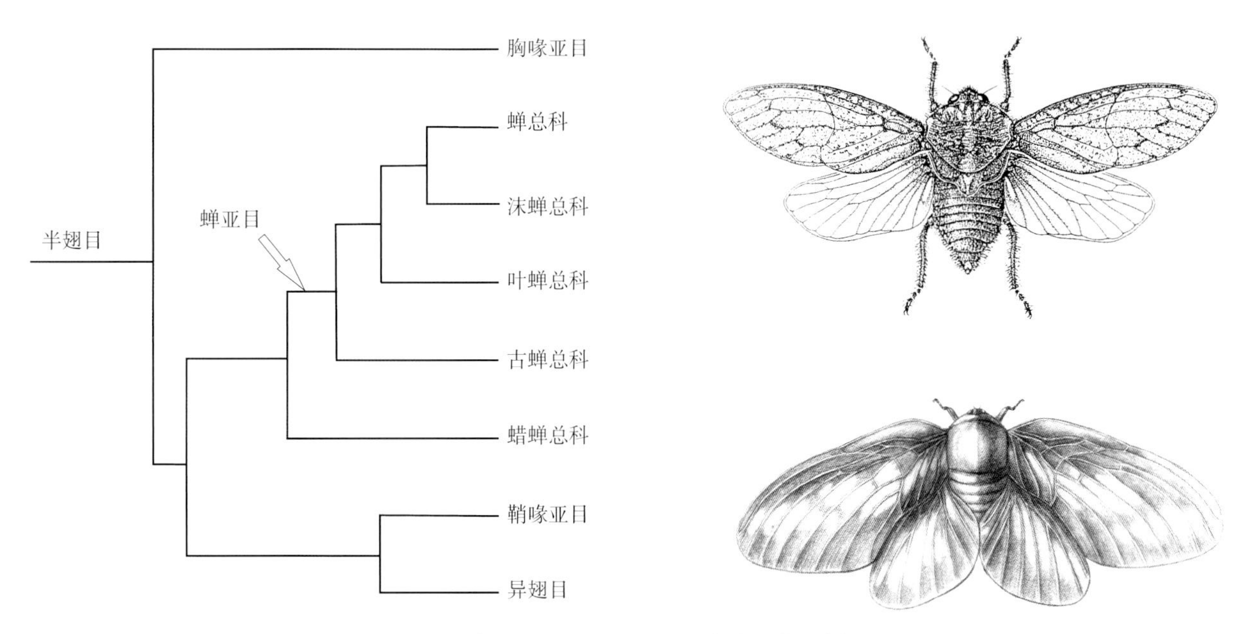

图6-3 中生代螽蝉科(蝉总科)和古蝉科(古蝉总科)系统发育位置

右上图片是现生螽蝉科的*Tettigarcta crinita*[见Moulds和Carver(1991)的介绍],右下图片是根据道虎沟的标本而绘制的古蝉科的复原图。[根据Shcherbakov et Popov(2002),Wang et al.(2009d)和Cryan et Urban(2012)]

科和螽蝉科的多样性比其他化石群要高得多。南京地质古生物研究所已收集的2 420块蝉总科标本中,各科的相对丰度依次如下:原沫蝉(67%)>古蝉(15%)>螽蝉(9%)>华翅蝉(5%)>杆叶蝉(4%)。古蝉有大约50个形态类型,归入10属,是在道虎沟化石层中所有蝉亚目多样性最高的一个科。而螽蝉只有大约6种形态类型,归入2属,其多样性可能是最低的(Wang, Zhang, 2009a; Li et al., 2012)。

广义上的道虎沟化石指采自宁城盆地中侏罗统道虎沟化石层的化石标本,它们通常来自不同地点,在层位上稍有不同,并且很可能经历了不同的埋藏和成岩过程。例如,采自铜匠沟和姜杖子的化石通常表现出一定的变形,并且丰度和多样性都比采自道虎沟的低很多。而且,这些含化石的湖泊沉积在宁城盆地的不同位置,其沉积历史可能也不尽相同(Liu et al., 2006)。本文的道虎沟化石特指采自五化镇道虎沟村的化石(N41°18′38″,E119°13′20″)。

古蝉科277块标本和螽蝉科113块标本采自道虎沟,并应用于本研究。从2001年到2010年,本课题组雇佣当地的农民挖掘化石,并且所有化石均采自三大主要含化石层,它们在岩性上一致(图6-4)。它们最主要的沉积特性通常是灰色凝灰质泥岩覆盖有大量的叶肢介(沈炎彬等,2003)。农民在采集化石时,收集所有的标本而不考虑标本的保存质量和标本的大小。我们从化石中挑选出古蝉科和螽蝉科标本,但不做进一步的处理,因此,这些化石被认为代表了无偏差的数据。从化石商买来的化石在这里不予考虑,因为他们存在明显的采集偏差:个体较小和不完整的标本由于价格低而通常被化石商拒绝收购。而且,这些化石的具体采集地点和层位不清或被混淆。

6.3.1 计数和测量

引起化石关节脱落的生物层积学因素和搬运过程可能会影响化石组合的计数(Martin, 1999; Lyman, 2008)。虽然一些计算方法是根据哺乳类埋藏模式(如,Badgley, 1986; Lyman, 2008),但是这些量化生物丰度的方法对于昆虫组合的分析同样适用。在不考虑死亡原因的情况下,分类群可鉴定标本数(NISP)的方法也适用于生物死后搬运的埋藏模式(Badgley, 1986; Martin, 1999)。用这种方法,个体数量等同于每个分类单元的标本数(这里的标本指的是身体碎片或完整的身体,见Martin, 1999)。NISP方法用于本研究,因为所有检测的标本都是陆生的,并且一定属于生物死后搬运。

几乎所有标本(不包括单独的虫体和虫体碎片)都含有翅,并且这些翅通常保持着它们埋藏之前的原始大小。气体的膨胀和变形作用对身体大小的影响较大但对翅影响较小,因此未变形的前翅长可以代表标本的大小。前翅和后翅的长度比是1.5,在侏罗纪的古蝉科几乎恒定。因此,单独的后翅长度×1.5就是前翅的长度。如果翅仅部分保存,则可根据这个类群普遍的翅形估算该翅的总体长度。没有保存翅的标本将从虫体大小分析中剔除,对每一个具有附肢(包括翅)的标本在层面上的定向(背

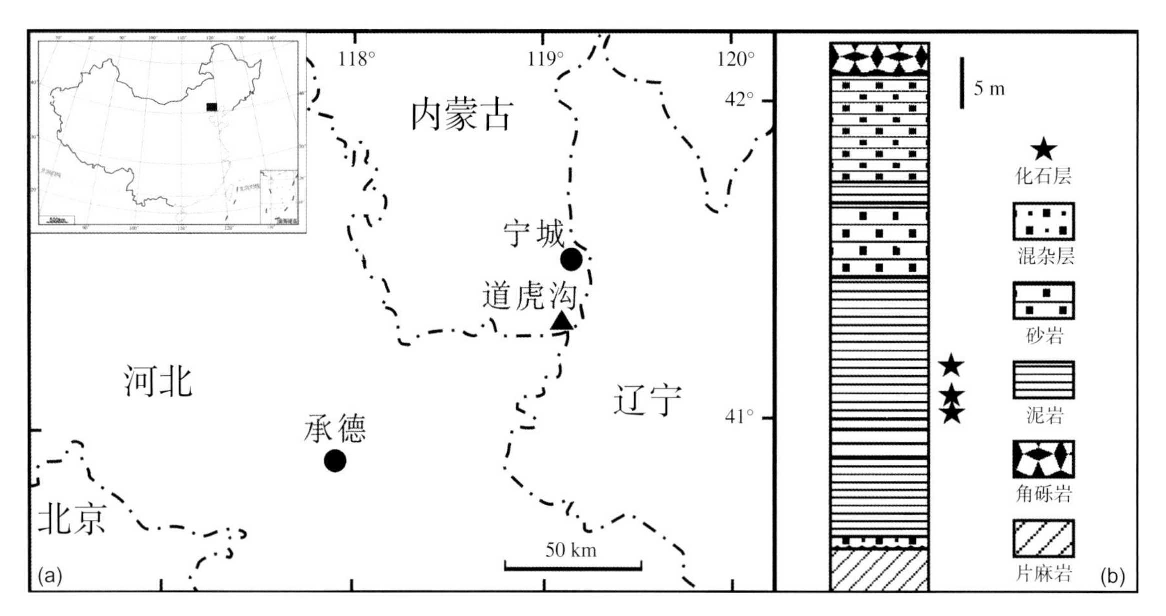

图6-4　五化镇道虎沟村化石产地地理位置图和道虎沟沉积层的地层柱状图

a. 黑色三角形指示道虎沟化石产地位置，图中黑色方块为图a的位置和范围；b. 道虎沟沉积层的地层柱状图，黑色五角星指示昆虫化石产出层位。左上图审图号为GS(2008)1228

腹向或侧向保存）也都做记录。

6.3.2　埋藏分级

所有的标本都用同一标准的记录保存质量的半定量方法进行评估。这种方法经常用于双翅目昆虫和蝾螈之类的无脊椎和脊椎动物化石的埋藏学分析（如：Wedmann, 1998; Smith, Moe-Hoffman, 2007; McNamara et al., 2011, 2012b）。埋藏等级用于解释通过评估化石的完整性和清晰度来确定的保存质量（Brandt, 1989）。在本研究中，所有标本首先根据裂解程度分为两类（表6－2）。第一类为身体与翅相连的标本，再根据完整程度分为3个埋藏等级。埋藏等级从1.1到1.3，等级1.1保存质量最好而等级1.3最差（表6－2、图6－5、图6－6）。第二类分为3个亚类：单独身体（2a）、单独前翅（2b）和单独后翅（2c）。每个亚类根据标本的完整程度被分为2个埋藏等级（表6－2）。这些化石有时会在标本的正、负面上表现为不同的埋藏等级。例如，一个前翅在正面标本上是完整的，但在负面标本上却保存很差。因此，埋藏等级通常根据保存较好的那一面建立。构造运动会造成标本的破坏，采集过程也会引起标本的破损，这些因素在确定标本的埋藏等级时都被剔除。总之，埋藏等级主要反映昆虫遗体埋藏在沉积物中时的完整性和清晰度。

所有标本在表面涂乙醇或不涂乙醇的情况下，在0.8～40倍体视显微镜下分别观察并归入5个埋藏等级中的某一个（图6－6）。

表6－2　对不同埋藏等级标本的详细描述

第一埋藏等级	保存情况描述	第二埋藏等级	保存情况描述
1	身体带有前、后翅	1.1	身体完整；腿和毛清晰可见
		1.2	身体较完整；身体结构可见，但腿和毛已丢失
		1.3	身体强烈变形；头丢失；身体或生殖器丢失或无法分辨
2a	单独身体	2a.1	身体几乎完整（完整度≥80%）
		2a.2	身体分解单元
2b	单独前翅	2b.1	几乎完整前翅
		2b.2	前翅碎片（完整度<80%，至少臀区丢失）
2c	单独后翅	2c.1	几乎完整后翅
		2c.2	后翅碎片（完整度<80%）

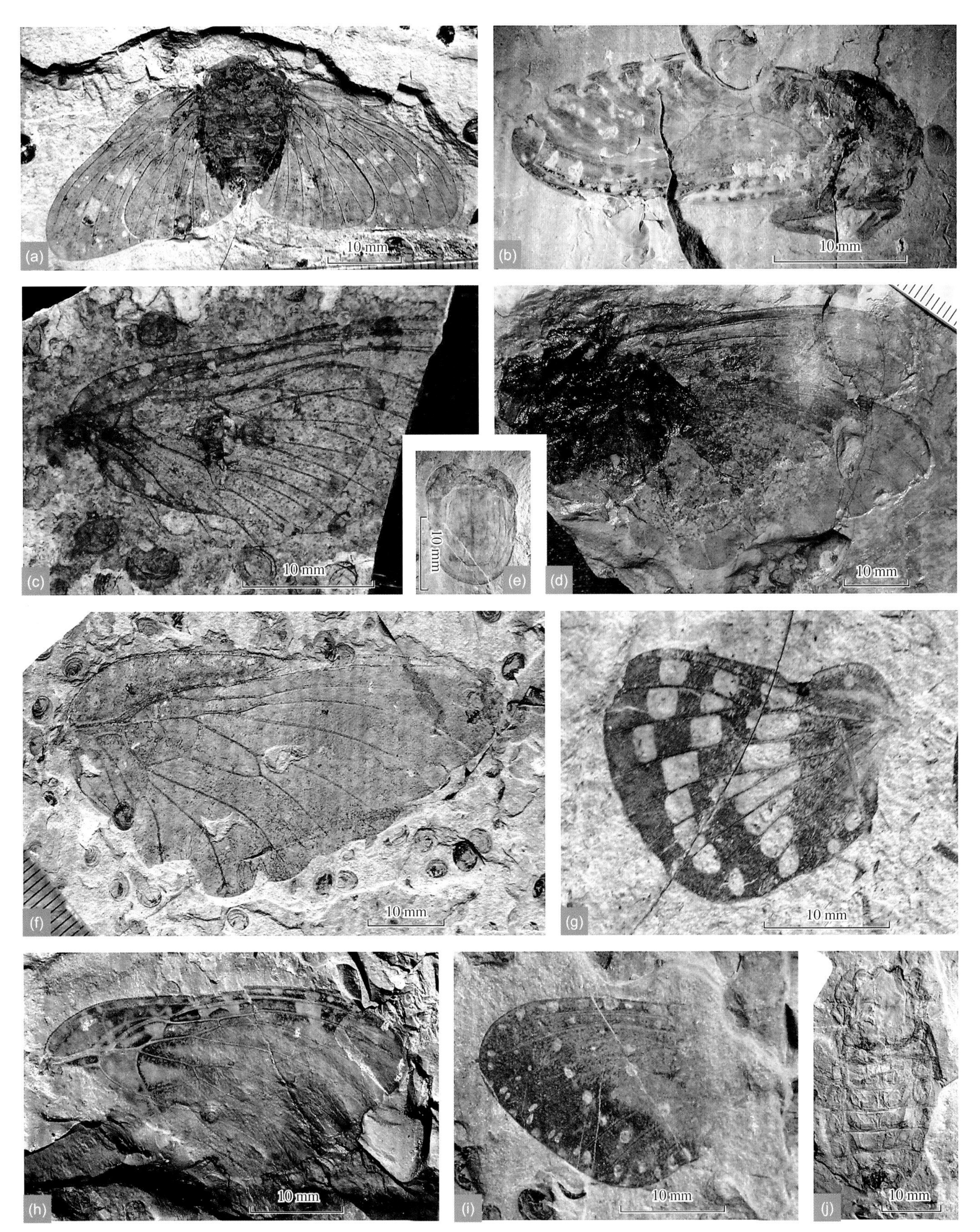

图6-5　不同埋藏等级的古蝉化石标本

a. NIGP156772，背腹保存，等级 1.1；b. NIGP156783，侧向保存，等级 1.2；c. NIGP156801，等级 1.3；d. NIGP156847，等级 1.3；e. NIGP156950，前背板，等级 2a.2；f. NIGP156906，前翅，等级 2b.1；g. NIGP156934，后翅，等级 2c.1；h. NIGP156917，前翅，爪片缺失，等级 2b.1；i. NIGP156964，前翅端部（沿结脉断裂），等级 2b.2；j. NIGP156934，单独虫体，等级 2a.1。

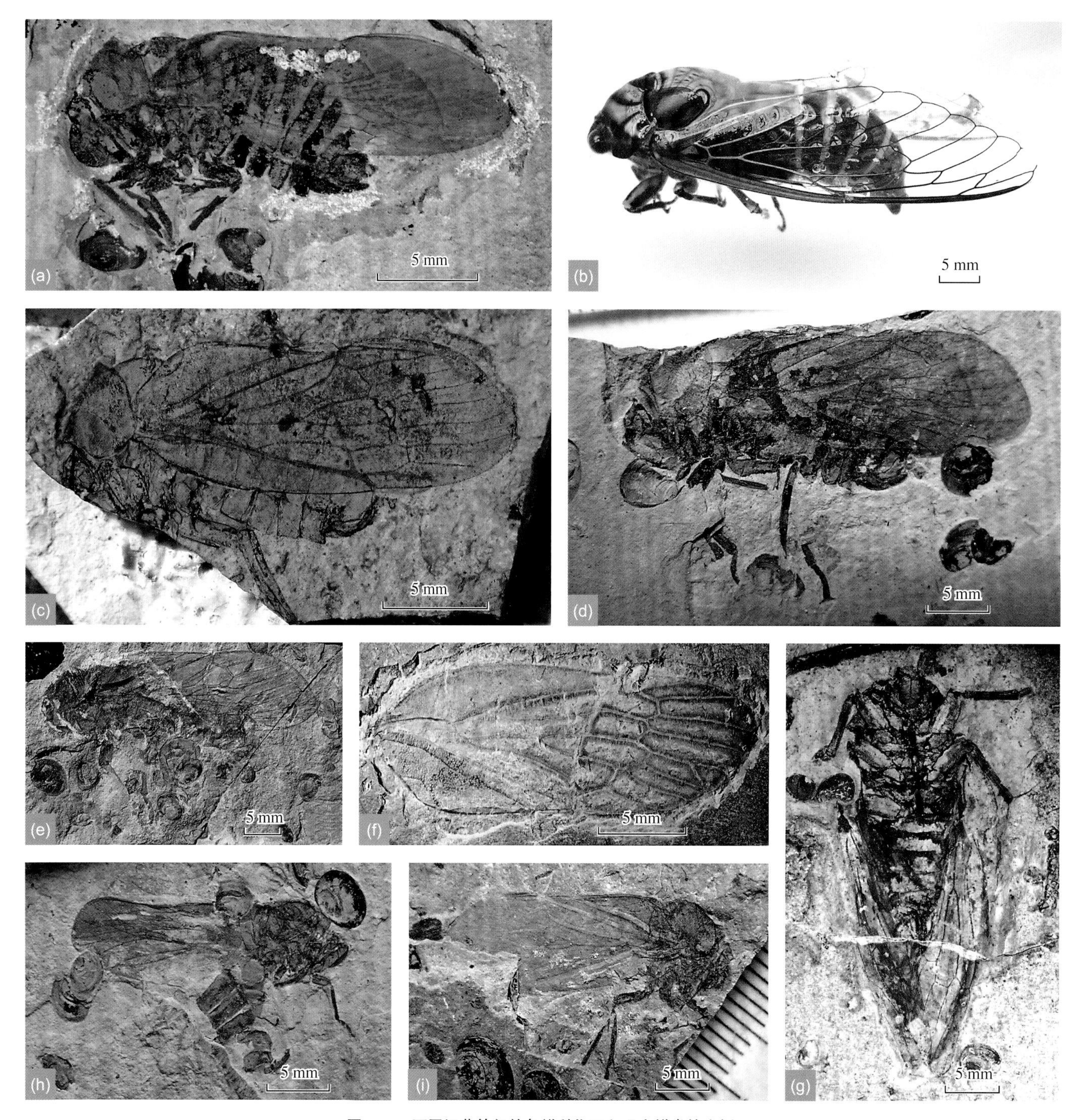

图6-6　不同埋藏等级的螽蝉科化石和现生蝉类的实例

a. NIGP156668，侧向保存，等级1.1；b. 在静水中浸泡了2天的现生蝉标本；c. NIGP156685，等级1.1；d. NIGP156690，等级1.1；e. NIGP156744，虫体变形，等级1.2；f. NIGP156791，单独前翅，等级2b.1；g. NIGP156680，背腹向保存，等级1.1；h. NIGP156752，腹部严重脱节，等级1.3；i. NIGP156746，腹部丢失，等级1.3。

6.3.3　实验和统计

古蝉科是一个灭绝科，而螽蝉科包括一些现生代表。由于螽蝉科（分布于澳大利亚）的现生标本难以采集，我们利用鸣蝉标本（半翅目蝉总科）来研究现生蝉亚目标本腐解过程。为了解鸣蝉的漂浮和腐烂过程，我们于2011年夏天（从8月中旬到9月中旬）进行了初步的实验。本实验把50只活鸣蝉放入盛有淡水的小水槽中。水槽被放置在室外并用网罩盖住，以隔离其他昆虫和鸟类等捕食者。水温平均25℃，在实验期间没有雨、风暴或是强风发生。观察持续了25天，直到所有标本的头和翅都从身体分离。

统计对比是利用PAST 2.13软件，通过非参数假设检验方法，其中显著性水平为$p < 0.05$（Hammer et al., 2001）。卡方检验用于比较同一埋藏等级的古蝉科与螽蝉科标本数量的频率分布差异。Kruskal-Wallis检验（超

过2个独立样本)、M－W检验以及K－S检验(都是2个独立样本)用于比较在不同埋藏等级中标本大小的差异。M－W检测对集中趋势敏感,而K－S检测对偏度和峰度更敏感(Hammer et al., 2001)。

在2个类群保存姿势的统计中,只有具翅标本被用于比较分析。另外,由于每个类群缺少足够的样本数量,此次研究中并没有调查属或种级的埋藏变异。

6.3.4 结果

螽蝉科化石的保存质量要比古蝉科好很多。154块(占所有277块古蝉科标本的55.6%)古蝉科标本为带翅的身体,74块(26.7%)是单独的前翅,37块(13.4%)是单独的后翅,12块(4.3%)是单独的身体或身体碎片(表6－3)。在检测的113块螽蝉科标本中,大多数(96.5%)是带翅的完整身体,只有3块标本是单独的前翅和1块前胸背板(表6－3)。没有找到螽蝉科的后翅和单独的身体。

古蝉科的大多数身体已经腐烂,失去了详细的结构,如体毛、丝状触角和微小的跗节(图6－5d)。足比腹部失去的比例明显高(图6－5j),只有16块保存了身体的标本也保存了足。与此相反,102块螽蝉标本(占109块有翅标本的93.6%)为侧向保存,所有四翅屋脊状折叠于身体之上,只有7块(占109块带翅标本的6.4%)是背腹向保存,四翅折叠或部分张开(图6－6)。螽蝉科化石保存近乎完整,还保存了脆弱、易遭破坏结构如丝状触角,带刺和毛的微小跗节,以及腹部的附肢。在所有保存了身体的螽蝉标本中能够看到完整或破损的足,这些标本中只有3块没有保存头部。定量分析同样显示了古蝉科和螽蝉科在埋藏等级的频率分布上的明显差异(图6－7a、图6－8; $\chi^2 = 61.032$, $df = 1$, $p < 0.001$),在清晰度高的标本(等级1.1、1.2和1.3)中2个类群也明显不同(图6－7b; $\chi^2 = 32.165$, $df = 2$, $p < 0.001$)。

这2个类群的定向模式也明显不同($\chi^2 = 184.803$, $df = 1$, $p < 0.001$)。对159块古蝉科标本的身体定向做了记录,其中154块为带翅身体,5块为单独的身体。140块(占154块带翅标本的90.9%)标本为背腹向保存,四翅展开如飞行状态,而14块标本(占154块带翅标本的9.1%)为侧向保存(图6－5)。

在古蝉科中,对带翅身体(第一埋藏等级)和单独前翅(第二埋藏等级)标本中前翅大小进行了比较。带身体的翅膀明显小于单独保存的翅膀(如图6－9a; M－W检测, $Z = -4.218$, $p < 0.001$; K－S检测, $Z = 2.263$, $p < 0.001$)。带身体的前翅大小没有明显的不同(如图6－9b; 等级1.1、1.2和1.3; Kruskal－Wallis, $\chi^2 = 5.572$, $df = 2$, $p < 0.062$),同样单独翅的大小也是(如图6－9c; 等级2b.1和2b.2; M－W检测, $Z = -1.199$, $p = 0.231$; K－S检测, $Z = 0.253$, $p = 0.253$)。对于螽蝉,在不同埋藏等级中带身体的前翅大小有显著的不同(等级1.1、1.2和1.3; 如图6－10; Kruskal－Wallis, $\chi^2 = 7.91$, $df = 2$, $p = 0.019$)。由于缺少足够的样本,等级2中的标本没有考虑。保存更好的标本(等级1.1)明显小于等级1.2中的标本(M－W检测, $Z = -2.868$, $p = 0.004$; K－S检测, $Z = 0.319$, $p = 0.011$)。等级1.3与其他2组没有明显的不同(都检测, $p > 0.05$)。总之,古蝉科和螽蝉科都显示了身体大小和保存质量上有

表6－3 每个埋藏等级的古蝉科和螽蝉科的标本数量

第一埋藏等级	古蝉数目(百分比*)	螽蝉数目(百分比*)	第二埋藏等级	古蝉数目(百分比*)	螽蝉数目(百分比*)
1	154(55.6%)	109(96.5%)	1.1	28(10.1%)	41(36.3%)
			1.2	68(24.6%)	59(52.2%)
			1.3	58(20.9%)**	9(8.0%)
2	123(44.4%)	4(3.5%)			
2a	12(4.3%)	1(0.9%)	2a.1	6(2.15%)	0
			2a.2	6(2.15%)	1(0.9%)
2b	74(26.7%)	3(2.6%)	2b.1	53(19.1%)	3(2.6%)
			2b.2	21(7.6%)	0
2c	37(13.4%)	0	2c.1	37(13.4%)	0
			2c.2	0	0

注:*表示在所有古蝉科或螽蝉科标本中的百分比;**包括2个前后翅叠压在一起的标本(NIGP149409、NIGP156885和NIGP156887)。

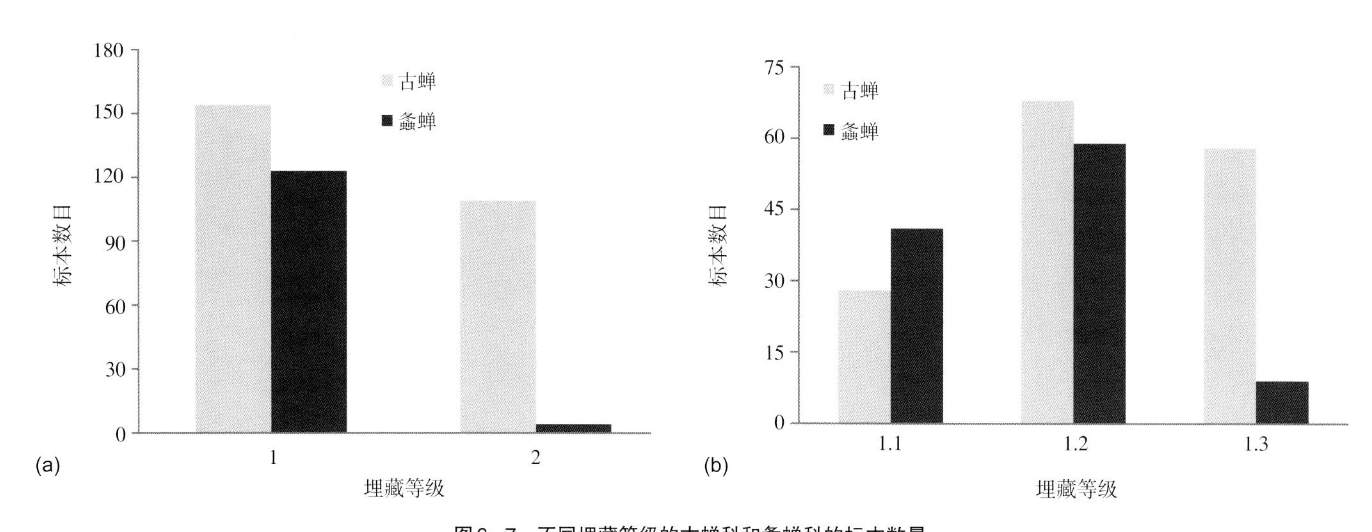

图6-7 不同埋藏等级的古蝉科和螽蝉科的标本数量

a. 具身体和翅膀的标本(等级1)和只有单独虫体或翅的标本(等级2); b. 3个等级中身体关联的标本(等级1.1、1.2和1.3)。

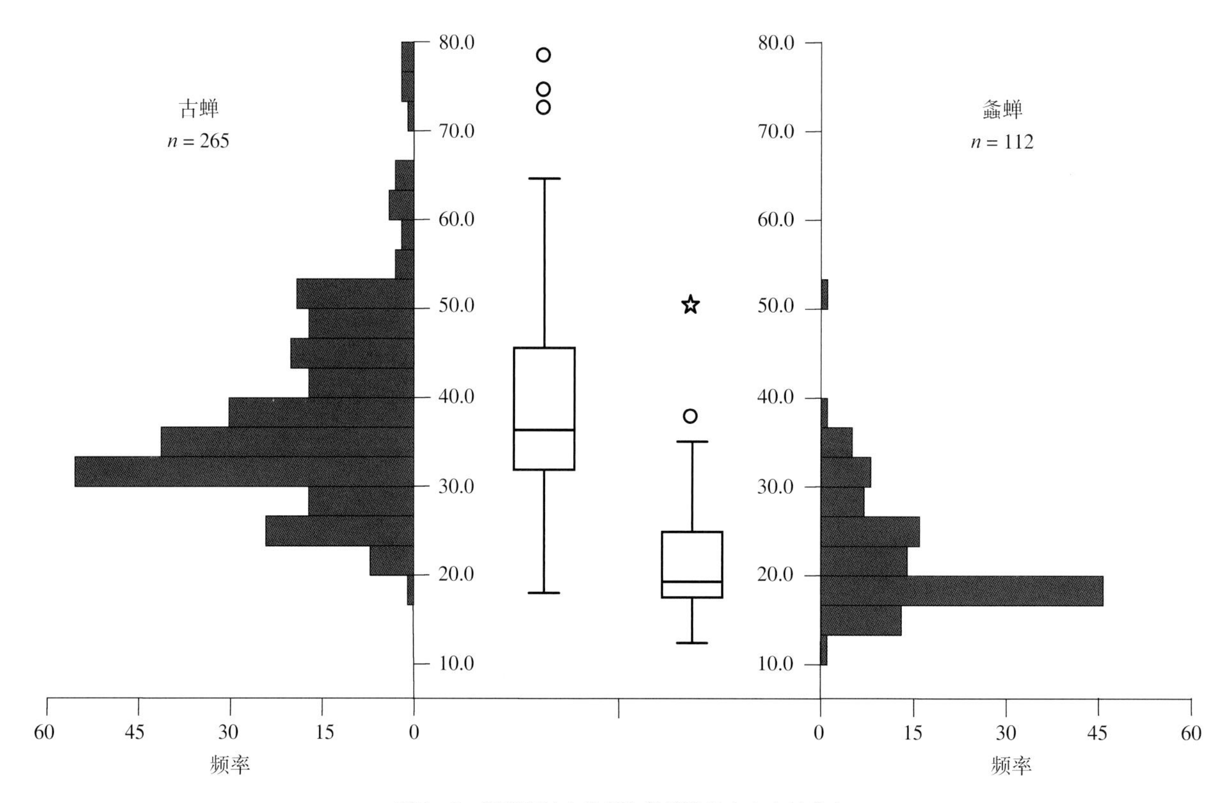

图6-8 所研究的古蝉科和螽蝉科标本大小的分布

盒型图显示中值、变化范围、离群值以及同一研究标本的25和75个百分位数。适度离群值(大于或等于第3/4分位数加四分位差的1.5倍)和极限离群值(大于或等于第3/4分位数加四分位差的3倍),在图上以空心圆和星号分别标记。

密切关系:更小的标本有更好的保存质量。

古蝉翅的腐解模式很清楚,通常前翅和后翅的翅尖和臀区轻微磨损(图6-5d, f)。翅的进一步破损很少见,仅见于前翅(埋藏等级2b.2;图6-5h)。17个破损的前翅缺失爪片,另外4个前翅沿着结脉断裂:3个标本保存翅端部分,1个保存翅基部(图6-5i)。由于缺少足够数量的样本(只有3个单独的翅),螽蝉科翅的破碎模式还不清楚。

我们的初步实验表明:鸣蝉成虫落水2日以后腹部首先开始膨胀,沿着各腹节出现微小破裂(图6-6b)。在5日之内所有标本的腹部强烈膨胀、弯曲并出现明显破裂;头部有脱落的迹象。在14日内有20%的标本头部脱落,超过一半的标本侧向漂浮在水面,翅面与水面平行,其余的标本在漂浮期间保持着背腹向的姿势。一些鸣蝉在实验开始会下沉,但是在几个小时或一天后会重新上浮。因此,所有鸣蝉在最初的15日内几乎始终处于漂浮状态。翅和头部一旦从身体上脱落就沉入水底,但单独的身体继续以背腹向的姿势漂浮。在25日内,所有标本的头部和翅都脱落了,而超过一半的单独身体(胸和腹部)标本最终仍然处于漂浮状态。

6.3.5 埋藏学讨论

昆虫翅膀的破裂模式可以解释其迁移和腐烂过程。Lutz(1984)、Martínez-Delclòs和Martinell(1993)分别观察了蟑螂和半翅目(例如负子蝽科和古蝉科)化石的破裂现象。一些昆虫的前翅倾向于沿着后部肘脉的位置破裂,导致爪片丢失(Martínez-Delclòs, Martinell, 1993)。Duncan等人(2003)在控制试验中研究了蟑螂前翅的破裂模式。他们研究表明,当前翅在水中时,破裂经常沿着翅脉发生,但在干旱的陆地环境中破裂(例如前翅和沙砾摩擦)将会穿过翅脉。在水中腐烂的过程中,前翅总是沿着CuP脉分裂,导致爪片的分离。古蝉前翅的破裂模式与其非常相似,表明古蝉前翅的破裂是在水中腐烂的结果,而不是因为捕食者的活动或在陆地环境中的破坏。古蝉前翅尖端部分的轻微磨损可能发生于活动季节末期,是长期飞行的结果。螽斯的翅膀在夏季末期由于经过长时间的飞行,其尖端部分也常常被磨损(Rust, 1998)。

道虎沟蝉类化石的轻微破坏表明昆虫可能是在湖上飞行时掉落在水中,或者进入水体前在陆地上经历短时间的腐烂和分解。另外,一些道虎沟的银杏在沉积之前并没有经历长途的搬运过程,因为它们的叶和枝以及胚珠和花梗连接在一起(Zhou et al., 2007)。这些昆虫和植物可能直接落进水中或是被冲进湖中,或在陆地死亡后被上升的湖水浸没。

一旦进入水中,各种形态的昆虫就会经历不同的水动力分选过程和沉积过程。水流通常会改变最大稳定位置,并且导致昆虫的关节脱落(Martínez-Delclòs, Martinell, 1993)。大多数道虎沟的古蝉和螽蝉都处于最大表面积与层面平行的位置,这表明它们在水体中是垂直下落并停于沉积物与水的界面,因此处于低能水体环境中。含化石岩层中纹层发育,也说明无水流活动,进一步证实了这种解释。

在化石记录中,昆虫的个体大小常被认为是导致埋藏偏差的一个重要因素(Wilson, 1988; Smith et al., 2006)。这种对较小等级的偏向性在湖泊环境中已经被观察到。Smith(2000)和Smith等(2006)认为甲虫死亡集群一般会含有更多的小个体、较强健的甲虫。进一步研究表明湖泊环境中异地埋藏类群更倾向于保存较小但强健的类群(Smith, 2000)。在我们的研究中,较小的古蝉标本保存更清晰(图6-9)。另外,较小螽蝉的标本保存质量更高(图6-10)。因此,我们的结果和之前根据甲虫定量研究的结果一致,进一步表明此种保存偏差可能在不同的类群中广泛分布。

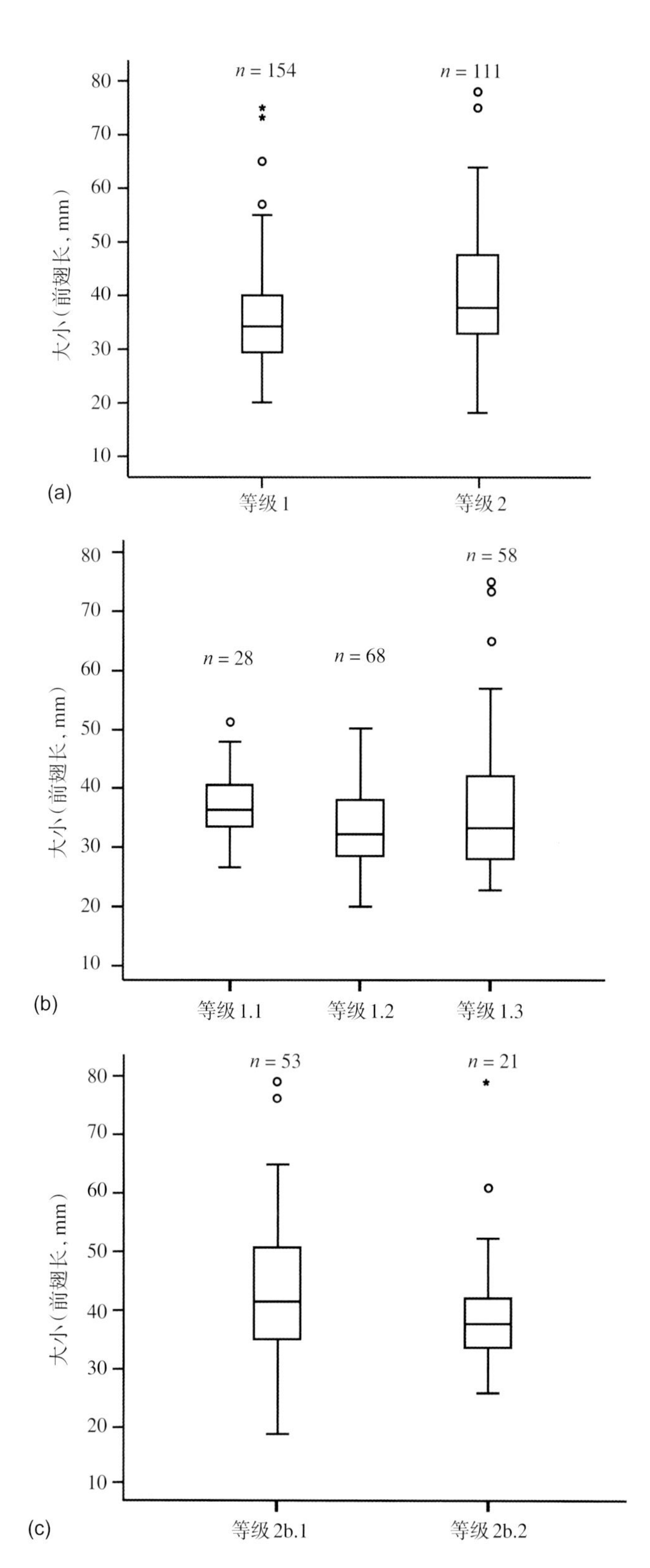

图6-9 每个埋藏等级古蝉科标本大小的分布

盒型图显示中值、变化范围、离群值以及同一研究标本的25和75个百分位数。适度离群值和极限离群值在图上以空心圆和星号分别标记。

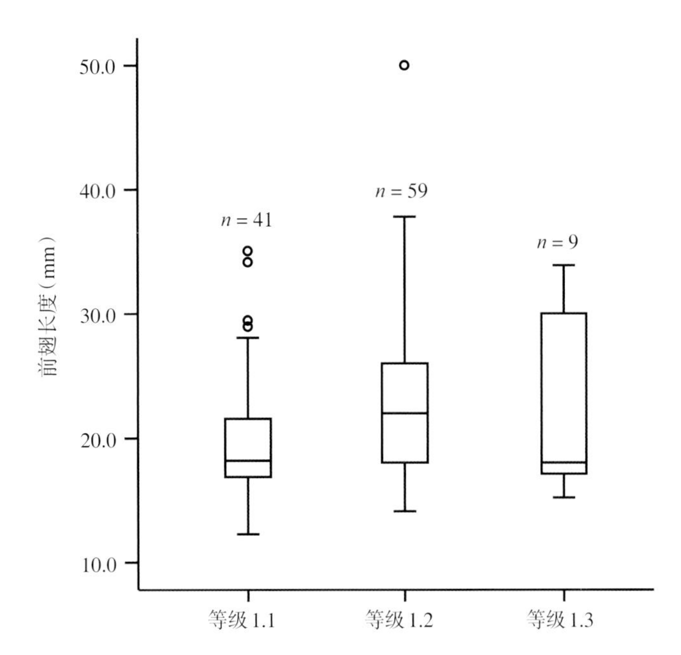

图6-10 每个埋藏等级螽蝉科标本大小的分布
盒型图显示中值、变化范围、离群值以及同一研究标本的25和75个百分位数。适度离群值在图上以空心圆标记。

翅面积/体重比(SM指数)和翅膀的可湿性影响到昆虫的漂浮时间(Rust, 1998; Archibald, Makarkin, 2006)。同样,SM指数和翅膀的可湿性也是高度相关的(Wagner et al., 1996)。高SM指数的昆虫,如鳞翅目(蝴蝶)和脉翅目(蛉类),其翅膀具有自洁能力,表面微结构具有疏水效果,以保护翅膀不被雨水或其他水源弄湿(Wagner et al., 1996; Archibald, Makarkin, 2006)。现生的蝉类也存在疏水的微结构(Sun et al., 2009),相似结构很可能存在于更古老的蝉亚目,包括古蝉科和螽蝉科。高SM指数和疏水性提供了更高的表面张力,使得昆虫可以漂浮更长的时间(Rust, 1998; Archibald, Makarkin, 2006)。

古蝉的翅膀相对大,前翅约是身体的1.5倍长。它们的翅膀通常平放在腹部上方(有时前翅和后翅重叠),这也是许多蜡蝉典型姿势。古蝉具有大且伸展的翅膀,因此其SM指数比较高。而螽蝉翅膀相对小,前翅和身体等长。另外,翅的折叠模式有时通过改变重叠翅膀的区域从而改变SM指数。我们的实地观察发现,现生的蝉死在树枝上或地上时总是保持休息的姿势(翅屋脊状折叠于身体之上)。在落入水中之后,螽蝉身体横卧,其翅膀通常保持原始折叠方式,因而明显地减少了水和翅膀的接触面积。螽蝉具有小而折叠的翅膀,因此其SM指数较低。

大部分道虎沟古蝉标本(只有14个例外)都是翅膀张开、背腹保存。具有展开的大翅膀的昆虫可能在水表面分解而不会下沉(Martínez-Delclòs, Martinell, 1993)。死亡之后,昆虫腹部的软组织快速地分解,产生的发酵气体促使腹部膨胀,进一步增加浮力(Martínez-Delclòs et al., 2004; Ilger, 2011)。我们的标本中也常常见到肿胀的腹部(如图6－5d)。古蝉完整身体的保存概率随着漂浮时间和距离的增加而降低。虽然大部分古蝉以背腹姿势保存,但是身体和前翅之间的夹角是有变化的(如图6－5a; Wang et al., 2010c;图7d)。这是因为连接胸部和翅膀的肌肉腐烂,导致翅膀姿势发生了变化。大量单独保存的翅膀和身体部分也表明一些古蝉经历了长时间的漂浮过程。总之,古蝉在水和空气界面中经历了更长时间的漂浮,延长了在有氧条件下的腐解过程。

在我们采集的标本中,只有7块螽蝉标本以背腹向姿势保存。这些标本经常丢失后翅或前翅,并且明显裂解,表明更长的腐烂时间。在腐烂和迁移的过程中,一些标本的翅膀可能会打开,身体以背腹姿势保持在水中。然而,大多数标本保存有4个折叠的翅膀,并呈侧卧式保存。实验结果表明死亡的蝉2天以后腹部开始肿胀,并且腹节节间有微小破裂(图6－6b)。所有蝉的腹部在5天内强烈地肿胀、弯曲,并且腹节节间有明显的破裂。在14天内20%的标本丢失头部。道虎沟大部分螽蝉是完整的,只有3%的标本缺失头部,这表明大部分螽蝉的水面漂浮时间是在2个星期以内,可能只持续几天。尤其是一些精致保存的标本显示它们的腹部没有弯曲、肿胀或是破裂(图6－6c, d),这表明在死亡后一两天内它们就已被埋藏在湖底。总之,螽蝉的漂浮时间比古蝉短得多。由于死亡和埋藏间隔的时间短,螽蝉只是经历了短暂的腐烂过程,因此保存较好。

6.3.6 道虎沟昆虫化石的埋藏及环境

道虎沟昆虫化石常常与叶肢介保存在同一个层面上。道虎沟古湖泊中没有鱼类,生活(或掉落)于湖中的昆虫(或其遗体)被捕(取)食、破坏的机会大大减少,因此有更多的机会被保存下来成为化石。道虎沟的叶肢介化石大多沿层面排列,保存常常十分完整,壳的表面装饰保存甚佳,2个壳瓣多重叠在一起埋藏,许多保存有完美的软体或为幼体。化石在层面上或岩层内的分布大都是零散或随机的。有的单层中,常有数十个甚至百余个壳体集聚在一起,显然经过了搬运作用。但这些壳体保存也都十分完整,表征近距离搬运的过程。因此,这些叶肢介化石为原地埋藏或准原地埋藏。而叶肢介一般生活在宁静或弱流动的浅水环境中,最适应的水深是几个厘米至20余厘米。因此,大部分昆虫都埋藏于湖边的浅水地带。

道虎沟动物群集群死亡可能发生于夏季,因为此时正是鸣蝉大量出现的时期。但是道虎沟昆虫死亡的具体原因和精确时间尚不能确定,需要更加详细的研究。道虎沟水生昆虫(如蜉蝣幼虫,裂尾甲幼、成虫)应为原地埋藏,其他部分非飞行类昆虫(如甲虫和蜚蠊)可能是被洪流携带至湖泊,另外一些飞行类昆虫(如古蝉和蜂类)可能直接落入湖泊,或落入河流被冲入湖泊中。不同的昆虫由于生物特征不同,也具有不同的埋藏过程。

在侏罗纪中期,道虎沟地区温暖、湿润,湖泊发育,孕育了类型多样的昆虫类群。道虎沟地区周边也分布有一些活跃的火山,而这些火山正是化石形成的关键因素。火山喷发可直接造成陆生植物的毁灭,同时火山释放出的有毒气体和火山灰又可导致陆生动物的死亡。道虎沟昆虫化石多集中在几个火山灰含量很高的层位中,有时密度极高。因此,这些昆虫化石的形成很可能是火山喷发导致的集群埋藏。火山灰快速沉积,使生物遗体短时间内与空气隔绝,大大降低了生物遗体的腐败程度。因而,部分昆虫的细节结构也较好地保存下来了。另一方面,每一次火山喷发导致了道虎沟生物群的集群灭绝后,在地表的火山灰盖层或由火山岩风化后形成富含矿物质的土壤层,进一步促使陆生植物茂盛生长,同时引来新的动物类群的迁入,重新占领空缺的生态位。因此,周围火山周期性的喷发,也使得道虎沟生物群发生了多次演替,从而保存了更多的生物种类。

6.3.7 结论和意义

本研究在获取严格的产地和层位信息基础上,详细统计了中国侏罗纪道虎沟化石库中390块古蝉和螽蝉化石的保存姿势、完整度、清晰度等埋藏学参数,基于非参数多元统计方法和埋藏学等级归类,定量分析两类昆虫的埋藏学异同点。研究发现古蝉由于具有较高翅面积/体重比和展开的翅膀,因此经历相对较长时间的漂浮过程(多数超过1个月),导致其化石多为背腹保存,而且保存质量较低。与之相反,螽蝉具有较低翅面积/体重比,因而经历了相对较短的漂浮时间(多数在2周之内),其化石具有较高的保存质量。

不同种类昆虫有时具有不同的生态特性和形态特点。我们的研究结果表明这些生物特性可以产生不同埋藏过程(如搬运距离、漂浮时间和腐烂速率)从而影响到保存模式。不同类群的昆虫可能有不同的埋藏过程,从而导致明显不同的保存模式和埋藏偏差。先前研究所涉及的高阶类群的埋藏特点,往往只是基于单个或几个低级类群或者由一个或几个类群占主导的类群集合。这样的结论可能产生误导,因为所选的低级类群或许不能完全地代表全部的类群。在将来的埋藏学研究中应注意到不同科级昆虫的埋藏变异。另外,翅膀折叠方式以及保存姿势也可影响到分类研究,例如螽蝉化石重要翅脉特点往往被掩盖。因此,在未来昆虫古多样性评估和古生态重建的研究工作中应考虑到埋藏的变异性。

本研究进一步结合室内模拟实验,分析2类昆虫的埋藏过程以及可能的古湖泊环境,初步建立了道虎沟昆虫埋藏学模型。此外,该研究也将一些新的埋藏学理念引入古昆虫学分析中,建立了一套较为完整的昆虫埋藏学分析方法,可广泛应用于其他昆虫化石类群的分析。以上研究成果为重建道虎沟及其他特异埋藏化石库的古环境提供了一个新的手段,同时为古昆虫生态恢复以及古多样性评估奠定了坚实的理论基础。

6.4 中国早白垩世黄铁矿化昆虫化石保存机制

热河生物群是早白垩世分布于东亚地区的一个淡水生物群,中国冀北-辽西地区是其最主要的分布区(Zhou et al., 2003),为研究一些重要生物类群,如昆虫、恐龙、翼龙、鸟类、哺乳动物和被子植物的演化提供了一个窗口(Chang et al., 2003)。最近热河生物群在生物地层、地质年代学和古环境等方面都取得了一些重要进展(Fürsich et al., 2007; Chang et al., 2009a; Jiang et al., 2011; Hethke et al., 2013; Zhang, Sha, 2012),然而在埋藏学方面却成果寥寥(Benton et al., 2008)。热河生物群的动物组织以前都认为以碳质膜的形式保存(Benton et al., 2008; Zhang et al., 2010),化石的精美保存被归因于频繁的火山的喷发期间的快速埋藏(Zhou et al., 2003; Jiang et al., 2011, 2012)。然而,其特异保存的详细过程和本质,特别是动物组织和生物质膜矿化的本质还不清楚。

在热河生物群部分类群中,黄铁矿化是其重要的化石保存方式。虽然黄铁矿化动物骨骼和植物的成分很常见,但软组织很少保存为黄铁矿(Farrell et al., 2009)。最著名的2个黄铁矿化化石群分别是泥盆纪的Hunsrück Slate和奥陶纪的Beecher’s Trilobite Bed(Raiswell et al., 2008),另外在埃迪卡拉纪的高家山动物群(Cai et al., 2012)、奥陶纪的Llandawr Mudstones(Botting et al., 2011)和Fezouata动物群(Van Roy et al., 2010),以及寒武纪的澄江动物群(Gabbott et al., 2004),黄铁矿化软组织保存方式普遍存在。所有这些黄铁矿化标本都保存在海相地层中,而且都是事件沉积,反映了快速埋藏的过程(Raiswell et al., 2008; Cai et al., 2010)。

黄铁矿化的陆生动物化石，特别是昆虫化石也发现于两处海相沉积和一处咸水沉积（Zhehikhin, 2002; Martínez-Delclòs et al., 2004）。另外，个别黄铁矿化昆虫和微生物化石也见于琥珀之中（Martínez-Delclòs et al., 2004; Martín-González et al., 2009）。黄铁矿化昆虫化石在淡水沉积中非常罕见，因为淡水沉积中硫酸盐含量非常低（Allison, 1988）。草莓状和微晶黄铁矿在热河生物群曾有发现（冷琴，杨洪，2003; Zhang et al., 2010）。最近，我们也在热河生物群中发现了黄铁矿化昆虫（Wang et al., 2012c）。

6.4.1 材料和方法

中国重要的早白垩世湖相昆虫化石产地多达12个，所产昆虫化石大多经过详细的研究。我们在过去10年里从这12个早白垩世化石点系统地采集了昆虫化石（图6－11），这些化石多产于热河群，包括大北沟组、义县组和九佛堂组（Zhou, 2006；图6－12）。经过详细观察，我们发现黄铁矿化昆虫仅产于大北沟组和义县组。

所有标本都用光学显微镜进行观察。每一沉积层中，选取主要昆虫类群（如甲虫、蚊类、蜂类和蟖类）各种体型大小的代表性分子，在不加涂层的情况下，在不同电压下用扫描电子显微镜结合X射线能谱仪（SEM-EDS）进行详细的分析。在低真空条件下，用LEO1530VP扫描电子显微镜在5～20 kV加速电压下获得微表面信息（Orr et al., 2009）。点和面元素分析通过INCA350能谱仪在10～20 kV加速电压下完成。扫描电子显微镜和能谱分析在现代古生物学和地层学国家重点实验室完成。

6.4.2 测试结果

此次研究中所有昆虫化石产地都有印痕和碳质压型化石。黄铁矿化的化石仅见于含有火山沉积物的湖泊沉积（大北沟组和义县组）。大北沟组的化石层是灰色泥岩，含有大量石英、伊利石和蒙脱石；而义县组的化石层是灰色（风化较弱）或黄色（已风化）的泥岩，主要由石英和伊利石组成（Ohta et al., 2011）。两套地层均含有许多凝灰岩夹层（Jiang et al., 2011）。

和昆虫一样，在柳条沟和大王杖子地区义县组的一

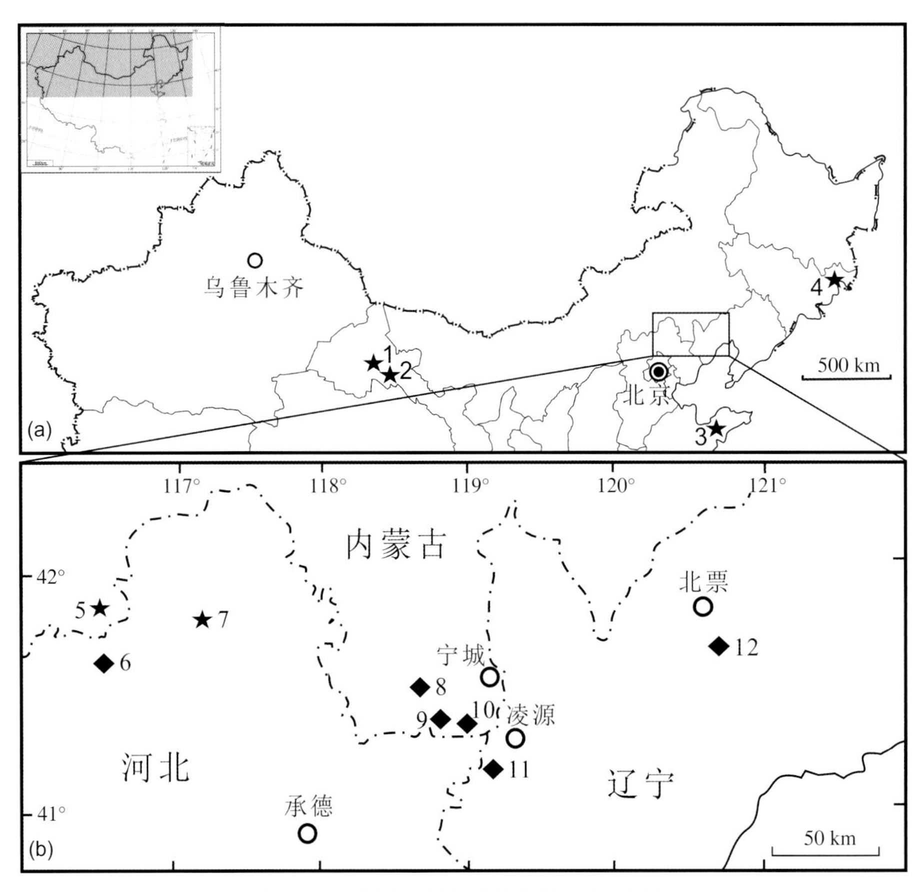

图6－11 中国北方早白垩世化石产地分布图

星号所在地仅产出碳质压型化石，菱形所在地产出黄铁矿化化石。1=甘肃赤金堡（赤金堡组）；2=甘肃旱峡（中沟组）；3=山东莱阳（莱阳组）；4=吉林延吉（大拉子组）；5=内蒙古多伦（义县组）；6=河北四岔口（大北沟组）；7=河北围场（大北沟组）；8=内蒙古柳条沟（义县组）；9=内蒙古朝阳山（义县组）；10=内蒙古杨树湾子（义县组）；11=辽宁大王杖子（义县组）；12=辽宁黄半吉沟（义县组）。a. 左上底图审图号GS（2008）1228，图中阴影区域为图a的位置和范围；b. 图a中方形区域的放大。

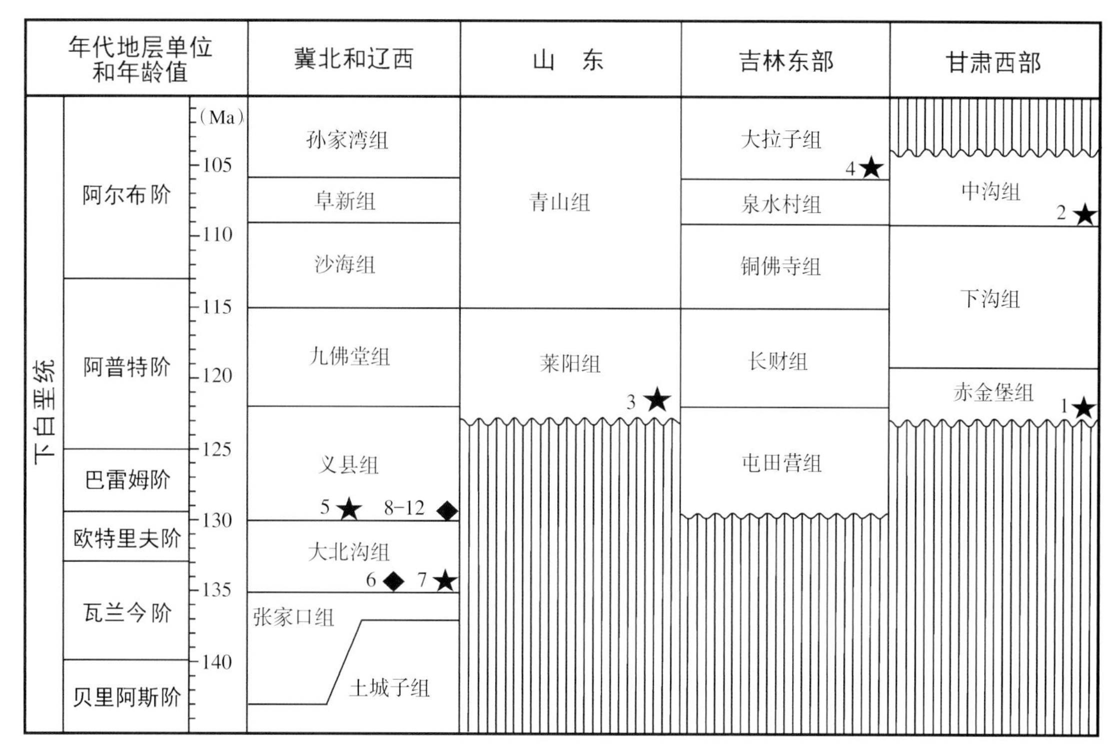

图6-12 中国北方下白垩统地层关系

数据来源于Sha(2007)、Jiang(2007)、Zhang et al.(2010)、张海春等(2010)以及本文作者尚未发表的资料。化石点的标号同图6-11。

些层位中发现有大量黄铁矿化的鱼化石(图6-11、图6-13a)。这些鱼化石呈扁平状,在尸体的周围都有局部的黄铁矿微晶。黄铁矿化的昆虫常常呈二维保存,并且完全或部分由微晶和稀少的微球粒组成,化石中总能检测到铁和氧,只有在较少风化的标本中检测到低含量的硫。部分草莓形状证实了最初黄铁矿的组成;硫的缺少是由于后来黄铁矿形成氧化铁的转变。微晶体从0.1 μm到0.5 μm,呈无规律的不整齐排列。扁平昆虫身体长度从1 mm到50 mm。有些标本只保存了轮廓,如一段边界和身体边缘(图6-13b),但是有时也保持一些细节结构。例如,在一个保存完好的鱼蛉幼体中能够清楚地看到气管、成对具爪的腹足和内脏内含物(图6-13c)。

立体黄铁矿化昆虫仅在四岔口的大北沟组中以及柳条沟和朝阳山的义县组中发现。这些化石通常是完整的,表明这些生物体没有被搬运很远。昆虫身体长度从15 mm到30 mm,表面被球丛状的晶体和微晶体覆盖。这些晶体和微晶体中经常可以检测到铁元素和氧元素,只在较弱风化的标本中检测到低含量的硫。微球粒的直径从6 μm到15 μm;个别微球粒的微晶直径从0.2 μm到1 μm。这些立体昆虫常常不完全黄铁矿化。在一些标本中,诸如触角和翅斑等是碳质的。这些化石的周围总能检测到黄铁矿化的围晕。例如,一个几乎完全黄铁矿化的泥蜂被窄的围晕环绕,这条围晕达到50 μm宽,由密集的微球粒组成(图6-13d)。一个部分黄铁矿化的长节蜂也保存有立体的细节,包括触角(图6-13g)。它腹部的内部是碳质的,它腹部的微球粒被薄的蜘蛛网状的碳质覆盖(图6-13f)。甲虫是最普遍的黄铁矿化昆虫,并且其黄铁矿化的翅鞘经常保留着原始的瘤点(图6-13h)。一个蜡蝉(包括前翅)已完全黄铁矿化(图6-14),元素面扫描图表明其翅脉(与围岩相比)铁元素非常富集,而磷元素富集程度低;该标本中没有检测到硫元素。

6.4.3 讨论

我们调查发现大部分黄铁矿化的化石集中分布于一些很薄的层位中。类似情况不仅发生在热河生物群,也发生在其他黄铁矿化生物群(Farrell et al., 2009; Cai et al., 2010),表明这种矿化需要一些特殊的因素。早期研究表明热河古湖泊的水底环境是缺氧或是季节性缺氧,这阻止了底栖生物的扰动(Fürsich et al., 2007; Hethke et al., 2013; Pan et al., 2012)。同位素测年和湖相纹层分析估算的沉积速率分别是0.022~0.25 mm/年(Chang et al., 2009a)和0.2~0.7 mm/年(Zhang, Sha, 2012)。因此,低氧环境和中等的沉积速率为黄铁矿化提供了有利条件(Canfield, Raiswell, 1991)。在大北沟组和义县组的沉积过程中经常有火山喷发,并且很可能提供了大量的高活

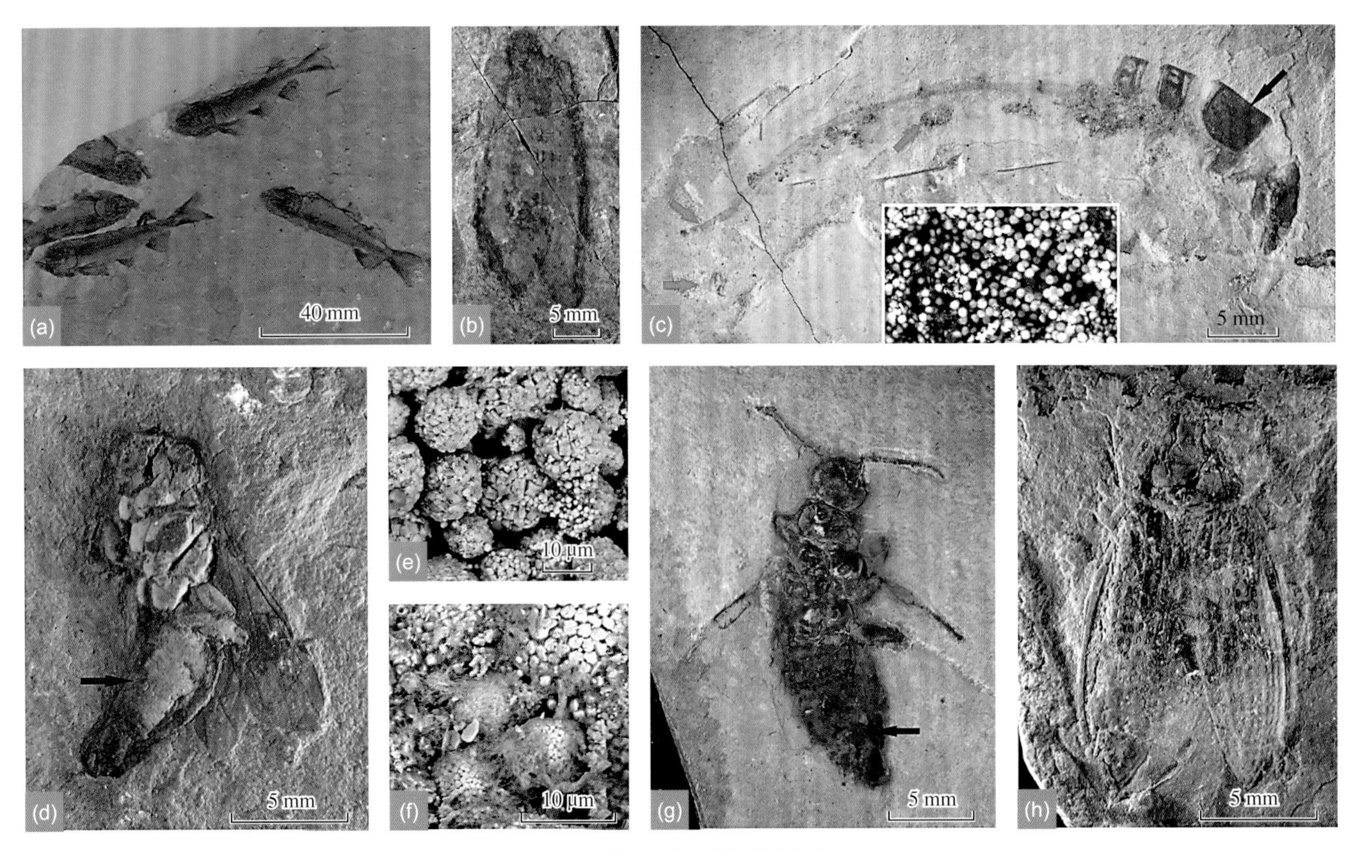

图6-13 热河生物群的黄铁矿化化石

a. 鱼（狼鳍鱼属），NIGP154956，采自大王杖子。b. 古蝉（半翅目古蝉科），NIGP154957，采自朝阳山。c. 鱼蛉幼虫（广翅目鱼蛉科），NIGP154958，采自杨树弯子；插图为前胸背板（黑色箭头所指）主要由微晶体组成（BSE图）；绿色箭头指示气管、腹足和内脏内含物。d~e. 蜂类（膜翅目，泥蜂科），NIGP154959，采自四岔口。d. 光学图片。e. 图d中箭头所指位置的BSE图像。f~g. 长节峰（膜翅目：广腰亚目），NIGP154960，采自四岔口。f. 图g中箭头所指位置的BSE图像，显示微球粒周围的蜘蛛网状的碳质基质。g. 光学图像。h. 甲虫（鞘翅目，眼甲科），NIGP154961，采自朝阳山。

性铁（Zhou, 2006; Jiang et al., 2011）。同时，火山喷发物经常含有大量硫化物（Decker, Decker, 1989），这些硫化物大量存在于热河群的凝灰岩夹层中（Guo et al., 2003）。火山喷发产生的硫氧化物在水中变成硫酸盐，为黄铁矿化的发生提供最初的物质来源。黄铁矿化的化石出现于2套含有丰富火山灰的地层中，但在缺少凝灰岩的地层中未见。这表明黄铁矿化作为一种保存模式容易发生在富含火山沉积物的层位中。另外，由于沉积物中有机物含量较低，因此黄铁矿化作用无法大规模发生，只能局限于动物组织（Allison, 1988; Gabbott et al., 2004）。这也许解释了为什么黄铁矿化的昆虫只出现在浅颜色的泥岩中，却未见于深色、有机质富集的泥岩或页岩中。有机质含量低并非是风化过程中的氧化作用导致的，因为有机质亏损层交替出现在有机质富集层中。黄铁矿化的化石反复出现于热河群的不同沉积盆地的不同层位，表明以上所提到的条件在早白垩世的热河古湖泊中发生过很多次。

微生物席在特异埋藏动物群保存中通常起着重要的作用（Briggs, 2003b）。它们能够圈蔽尸体，防止尸体腐烂，并在每块化石周围形成一个封闭的系统，进而形成利于矿化的地球化学微环境（Briggs, 2003b）。我们的观察表明，在集群死亡事件层位中有大量黄铁矿化昆虫，并且这些化石周围通常可以观察到黄铁矿围晕。虽然在沉积物中有时会有一些零星的黄铁矿微球粒（如Hethke et al., 2013），但黄铁矿主要富集于昆虫或鱼周围，表明强还原微环境的存在，很可能源于微生物席。另外，在微球粒周围发现有蜘蛛网状的碳质基质（图6-13f）。我们认为这种结构代表了一种分解动物尸体的异养细菌席的残余物（如MacLean et al., 2008）。这些发现暗示了热河古湖泊中微生物席的普遍存在（Fürsich et al., 2007; Hethke et al., 2013; Pan et al., 2012）。

微生物席的存在不一定表明沉积物中有机物含量高。微生物席的自身生长有助于有机质的产生，但并不能通过微生物席是否存在来评估沉积物的有机碳含量。微生物席生长所需的有机质量取决于原核生物席主要的新陈代谢类型。除非代谢类型被确认，否则任何推断都是有疑问的。

昆虫的黄铁矿化保存可分为2种：立体保存和二维

(平面)保存。在立体标本中,昆虫经过了一定程度的降解,但是随后的黄铁矿化非常迅速以阻止昆虫进一步的腐解,并且保护化石不被沉积物压实。昆虫外骨骼不仅具有较高的强度并且也耐降解(Martínez-Delclòs et al., 2004)。在黄铁矿化的过程中,外骨骼相当于黄铁矿沉积的模板,降解组织被自生的微球粒黄铁矿迅速覆盖。腐解的尸体可为硫酸盐还原细菌提供底物。因此,尸体周围硫化氢的产生速率受到腐解速率的控制(Gabbott et al., 2004)。易降解组织的腐解最早发生,可以支持还原细菌高的反应速率,从而快速供应硫化氢并产生黄铁矿核,最终形成黄铁矿晶体(Gabbott et al., 2004)。

与立体保存相比较,二维标本的黄铁矿化代表了更多的生物信息丢失。二维昆虫化石表面被微晶覆盖反映出有限的硫化氢或Fe^{2+},或者低的氧化还原电位条件(Gabbott et al., 2004),这表明与三维昆虫化石不同的微环境。在二维昆虫化石中只有更多的稳定组织(主要是几丁质的外骨骼)被黄铁矿化,柔软的组织和通常比较薄的外骨骼会腐烂并且不能保存下来。这种保存方式表明二维昆虫的黄铁矿化发生在沉积压实之后,并且很可能发生在外骨骼腐烂的过程中。

本研究还发现其他的无脊椎动物和脊椎动物(如虾、爬行动物、鸟类)也会部分或完全地黄铁矿化(Chang et al., 2003),这表明在热河生物群中黄铁矿化是一种普遍现象。因此,热河生物群的化石保存至少由2种不同的埋藏过程所致。黄铁矿化作用提高了昆虫保存的概率,并且提高了保存质量。例如,黄铁矿沉淀在昆虫翅脉中,从而比单独的压痕化石展示更多的细节(图6-14a)。另外,黄铁矿风化产生的微红色能够提高化石和围岩的反差,这使得我们识别和采集化石更加容易。

以前的研究已经发现黄铁矿化是寒武纪澄江化石一种重要的埋藏途径(Gabbott et al., 2004; Anderson et al., 2011)。然而,许多研究则认为此黄铁矿化可能是近期风化的结果(Gaines et al., 2008; Botting et al., 2011)。如果后者是正确的,那么黄铁矿化在易降解和抗降解组织中的差异性还需要合理解释。热河生物群化石的黄铁矿形态学和Gabbott等(2004)提出的模型一致,表明此种黄铁矿化模式在整个地质历史都会发生。我们的结论也表明黄铁矿化的分布比以往所认识的更加广泛(如Gabbott et al., 2004; Botting et al., 2011),它在海相和非海相环境中都是一种重要的化石保存途径。

6.4.4 结论

热河生物群化石的保存至少有2种埋藏过程:碳质膜压实作用和黄铁矿化作用。黄铁矿化的化石仅在夹有火山物质的湖相沉积物中发现(大北沟组和义县组)。立体保存的黄铁矿化化石被浓密的黄铁矿晶体包裹,表明了早期快速的黄铁矿化过程。二维黄铁矿化化石在被压实之后才被微晶体所覆盖。适度的沉积速率、底部缺氧的环境、大量的溶解铁、来自火山喷发的硫化合物以及低有机碳含量的沉积物,促进了昆虫的黄铁矿化作用。另外,黄铁矿化过程也明显受到微生物席的辅助,而微生物席可能在热河古湖泊中广泛存在。在早白垩世,这种环境在热河群的不同沉积盆地中反复出现。

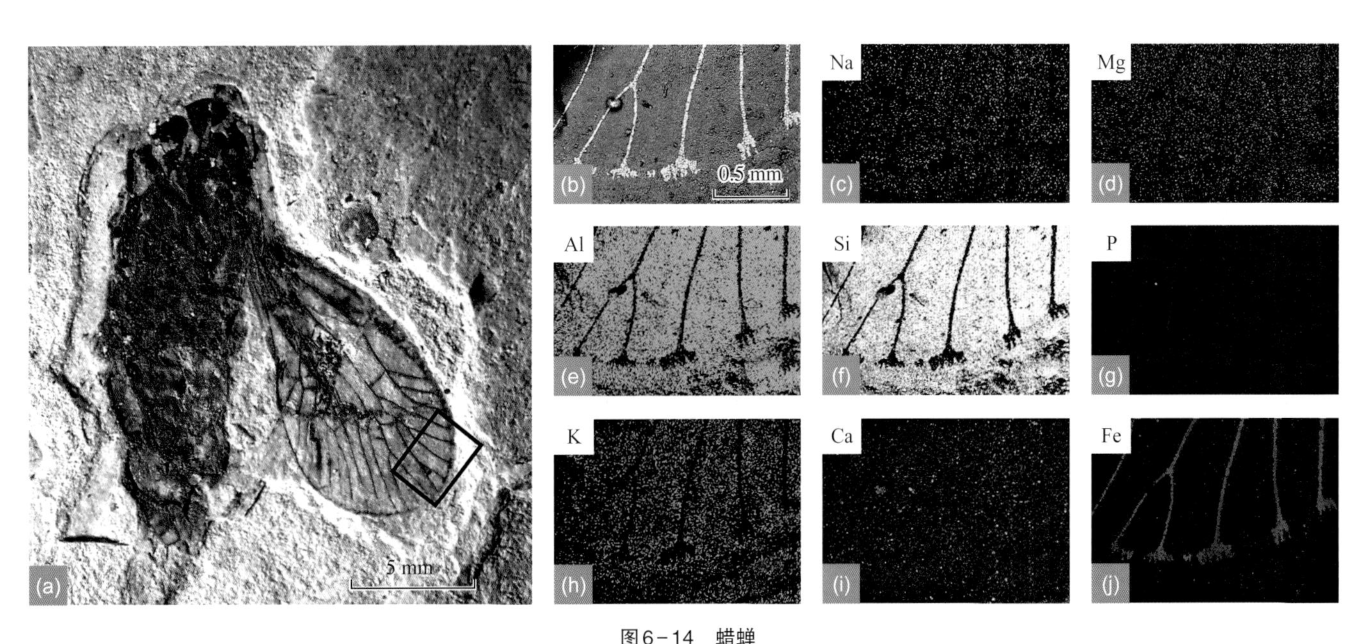

图6-14 蜡蝉

NIGP154962,采自柳条沟。a. 光学图像; b~j. BSE图像,分别为图a方形区域内的Na、Mg、Al、Si、P、K、Ca和Fe面扫描图。

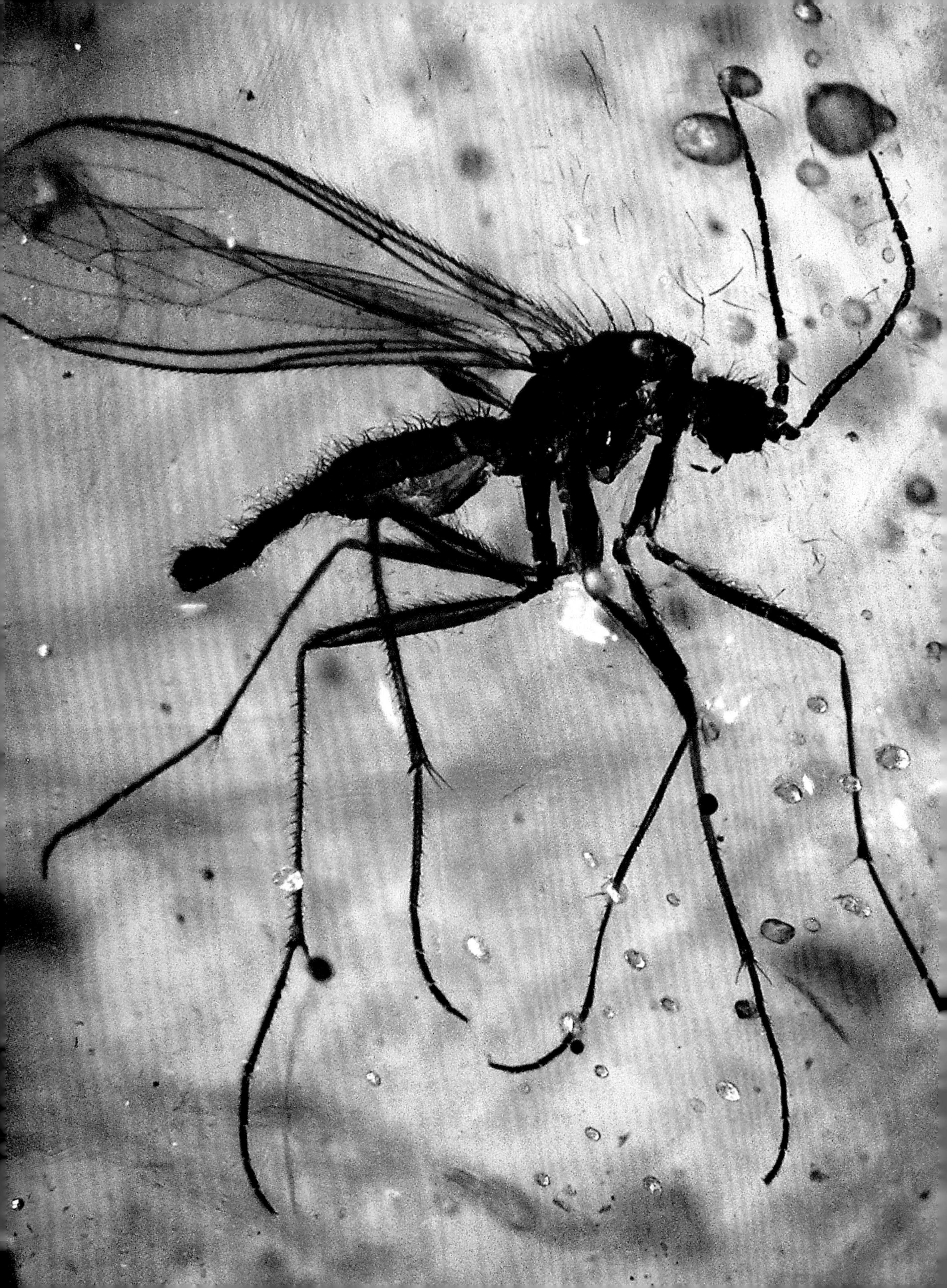

展　望

古昆虫学是古生物学的一个分支，以保存在地层中的昆虫化石或亚化石为研究对象。近年来，中国古昆虫学发展迅速，取得了一些重要进展，主要表现在如下几个方面：(1) 在对中国丰富的昆虫化石进行形态学研究的基础上，建立了大量的新分类群，不但包括新属、新种，还有一些新科和新亚科。同时对以前所建立的一些分类群进行了重新研究和厘定，并澄清了一些长期以来分类位置不清的昆虫类群的系统位置。(2) 在一些重要昆虫类群的起源和早期演化等方面取得新的认识，如膜翅目细腰亚目的起源和早期演化，半翅目古蝉总科的系统演化，鞘翅目叶甲总科的早期演化等。(3) 在地质历史中昆虫与其他生物的关系研究上取得了一些引人注目的成就，如发现了昆虫在侏罗纪为裸子植物传粉的新模式，发现了中国中生代晚期昆虫寄生于脊椎动物的多种形式(如跳蚤已经适于寄生在具毛的脊椎动物体表，一种伪鹬虻科的幼虫适应于寄生在水中生活的蝾螈体表)，发现鞘翅目的四大类群与被子植物的生态协同关系在早白垩世就已形成。(4) 揭示了白垩纪早期热河生物群中昆虫演化的阶段性和昆虫多样性的变化规律。(5) 在国际上首次将定量化分析应用于昆虫埋藏学研究，首次对湖相黄铁矿化昆虫化石的成因进行了细致分析。(6) 重启琥珀研究，并取得重要进展。早始新世抚顺琥珀是中国最为重要的琥珀资源，研究发现其中保存有节肢动物至少22目超过80科150种，另有大量微体和植物化石，使其成为世界上种类最丰富的琥珀生物群之一，并填补了始新世时期亚洲大陆琥珀生物群的空白，首次确认抚顺琥珀的植物来源为柏科植物，揭示了真社会性、植食性和寄生性昆虫支系在早始新世气候适宜期发生了一次明显的辐射，并证实5千万年前欧亚大陆东西两端已经存在广泛的生物交流。

虽然中国古昆虫学研究取得了一些令人瞩目的成就，但也明显存在一些不足之处，如基础研究还比较薄弱，很多重要昆虫类群还没有得到详细研究，一些已建立的化石分类群还亟待重新研究和修订；学科交叉不够，研究问题的深度和广度还很欠缺。基于国际古昆虫学的发展趋势，结合中国古昆虫学现状和化石材料特点，在未来的若干年内中国古昆虫学的研究重点应该放在如下几个方面：(1) 加强分类学研究，这是古昆虫学的基础和中国古昆虫学者的长期任务。(2) 加强琥珀昆虫的系统研究。琥珀中常常包含了一些立体保存的昆虫等化石，为我们了解地质历史中生物演化和重建古生态提供了直接证据。近10年，琥珀研究再次成为古生物学界的研究热点，中国琥珀研究也开始进入快速发展期，并取得了一些重要进展。除了在始新世抚顺琥珀中发现有大量昆虫化石外，最近还发现了河南西峡(晚白垩世科尼亚克期)、吉林延吉(可能为始新世)和福建漳浦(中新世)等新的琥珀产地，并从中均找到了昆虫化石。(3) 注重古生代和三叠纪昆虫化石的研究。古生代是昆虫起源和早期演化的重要阶段，中国虽有研究，但非常薄弱。三叠纪处于古生代向中生代转换的时期，被称为“现代生态系统的黎明”，同时三叠纪前、后的2次大灭绝事件使其成为显生宙最为特殊的地质时代。有关期间陆地生态系统是如何复苏、演化的，昆虫化石具有重要的话语权，而中国西北地区三叠纪昆虫化石的潜力很大。(4) 继续加强昆虫重要类群的早期演化、昆虫重要特征和行为的起源与演化以及昆虫与其他生物关系的研究，这是中国古昆虫学能够持续产出重要成果的领域之一。(5) 昆虫演化对重大地质事件和环境变迁的响应，也应该引起重视。(6) 加强学科交叉，特别是与生物学、分子生物学和地球化学的交叉，同时注意新技术和新方法的应用。

参考文献

蔡耀平，华洪. 2006. 高家山生物群中的黄铁矿化作用[J]. 科学通报，51(20)：2404－2409.

陈金华. 1999. 热河生物群的双壳类组合研究[J]. Palaeoworld，11：92－113.

陈丕基. 1988. 热河动物群的分布与迁移——兼论中国陆相侏罗－白垩系界线划分[J]. 古生物学报，27(6)：659－683.

陈丕基. 1999. 热河生物群的分布与扩展[J]. Palaeoworld，11：1－6.

陈丕基，王启飞，张海春，等. 2004. 论义县组尖山沟层[J]. 中国科学 (D辑) 地球科学，34：883－895.

陈丕基，文世宣，周志炎，等. 1980. 辽宁西部晚中生代陆相地层研究[J]. 中国科学院南京地质古生物研究所丛刊，1：22－55.

陈世骧，谭娟杰. 1973. 甘肃白垩纪的一个甲虫新科[J]. 昆虫学报，16(2)：169－178.

陈文. 2004. 同位素地质年代学[M]//季强，陈文，王五力，等. 中国辽西中生代热河生物群. 北京：地质出版社：95－157.

邓胜徽，卢远征. 2008. 甘肃酒泉盆地早白垩世植物化石及其古气候意义[J]. 地质学报，82(1)：104－114.

邓胜徽，杨小菊，卢远征. 2005. 甘肃酒泉盆地下白垩统 *Pseudofrenelopsis*（掌鳞杉科）的发现及其意义[J]. 古生物学报，44(4)：505－516.

邓胜徽，姚益民，叶得泉，等. 2003. 中国北方侏罗系(Ⅰ)地层总述[M]. 北京：石油工业出版社.

邓涛，王伟铭，岳乐平. 2003. 中国新近系山旺阶建阶研究新进展[J]. 古脊椎动物学报，41(4)：314－323.

丁明，郑大燃，张琦，等. 2013. 内蒙古侏罗纪魔蜂科（膜翅目：冠蜂总科）一新种[J]. 古生物学报，52(1)：51－56.

段治，程绍利. 2006. 辽西下白垩统九佛堂组长腹细蜂（昆虫纲，膜翅目）化石一新种[J]. 古生物学报，45(3)：393－398.

樊隽轩，彭善池，侯旭东，等. 2015. 国际地层委员会官网与《国际年代地层表》(2015/01版) [J]. 地层学杂志，39 (2)：133.

方诗玮，张霄，杨强，等. 2010. 中生代丽蛉拟态及灭绝机制的探讨（脉翅目，丽蛉科）[J]. 动物分类学报，35(1)：165－172.

付国斌，李罡，任玉光. 2007. 内蒙古呼伦陶勒盖下白垩统巴音戈壁组的叶肢介化石[J]. 古生物学报，46(2)：244－248.

韩冰. 2007. 内蒙古道虎沟中侏罗世昆虫化石拟态研究：硕士论文[D]. 北京：首都师范大学.

韩健，舒德干，张志飞，等. 2006. 早寒武世澄江化石库软躯体化石富集层研究初探[J]. 科学通报，51(5)：565－574.

洪友崇. 1975. 河北围场昆虫化石一个新科——中国树蜂科[J]. 昆虫学报，18(2)：235－239.

洪友崇. 1979. 抚顺煤田始新世琥珀中喜沼小蜉属（新属）——*Philolimnias* gen. nov. (Ephemeroptera, Insecta)的研究[J]. 中国科学：地球科学，9：67－74.

洪友崇. 1980. 昆虫化石[M]// 中国地质科学院地质研究所. 陕甘宁盆地中生代地层古生物（下册）. 北京：地质出版社：112－114.

洪友崇. 1981a. 琥珀中的昆虫化石[M]. 北京：地质出版社.

洪友崇. 1981b. 京西早白垩世卢尚坟昆虫群[J]. 中国地质科学院天津地质矿产研究所所刊，4：87－96.

洪友崇. 1982a. 中国直翅目哈格鸣螽科化石[J]. 中国科学：B辑，25(10)：1118－1129.

洪友崇. 1982b. 酒泉盆地昆虫化石[M]. 北京：地质出版社.

洪友崇. 1983. 北方中侏罗世昆虫化石[M]. 北京：地质出版社.

洪友崇. 1984a. 山东莱阳盆地莱阳群昆虫化石的新资料[G]// 中国地质科学院地层古生物论文集编委会. 地层古生物论文集(11). 北京：地质出版社：31－41.

洪友崇. 1984b. 昆虫纲[M]// 地质矿产部天津矿产研究所. 华北地区古生物图册 (二) 中生代分册. 北京：地质出版社：128－184.

洪友崇. 1984c. 陕西铜川中三叠世鳞翅目新科——曲肘蛾科[J]. 古生物学报，29(6)：782－785.

洪友崇. 1986. 辽西海房沟组新的昆虫化石[J]. 长春地质学院学报，4：10－16.

洪友崇. 1987. 辽西喀左早白垩世昆虫化石的研究——蜻蜓、异翅、鞘翅、膜翅目[G]// 中国地质科学院地层古生物论文集编委会. 地层古生物论文集(18). 北京：地质出版社：76－91.

洪友崇. 1988. 辽西喀左早白垩世直翅目、脉翅目、膜翅目化石（昆虫纲）的研究[J]. 昆虫分类学报，10(1－2)：119－130.

洪友崇. 1992a. 辽西喀左早白垩世鞘翅目、蛇蛉目、双翅目化石（昆虫纲）的研究[J]. 甘肃地质学报，1(1)：1－13.

洪友崇. 1992b. 中晚侏罗世昆虫[M]// 吉林省地质矿产局. 吉林省古生物图册. 长春：吉林科学技术出版社：420－421.

洪友崇. 1997. 河北后城组昆虫化石的新发现和后城昆虫群的建立[J]. 北京地质，9(1)：1－10.

洪友崇. 1998. 中国北方昆虫群的建立与演化序列[J]. 地质学

报，72（1）：1－10.
洪友崇. 2002. 中国琥珀昆虫志[M]. 北京：北京科学技术出版社.
洪友崇，常建平. 1993. 昆虫[M]// 中国环太平洋带北段晚三叠世地层古生物及古地理. 北京：科学出版社：183－189.
洪友崇，陈润业. 1981. 陕西铜川中三叠世同翅目一个新科——大蝉科[J]. 科学通报，2：106－108.
洪友崇，郭新荣，任东. 2000. 抚顺琥珀中始须蠓新属的建立和分类讨论[J]. 寄生虫与医学昆虫学报，7：225－234.
洪友崇，梁世君，胡亭. 1995. 新疆吐哈盆地地质古生物组合研究[J]. 现代地质，9（4）：426－440.
洪友崇，王文利. 1990.（五）莱阳组的昆虫化石[M]// 山东省地质矿产局区域地质调查队. 山东莱阳盆地地层古生物. 北京：地质出版社：44－189.
洪友崇，阳自强，王士洵，等. 1974. 辽宁抚顺煤田地层及其生物群的初步研究[J]. 地质学报，2：113－150.
黄迪颖，林启彬. 2001. 北方早白垩世昼蜓稚虫化石[J]. 科学通报，46（3）：235－240.
侯明才，伊海生. 2000. 测老庙陆相盆地与里奇盆地的对比分析[J]. 铀矿地质，16（2）：85－90.
侯明才，伊海生，刘与安. 2002. 测老庙盆地层序地层格架与其幕式构造演化[J]. 地球学报，23（1）：63－66.
侯祐堂，勾韵娴，陈德琼. 2002. 中国介形类化石：第一卷 Cypridacea和Darwinulidacea[M]. 北京：科学出版社.
金帆. 2001. 评介Smith等的热河群^{40}Ar－^{39}Ar同位素测年结果[J]. 古脊椎动物学报，39（2）：151－156.
冷琴，杨洪. 2003. 中国东北热河生物群及沉积物中的黄铁矿霉状体及其对早期化石化阶段沉积微环境的指示[J]. 自然科学进展，12：359－364.
李鸿兴，隋敬之，周士秀，等. 1987. 昆虫分类检索[M]. 北京：农业出版社.
李连梅，任东，孟祥明. 2007a. 中国原哈格鸣螽科化石新发现（直翅目，哈格鸣螽科，阿博鸣螽亚科）[J]. 动物分类学报，32（2）：174－181.
李连梅，任东，王宗花. 2007b. 中生代晚期原哈格鸣螽化石新发现（直翅目，原哈格鸣螽科，阿博鸣螽亚科）[J]. 动物分类学报，32（2）：412－422.
梁爱萍. 1999. 六足总纲的系统发育与高级分类[M]// 郑乐怡，归鸿. 昆虫分类. 南京：南京师范大学出版社.
梁爱萍. 2005. 关于停止使用"同翅目Homoptera"目名的建议[J]. 昆虫知识，42（3）：332－337.
林启彬. 1965. 内蒙下部侏罗系的两种昆虫化石[J]. 古生物学报，13（2）：363－368.
林启彬. 1976. 辽西侏罗系的昆虫化石[J]. 古生物学报，15（1）：97－116.
林启彬. 1978. 中国的蜚蠊目昆虫化石[J]. 昆虫学报，21（3）：335－342.
林启彬. 1982. 中生代、新生代昆虫[M]// 地质矿产部西安地质矿产研究所. 西北地区古生物图册：陕甘宁分册（三）. 北京：地质出版社：76－77.
林启彬. 1986. 中国古生物志：新乙种第21号——华南中生代早期的昆虫[M]. 北京：科学出版社.
林启彬. 1992a. 晚侏罗世－早白垩世昆虫[M]// 吉林省地质矿产局. 吉林省古生物图册. 长春：吉林科学技术出版社：417－424.
林启彬. 1992b. 新疆托克逊晚三叠世昆虫[J]. 古生物学报，31（3）：313－335.
林启彬. 1995. 白垩纪*Penaphis*属（同翅目：斑蚜科）及协同进化关系[J]. 古生物学报，34（2）：194－204.
刘金远，任东，高春玲，等. 2004. 辽宁西部九佛堂组昼蜓化石的新发现及其地质意义[J]. 世界地质，23（3）：209－212.
刘俊，李录，李兴文. 2013. 山西三叠系二马营组和铜川组SHRIMP锆石铀－铅年龄及其地质意义[J]. 古脊椎动物学报，51（2）：162－168.
刘平娟，黄建东，任东. 2009. 冀北、辽西义县组昆虫群落古生态分析[J]. 环境昆虫学报，31（3）：254－274.
刘兆生. 2000. 甘肃玉门旱峡早白垩世孢粉组合[J]. 微体古生物学报，17（3）：73－84.
刘子进，刘顺堂，洪友崇. 1985. 陕西陇县娘娘庙三叠纪生物群的发现与研究[J]. 西安地质矿产研究所所刊，10：105－120.
柳永清，李佩贤，田树刚. 2003. 冀北滦平晚中生代火山碎屑（熔）岩中锆石SHRIMPU－Pb年龄及其地质意义[J]. 岩石矿物学杂志，22（3）：237－244.
卢立伍. 2002. 辽西义县热河群鱼类化石新材料及其生物地层学研究：博士学位论文[D]. 北京：中国地质大学.
马其鸿. 1986. 甘肃西部晚侏罗世新民堡群瓣鳃类[J]. 中国科学院南京地质古生物研究所集刊，22：181－203.
马其鸿，林启彬，叶春辉，等. 1982. 酒泉盆地西部赤金堡组与新民堡群的划分和对比[J]. 地层学杂志，6（2）：112－120.
马其鸿，林启彬，叶春辉，等. 1984. 甘肃酒泉盆地西部新民堡群的划分和对比[J]. 地层学杂志，8（4）：255－270.
孟祥明，任东，李连梅. 2006. 中国辽宁新的原哈格鸣螽科化石（直翅目，原哈格鸣螽科，赤峰鸣螽亚科）[J]. 动物分类学报，31（4）：752－757.
内蒙古自治区地质矿产局. 1991. 内蒙古自治区区域地质志[M]. 北京：地质出版社.
牛绍武. 1987. 甘肃酒泉盆地晚期中生代地层[J]. 地层学杂志，11（1）：1－22.
牛绍武，田树刚. 2008. 辽西义县组叶肢介化石在冀北滦平盆地西瓜园组中的系统发现及其意义[J]. 地质通报，27（6）：753－768.
牛绍武，田树刚，庞其清. 2010. 冀北滦平盆地大店子组叶肢介生物地层特征与陆相侏罗系－白垩系界线[J]. 地质通报，29（7）：961－979.
庞其清，李佩贤，田树刚，等. 2002. 冀北滦平张家沟大北沟组——大店子组介形类的发现及生物地层界线研究[J]. 地质通报，21（6）：329－338.
庞其清，田树刚，李佩贤，等. 2006. 冀北滦平盆地大北沟组－大店子组介形类生物地层和侏罗系－白垩系界线[J]. 地质通

报,25(3): 348－356.

任东. 1995. 昆虫化石部分[M]// 任东，卢立伍，郭子光，等. 北京与邻区侏罗－白垩纪动物群及其地层. 北京：地震出版社：47－120.

任东，卢立伍，郭子光，等. 1995a. 北京与邻区侏罗－白垩纪动物群及其地层[M]. 北京：地震出版社.

任东，朱会忠，陆永泉. 1995b. 内蒙古赤峰早白垩世昆虫化石的新发现[J]. 地球学报－中国地质科学院院报，4：432－439.

任东，孟祥明. 2006. 中国侏罗纪Protaboilinae亚科化石新属种(直翅目，原哈格鸣螽科)[J]. 动物分类学报，31(3)：513－519.

任东，尹继才，黄伯衣. 1999. 河北丰宁中生代晚期昆虫群落与生态地层的初步研究[J]. 地质科技情报，18(1)：39－44.

沈炎彬，陈丕基，黄迪颖. 2003. 内蒙古宁城县道虎沟叶肢介化石群的时代[J]. 地层学杂志，27(4)：311－314.

沈炎彬，王思恩，陈丕基. 1982. 叶肢介[M]// 西安地质矿产研究所. 西北地区古生物图册：陕甘宁分册 (三). 北京：地质出版社：52－70.

谭京晶，任东. 2009. 中国中生代原鞘亚目甲虫化石[M]. 北京：科学出版社.

谭娟杰. 1980. 昆虫的地质历史[J]. 动物分类学报，5(1)：1－12.

田树刚，牛绍武. 2010. 早白垩世陆相九佛堂阶的重新厘定及其层型剖面[J]. 地质通报，29(2－3)：173－187.

田树刚，牛绍武，庞其清. 2008. 冀北滦平盆地早白垩世陆相义县阶的重新厘定及其层型剖面[J]. 地质通报，27(6)：739－752.

汪筱林. 2001. 地层与时代[M]// 张弥曼，陈丕基，王元青，等. 热河生物群. 上海：上海科学技术出版社：8－22.

汪筱林，王元青，张福成，等. 2000a. 辽宁凌源及内蒙古宁城地区下白垩统义县组脊椎动物生物地层[J]. 古脊椎动物学报，38(2)：81－99.

汪筱林，王元青，张江永，等. 2000b. 热河群脊椎动物新发现及中国北方非海相侏罗－白垩系界线[M]// 第三届全国地层会议论文集编委会. 第三届全国地层会议论文集. 北京：地质出版社：252－259.

王博，李建峰，方艳，等. 2009. 内蒙古道虎沟中侏罗世昆虫化石元素成分初步分析及其埋葬学指示[J]. 科学通报，54：210－214.

王博，Szwedo J，张海春，等. 2011. 鞘喙蝽总科(半翅目)在中国的首次发现[J]. 古生物学报，50(3)：321－325.

王鸿祯. 1995. 中国古地理图集[M]. 北京：地图出版社.

王孟卿，杨定. 2005. 昆虫的雌雄二型现象[J]. 昆虫知识，42(6)：721－725.

王文利，刘明渭. 1996a. 中生代晚期直翅目哈格鸣螽科一新属及听器的研究[J]. 北京自然博物馆研究报告，55：69－77.

王文利，刘明渭. 1996b. 莱阳早白垩世地层中的一种长扁甲化石[J]. 北京自然博物馆研究报告，55：79－82.

王五力. 1980. 昆虫纲[M]// 沈阳地质矿产研究所. 东北地区古生物图册 (二). 北京：地质出版社：130－153.

王五力. 1987a. 辽宁西部早中生代昆虫化石[M]// 于希汉，王五力，刘宪亭，等. 辽宁西部中生代地层古生物 (三). 北京：地质出版社：212－214.

王五力. 1987b. 论中国北方早白垩世早期阜新生物群[J]. 中国地质科学院沈阳地质矿产研究所文集，16：53－59.

王五力，张宏，张立君，等. 2003. 辽宁义县－北票地区义县组地层层序——义县阶标准地层剖面建立和研究之一[J]. 地层学杂志，27(3)：227－232.

王五力，张宏，张立君，等. 2004. 土城子阶、义县阶标准地层剖面及其地层古生物、构造－火山作用[M]. 北京：地质出版社.

王五力，郑少林，张立君，等. 1989. 辽宁西部中生代地层古生物 (一) [M]. 北京：地质出版社.

王莹，任东. 2006. 内蒙古道虎沟中侏罗世假古蝉属化石(同翅目，古蝉科)[J]. 动物分类学报，31(2)：289－293.

卫平生，姚清洲，吴时国. 2005. 银根－额济纳旗盆地白垩纪地层、古生物群和古环境研究[J]. 西安石油大学学报：自然科学版，20(2)：17－21.

卫平生，张虎权，陈启林. 2007. 银根－额济纳旗盆地下白垩统银根组的确立[J]. 地层学杂志，31(2)：184－189.

吴仁贵，周万蓬，刘平华，等. 2009. 关于内蒙古巴音戈壁盆地早白垩世地层的讨论[J]. 地层学杂志，33(1)：87－90.

吴仁贵，周万蓬，徐喆，等. 2010. 巴音戈壁盆地苏红图组时代归属研究[J]. 铀矿地质，26(3)：152－157.

武春生. 1999. 昆虫纲：鳞翅目[M]// 郑乐怡，归鸿. 昆虫分类 (下). 南京：南京师范大学出版社：805－821

许坤，杨建国，陶明华，等. 2003. 中国北方侏罗系：Ⅶ 东北地层区. 北京：石油工业出版社.

许圣传，刘招君，董清水，等. 2012. 抚顺煤田始新统沉积演化及其对煤和油页岩发育的控制[J]. 中国石油大学学报：自然科学版，36：45－52.

徐德斌，李宝芳，常征路. 2012. 辽西阜新－彰武－黑山区白垩系火山岩U－Pb同位素年龄、层序和找煤研究[J]. 地学前缘，19(6)：155－166.

杨集昆，洪友崇. 1990. 山东莱阳盆地早白垩世草蛉化石一新属——龙草蛉属[J]. 现代地质，4(4)：15－26.

杨静，王志萍，王伟栋. 2003. 二连盆地西部赛汉塔拉组轮藻化石及其时代意义[J]. 大庆石油地质与开发，22(3)：19－21.

叶得泉，钟筱春. 1990. 中国北方含油气区白垩系[M]. 北京：石油工业出版社.

尹赞勋. 1948. 火山喷发、白垩纪鱼及昆虫之大量死亡与玉门石油之生成[J]. 地质论评，13：139.

袁锋，张雅林，冯记年，等. 2006. 昆虫分类学：第二版[M]. 北京：中国农业出版社.

翟明国，孟庆任，刘建明，等. 2004. 华北东部中生代构造体制转折峰期的主要地质效应和形成动力学探讨[J]. 地学前缘，11(3)：285－297.

张光富. 2005. 中国吉林大砬子组的时代探讨[J]. 地层学杂志，49(4)：381－386.

张海春. 1996a. 新疆准噶尔盆地中生代直脉科(昆虫纲，长翅目)

昆虫化石[J]. 古生物学报,35(4): 442–454.

张海春. 1996b. 鸣螽科化石在西北地区的首次发现[J]. 昆虫分类学报,18(4): 249–252.

张海春. 1997. 新疆准噶尔盆地侏罗纪叩头虫科(昆虫纲,鞘翅目)一新属[J]. 微体古生物学报,14(1): 71–77.

张海春. 1999. 辽西北票义县组下部膜翅目昆虫化石: 博士学位论文[D]. 南京: 中国科学院南京地质古生物研究所.

张海春. 2010. 昆虫[M]// 邓胜徽,卢远征,樊茹,等. 新疆北部的侏罗系. 合肥: 中国科学技术大学出版社: 156–159.

张海春,王博,方艳. 2010. 热河生物群昆虫多样性的演变[J]. 中国科学: 地球科学,40(9): 1266–1276.

张海春,王启飞,张俊峰. 2003. 新疆准噶尔盆地侏罗纪的几种昆虫化石[J]. 古生物学报,42(4): 548–551.

张海春,张俊峰. 2000a. 北票尖山沟义县组下部两种膜翅目昆虫化石[J]. 微体古生物学报,17(3): 286–290.

张海春,张俊峰. 2000b. 辽西义县组长节锯蜂科(昆虫纲,膜翅目)昆虫化石[J]. 古生物学报,39(4): 476–492.

张海春,张俊峰. 2000c. 东北侏罗纪中细蜂科一新属(膜翅目)[J]. 昆虫分类学报,22(4): 279–282.

张海春,张俊峰. 2000d. 原举腹蜂科(昆虫纲,膜翅目)化石在我国的发现及意义[J]. 微体古生物学报,17(4): 416–421.

张海春,张俊峰. 2001. 辽西义县组细蜂总科(昆虫纲,膜翅目)昆虫化石[J]. 微体古生物学报,18(1): 11–28.

张海春,张俊峰,魏东涛. 2001. 陷胸茎蜂亚科(昆虫纲)化石在我国辽西上侏罗统的发现及其系统演化[J]. 古生物学报,40(2): 224–228.

张海春,郑大燃,王博,等. 2013. 中国已知最大的蜻蜓: 内蒙古侏罗纪的赵氏修复蟌蜓(*Hsiufua chaoi* Zhang et Wang, gen. et sp. nov.)[J]. 科学通报,58: 1340–1345.

张宏,柳小明,陈文,等. 2005. 辽西北票–义县地区义县组顶部层位的年龄及其意义[J]. 中国地质,32(4): 596–603.

张俊峰. 1985. 中生代昆虫化石新资料. 山东地质,1(2): 23–39.

张俊峰. 1986a. 冀北侏罗纪的某些昆虫化石[G]// 山东古生物学会. 山东古生物地层论文集. 北京: 海洋出版社: 74–95.

张俊峰. 1986b. 中侏罗世魔蜂科一新属——*Sinephialites*在中国的发现[J]. 古生物学报,25(5): 585–590.

张俊峰. 1987. 扁足蝇科(Platypezidae)四新属[J]. 古生物学报,26(5): 595–600.

张俊峰. 1989. 山旺昆虫化石[M]. 济南: 山东科学技术出版社.

张俊峰. 1990. 山东中生代晚期脉翅目昆虫一个新科[J]. 中国科学: B辑,12: 1306–1310.

张俊峰. 1991a. 长室姬蜂属一新种[J]. 古生物学报,30(4): 502–504.

张俊峰. 1991b. 晚侏罗世摇蚊科新属、种[J]. 古生物学报,30(5): 556–569.

张俊峰. 1991c. 中生代晚期中蟒类昆虫新探[J]. 古生物学报,30(6): 679–704.

张俊峰. 1992a. 山东莱阳中生代晚期昆虫群及其古生态特征[J]. 科学通报,37(5): 431–431.

张俊峰. 1992b. 中生代晚期柄腹细蜂科的两新属(膜翅目)[J]. 昆虫分类学报,14(3): 222–228.

张俊峰. 1992c. 山东莱阳鞘翅目化石[J]. 昆虫学报,35(3): 331–338.

张俊峰. 1992d. 中国类拜萨蜂科二新属种记述(膜翅目: 泥蜂总科)[J]. 昆虫学报,35(4): 483–489.

张俊峰. 1993. 陕西、豫南中生代晚期的昆虫化石[J]. Palaeoworld,2: 49–56.

张俊峰. 1994. 山东莱阳晚侏罗世原始蠼螋化石(昆虫纲)的发现及其意义[J]. 古生物学报,33(2): 229–245.

张俊峰,孙博,张希雨. 1994. 山东山旺中新世昆虫与蜘蛛[M]. 北京: 科学出版社.

张俊峰,王晓华,徐国珍. 1992. 山东莱阳隐翅虫科化石一新属二新种[J]. 昆虫分类学报,14: 277–281.

张俊峰,张生,侯凤莲,等. 1989. 山东晚侏罗世蚜类[J]. 山东地质,5(1): 28–46.

张俊峰,张生,李莲英. 1993. 中生代的虻类(昆虫纲)[J]. 古生物学报,32(6): 662–672.

张俊峰,张生,刘德正,等. 1986. 莱阳盆地双翅目长角亚目昆虫化石[J]. 山东地质,2(1): 14–38.

张兴亮,舒德干. 2001. 试论动物非矿化矿化组织的保存[J]. 沉积学报,19: 13–19.

张义杰,齐雪峰,程显胜,等. 2003. 中国北方侏罗系: Ⅲ 新疆地层区[M]. 北京: 石油工业出版社.

张志军. 2007. 早白垩世芦尚坟组昆虫组合及沉积环境分析[J]. 地球学报,28(2): 167–172.

张志军,洪友崇,卢立伍,等. 2005. 纳缪尔期巨脉科蜻蜓化石新属种[J]. 自然科学进展,15(10): 1262–1265.

郑乐怡,归鸿. 1999. 昆虫分类学[M]. 南京: 南京师范大学出版社.

郑月娟. 2005. 辽西地区义县组昆虫化石及其生物地层、古生态学意义[J]. 地质与资源,14(2): 81–86.

郑月娟,陈树旺,丁秋红,等. 2011. 辽西义县组与冀北大店子组、西瓜园组的对比[J]. 地质与资源,20(1): 21–26.

中国地层典编委会,郝诒纯,苏德英,等. 2000. 中国地层典 · 白垩系[M]. 北京: 地质出版社.

中国科学院动物研究所业务处. 1982. 拉英汉昆虫名称[M]. 北京: 科学出版社.

周志炎,吴向午. 2006. 早中生代银杏目的辐射和分异[M]// 戎嘉余,方宗杰,周忠和,等. 生物的起源、辐射与多样性演变——华夏化石记录的启示. 北京: 科学出版社: 510–549, 904–906.

Alarie Y, Beutel R G, Watts C H S. 2004. Larval morphology of the Hygrobiidae (Coleoptera: Adephaga, Dytiscoidea) with phylogenetic considerations [J]. European Journal of Entomology, 101: 293–311.

Alarie Y, Bilton D T. 2005. Larval morphology of Aspidytidae (Coleoptera: Adephaga) and its phylogenetic implications [J]. Annals of the Entomological Society of America, 98(4): 417–430.

Allen P, Wimbledon W A. 1991. Correlation of NW European

Purbeck-Wealden (nonmarine Lower Cretaceous) as seen from the English type areas [J]. Cretaceous Research, 12: 511－526.

Allison P A. 1988. Konservat-Lagerstätten: cause and classification [J]. Paleobiology, 14: 331－344.

Anderson E P, Schiffbauer A D, Xiao S H. 2011. Taphonomic study of Ediacaran organic walled fossils confirms the importance of clay minerals and pyrite in Burgess shale-type preservation [J]. Geology, 39: 643－646.

Antoine P O, De Franceschi D, Flynn J J, et al. 2006. Amber from western Amazonia reveals Neotropical diversity during the Middle Miocene [J]. Proceedings of the National Academy of Sciences of the United States of America, 103: 13595－13600.

Archibald S B, Makarkin V N. 2006. Tertiary giant lacewings (Neuroptera: Polystoechotidae): Revision and description of new taxa from western North America and Denmark [J]. Journal of Systematic Paleontology, 4: 119－155.

Arnoldi L V, Zherikhin V V, Nikritin L M, et al. 1977. Mesozoic Coleopterat [J]. Trudy Paleontologicheskogo Instituta Akademii Nauk SSSR, 161: 1－204.

Badgley C. 1986. Counting individuals in mammalian fossil assemblages from fluvial environments [J]. Palaios, 1: 328－338.

Bai M, Ahrens D, Yang X K, et al. 2012. New fossil evidence of the early diversification of scarabs: *Alloioscarabaeus cheni* (Coleoptera: Scarabaeoidea) from the Middle Jurassic of Inner Mongolia, China [J]. Insect Science, 19: 159－171.

Balashov Y. 1984. Interaction between blood-sucking arthropods and their hosts, and its influence on vector potential [J]. Annual Review of Entomology, 29: 137－156.

Balke M, Ribera I, Beutel R G. 2003. Aspidytidae: on the discovery of a new family of beetles and a key to fossil and extant adephagan families [M]//Jach M A, Ji L. Water beetles of China: 3. Vienna: Zoologisch-Botanische Gesellschaft in Osterreich and Wiener Coleopterologenverein: 53－66.

Balke M, Ribera I, Beutel R G. 2005. The systematic position of Aspidytidae, the diversification of Dytiscoidea (Coleoptera, Adephaga) and the phylogenetic signal of third codon positions [J]. Journal of Zoological Systematics and Evolutionary Research, 43: 223－242.

Balke M, Ribera I, Beutel R G. et al. 2008. Systematic placement of the recently discovered beetle family Meruidae (Coleoptera: Dytiscoidea) based on molecular data [J]. Zoologica Scripta, 37(6): 647－650.

Barth F B. 1985. Insects and flowers: the biology of a partnership [M]. Princeton: Princeton University Press.

Basibuyuk H, Quicke D L J, Rasnitsyn A P. 2000. A new genus of the Orussidae (Insecta: Hymenoptera) from the Late Cretaceous New Jersey amber [M]// Grimaldi D. Studies on fossils in amber, with particular reference to the Cretaceous of New Jersey. Leiden: Backhuis Publisher: 305－311.

Bechly G. 1996. Morphologische Untersuchungen am Flügelgeäder der rezenten Libellen und deren Sta mmgruppenvertreter (Insecta; Pterygota; Odonata), unter besonderer Berücksichtigung der Phylogenetischen Systematik und des Grundplanes der Odonata [J]. Petalura, 2: 1－402.

Bechly G. 2000. Two new fossil dragonfly species (Insecta: Odonata: Pananisoptera: Aeschnidiidae and Atassiidae) from the Solnhofen lithographic limestones (Upper Jurassic, Germany) [J]. Stuttgarter Beiträge zur Naturkunde: Ser B, 288: 1－9.

Bechly G. 2004. Evolution and systematics [M]//Hutchins M, Evans A V, Garrison R W, et al. Grzimek's Animal Life Encyclopedia: 2nd Edition Vol 3 Insects. Detroit: Gale: 7－16.

Becker-Migdisova E E. 1947. *Cicadoprosbole sogutensis* gen. n. sp. n. — A transitional form between the Permian Prosbolidae and the Recent Cicadidae [J]. Doklady Akademii Nauk SSSR, 55(5): 445－448 (in Russian).

Becker-Migdisova E E. 1949. Mesozoic Homoptera of Central Asia [J]. Trudy Paleontologicheskogo Instituta Akademii Nauk SSSR, 22: 1－68 (in Russian).

Becker-Migdisova E E. 1950. Jurassic Palaeontinidae from a new locality on the Iya River [J]. Doklady Akademii Nauk, 71: 1105－1108 (in Russian).

Becker-Migdisova E E. 1960. Paleozoic Homoptera of the USSR and the problems of phylogeny of the order [J]. Paleontologicheskii Zhurnal, 3: 28－42 (in Russian).

Becker-Migdisova E E, Wootton R J. 1965. New palaeontinoids of Asia [J]. Paleontologicheskii Zhurnal, 2: 69－79 (in Russian).

Bell C D, Soltis D E, Soltis P. 2010. The age and diversification of the angiosperms re-revisited [J]. American Journal of Botany, 97: 1296－1303.

Benton M J, Zhou Z H, Orr P J, et al. 2008. The remarkable fossils from the Early Cretaceous Jehol Biota of China and how they have changed our knowledge [J]. Proceedings of the Geologists' Association, 119: 209－228.

Bergman N M, Lenton T M, Watson A J. 2004. COPSE: a new model of biogeochemical cycling over Phanaerozoic time [J]. American Journal of Sciences, 304: 397－437.

Berner R A. 2006. GEOCARBSULF: a combined model for Phanerozoic atmospheric O_2 and CO_2 [J]. Geochimica et Cosmochimica Acta, 70: 5653－5664.

Berner R A. 2009. Phanerozoic atmospheric oxygen: New results using the GEOCARBSULF model [J]. American Journal of Science, 309: 603－609.

Berner R A, Canfield D E. 1989. A new model for atmospheric oxygen over phanerozoic time [J]. American Journal of Science, 289: 333－361.

Bernhardt P. 1996. Anther adaptation in animal pollination [M]//D' Arcy W G, Keating R C. The anther: Form, function and phylogeny. Cambridge: Cambridge University Press: 192 – 220.

Bernhardt P. 2000. Convergent evolution and adaptive radiation of beetle-pollinated angiosperms [J]. Plant Systematics and Evolution, 222: 293 – 320.

Bernhardt P, Sage T, Weston P, et al. 2003. The pollination of *Trimenia moorei* (Trimeniaceae): Floral volatiles, insect/wind vectors and stigmatic self-incompatibility in a basal angiosperm [J]. Annals of Botany, 92(3): 445 – 458.

Béthoux O, Nel A. 2001. Venation pattern of Orthoptera [J]. Journal of Orthoptera Research, 10: 195 – 198.

Béthoux O, Nel A. 2002. Venational pattern and revision of Orthoptera *sensu n.* and sister groups. Phylogeny of Orthoptera *sensu n.* [J]. Zootaxa, 96: 1 – 88.

Beutel R G, Balke M, Steiner W E Jr. 2006. The systematic position of Meruidae (Coleoptera, Adephaga) based on a cladistic analysis of morphological characters [J]. Cladistics, 22: 102 – 131.

Beutel R G, Ge S Q, Hörnschemeyer T. 2007. On the head morphology of Tetraphalerus, the phylogeny of Archostemata and the basal branching events in Coleoptera [J]. Cladistics, 23: 1 – 29.

Blakey R C. 2014. Global Paleogeography, Mollewide Globes, Eocene (50 Ma) [EB/OL]. [2015 – 10 – 08] http: // cpgeosystems. com/50moll. jpg.

Blois J L, Zarnetske P L, Fitzpatrick M C, et al. 2013. Climate change and the past, present, and future of biotic interactions [J]. Science, 341: 499 – 504.

Bolek M G, Coggins J R. 2002. Observations on myiasis by the calliphorid, *Bufolucilia silvarum*, in the Eastern American toad (*Bufo americanus americanus*) from Southeastern Wisconsin [J]. Journal of Wildlife Diseases, 38: 598 – 603.

Botting J P, Muir L A, Sutton M D, et al. 2011. Welsh gold: A new exceptionally preserved pyritized Ordovician Biota [J]. Geology, 39: 879 – 882.

Bourgoin T, Campbell B C. 2002. Inferring a phylogeny for Hemiptera: Falling into the "Autapomorphic Trap" [J]. Denisia, 4: 67 – 82.

Brandt D S. 1989. Taphonomic grades as a classification for fossiliferous assemblages and implications for paleoecology [J]. Palaios, 4: 303 – 309.

Brauckmann C, Brauckmann B, Gröning E. 1996. The stratigraphical position of the oldest known Pterygota (Insecta, Carboniferous, Namurian) [J]. Annales de la Société Géologique de Belgique, 117: 47 – 56.

Breddin G. 1897. Hemipteren [M]//Ergebnisse der Hamburger Magalhaensischen Sammalreise, Herausgegeben vom naturhistorischen Museum zu Hamburg. Hamburg: L. Friederischen and Co.: 10 – 13.

Briggs D E G. 1999. Molecular taphonomy of animal and plant cuticles: Selective preservation and diagenesis [J]. Philosophical Transactions of the Royal Society: B, 354: 7 – 16.

Briggs D E G. 2003a. The role of decay and mineralization in the preservation of soft-bodied fossils [J]. Annual Review of Earth Planet Science, 31: 275 – 301.

Briggs D E G. 2003b. The role of biofilms in the fossilization of non-biomineralized tissues [M]//Krumbein W E, Paterson D M, Zavarzin G A. Fossil and recent biofilms: A natural history of life on earth. Dordrecht: Kluwer Academic Publishers: 281 – 290.

Briggs J C. 1995. Global biogeography [M]. New York: Elsevier Academic Press.

Bronstein J L, Alarcón R, Geber M. 2006. The evolution of plant — insect mutualisms [J]. New Phytologist, 172: 412 – 428.

Brown B V. 1999. Re-evaluation of the fossil Phoridae (Diptera) [J]. Journal of Natural History, 33: 1561 – 1573.

Brown B V. 2002. A new primitive phorid (Diptera: Phoridae) from Baltic amber [J]. Studia Dipterologica, 8: 553 – 556.

Brożek J. 2007. Labial sensillae and the internal structure of the mouthparts of *Xenophyes cascus* Bergroth, 1924 (Peloridiidae: Coleorhhyncha: Hemiptera) and their significance in evolutionary studies on the Hemiptera [J]. Aphids and Other Hemipterous Insects: Monograph, 13: 35 – 42.

Brues C T, Melander A L, Carpenter F M. 1954. Classification of insects [M]. Cambridge: Harvard College University.

Brues C T, Melander A L, Carpenter F M. 1959. 昆虫的分类[M]//肖采瑜,程振衡,尚稚珍,等,译.北京：科学出版社.

Burnham D A. 2007. *Archaeopteryx* — A re-evaluation suggesting an arboreal habitat and an intermediate stage in trees down origin of flight [J]. Neues Jahrbuch für Geologie und Paläontologie – Abhandlungen, 245: 33 – 44.

Burrows M, Hartung V, Hoch H. 2007. Jumping behaviour in a Gondwanan relict insect (Hemiptera: Coleorrhyncha: Peloridiidae) [J]. Journal of Experimental Biology, 210: 3311 – 3318.

Butler A G. 1873. Family Nymphalidae [M]//Lepidoptera exotica, or descriptions and illustrations of exotic Lepidoptera. London: E. W. Janson: 125 – 128.

Cai Y P, Hua H, Xiao S H, et al. 2010. Biostratinomy of the Late Ediacaran pyritized Gaojiashan from Southern Shaanxi, South China: Importance of event deposits [J]. Palaios, 25: 487 – 506.

Cai Y P, Schiffbauer J D, Hua H, et al. 2012. Preservational modes in the Ediacaran Gaojiashan Lagerstätte: Pyritization, aluminosilicification, and carbonaceous compression [J]. Palaeogeography, Palaeoclimatology, Palaeoecology, 326 – 328:

109–117.

Campbell B C, Steffen-Campbell J D, Sorensen J T, et al. 1995. Paraphyly of Homoptera and Auchenorrhyncha inferred from 18S rDNA nucleotide sequences [J]. Systematic Entomology, 20: 175–194.

Canfield D E, Raiswell R. 1991. Pyrite formation and fossil preservation [M]//Allison P A, Briggs D E G. Taphonomy: Releasing the data locked in the fossil record. New York: Plenum Press: 338–388.

Carpenter F M. 1943. Studies on Carboniferous insects from Commentry, France: Part I Introduction and families Protagriidae, Meganeuridae, and Campylopteridae [J]. Bulletin of the Geological Society of America, 54: 527–554.

Carpenter F M. 1992. Treatise on Invertebrate Palaeontology: Part R Arthropoda 4 Vol 3, 4 Superclass Hexapoda [M]. Colorado & Kansas: The Geology Society of America, and University of Kansas.

Castro L R, Dowton M. 2006. Molecular analysis of the Apocrita (Insecta: Hymenoptera) suggest that the Chalcidoidea are sister to the diaprioid complex [J]. Invertebrate Systematics, 20: 603–614.

Chang M M, Chen P P, Wang Y Q, et al. 2003. The Jehol Biota: The emergence of feathered dinosaurs, beaked birds and flowering plants [M]. Shanghai: Shanghai Scientific and Technical Publishers.

Chang S C, Zhang H C, Hemming S R, et al. 2012. Chronological evidence for extension of the Jehol Biota into Southern China. Palaeogeography, Palaeoclimatology, Palaeoecology, 344–345(1): 1–5.

Chang S C, Zhang H C, Hemming S R, et al. 2014. ^{40}Ar/^{39}Ar age constraints on the Haifanggou and Lanqi formations: When did the first flowers bloom? [J]. Geological Society, London, Special Publications, 378: 277–284.

Chang S C, Zhang H C, Paul R, et al. 2009a. High-precision ^{40}Ar/^{39}Ar age for the Jehol Biota [J]. Palaeogeography, Palaeoclimate, Palaeoecology, 280: 94–104.

Chang S C, Zhang H C, Renne P R, et al. 2009b. High-precision ^{40}Ar/^{39}Ar age constraints on the basal Lanqi Formation and its implications for the origin of angiosperm plants [J]. Earth and Planetary Science Letters, 279: 212–221.

Chen J, Wang B, Engel M S, et al. 2014. Extreme adaptations for aquatic ectoparasitism in a Jurassic fly larva [J]. eLife, 3: e02844.

Chen P J. 2003. Cretaceous biostratigraphy of China [M]//Zheng W T, Chen P J, Palmer A R. Biostratigraphy of China. Beijing: Science Press: 465–524.

Chiappe L M, Dyke G J. 2006. The early evolutionary history of birds [J]. Journal of the Paleontogical Society of Korea, 22: 133–151.

China W E. 1962. South American Peloridiidae (Hemiptera-Homoptera: Coleorrhyncha) [J]. Transactions of the Royal Entomological Society of London, 114: 131–161.

Clapham M E, Karr J A. 2012. Environmental and biotic controls on the evolutionary history of insect body size [J]. Proceedings of the National Academy of Sciences of the United States of America, 109 (27): 10927–10930.

Cleal C J, Thomas B A, Batten D J. 2001. The Jurassic palaeobotany of Southern England [M]//Cleal C J, Thomas B A, Batten D J., et al. Mesozoic and Tertiary Palaeobotany of Great Britain. Geological Conservation Review Series, 22: 97–113. Peterboruogh: Join Nature Conservation Committee.

Cobben R H. 1978. Evolutionary trends in Heteroptera: Pt. II Mouthpart-structures and feeding strategies [M]. Wageningen: Agricultural University.

Cockerell T D A. 1908. A fossil orthopterous insect with the media and cubitus fusing. Entomological News, 19: 126–128.

Cognato A I, Grimaldi D. 2010. One hundred million years of morphological conservation in a bark beetle (Coleoptera: Curculionidae: Scolytinae) [J]. Systematic Entomology, 34: 93–100.

Cohen K M, Finney S C, Gibbard P L, et al. 2013. The ICS international chronostratigraphic chart [J]. Episodes, 36: 199–204.

Combes S A. 2002. Wing flexibility and design for animal flight: Unpublished PhD thesis[D]. Seattle: University of Washington.

Cooper K W. 1941. *Davispia bearcreekensis* Cooper, a new cicada from the Paleocene, with a brief review of the fossil Cicadidae [J]. American Journal of Science, 239: 286–304.

Cott H B. 1957. Adaptive coloration in animals [M]. London: Methuen.

Cox R E, Yamamoto S, Otto A, et al. 2007. Oxygenated di- and tricyclic diterpenoids of southern hemisphere conifers [J]. Biochemical Systmatics and Ecology, 35: 342–362.

Cryan J R. 2005. Molecular phylogeny of Cicadomorpha (Insecta: Hemiptera: Cicadoidea, Cercopoidea and Membracoidea): Adding evidence to the controversy [J]. Systematic Entomology, 30: 563–574.

Cryan J R, Urban J M. 2012. Higher-level phylogeny of the insect order Hemiptera: Is Auchenorrhyncha really paraphyletic [J]. Systematic Entomology, 37: 7–21.

Darling D C, Sharkey M J. 1990. Order Hymenoptera//Grimaldi D A. Insects from the Santana Formation, Lower Cretaceous, of Brazil [J]. Bulletin of the American Museum of Natural History, 195: 123–153.

Davis S R, Engel M S, Legalov A, et al. 2013. Weevils of the Yixian Formation, China (Coleoptera: Curculionoidea): Phylogenetic considerations and comparison with other

Mesozoic faunas [J]. Journal of Systematic Palaeontology, 11: 399 – 429.

Decker R, Decker B. 1989. Volcanoes [M]. New York: W. H. Freeman and Company.

de Queiroz A. 2005. The resurrection of oceanic dispersal in historical biogeography [J]. Trends in Ecology and Evology, 20: 68 – 73.

Dickinson M H, Lehmann F O, Sane S P. 1999. Wing rotation and the aerodynamic basis of insect flight [J]. Science, 284: 1954 – 1960.

Dietrich C H. 2002. Evolution of Cicadomorpha (Insecta, Hemiptera) [J]. Denisia, 176: 155 – 170.

Dobson M. 2013. Family-level keys to freshwater fly (Diptera) larvae: A brief review and a key to European families avoiding use of mouthpart characters [J]. Freshwater Reviews, 6: 1 – 32.

Doitteau G, Nel A. 2007. Chironomid midges from Early Eocene amber of France (Diptera: Chironomidae) [J]. Zootaxa, 1404: 1 – 66.

Dowton M, Austin A D. 1994. Molecular phylogeny of the insect order Hymenoptera: Apocritan relationships [J]. Proceedings of the National Academy of Sciences USA, 91: 9911 – 9915.

Dowton M, Austin A D. 2001. Simultaneous analysis of 16S, 28S, COI and morphology in the Hymenoptera: Apocrita — Evolutionary transitions among parasitic wasps [J]. Biological Journal of the Linnean Society, 74: 87 – 111.

Dowton M, Austin A D, Dillon N, et al. 1997. Molecular phylogeny of the apocritan wasps: The Proctotrupomorpha and Evaniomorpha [J]. Systematic Entomology, 22: 245 – 255.

Duncan I J, Briggs D E G. 1996. Three-dimensionally preserved insects [J]. Nature, 381: 30 – 31.

Duncan I J, Titchener F, Briggs D E G. 2003. Decay and disarticulation of the cockroach: Implications for preservation of the blattoids of Writhlington (Upper Carboniferous), UK [J]. Palaios, 18: 256 – 265.

D'Urso V, Ippolito J. 1994. Wing-coupling apparatus of Auchenorrhyncha (Insecta: Rhynchota: Hemelytrata) [J]. International Journal of Insect Morphology and Embryology, 23: 211 – 224.

Dutta S, Mallick M, Kumar K, et al. 2011. Terpenoid composition and botanical affinity of Cretaceous resins from India and Myanmar [J]. International Journal of Coal Geology, 85: 49 – 55.

Dworakowska I. 1988. Main veins of the wings of Auchenorrhyncha (Insecta: Rhynchota: Hemelytrata) [J]. Entomologische Abhandlungen Staatliches Museum für Tierkunde Dresden, 52: 63 – 108.

Eggleton P, Belshaw R. 1992. Insect parasitoind: An evolutionary overview [J]. Philosophical Transactions of the Royal Society: B, 337: 1 – 20.

Ellington C P, Berg C van den, Willmott A P, et al. 1996. Leading-edge vortices in insect flight [J]. Nature, 384: 626 – 630.

Emeljanov A F. 1977. Homology of wing structures in Cicadina and primitive Polyneoptera: Terminology and homology of venation in insects [J]. Trudy Vsesouznogo Entomologicheskogo Obshchestva, 58: 3 – 48 (in Russian).

Engel M S. 2005. A remarkable kalligrammatid lacewing from the Upper Jurassic of Kazakhstan (Neuroptera: Kalligrammatidae) [J]. Transactions of the Kansas Academy of Science, 108: 59 – 62.

Engel M S, Grimaldi D A. 2004. New light shed on the oldest insect [J]. Nature, 427 (6975): 627 – 630.

Ennos A R. 1988. The importance of torsion in the design of insect wings [J]. Journal of Experimental Biology, 140: 137 – 160.

Ensom P C. 2002. The Purbeck Limestone Group of Dorset, Southern England: A guide to lithostratigraphic terms [J]. Special Papers in Palaeontology, 68: 7 – 12.

Ervik F, Knudsen J T. 2003. Water lilies and scarabs: Faithful partners for 100 million years? [J]. Biological Journal of the Linnean Society, 80: 539 – 543.

Evans J W. 1956. Palaeozoic and Mesozoic Hemiptera (Insecta) [J]. Australian Journal of Zoology, 4: 165 – 258.

Evans J W. 1963. The systematic position of the Ipsviciidae (Upper Triassic Hemiptera) and some new Upper Permian and Middle Triassic Hemiptera from Australia (Insecta) [J]. Australian Journal of Entomology, 2: 17 – 23.

Evans J W. 1981. A review of present knowledge of the family Peloridiidae and new genera and new species from New Zealand and New Caledonia (Hemiptera: Insecta) [J]. Records of the Australian Museum, 34: 381 – 406.

Ezcurra M D, Agnolín F L. 2012. A new global palaeobiogeographical model for the Late Mesozoic and Early Tertiary [J]. Systematic Biology, 61: 553 – 566.

Fang Y, Wang B, Zhang H C, et al. 2015. New Cretaceous Elcanidae from China and Myanmar (Insecta, Orthoptera) [J]. Cretaceous Research, 52: 323 – 328.

Fang Y, Zhang H C, Wang B. 2009. A new species of *Aboilus* (Insecta, Orthoptera, Prophalangopsidae) from the Middle Jurassic of Daohugou, Inner Mongolia, China [J]. Zootaxa, 2249: 63 – 68.

Fang Y, Zhang H C, Wang B. 2010. New Haglidae (Insecta: Orthoptera: Hagloidea) from the Jurassic of China and their implications for the early evolution of acoustic communication [J]. Earth Science Frontiers, 17: 169 – 170.

Fang Y, Zhang H C, Wang B, et al. 2007. New taxa of Aboilinae (Insecta, Orthoptera, Prophalangopsidae) from the Middle Jurassic of Daohugou, Inner Mongolia, China [J]. Zootaxa, 1637: 55 – 62.

Fang Y, Zhang H C, Wang B, et al. 2013a. A new Chifengiinae species (Orothoptera: Prophalangopsidae) from the Lower Cretaceous Yixian Formation (Liaoning, P. R. China) [J]. Insect Systematics & Evolution, 44: 141 – 147.

Fang Y, Zhang H C, Wang B, et al. 2013b. A new cockroach (Blattodea: Caloblattinidae) from the Upper Triassic Xujiahe Formation of Sichuan Province, Southwestern China [J]. Insect Systematics & Evolution, 44: 167 – 174.

Farrell B D. 1998. "Inordinate fondness" explained: Why are there so many beetles? [J]. Science, 281: 555 – 559.

Farrell B D, Sequeira A S. 2004. Evolutionary rates in the adaptive radiation of beetles on plants [J]. Evolution, 58: 1984 – 2001.

Farrell U C, Martin M J, Hagadorn J W, et al. 2009. Beyond Beecher's Trilobite Bed: Widespread pyritization of soft tissues in the Late Ordovician Taconic foreland basin [J]. Geology, 37: 907 – 910.

Feduccia A. 1999. The origin and evolution of birds: 2nd ed. [M]. New Haven: Yale University Press.

Fernández F, Sharkey M J. 2006. Introducción a los Hymenoptera de la Región Neotropical [M]. Bogotá D. C. : Sociedad Colombiana de Entomología i Universidad National de Colombia.

Franz N M, Engel M S. 2010. Can higher-level phylogenies of weevils explain their evolutionary success? A critical review [J]. Systematic Entomology, 35: 597 – 606.

Friis E M, Pedersen K R, Crane P R. 2010. Diversity in obscurity: Fossil flowers and the early history of angiosperms [J]. Philosophical Transactions of the Royal Society: B, 365: 369 – 382.

Frutiger A. 2002. The function of the suckers of larval net-winged midges (Diptera: Blephariceridae) [J]. Freshwater Biology, 47: 293 – 302.

Fujiyama I. 1978. Some fossil insects from the Tedori Group (Upper Jurassic-Lower Cretaceous), Japan [J]. Bulletin of the National Science Museum: Series C Geology & Paleontology, 4: 181 – 192.

Fürsich F T, Sha J G, Jiang B Y, et al. 2007. High resolution palaeoecological and taphonomic analysis of Early Cretaceous lake biota, Western Liaoning (NE China) [J]. Palaeogeography, Palaeoclimatology, Palaeoecology, 253: 434 – 457.

Gabbott S E, Hou X G, Norry M J, et al. 2004. Preservation of Early Cambrian animals of the Chengjiang Biota [J]. Geology, 32: 901 – 904.

Gaede M. 1933. Cossidae [M]//Seitz A. Die Gross-Schmetterlinge der Erde II. Abteilung: Exotische Fauna 10 (die Indo-Australischen Spinner und Schwärmer). Stuttgart: Alfred Kernen Publisher: 807 – 824.

Gaines R R, Briggs E G, Zhao Y. 2008. Cambrian Burgess shale – type deposits share a common mode of fossilization [J]. Geology, 36: 755 – 758.

Gandolfo M A, Nixon K C, Crepet W L. 2004. Cretaceous flowers of Nymphaeaceae and implications for complex insect entrapment pollination mechanisms in early angiosperms [J]. Proceedings of the National Academy of Sciences of the United States of America, 101: 8056 – 8060.

Gao K Q, Chen J Y, Jia J. 2013. Taxonomic diversity, stratigraphic range, and exceptional preservation of Juro-Cretaceous salamanders from Northern China [J]. Canadian Journal of Earth Sciences, 50: 255 – 267.

Gao T P, Ren D, Shih C K. 2009a. *Abrotoxyela* gen. nov. (Insecta, Hymenoptera, Xyelidae) from the Middle Jurassic of Inner Mongolia, China [J]. Zootaxa, 2094: 52 – 59.

Gao T P, Ren D, Shih C K. 2009b. The first Xyelotomidae (Hymenoptera) from the Middle Jurassic in China [J]. Annals of the Entomological Society of America, 102(4): 588 – 596.

Gao T P, Shih C, Rasnitsyn A P, et al. 2013. New transitional fleas from China highlighting diversity of Early Cretaceous ectoparasitic insects [J]. Current Biology, 23: 1261 – 1266.

Gao T P, Shih C, Xu X, et al. 2012. Mid-Mesozoic flea-like ectoparasites of feathered or haired vertebrates [J]. Current Biology, 22: 732 – 735.

Garrouste R, Clément G, Nel P, et al. 2012. A complete insect from the Late Devonian Period [J]. Nature, 488: 82 – 85.

Ghosh S C, Pai T K, Nandi A. 2007. First record of an aquatic beetle larva (Insecta: Coloeptera) from the Parsora Formation (Permo-Triassic), India. Palaeontology, 50(6): 1335 – 1340.

Gibson G A P. 1999. Sister group relationships of the Platygastroidea and Chalcidoidea (Hymenoptera): An alternate hypothesis to Rasnitsyn (1988) [J]. Zoologica Scripta, 28: 125 – 138.

Gomez-Pallerola J E. 1984. Nuevos Paleontínidos del yacimiento infracretácico de la Pedrera de Meiá (Lérida) [J]. Boletin Geologico y Minero España, 95: 301 – 309.

Gorb S N, Perez-Goodwyn P G. 2003. Wing-locking mechanisms in aquatic Heteroptera [J]. Journal of Morphology, 257: 127 – 146.

Gorochov A V. 1986. Triassic insects of the superfamily Hagloidea (Orthoptera) [J]. Trudy Zoologicheskogo Instituta Akademii Nauk SSSR, 143: 65 – 100 (in Russian).

Gorochov A V. 1988. Orthopterans of the superfamily Hagloidea (Orthoptera) from the Lower and Middle Jurassic [J]. Paleontologicheskii Zhurnal, 2: 50 – 61 (in Russian).

Gorochov A V. 1989. Main stages of the historical development of the suborder Ensifera [J]. Trudy Zoologicheskogo Instituta Akademii Nauk SSSR, 202: 32 – 44 (In Russian).

Gorochov A V. 1990. Orthopterans, Gryllida, in Pozdne-Mezozoyskie Nasekomye Vostochnogo Zabaykal'ya [J]. Trudy Paleontologicheskovo Instituta Akademii Nauk SSSR, 239:

210 – 214 (In Russian).

Gorochov A V. 1995. System and evolution of the suborder Ensifera (Orthoptera). Pt. 1/2 [J]. Trudy Zoologicheskovo Instituta Akademii Nauk SSSR, 223/212: 126 – 137 (in Russian).

Gorochov A V. 1996. New Mesozoic insects of the superfamily Hagloidea (Orthopera) [J]. Paleontological Journal, 3: 73 – 82.

Gorochov A V. 2001. The most interesting finds of orthopteroid insects at the end of the 20th century and a new recent genus and species [J]. Journal of Orhtoptera Research, 10(2): 353 – 367.

Gorochov A V. 2003. New data on taxonomy and evolution of fossil and Recent Prophalangopsidae (Orthoptera: Hagloidea) [J]. Acta Zoologica Cracoviensia, 46 (suppl. -Fossil Insects): 117 – 127.

Gorochov A V, Jarzembowski E A, Robert A C. 2006. Grasshoppers and crickets (Insecta: Orthoptera) from the Lower Cretaceous of Southern England [J]. Cretaceous Research, 27: 641 – 662.

Gorochov A V, Rasnitsyn A P. 2002. Superorder Gryllidea [M]// Rasnisyn A P, Quicke D L J. History of insects. Norwell: Kluwer Academic Publisher: 293 – 303.

Grabau A W. 1923. Cretaceous fossils from Shantung [J]. Bulletin of the Geological Survey of China, 5(2): 164 – 181.

Gradstein F M, Ogg J G, Schmitz M, et al. 2012. The geologic time scale 2012 [M]. Amsterdam: Elsevier Science.

Graham J B, Dudley R, Aguilar N M, et al. 1995. Implications of the later Palaeozoic oxygen pulse for physiology and evolution [J]. Nature, 375: 117 – 120.

Gratshev V G, Zherikhin V V. 2003. The fossil record of weevils and related beetle families (Coleoptera, Nemonychidae) [J]. Acta Zoologica Cracoviensia, 46 (suppl. Fossil Insects): 129 – 138.

Greenwalt D, Labandeira C C. 2013. The amazing fossil insects of the Eocene Kishenehn Formation in Northwestern Montana [J]. Rocks and Minerals, 88: 434 – 441.

Grimaldi D. 1999. The co-radiations of pollinating insects and angiosperms in the Cretaceous [J]. Annals of the Missouri Botanicial Garden, 86: 373 – 406.

Grimaldi D A, Engel M S. 2005. Evolution of the insects [M]. Cambridge: Cambridge University Press.

Grimaldi D, Engel M S, Nascimbene P C. 2002. Fossiliferous Cretaceous amber from Myanmar (Burma): Its rediscovery, biotic diversity, and paleontological significance [J]. American Museum Novitates, 3361: 1 – 72.

Grinfeld E K. 1962. The origins of anthophily in insects [M]. Leningrad: Leningrad University.

Groeneveld L F, Clausnitzer V, Hadrys H. 2006. Convergent evolution of gigantism in Damselflies of Africa and South America: Evidence from nuclear and mitochondrial sequence data [J]. Molecular Phylogenetics and Evolution, 42(2): 339 – 346.

Gu J J, Qiao G X, Ren D. 2010. Revision and new taxa of fossil Prophalangopsidae (Orthoptera: Ensifera) [J]. Journal of Orthoptera Research, 19(1): 41 – 56.

Gu J J, Qiao G X, Ren D. 2011. A exceptionally-preserved new species of *Barchaboilus* (Orthoptera: Prophalangopsidae) from the Middle Jurassic of Daohugou, China [J]. Zootaxa, 2909: 64 – 68.

Guo Z, Liu J, Wang X. 2003. Effect of Mesozoic volcanic eruptions in the Western Liaoning Province, China on paleoclimate and paleoenvironment [J]. Science in China: Series D Earth Sciences, 46: 1261 – 1272.

Gupta N S. 2007. Evidence for the in situ polymerisation of labile aliphatic organic compounds during the preservation of fossil leaves: Implications for organic matter preservation [J]. Organic Geochemistry, 38: 499 – 522.

Gupta N S, Briggs D E G, Collinson M E, et al. 2007. Molecular preservation of plant and insect cuticles from the Oligocene Enspel Formation, Germany: Evidence against derivation of aliphatic polymer from sediment [J]. Organic Geochemistry, 38: 404 – 418.

Gupta N S, Michels R, Briggs D E G, et al. 2006. The organic preservation of fossil arthropods: An experimental study [J]. Proceedings of the Royal Society of London: series B, 273: 2777 – 2783.

Gwynne D T, Morris G K. 1983. Orthopteran mating systems: Sexual competition in a diverse group of insects [M]. Boulder: Westview Press.

Hamilton K G A. 1992. Lower Cretaceous Homoptera from the Koonwarra fossil bed in Australia, with a new superfamily and synopsis of Mesozoic Homoptera [J]. Annals of the Entomology Society of America, 84: 423 – 430.

Hammer Ø, Harper D A T, Ryan P D. 2001. PAST: Palaeontological statistics package for education and data analysis [J/OL]. Palaeontologica Electronica, 4(1): 1 – 9, 183 KB. [2015 – 10 – 08]. http: //palaeo-electronica. org/2001_1/past/past. pdf. Checked March 2012.

Handlirsch A. 1906 – 1908. Die fossilen Insekten und die Phylogenie der rezenten Formen: Ein Handbuch für Paläontologen und Zoologen [M]. Leipzig: Engelmann.

Handlirsch A. 1919. Eine neue Kalligrammide (Neuroptera) aus dem Solnhofener Plattenkalke [J]. Senckenbergiana, 1: 61 – 63.

Hanks L M. 1999. Influence of the larval host plant on reproductive stages of cerambycid beetles [J]. Annual Review of Entomology, 44: 483 – 505.

Harrison J F, Kaiser A, VandenBrooks J M. 2010. Atmospheric oxygen level and the evolution of insect body size [J].

Proceedings of the Royal Society: B, 277(1690): 1937－1946.

Hartkopf-Froder C, Rust J, Wappler T, et al. 2012. Mid-Cretaceous charred fossil flowers reveal direct observation of arthropod feeding strategies [J]. Biology Letters, 8: 295－298.

He H Y, Wang X L, Jin F, et al. 2006a. The $^{40}Ar/^{39}Ar$ dating of the early Jehol Biota from Fengning, Hebei Province, Northern China [J]. Geochemistry Geophysics Geosystem, 7: Q04001.

He H Y, Wang X L, Zhou Z H, et al. 2006b. $^{40}Ar/^{39}Ar$ dating of Lujiatun bed (Jehol Group) in Liaoning, Northeastern China [J]. Geophysical Research Letters, 33(4): L04303.

He H Y, Wang X L, Zhou Z H, et al. 2004. Timing of the Jiufotang Formation (Jehol Group) in Liaoning, Northeastern China, and its implications [J]. Geophysical Research Letters, 31: L12605.

Heads S W. 2008. A new species of Yuripopovia from the Early Cretaceous of the Isle of Wight (Coleorrhyncha: Progonocimicidae) [J]. British Journal of Entomology and Natural History, 21: 247－253.

Hebard M. 1934. *Cyphoderris*, a genus of katydid of Southwestern Canada and the Northwestern United States [J]. Transactions of the American Entomological Society, 59: 371－375.

Heie O E, Pike E M. 1992. New aphids in Cretaceous amber from Alberta (Insecta, Homoptera) [J]. Canadian Entomologists, 124: 1027－1053.

Heie O E, Poinar G O Jr. 2011. Using fossils to determine an amber source: Aphids and crane flies in Chinese or Baltic amber? [J]. Historical Biology, 23: 431－433.

Hennemann F H, Conle O V. 2008. Revision of Oriental Phasmatodea: The tribe Pharnaciini Günther, 1953, including the description of the world's longest insect, and a survey of the family Phasmatidae Gray, 1835 with keys to the subfamilies and tribes (Phasmatodea: "Anareolatae" : Phasmatidae) [J]. Zootaxa, 1906: 1－316.

Henning J T, Smith D M, Nufio C R, et al. 2012. Depositional setting and fossil insect preservation: A study of the late Eocene Florissant Formation, Colorado [J]. PALAIOS, 27: 481－488.

Hennig W. 1981. Insect Phylogeny [M]. New York: Wiley & Sons.

Henwood A. 1992. Exceptional preservation of dipteran flight muscle and the taphonomy of insects in amber [J]. Palaios, 7: 203－212.

Heraty J M, Darling D C. 2009. Fossil Eucharitidae and Perilampidae (Hymenoptera: Chalcidoidea) from Baltic Amber [J]. Zootaxa, 2306: 1－16.

Hethke M, Fürsich F T, Jiang B Y, et al. 2013. Seasonal to sub-seasonal palaeoenvironmental changes in Lake Sihetun (Lower Cretaceous, NE China) based on microstratigraphic and sedimentary petrographic analyses of laminated deposits [J]. International Journal of Earth Sciences, 102: 351－378.

Ho S, Nassaf H, Pornsin-Sirirak N, et al. 2002. Flight dynamics of small vehicles [J]. Proceedings of the International Council of the Aeronautical Sciences (ICAS): 551. 1－551. 10.

Hoch H, Deckert J, Wessel A. 2006. Vibrational signalling in a Gondwanan relict insect (Hemiptera: Coleorrhyncha: Peloridiidae) [J]. Biology Letters, 2: 222－224.

Hong C, van Achterberg C, Xu Z. 2011. A revision of the Chinese Stephanidae (Hymenoptera, Stephanoidea) [J]. ZooKeys, 110: 1－108.

Hong S K, Lee Y I. 2012. Evaluation of atmospheric carbon dioxide concentrations during the Cretaceous [J]. Earth and Planetary Science Letters, 327－328: 23－28.

Hörnschemeyer T, Haug J T, Bethoux O, et al. 2013. Is *Strudiella* a Devonian insect? [J]. Nature, 494: E3－E4.

Hoskin C J, McCallum H. 2007. Phylogeography of the parasitic fly *Batrachomyia* in the wet tropics of Northeast Australia, and susceptibility of host frog lineages in a mosaic contact zone [J]. Biological Journal of the Linnean Society, 92: 593－603.

Hu S, Dilcher D L, Jarzen D M, et al. 2008. Early steps of angiosperm-pollinator coevolution [J]. Proceedings of the National Academy of Sciences of the United States of America, 105: 240－245.

Huang D Y, Engel M S, Cai C Y, et al. 2012. Diverse transitional giant fleas from the Mesozoic Era of China [J]. Nature, 483: 201－204.

Huang D Y, Nel A, Cai C Y, et al. 2013. Amphibious flies and paedomorphism in the Jurassic Period [J]. Nature, 495: 94－97.

Huang D Y, Nel A, Shen Y B, et al. 2006. Discussions on the age of the Daohugou Fauna—Evidence from invertebrates [J]. Progress in Natural Science, 16 (Special Issue): 308－312.

Huang J D, Ren D, Sinitshenkova N D, et al. 2007. New genus and species of Hexagenitidae (Insecta: Ephemeroptera) from Yixian Formation, China [J]. Zootaxa, 1629: 39－50.

Hunt T, Bergsten J, Levkanicova Z, et al. 2007. A comprehensive phylogeny of beetles reveals the evolutionary origins of a superradiation [J]. Science, 318: 1913－1916.

Ikeda H, Nishikawa M, Sota T. 2012. Loss of flight promotes beetle diversification [J]. Nature Communications, 3: 648.

Ilger J M. 2011. Young bivalves on insect wings: A new taphonomic model of the Konservat-Lagerstätte Hagen-Vorhalle (early late Carboniferous, Germany) [J]. Palaeogeography, Palaeoclimatology, Palaeoecology, 310: 315－323.

Jackman J A, Lu W H. 2002. 101. Mordellidae Latreille 1802 [M]// Arnett H, Thomas M C, Skelley P E, et al. American Beetles. Boca Raton: CRC Press: 423－430.

Jackman R, Nowicki S, Aneshansley D J, et al. 1983. Predatory capture of toads by fly larvae [J]. Science, 222: 515－516.

Jarzembowski E A. 1991. New insects from the Weald Clay of the Weald [J]. Proceedings of the Geologists' Association, 102: 93 – 108.

Jarzembowski E A. 2001. A new Wealden fossil lacewing [M]// Rowlands M L J. Tunbridge Wells and Rusthall Commons: A history and natural history. Tunbridge Wells: Tunbridge Wells Museum and Art Gallery: 56 – 58.

Jarzembowski E A, Yan E V, Wang B, et al. 2012. A new flying water beetle (Coleoptera: Schizophoridae) from the Jurassic Daohugou lagerstätte [J]. Palaeoworld, 21: 160 – 166.

Jarzembowski E A, Yan E V, Wang B, et al. 2013a. Brochocolein beetles (Insecta: Coleoptera) from the Lower Cretaceous of Northeast China and Southern England [J]. Cretaceous Research, 44: 1 – 11.

Jarzembowski E A, Yan E V, Wang B, et al. 2013b. Ommatin beetles (Insecta: Coleoptera) from the Lower Cretaceous of Northeast China and Southern England [J]. Terrestrial Arthropod Reviews, 6: 135 – 161.

Jenkins F A Jr, Shubin N H, Gatesby S M, et al. 2001. A diminutive pterosaur (Pterosauria: Eudimorphodontidae) from the Greenlandic Triassic [J]. Bulletin of the Museum of Comparative Zoology, Harvard University, 156: 151 – 170.

Ji Q, Luo Z X, Yuan C X, et al. 2006. A swimming mammaliaform from the Middle Jurassic and ecomorphological diversification of early mammals [J]. Science, 311: 1123 – 1127.

Ji S A, Atterholt J, O'Connor J K, et al. 2011. A new, three-dimensionally preserved enantiornithine bird (Aves: *Ornithothoraces*) from Gansu Province, Northwestern China [J]. Zoological Journal of the Linnean Society, 162: 201 – 219.

Jiang B Y. 2007. Early Cretaceous nonmarine bivalve assemblages from the Jehol Group in Western Liaoning, Northeast China [J]. Cretaceous Research, 28: 199 – 214.

Jiang B Y, Fürsich F T, Hethke M. 2012, Depositional evolution of the Early Cretaceous Sihetun Lake and its implication for the regional climatic and volcanic history in Western Liaoning, NE China [J]. Sedimentary Geology, 257 – 260: 31 – 44.

Jiang B Y, Fürsich F T, Sha J G, et al. 2011. Early Cretaceous volcanism and its impact on fossil preservation in Western Liaoning, NE China [J]. Palaeogeography, Palaeoclimatology, Palaeoecology, 302: 255 – 269.

Johns P M. 1996. Two new Upper Jurassic arthropods from New Zealand. Alcheringa, 20(1): 31 – 39.

Johnson E A. 1990. Geology of the Fushun coalfield, Liaoning Province, People's Republic of China [J]. International Journal of Coal Geology, 14: 217 – 236.

Johnson N F. 1988. Midcoxal articulations and the phylogeny of the order Hymenoptera [J]. Annals of the Entomological Society of America, 81: 870 – 881.

Jordal B H, Sequeira A S, Cognato A I. 2011. The age and phylogeny of wood boring weevils and the origin of subsociality [J]. Molecular Phylogenetics and Evolution, 59: 708 – 724.

Karr J, Clapham M E. 2011. Biotic and environmental controls on long-term trends in insect taphonomy [C]. Geological Society of America Annual Meeting, Abstracts with Programs, 43: 425.

Kasparyan D R. 1996. The main trends in evolution of parasitism in Hymenoptera [J]. Entomological Review, 76: 1107 – 1136.

Kearn G C. 2004. Leeches, lice and lampreys. A natural history of skin and gill parasites of fishes [M]. Dordrecht: Springer.

Kemp R. 2001. Generation of the Solnhofen Tetrapod Accumulation [J]. Archaeopteryx, 19: 11 – 28.

Kenrick G H. 1914. New or little known Heterocera from Madagascar [J]. Transactions of the Entomological Society of London, 1914: 587 – 602.

Kergoat G J, Le Ru B P, Genson G, et al. 2011. Phylogenetics, species boundaries and timing of resource tracking in a highly specialized group of seed beetles (Coleoptera: Chrysomelidae: Bruchinae) [J]. Molecular Phylogenetics and Evolution, 59: 746 – 760.

Kerr P H. 2010. Phylogeny and classification of Rhagionidae, with implications for Tabanomorpha (Diptera: Brachycera) [J]. Zootaxa, 2592: 1 – 133.

Kevan D K M, Wighton D C. 1981. Paleocene orthopteroids from South-Central Alberta, Canada. Canadian Journal of Earth Sciences, 18: 1824 – 1837.

Kier W M, Smith A M. 2002. The structure and adhesive mechanism of octopus suckers [J]. Integrative and Comparative Biology, 42: 1146 – 1153.

Kirejtshuk A G, Azar D, Beaver R A, et al. 2009. The most ancient bark beetle known: A new tribe, genus and species from Lebanese amber (Coleoptera, Curculionidae, Scolytinae) [J]. Systematic Entomology, 34: 101 – 112.

Kirejtshuk A G, Nabozhenko M V, Nel A. 2012. First Mesozoic pepresentative of the subfamily Tenebrioninae (Coleoptera, Tenebrionidae) from the Lower Cretaceous of Yixian (China, Liaoning) [J]. Entomological Review, 92: 97 – 100.

Kirichkova A I, Doludenko M P. 1996. New data on the Jurassic phytostratigraphy in Kazakhstan[J]. Stratigraphy and Geological Correlation, 4(5): 450 – 466.

Klimaszewski S M, Popov Y A. 1993. New fossil hemipteran insects from Southern England (Hemiptera: Psyliina + Coleorrhyncha) [J]. Annals of the Upper Silesian Museum Entomology: Supplement, 1: 13 – 36.

Kopylov D S. 2010. Ichneumonids of the subfamily Tanychorinae (Insecta, Hymenoptera, Ichneumonidae) from the Lower Cretaceous of Transbaikalia and Mongolia [J]. Paleontological Journal, 44(2): 179 – 186.

Kopylov D S, Rasnitsyn A P. 2014. New Trematothoracinae

(Hymenoptera: Sepulcidae) from the Lower Cretaceous of Transbaikalia [J]. Proceedings of the Russian Entomological Society, St Petersburg, 85(1): 199－206.

Kopylov D S, Zhang H C. 2015. New Ichneumonids (Insecta: Hymenoptera: Ichneumonidae) from the Lower Cretaceous of North China [J]. Cretaceous Research, 52: 591－604.

Kozlov M A, Rasnitsyn A P. 1979. On volume of the family Serphitidae (Hymenoptera, Proctotrupoidea) [J]. Entomologicheskoe Obozrenie, 58: 402－416 (in Russian).

Krassilov V A, Zherikhin V V, Rasnitsyn A P. 1997. *Classopollis* in the guts of Jurassic insects [J]. Palaeontology, 40(4): 1095－1101.

Krause J M, Bown T M, Bellosi E S, et al. 2008. Trace fossils of cicadas in the Cenozoic of Central Patagonia, Argentina [J]. Palaeontology, 51(2): 405－418.

Krell F T. 2006. Fossil record and evolution of Scarabaeoidea (Coleoptera: Polyphaga) [J]. The Coleopterists Bulletin, 60: 120－143.

Krenn H W, Plant J D, Szucsich N U. 2005. Mouthparts of flower-visiting insects [J]. Arthropod Structure & Development, 34: 1－40.

Kristensen N P. 1996. The ground plan and basal diversification of hexapods [M] // Fortey R A, Thomas R H. Arthropod relationships: Systematic Association special volume series 55. London: Chapman & Hall.

Kukalová-Peck J. 1991. Fossil history and the evolution of hexapod structures [M]//Naumann I D, Crane P B, Lawrence J F, et al. The insects of Australia. A textbook for students and research workers: Second edition. Victoria: Melbourne University Press: 141－179.

Kuschel G. 1983. Past and present of the relict family Nemonychidae (Coleoptera, Curculionoidae) [J]. Geological Journal, 7: 499－504.

Labandeira C C. 1998. The role of insects in Late Jurassic to Middle Cretaceous ecosystems [J]. New Mexico Museum of Natural History and Science Bulletins, 14: 105－124.

Labandeira C C. 2002. Paleobiology of predators, parasitoids, and parasites: Death and accommodation in the fossil record of continental invertebrates [M]//Kowalevski M, Kelley P H. The fossil record of predation. Paleontological Society, Yale Printing Service: 211－249.

Labandeira C C. 2006. Silurian to Triassic plant and insect clades and their associations: New data, a review, and interpretations [J]. Arthropod Systematics & Phylogeny, 64: 53－94.

Labandeira C C, Beall B S, Hueber F M. 1988. Early insect diversification: Evidence from Lower Devonian bristletail from Québec [J]. Science, 242: 913－916.

Labandeira C C, Currano E D. 2013. The fossil record of plant-insect dynamics [J]. Annual Review of Earth and Planetary Sciences, 41: 287－311.

Labandeira C C, Kvaček J, Mostovski M B. 2007. Pollination fluids, pollen, and insect pollination of Mesozoic gymnosperms [J]. Taxon, 56: 663－695.

Lamanna M C, You H L, Harris J D, et al. 2006. A partial skeleton of an *Enantiornithine* bird from the Early Cretaceous of Northwestern China [J]. Acta Palaeontologica Polonica, 51(3): 423－434.

Lambkin K J. 1994. Palparites deichmuelleri Handlirsch from the Tithonian Solnhofen Plattenkalk belongs to the Kalligrammatidae (Insecta: Neuroptera) [J]. Paläontologische Zeitschrift, 68: 163－166.

LaPolla J S, Dlussky G M, Perrichot V. 2013. Ants and the fossil record [J]. Annual Review of Entomology, 58: 609－630.

Larsson S G. 1975, Palaeobiology and mode of burial of the insects of the Lower Eocene Mo-clay of Denmark [J]. Bulletin of the Geological Society of Denmark, 24: 193－209.

Laure D G. 2002. Phylogeny and the evolution of acoustic communication in extant Ensifera (Insecta, Orthopera) [J]. Zoologica Scripta, 32(6): 525－561.

Lawrence J F, Pollock D A, Ślipiński S A. 2010. 11. Tenebrionoidea [M]//Leschen R A B, Beutel R G, Lawrence J F. Handbook of zoology: Vol IV Arthropoda Part II Insecta Coleoptera Vol 2: Systematics (Part 2). Berlin: Walter De Gruyter: 487－491.

Lee Y I, Choi T, Lim H S, et al. 2010. Detrital zircon geochronology of the Cretaceous Sindong Group, SE Korea: Implications for depositional age and Early Cretaceous igneous activity [J]. Island Arc, 19: 647－658.

Legalov A A. 2012. Fossil history of Mesozoic weevils (Coleoptera: Curculionoidea) [J]. Insect Science, 19: 683－698.

Lehane M J. 2005. The biology of blood-sucking in insects [M]. New York: Cambridge University Press.

Li L F, Rasnitsyn A P, Shih C K, et al. 2013a. Anomopterellidae restored, with two new genera and its phylogeny in Evanioidea (Hymenoptera) [J]. PLoS ONE, 8 (12): e82587.

Li L F, Shih C K, Ren D. 2013b. Two new wasps (Hymenoptera: Stephanoidea: Ephialtitidae) from the Middle Jurassic of China [J]. Acta Geologica Sinica (English Edition), 87(6): 1486－1494.

Li L F, Shih C K. 2015. Two new fossil wasps (Insecta: Hymenoptera: Apocrita) from Northeastern China [J]. Journal of Natural History, 49 (13－14): 829－840.

Li L F, Shih C K, Rasnitsyn A P, et al. 2015. New fossil ephialtitids elucidating the origin and transformation of the propodeal-metasomal articulation in Apocrita (Hymenoptera) [J]. BMC evolutionary Biology, 15(1): 1－17.

Li L F, Shih C K, Ren D. 2014a. Two new species of *Nevania* (Hymenoptera: Evanioidea: Praeaulacidae: Nevaniinae) from the Middle Jurassic of China [J]. Alcheringa, 38(1): 140－147.

Li L F, Shih C K, Ren D. 2014b. Revision of *Anomopterella* Rasnitsyn, 1975 (Insecta, Hymenoptera, Anomopterellidae) with two new Middle Jurassic species from Northeastern China [J]. Geologica Carpathica, 65(5): 368 – 377.

Li S, Wang Y, Ren D, et al. 2012. Revision of the genus *Sunotettigarcta* Hong, 1983 (Hemiptera, Tettigarctidae), with a new species from Daohugou, Inner Mongolia, China [J]. Alcheringa, 36: 501 – 507.

Li S, Zheng D R, Zhang Q, et al. 2015. Discovery of the Jehol Biota from the Celaomiao Region and discussion of the Lower Cretaceous of the Bayingebi Basin, Northwestern China [J/OL]. Palaeoworld, 280. [2015 – 10 – 08]. http: //dx. doi. org/10. 1016/j. palwor. 2015. 04. 001.

Lin Q B, Huang D Y. 2001. Description of *Caenophemera shangyuanensis*, gen. nov., sp. nov. (Ephemeroptera), from the Yixian Formation [J]. The Canadian Entomologist, 133: 747 – 754.

Lin Q B. Huang D Y. 2006. Revision of "*Parahagla lamina*" Lin, 1982 and two new species of Aboilus (Orthoptera: Prophalangopsidae) from the Early-Middle Jurassic of Northwest China [J]. Progress in Natural Science, 16 (Special Issue): 303 – 307.

Lin Q B, Huang D Y, Nel A. 2008. A new genus of Chifengiinae (Orthoptera: Ensifera: Prophalangopsidae) from the Middle Jurassic (Jiulongshan Formation) of Inner Mongolia, China [J]. Comptes Rendus Palevol, 7: 205 – 209.

Liu M, Lu W H, Ren D. 2007. A new fossil mordellid (Coleoptera: Tenebrionoidea: Mordellidae) from the Yixian Formation of Western Liaoning Province, China [J]. Zootaxa, 1415: 49 – 56.

Liu Q, Zhang H C, Wang B, et al. 2013. A new genus of Saucrosmylinae (Insecta, Neuroptera) from the Middle Jurassic of Daohugou, Inner Mongolia, China. [J] Zootaxa, 3736(4): 387 – 391.

Liu Q, Zhang H C, Wang B, et al. 2014a. A new saucrosmylid lacewing (Insecta, Neuroptera) from the Middle Jurassic of Daohugou, Inner Mongolia, China [J]. Alcheringa, 38(2): 301 – 304.

Liu Q, Zheng D R, Zhang Q, et al. 2014b. Two new kalligrammatids (Insecta, Neuroptera) from the Middle Jurassic of Daohugou, Inner Mongolia, China [J]. Alcheringa, 38(1): 65 – 69.

Liu X W, Zhou M, Bi W X, et al. 2009. New data on taxonomy of recent Prophalangopsidae (Orthoptera: Hagloidea) [J]. Zootaxa, 2026: 53 – 62.

Liu Y Q, Kuang H W, Jiang X J, et al. 2012. Timing of the earliest known feathered dinosaurs and transitional pterosaurs older than the Jehol Biota [J]. Palaeogeography, Palaeoclimatology, Palaeoecology, 323 – 325: 1 – 12.

Liu Y Q, Liu Y X, Ji S A, et al. 2006. U-Pb zircon age for the Daohugou Biota at Ningcheng of Inner Mongolia and comments on related issues [J]. Chinese Science Bulletin, 51 (21): 2634 – 2644.

Liu Y X, Liu Y Q, Zhang H. 2006. LA-ICPMS zircon U-Pb dating in the Jurassic Daohugou Beds and correlative strata in Ningcheng of Inner Mongolia [J]. Acta Geologica Sinica: English Edition, 80(5): 733 – 742.

Liu Z W, Engel M S, Grimaldi D A. 2007. Phylogeny and geological history of the cynipoid wasps (Hymenoptera: Cynipoidea) [J]. American Museum Novitates, 3583: 1 – 48.

Lukashevich E D, Mostovski M B. 2003. Hematophagous insects in the fossil record [J]. Journal of Paleontology, 37: 153 – 161.

Lutz H. 1984. Parallelophoridae: Isolierte Analfelder eozäner Schaben (Insecta: Blattodea) [J]. Paläontologische Zeitschrift, 58: 145 – 147.

Lutz H. 1997. Taphozönosen terrestrischer Insekten in aquatischen Sedimenten: Ein Beitrag zur Rekonstruktion des Paläoenvironments [J]. Neues Jahrbuch für Geologie und Paläontologie, Abhandlungen, 203: 173 – 210.

Lyman R J. 2008. Quantitative paleozoology: Cambridge manuals in archaeology series [M]. New York: Cambridge University Press.

MacClean L C W, Tyliszczak T, Gilbert P U P A, et al. 2008. A high-resolution chemical and structural study of framboidal pyrite formed within a low-temperature bacterial biofilms [J]. Geobiology, 6: 471 – 480.

Maddison D R, Moore W, Baker M D, et al. 2009. Monophyly of terrestrial adephagan beetles as indicated by three nuclear genes (Coleoptera: Carabidae and Trachypachidae) [J]. Zoologica Scripta, 38: 43 – 62.

Mancuso A C, Gallego O, Martins-Neto R G. 2007. The Triassic insect fauna from the Los Rastros Formation (Bermejo Basin), La Rioja Province (Argentina): Their context, taphonomy and paleobiology [J]. Ameghiniana, 44: 337 – 348.

Marcus J M. 2001. The development and evolution of crossveins in insect wings [J]. Journal of Anatomy, 199: 211 – 216.

Marshall A G. 1981. The ecology of ectoparasitic insects [M]. London: Academic Press.

Martin R R. 1999. Taphonomy: a process approach [M]. New York: Cambridge University Press.

Martínez-Delclòs X. 1990. Insectos del Cretácico inferior de Santa Maria de Meià (Lleida): Colección Lluís Marià Vidal I Carreras [J]. Treballs del Museu de Geologia de Barcelona, 1: 91 – 116.

Martínez-Delclòs X, Briggs D E G, Peñalver E. 2004. Taphonomy of insects in carbonates and amber [J]. Palaeogeography, Palaeoclimatology, Palaeoecology, 203: 19 – 64.

Martínez-Delclòs X, Martinell J. 1993. Insect taphonomy experiments: Their application to the Cretaceous outcrops of lithographic limestones from Spain [J]. Kaupia, 2: 133 – 144.

Martín-González A, Wierzchos J, Gutiérrez J C, et al. 2009. Double fossilization in eukaryotic microorganisms from Lower Cretaceous amber [J/OL]. BMC Biology, 7(1): 9. [2015－10－08]. doi: 10.1186/1741－7007－7－9.

Martynov A V. 1925. To the knowledge of fossil insects from Jurassic beds in Turkestan 2. Raphidroptera (cont.), Orthoptera (s. l.), Odonata, Neuroptera [J]. Buttetin de lí Académie des sciences de l'URSS, 19: 569－598.

Martynov A V. 1926. K Poznaniyu Iskopaemykh Nasekomykh Yurskikh Slantsev Turkestana. 5. O Nekotorykh Formakh Zhukov (Coleoptera) (To the knowledge of fossil insects from Jurassic beds in Turkestan 5. On some interesting Coleoptera) [J]. Ezhegodnik Russkogo Paleontologicheskogo Obshestva, 5(1): 1－39 (in Russian).

Martynov A V. 1931 To the morphology and systematical position of the fam. Palaeontinidae Handl., with a description of a new form from Ust-Baley, Siberia [J]. Annals Society Palaeontologica Russia, 9: 93－122 (in Russian with English Summary).

Martynova O M. 1947. Kalligrammatidae (Neuroptera) from the Jurassic shales of Karatau (Kazakhstanian SSR) [J]. Doklady Akademii Nauk SSSR (N. S.), 58: 2055－2058 (in Russian).

Marvaldi A E, Duckett C N, Kjer K M, et al. 2009. Structural alignment of 18S and 28S rDNA sequences provides insights into the phylogeny of Phytophaga and related beetles (Coleoptera: Cucujiformia) [J]. Zoologica Scripta, 38: 63－77.

Mayr G, Pohl B, Hartman S, et al. 2007. The tenth skeletal specimen of *Archaeopteryx* [J]. Zoological Journal of the Linnean Society, 149: 97－116.

McCobb L M E, Duncan I J, Jarzembowski E A, et al. 1998. Taphonomy of the insects from the Insect Bed (Bembridge Marls), Late Eocene, Isle of Wight, England [J]. Geological Magazine, 135: 553－563.

McKenna D D. 2011. Towards a temporal framework for "inordinate fondness" : Reconstructing the macroevolutionary history of beetles (Coleoptera) [J]. American Entomologist, 117: 28－36.

McKenna D D, Farrell B. 2006. Tropical forests are both evolutionary cradles and museums of leaf beetle diversity [J]. Proceedings of the National Academy of Sciences of the U. S. A., 103: 10947－10951.

McKenna D D, Farrell B. 2009. Beetles (Coleoptera) [M]// Hedges S B, Kumar K. The timetree of life. Oxford: Oxford University Press: 278－289.

McKenna D D, Sequeira A S, Marvaldi A E, et al. 2009. Temporal lags and overlap in the diversification of weevils and flowering plants [J]. Proceedings of the National Academy of Sciences of the United States of America, 106: 7083－7088.

McNamara M E, Briggs D E G, Orr P J. 2012a. The controls on the preservation of structural color in fossil insects [J]. Palaios, 27: 443－454.

McNamara M E, Orr P J, Alcalá L, et al. 2012b. What controls the taphonomy of exceptionally preserved taxa: Environment or biology? A case study using frogs from the Miocene Libros Konservat-Lagerstätte (Teruel, Spain) [J]. Palaios, 27: 63－77.

McNamara M E, Orr P J, Manzocchi T, et al. 2011. Biological controls upon the physical taphonomy of exceptionally preserved salamanders from the Miocene of Rubielos de Mora, Northeast Spain [J]. Lethaia, 45: 210－226.

Meller B, Ponomarenko A G, Vasilenko D V, et al. 2011. First beetle elytra, abdomen (Coleoptera) and a mine trace from Lunz (Carnian, Late Triassic, Lunz-am-See, Austria) and their taphonomical and evolutionary aspects [J]. Palaeontology, 54: 97－110.

Meng J, Hu Y M, Wang Y Q, et al. 2006. A Mesozoic gliding mammal from Northeastern China [J]. Nature, 444: 889－893.

Meng Q T, Liu Z J, Bruch A A, et al. 2012. Palaeoclimatic evolution during Eocene and its influence on oil shale mineralisation, Fushun Basin, China [J]. Journal of Asian Earth Sciences, 45: 95－105.

Menon F. 2005. New record of Tettigarctidae (Insecta, Hemiptera, Cicadoidea) from the Lower Cretaceous of Brazil [J]. Zootaxa, 1087: 53－58.

Menon F, Heads S W. 2005. New species of Palaeontinidae (Insecta: Cicadomorpha) from the Lower Cretaceous Crato Formation of Brazil [J]. Stuttgarter Beiträge zur Naturkunde: Serie B Geologie und Paläontologie, 357: 1－11.

Menon F, Heads S W, Martill D M. 2005. New Palaeontinidae (Insecta: Cicadomorpha) from the Lower Cretaceous Crato Formation of Brazil [J]. Cretaceous Research, 26: 837－844.

Menon F, Heads S W, Szwedo J. 2007. Cicadomorpha: cicadas and relatives [M]//Martill D M, Bechly G, Loveridge R F. The Crato fossil beds of Brazil. Window into an ancient world. Cambridge: Cambridge University Press: 283－297.

Menor-Salván C, Najarro M, Velasco F, et al. 2010. Terpenoids in extracts of Lower Cretaceous ambers from the Basque-Cantabrian Basin (El Soplao, Cantabria, Spain): Paleochemotaxonomic aspects [J]. Organic Geochemistry, 41: 1089－1103.

Meunier F. 1903. Nuevas contribuciones a la fauna de los himenópteros fósiles [J]. Memorias de la Real Academia de Ciencias y Artes de Barcelona, 4: 461－465.

Meyrick E. 1916. Note on some fossil insects [J]. The Entomologist's Monthly Magazine, 52: 180－182.

Miller K B. 2001. On the phylogeny of the Dytiscidae (Insecta: Coleoptera) with emphasis on the morphology of the female reproductive system [J]. Insect Systematics and Evolution, 32: 45－92.

Miserez A, Weaver J C, Pedersen P B, et al. 2009. Microstructural and biochemical characterization of the nanoporous sucker rings from *Dosidicus gigas* [J]. Advanced Materials, 21: 401–406.

Misof B, Liu S L, Meusemann K., et al. 2014. Phylogenomics resolves the timing and pattern of insect evolution [J]. Science, 346 (6210): 763.

Monkman G J, Hesse S, Steinmann R, et al. 2007. Robot grippers [M]. Weinheim: Wiley-VCH.

Morris G K, Gwynne. 1978. Geographical distribution and biological observations of *Cyphoderris* (Orthoptera: Haglidae) with a description of a new species [J]. Psyche, 85: 147–167.

Mostovski M B, Jarzembowski E A, Coram R A. 2003. Horseflies and athericids (Diptera: Tabanidae, Athericidae) from the Lower Cretaceous of England and Transbaikalia [J]. Journal of Paleontology, 37: 162–169.

Moulds M S. 2005. An appraisal of the higher classification of cicadas (Hemiptera: Cicadoidea) with special reference to the Australian fauna [J]. Records of the Australian Museum, 57(3): 375–446.

Moulds M S, Carver M. 1991. Superfamily Cicadoidea [M]// Naumann I D, Carne P B, Lawrence J F, et al. Insects of Australia. A Textbook for students and research workers. Melbourne: Melbourne University Press: 465–467.

Murray A M, You H L, Cuo P. 2010. A new Cretaceous *Osteoglossomorph* fish from Gansu Province, China [J]. Journal of Vertebrate Paleontology, 30(2): 322–332.

Myers J G, China W E. 1929. The systematic position of the Peloridiidae as elucidated by a further study of the external anatomy of *Hemiodoecus leai* China [J]. Annals and Magazine of Natural History, 3: 282–294.

Nachtigall W. 1961. Funktionelle Morphologie, Kinematik und Hydromechanik des Ruderapparates von Gyrinus [J]. Journal of Comparative Physiology: A Neuroethology, Sensory, Neural, and Behavioral Physiology, 45: 193–226.

Nagatomi A, Stuckenberg B R. 2004. Insecta: Diptera, Athericidae [M]// Yule C M, Sen Y H. Freshwater invertebrates of the Malaysian region. Kuala Lumpur: Academy of Sciences Malaysia: 791–797.

Nel A. 1996. Un Tettigarctidae fossile du Lias Européen (Cicadomorpha, Cicadoidea, Tettigarctidae) [J]. EPHE, 9: 83–94.

Nel A, Bethoux O, Bechly G, et al. 2001. The Permo-Triassic Odonatoptera of the "Protodonate" grade (Insecta: Odonatoptera) [J]. Annales de la Société Entomologique de France, 37(4): 501–525.

Nel A, Martínez-Delclòs X, Paicheler J-C, et al. 1993. Les "Anisozygoptera" fossiles. Phylogénie et classification (Odonata) [J]. Martinia Hors Série, 3: 1–311.

Nel A, Petrulevicius J F, Henrotay M. 2004. New Early Jurassic sawflies from Luxembourg: The oldest record of Tenthredinoidea (Hymenoptera: "Symphyta") [J]. Acta Palaeontologica Polonica, 49(2): 283–288.

Nel A, Prokop J, De Ploëg G, et al. 2005. New Psocoptera (Insecta) from the lowermost Eocene amber of Oise, France [J]. Journal of Systematic Palaeontology, 3: 371–391.

Nel A, Zarbout M, Barale G, et al. 1998. *Liassotettigarcta africana* sp. n. (Auchenorrhyncha: Cicadoidea: Tettigarctidae), the first Mesozoic insect from Tunisia [J]. European Journal of Entomology, 95: 593–598.

Niehuis O, Hartig G, Grath S, et al. 2012. Genomic and morphological evidence converge to resolve the enigma of Strepsiptera [J]. Current Biology, 22: 1309–1313.

Nikolajev G V. 2007. The Mesozoic stage of evolution of the Scarabaeoid beetles (Insecta: Coleoptera: Scarabaeoidea) [M]. Almaty: Kazak Universiteti.

Nikolajev G V, 王博, 刘煜, 等.2010. 中生代Ceratocanthinae (Coleoptera: Hybosoridae)化石首次发现[J]. 古生物学报, 49(4): 443–447.

Nikolajev G V, 王博, 刘煜, 等.2011. 内蒙古中生代锹甲化石 (鞘翅目：金龟子总科：锹甲科) [J]. 古生物学报, 50(1): 41–47.

Nikolajev G V, Wang B, Zhang H C. 2011. A new fossil genus of the family Glaphyridae (Coleoptera: Scarabaeoidea) from the Lower Cretaceous Yixian Formation [J]. Zootaxa, 2811: 47–52.

Nikolajev G V, Wang B, Zhang H C. 2012. A new genus of the family Hybosoridae (Coleoptera: Scarabaeoidea) from the Yixian Lower Cretaceous Formation in China [J]. Euroasian Entomological Journal, 11: 503–506.

Nikolajev G V, Wang B, Zhang H C. 2013. The presence of the family Lithoscarabaeidae (Coleoptera, Scarabaeoidea) in the Yixian geological Formation [J]. Euroasian Entomological Journal, 12(6): 559–560 (in Russian with English Abstract).

Oberprieler R G, Marvaldi A E, Anderson R S. 2007. Weevils, weevils, weevils everywhere [J]. Zootaxa, 1668: 491–520.

Oeser R. 1961. Vergleichend-morphologischen Untersuchungen über den Ovipositor den Hymenopteren [J]. Mitteilungen aus dem Zoologischen Museum in Berlin, 37: 3–124.

Ohl M, Thiele K. 2007. Estimating body size in apoid wasps: The significance of linear variables in a morphologically diverse taxon (Hymenoptera, Apoidea) [J]. Zoosystematic Evolution, 82(2): 110–124.

Ohta T, Li G, Hirano H, et al. 2011. Early Cretaceous terrestrial weathering in Northern China: Relationship between paleoclimate change and the phased evolution of the Jehol Biota [J]. The Journal of Geology, 119: 81–96.

Okajima R. 2008. The controlling factors limiting maximum body size of insects [J]. Lethaia, 41: 423–430.

Orr P J, Kearns S L, Briggs D E G. 2009. Elemental mapping of exceptionally preserved "carbonaceous compression" fossils [J]. Palaeogeography, Palaeoclimatology, Palaeoecology, 277: 1–8.

Ortega-Blanco J, Peñalver E, Delclòs X, et al. 2011. False fairy wasps in Early Cretaceous amber from Spain (Hymenoptera: Mymarommatoidea) [J]. Palaeontology, 54: 511–523.

Otto A, Wilde V. 2001. Sesqui-, di-, and triterpenoids as chemosystematic markers in extant conifers—A review [J]. Botanical Review, 67: 141–238.

Ouvrard D, Campbell B C, Bourgoin T, et al. 2000. 18S rRNA secondary structure and phylogenetic position of Peloridiidae (Insecta, Hemiptera) [J]. Molecular Phylogenetics and Evolution, 16: 403–417.

Paik I S, Lee Y I, Kim H J, et al. 2012. Time, space and structure on the Korea Cretaceous dinosaur coast: Cretaceous stratigraphy, geochronology, and paleoenvironments [J]. Ichnos, 19: 6–16.

Pan H Z. 2012. The sequence and distribution of Cretaceous non-marine gastropod assemblages in China [J]. Journal of Stratigraphy, 36(2): 344–356.

Pan Y H, Sha J G, Fürsich F T, et al. 2012. Dynamics of the lacustrine fauna from the Early Cretaceous Yixian Formation, China: Implications of volcanic and climatic factors [J]. Lethaia, 45: 299–314.

Panfilov D V. 1968. Kalligrammatids (Neuroptera, Kalligrammatidae) from the Jurassic deposits of Karatau [M]// Rohdendorf B B. Jurassic insects of Karatau. Moscow: Nauka Press: 166–174 (in Russian).

Panfilov D V. 1980. New representatives of lacewings (Neuroptera) from the Jurassic of Karatau [M]//Dolin V G, Panfilov D V, Ponomarenko A G, et al. Fossil insects of the Mesozoic. Kiev: Naukova Dumka: 82–111 (in Russian).

Parry S F, Noble S R, Crowley Q G, et al. 2011. A high-precision U-Pb age constraint on the Rhynie Chert Konservat Lagerstätte: Time scale and other implications [J]. Journal of the Geological Society, 168: 863–872.

Peñalver E. 2002. Los insectos fósiles del Mioceno del Este de La Península Ibérica; Rubielos de Mora, Ribesalbes y Bicorp. Tafonomía y sistemática: Unpublished Ph. D. Dissertation. Valencia: University of Valencia.

Peñalver E, Labandeira C C, Barrón E, et al. 2012. Thrips pollination of Mesozoic gymnosperms [J]. Proceedings of the National Academy of Sciences of the United States of America, 109: 8623–8628.

Peng D C, Hong Y C, Zhang Z J. 2005. Namurian insects (Diaphanopterodea) from Qilianshan Mountains, China [J]. Geological Bulletin of China, 24: 219–234.

Penney D. 2010. Biodiversity of fossils in amber [M]. Manchester: Siri Scientific Press.

Peralta-Medina E, Falcon-Lang H J. 2012. Cretaceous forest composition and productivity inferred from a global fossil wood database [J]. Geology, 40: 219–222.

Pereira R, Carvalho I S, Simoneit B R T, et al. 2009. Molecular composition and chemosystematic aspects of Cretaceous amber from the Amazonas, Araripe and Recôncavo basins, Brazil [J]. Organic Geochemistry, 40: 863–875.

Perkovsky E E, Rasnitsyn AP, Vlaskin A P, et al. 2007. A comparative analysis of the Baltic and Rovno amber arthropod faunas: Representative samples [J]. African Invertebrates, 48: 229–245.

Perrichot V, Nel A, Néraudeau D. 2004. Two new wedge-shaped beetles in Albo-Cenomanian ambers of France (Coleoptera: Ripiphoridae: Ripiphorinae) [J]. European Journal of Entomology, 101: 577–581.

Petersen B. 1966. A new species of *Megalyra* Westwood from Phillipines (Hym., Megalyridae) [J]. Entomologiske Medelelser, 34: 269–276.

Petrovich R. 2001. Mechanisms of fossilization of the soft-bodied and lightly armored faunas of the Burgess Shale and some other classical localities [J]. American Journal of Science, 301: 683–726.

Ping C. 1928. Cretaceous fossil insects of China [J]. Palaeontologica Sinica: B, 13: 1–56.

Ping C. 1931. On a blattoid insect in the Fushun amber [J]. Bulletin of the Geological Society of China, 11: 205–207.

Pohl H, Beutel R G. 2005. The phylogeny of Strepsiptera (Hexapoda) [J]. Cladistics, 21: 328–374.

Poinar G O. 2005. A Cretaceous palm bruchid, *Mesopachymerus antiqua*, n. gen., n. sp. (Coleoptera: Bruchidae: Pachymerini) and biogeographical implications [J]. Proceedings of the Entomological Society of Washington, 107: 392–397.

Poinar G O Jr, Archibald B, Brown A. 1999. New amber deposit provides evidence of Early Paleogene extinctions, paleoclimates, and past distributions [J]. Canadian Entomologists, 131: 171–177.

Ponomarenko A G. 1961. About the systematic position of *Coptoclava longipoda* Ping (Insecta, Coleoptera) [J]. Paleontologicheskii Zhurnal, 1961(3): 67–72 (in Russian).

Ponomarenko A G. 1977. Adephaga [M]//Arnoldi L V, Zherikhin V V, Nikritin L M, et al. Mesozoic Coleoptera. Moscow: Nauka: 77–104 (in Russian).

Ponomarenko A G. 1984. Neuroptera from the Jurassic of Eastern Asia [J]. Paleontologicheskii Zhurnal, 1984: 64–73 (in Russian).

Ponomarenko A G. 1992. New lacewings (Insecta, Neuroptera) from the Mesozoic of Mongolia [M]//Grunt T A. New taxa of fossil invertebrates of Mongolia. Transactions of the Joint

Soviet-Mongolian Paleontological Expedition, 41. Moscow: Nauka Press: 101 – 111 (in Russian).

Ponomarenko A G. 1993. Two new species of Mesozoic dytiscoid beetles from Asia [J]. Paleontological Journal, 27: 182 – 191.

Ponomarenko A G. 1995. The geological history of beetles [M]//Pakaluk J, Ślipiński S A. Biology, phylogeny, and classification of Coleoptera: Papers celebrating the 80th birthday of Roy A. Crowson. Warszawa: Muzeum i Instytut Zoologii PAN: 155 – 171.

Ponomarenko A G. 2000. Beetles of the family Cupedidae from the lower Cretaceous locality of Semen, Transbaykalia [J]. Paleontological Journal, 34 (Suppl. 3): 317 – 322.

Ponomarenko A G. 2002. Superorder Scarabaeidea Laicharting, 1781. Order Coleoptera Linné, 1758. The beetles [M]// Rasnitsyn A P, Quicke D L J. History of insects. Dordrecht: Kluwer Academic Publisher: 164 – 176.

Ponomarenko A G, Sukatsheva I D, Vasilenko D V. 2009. Some characteristics of the Trichoptera distribution in the Mesozoic of Eurasia (Insecta: Trichoptera) [J]. Paleontological Journal, 43(3): 282 – 295.

Popov Y A. 1982. Upper Jurassic hemipterans, genus Olgamartynovia (Hemiptera, Progonocimicidae) from Central Asia [J]. Paleontologicheskii Zhurnal, 2: 78 – 94 (in Russian).

Popov Y A. 1985. Jurassic bugs and Coleorrhyncha of Southern Siberia and Western Mongolia [J]. Trudy Paleontologicheskovo Instituta Akademii Nauk SSSR, 211: 28 – 47 (in Russian).

Popov Y A. 1988. New Mesozoic Coleorrhyncha and Heteroptera from Eastern Transbaikalia [J]. Paleontologicheskii Zhurnal, 1988(4): 67 – 77 (in Russian).

Popov Y A. 1989. New Fossil Hemiptera (Heteroptera & Coleorrhyncha) from the Mesozoic of Mongolia [J]. Neues Jahrbuch fuer Geologie und Palaeontologie, Monatshefte, 3: 166 – 181.

Popov Y A, Shcherbakov D E. 1991. Mesozoic Peloridioidea and their ancestors (Insecta: Hemiptera, Coleorrhyncha) [J]. Geologica et Palaeontologica, 25: 215 – 235.

Popov Y A, Shcherbakov D E. 1996. Origin and evolution of the Coleorrhyncha as shown by the fossil record [M]//Schaefer C W. Studies on Hemipteran Phylogeny. Lanham: Thomas Say Publications in Entomology, Entomological Society of America: 9 – 30.

Popov Y A, Wootton R J. 1977. The Upper Liassic Heteroptera of Mecklenburg and Saxony [J]. Systematic Entomology, 2: 333 – 351.

Pritykina L N. 1977. New dragonflies from Lower Cretaceous deposits of Transbaikalia and Mongolia [M]// Barsbora R. Mesozoic and Cenozoic faunas, floras and biostratigraph of Mongolia. Moscow: Nauka Press: 1 – 96 (in Russian) .

Prokop J, Nel A. 2005. New scuttle flies from Early Paleogene amber in Eastern Moravia, Czech Republic (Diptera: Phoridae) [J]. Studia Dipterologica, 12: 13 – 22.

Quan C, Liu Y S, Utescher T. 2011. Paleogene evolution of precipitation in Northeast China supporting the Middle Eocene intensification of the East Asian monsoon [J]. Palaios, 26: 743 – 753.

Quan C, Liu Y S, Utescher T. 2012. Paleogene temperature gradient, seasonal variation and climate evolution of Northeast China [J]. Palaeogeography, Palaeoclimatology, Palaeoecology, 313 – 314: 150 – 161.

Quicke D L J, Basibuyuk H. 1999. Leverhulme Trust funded project on higher level phylogeny of the Hymenoptera [EB/OL]. [2015 – 10 – 08]. www. bio. ic. ac. uk/research/dlq/dquicke. htm.

Quicke D L J, Fitton M G, Tunstead J R, et al. 1994. Ovipositor structure and relationships within the Hymenoptera, with special reference to the Ichneumonoidea [J]. Journal of Natural History, 28: 635 – 682.

Raiswell R, Newton R, Bottrell S H, et al. 2008. Turbidite depositional influences on the diagenesis of Beecher's Trilobite Bed and the Hunsrück Slate; sites of soft tissue pyritization [J]. American Journal of Science, 308: 105 – 129.

Rasnitsyn A P. 1963. Late Jurassic Hymenoptera of Karatau [J]. Paleontologicheskii Zhurnal, 1963(1): 86 – 99 (in Russian).

Rasnitsyn A P. 1968. New Mesozoic sawflies (Hymenoptera, Symphyta)//Rodendorf B B. Jurassic insects of Karatau [M]. Moscow: Nauka Press: 190 – 236 (in Russian).

Rasnitsyn A P. 1969. Origin and evolution of lower Hymenoptera [J]. Trudy Paleontologicheskovo Instituta Akademii Nauk SSSR, 132: 1 – 196 (in Russian).

Rasnitsyn A P. 1975. Hymenoptera Apocrita of the Mesozoic [J]. Trudy Paleontologicheskovo Instituta Akademii Nauk SSSR, 147: 1 – 134 (in Russian).

Rasnitsyn A P. 1977. New Hymenoptera from the Jurassic and Cretaceous of Asia [J]. Paleontologicheskiy Zhurnal, 3: 98 – 108 (in Russian).

Rasnitsyn A P. 1980. Origin and evolution of the Hymenoptera [J]. Trudy Paleontologicheskovo Instituta Akademii Nauk SSSR, 174: 1 – 192 (in Russian).

Rasnitsyn A P. 1983. Fossil Hymenoptera of the superfamily Pamphilioidea [J]. Paleontologicheskiy Zhurnal, 1983(2): 54 – 68. (in Russian).

Rasnitsyn A P. 1988. An outline of evolution of the hymenopterous insects (order Vespida) [J]. Oriental Insects, 22: 115 – 145.

Rasnitsyn A P. 1990. Hymenoptera//Rasnitsyn A P. Late Mesozoic insects of Eastern Transbaikalia [J]. Trudy Paleontologicheskovo Instituta Akademii Nauk SSSR, 239: 177 – 205 (in Russian).

Rasnitsyn A P. 1993. New taxa of sepulcids (Vespida: Sepulcidae)

[J]. Trudy Paleontologicheskovo Instituta Akademii Nauk SSSR, 252: 80 – 99 (in Russian).

Rasnitsyn A P. 1999. *Cratephialtites* gen. nov. (Vespida = Hymenoptera: Ephialtitidae), a new genus for *Karataus koiurus* Sharkey, 1990, from the Lower Cretaceous of Brazil [J]. Russian Entomological Journal, 8: 135 – 136.

Rasnitsyn A P. 2002. Superorder Vespidea Laicharting, 1781 [M]// Rasnitsyn A P, Quicke D L J. History of insects. Dordrecht: Kluwer Academic Publishers: 242 – 254.

Rasnitsyn A P. 2006. Letopis'i cladogramma (Fossil record and cladogram) [M]//Rozhnov S V. Evolutsiya biosphery i bioraznoobraziya (Evolution of biosphere and biodiversity). Moscow: KMK Press: 39 – 48 (in Russian).

Rasnitsyn A P. 2007. Origin and early diversification of the evanioid wasps [M]//Brothers D J, Mostovski M B. Abstract book: IV International Congress of Palaeoentomology. III World Congress on the Amber Inclusions: III International Meeting on Continental Palaeoarthropodology. Fossils X3. 4 – 9 May 2007. Vitoria-Gasteiz. Spain. Spain: Diputación Foral de Alava: 140.

Rasnitsyn A P. 2008. Hymenopterous insects (Insecta: Vespida) in the Upper Jurassic deposits of Shar Teg, SW Mongolia [J]. Russian Entomological Journal, 17: 299 – 310.

Rasnitsyn A P, Ansorge J. 2000. Two new Lower Cretaceous hymenopterous insects (Insecta: Hymenoptera) from Sierra del Montsec, Spain [J]. Acta Geologica Hispanica, 35: 59 – 64.

Rasnitsyn A P, Ansorge J, Zhang H C. 2006a. Ancestry of the orussoid wasps, with description of three new genera and species of Karatavitidae (Hymenoptera = Vespida: Karatavitoidea stat. nov.) [J]. Insect Systematics & Evolution, 37(2): 179 – 190.

Rasnitsyn AP, Zhang H C, Wang B. 2006b. Bizarre fossil insects: Web-spinning sawflies of the genus Ferganolyda (Vespida, Pamphilioidea) from the Middle Jurassic of Daohugou, Inner Mongolia, China [J]. Palaeontology, 49(4): 907 – 916.

Rasnitsyn A P, Ansorge J. Zessin W. 2003. New hymenopterous insects (Insecta: Hymenoptera) from the Lower Toarcian (Lower Jurassic) of Germany [J]. Neues Jahrbuch für Geologie und Paläontologie, Abhandlungen, 227: 321 – 342.

Rasnitsyn A P, Basibuyuk H H, Quicke D L J. 2004. A basal chalcidoid (Insecta: Hymenoptera) from the earliest Cretaceous or latest Jurassic of Mongolia [J]. Insect Systematics & Evolution, 35: 123 – 135.

Rasnitsyn A P, Jarzembowski E A, Ross A J. 1998. Wasps (Insecta: Vespida = Hymenoptera) from the Purbeck and Wealden (Lower Cretaceous) of Southern England and their biostratigraphical and palaeoenvironmental significance [J]. Cretaceous Research, 19(3): 329 – 391.

Rasnitsyn A P, Krassilov V A. 1996. Pollen in the gut contents of fossil insects as evidence of co-evolution [J]. Paleontological Journal, 30: 716 – 722.

Rasnitsyn A P, Martínez-Delclòs X. 2000. Wasps (Insecta: Vespida = Hymenoptera) from the Early Cretaceous of Spain [J]. Acta Geologica Hispanica, 35: 65 – 95.

Rasnitsyn A P, Quicke D L J. 2002. History of insects [M]. Dordrecht: Kluwer Academic Publishers.

Rasnitsyn A P, Zhang H C. 2004a. A new family, Daohugoidae fam. n., of syricomorph hymenopteran (Hymenoptera = Vespida) from the Middle Jurassic of Daohugou in Inner Mongolia (China) [J]. Proceedings of the Russian Entomological Society, 75(1): 12 – 16.

Rasnitsyn A P, Zhang H C. 2004b. Composition and age of the Daohugou Hymenopteran (Insecta, Hymenoptera = Vespida) Assemblage from Inner Mongolia, China [J]. Palaeontology, 47(6): 1507 – 1517.

Rasnitsyn A P, Zhang H C. 2010. Early evolution of Apocrita (Insecta, Hymenoptera) as indicated by new findings in the Middle Jurassic of Daohugou, Northeast China [J]. Acta Geologica Sinica, 84(4): 834 – 873.

Rasnitsyn A P, Zherikhin V V. 2002. Impression fossils [M]// Rasnitsyn A P, Quicke D L J. History of insects. Dordrecht: Kluwer Academic Publishers: 437 – 444.

Reid C A M. 2000. Spilopyrinae Chapuis: A new subfamily in the Chrysomelidae and its systematic placement (Coleoptera) [J]. Invertebrate Taxonomy, 14: 837 – 862.

Ren D. 2003. Two new Late Jurassic genera of kalligrammatids from Beipiao, Liaoning (Neuroptera: Kalligrammatidae) [J]. Acta Zootaxonomica Sinica, 28: 105 – 109.

Ren D, Guo Z G. 1996. On the new fossil genera and species of Neuroptera (Insecta) from the Late Jurassic of Northeast China [J]. Acta Zootaxonomica Sinica, 21: 461 – 479.

Ren D, Labandeira C C, Santiago-Blay J A, et al. 2009. A probable pollination mode before angiosperms: Eurasian, long-proboscid scorpionflies [J]. Science, 326: 840 – 847.

Ren D, Liu J Y, Cheng X D. 2003. A new hemeroscopid dragonfly from the Lower Cretaceous of Northeast China (Odonata: Hemeroscopidae) [J]. Acta Entomologia Sinica, 46(5): 622 – 628.

Ren D, Oswald J. 2002. A new genus of kalligrammatid lacewings from the Middle Jurassic of China (Neuroptera: Kalligrammatidae) [J]. Stuttgarter Beiträge zur Naturkunde (B), 317: 1 – 8.

Ren D, Yin J C, Dou W X. 1998. Late Jurassic Palaeontinids (Homoptera: Auchenorrhyncha) from Hebei and Liaoning Province in China [J]. Entomologia Sinica, 5: 222 – 232.

Ribera I, Beutel R G, Balke M, et al. 2002. Discovery of Aspidytidae, a new family of aquatic Coleoptera [J]. Proceedings of the Royal Society, Biological Sciences, 269: 2351 – 2356.

Riek E F. 1976. A new collection of insects from the Upper Triassic of South Africa [J]. Annals of the Natal Museum, 22: 791 – 820.

Riek E F, Kukalová-Peck J. 1984. A new interpretation of dragonfly wing venation based upon Early Carboniferous fossils from Argentina (Insecta: Odonatoidea) and basic characters states in pterygote wings [J]. Canadian Journal of Zoology, 62: 1150 – 1166.

Riley E G, Clark S M, Flowers R W, et al. 2002. Family 124. Chrysomelidae Latreille 180 [M]//Arnett R H, Thomas M C, Skelley P E, et al. American beetles. Boca Raton: CRC Press: 617 – 691.

Robert D. 2001. Functional diversity of flight [M] // Woiwod I P, Reynolds D R, Thomas C D. Insect movement: Mechanisms and consequences. Wallingford: CAB International: 19 – 41.

Ronquist F, Rasnitsyn A P, Roy A, et al. 1999. Phylogeny of the Hymenoptera: A cladistic reanalysis of Rasnitsyn's (1988) data [J]. Zoologica Scripta, 28: 13 – 50.

Ross A J, Jarzembowski E A, Brooks S J. 2000. The Cretaceous and Cenozoic record of insects (Hexapoda) with regard to global change [M]//Culver S J, Rawson P F. Biotic response to global change. The last 145 million years. Cambridge: Cambridge University Press: 288 – 302.

Rust J. 1998. Biostratinomy of insects from the Fur Fomation of Denmark (Moler, Upper Paleocene/Lower Eocene) [J]. Paläontologische Zeitschrift, 72: 41 – 58.

Rust J, Singh H, Rana R S, et al. 2010. Biogeographic and evolutionary implications of a diverse paleobiota in amber from the Early Eocene of India [J]. Proceedings of the National Academy of Sciences of the United States of America, 107: 18360 – 18365.

Rust J, Stumpner A, Gottwald J. 1999. Singing and hearing in a Tertiary bushcricket [J]. Nature, 399: 650.

Sanmartín I, Enghoff H, Ronquist F. 2001. Patterns of animal dispersal, vicariance and diversification in the Holarctic [J]. Biological Journal of the Linnean Society, 73: 345 – 390.

Santos M F D A, Mermudes J R M, Fonseca V M M D. 2011. A specimen of Curculioninae (Curculionidae, Coleoptera) from the Lower Cretaceous, Araripe Basin, North-Eastern Brazil [J]. Palaeontology, 54: 807 – 814.

Saunders W B, Mapes R H, Carpenter F M, et al. 1974. Fossiliferous amber from the Eocene (Claiborne) of the Gulf Coastal Plain [J]. Geological Society of America Bulletin, 85: 979 – 984.

Schaefer C W. 2003. Prosorrhyncha (Coleorrhyncha + Heteroptera) [M]//Resh V H, Cardé R T. Encyclopedia of insects. San Diego: Academic Press: 947 – 965.

Schlee D. 1969. Morphologie und symbiose; ihre bewertskraft für die verwandtschaftsbeziehungen der Coleorrhyncha. Phylogenetische Studien an Hemiptera IV: Heteropteroidea (Heteroptera + Coleorrhyncha) als monophyletische Gruppe [J]. Stuttg Beitr Naturk Nr, 210: 1 – 27.

Schmidt A R, Dilcher D L. 2007. Aquatic organisms as amber inclusions and examples from a modern swamp forest [J]. Proceedings of the National Academy of Sciences of the United States of America, 104: 16581 – 16585.

Schmidt A R, Jancke S, Lindquist E E, et al. 2012. Arthropods in amber from the Triassic Period [J]. Proceedings of the National Academy of Science of the United States of America, 109: 14796 – 14801.

Schmidt A R, Perrichot V, Svojtka M, et al. 2010. Cretaceous African life captured in amber [J]. Proceedings of the National Academy of Sciences of the United States of America, 107: 7329 – 7334.

Scholtz C H, Grebennikov V V. 2005. Scarabaeioidea Latreille, 1802 [M]//Beutel R G, Leschen R A B. Handbook of zoology: Vol IV Arthropoda, Part II Insecta, Coleoptera, Vol 1 Morphology and systematics (Archostemata, Adephaga, Myxophaga, Polyphaga partim). Berlin: Walter De Gruyter: 367 – 425.

Schulmeister S. 2003a. Review of morphological evidence on the phylogeny of basal Hymenoptera (Insecta), with a discussion of the ordering of characters [J]. Biological Journal of the Linnean Society, 79: 209 – 244.

Schulmeister S. 2003b. Simultaneous analysis of basal Hymenoptera (Insecta): Introducing robust-choice sensitivity analysis [J]. Biological Journal of the Linnean Society, 79: 245 – 275.

Sha J G. 2007. Cretaceous stratigraphy of Northeast China: Non-marine and marine correlation [J]. Cretaceous Research, 28: 146 – 170.

Sharkey M J. 2007. Phylogeny and classification of Hymenoptera [J]. Zootaxa, 1668: 521 – 548.

Sharkey M J, Roy A. 2002. Phylogeny of the Hymenoptera: A reanalysis of the Ronquist et al. (1999) Reanalysis, emphasizing wing venation and apocritan relationships [J]. Zoological Scripta, 31: 57 – 66.

Sharov A G. 1962. A new Permian family of Orthoptera [J]. Paleontologicheskij Zhurnal, 1962(2): 112 – 116 (in Russian).

Sharov A G. 1968. Phylogeny of the Orthopteroidea [J]. Trudy Paleontologicheskovo Instituta Akademii Nauk SSSR, 118: 1 – 218 (in Russian).

Shcherbakov D E. 1981a. Diagnostics of the families of the Auchenorrhyncha (Homoptera) on the basis of the wings. I. Fore wing [J]. Entomological Review, 60: 64 – 81.

Shcherbakov D E. 1981b. Morphology of the pterothoracic pleura in Hymenoptera. 2. Modifications of the ground plan [J]. Zoologicheskiy Zhurnal, 59: 1644 – 1652 (in Russian).

Shcherbakov D E. 1984. Systematics and phylogeny of Permian

Cicadomorpha (Cimicida, Cicadina). Paleontological Journal, 1984(2): 87－97.

Shcherbakov D E. 1988. New cicadas (Cicadina) from the later Mesozoic of Transbaikalia [J]. Paleontological Journal, 1988(4): 52－63.

Shcherbakov D E. 1992. The earliest leafhoppers (Hemiptera: Karajassidae n. fam.) from the Jurassic of Karatau [J]. Neues Jahrbuch für Mineralogie, Geologie und Paläontologie Monatshefte, H1: 39－51.

Shcherbakov D E. 1996. Origin and evolution of the Auchenorrhyncha as shown in the fossil record [M]// Schaefer C W. Studies on Hemipteran Phylogeny. Lanham: Proceedings, Thomas Say Publications in Entomology and Entomological Society of America: 31－45.

Shcherbakov D E, Popov Y A. 2002. Superorder Cimicidea Laicharting, 1781 order Hemiptera Linné, 1758. The bugs, cicadas, plantlice, scale insects, etc. [M]//Rasnitsyn A P, Quicke D L J. History of insects. Dordrecht: Kluwer Academic Publisher: 152－155.

Shear W A, Bonamo P M, Griedson J D, et al. 1984. Early land animals in North America: Evidence from Devonian age arthropods from Gilboa, New York [J]. Science, 224: 492－494.

Shear W A, Selden P A, Rilfe W D I, et al. 1987. New terrestrial arachnids from the Devonian of Gilboa, New York [J]. American Museum Novitates, 2901: 1－74.

Shi G H, Grimaldi D A, Harlow G E, et al. 2012. Age constraint on Burmese amber based on U-Pb dating of zircons [J]. Cretaceous Research, 37: 155－163.

Shi X Q, Zhao Y Y, Shih C K, et al. 2014. Two new species of *Archaeohelorus* (Hymenoptera, Proctotrupoidea, Heloridae) from the Middle Jurassic of China [J]. ZooKeys, 369: 49－59.

Shih C K, Feng H, Ren D. 2011. New fossil Heloridae and Mesoserphidae wasps (Insecta, Hymenoptera, Proctotrupoidea) from the Middle Jurassic of China [J]. Annals of the Entomological Society of America, 104(6): 1334－1348.

Shih C K, Liu C X, Ren D. 2009. The earliest fossil record of pelecinid wasps (Insecta: Hymenoptera: Proctotrupoidea: Pelecinidae) from Inner Mongolia, China [J]. Annals of the Entomological Society of America, 102: 20－38.

Shull V L, Vogler A P, Baker M D, et al. 2001. Sequence alignment of 18S ribosomal RNA and the basal relationships of adephagan beetles, evidence for monophyly of aquatic families and the placement of Trachypachidae [J]. Systematic Biology, 50(6): 945－969.

Simmons N B, Seymour K L, Habersetzer J, et al. 2008. Primitive Early Eocene bat from Wyoming and the evolution of flight and echolocation [J]. Nature, 451: 818－821.

Smith D M. 1999. Comparative taphonomy and paleoecology of insects in lacustrine deposits [C]. Proceedings of the First International Palaeoentomological Conference (Moscow), 1998: 155－161.

Smith D M. 2000. Beetle taphonomy in a recent ephemeral lake in Southeastern Arizona [J]. Palaios, 15: 152－160.

Smith D M. 2012. Exceptional preservation of insects in lacustrine environments [J]. Palaios, 27: 346－353.

Smith D M, Cook A, Nufio C R. 2006. How physical characteristics of beetles affect their fossil preservation [J]. Palaios, 21: 305－310.

Smith D M, Moe-Hoffman A P. 2007. Taphonomy of Diptera in lacustrine environments: A case study from the Florissant Fossil Beds, Colorado [J]. Palaios, 22: 623－629.

Smith S A, Beaulieu J, Stamatakis A, et al. 2011. Understanding angiosperm diversification using large and small phylogenies [J]. American Journal of Botany, 98: 404－414.

Smith T, Rose K D, Gingerich P D. 2006. Rapid Asia-Europe-North America geographic dispersal of earliest Eocene primate *Teilhardina* during the Paleocene-Eocene Thermal Maximum [J]. Proceedings of the National Academy of Sciences of the United States of America, 103: 11223－11227.

Song F, Lee K L, Soh A K, et al. 2004. Experimental studies of the material properties of the forewing of cicada (Homoptera, Cicadidae) [J]. The Journal of Experimental Biology, 207: 3035－3042.

Sorensen J T, Cambell B C, Gill R J, et al. 1995. Non-monophyly of Auchenorrhyncha (“Homoptera”), based upon 18S rDNA phylogeny: Ecoevolutionary and cladistic implications within pre-Heteropterodea Hemiptera (s. l.) and a proposal for new monophyletic suborders [J]. Pan-Pacific Entomology, 71: 31－60.

Soriano C, Delclòs X, Ponomarenko A G. 2007a. Beetle associations (Insecta: Coleoptera) from the Barremian (Lower Cretaceous) of Spain [J]. Alavesia, 1: 81－88.

Soriano C, Ponomarenko A G, Delclòs X. 2007b. Coptoclavid beetles (Coleoptera: Adephaga) from the Lower Cretaceous of Spain: A new feeding strategy in beetles [J]. Palaeontology, 50: 525－536.

Soriano C, Gratshev V G, Delclòs X. 2006. New Early Cretaceous weevils (Insecta, Coleoptera, Curculionoidea) from El Montsec, Spain [J]. Cretaceous Research, 27(4): 555－564.

Spangler P J, Steiner W E. 2005. A new aquatic beetle family, Meruidae, from Venezuela (Coleoptera: Adephaga) [J]. Systematic Entomology, 30: 339－357.

Stamkiewicz B A, Briggs D E G, Evershed R P, et al. 1997a. Preservation of chitin in 25 million-year-old fossils [J]. Science, 276: 1541－1543.

Stamkiewicz B A, Briggs D E G, Evershed R P. 1997b. Chemical composition of Paleozoic and Mesozoic fossil invertebrate cuticles as revealed by pyrolysis-gas chromatography/mass spectrometry [J]. Energy Fuels, 11: 515 – 521.

Stamkiewicz B A, Poinar H N, Briggs D E G, et al. 1998. Chemical preservation of plants and insects in natural resins [J]. Proceedings of the Royal Society of London: series B, 265: 641 – 647.

Suarez M B, Ludvigson G A, González L A, et al. 2013. Stable isotope chemostratigraphy in lacustrine strata of the Xiagou Formation, Gansu Province, NW China [J]. The Geological Society of London: Special Publications, 382: SP382. 1.

Sues H, Fraser N C. 2010. Triassic life on land: The great transition [M]. New York: Columbia University Press.

Sun M X, Watson G S, Zheng Y M, et al. 2009. Wetting properties on nanostructured surfaces of cicada wings [J]. Journal of Experimental Biology, 212: 3148 – 3155.

Swisher C C, Wang X L, Zhou Z H, et al. 2002. Further support for a Cretaceous age for the feathered-dinosaur beds of Liaoning, China: New ^{40}Ar-^{39}Ar dating of the Yixian and Tuchengzi Formations [J]. Chinese Science Bulletin, 47(2): 136 – 139.

Swisher C C, Wang Y Q, Wang X L, et al. 1999, Cretaceous Age for the feathered dinosaurs of Liaoning, China[J]. Nature, 400 (6739): 58 – 61.

Szwedo J. 2004. An annotated checklist of Myerslopiidae with notes on the distribution and origin of the group (Hemiptera: Cicadomorpha) [J]. Zootaxa, 425: 1 – 15.

Szwedo J, Sontag E. 2013. The flies (Diptera) say that amber from the Gulf of Gdańsk, Bitterfeld and Rovno is the same Baltic amber [J]. Polish Journal of Entomology, 82: 379 – 388.

Szwedo J, Wang B, Zhang H C. 2011. An extraordinary Early Jurassic planthopper from Hunan (China) representing a new family Qiyangiricaniidae fam. nov. (Hemiptera: Fulgoromorpha: Fulgoroidea) [J]. Acta Geologica Sinica: English Edition, 85(4): 739 – 748.

Tappert R, McKellar R C, Wolfe A P, et al. 2013. Stable carbon isotopes of C^3 plant resins and ambers record changes in atmospheric oxygen since the Triassic [J]. Geochimica et Cosmochimica Acta, 121: 240 – 262.

Thien L B, Bernhardt P, Devall M S, et al. 2009. Pollination biology of basal angiosperms (ANITA grade) [J]. American Journal of Botany, 96: 166 – 182.

Thompson R T. 1992. Observations on the morphology and classification of weevils (Coleoptera, Curculionoidea) with a key to major groups [J]. Journal of Natural History, 26: 835 – 891.

Tiffney B H. 2008. Phylogeography, fossils, and Northern Hemisphere biogeography: The role of physiological uniformitarianism [J]. Annals of the Missouri Botanical Garden, 95: 135 – 143.

Tillyard R J. 1916. Mesozoic and Tertiary insects of Queensland and New South Wales [J]. Queensland Geological Survey: Publication, 253: 1 – 65.

Tillyard R J. 1918. Mesozoic insects of Queensland: No. 4 Hemiptera Heteroptera: the family Dunstaniidae. With a note on the origin of the Heteroptera [J]. Proceedings of the Linnean Society of New South Wales, 43: 568 – 592.

Tillyard R J. 1921. Mesozoic insects of Queensland. No. 8. Hemiptera-Homoptera [J]. Proceedings of the Linnean Society of New South Wales, 46: 270 – 284.

Tischlinger H. 2001. Bemerkungen zur Insekten-Taphonomie der Solnhofener Plattenkalke [J]. Archaeopteryx, 19: 29 – 44.

Townes H K. 1949. The nearctic species of the family Stephanidae (Hymenoptera) [J]. Proceedings of the United States Natural Museum, 99: 361 – 370.

Townes H K. 1969. The genera of Ichneumonidae: Pt. 1 [J]. Memoirs of the American Entomological Institute, 11: 1 – 300.

Turnbow R H Jr, Thomas M C. 2002. Family 91. Cerambycidae Leach, 1815 [M]//Arnett R H, Thomas M C, Skelley P E, et al. American beetles. Boca Raton: CRC Press: 568 – 601.

Ueda K, Kim T, Aoki T. 2005. A new record of Early Cretaceous fossil dragonfly from Korea [J]. Bulletin Kitakyushu Museum of Natural History & Human History, 3: 145 – 152.

van Hinsbergen D J, Lippert P C, Dupont-Nivet G, et al. 2012. Greater India Basin hypothesis and a two-stage Cenozoic collision between India and Asia [J]. Proceedings of the National Academy of Sciences of the United States of America, 109: 7659 – 7664.

Van Roy P, Orr P J, Botting J P, et al. 2010. Ordovician faunas of Burgess Shale type [J]. Nature, 465: 215 – 218.

Verberk C E P, Bilton D T. 2011. Can oxygen set thermal limits in an insect and drive gigantism? [J]. PloS ONE, 6(7): e22610.

Vialov O S, Sukatsheva I D. 1976. Fossil caddis cases (Insecta, Trichoptera) and their stratigraphic value in paleontology and biostratigraphy of Mongolia [J]. The Joint Soviet-Mongolian Paleontologial Expedition (Transactions), Nauka, Moscow: 169 – 232 (in Russian).

Vilhelmsen L B. 2000. Before the wasp-waist: Comparative anatomy and phylogenetic implications of the skelet-musculature of the thoraco-abdominal boundary region in basal Hymenoptera (Insecta) [J]. Zoomorphology, 119: 185 – 221.

Vilhelmsen L B. 2001. Phylogeny and classification of the extant basal lineages of the Hymenoptera (Insecta) [J]. Zoological Journal of the Linnean Society, 131: 393 – 492.

Vršanský P. 1999. Lower Cretaceous Blattaria [C]. Proceedings of the First International Palaeoentomological Conference (Moscow), 1998: 167 – 176.

Vršanský P. 2003. Umenocoleoidea — An amazing lineage of

aberrant insects (Insecta, Blattaria) [J]. AMBA Projekty, 7(1): 1–32.

Vršanský P. 2008. New blattarians and a review of dictyopteran assemblages from the Lower Cretaceous of Mongolia [J]. Acta Palaeontologica Polonica, 53(1): 129–136.

Wagner T, Neinhuis C, Barthlott W. 1996. Wettability and contaminability of insect wings as a function of their surface sculptures [J]. Acta Zoologica (Stockholm), 77: 213–225.

Walther J. 1904. Die Fauna der Solnhofener Plattenkalke bionomisch betrachtet [J]. Denkschriften der Medizinisch-Naturwissenschaftlichen Gesellschaft zu Jena, 11(3): 133–214.

Wang B, Zhang H C. 2009a. Tettigarctidae (Insecta: Hemiptera: Cicadoidea) from the Middle Jurassic of Inner Mongolia, China [J]. Geobios, 42: 243–253.

Wang B, Zhang H C. 2009b. A remarkable new genus of Procercopidae (Hemiptera: Cercopoidea) from the Middle Jurassic of China [J]. Comptes Rendus Palevol, 8(4): 389–394.

Wang B, Zhang H C. 2010. Earliest evidence of fishflies (Megaloptera: Corydalidae): An exquisitely preserved larva from the Middle Jurassic of China [J]. Journal of Paleontology, 84(4): 774–780.

Wang B, Zhang H C. 2011a. The oldest Tenebronoidea (Coleoptera) from the Middle Jurassic of China [J]. Journal of Palaeontology, 85(2): 266–270.

Wang B, Zhang H C. 2011b. A new ground beetle (Carabidae, Protorabinae) from the Lower Cretaceous of Inner Mongolia, China [J]. ZooKeys, 130: 229–237.

Wang B, Zhang H C, Fang Y. 2006a. Some Jurassic Palaeontinidae (Insecta, Hemiptera) from Daohugou, Inner Mongolia, China [J]. Palaeoworld, 15(1): 115–125.

Wang B, Zhang H C, Fang Y. 2006b. *Gansucossus*, a replacement name for *Yumenia* Hong, 1982 (Insecta: Hemiptera: Palaeontinidae), with description of a new genus. Zootaxa, 1268: 59–68.

Wang B, Zhang H C, Fang Y, et al. 2006c. Revision of the genus *Sinopalaeocossus* Hong (Hemiptera: Palaeontinidae), with description of a new species from the Middle Jurassic of China [J]. Zootaxa, 1349: 37–45.

Wang B, Zhang H C, Fang Y, et al. 2006d. A new genus and species of Palaeontinidae (Insecta, Hemiptera) from the Middle Jurassic of Daohugou, China [J]. Annales Zoologici (Warszawa), 56: 757–762.

Wang B, Zhang H C, Fang Y. 2007a. Middle Jurassic Palaeontinidae (Insecta, Hemiptera) from Daohugou of China [J]. Alavesia, 1: 89–104.

Wang B, Zhang H C, Fang Y. 2007b. *Palaeontinodes reshuitangensis*, a new species of Palaeontinidae (Hemiptera, Cicadomorpha) from the Middle Jurassic of Reshuitang and Daohugou of China [J]. Zootaxa, 1500: 61–68.

Wang B, Zhang H C, Fang Y, et al. 2008a. A revision of Palaeontinidae (Insecta: Hemiptera: Cicadomorpha) from the Jurassic of China with descriptions of new taxa and new combinations [J]. Geological Journal, 43: 1–18.

Wang B, Zhang H C, Fang Y. 2008b. New data on Cretaceous Palaeontinidae (Insecta: Cicadomorpha) from China. Cretaceous Research, 29: 551–560.

Wang B, Zhang H C, Jarzembowski E A. 2008c. A new genus and species of Palaeontinidae (Insecta: Hemiptera: Cicadomorpha) from the Lower Cretaceous of Southern England [J]. Zootaxa, 1751: 65–68.

Wang B, Li J F, Fang Y, et al. 2009a. Preliminary elemental analysis of fossil insects from the Middle Jurassic of Daohugou, Inner Mongolia and its taphonomical implications [J]. Chinese Science Bulletin, 54(5): 783–787.

Wang B, Ponomarenko A G, Zhang H C. 2009b. A new coptoclavid larva (Coleoptera: Adephaga: Dytiscoidea) from the Middle Jurassic of China, and its phylogenetic implication [J]. Paleontological Journal, 43(6): 652–659.

Wang B, Zhang H C, Szwedo J. 2009c. Jurassic Progonocimicidae (Hemiptera) from China and phylogenetic evolution of Coleorrhyncha [J]. Science in China: Series D Earth Sciences, 52 (12): 1953–1961.

Wang B, Zhang H C, Szwedo J. 2009d. Jurassic Palaeontinidae from China and the higher systematics of Palaeontinoidea (Insecta: Hemiptera: Cicadomorpha) [J]. Palaeontology, 52: 53–64.

Wang B, Ponomarenko A G, Zhang H C. 2010a. Middle Jurassic Coptoclavidae (Insecta: Coleoptera: Dytiscoidea) from China: A good example of mosaic evolution [J]. Acta Geologica Sinica: English Edition, 84(4): 680–687.

Wang B, Zhang H C, Fang Y. 2010b. Paleogeographical distribution of Mesozoic Palaeontinidae (Insecta, Hemiptera) in China with description of new taxa. Acta Geologica Sinica, 84(1): 31–37.

Wang B, Zhang H C,Wappler T, et al., 2010c. Palaeontinidae (Insecta: Hemiptera: Cicadomorpha) from the upper Jurassic Solnhofen limestone of Germany and their phylogenetic significance. Geological Magazine, 147: 570–580.

Wang B, Zhang H C, Azar D. 2011. The first Psychodidae (Insecta: Diptera) from the Lower Eocene Funshun amber of China [J]. Journal of Paleontology, 85(6): 1154–1159.

Wang B, Szwedo J, Zhang H C. 2012a. New Jurassic Cercopoidea from China and their evolutionary significance (Insecta: Hemiptera) [J]. Palaeontology, 55: 1223–1243.

Wang B, Zhang H C, Ponomarenko A G. 2012b. Mesozoic Trachypachidae (Insecta: Coleoptera) from China [J].

Palaeontology, 55: 341 – 353.

Wang B, Zhao F C, Zhang H C, et al. 2012c. Widespread pyritization of insects from the Early Cretaceous Jehol Biota [J]. Palaios, 27: 707 – 711.

Wang B, Zhang H C, Jarzembowski E A. 2013a. Early Cretaceous angiosperms and beetle evolution [J]. Frontiers in Plant Science, 4 (360): 1 – 6.

Wang B, Zhang H C, Jarzembowski E A, et al. 2013b. Taphonomic variability of fossil insects: A biostratinomic study of Palaeontinidae and Tettigarctidae (Insecta: Hemiptera) from the Jurassic Daohugou Lagerstätte [J]. Palaios, 28: 233 – 242.

Wang B, Ma J Y, McKenna D, et al. 2014a. The earliest known longhorn beetle (Cerambycidae: Prioninae) and implications for the early evolution of Chrysomeloidea [J]. Journal of Systematical Palaeontology, 12(5): 565 – 574.

Wang B, Rust J, Engel M S, et al. 2014b. A diverse paleobiota in Early Eocene Fushun amber from China [J]. Current Biology, 24: 1606 – 1610.

Wang C S, Feng Z Q, Zhang L M, et al. 2013. Cretaceous paleogeography and paleoclimate and the setting of SKI borehole sites in Songliao Basin, Northeast China [J]. Palaeogeography, Palaeoclimatology, Palaeoecology, 385: 17 – 30.

Wang D H, Lu S C, Han S, et al. 2013. Eocene prevalence of monsoon-like climate over Eastern China reflected by hydrological dynamics [J]. Journal of Asian Earth Sciences, 62: 776 – 787.

Wang H, Li S, Zhang Q, et al. 2015. A new species of Aboilus (Insecta, Orthoptera) from the Jurassic Daohugou beds of China, and discussion of forewing coloration in *Aboilus* [J]. Alcheringa, 39: 250 – 258.

Wang L L, Hu D Y, Zhang L J, et al. 2013. SIMS U-Pb zircon age of Jurassic sediments in Linglongta, Jianchang, Western Liaoning: Constraint on the age of oldest feathered dinosaurs [J]. Chinese Science Bulletin, 58 (14): 1346 – 1353.

Wang M, Rasnitsyn A P, Ren D. 2014a. Two new fossil sawflies (Hymenoptera, Xyelidae, Xyelinae) from the Middle Jurassic of China [J]. Acta Geologica Sinica: English Edition, 88(4): 1801 – 1840.

Wang M, Rasnitsyn A P, Shi C K, et al. 2014b. A new fossil genus in Pamphiliidae (Hymenoptera) from China [J]. Alcheringa, 38(3): 391 – 397.

Wang M, Rasnitsyn A P, Shih C K, et al. 2015. New fossil records of bizarre *Ferganolyda* (Hymenoptera: Xyelydidae) from the Middle Jurassic of China [J]. Alcheringa, 39(1): 99 – 108.

Wang M, Shih C K, Ren D. 2012. *Platyxyela* gen. nov. (Hymenoptera, Xyelidae, Macroxyelinae) from the Middle Jurassic of China [J]. Zootaxa, 3456: 82 – 88.

Wang Q, Ferguson D K, Feng G P, et al. 2010. Climatic change during the Palaeocene to Eocene based on fossil plants from Fushun, China [J]. Palaeogeography, Palaeoclimatology, Palaeoecology, 295: 323 – 331.

Wang X. 2010. The dawn of angiosperms: Uncovering the origin of flowering plants [M]. Berlin: Springer-Verlag.

Wang X L, Zhou Z H. 2003. Mesozoic Pompeii [M]//Chang M M. The Jehol Biota – The emergence of feathered dinosaurs, beaded birds and flowering plants. Shanghai: Shanghai Scientific and Technical Publishers: 19 – 36.

Wang Y, Ren D. 2007a. Two new genera of fossil palaeontinids from the Middle Jurassic in Daohugou, Inner Mongolia, China (Hemiptera, Palaeontinidae) [J]. Zootaxa, 1390: 41 – 49.

Wang Y, Ren D. 2007b. Revision of the genus *Suljuktocossus* Becker-Migdisova, 1949 (Hemiptera, Palaeontinidae), with description of a new species from Daohugou, Inner Mongolia, China [J]. Zootaxa, 1576: 57 – 62.

Wang Y, Ren D. 2009. New fossil palaeontinids from the Middle Jurassic of Daohugou, Inner Mongolia, China (Insecta, Hemiptera) [J]. Acta Geologica Sinica: English Edition, 83(1): 33 – 38.

Wang Y, Ren D, Shih C K. 2007a. Discovery of Middle Jurassic palaeontinids from Inner Mongolia, China (Homoptera: Palaeontinidae) [J]. Progress in Natural Science, 17: 112 – 116.

Wang Y, Ren D, Shih C K. 2007b. New discovery of palaeontinid fossils from the Middle Jurassic in Daohugou, Inner Mongolia (Homoptera, Palaeontinidae) [J]. Science in China: Ser D Earth Sciences, 50: 481 – 486.

Wang Y, Rose C. 2005. *Jeholotriton paradoxus* (Amphibia: Caudata) from the Lower Cretaceous of South Eastern Inner Mongolia, China [J]. Journal of Vertebrate Paleontology, 25: 523 – 532.

Wang Y, Wang L, Ren D. 2008. Revision of genera *Quadraticossus*, *Martynovocossus* and *Fletcheriana* (Insecta, Hemiptera) from the Middle Jurassic of China with description of a new species [J]. Zootaxa, 1855: 56 – 64.

Wang Y Q, Sha J G, Pan Y H, et al. 2012. Non-marine Cretaceous ostracod assemblages in China: A preliminary review [J]. Journal of Stratigraphy, 36: 289 – 299.

Wappler T, Smith V S, Dalgleish R C. 2004. Scratching an ancient itch: An Eocene bird louse fossil [J]. Proceedings Biological Sciences of the Royal Society, 271: s255 – s258.

Wappler T, Wedmann S, Rust J. 2007. Die Fossilgeschichte der Wanzen — ein überblick [J]. Mainzer Naturwiss Archiv — Beiheft, 31: 47 – 61.

Wedmann S. 1998. Taphonomie der Bibionidae (Insecta: Diptera) aus der oberoligozänen Fossillagerstätte Enspel (Deutschland) [J]. Neues Jahrbuch für Geologie und Paläontologie Monatshefte, 9: 513 – 528.

Westwood J O. 1854. Contribution to fossil entomology [J]. Quaterly Journal of the Geological Society of London, 10: 378－396.

Weyenbergh H. 1874. Varia zoologica et palaeontologica [J]. Periódico Zoológico: Organo de la Sociedad Entomológica Argentina, 1: 77－111.

Whalley P E S. 1983. A survey of recent and fossil cicadas (Insecta, Hemiptera-Homoptera) in Britain [J]. Bulletin of the British Museum of Natural History (Geology), 37: 139－147.

Whalley P E S. 1988. Mesozoic Neuroptera and Raphidioptera (Insecta) in Britain [J]. Bulletin of the British Museum (Natural History): Geology, 44: 45－63.

Whalley P E S, Jarzembowski E A. 1985. Fossil insects from the Lithographic Limestone of Montsech (Late Jurassic-Early Cretaceous), Lérida Province, Spain [J]. Bulletin of the British Museum (Natural History): Geology, 38: 381－412.

Wheeler W, Schuh R T, Bang R. 1993. Cladistic relationships among higher groups of Heteroptera: Congruence between morphological and molecular data sets [J]. Entomologica Scandinavica, 24: 121－137.

Wichard W, Arens W, Eisenbeis G. 1999. Atlas zur biologie der wasserinsekten [M]. Berlin: Spektrum Akademischer Verlag.

Wiegmann B M, Trautwein M D, Winkler I S, et al. 2011. Episodic radiations in the fly tree of life [J]. Proceedings of the National Academy of Sciences of the United States of America, 108: 5690－5695.

Wilf P, Labandeira C C, Kress W J, et al. 2000. Timing the radiation of leaf beetles: Hispines on gingers from the latest Cretaceous to recent [J]. Science, 289: 291－294.

Williams K S, Simon C. 1995. The ecology, behavior, and evolution of periodical cicadas [J]. Annual Review of Entomology, 40: 269－274.

Wilson M V H. 1980. Eocene lake environments: Depth and distance-from-shore variation in fish, insect, and plant assemblages [J]. Palaeogeography, Palaeoclimatology, Palaeoecology, 32: 21－44.

Wilson M V H. 1988. Reconstruction of ancient lake environments using both autochthonous and allochthonous fossils [J]. Palaeogeography, Palaeoclimatology, Palaeoecology, 62: 609－623.

Wolfe A P, Tappert R, Muehlenbachs K, et al. 2009. A new proposal concerning the botanical origin of Baltic amber [J]. Proceedings: Biological Science, 276: 3403－3412.

Wootton R J. 1963. Actinoscytinidae (Hemiptera: Heteroptera) from the Upper Triassic of Queensland [J]. Annals and Magazine of Natural History: Series 13, 6: 249－255.

Wootton R J. 1971. The evolution of Cicadoidea (Homoptera) [J]. Proceedings of 13th International Congress of Entomology, 1: 318－319.

Wootton R J. 1992. Functional morphology of insect wings [J]. Annual Review of Entomology, 37: 113－140.

Wootton R J. 2003. Reconstructing insect flight performance from fossil evidence [J]. Acta Zoologica Cracoviensia, 46 (suppl. Fossil Insects): 89－99.

Wootton R J, Betts C R. 1986. Homology and function in the wings of Heteroptera [J]. Systematic Entomology, 11: 389－400.

Wootton R J, Kukalová-Peck J. 2000. Flight adaptations in palaeopterous insects [J]. Biological Review, 75: 129－167.

Wu C L, Yang Q, Zhu Z D, et al. 2000. Thermodynamic analysis and simulation of coal metamorphism in the Fushun Basin, China [J]. International Journal of Coal Geology, 44: 149－168.

Xi Q Y, Deng R Q, Wang J W, et al. 2008. Phylogeny of Gyrinidae and Hydradephaga (Insecta: Coleoptera) based on *CO* I gene: A case study using condon-partitioning schemes in phylogenetic tree reconstruction [J]. Acta Entomologica Sinica, 51: 166－181.

Xie Q, Tian Y, Zheng L, et al. 2008. 18S rRNA hyper-elongation and the phylogeny of Euhemiptera (Insecta: Hemiptera) [J]. Molecular Phylogenetics and Evolution, 47: 463－471.

Xu H, Liu Y Q, Kuang H W, et al. 2012. U-Pb SHRIMP age for the Tuchengzi Formation, Northern China, and its implications for biotic evolution during the Jurassic — Cretaceous transition [J]. Palaeoworld, 21: 222－234.

Xu X, You H, Du K, et al. 2011. An *Archaeopteryx*-like theropod from China and the origin of Avialae [J]. Nature, 475: 465－470.

Yan E V, Wang B, Zhang H C. 2013. First record of the beetle family Lasiosynidae (Insecta: Coleoptera) from the Lower Cretaceous of China [J]. Cretaceous Research, 40: 43－50.

Yan E V, Zhang H C. 2010. New beetle species of the formal genus *Artematopodites* (Coleoptera: Polyphaga), with remarks on the taxonomic position of the genera *Ovivagina* and *Sinonitidulina* [J]. Paleontological Journal, 44(4): 451－456.

Yang Q, Makarkin V N, Ren D. 2011. Two interesting new genera of Kalligrammatidae (Neuroptera) from the Middle Jurassic of Daohugou, China [J]. Zootaxa, 2873: 60－68.

Yang Q, Zhao Y Y, Ren D. 2009. An exceptionally well-preserved fossil kalligrammatid from the Jehol Biota [J]. Chinese Science Bulletin, 54: 1732－1737.

Yang W, Li S G, Jiang B Y. 2007. New evidence for Cretaceous Age of the feathered dinosaurs of Liaoning: Zircon U-Pb SHRIMP dating of the Yixian Formation in Sihetun, Northeast China [J]. Cretaceous Research, 28: 177－182.

Yeates D K. 2002. Relationships of extant lower Brachycera (Diptera): A quantitative synthesis of morphological characters [J]. Zoologica Scripta, 31: 105－121.

You H L, Atterholt J, O' Connor J K, et al. 2010. A second Cretaceous ornithuromorph bird from the Changma Basin, Gansu Province, Northwestern China [J]. Acta Palaeontologica Polonica, 55(4): 617–625.

Zessin W. 1981. Ein Hymenopterenflügel aus dem oberen Lias bei Dobbertin, Bezirk Schwerin [J]. Zeitschrift für Geologische Wissenschaften, 9: 713–717.

Zessin W. 1985. Neue oberliassische Apocrita und die Phylogenie der Hymenoptera (Insecta, Hymenoptera) [J]. Deutsche Entomologische Zeitschrift, 32: 129–142.

Zeuner F E. 1939. Fossil Orthoptera Ensifera [M]. London: Oxford University Press.

Zeuner F E. 1944. Notes on Eocene Homoptera from the Isle of Mull, Scotland [J]. Annals and Magazine of Natural History, 11(2): 110–117.

Zhang F C, Kearns S L, Orr P J, et al. 2010. Fossilized melanosomes and the colour of Cretaceous dinosaurs and birds [J]. Nature, 463: 1075–1078.

Zhang F C, Zhou Z H, Benton M J. 2008. A primitive confuciusornithid bird from China and its implications for early avian flight [J]. Science China: Series D Earth Science, 51(5): 625–639.

Zhang H, Wang M X, Liu X M. 2008. LA-ICP-MS dating of Zhangjiakou Formation volcanic rocks in the Zhangjiakou Region and its geological significance [J]. Progress in Natural Science, 18: 975–981.

Zhang H C. 1997a. Early Cretaceous insects from the Dalazi Formation of the Zhixin Basin, Jilin Province, China [J]. Palaeoworld, 7: 75–103.

Zhang H C. 1997b. Jurassic Palaeontinids from Karamai, Xinjiang, with a discussion of Palaeontinidae (Homoptera: Palaeontinidae) in China [J]. Entomologia Sinica, 4: 312–323.

Zhang H C, Rasnitsyn A P. 2003. Some ichneumonids (Insecta, Hymenoptera, Ichneumonoidea) from the Upper Mesozoic of China and Mongolia [J]. Cretaceous Research, 24(2): 193–202.

Zhang H C, Rasnitsyn A P. 2004. Pelecinid wasps (Insecta, Hymenoptera, Proctotrupoidea) from the Mesozoic of Russia and Mongolia [J]. Cretaceous Research, 25(6): 807–825.

Zhang H C, Rasnitsyn A P. 2006. Two new anaxyelid sawflies (Insecta, Hymenoptera, Siricoidea) from the Yixian Formation of Western Liaoning, China [J]. Cretaceous Research, 27(2): 279–284.

Zhang H C, Rasnitsyn A P. 2007. Nevaniinae subfam. n., a new fossil taxon (Insecta: Hymenoptera: Evanioidea: Praeaulacidae) from the Middle Jurassic of Daohugou in Inner Mongolia, China [J]. Insect Systematics & Evolution, 38: 149–166.

Zhang H C, Rasnitsyn A P. 2008. Middle Jurassic Praeaulacidae (Insecta: Hymenoptera: Evanioidea) of Inner Mongolia and Kazakhstan [J]. Journal of Systematic Palaeontology, 6: 463–487.

Zhang H C, Rasnitsyn A P, Wang D J, et al. 2007. Some hatchet wasps (Hymenoptera, Evaniidae) from the Yixian Formation of Western Liaoning, China [J]. Cretaceous Research, 28(2): 310–316.

Zhang H C, Rasnitsyn A P, Zhang J F. 2002a. The oldest known scoliid wasps (Insecta, Hymenoptera, Scoliidae) from the Jehol Biota of Western Liaoning, China [J]. Cretaceous Research, 23(1): 77–86.

Zhang H C, Rasnitsyn A P, Zhang J F. 2002b. Pelecinid wasps (Insecta: Hymenoptera: Proctotrupoidea) from the Yixian Formation of Western Liaoning, China [J]. Cretaceous Research, 23(1): 87–98.

Zhang H C, Rasnitsyn A P, Zhang J F. 2002c. Two ephialtitid wasps (Insecta, Hymenoptera, Ephialtitoidea) from the Yixian Formation of Western Liaoning, China [J]. Cretaceous Research, 23(3): 401–407.

Zhang H C, Wang B, Fang Y. 2010. Evolution of insect diversity in the Jehol Biota [J]. Science China Earth Sciences, 53: 1894–1907.

Zhang H C, Zheng D R, Wang B, et al. 2013. The largest known odonate in China: *Hsiufua chaoi* Zhang et Wang, gen. et sp. nov. from the Middle Jurassic of Inner Mongolia [J]. Chinese Science Bulletin, 58 (13): 1579–1584.

Zhang J F. 1990. On *Chironomaptera* Ping, 1928 (Diptera, Insecta) from Late Mesozoic of East Asia [J]. Mesozoic Research, 2(4): 237–247.

Zhang J F. 1992a. Late Mesozoic entomofauna from Laiyang, Shandong Province, China, with discussion of its palaeoecological and stratigraphical significance [J]. Cretaceous Research, 13: 133–135.

Zhang J F. 1992b. *Congqingia rhora*, new genus new species: A new dragonfly from the Upper Jurassic of Eastern China (Anisozygoptera: Congqingiidae fam. nov.) [J]. Odonatologica, 21: 375–383.

Zhang J F. 2003. Kalligrammatid lacewings from Upper Jurassic of Daohugou Formation in Inner Mongolia, China [J]. Acta Geologica Sinica: English Edition, 77: 141–146.

Zhang J F. 2004. New representatives of *Cretoscolia* (Insecta: Hymenoptera: Scoliidae) from Eastern China [J]. Cretaceous Research, 25(2): 229–234.

Zhang J F. 2005. Eight new species of *Eopelecinus* (Insecta: Hymenoptera: Pelecinidae) from the Laiyang Formation of Shandong, China [J]. Paleontological Journal, 39: 417–427.

Zhang J F. 2006a. New extinct taxa of Pelecinidae *sensu lato* (Hymenoptera: Proctotrupoidea) in the Laiyang Formation, Shandong, China [J]. Cretaceous Research, 27(5): 684–688.

Zhang J F. 2006b. A proscoliine wasp (Insecta: Hymenoptera: Scoliidae) from Shandong Peninsula, East Asia [J]. Cretaceous Research, 27(6): 788 – 791.

Zhang J F. 2010. Revision and description of water boatmen from the Middle-Upper Jurassic of Northern and Northeastern China (Insecta: Hemiptera: Heteroptera: Corixidae) [J]. Paleontological Journal, 44(5): 515 – 525.

Zhang J F, Kluge N J. 2007. Jurassic larvae of mayflies (Ephemeroptera) from the Daohugou Formation in Inner Mongolia, China [J]. Oriental Insects, 41(1): 351 – 366.

Zhang J F, Rasnitsyn A P. 2004. Minute members of Baissinae (Insecta: Hymenoptera: Gasteruptiidae) from the Upper Mesozoic of China and limits of the genus *Manlaya* Rasnitsyn, 1980 [J]. Cretaceous Research, 25(6): 797 – 805.

Zhang J F, Zhang H C. 2003a. Insects and spiders [M]//Chang M M, Chen P J, Wang Y Q, et al. The Jehol Biota: The emergence of feathered dinosaurs, beaked birds and flowering plants. Shanghai: Shanghai Scientific and Technical Publishers: 59 – 67.

Zhang J F, Zhang H C. 2003b. *Kalligramma jurarchegonium* sp. nov. (Neuroptera: Kalligrammatidae) from the Middle Jurassic of Northeastern China [J]. Oriental Insects, 37: 301 – 308.

Zhang L J, Yang Y J, Zhang L D, et al. 2007. Precious fossil-bearing of the Lower Cretaceous Jiufotang Formation in Western Liaoning Province, China [J]. Acta Geologica Sinica: English Edition, 81(3): 357 – 364.

Zhang Q, Zhang H C, Rasnitsyn A P, et al. 2014. New Ephialtitidae (Insecta: Hymenoptera) from the Jurassic Daohugou Beds of Inner Mongolia, China [J]. Palaeoworld, 23: 276 – 284.

Zhang Q, Zhang H C, Rasnitsyn A P, et al. 2015. A new genus of Scoliidae (Insecta: Hymenoptera) from the Lower Cretaceous of Northeast China [J]. Cretaceous Research, 52: 579 – 584.

Zhang X L, Sha J G. 2012. Sedimentary laminations in the lacustrine Jianshangou Bed of the Yixian Formation at Sihetun, Western Liaoning, China [J]. Cretaceous Research, 36: 96 – 105.

Zhang Z Q. 2011. Phylum Arthropoda von Siebold, 1848 [J]. Zootaxa, 3148: 99 – 103.

Zheng D R, Zhang H C, Zhang Q, et al. 2015. The discovery of an Early Cretaceous dragonfly *Hemeroscopus baissicus* Pritykina, 1977 (Hemeroscopidae) in Jiuquan, Northwest China, and its stratigraphic implications [J]. Cretaceous Research, 52: 316 – 322.

Zherikhin V V. 1985. Jurassic grasshoppers of Southern Siberia and Western Mongolia (Gryllida=Orthoptera) [J]. Trudy Paleontologicheskovo Instituta Akademii Nauk SSSR, 211: 171 – 184 (in Russian).

Zherikhin V V. 2002. Pattern of insect burial and conservation [M]//Rasnitsyn A P, Quicke D L J. History of Insects. Dordrecht: Kluwer Academic Publisher: 17 – 63.

Zherikhin V V, Mostovski M B, Vrsansky P, et al. 1999. The unique Lower Cretaceous Locality Baissa and other contemporaneous fossil insect sites in North and West Transbaikalia [C]. Proceedings of the First International Palaeoentomological Conference (Moscow), 1998: 185 – 191.

Zhou Z H. 2006. Evolutionary radiation of the Jehol Biota: Chronological and ecological perspectives [J]. Geological Journal, 41: 377 – 393.

Zhou Z H, Barrett P M, Hilton J. 2003. An exceptionally preserved Lower Cretaceous ecosystem [J]. Nature, 421: 807 – 814.

Zhou Z Y, Zheng S L, Zhang L J. 2007. Morphology and age of Yimaia (Ginkgoales) from Daohugou Village, Ningcheng, Inner Mongolia, China [J]. Cretaceous Research, 28: 348 – 362.

Zhu M Y, Babcock L E, Steiner M. 2005. Fossilization modes in the Chengjiang Lagerstätte (Cambrian of China): Testing the roles of organic preservation and diagenetic alteration in exceptional preservation [J]. Palaeogeography, Palaeoclimatology, Palaeoecology, 220: 31 – 46.

Zhu R X, Lo C H, Shi R P, et al. 2004. Palaeointensities determined from the Middle Cretaceous basalt in Liaoning Province, Northeastern China [J]. Physics of the Earth and Planetary Interiors, 142: 49 – 59.

Zloty J, Sinclair B J, Pritchard G. 2005. Discovered in our backyard: A new genus and species of a new family from the Rocky Mountains of North America (Diptera, Tabanomorpha) [J]. Systematic Entomology, 30: 248 – 266.

昆虫分类索引

目、科

* 页码前加“引”字表示是引言的页码。

属、种

名词索引

作者介绍

张海春

中国科学院南京地质古生物研究所研究员，中国科学院大学教授、博士生导师，江苏省古生物学会副理事长、江苏省昆虫学会理事，《地层学杂志》和《生物进化》编委，现代古生物学和地层学国家重点实验室副主任。1965年生于吉林省吉林市，1989年毕业于南京大学地球科学系古生物学及地层学专业，1999年在中科院南京地质古生物研究所获得理学博士学位。主要从事中、新生代昆虫化石及地层研究，在国内外重要学术刊物上发表论文140余篇，合著专著3部。

王　博

中国科学院南京地质古生物研究所副研究员、中国科学院大学副教授。2004年毕业于中国地质大学（武汉）地球科学学院地质学专业，2009年毕业于中国科学院研究生院，获理学博士学位。初步开展了中、新生代琥珀生物群以及昆虫埋藏学研究，重建了昆虫若干重要类群的演化历史、系统发育和古生态关系。现合作主编论文专集1部，合著科普图书2部；发表论文93篇，其中以第一或通讯作者身份在*SCI*收录期刊包括*eLife*、*Current Biology*等重要国际刊物发表论文33篇。

方　艳

中国科学院南京地质古生物研究所工程师。2005年毕业于西安科技大学地质与环境学院地质工程专业，2008年毕业于中国科学院研究生院，获理学硕士学位。主要从事直翅目和蜚蠊目昆虫化石研究以及古生物学实验技术工作，在国内外重要学术刊物上发表论文36篇。

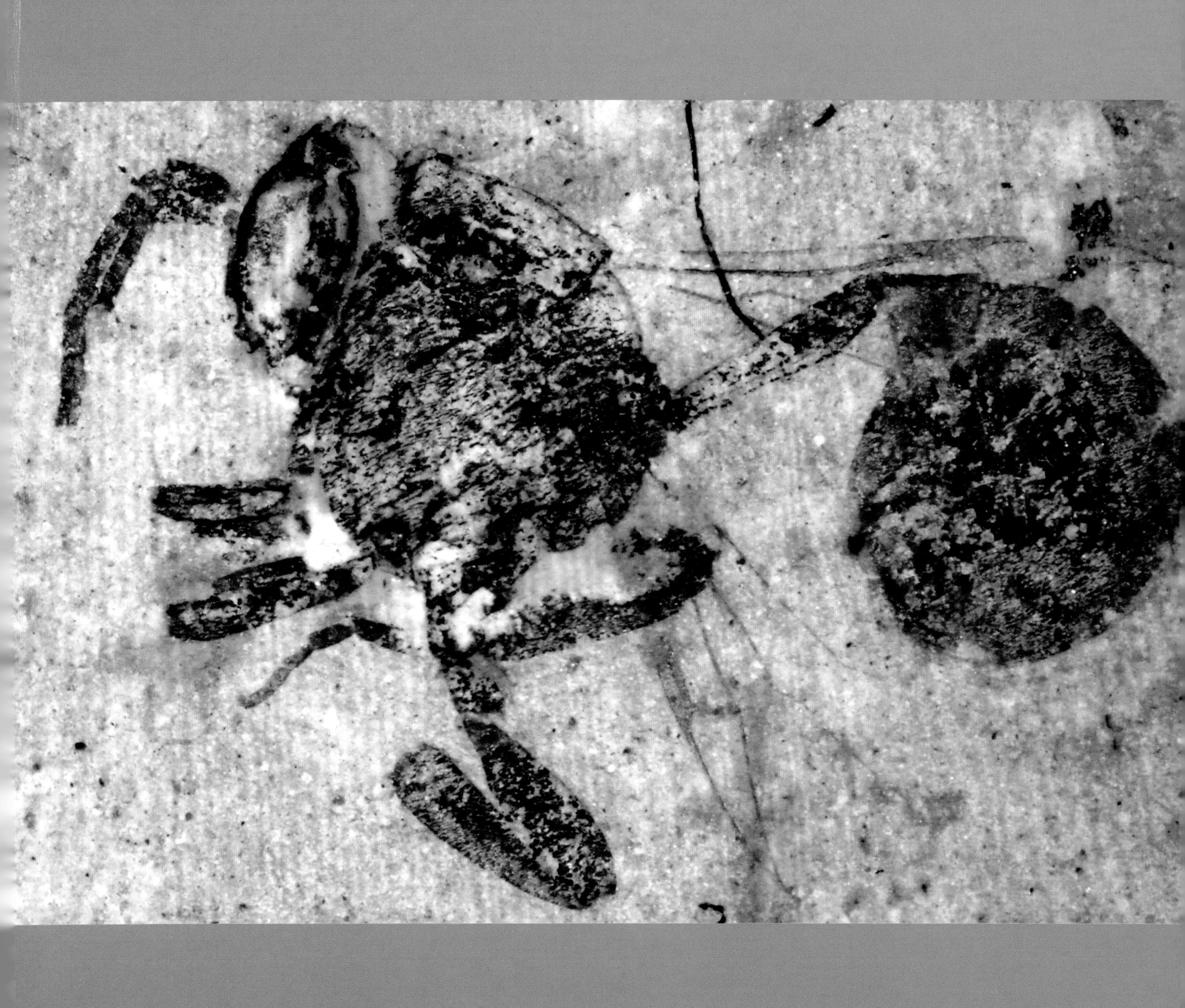